Springer-Lehrbuch

Friedrich Sauvigny

Analysis

Grundlagen, Differentiation,
Integrationstheorie,
Differentialgleichungen, Variations-
methoden

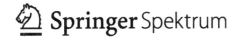

Springer Spektrum

Friedrich Sauvigny
Lehrstuhl Mathematik, insbesondere Analysis
Brandenburgische Technische Universität
    Cottbus - Senftenberg
Cottbus, Deutschland

ISSN 0937-7433
ISBN 978-3-642-41506-7   ISBN 978-3-642-41507-4   (eBook)
DOI 10.1007/978-3-642-41507-4

Die Deutsche Nationalbibliothek verzeichnet diese Publikation in der Deutschen Nationalbibliografie;
detaillierte bibliografische Daten sind im Internet über http://dnb.d-nb.de abrufbar.

Mathematics Subject Classification (2010): 26-01, 28-01, 34-01

Springer Spektrum
© Springer-Verlag Berlin Heidelberg 2014

Springer Spektrum ist eine Marke von Springer DE. Springer DE ist Teil der Fachverlagsgruppe
Springer Science+Business Media
www.springer-spektrum.de

Herrn Professor Dr. Dr.h.c. Erhard Heinz in Dankbarkeit gewidmet

Vorwort

Die Differential- und Integralrechnung hat sich mit ihren vielfältigen Anwendungen über Jahrhunderte entwickelt, wobei bereits L. Euler mit ihrer Darstellung als Buch begonnen hatte. Vorbildliche und umfassende Lehrbücher in mehreren Bänden über dieses zentrale Gebiet im mathematischen Grundstudium sind dem Literaturverzeichnis (siehe etwa H. von Mangoldt und K. Knopp [MK], O. Forster [F], H. Heuser [Hr], H. Amann und J. Escher [AE], K. Königsberger [Koe]) zu entnehmen, wobei uns die Werke von R. Courant [C], H. Grauert [GL1], [GF], [GL2] sowie von S. Hildebrandt [Hi1] und [Hi2] besonders nahe liegen. Die Geschichte der Analysis mit schönen Bildnissen ihrer Begründer wird in der Monographie [So] von T. Sonar dargestellt.

Mit unserer *Einführung in die Analysis* in einem einbändigen Lehrbuch wollen wir *die reelle und komplexe Analysis* so darstellen, dass diese in den ersten drei Semestern eines Mathematik-, Wirtschaftsmathematik-, Physik- oder Informatikstudiums von den Studierenden gut erfasst werden kann. Dabei ist uns die Einbeziehung der komplexen Aussagen besonders wichtig, da sich erst so die ganze Tragweite der Analysis erschließt. Wir werden die Leser auf Differentialgleichungen vorbereiten sowie die gewöhnlichen hier auch behandeln, und wir wollen über die Variationsrechnung die Riemannsche Geometrie in unsere Darstellung einbeziehen.

Wir hoffen ein Lehrbuch anzubieten, das ähnlich W. Rudin's *Principles of Mathematical Analysis* [R] sich als Gesamtdarstellung der Differential- und Integralrechnung von Studenten im Grundstudium gut erarbeiten lässt, ggf. auch im Selbststudium. Unsere Einführung ist wesentlich beeinflusst von den Vorlesungen [H1] – [H3] meines akademischen Lehrers, Herrn Professor Dr. E. Heinz in Göttingen, dessen Grundvorlesungen zur Differential- und Integralrechnung ab dem Wintersemester 1971/72 bis zum Wintersemester 1972/73 auch mir den Weg in die Mathematik geebnet haben. Neben diesen vorbildlichen Vorlesungsskripten von E. Heinz möchte ich auch die eleganten Darstellungen von G. Hellwig [He] hervorheben, dessen inspirierende Vorlesungen zur Höheren Mathematik mit einem großen Auditorium an der Rheinisch-Westfälischen

Technischen Hochschule Aachen von meiner Assistentenzeit bis heute mir immer als Vorbild gegenwärtig sind.

Wenngleich wir in unserem Lehrbuch uns um eine vollständige Darstellung der Analysis bemüht haben, so empfiehlt sich doch ein ergänzendes Studium der *Mengentheoretischen Topologie* und der *Elementaren Differentialgeometrie*. Schon aus Platzgründen verbietet sich hier eine Einbeziehung dieser Inhalte, zumal insbesondere zur Differentialgeometrie wunderschöne Lehrbücher (etwa die Darstellung [BL] von W. Blaschke und K. Leichtweiß) vorliegen.

Jetzt wollen wir die einzelnen Kapitel dieses Buches unseren Lesern vorstellen:

Im Kapitel I gehen wir vom Körper der rationalen Zahlen $\mathbb{Q}$ aus und konstruieren die reellen Zahlen $\mathbb{R}$ als *Äquivalenzklassen* von rationalen *Cauchyfolgen*. Wir können dann die Konvergenzeigenschaften reeller Zahlen aus deren Konstruktion ablesen! Diesem *konstruktiven Prinzip* bleiben wir in unserer *Einführung in die Analysis* treu, und wir reduzieren die axiomatische Methode auf ein Minimum!
Dann werden der n-dimensionale Zahlenraum $\mathbb{R}^n$ sowie die *Gaußsche Zahlenebene* $\mathbb{C}$ der komplexen Zahlen eingeführt und ihre topologischen Eigenschaften untersucht, wie etwa der Heine-Borelsche Überdeckungssatz. Einer Vorlesung über mengentheoretische Topologie überlassen wir die allgemeineren Begriffsbildungen, welche uns im Spezialfall des $\mathbb{R}^n$ und seiner Teilmengen als *Relativtopologie* zunächst genügen. Grundlegende Sätze über komplexe Folgen und Reihen sowie über Doppelreihen schließen dieses Kapitel ab, und hier weisen wir auf das Skriptum [H1] hin.

Die Stetigkeit von Funktionen auf Teilmengen des $\mathbb{R}^n$ in den $\mathbb{R}^m$ wird im Kapitel II untersucht, und es wird die Differenzierbarkeit in einer reellen und in einer komplexen Veränderlichen studiert. Wir lernen die *gleichmäßige Konvergenz* von Funktionenfolgen kennen und ermitteln sowohl den Konvergenzradius als auch die Differenzierbarkeit von komplexen Potenzreihen. Für stetige Funktionen einer reellen Veränderlichen werden wir das *Riemannsche Integral* erklären, damit wir im nächsten Kapitel explizit reelle und komplexe Stammfunktionen verwenden können. Zum Abschluss dieses Kapitels werden die *Taylorsche Formel in einer Veränderlichen* und der *Krümmungsbegriff* von Kurven erklärt.

Auf der Basis der komplexen Exponentialfunktion als Potenzreihe werden im Kapitel III die trigonometrischen Funktionen definiert. Hier zeigt sich sehr deutlich, wie die Fortsetzung ins Komplexe die Rechnungen mit den trigonometrischen Funktionen vereinfacht.
Wenn wir die komplexe Exponentialfunktion umkehren wollen zur *komplexen Logarithmusfunktion*, so erkennen wir B. Riemann's Einsicht, dass sich die Funktionen ihren Definitionsbereich natürlich suchen und dieser nicht künstlich vorgeschrieben werden kann. Ausgehend von universellen Polarkoordinaten studieren wir gründlich die Überlagerungsflächen und können so den

Definitionsbereich der Logarithmusfunktion im Komplexen konkret angeben. Diese Funktion steht im Zentrum des Beweises bei vielen analytischen und geometrischen Aussagen.

Mit der komplexen Logarithmusfunktion definieren wir die *allgemeinen Potenzfunktionen*, und wir können sie auf den entsprechenden Überlagerungsflächen explizit umkehren. Wir erhalten so ein klares Bild von *Riemannschen Flächen* schon in der Grundvorlesung zur Analysis.

Beim Beweis des Fundamentalsatzes des Algebra zeigt sich ganz überzeugend, dass die komplexen Zahlen den angemessenen Rahmen für die Analysis bilden. Auch die Partialbruchzerlegung führt uns sinvollerweise ins Komplexe, jedoch berechnen wir auch den vertrauten Fall durch eine *Projektion auf das Reelle*.

Kapitel IV behandelt zunächst die *partielle Differentiation*, wobei insbesondere die *Cauchy-Riemannschen Differentialgleichungen* vorgestellt werden. Es wird der Fundamentalsatz über die inverse Abbildung mittels Variationsmethoden bewiesen und daraus der Satz über implizite Funktionen hergeleitet. Die *Taylorsche Formel im $\mathbb{R}^n$* wird zur Lösung von Extremwertaufgaben herangezogen, wobei auch Nebenbedingungen betrachtet werden.

Wir definieren dann *m-dimensionale Mannigfaltigkeiten im $\mathbb{R}^n$*, die als reguläre Nullstellenmenge von $n - m$ Funktionen erscheinen. Da unsere Mannigfaltigkeit $n - m$ Kodimensionen hat, so besitzt der Normalraum an die Fläche dieselbe Dimension. In jedem Punkt der Mannigfaltigkeit entsteht eine *Normalbahn* an die Mannigfaltigkeit, welche für eine Kodimension sich reduziert auf die wohlbekannte Einheitsnormale.

Wollen wir unsere Mannigfaltigkeit *orientieren*, so kommen wir zum Begriff des *Orbitraums* $\mathbb{O}(n, m)$. Dessen Elemente stellen gerade die Normalbahnen dar, wobei wir den Abstand zweier Bahnen durch eine *Metrik* ermitteln. Wir sind jetzt motiviert, allgemein *Metrische Räume* einzuführen.

Im Kapitel V wird das *Riemannsche Integral im $\mathbb{R}^n$* vorgestellt, welches zur Klasse der stetigen Funktionen mit ihrer gleichmäßigen Konvergenz passt und einleuchtend definiert ist. Es werden *Klassen Riemann-integrierbarer Funktionen* angegeben und explizite Integrationsmethoden erklärt. Es folgen der *Jordansche Inhalt* und die Integration über *Jordan-Bereiche*. Für die Approximation hat ein *Konvergenzsatz uneigentlicher Riemannscher Integrale* besondere Bedeutung. Diese Aussage bezieht sich auf das *uneigentliche Riemannsche Integral* stetiger Funktionen über offene Mengen des $\mathbb{R}^n$, welches sich bei fast allen Untersuchungen der klassischen Analysis bewährt. In diesem Zusammenhang verweisen wir auf das Skriptum [H2].

Mittels *Zerlegung der Eins* und Induktion über die Raumdimension wird die *Transformationsformel für mehrfache Integrale* bewiesen. Hierbei wird der Umgang mit *Testfunktionen* eingeübt. Eine kurze Einführung in die *Theorie der Differentialformen* bis zum *Stokesschen Integralsatz* für glatt berandete C^2-Mannigfaltigkeiten präsentieren wir in § 8 und § 9 sowie den *Gaußschen Integralsatz* für C^2-Gebiete.

In § 10 leiten wir den *Cauchyschen Integralsatz* aus dem Stokesschen Integral-satz her für *holomorphe Funktionen*, die wir im Sinne von Riemann als stetig komplex differenzierbar definiert haben, und wir beweisen ihre Entwickelbar-keit in eine komplexe Potenzreihe. Schließlich zeigen wir in § 7 und § 11 die Approximierbarkeit stetiger bzw. k-mal stetig differenzierbarer Funktionen durch Polynome bis zu ihren Ableitungen der natürlichen Ordnung k.

Das Kapitel VI beginnt mit der Behandlung von Klassen explizit integrierba-rer gewöhnlicher Differentialgleichungen. Dann wird der *Peanosche Existenz-satz* mit dem *Auswahlsatz von Arzelà-Ascoli* für Differentialgleichungssyste-me erster Ordnung bewiesen. Die *Lipschitz-Bedingung* wird erst zur Klärung der Eindeutigkeits- und Stabilitätsfragen herangezogen. Hier wird auch die differenzierbare Abhängigkeit der Lösung von den Anfangswerten bewiesen. Schließlich werden gründlich lineare Systeme von Differentialgleichungen ins-besondere mit konstanten Koeffizienten studiert. Hierauf ist die Lösbarkeits-theorie von Differentialgleichungen höherer Ordnung gegründet, die wir in den letzten Abschnitten präsentieren.

In Kapitel VII werden die Grundzüge der eindimensionalen Variationsrech-nung vorgestellt, die von den Pionieren J. Bernoulli, L. Euler, J.-L. Lagrange, G.-C. Jacobi, K. Weierstraß und ihren Nachfolgern stets im Zusammenhang mit der Theorie gewöhnlicher Differentialgleichungen behandelt wurde. Wir beginnen mit den *Euler-Lagrange-Gleichungen* von regulären Variationsfunk-tionalen in § 1 und überführen diese ins *Hamiltonsche System* mittels *kano-nischer Variabler*. Dann betrachten wir in § 3 das Energiefunktional im Rie-mannschen Raum, vergleichen es mit dem Längenfunktional, und wir definie-ren *Geodätische*.
Wir führen in § 5 die *kovariante Ableitung* im Riemannschen Raum ein – un-abhängig von einer eventuellen Realisierung der Riemannschen Metrik durch eine eingebettete Fläche im Euklidischen Raum. Dann erklären wir die *Rie-mannsche Schnittkrümmung* und ermitteln die *Gauß-Jacobi-Gleichung* für das Gaußsche Oberflächenelement geodätischer Streifen in § 6. Wir betrachten in § 4 geodätische Kugeln im Riemannschen Raum und schätzen deren *Injekti-vitätsradius* in § 7 nach unten und oben ab. Mit Hilfe der *Weierstraßschen Feldtheorie* und mittels *Hilbert's inarianten Integrals* weisen wir in § 4 den minimierenden Charakter von gewissen Geodätischen nach.

Wenngleich das Kapitel VII den üblichen Umfang einer einführenden Vorle-sung zur Analysis übersteigt, sind dessen Lehrinhalte schon in dieser Phase des Studiums gut zu verstehen; man könnte diese Themen vielleicht auch in einem Proseminar besprechen. Inspiriert zu diesem Kapitel wurden wir durch die wunderschöne Vorlesung von W. Klingenberg [K] zur Differentialgeometrie und das eindrucksvolle Werk von M. Giaquinta und S. Hildebrandt [GH1] und [GH2] zur Variationsrechnung (siehe insbesondere Kapitel VIII). Den genann-ten Autoren gebührt das besondere Verdienst, diese klassischen Gebiete der Analysis wieder ins Zentrum des mathematischen Interesses gerückt zu haben!

Wir hoffen mit dem Kapitel VII sowohl das Verständnis für den Riemannschen Raum zu fördern als auch unsere Leser zum Studium der *Geometrischen Analysis* zu ermutigen.

Im Kapitel VIII verlassen wir die *klassische Analysis*, indem wir die gleichmäßige Konvergenz zur *punktweisen Konvergenz* abschwächen. In der Integrationstheorie verwenden wir wiederum die *induktive Methode:* Wir setzen das uneigentliche Riemannsche Integral aus dem Kapitel V von den stetigen Funktionen fort auf die wesentlich größere Klasse der Lebesgue-integrierbaren Funktionen. Dieses geschieht mit Hilfe des *Daniell-Integrals*, welches ein nichtnegatives, lineares Funktional darstellt, das stetig unter monotoner, punktweiser Konvergenz ist. Im Zentrum der Theorie steht der *Lebesguesche Konvergenzsatz* zur Vertauschung von Integration und Grenzwertbildung bei majorisierter Konvergenz. Zum Lebesgue-Integral vergleiche man das Skiptum [H3].
Die *Maßtheorie* wird sich dann als Integrationstheorie der charakteristischen Funktionen ergeben. Wir erklären die *Klasse der Lebesgue-messbaren Funktionen* und stellen den *Banachraum* der p-fach integrierbaren Funktionen vor. Während in der klassischen Analysis nur der Banachraum der stetigen Funktionen mit ihrer gleichmäßigen Konvergenz auftritt, stehen nun eine Schar solcher linearer und normierter Funktionenräume zur Verfügung; letztere sind *vollständig* in dem Sinne, dass jede Cauchyfolge einen Grenzpunkt in diesem Raum bzgl. dem angegebenen Konvergenzbegriff besitzt.
Sehr wichtig sind die Vertauschbarkeitssätze in der Integrationsreihenfolge für messbare Funktionen mehrerer Variabler von Fubini und Tonelli. Mit dem *Banachschen Fixpunktsatz*, welcher den Schlüssel zu abstrakten Iterationsmethoden liefert, beenden wir dieses Kapitel.

Unser vorliegendes Lehrbuch haben wir für die Studierenden von Mathematik, Naturwissenschaften und Informatik vom ersten bis zum dritten Studiensemester verfasst! Eine genaue Angabe der Lehrinhalte ist dem nachfolgenden Inhaltsverzeichnis zu entnehmen. Wir haben nur einfache Übungsaufgaben in die Kapitel I – VI eingefügt, während im Kapitel VII und VIII sich der Leser auch Ergänzungen zur Vorlesung – anhand der angegebenen Literatur – erarbeiten kann.
Wenn wir von Gegenbeispielen einmal absehen, so haben wir nur selten in unserem Lehrbuch Beispiele behandelt, da eben diese häufig in die konstruktiven Beweise der Sätze ihren Eingang gefunden haben. Da die Konstruktionen in ihrer Idee unsere Einführung zur Analysis bestimmen, so sorgen die technischen Durchführungen in gewisser Weise für sich selbst. Wir haben uns bemüht, den angemessenen Abstraktionsgrad für ein gutes Verständnis zu finden: Längere Wiederholungen in der Darstellung haben wir vermieden, und wir können so den Lehrstoff von drei Semestern in einem Lehrbuch konsequent präsentieren. Da unser Lehrbuch sehr geometrisch motiviert ist, empfehlen wir unseren Lesern, sich selbst Skizzen aller Sachverhalte anzufertigen – allerdings können diese Zeichnungen in höheren Dimensionen nur eine Projektion darstellen.

Unser Lehrbuch der Analysis hat insbesondere das Studium der Differentialgleichungen zum Ziel, welche bei all ihren Anwendungen zu lösen sind. Zum
gründlichen Studium der partiellen Differentialgleichungen empfehlen wir unsere Lehrbücher [S3] und [S4] sowie die erweiterte englische Ausgabe [S5]
und [S6]. Hier werden auch Anwendungen in der Geometrie und der Physik vorgestellt. Die Theorie holomorpher Funktionen, die man traditionell
als *Funktionentheorie* bezeichnet, wurde als Studium der Cauchy-Riemann-
Gleichungen in diese Darstellung partieller Differentialgleichungen aufgenom-
men.

Insgesamt ist dieses Lehrbuch aus meinen Vorlesungen zur Analysis entstan-
den, die ich vom Wintersemester 1992/93 bis zum Sommersemester 2013 an
der Brandenburgischen Technischen Universität Cottbus wiederholt gehalten
habe. Mein ganz herzlicher Dank gilt Herrn Dr. rer. nat. Michael Hilschenz,
Herrn Dipl.-Math. Stephan Schütze und Frau Dr. rer. nat. Claudia Szerement,
geb. Werner für ihre Mithilfe beim Erstellen des TEX-Manuskripts.

Ursprünglich beruht diese Abhandlung auf den Skripten *Analysis* I und II
meiner Vorlesungen [S1] und [S2] aus dem Wintersemester 1994 und dem
Sommersemester 1995 an der BTU Cottbus, die Herr Dipl.-Lehrer Jörg
Endemann und Herr Dipl.-Lehrer Klaus-Dieter Heiter vorbildlich ausgearbeitet haben. An dieser Stelle möchte ich Herrn Klaus-Dieter Heiter meinen
tiefempfundenen Dank für seine unschätzbare Hilfe bekunden.

Der Begutachtung meines Manuskripts verdanke ich den Vorschlag zu einer
harmonischen Abrundung der hier vorgelegten Lehrinhalte. Schließlich möchte
ich ganz herzlich Herrn Clemens Heine vom Springer-Verlag in Heidelberg für
sein Interesse an meinem Lehrbuchprojekt danken.

Cottbus im September 2013 ,   Prof. Dr. Friedrich Sauvigny

Lehrstuhl Mathematik, insbesondere Analysis

der Brandenburgischen Technischen Universität Cottbus – Senftenberg

Inhaltsverzeichnis

I Das System der reellen und komplexen Zahlen 1

§1 Das Rechnen mit reellen und komplexen Zahlen 1

§2 Konstruktion der reellen Zahlen $\mathbb{R}$ nach D. Hilbert 15

§3 Überabzählbarkeit und Konvergenzeigenschaften reeller Zahlen 27

§4 Der n-dimensionale Zahlenraum $\mathbb{R}^n$ als topologischer Raum .. 41

§5 Die komplexen Zahlen $\mathbb{C}$ in der Gaußschen Ebene 54

§6 Reelle und komplexe Folgen und Reihen 61

§7 Absolut konvergente Doppelreihen 72

§8 Aufgaben zum Kapitel I 81

II Differential- und Integralrechnung in einer Veränderlichen 85

§1 Stetigkeit von Funktionen mehrerer Veränderlicher 85

§2 Gleichmäßige Konvergenz von Funktionen und die C^0-Norm .. 96

§3 Reelle und komplexe Differenzierbarkeit 104

§4 Riemannsches Integral für stetige Funktionen 115

§5 Integration mittels reeller und komplexer Stammfunktionen .. 119

§6 Die Taylorsche Formel 129

§7 Krümmungen und Schmiegkreis von Kurven 135

§8 Aufgaben zum Kapitel II 137

III Die elementaren Funktionen als Potenzreihen 139

§1 Komplexe Exponentialfunktion und natürliche Logarithmusfunktion 139

§2 Die trigonometrischen Funktionen 147

§3 Die Hyperbelfunktionen 157

§4 Die Arcusfunktionen 161

§5 Polarkoordinaten und Überlagerungsflächen 165

§6 Die n-ten Wurzeln und die komplexe Logarithmusfunktion ... 171

§7 Die allgemeinen Potenzfunktionen 178

§8   Der Fundamentalsatz der Algebra 187
§9   Partialbruchzerlegung gebrochen rationaler Funktionen 191
§10   Aufgaben zum Kapitel III 195

**IV   Partielle Differentiation und differenzierbare
      Mannigfaltigkeiten im $\mathbb{R}^n$** 197
§1   Partielle Ableitungen erster Ordnung und die totale
      Differenzierbarkeit 197
§2   Partielle Ableitungen höherer Ordnung 207
§3   Taylorsche Formel im $\mathbb{R}^n$: Extremwertaufgaben und Eigenwerte 212
§4   Fundamentalsatz über die inverse Abbildung 221
§5   Implizite Funktionen und restringierte Extremwertaufgaben . . 229
§7   Eingebettete C^2-Mannigfaltigkeiten im $\mathbb{R}^n$ und ihre
      Orientierung 235
§8   Der Orbitraum $\mathbb{O}(n,m)$ als metrischer Raum und
      Immersionen im $\mathbb{R}^n$ 246
§9   Aufgaben zum Kapitel IV 251

**V   Riemannsches Integral im $\mathbb{R}^n$ mit Approximations-
      und Integralsätzen** 253
§1   Integration mittels Standardsubstitutionen 254
§2   Existenz des Riemannschen Integrals 258
§3   Klassen Riemann-integrierbarer Funktionen 268
§4   Integration über Jordan-Bereiche 278
§5   Uneigentliche Riemannsche Integrale im $\mathbb{R}^n$ 286
§6   Integration mittels Testfunktionen 298
§7   Ergänzung und Approximation stetiger Funktionen 309
§8   Flächeninhalt und Differentialformen 313
§9   Der Stokessche Integralsatz für glatt berandete
      C^2-Mannigfaltigkeiten 325
§10   Cauchy's Integralformel und die Entwicklung holomorpher
      Funktionen 332
§11   Der Weierstraßsche Approximationssatz für C^k-Funktionen . . . 335
§12   Aufgaben zum Kapitel V 341

VI   Gewöhnliche Differentialgleichungen 343
§1   Verschiedene Typen von Differentialgleichungen 343
§2   Exakte Differentialgleichungen 345
§3   Elementar integrierbare Differentialgleichungen erster Ordnung 351
§4   Der Existenzsatz von Peano 359
§5   Eindeutigkeit und sukzessive Approximation 366
§6   Differenzierbare Abhängigkeit von den Anfangswerten 371
§7   Lineare Differentialgleichungssysteme 378
§8   Differentialgleichungen höherer Ordnung 387
§9   Lineare Differentialgleichungen m-ter Ordnung 390

§10   Lineare Differentialgleichungen mit konstanten Koeffizienten . . 397

§11   Aufgaben zum Kapitel VI 400

VII Eindimensionale Variationsrechnung 401

§1   Eulersche Gleichungen und Hamiltonsches System 402

§2   Die Carathéodoryschen Ableitungsgleichungen 405

§3   Das Energiefunktional und Geodätische 409

§4   Weierstraß-Felder und Hilberts invariantes Integral 419

§5   Kovariante Ableitungen und Krümmungen 424

§6   Riemannsche Räume beschränkter Schnittkrümmung 432

§7   Konjugierte Punkte und Sturmscher Vergleichssatz 438

§8   Aufgaben und Ergänzungen zum Kapitel VII 446

VIII   Maß- und Integrationstheorie 449

§1   Das Daniellsche Integral und der Satz von U. Dini 450

§2   Fortsetzung des Daniell- zum Lebesgue-Integral 454

§3   Lebesgue-messbare Mengen 466

§4   Nullmengen und allgemeine Konvergenzsätze 473

§5   Vergleich von Riemann- und Lebesgue-Integral 480

§6   Lebesgue-messbare und p-fach integrable Funktionen 483

§7   Die Sätze von Fubini und Tonelli 490

§8   Normierte Vektorräume und der Banachraum $\mathcal{L}^p(X)$ 494

§9   Der Banachsche Fixpunktsatz 499

§10   Aufgaben und Ergänzungen zum Kapitel VIII 501

Literaturverzeichnis 503

Sachverzeichnis 505

I

Das System der reellen und komplexen Zahlen

Beginnen wir mit einem Zitat aus der Antike, nämlich von

AISCHYLOS: *Die Zahl – des Geistes höchste Kraft.*

Die Bereiche, in welchen wir rechnen, sind einer ständigen Entwicklung unterworfen. Wir präsentieren die Konstruktion der reellen Zahlen mittels Äquivalenzklassen von Cauchyfolgen rationaler Zahlen, die D. Hilbert in seinem Buch *Grundlagen der Geometrie* vorgeschlagen hat. Diese Methode bildet ein Grundprinzip in der modernen Analysis. Dann wird der n-dimensionale Zahlenraum $\mathbb{R}^n$ mit seinen topologischen Eigenschaften untersucht. Schließlich werden wir die Gaußsche Zahlenebene $\mathbb{C}$ vorstellen, sowie die Lehre von Folgen und Reihen im Komplexen entwickeln.

§1 Das Rechnen mit reellen und komplexen Zahlen

Die Zahlen bilden das Fundament der Analysis. Grundlegend für den Umgang mit Zahlen und anderen mathematischen Objekten ist der Mengenbegriff. Eine Menge von Objekten lässt sich auf zwei Arten festlegen, indem wir ihre Elemente aufschreiben oder diese durch eine definierende Eigenschaft angeben. Grundlegend für die gesamte Mathematik ist die Menge

$$\mathbb{N} := \{1, 2, \ldots\}$$

der **natürlichen Zahlen**. Fügen wir das Nullelement hinzu, so erhalten wir die Menge der **nichtnegativen ganzen Zahlen**

$$\mathbb{N}_0 := \{0, 1, 2, \ldots\} \, .$$

Durch Erweiterung dieser Zahlbereiche erhält man die Menge

$$\mathbb{Z} := \{0, \pm 1, \pm 2, \ldots\}$$

F. Sauvigny, *Analysis*, Springer-Lehrbuch, DOI: 10.1007/978-3-642-41507-4_1,
@ Springer-Verlag Berlin Heidelberg 2014

der **ganzen Zahlen** und die Menge

$$\mathbb{Q} := \left\{ x = \frac{p}{q} : p \in \mathbb{Z} \wedge q \in \mathbb{N} \right\}$$

der **rationalen Zahlen**. Mit dem Symbol $\emptyset$ bezeichnen wir die **leere Menge**, die kein Element enthält und somit Teilmenge jeder Menge ist.

Es ist notwendig den Körper der rationalen Zahlen zu erweitern, denn die Gleichung $x^2 - 2 = 0$ besitzt in $\mathbb{Q}$ keine Lösung. Die Länge der Diagonale des Einheitsquadrats ergibt nach dem Satz des Pythagoras wegen $1^2 + 1^2 = 2$ die Zahl $\sqrt{2}$. Der durch diese Länge definierte Punkt P auf der Zahlengeraden ist kein rationaler Punkt (vgl. den Hilfssatz 1 in § 2). Dies erfordert die Konstruktion der reellen Zahlen aus $\mathbb{Q}$ durch einen Abschlussprozess, und die reellen Zahlen $\mathbb{R}$ entsprechen dann der gesamten Zahlengeraden. Diese Menge $\mathbb{R}$ der reellen Zahlen werden wir in § 2 konstruieren. Wir werden in § 5 die Menge der komplexen Zahlen $\mathbb{C} := \{z = x + iy : x, y \in \mathbb{R}\}$ mit der *imaginären Einheit i* kennenlernen, die man als Punkte in der *Gaußschen Zahlenebene* bzw. geordnete Paare reeller Zahlen veranschaulichen kann. Wir haben dann insgesamt die Inklusionen

$$\emptyset \subset \mathbb{N} \subset \mathbb{Z} \subset \mathbb{Q} \subset \mathbb{R} \subset \mathbb{C}.$$

Die Zahlensysteme $\mathbb{Q}$, $\mathbb{R}$ und $\mathbb{C}$ besitzen die Körperaxiome als gemeinsame Eigenschaften.

Definition 1. *Ein System $\mathbb{K}$ von Elementen heißt ein* **Körper**, *wenn es zu je zwei Elementen $a, b \in \mathbb{K}$ eine Summe $a + b \in \mathbb{K}$ und ein Produkt $ab \in \mathbb{K}$ derart gibt, dass die Körperaxiome $(K_1), (K_2), (K_3)$ gelten.*

  1. *Axiome der Addition (K_1)*
      a) *Assoziativgesetz: Für alle $a, b, c \in \mathbb{K}$ gilt: $(a + b) + c = a + (b + c)$.*
      b) *Kommutativgesetz: Für alle $a, b \in \mathbb{K}$ gilt: $a + b = b + a$.*
      c) *Existenz des additiv neutralen (Null-)Elements: Es existiert ein neutrales Element $0 \in \mathbb{K}$ derart, dass für alle $a \in \mathbb{K}$ die Bedingung $a + 0 = a$ gilt.*
      d) *Existenz des additiv inversen (negativen) Elements: Zu jedem $x \in \mathbb{K}$ gibt es ein inverses Element $y \in \mathbb{K}$ mit $x + y = 0$. Man schreibt $y := -x$.*
  2. *Axiome der Multiplikation (K_2)*
      a) *Assoziativgesetz: Für alle $a, b, c \in \mathbb{K}$ gilt: $(ab)c = a(bc)$.*
      b) *Kommutativgesetz: Für alle $a, b \in \mathbb{K}$ gilt: $ab = ba$.*
      c) *Existenz des multiplikativ neutralen (Eins-)Elements: Es existiert ein neutrales Element $1 \in \mathbb{K}$ derart, dass für alle $a \in \mathbb{K}$ die Bedingung $a \cdot 1 = a$ gilt.*
      d) *Existenz des multiplikativ inversen (reziproken) Elements: Zu jedem $x \in \mathbb{K} \setminus \{0\}$ gibt es ein inverses Element $y \in \mathbb{K}$ mit $x \cdot y = 1$. Man schreibt $y := x^{-1}$.*

3. *Distributivgesetz* (K_3)
    Für alle $a, b, c \in \mathbb{K}$ *gilt:* $(a + b)\,c = a\,c + b\,c$.

Wir zeigen leicht, dass die Menge $\mathbb{Q}$ gemäß Definition 1 die Körperaxiome erfüllt, z.B. gilt das Assoziativgesetz der Addition:
Seien $a = \dfrac{p_1}{q_1}$, $b = \dfrac{p_2}{q_2}$ und $c = \dfrac{p_3}{q_3}$ mit $p_k \in \mathbb{Z}$ sowie $q_k \in \mathbb{N}$ für $(k = 1, 2, 3)$.
Im Zahlbereich $\mathbb{Z}$ gelten (K_1) und (K_3), also folgt

$$
(a + b) + c = \left(\frac{p_1}{q_1} + \frac{p_2}{q_2} \right) + \frac{p_3}{q_3} = \left(\frac{p_1 q_2 + p_2 q_1}{q_1 q_2} \right) + \frac{p_3}{q_3} = \frac{p_1 q_2 + p_2 q_1}{q_1 q_2} + \frac{p_3}{q_3}
$$

$$
= \frac{(p_1 q_2 + p_2 q_1) q_3 + p_3 (q_1 q_2)}{q_1 q_2 q_3} = \frac{p_1 q_2 q_3 + (p_2 q_1 q_3 + p_3 q_1 q_2)}{q_1 q_2 q_3}
$$

$$
= \frac{p_1}{q_1} + \left(\frac{p_2}{q_2} + \frac{p_3}{q_3} \right) = a + (b + c).
$$

Die Axiome der Addition (K_1) bzw. der Multiplikation (K_2) bedeuten, dass $\mathbb{K}$ bzgl. der Addition bzw. der Multiplikation eine **Abelsche Gruppe** ist.

Satz 1. *Die Körperaxiome liefern die nachfolgenden Eigenschaften für die Elemente von* $\mathbb{K}$:

I) *Für beliebige* $a, b \in \mathbb{K}$ *ist die Gleichung* $a + x = b$ *eindeutig lösbar.*
II) *Für beliebige* $a \in \mathbb{K} \setminus \{0\}$ *und* $b \in \mathbb{K}$ *ist die Gleichung* $a \cdot y = b$ *eindeutig lösbar.*
III)*Für alle* $x \in \mathbb{K}$ *gelten* $x \cdot 0 = 0$ *und* $(-1) \cdot x = -x$.
IV)*Für alle* $x \in \mathbb{K}$ *gilt* $-(-x) = x$.
V) *Für alle* $x, y \in \mathbb{K} \setminus \{0\}$ *gilt* $xy \neq 0$.

Beweis: I) Nach (K_1) existiert zu $a \in \mathbb{K}$ das negative Element $-a \in \mathbb{K}$. Wir addieren zur Gleichung $a + x = b$ von links $(-a)$ und erhalten

$$
(-a) + a + x = (-a) + b \quad \text{bzw.} \quad x = 0 + x = b + (-a) =: b - a.
$$

Somit hat die Lösung notwendig die angegebene Gestalt, was ihre Eindeutigkeit impliziert. Zum Nachweis der Existenz einer Lösung zeigen wir, dass $x = b - a$ die Gleichung $a + x = b$ löst. Es gelten nämlich wegen (K_1) die Gleichungen

$$
a + x = a + [b + (-a)] = (a + b) + (-a) =
$$
$$
(b + a) + (-a) = b + [a + (-a)] = b + 0 = b.
$$

II) Nach (K_2) gibt es zu $a \neq 0$ das inverse Element $a^{-1} \in \mathbb{K}$. Wir multiplizieren die Gleichung $ay = b$ von links mit a^{-1} und erhalten

$$
a^{-1} a y = a^{-1} b \quad \text{bzw.} \quad y = 1 \cdot y = b a^{-1} =: \frac{b}{a}.
$$

Damit ist die Eindeutigkeit geklärt, und die Existenz zeigen wir wie folgt:
$y = \dfrac{b}{a}$ löst die Gleichung $ay = b$, denn gemäß (K_2) gilt

$$ay = a(ba^{-1}) = (ab)a^{-1} = (ba)a^{-1} = b(aa^{-1}) = b \cdot 1 = b.$$

III) Sei $x \in \mathbb{K}$, so erhalten wir die erste Aussage mit

$$x \cdot 0 = x \cdot (0 + 0) = x \cdot 0 + x \cdot 0 \quad \Rightarrow \quad 0 = x \cdot 0.$$

Die zweite Aussage von erhalten wir wie folgt:

$$0 = 0 \cdot x = (1 + (-1)) \cdot x \overset{(K_3)}{=} 1 \cdot x + (-1) \cdot x \overset{(K_2)}{=} x + (-1) \cdot x \quad \Rightarrow \quad -x = (-1) \cdot x.$$

IV) Sei $x \in \mathbb{K}$ gewählt. Einerseits gilt nach (K_1) die Identität $x + (-x) = 0$, andererseits aber auch $(-x) + x = 0$. Somit ist $x \in \mathbb{K}$ das inverse Element von $(-x) \in \mathbb{K}$, und es folgt $x = -(-x)$.

V) Wir beweisen diese Aussage indirekt. Seien $x, y \in \mathbb{K}$ mit $x \neq 0$ und $y \neq 0$. Wäre die Aussage $xy \neq 0$ falsch, so gilt dann $xy = 0$. Nach (K_2) gibt es zu $x \neq 0$ das inverse Element $x^{-1} \in \mathbb{K}$ und wir multiplizieren die Gleichung $xy = 0$ von links mit x^{-1}. Dann erhalten wir mit $y = x^{-1}xy = x^{-1} \cdot 0 = 0$ einen Widerspruch zur Voraussetzung $y \neq 0$. Damit ist die Widerspruchsannahme $xy = 0$ falsch und die Aussage V) bewiesen.   q.e.d.

Bemerkungen zu V):

a) Die Folgerung V) ist äquivalent zu der Aussage:
    Wenn $x\,y = 0$ gilt, dann ist $x = 0$ oder $y = 0$ erfüllt.
b) Seien $x_1, \ldots, x_n \in \mathbb{K}$, so folgt aus der Gleichung $x_1 \cdot \ldots \cdot x_n = 0$ für wenigstens ein $k \in \{1, \ldots, n\}$ die Bedingung $x_k = 0$.

In der Analysis wird vom Rechnen mit Gleichungen zum Rechnen mit Ungleichungen übergegangen; letzteres beruht auf den nachfolgenden Anordnungsaxiomen.

Definition 2. *Ein Körper $\mathbb{K}$ heißt angeordnet genau dann, wenn für gewisse Elemente $x \in \mathbb{K}$ die Eigenschaft positiv zu sein $x > 0$ durch die sogenannten* **Anordnungsaxiome** (A_1), (A_2) *charakterisiert wird:*

(A_1) *Für jedes $x \in \mathbb{K}$ gilt genau eine der drei Beziehungen:*

$$x = 0, \quad x > 0, \quad -x > 0 \qquad (\textit{Trichotomie}),.$$

(A_2) *Für alle $x, y \in \mathbb{K}$ mit $x > 0$ und $y > 0$ folgen die Aussagen $x + y > 0$ sowie $xy > 0$.*

Bemerkungen: Der Körper $\mathbb{Q}$ ist ein angeordneter Körper. Im § 2 werden wir den angeordneten Körper $\mathbb{R}$ der reellen Zahlen konstruieren. Im § 5 werden wir den Körper der komplexen Zahlen $\mathbb{C}$ kennenlernen, welcher nicht angeordnet werden kann.

Definition 3. *Sei $\mathbb{K}$ ein angeordneter Körper. Für beliebige $x, y \in \mathbb{K}$ gilt $x > y$ genau dann, wenn $x - y > 0$ gültig ist. Man vereinbart:*

$$x \geq y \quad \Leftrightarrow \quad x > y \text{ oder } x = y$$
$$x > y \quad \Leftrightarrow \quad y < x$$

*Gilt $x > 0$, so nennen wir x **positiv**. Für $-x > 0$ nennen wir x **negativ**, und wir schreiben auch $x < 0$.*

Bemerkung: Die Aussage $x < 0$ heißt $0 > x$ nach Definition 3, und dieses ist gleichbedeutend mit $0 - x > 0$ bzw. $-x > 0$.

Definition 4. *Sei $\mathbb{K}$ ein angeordneter Körper. Für $x \in \mathbb{K}$ heißt*

$$|x| := \begin{cases} x & , \text{ falls } x > 0 \\ 0 & , \text{ falls } x = 0 \\ -x & , \text{ falls } x < 0 \end{cases}$$

der **Absolutbetrag** *von x.*

Bemerkung: Für alle $x \in \mathbb{K}$ gilt $|x| \geq 0$ und $-|x| \leq x \leq |x|$. Man kann sich diese beiden Aussagen erklären, indem man die Fallunterscheidung $x \geq 0$ und $x < 0$ aus obiger Definition 4 beachtet. Ist nämlich $x \geq 0$ so gilt $-|x| \leq 0 \leq x = |x|$, falls aber $x < 0$ erfüllt ist folgt $-|x| = -(-x) = x < 0 < -x = |x|$.

Satz 2. *Nach den Körper- und Anordnungsaxiomen besitzen die Elemente des angeordneten Körper $\mathbb{K}$ die folgenden Eigenschaften:*

i) *Für alle $x, y, z \in \mathbb{K}$ gilt: Aus $x < y$ und $y < z$ folgt $x < z$.*
   (Transitivität der kleiner-Relation)
ii) *Für alle $x, y, z \in \mathbb{K}$ gilt: Aus $x < y$ folgt $x + z < y + z$.*
   (Monotoniegesetz der Addition)
iii) *Für alle $x, y, z \in \mathbb{K}$ gilt: Aus $x < y$ und $z > 0$ folgt $x\,z < y\,z$.*
   (Monotoniegesetz der Multiplikation)
iv) *Für alle $x, y \in \mathbb{K}$ gilt: Aus $x < y$ folgt $-x > -y$.*
(v) *Für alle $x \in \mathbb{K}$ gilt: $x^2 = (-x)^2 = |x|^2 \geq 0$ sowie $x^2 = 0 \Leftrightarrow x = 0$.*
vi) *Für alle $x, y \in \mathbb{K}$ gilt: Aus $0 < x < y$ folgt $0 < y^{-1} < x^{-1}$.*
vii) *Für alle $x, y \in \mathbb{K}$ gilt $|xy| = |x| \cdot |y|$.*
viii) *Für alle $x, y \in \mathbb{K}$ gilt $|x + y| \leq |x| + |y|$.*
   (Dreiecksungleichung)

ix) Für alle $x, y \in \mathbb{K}$ gilt $|x - y| \geq \big||x| - |y|\big|$.

x) Für alle $x \in \mathbb{K} \setminus \{0\}$ gilt $\big|x^{-1}\big| = |x|^{-1}$.

xi) Gegeben seien $a \in \mathbb{R}$ und $0 < \epsilon \in \mathbb{R}$. Dann ist $|x - a| < \epsilon$ äquivalent zu

$$a - \epsilon < x < a + \epsilon \quad mit \quad x \in \mathbb{R}.$$

xii) Sei $a \in \mathbb{R}$. Gelten für beliebige $x, x', y, y' \in \mathbb{R}$ die Ungleichungen

$$|x| \leq a, \quad |x'| \leq a, \quad |y| \leq a \quad und \quad |y'| \leq a,$$

dann folgt $|x\,y - x'\,y'| \leq a\,(|x - x'| + |y - y'|)$.

xiii) Sei $0 < a \in \mathbb{R}$ erfüllt. Wenn für beliebige $x, y \in \mathbb{R}$ die Ungleichungen

$|x| \geq a$ *und* $|y| \geq a$ *gelten, dann folgt* $\left|\dfrac{1}{x} - \dfrac{1}{y}\right| \leq \dfrac{1}{a^2}\,|x - y|$.

Beweis: i) Nach Definition 3 ist zu zeigen, dass $z - x > 0$ erfüllt ist. Nach Voraussetzung gilt

$$\begin{aligned} z > y &\Leftrightarrow z - y > 0 \\ y > x &\Leftrightarrow y - x > 0 \end{aligned} \quad \overset{(A_2)}{\Rightarrow} z - x = (z - y) + (y - x) > 0.$$

ii) Nach Definition 3 ist zu zeigen, dass $(y + z) - (x + z) > 0$ ist. Nach Voraussetzung und Definition 3 gilt

$$0 < y - x = y - x + (z - z) \overset{(K_1)}{=} y + z - (x + z).$$

iii) Nach Definition 3 ist zu zeigen, dass $y\,z - x\,z > 0$ ist. Wegen der Voraussetzung $y - x > 0$ und $z > 0$ folgt nach (A_2) und (K_3) die Identität $yz - xz = (y - x)z > 0$.

iv) Nach Definition 3 ist zu zeigen, dass $-x - (-y) > 0$ gilt. Mit $IV)$ und (K_1) sowie der Voraussetzung $x < y$ gilt

$$(-x) - (-y) = (-x) + y = y - x > 0.$$

v) Sei $x \in \mathbb{K}$, so haben wir die Identität $x + (-x) = 0$. Wir multiplizieren diese Gleichung mit x bzw. $(-x)$ und erhalten

$$0 = x\,[x + (-x)] = x \cdot x + x \cdot (-x) = x^2 + (-x)x$$
$$0 = (-x)\,[x + (-x)] = (-x) \cdot x + (-x) \cdot (-x) = (-x)\,x + (-x)^2$$

Da die beiden Gleichungen eindeutig lösbar sind, erhalten wir x^2 und $(-x)^2$ als negatives Element zu $y = (-x)x$, und es folgt $x^2 = -y = (-x)^2$.

Definition 4 liefert

$$|x|^2 = \begin{cases} x^2 & , \text{ falls } x > 0 \\ 0 & , \text{ falls } x = 0 \\ (-x)^2, & \text{ falls } x < 0 \end{cases} ,$$

und damit ist $|x|^2 \geq 0$ und $|x|^2 = 0$ nur für $x = 0$ erfüllt. Allgemeiner gilt für $x_1, \ldots, x_n \in \mathbb{R}$ stets $\sum_{k=1}^{n} x_k^2 \geq 0$, und das Gleichheitszeichen tritt genau für $x_1 = x_2 = \ldots = x_n = 0$ ein.

vi) Es gilt $1 > 0$, denn nach v) ergibt sich $1 = 1^2 > 0$.
Sei nun $x > 0$, so ist auch $x^{-1} > 0$ erfüllt. Wäre nämlich $x^{-1} < 0$ richtig, so folgt $-x^{-1} > 0$ und die Multiplikation mit x gemäß (A_2) liefert

$$0 < \left(-x^{-1}\right) \cdot x = -\left(x \cdot x^{-1}\right) = -1$$

im Widerspruch zu $1 > 0$; also gilt $x^{-1} > 0$.
Sei nun $0 < x < y$ gegeben, so ist $x^{-1} > 0$ und $y^{-1} > 0$ richtig. Gemäß (A_2), (K_2) und (K_3) erhält man

$$0 < (y - x)\, x^{-1}\, y^{-1} = y\, x^{-1}\, y^{-1} - x\, x^{-1}\, y^{-1}$$

$$= x^{-1}\left(y\, y^{-1}\right) - \left(x\, x^{-1}\right) y^{-1} = x^{-1} \cdot 1 - 1 \cdot y^{-1} = x^{-1} - y^{-1}.$$

Damit ist nach Definition 3 auch $x^{-1} > y^{-1}$ bzw. $0 < y^{-1} < x^{-1}$ erfüllt.
vii) Offenbar brauchen wir diese Identität nur für alle

$$x, y \in \mathbb{K} \setminus \{0\} := \{z \in \mathbb{K}\, |\, z \neq 0\}$$

zu zeigen. Wir führen die Vorzeichen- bzw. **Signumfunktion**

$$\sigma : \mathbb{K} \setminus \{0\} \to \{+1, -1\} \quad \text{vermöge} \quad \sigma(z) := \begin{cases} +1 & , \quad z > 0 \\ -1 & , \quad z < 0 \end{cases}$$

ein. Nun gilt die Identität

$$\sigma(x) \cdot \sigma(y) = \sigma(x \cdot y) \quad \text{für alle} \quad x, y \in \mathbb{K} \setminus \{0\}.$$

Haben nämlich x und y das gleiche Vorzeichen folgt $\sigma(x)\cdot\sigma(y) = +1 = \sigma(x\cdot y)$, haben x und y ein verschiedenes Vorzeichen folgt $\sigma(x)\cdot\sigma(y) = -1 = \sigma(x \cdot y)$.
Seien nun $x, y \in \mathbb{K} \setminus \{0\}$ beliebig, so berechnen wir

$$|x| \cdot |y| = \sigma(x) \cdot x \cdot \sigma(y) \cdot y = \Big(\sigma(x) \cdot \sigma(y)\Big) \cdot (xy) = \sigma(xy) \cdot (xy) = |xy|.$$

viii) Wegen obiger Bemerkung zu Definition 4 gelten für alle $x, y \in \mathbb{K}$ die Abschätzungen

$$\left.\begin{array}{l} x \leq |x| \\ y \leq |y| \end{array}\right\} \Rightarrow \qquad \left.\begin{array}{r} x + y \leq |x| + |y| \\ \\ -(x+y) = (-x) + (-y) \leq |x| + |y| \end{array}\right\} \begin{array}{l} \text{Def. 4} \\ \Rightarrow \end{array} |x+y| \leq |x| + |y|.$$
$$\left.\begin{array}{l} -x \leq |x| \\ -y \leq |y| \end{array}\right\} \Rightarrow$$

ix) Durch Addition des Nullelements gilt einerseits $x = (x - y) + y$. Mit Hilfe der Dreiecksungleichung $|x| = |(x - y) + y| \leq |x - y| + |y|$ folgt $|x - y| \geq |x| - |y|$. Andererseits ist $y = (y - x) + x$ durch Vertauschen von $x, y \in \mathbb{K}$. Die Dreiecksungleichung liefert $|y| = |(y - x) + x| \leq |y - x| + |x|$ bzw. $|y - x| = |x - y| \geq |y| - |x| = -(|x| - |y|)$. Insgesamt erhält man nach Definition 4 für alle $x, y \in \mathbb{K}$ die Behauptung $|x - y| \geq ||x| - |y||$.

x) Sei $x \in \mathbb{K} \setminus \{0\}$. Wegen (K_2) gilt $x\,x^{-1} = 1$. Nach Definition 4 sowie $vii)$ ergibt sich $|x|\,|x^{-1}| = |x\,x^{-1}| = |1| = 1$. Damit ist nach (K_2) nun $|x^{-1}| \in \mathbb{K}$ das inverse Element zu $|x| \in \mathbb{K}$, also gilt $|x^{-1}| = |x|^{-1}$.

xi) Die Behauptung ergibt sich gemäß Definition 4 durch die äquivalenten Aussagen

$$|x - a| < \epsilon \Leftrightarrow \begin{cases} x - a < \epsilon & \text{falls } x > a \\ 0 < \epsilon & \text{falls } x = a \\ -(x - a) < \epsilon & \text{falls } x < a \end{cases} \Leftrightarrow \begin{cases} x - a < \epsilon & \text{falls } x > a \\ 0 < \epsilon & \text{falls } x = a \\ x - a > -\epsilon & \text{falls } x < a \end{cases}$$

$$\Leftrightarrow -\epsilon < x - a < \epsilon \Leftrightarrow a - \epsilon < x < a + \epsilon \quad .$$

xii) Es seien x, x', y, y' beliebige reelle Zahlen. Dann gilt

$$|x\,y - x'\,y'| = |x\,y \overbrace{-x'\,y + x'\,y}^{0} - x'\,y'| = |y\,(x - x') + x'\,(y - y')|$$

$$\overset{viii)}{\leq} |y\,(x - x')| + |x'\,(y - y')| \overset{vii)}{=} |y| \cdot |x - x'| + |x'| \cdot |y - y'|$$

$$\overset{\text{(Vor.)}}{\leq} a \cdot |x - x'| + a \cdot |y - y'| \overset{(K_3)}{=} a \cdot (|x - x'| + |y - y'|).$$

xiii) Aus den Voraussetzungen $|x| \geq a$ sowie $|y| \geq a$ erhalten wir die Abschätzungen $\dfrac{1}{|x|} \leq \dfrac{1}{a}$ sowie $\dfrac{1}{|y|} \leq \dfrac{1}{a}$, und es folgt

$$\left| \frac{1}{x} - \frac{1}{y} \right| = \left| \frac{y - x}{x\,y} \right| = \left| \frac{1}{x\,y}\,(y - x) \right| \overset{vii)}{=} \left| \frac{1}{x\,y} \right| \cdot |y - x|$$

$$\overset{x)}{=} \frac{1}{|x\,y|} \cdot |y - x| \overset{vii)}{=} \frac{1}{|x|\,|y|} \cdot |y - x| \leq \frac{1}{a^2} \cdot |y - x|.$$

q.e.d.

Der Umgang mit quadratischen Gleichungen war wohl schon der Mathematik im antiken Mesopotamien vertraut, und quadratische Gleichungen haben ihre zentrale Bedeutung bis heute für unsere Wissenschaft behalten. Wir bringen das Lösen quadratischer Gleichungen üblicherweise mit dem Philosophen Vieta bzw. Viète in Verbindung, welcher an der zweitältesten Universität Frankreichs, nämlich in Poitiers, gewirkt hat.

Beispiel 1. **Quadratische Ergänzung:** Seien die reellen Parameter a, b gegeben. Um den Scheitelpunkt S einer Parabel $y = x^2 + 2ax + b$ zu ermitteln, bildet man ein vollständiges Quadrat:

$$y = (x + a)^2 + (b - a^2) \geq b - a^2. \tag{1}$$

Das Gleichheitszeichen tritt in (1) genau dann ein, wenn $x + a = 0$ richtig ist. Somit erhält man für den Scheitelpunkt S, wo die obige Funktion ihr globales Minimum annimmt, die Koordinaten $S = \left(-a, b - a^2\right)$.

Beispiel 2. **Die Ungleichung vom arithmetischen und geometrischen Mittel:** Für alle Zahlen $a, b \in \mathbb{R}$ gilt

$$(a - b)^2 \geq 0 \Leftrightarrow a^2 - 2ab + b^2 \geq 0 \Leftrightarrow a^2 + b^2 \geq 2ab \Leftrightarrow ab \leq \frac{1}{2}\left(a^2 + b^2\right). \tag{2}$$

Mittels Substitution $a := \sqrt{x}$ und $b := \sqrt{y}$ erhalten wir folgende Aussage: *Das geometrische Mittel von zwei nichtnegativen reellen Zahlen x, y ist kleiner oder gleich dem arithmetischen Mittel:*

$$\sqrt{xy} = ab \leq \frac{1}{2}\left(a^2 + b^2\right) = \frac{1}{2}(x + y). \tag{3}$$

Der Beweis durch **vollständige Induktion** ist ein wichtiges Hilfsmittel in der Mathematik. Er dient zum Nachweis, dass gewisse Aussagen $H(n)$ für alle natürlichen Zahlen $n \geq n_0$, $n \in \mathbb{N}$ wahr sind. Das Beweisprinzip besteht darin, dass man im **Induktionsanfang** die Wahrheit der Aussage $H(n)$ für ein festes $n_0 \in \mathbb{N}$ nachweist, und man im **Induktionsschritt** aus der Induktionsvoraussetzung (IV), dass nämlich $H(n)$ für ein beliebiges $n \in \mathbb{N}$ mit $n \geq n_0$ schon als wahr nachgewiesen ist, die Induktionsbehauptung $H(n + 1)$ erschließt – also dann die Aussage auch für den unmittelbaren Nachfolger $n + 1$ von n wahr ist.

Wir zeigen durch vollständige Induktion die

Satz 3 (Bernoullische Ungleichung). *Für alle $n \in \mathbb{N}$ und für alle $x \in \mathbb{R}$ gilt*

$$x \geq -1 \Rightarrow (1 + x)^n \geq 1 + nx. \tag{4}$$

Beweis: Die Aussage $H(n)$ sei die zu beweisende Ungleichung (4).

i) Für $n_0 = 1$ und $x \geq -1$ erhält man im Induktionsanfang die wahre Aussage $H(1): (1 + x)^1 \geq 1 + 1 \cdot x$.

ii) Der Induktionsschritt besagt, dass für alle $n \in \mathbb{N}$ die Implikation

$$H(n) \Rightarrow H(n + 1)$$

gilt. Nach Induktionsvoraussetzung (IV) gilt für ein beliebiges $n \in \mathbb{N}$ die Aussage

$$x + 1 \geq 0 \Rightarrow (1 + x)^n \geq 1 + nx \,.$$

Nun folgt wegen $n\,x^2 \geq 0$ mit der Ungleichung

$$(1 + x)^{n+1} = (1 + x) \cdot (1 + x)^n \overset{(IV)}{\geq} (1 + x) \cdot (1 + n\,x)$$
$$= 1 + n\,x + x + n\,x^2 \geq 1 + (n + 1)\,x$$

die Induktionsbehauptung $H(n + 1)$.

Nach dem Prinzip der vollständigen Induktion ist die Ungleichung von Bernoulli für alle $n \geq 1$ richtig.   q.e.d.

Definition 5. *Sei $\mathbb{K}$ ein angeordneter Körper. $\mathbb{K}$ heißt archimedisch angeordnet, wenn für alle $x, y \in \mathbb{K}$ das Archimedische Axiom (A_3) gilt:*
(A_3) Für alle $x, y \in \mathbb{K}$ mit $x > 0$ und $y > 0$ existiert ein $n \in \mathbb{N}$ mit $n\,x > y$.

Bemerkung: $\mathbb{Q}$ und $\mathbb{R}$ sind archimedisch angeordnete Körper.

Wir wollen nun endliche Summen und Produkte von Elementen des Körpers $\mathbb{K}$ betrachten. Hierzu seien die Elemente $a_1, a_2, \ldots, a_n \in \mathbb{K}$ gegeben; die ganzen Zahlen $1, 2, \ldots, n$ dienen zur Unterscheidung der Elemente a_k und heißen **Indizes**. Als Summe bzw. Produkt dieser Zahlen erklären wir

$$\sum_{k=1}^{n} a_k := a_1 + a_2 + \ldots + a_n \quad \text{bzw.} \quad \prod_{k=1}^{n} a_k := a_1 \cdot a_2 \cdot \ldots \cdot a_n \qquad (5)$$

mit Hilfe des **Summen-** bzw. **Produktzeichens**.

Bemerkungen: a) Es kann vorkommen, dass nur über eine Teilmenge der Indizes summiert wird, z.B.

$$\sum_{\substack{i=1 \\ i \neq k}}^{n} a_i = a_1 + \ldots + a_{k-1} + a_{k+1} + \ldots + a_n \qquad \text{mit einem} \quad 1 \leq k \leq n \,.$$

b) Auch **Doppelindizes** können auftreten. Hierzu definieren wir die Indexmenge $M := \{k \in \mathbb{N} : 1 \leq k \leq n\}$. Wir betrachten die nun Abbildung

$$M \times M \to \mathbb{K} \quad \text{vermöge} \quad (i, j) \mapsto a_{ij}$$

und erhalten in Matrixschreibweise:

	$j = 1$	$j = 2$	$\ldots$	$j = n$
$i = 1$	a_{11}	a_{12}	$\ldots$	a_{1n}
$i = 2$	a_{21}	a_{22}	$\ldots$	a_{2n}
$\vdots$	$\vdots$	$\vdots$	$\ddots$	$\vdots$
$i = n$	a_{n1}	a_{n2}	$\ldots$	a_{nn}

$$(6)$$

Die Summe aller Körperelemente aus (6) liefert uns die Doppelsumme

$$\sum_{i,j=1}^{n} a_{ij} = \sum_{i=1}^{n} \left(\sum_{j=1}^{n} a_{ij} \right) \overset{(K_1)}{=} \sum_{j=1}^{n} \left(\sum_{i=1}^{n} a_{ij} \right). \tag{7}$$

Dabei wird einmal über die Zeilen $i = 1, \ldots, n$ der Anordnung (6) und das andere Mal über die Spalten $j = 1, \ldots, n$ summiert.

Beispiel 3. Seien $x_i, x_j \in \mathbb{K}$ und $a_{ij} := x_i \cdot y_j$ mit $i, j = 1, 2, \ldots, n$ gegeben, so gilt wegen (K_2) und (K_3) die Identität

$$\sum_{i,j=1}^{n} a_{ij} = \sum_{i,j=1}^{n} x_i \cdot y_j = \left(\sum_{i=1}^{n} x_i \right) \cdot \left(\sum_{j=1}^{n} y_j \right). \tag{8}$$

Es kann auch vorkommen, dass wir nur über Teilmengen von geordneten Paaren (i, j) summieren. So treten in der Summe $\displaystyle\sum_{\substack{i,j=1 \\ i<j}}^{n} a_{ij}$ nur diejenigen $\dfrac{n}{2}(n-1)$ Terme auf, die oberhalb der Hauptdiagonalen in der Anordnung (6) liegen. Gilt insbesondere die Bedingung

$$a_{ij} = \begin{cases} a_{ji} & \text{falls} \quad i \neq j \\ 0 & \text{falls} \quad i = j \end{cases}, \tag{9}$$

so folgt

$$\sum_{i,j=1}^{n} a_{ij} = 2 \cdot \sum_{\substack{i,j=1 \\ i<j}}^{n} a_{ij}. \tag{10}$$

Satz 4 (Ungleichung von Cauchy-Schwarz).
Wenn $a_k, b_k \in \mathbb{R}$ für $k = 1, 2, \ldots, n$ gilt, dann folgt die Abschätzung

$$\left(\sum_{k=1}^{n} a_k b_k \right)^2 \leq \left(\sum_{k=1}^{n} a_k^2 \right) \cdot \left(\sum_{k=1}^{n} b_k^2 \right). \tag{11}$$

Beweis: Wir verwenden die Matrix

$$a_{ij} := (a_i b_j - a_j b_i)^2 \geq 0 \quad \text{für} \quad i, j = 1, \ldots, n$$

und beachten ihre Eigenschaft (9). Dann liefert die Identität (10) folgende Abschätzung

$$0 \leq \sum_{\substack{i,j=1 \\ i<j}}^{n} a_{ij} = \frac{1}{2} \sum_{i,j=1}^{n} (a_i\, b_j - a_j\, b_i)^2$$

$$= \frac{1}{2} \sum_{i,j=1}^{n} \left(a_i^2\, b_j^2 + a_j^2\, b_i^2 - 2a_i\, b_i\, a_j\, b_j \right)$$

$$= \frac{1}{2} \sum_{i,j=1}^{n} a_i^2\, b_j^2 + \frac{1}{2} \sum_{i,j=1}^{n} a_j^2\, b_i^2 - \sum_{i,j=1}^{n} (a_i\, b_i) \cdot (a_j\, b_j) \tag{12}$$

$$= \left(\sum_{i=1}^{n} a_i^2 \right) \cdot \left(\sum_{j=1}^{n} b_j^2 \right) - \left(\sum_{i=1}^{n} a_i\, b_i \right)^2 . \qquad q.e.d.$$

Beispiel 4. Für $n \in \mathbb{N}_0$ definieren wir die natürliche Zahl n **Fakultät** wie folgt:

$$0! := 1 \quad , \quad 1! := 1 \quad , \quad 2! := 2 \cdot 1 = 2 \quad , \quad n! := \prod_{k=1}^{n} k \quad . \tag{13}$$

Weiter erklären wir für $k, n \in \mathbb{N}_0$ den **Binomialkoeffizienten**

$$\binom{n}{k} := \frac{n!}{k!\,(n-k)!} = \frac{n\,(n-1)\dots(n-k+1)}{k!} \quad . \tag{14}$$

Wegen

$$\binom{n}{k} + \binom{n}{k-1} \overset{(14)}{=} \frac{n!}{k!\,(n-k)!} + \frac{n!}{(k-1)!\,(n-k+1)!}$$

$$= \frac{n!}{k!\,(n-k+1)!} \left[(n-k+1) + k \right] = \frac{n!\,(n+1)}{k!\,[(n+1)-k]!} = \binom{n+1}{k} \tag{15}$$

gilt das **Additionstheorem für die Binomialkoeffizienten**:

$$1 \leq k \leq n \Rightarrow \binom{n+1}{k} = \binom{n}{k-1} + \binom{n}{k} \quad \text{für alle} \quad k, n \in \mathbb{N}. \tag{16}$$

Satz 5 (Binomischer Lehrsatz). *Für alle $n \in \mathbb{N}$ und $a, b \in \mathbb{K}$ gilt die Identität*

$$(a+b)^n = \sum_{k=0}^{n} \binom{n}{k} a^k\, b^{n-k}. \tag{17}$$

Beweis: Falls $b = 0$ gilt, so ist obige Gleichung (17) wegen

$$(a+0)^n = \sum_{k=0}^{n} \binom{n}{k} a^k\, 0^{n-k} = \binom{n}{n} a^n\, 0^0 = a^n$$

offenbar erfüllt. Somit können wir $b \neq 0$ voraussetzen, und wir multiplizieren (17) mit b^{-n} folgendermaßen:

$$\left(\frac{a}{b} + 1\right)^n = b^{-n} \cdot (a+b)^n = b^{-n} \cdot \sum_{k=0}^{n} \binom{n}{k} a^k b^{n-k}$$

$$= \sum_{k=0}^{n} \binom{n}{k} a^k b^{-k} = \sum_{k=0}^{n} \binom{n}{k} \left(\frac{a}{b}\right)^k .$$

Verwenden wir die Substitution $z := \dfrac{a}{b} \in \mathbb{K}$, so erreichen wir die zu (17) äquivalente Aussage

$$(z+1)^n = \sum_{k=0}^{n} \binom{n}{k} z^k \qquad . \tag{18}$$

Mittels vollständiger Induktion beweisen wir jetzt (18) für alle $n \in \mathbb{N}$, wobei die Aussage $H(n)$ die Gleichung (18) darstellt.

(IA) Für $n_0 = 1$ und $z \in \mathbb{K}$ ergibt sich die wahre Aussage

$$(1+z)^1 = \sum_{k=0}^{1} \binom{1}{k} z^k = \binom{1}{0} z^0 + \binom{1}{1} z^1 = 1 + z.$$

(IS) Nach Induktionsvoraussetzung gilt (18) für ein beliebiges $n \in \mathbb{N}$. Dann folgt

$$(1+z)^{n+1} = (1+z) \cdot (1+z)^n \overset{(IV)}{=} (1+z) \cdot \left[\sum_{k=0}^{n} \binom{n}{k} z^k\right]$$

$$\overset{(K_3)}{=} \sum_{k=0}^{n} \binom{n}{k} z^k + \sum_{k=0}^{n} \binom{n}{k} z^{k+1}$$

$$\overset{l:=k+1}{=} \sum_{k=0}^{n} \binom{n}{k} z^k + \sum_{l=1}^{n} \binom{n}{l-1} z^l + \binom{n}{n} z^{n+1}$$

$$= \binom{n}{0} z^0 + \sum_{k=1}^{n} \left[\binom{n}{k} + \binom{n}{k-1}\right] z^k + \binom{n+1}{n+1} z^{n+1}$$

$$\overset{(16)}{=} 1 + \sum_{k=1}^{n} \binom{n+1}{k} z^k + \binom{n+1}{n+1} z^{n+1} = \sum_{k=0}^{n+1} \binom{n+1}{k} z^k.$$

Nach dem Prinzip der vollständigen Induktion ist damit alles bewiesen. q.e.d.

Beispiel 5. **Teleskopsummen**

Seien $m, n \in \mathbb{N}_0$ mit $m \leq n$ und $b_k \in \mathbb{K}$ zu den Indizes $k = m, m+1, \ldots, n+1$

gegeben. Wir betrachten jetzt die Differenzen $a_k := b_{k+1} - b_k$ für $m \leq k \leq n$ und berechnen

$$\sum_{k=m}^{n} a_k = \sum_{k=m}^{n} (b_{k+1} - b_k) = \sum_{k=m}^{n} b_{k+1} - \sum_{k=m}^{n} b_k$$

$$= (b_{m+1} + b_{m+2} + \ldots + b_{n+1}) - (b_m + b_{m+1} + b_{m+2} + \ldots + b_n) \qquad (19)$$

$$= b_{n+1} - b_m.$$

Für $1 = m \leq n$ und $b_k := k^2$ ergibt sich $a_k = (k+1)^2 - k^2 = 2\,k + 1$ sowie

$$\sum_{k=1}^{n} a_k = \sum_{k=1}^{n} (2\,k + 1) = n + 2 \cdot \left(\sum_{k=1}^{n} k \right) . \qquad (20)$$

Andererseits ist nach (19)

$$\sum_{k=1}^{n} a_k = (n+1)^2 - 1 = n^2 + 2\,n \qquad (21)$$

richtig, woraus sich zusammen mit (20) die **Gaußsche Summenformel** ergibt:

$$\sum_{k=1}^{n} k = \frac{n}{2}\,(n+1) \quad . \qquad (22)$$

Beispiel 6. Seien $z \in \mathbb{K} \setminus \{1\}$ und $0 = m \leq n$ sowie

$$b_k := z^k \quad \text{für} \quad k = 0, 1, 2, \ldots, n, n+1$$

gewählt. Dann ermitteln wir

$$a_k = z^{k+1} - z^k = (z-1)\,z^k \quad \text{für} \quad k = 0, 1, 2, \ldots, n$$

und berechnen

$$z^{n+1} - 1 \overset{(19)}{=} \sum_{k=0}^{n} a_k = \sum_{k=0}^{n} (z-1)\,z^k = (z-1) \sum_{k=0}^{n} z^k \quad ,$$

woraus sich die **geometrische Summenformel** ergibt:

$$\sum_{k=0}^{n} z^k = \frac{z^{n+1} - 1}{z - 1} = \frac{1 - z^{n+1}}{1 - z} \quad . \qquad (23)$$

§2 Konstruktion der reellen Zahlen $\mathbb{R}$ nach D. Hilbert

Der *Beweis durch Widerspruch*, den wir auch *indirekten Beweis* nennen, stellt ein wichtiges Hilfsmittel in der Mathematik dar. Für das Beweisverständnis müssen wir akzeptieren:

1. In der Mathematik gibt es keine Aussage, die zugleich wahr und falsch ist.
2. Wenn eine Aussage falsch ist, dann ist ihre Verneinung richtig.

Beweisprinzip: Eine Aussage H ist zu beweisen. Angenommen, die Aussage H ist falsch, d.h. die Verneinung von H ist wahr. Hieraus werden (unter Verwendung der Voraussetzungen und gewisser Zwischenergebnisse) logisch richtige Folgerungen gezogen – bis man zu einer Aussage B gelangt, von der bereits feststeht, dass ihre Verneinung gilt. Die Aussage B ist also falsch. Dies ist ein Widerspruch, da die Aussage B nicht zugleich wahr und falsch sein kann. Nun kommt die Folgerung aus dieser Feststellung: Die Annahme, dass H falsch ist, muß falsch gewesen sein, d.h. H ist richtig.

Wir wollen das System der reellen Zahlen aus den rationalen Zahlen $\mathbb{Q}$ konstruieren. Zunächst zeigen wir den

Hilfssatz 1. *Es gibt kein $x \in \mathbb{Q}$ mit $x^2 = 2$.*

Beweis: (indirekt) Angenommen, es gibt ein $x \in \mathbb{Q}$ mit $x^2 = 2$. Dann lässt sich x in der Form

$$x := \frac{p}{q} \text{ mit } p \in \mathbb{Z} \text{ und } q \in \mathbb{N}$$

darstellen. Wir können o.B.d.A. voraussetzen, dass p und q teilerfremd sind, da wir anderenfalls gemeinsame Teiler durchkürzen. Damit folgt wegen der Identität

$$2 = x^2 = \left(\frac{p}{q}\right)^2 \Leftrightarrow p^2 = 2\,q^2,$$

dass p^2 und damit auch p eine gerade Zahl ist. Es gibt also ein $m \in \mathbb{Z}$ mit $p = 2\,m$. Wir erhalten

$$p^2 = 4m^2 = 2\,q^2 \Rightarrow q^2 = 2\,m^2.$$

Somit ist neben p auch q eine gerade Zahl. Dieses steht im Widerspruch zu der Voraussetzung, dass p und q teilerfremd sind. Die Annahme, es gäbe ein $x \in \mathbb{Q}$ mit $x^2 = 2$, ist also falsch. Damit ist Hilfssatz 1 bewiesen.   q.e.d.

Wir wollen nun eine Lösung der Gleichung $x^2 = 2$ definieren. Seien die Ziffern $a_k \in \mathbb{N}_0$ mit $0 \leq a_k \leq 9$ für alle $k \in \mathbb{N}_0$ gewählt. Dazu betrachten wir die Darstellung

$$\sqrt{2} := x = \sum_{k=0}^{\infty} \frac{a_k}{10^k} = a_0 + \frac{a_1}{10} + \frac{a_2}{100} + \dots$$

als unendlichen Dezimalbruch mit $a_0 = 1$, $a_1 = 4$, $a_2 = 1$ usw. Wir erklären die rationale Zahlenfolge $\{x_n\}$ durch

$$x_n := \sum_{k=0}^{n} \frac{a_k}{10^k} \in \mathbb{Q} \quad \text{für} \quad n = 0, 1, 2, \ldots$$

mit dem Grenzwert $\sqrt{2}$. Der Hilfssatz 1 besagt, dass dieser Grenzwert nicht in $\mathbb{Q}$ liegen kann. Wir werden die Folge $\{x_n\}_{n=1,2,\ldots}$ mit der reellen Zahl $\sqrt{2}$ identifizieren. Für beliebige $m, n \geq N \in \mathbb{N}$ und o.B.d.A. $n > m$ gilt die Ungleichung

$$\begin{aligned}
|x_n - x_m| &= \left| \sum_{k=m+1}^{n} \frac{a_k}{10^k} \right| \leq \sum_{k=m+1}^{n} \frac{|a_k|}{10^k} \leq \sum_{k=m+1}^{n} \frac{10}{10^k} \\
&= \sum_{k=m+1}^{n} \left(\frac{1}{10}\right)^{k-1} \stackrel{p:=k-m-1}{=} \sum_{p=0}^{n-m-1} \left(\frac{1}{10}\right)^{p+m} \\
&= \left(\frac{1}{10}\right)^{m} \cdot \sum_{p=0}^{n-m-1} \left(\frac{1}{10}\right)^{p} = \left(\frac{1}{10}\right)^{m} \cdot \frac{1 - \left(\frac{1}{10}\right)^{n-m}}{1 - \frac{1}{10}} \\
&\leq \frac{10}{9} \cdot \left(\frac{1}{10}\right)^{m} \leq \frac{10}{9} \cdot \left(\frac{1}{10}\right)^{N}.
\end{aligned}$$

Hierbei haben wir die geometrische Summenformel (23) aus §1 verwandt. Für ein vorgegebenes $\epsilon > 0$ kann man ein $N = N(\epsilon)$ derart wählen, dass $|x_n - x_m| < \epsilon$ für alle $n, m \geq N(\epsilon)$ richtig ist – und somit die Streuung der Folge $\{x_n\}_{n=1,2,\ldots}$ rationaler Zahlen beliebig klein wird.

Definition 1. *Eine Abbildung $f : \mathbb{N} \to \mathbb{Q}$ vermöge $n \mapsto x_n := f(n)$ heißt* **rationale Zahlenfolge** *$\{x_n\}_{n=1,2,\ldots}$ oder kurz* **rationale Folge** *$\{x_n\}_{n\in\mathbb{N}}$. Die Zahlen x_n heißen Glieder der Zahlenfolge.*

Bemerkungen: Bei Folgen betrachten wir die Indexmenge $\mathbb{N}$ als geordnete Menge, und wir verstehen somit die Symbole $\{x_n\}_{n=1,2,\ldots}$ oder $\{x_n\}_{n\in\mathbb{N}}$ als gleichwertig.

Definition 2. *Eine rationale Zahlenfolge $\{x_n\}_{n\in\mathbb{N}}$ heißt* **rationale Cauchy-folge** *genau dann, wenn es zu jedem $\epsilon > 0$ eine natürliche Zahl $N = N(\epsilon)$ gibt, so dass*

$$|x_n - x_m| < \epsilon \quad \text{für alle} \quad m, n \geq N(\epsilon) \tag{1}$$

erfüllt ist.

Definition 3. *Eine rationale Zahlenfolge* $\{x_n\}_{n\in\mathbb{N}}$ *heißt* **rationale Null-folge**, *wenn es zu jedem* $\epsilon > 0$ *eine natürliche Zahl* $N = N(\epsilon)$ *derart gibt, dass für alle* $n \geq N(\epsilon)$ *stets* $|x_n| < \epsilon$ *gilt.*

Definition 4. *Zwei rationale Cauchyfolgen* $\{x_n\}_{n\in\mathbb{N}}$ *und* $\{y_n\}_{n\in\mathbb{N}}$ *heißen zu-einander* **äquivalent**, *wenn* $\{x_n - y_n\}_{n\in\mathbb{N}}$ *eine rationale Nullfolge ist. Man schreibt dann* $\{x_n\}_{n\in\mathbb{N}} \sim \{y_n\}_{n\in\mathbb{N}}$. *Letzteres bedeutet, für jedes* $\epsilon > 0$ *gibt es ein* $N = N(\epsilon) \in \mathbb{N}$, *so dass* $|x_n - y_n| < \epsilon$ *für alle* $n \geq N(\epsilon)$ *erfüllt ist.*

Wir werden jetzt die reellen Zahlen durch rationale Cauchyfolgen darstellen, wobei wir äquivalente Folgen zu einer Äquivalenzklasse zusammenfassen.

Definition 5. *Für eine beliebige Menge* M *sei zwischen zwei Elementen* $a, b \in M$ *eine Relation* $a \sim b$ *derart definiert, so dass für jedes geordnete Paar* $(a, b) \in M \times M$ *feststeht, ob* $a \sim b$ *richtig ist oder nicht. Diese Relation heißt* **Äquivalenzrelation**, *wenn die Axiome* (R), (S), (T) *erfüllt sind.*

(R)	*Für alle* $a \in M$ *gilt:*	$a \sim a$	*(Reflexivität)*
(S)	*Für alle* $a, b \in M$ *gilt:*	$a \sim b \Rightarrow b \sim a$	*(Symmetrie)*
(T)	*Für alle* $a, b, c \in M$ *gilt:*	$(a \sim b) \wedge (b \sim c) \Rightarrow a \sim c$	*(Transitivität)*

Beispiel 1. a) Die Gleichheit rationaler Zahlen ist eine Äquivalenzrelation, denn für alle $a, b, c \in \mathbb{Q}$ gelten die Axiome (R) $a = a$, (S) $a = b \Rightarrow b = a$, (T) $(a = b) \wedge (b = c) \Rightarrow a = c$.
b) Die *kleiner*-Relation rationaler Zahlen ist wegen (R) $\quad a < a$ keine Äqui-valenzrelation.
c) Für $M = \mathbb{Z}$ ist $a \sim b \Leftrightarrow \frac{a-b}{2} \in \mathbb{Z}$ eine Äquivalenzrelation, die $\mathbb{Z}$ gemäß Definition 6 in die elementfremden Äquivalenzklassen der geraden und ungeraden Zahlen einteilt.

Beispiel 2. Sei $\mathcal{M}$ die Menge der rationalen Cauchyfolgen $\{x_n\}_{n\in\mathbb{N}}$. Dann ist die in Definition 4 erklärte Beziehung eine Äquivalenzrelation, denn für alle rationalen Cauchyfolgen $\{x_n\}_{n\in\mathbb{N}}, \{y_n\}_{n\in\mathbb{N}}, \{z_n\}_{n\in\mathbb{N}} \in \mathcal{M}$ gelten die nachfol-genden Aussagen:

(R) $\{x_n\}_{n\in\mathbb{N}} \sim \{x_n\}_{n\in\mathbb{N}}$, weil $\{x_n - x_n\}_{n\in\mathbb{N}}$ die konstante Nullfolge darstellt;

(S) $\{x_n\}_{n\in\mathbb{N}} \sim \{y_n\}_{n\in\mathbb{N}}$ liefert $|x_n - y_n| < \epsilon$ für alle $n \geq N(\epsilon)$ und somit $|y_n - x_n| = |(-1) \cdot (x_n - y_n)| = |x_n - y_n| < \epsilon$ für alle $n \geq N(\epsilon)$ und schließlich $\{y_n\}_{n\in\mathbb{N}} \sim \{x_n\}_{n\in\mathbb{N}}$ gemäß Definition 4;

(T) $\{x_n\}_{n\in\mathbb{N}} \sim \{y_n\}_{n\in\mathbb{N}} \wedge \{y_n\}_{n\in\mathbb{N}} \sim \{z_n\}_{n\in\mathbb{N}}$ $\quad \Rightarrow$ Für alle $n \geq N(\epsilon)$ gilt $|x_n - z_n| = |(x_n - y_n) + (y_n - z_n)| \leq |x_n - y_n| + |y_n - z_n| < 2\epsilon$

$\Rightarrow \quad \{x_n\}_{n\in\mathbb{N}} \sim \{z_n\}_{n\in\mathbb{N}}$ gemäß Definition 4.

Definition 6. *Sei M eine Menge mit einer Äquivalenzrelation $\sim$. Dann heißt eine Teilmenge $A \subset M$ **Äquivalenzklasse**, falls Folgendes gilt:*

1. $A \neq \emptyset$.
2. $x, y \in A \Rightarrow x \sim y$.
3. $x \in A, y \in M, x \sim y \Rightarrow y \in A$.

Satz 1. *Sei $\sim$ eine Äquivalenzrelation auf der Menge M, dann ist für jedes beliebige $a \in M$ die Menge $K_a := \{x \in M : \quad x \sim a\}$ eine Äquivalenzklasse. Wir nennen $x \in K_a$ einen Repräsentanten der Äquivalenzklasse K_a.*

$$\text{Für } a, b \in M \text{ und } a \neq b \text{ gilt} : \quad K_a = K_b \Leftrightarrow a \sim b. \tag{2}$$

Beweis: Zunächst zeigen wir, dass K_a eine Äquivalenzklasse ist. Wegen $a \sim a$ ist $a \in K_a$ und damit $K_a \neq \emptyset$. Seien $x, y \in K_a$ so folgt $x \sim a$ und $y \sim a$ und wegen (T) folgt $x \sim y$. Ist $x \in K_a$, $y \in M$ und $x \sim y$, so folgt $y \in K_a$ wegen $x \sim a$ und (T). Damit ist K_a eine Äquivalenzklasse. Das Nachrechnen der Äquivalenz (2) überlassen wir dem Leser zur Übung.   q.e.d.

Bemerkung: Eine Menge M wird also durch die Erklärung einer Äquivalenzrelation $\sim$ in paarweise disjunkte Klassen eingeteilt, und es gilt $M = \bigcup\limits_{a \in M} K_a$.

Wie die Klasseneinteilung in der Menge $\mathcal{M}$ der rationalen Cauchyfolgen aussieht, wollen wir jetzt untersuchen.

Definition 7. *Für eine rationale Cauchyfolge $\{a_n\}_{n \in \mathbb{N}}$ bezeichnen wir mit $[\{a_n\}_{n \in \mathbb{N}}]$ oder kurz $[a_n]$ die Äquivalenzklasse aller rationalen Cauchyfolgen $\{x_n\}_{n \in \mathbb{N}}$, die mit der Folge $\{a_n\}_{n \in \mathbb{N}}$ äquivalent sind. Die **Menge der reellen Zahlen** $\mathbb{R}$ erklären wir als die Menge aller Äquivalenzklassen $[a_n] =: \alpha$ rationaler Cauchyfolgen. Die Elemente $\alpha \in \mathbb{R}$ heißen reelle Zahlen. Man verwendet die Schreibweise:*

$$\alpha := [a_n] = \{\{x_n\}_{n \in \mathbb{N}} \in \mathcal{M} : \quad \{x_n\}_{n \in \mathbb{N}} \sim \{a_n\}_{n \in \mathbb{N}}\}$$

Bemerkung: Wir nennen $\alpha \in \mathbb{R}$ rational, wenn $a_n = \frac{p}{q}$ $(p \in \mathbb{Z}, q \in \mathbb{N})$ für alle $n \in \mathbb{N}$ gilt – sonst heißt α irrational. Damit sind die konstanten rationalen Cauchyfolgen die Repräsentanten der rationalen Elemente von $\mathbb{R}$.

Wir wollen nun die Rechenoperationen und den Begriff der Positivität in $\mathbb{R}$ durch Repräsentanten $\{x_n\}_{n \in \mathbb{N}} \in \mathcal{M}$ der Klasse $\alpha = [a_n]$ definieren.

Hilfssatz 2. *Jede rationale Cauchyfolge $\{x_n\}_{n \in \mathbb{N}}$ ist beschränkt; d. h es gibt eine Konstante $c \in \mathbb{Q}$ mit $c > 0$, so dass $|x_n| \leq c$ für alle $n \in \mathbb{N}$ richtig ist.*

Beweis: Sei $\{x_n\}_{n \in \mathbb{N}} \in \mathcal{M}$. Da $\{x_n\}_{n \in \mathbb{N}}$ eine rationale Cauchyfolge ist, gibt es insbesondere zu $\epsilon = 1$ eine natürliche Zahl $N = N(1) \in \mathbb{N}$ mit der Eigenschaft

$$|x_n - x_m| < 1 \quad \text{für alle} \quad m, n \geq N.$$

Dann folgt mit der Dreiecksungleichung

$$|x_n| = |(x_n - x_N) + x_N| \leq |x_n - x_N| + |x_N| \quad \text{für alle} \quad n \in \mathbb{N} \quad \text{mit} \quad n \geq N.$$

Setzen wir nun

$$c := max\{|x_1|, |x_2|, \ldots, |x_{N-1}|, 1 + |x_N|\}$$

als **Maximum** der angegebenen $N \in \mathbb{N}$ rationalen Zahlen, so ergibt sich mit

$$|x_n| \leq c \quad \text{für alle} \quad n \in \mathbb{N}$$

die Behauptung.   q.e.d.

Hilfssatz 3. *Seien* $\{a_n\}_{n\in\mathbb{N}}, \{b_n\}_{n\in\mathbb{N}}, \{x_n\}_{n\in\mathbb{N}}, \{y_n\}_{n\in\mathbb{N}} \in \mathcal{M}$ *rationale Cauchyfolgen, wobei* $\{x_n\}_{n\in\mathbb{N}} \sim \{a_n\}_{n\in\mathbb{N}}$ *und* $\{y_n\}_{n\in\mathbb{N}} \sim \{b_n\}_{n\in\mathbb{N}}$ *erfüllt ist. Dann sind auch* $\{a_n + b_n\}_{n\in\mathbb{N}}, \{a_n \cdot b_n\}_{n\in\mathbb{N}}, \{x_n + y_n\}_{n\in\mathbb{N}}, \{x_n \cdot y_n\}_{n\in\mathbb{N}} \in \mathcal{M}$ *rationale Cauchyfolgen, und es gelten die Relationen*

$$\{x_n + y_n\}_{n\in\mathbb{N}} \sim \{a_n + b_n\}_{n\in\mathbb{N}} \tag{3}$$

sowie

$$\{x_n \cdot y_n\}_{n\in\mathbb{N}} \sim \{a_n \cdot b_n\}_{n\in\mathbb{N}}. \tag{4}$$

Beweis: Zu vorgegebenem $\epsilon > 0$ existiert eine natürliche Zahl $N = N(\epsilon) \in \mathbb{N}$, so dass $|x_n - a_n| < \epsilon$ und $|y_n - b_n| < \epsilon$ für alle $n \in \mathbb{N}$ mit $n \geq N(\epsilon)$ richtig ist. Mit der Dreiecksungleichung erhalten wir

$$|(x_n + y_n) - (a_n + b_n)| = |(x_n - a_n) + (y_n - b_n)| \leq |x_n - a_n| + |y_n - b_n| < 2\epsilon$$

für alle $n \geq N(\epsilon)$, und die Aussage (3) ist gezeigt.

Aufgrund von Hilfssatz 2 ermitteln wir die folgende Abschätzung

$$|x_n y_n - a_n b_n| = |x_n y_n - a_n y_n + a_n y_n - a_n b_n|$$

$$= |(x_n - a_n)y_n + (y_n - b_n)a_n| \leq |(x_n - a_n)y_n| + |(y_n - b_n)a_n|$$

$$= |x_n - a_n| \cdot |y_n| + |y_n - b_n| \cdot |a_n|$$

$$\leq c(|x_n - a_n| + |y_n - b_n|) < 2c\epsilon \quad \text{für alle} \quad n \geq N(\epsilon);$$

hierbei haben wir die Aussagen vii) und viii) aus Satz 2 in § 1 verwandt. Damit ist die Aussage (4) gezeigt.   q.e.d.

Hilfssatz 3 erlaubt es Summe und Produkt reeller Zahlen zu erklären, denn sie sind unabhängig von der Auswahl der Repräsentanten.

Definition 8. *Sei die rationale Folge $\{x_n\}_{n\in\mathbb{N}}$ gegeben und eine beliebige auf-steigende Folge natürlicher Zahlen $1 \le n_1 < n_2 < n_3 < \dots$ gewählt. Dann nennen wir*

$$\{x_{n_k}\}_{k\in\mathbb{N}} = x_{n_1}, x_{n_2}, \dots, x_{n_k}, \dots$$

eine **Teilfolge** *der rationalen Folge $\{x_n\}_{n\in\mathbb{N}}$.*

Hilfssatz 4. *Sei $\{x_n\}_{n\in\mathbb{N}}$ eine rationale Cauchyfolge. Dann tritt genau einer der folgenden Fälle ein:*

(i) $\{x_n\}_{n\in\mathbb{N}}$ ist eine rationale Nullfolge.
(ii) Typ A^+: Es gibt eine positive rationale Zahl a und ein $N \in \mathbb{N}$ mit
    $x_n \ge a$ *für alle $n \ge N$.*
(iii) Typ A^-: Es gibt eine negative rationale Zahl a und ein $N \in \mathbb{N}$ mit
    $x_n \le a$ *für alle $n \ge N$.*

Beweis: Sei $\{x_n\}_{n\in\mathbb{N}} \in \mathcal{M}$. Wenn Fall (i) nicht eintritt, also $\{x_n\}_{n\in\mathbb{N}}$ keine Nullfolge darstellt, so gibt es ein $\epsilon > 0$ und eine Teilfolge

$$\{x_{n_k}\}_{k\in\mathbb{N}} \text{ mit } |x_{n_k}| \ge 2\epsilon \text{ für alle } k \ge K(\epsilon).$$

Wegen $\{x_n\}_{n\in\mathbb{N}} \in \mathcal{M}$ gibt es andererseits eine natürliche Zahl $p \ge K(\epsilon)$ derart, dass Folgendes gilt:

$$\left|x_m - x_{n_p}\right| < \epsilon \text{ für alle } m > n_p.$$

Nach Voraussetzung $\left|x_{n_p}\right| \ge 2\epsilon$ gilt entweder $x_{n_p} \ge 2\epsilon > 0$ oder $x_{n_p} \le -2\epsilon$. Im ersten Fall gilt

$$x_m = x_{n_p} + (x_m - x_{n_p}) \ge 2\epsilon - \left|x_m - x_{n_p}\right| \ge \epsilon > 0$$

für alle $m > n_p$, also tritt Fall (ii) ein; dabei wird $a := \epsilon$ und $N := n_p$ gesetzt.

Im zweiten Fall hat man für alle $m > n_p$ die Abschätzung

$$x_m = x_{n_p} + (x_m - x_{n_p}) \le -2\epsilon + \left|x_m - x_{n_p}\right| \le -\epsilon < 0,$$

aus der (iii) folgt.   q.e.d.

Hilfssatz 5. *Seien $\{x_n\}_{n\in\mathbb{N}}$ und $\{y_n\}_{n\in\mathbb{N}}$ zueinander äquivalente rationale Cauchyfolgen, die keine Nullfolgen sind. Weiter gelte $x_n \ne 0$ und $y_n \ne 0$ für alle $n \in \mathbb{N}$. Dann sind $\{x_n^{-1}\}_{n\in\mathbb{N}}$ und $\{y_n^{-1}\}_{n\in\mathbb{N}}$ rationale Cauchyfolgen, und es gilt*

$$\{x_n^{-1}\}_{n\in\mathbb{N}} \sim \{y_n^{-1}\}_{n\in\mathbb{N}}. \tag{5}$$

Beweis: Wegen Hilfssatz 4 gibt es eine positive Zahl a und ein $N \in \mathbb{N}$ derart, dass die Ungleichungen $|x_n| \geq a$ und $|y_n| \geq a$ für alle $n \geq N$ erfüllt sind. Da für alle $n \geq N$ dann die Abschätzungen

$$\left| \frac{1}{x_n} - \frac{1}{x_m} \right| \overset{xiii)\S1}{\leq} \frac{1}{a^2} |x_n - x_m| < \frac{\epsilon}{a^2}$$

richtig sind, bildet $\left\{ \frac{1}{x_n} \right\}_{n \in \mathbb{N}}$ eine rationale Cauchyfolge. Ebenso bildet auch $\left\{ \frac{1}{y_n} \right\}_{n \in \mathbb{N}}$ eine rationale Cauchyfolge. Weiter liefert die Formel xiii) aus §1 und Definition 4 für alle $\epsilon > 0$ und $n \geq N(\epsilon)$ die Aussage

$$\left| \frac{1}{x_n} - \frac{1}{y_n} \right| \leq \frac{1}{a^2} |x_n - y_n| < \frac{\epsilon}{a^2} \, , \text{ und } \left\{ \frac{1}{x_n} \right\}_{n \in \mathbb{N}} \sim \left\{ \frac{1}{y_n} \right\}_{n \in \mathbb{N}} \text{ folgt.} \qquad \text{q.e.d.}$$

Bemerkung: Offenbar kann man durch Addition der Terme $\pm \frac{1}{n}$ $(n \in \mathbb{N})$ eine Folge $\{x_n\}_{n \in \mathbb{N}} \in \mathcal{M}$ so verändern, dass eine Folge $\{x_n^*\}_{n \in \mathbb{N}}$ entsteht, die den Bedingungen $x_n^* \neq 0$ für $n = 1, 2, \ldots$ und $\{x_n^*\}_{n \in \mathbb{N}} \sim \{x_n\}_{n \in \mathbb{N}}$ genügt.

Aufgrund der vorangegangen Überlegungen lassen sich die Rechenoperationen und der Begriff der Positivität für Elemente $\alpha = [a_n] \in \mathbb{R}$ durch Repräsentanten $\{a_n\}_{n \in \mathbb{N}} \in \mathcal{M}$ der zugehörigen Äquivalenzklassen definieren.

Definition 9. *(Anordnung der reellen Zahlen)*

$$\alpha := [a_n] = 0 \Leftrightarrow \{a_n\}_{n \in \mathbb{N}} \text{ ist eine Nullfolge}$$
$$\alpha > 0 \Leftrightarrow \{a_n\}_{n \in \mathbb{N}} \text{ gehört zum Typ } A^+$$
$$\alpha < 0 \Leftrightarrow \{a_n\}_{n \in \mathbb{N}} \text{ gehört zum Typ } A^-$$

Definition 10. *(Rechenoperationen in $\mathbb{R}$)*
Seien $\alpha = [a_n] \in \mathbb{R}$ und $\beta = [b_n] \in \mathbb{R}$. Dann definiert man:

$$\alpha + \beta := [a_n + b_n] \qquad \textit{Summe von } \alpha \textit{ und } \beta \tag{6}$$
$$\alpha \cdot \beta := [a_n \cdot b_n] \qquad \textit{Produkt von } \alpha \textit{ und } \beta \tag{7}$$
$$-\alpha := [-a_n] \qquad \textit{Negatives von } \alpha \tag{8}$$
$$\alpha \neq 0 \textit{ und } a_n \neq 0 \, (n \in \mathbb{N}) \Rightarrow \alpha^{-1} := \left[\frac{1}{a_n} \right] \quad \textit{Inverses von } \alpha \tag{9}$$

Definition 11. *(Einbettung der rationalen Zahlen in $\mathbb{R}$)*
Sei $\alpha = [a_n]$ mit $a_n = r \in \mathbb{Q}$ für alle $n \in \mathbb{N}$. Dann setzen wir $\alpha := r$.

Definition 12. *(Intervalle reeller Zahlen)*
Seien $\alpha, \beta \in \mathbb{R}$ und $\alpha < \beta$ gegeben, so erklären wir

$(\alpha, \beta) := \{x \in \mathbb{R} : \alpha < x < \beta\}$ *als offenes Intervall,*
$[\alpha, \beta] := \{x \in \mathbb{R} : \alpha \leq x \leq \beta\}$ *als abgeschlossenes Intervall,*
$(\alpha, \beta] := \{x \in \mathbb{R} : \alpha < x \leq \beta\}$ *als halboffenes Intervall,*
$[\alpha, \beta) := \{x \in \mathbb{R} : \alpha \leq x < \beta\}$ *als halboffenes Intervall.*

Bemerkung: Entsprechend kann man zu $\beta \in \mathbb{R}$ auch die Intervalle $(-\infty, \beta) := \{x \in \mathbb{R} : x < \beta\}$, $(-\infty, \beta] := \{x \in \mathbb{R} : x \leq \beta\}$, $(\beta, +\infty) := \{x \in \mathbb{R} : \beta < x\}$, $[\beta, +\infty) := \{x \in \mathbb{R} : \beta \leq x\}$ und das Intervall $(-\infty, +\infty) := \mathbb{R}$ betrachten.

Satz 2. *Die Menge $\mathbb{R}$ ist bezüglich der Anordnung in Definition 9 und der in Definition 10 erklärten Operationen (6) bis (9) ein angeordneter Körper, der den Körper $\mathbb{Q}$ als echten Unterkörper enthält.*

Beweis: Mit den obigen Hilfssätzen prüft man die Körper- und Anordnungsaxiome aus den Definitionen 1 und 2 in § 1 leicht nach.   q.e.d.

Die Erweiterung von $\mathbb{Q}$ zu $\mathbb{R}$ ist sinnvoll, da wir in $\mathbb{R}$ insbesondere die quadratische Gleichung $x^2 - 2 = 0$ lösen können.

Satz 3. *Es seien $a \in \mathbb{R}$ mit $a > 0$ und $p \in \mathbb{N}$. Dann gibt es genau ein $x \in \mathbb{R}$ mit $x > 0$ derart, dass $x^p = a$ gilt.*

Beweis: Eindeutigkeit: Angenommen, es gäbe zwei positive Zahlen $x, y \in \mathbb{R}$ mit $x \neq y$ und $x^p = a$ sowie $y^p = a$. Dann sei o.B.d.A. $0 < x < y$, und mittels vollständiger Induktion über p zeigt man $0 < x^p < y^p$. Dies steht im Widerspruch zu der Annahme, dass $x^p = y^p = a$ gilt. Somit besitzt die Gleichung $x^p = a$ höchstens eine Lösung.

Konstruktion der Lösung: Angenommen es gibt ein $x \in \mathbb{Q}$ mit $x^p = a$, so ist nichts mehr zu beweisen. Nehmen wir also an, es gäbe kein $x \in \mathbb{Q}$ mit $x^p = a$. Für $n = 0, 1, 2, \ldots$ zerlegt die Zahlenfolge $\left\{ \left(\dfrac{i}{10^n} \right)^p \right\}_{i=0,1,2,\ldots}$ die Menge der nichtnegativen reellen Zahlen $[0, +\infty)$. Beim Übergang von der n−ten zur $(n+1)$−ten Zerlegung wird jedes Intervall in zehn Teilintervalle zerlegt. Nach Voraussetzung folgt für alle $i, n \in \mathbb{N}_0$ die Ungleichung $\left\{ \left(\dfrac{i}{10^n} \right)^p \right\} \neq a$, denn die Lösung soll nicht in $\mathbb{Q}$ liegen. Somit fällt $x \in \mathbb{R}$ mit $x > 0$ bei jeder Zerlegung ins Innere genau eines solchen obigen Intervalls. Deshalb gibt es eine Folge $\{x_n\}_{n=1,2,\ldots}$ erklärt durch

$$x_n = \sum_{k=0}^{n} \frac{b_k}{10^k} = b_0 + \sum_{k=1}^{n} \frac{b_k}{10^k} \leq b_0 + 1$$

mit $b_0 \in \mathbb{N}_0$ sowie $b_k \in \{0, 1, 2, \ldots, 9\}$ für alle $k \geq 1$ und der Eigenschaft

$$x_n^p < a < \left(x_n + \frac{1}{10^n} \right)^p . \tag{10}$$

Wir haben die Ungleichung

$$x_n \leq x_m \leq x_n + \frac{1}{10^n} \leq 1 + b_0 \quad \text{für alle} \quad m \geq n \,.$$

Also ist $\{x_m\}_{m \in \mathbb{N}} \in \mathcal{M}$ eine rationale Cauchyfolge, und wir setzen $x := [x_m]$ als die zugehörige reelle Zahl. Für alle $n \in \mathbb{N}$ gilt

$$x_n \leq x \leq x_n + \frac{1}{10^n} \quad \text{und} \quad x_n^p \leq x^p \leq \left(x_n + \frac{1}{10^n} \right)^p \tag{11}$$

wegen der Abschätzung vi) von Satz 2 in §1. Der Binomialsatz aus Satz 5 in §1 liefert die Abschätzung

$$0 \leq |x^p - a| \leq \left(x_n + \frac{1}{10^n} \right)^p - x_n^p = x_n^p \left[\left(\frac{1}{x_n \cdot 10^n} + 1 \right)^p - 1 \right]$$

$$= x_n^p \sum_{k=1}^{p} \binom{p}{k} \left(\frac{1}{x_n \cdot 10^n} \right)^k \leq (b_0 + 1)^p \cdot \sum_{k=1}^{p} \binom{p}{k} \left(\frac{1}{x_n \cdot 10^n} \right)^k \,.$$

Für $n \to \infty$ strebt die rechte Seite in obiger Ungleichung gegen Null, und es folgt $|x^p - a| = 0$ bzw. $x^p = a$.   q.e.d.

Definition 13. *Seien $a \in [0, +\infty)$ und $p \in \mathbb{N}$ gewählt. Dann nennen wir die nach Satz 3 eindeutig bestimmte Lösung $x \in [0, +\infty)$ der Gleichung $x^p = a$ die p-te Wurzel aus a und schreiben $x := \sqrt[p]{a}$. Im Falle $p = 2$ erhalten wir die Quadratwurzel $x := \sqrt{a} = \sqrt[2]{a}$.*

Bemerkungen zur p-adischen Entwicklung einer reellen Zahl

a) Wir wählen ein festes $p \in \{2, 3, \ldots\}$. Dann können wir eine reelle Zahl $x \in [0, 1]$ als p-adische **Entwicklung** $x_0, x_1 x_2 x_3 \ldots$ mit den Ziffern $x_0 \in \{0, 1\}$ und $x_m \in \{0, 1, \ldots, p - 1\}$ für alle $m \in \mathbb{N}$ darstellen, und sie durch die rationale Cauchyfolge $\{y_n\}_{n \in \mathbb{N}}$ mit den Gliedern

$$y_n := \sum_{m=0}^{n} \frac{x_m}{p^m} \quad \text{für} \quad n = 1, 2, 3, \ldots \tag{12}$$

repräsentieren. Die p-adische Entwicklung $\quad 0, (p-1)(p-1)(p-1)\ldots$ repräsentiert wegen

$$\sum_{m=1}^{n} \frac{p-1}{p^m} = \frac{p-1}{p} \cdot \sum_{m=0}^{n-1} \left(\frac{1}{p} \right)^m = \frac{p-1}{p} \cdot \frac{1 - (\frac{1}{p})^n}{1 - \frac{1}{p}} = 1 - \left(\frac{1}{p} \right)^n \tag{13}$$

$$\text{für} \quad n = 1, 2, 3, \ldots$$

die rationale Zahl 1, wobei wir von der geometrischen Summenformel (23) aus §1 Gebrauch gemacht haben. Die Zahl 1 wird natürlich auch durch die

p-adische Entwicklung $1,000\ldots$ gegeben, und somit ist die p-adische Enwicklung nicht eindeutig bestimmt!

b) Wir sprechen von einer **endlichen p-adischen Entwicklung**, wenn in ihr ein Index $k \in \mathbb{N}_0$ existiert mit $x_l = 0$ für alle Indizes $l \geq k + 1$. Dann schreiben wir $x_0, x_1 \ldots x_k$ für diese rationale Zahl mit dem Hauptnenner p^k. Unterscheiden sich zwei endliche p-adische Entwicklungen, so stellen sie natürlich verschiedene rationale Zahlen dar. Ist in der p-adischen Entwicklung $x_0, x_1 x_2 x_3 \ldots$ für die k-te Ziffer $x_k \neq p - 1$ erfüllt, so können wir mit den Argumenten a) die zugehörigen reellen Zahlen gemäß

$$x_0, x_1 x_2 x_3 \ldots x_k \quad \leq \quad x_0, x_1 x_2 x_3 \ldots \quad \leq \quad x_0, x_1 x_2 x_3 \ldots (x_k + 1) \quad (14)$$

abschätzen.

c) Wir sprechen von einer **periodischen p-adischen Entwicklung**, wenn es $l \in \mathbb{N}$ Ziffern $z_1, \ldots, z_l \in \{0, 1, \ldots p\}$ so gibt, dass etwa ab der $k + 1$-ten Stelle hinter dem Komma die Ziffernfolge $z_1 \ldots z_l$ sich regelmäßig wiederholt; dabei ist $l \in \mathbb{N}$ gewählt. Eine periodische p-adische Entwicklung hat also die folgende Gestalt

$$x_0, x_1 \ldots x_k z_1 \ldots z_l z_1 \ldots z_l z_1 \ldots z_l \ldots = x_0, x_1 \ldots x_k \overline{z_1 \ldots z_l} \quad ,$$

wobei $\overline{z_1 \ldots z_l}$ andeutet, dass sich die l Ziffern $z_1 \ldots z_l$ in der angegebenen Reihenfolge regelmäßig bis ins Unendliche wiederholen. Setzen wir nun

$$\alpha := \sum_{m=0}^{k} \frac{x_m}{p^m} \in \mathbb{Q} \quad \text{und} \quad \beta := \frac{1}{p^k} \sum_{m=1}^{l} \frac{z_m}{p^m} \in \mathbb{Q}, \quad (15)$$

so bilden wir aus der Folge (12) die Teilfolge

$$y_{k+jl} = \alpha + \beta \left(1 + \frac{1}{p^k} + \ldots + \frac{1}{p^{kj}} \right) \quad \text{für} \quad j = 1, 2, \ldots \quad , \quad (16)$$

und wir ermitteln deren rationalen Grenzwert

$$\alpha + \frac{\beta}{1 - p^{-k}} = \alpha + \frac{\beta p^k}{p^k - 1} = \sum_{m=0}^{k} \frac{x_m}{p^m} + \frac{1}{p^k - 1} \sum_{m=1}^{l} \frac{z_m}{p^m} \quad (17)$$

als geometrische Reihe. Somit besitzen die **irrationalen Zahlen** $\mathbb{R} \setminus \mathbb{Q}$ keine periodische Dezimalbruchentwicklung.

d) In der Mathematik der Antike wurde etwa im Falle $p = 12$ oder $p = 17$ mit den endlichen p-adischen Entwicklungen gerechnet. Im Falle $p = 2$ erhalten wir das **Dualsystem**, das schon G. W. Leibniz gekannt hat. Dieses Dualsystem ist für die Datenverarbeitung sehr bedeutend, da man technisch nur zwei Zustände $0, 1$ als Ziffern zur Darstellung einer Zahl zur Verfügung hat. Von Frankreich ausgehend hat sich vor mehr als zweihundert Jahren das **Dezimalsystem** mit $p = 10$ durchgesetzt.

e) Prinzipiell könnten wir für jedes p die reellen Zahlen in p-adischer Entwicklung betrachten. Dabei müssen wir jedoch mit den endlichen p-adischen Entwicklungen rechnen und die restlichen rationalen Folgen abschätzen. Eben hierfür ist aber das Dezimalsystem am besten geeignet, wie wir beim Beweis von Satz 3 und des nachfolgenden Satzes 4 einsehen.

Zur Verwendung in § 3 notieren wir noch den

Satz 4. *Weichen in der Dezimalentwicklung zweier reeller Zahlen $x, \tilde{x} \in [0, 1]$ die Ziffern an einer Stelle genau um den Betrag 2 ab, so folgt $x \neq \tilde{x}$.*

Beweis: Wir betrachten von den reellen Zahlen x und $\tilde{x}$ Dezimalentwicklungen $x_0, x_1 x_2 x_3 \ldots$ und $\tilde{x}_0, \tilde{x}_1 \tilde{x}_2 \tilde{x}_3 \ldots$, die sich um den Betrag 2 an der $(k+1)$-ten Stelle in ihren Ziffern unterscheiden. Also gelte

$$|x_{k+1} - \tilde{x}_{k+1}| = 2 \quad \text{für ein} \quad k \in \mathbb{N}_0 \,, \tag{18}$$

und wir können ohne Einschränkung

$$0 \le \tilde{x}_{k+1} = x_{k+1} - 2 \quad \le \quad 7 \quad \text{für ein} \quad k \in \mathbb{N}_0 \tag{19}$$

annehmen. Dann betrachten wir die rationalen Cauchyfolgen

$$y_n := \sum_{m=k+1}^{n} \frac{x_m}{10^m} \quad \text{und} \quad \tilde{y}_n := \sum_{m=k+1}^{n} \frac{\tilde{x}_m}{10^m} \,, \quad n = k+1, k+2, k+3, \ldots \,, \tag{20}$$

welche die rellen Zahlen y und $\tilde{y}$ repräsentieren. Wir schätzen nun m. H. von (19) und den Ungleichungen (14) wie folgt ab

$$\frac{\tilde{x}_{k+1}}{10^{k+1}} \le \tilde{y} \le \frac{\tilde{x}_{k+1} + 1}{10^{k+1}} = \frac{x_{k+1} - 1}{10^{k+1}} \le y - \frac{1}{10^{k+1}} \le \frac{x_{k+1}}{10^{k+1}} \tag{21}$$

und ermitteln

$$\frac{1}{10^{k+1}} \le y - \tilde{y} \le \frac{3}{10^{k+1}} \,. \tag{22}$$

Eine Subtraktion der reellen Zahlen x und $\tilde{x}$ liefert

$$x - \tilde{x} = \sum_{m=0}^{k} \frac{x_m - \tilde{x}_m}{10^m} + (y - \tilde{y}) = \frac{\alpha}{10^k} + (y - \tilde{y}) \tag{23}$$

mit einer gewissen Zahl $\alpha \in \mathbb{Z}$.

Wäre nun $x = \tilde{x}$ erfüllt, so folgt $\frac{\alpha}{10^k} + (y - \tilde{y}) = 0$. Somit liefert die Identität

$$[1, 3] \ni 10^{k+1}(y - \tilde{y}) = -10\,\alpha \in \left\{ 10\,k \,\middle|\, k \in \mathbb{Z} \right\} \tag{24}$$

einen Widerspruch, und $x \neq \tilde{x}$ ist richtig.   q.e.d.

Wir ersetzen die rationalen Zahlen $\mathbb{Q}$ in obigen Definitionen 1 und 8 durch eine beliebige Menge M, und wir erhalten für die Analysis die fundamentale

Definition 14. *a) Für eine beliebige Menge M nennen wir eine Abbildung*

$$f : \mathbb{N} \to M \quad \textit{vermöge} \quad \mathbb{N} \ni n \mapsto X_n := f(n) \in M$$

eine Folge *in M, welche wir mit $\{X_n\}_{n=1,2,\dots}$ oder kurz $\{X_n\}_{n\in\mathbb{N}}$ bezeichnen. Die Elemente $X_n \in M$ heißen* **Glieder** *der Folge.*

b) Sei eine Folge $\{X_n\}_{n\in\mathbb{N}}$ in einer beliebigen Menge M gegeben. Weiter sei eine beliebige Folge aufsteigender natürlicher Zahlen $1 \le n_1 < n_2 < n_3 < \dots$ gewählt. Dann nennen wir

$$\{X_{n_k}\}_{k\in\mathbb{N}} = X_{n_1}, X_{n_2}, \dots, X_{n_k}, \dots$$

eine **Teilfolge** *der Folge $\{X_n\}_{n\in\mathbb{N}}$.*

Bemerkungen:

a) Hierbei betrachten wir die Indexmenge $\mathbb{N}$ als geordnete Menge, und wir lassen bei Folgen die Laufindizes häufig weg; so bezeichnen wir eine Folge gleichwertig mit den Symbolen $\{X_n\}$ oder $\{X_n\}_{n=1,2,\dots}$ oder $\{X_n\}_{n\in\mathbb{N}}$.

b) Bei der Schreibweise $\{X_n\}_{n\in\mathbb{N}} \subset M$ ignorieren wir die Anordnung der Folge und fassen sie als Teilmenge von M auf. Durch diese Inklusion wollen wir betonen, dass sich die Glieder der Folge in der Menge M befinden.

c) Für eine Teilfolge $\{X_{n_k}\}_{k\in\mathbb{N}}$ einer Folge $\{X_n\}_{n\in\mathbb{N}}$ deuten wir durch das Zeichen $\{X_{n_k}\}_{k\in\mathbb{N}} \subset \{X_n\}_{n\in\mathbb{N}}$ die Inklusion der entsprechenden Teilmengen von M an.

d) Natürlich bleibt bei der Teilmengenbildung in b) und c) die ursprüngliche Bedeutung als Folge bzw. Teilfolge erhalten.

e) Wir können die Indexmenge $\mathbb{N}$ gleichwertig durch die Indexmenge $\mathbb{N}_0$ ersetzen.

Wir spezialisieren nun die Definition 14 auf die Menge $M = \mathbb{R}$ und erhalten

Definition 15. *Eine Folge $\{x_n\}_{n=1,2,\dots}$ bzw. $\{x_n\}_{n\in\mathbb{N}}$ bzw. $\{x_n\}$ in den reellen Zahlen $\mathbb{R}$ nennen wir* **reelle Zahlenfolge** *oder einfach* **reelle Folge**. *Gemäß Definition 14 können wir auch eine* **Teilfolge** *$\{x_{n_k}\}_{k\in\mathbb{N}}$* **der reellen Folge** *$\{x_n\}_{n\in\mathbb{N}}$ bilden.*

Im nächsten Abschnitt verwenden wir den folgenden Begriff, der vom Schöpfer der Mengenlehre M. Cantor geprägt wurde.

Definition 16. *Eine nichtleere Menge M mit den Elementen X nennen wir*

i) **endlich**, *wenn es ein $n \in \mathbb{N}$ gibt und eine bijektive Abbildung von der Menge $\{1, 2, \dots, n\}$ auf die Menge M – man kann also diese durchnummerieren gemäß $M = \{X_1, X_2, \dots, X_n\}$ mit verschiedenen Elementen $X_i \ne X_j$ für alle $i, j \in \{1, 2, \dots, n\}$ mit $i \ne j$;*

ii) **abzählbar**, *wenn es eine bijektive Abbildung*

$$f : \mathbb{N} \to M \quad \text{vermöge} \quad \mathbb{N} \ni n \mapsto X_n \in M$$

gibt – man kann also diese Menge durch eine Folge $\{X_n\}_{n \in \mathbb{N}}$ mit verschiedenen Gliedern $X_i \neq X_j$ für alle $i, j \in \mathbb{N}$ mit $i \neq j$ erhalten gemäß $M = \{X_i \mid i \in \mathbb{N}\}$;

iii) **überabzählbar**, *wenn M eine abzählbare Teilmenge enthält aber die gesamte Menge M nicht abzählbar ist – sie kann also nicht durch eine Folge wie in ii) angegeben werden.*

Offenbar tritt genau einer dieser drei Fälle für eine nichtleere Menge M ein.

§3 Überabzählbarkeit und Konvergenzeigenschaften reeller Zahlen

Wir beginnen mit dem folgenden

Satz 1. *Die Menge der rationalen Zahlen ist abzählbar.*

Beweis: Es genügt zu zeigen, dass die Menge

$$M_1 := \left\{ r = \frac{p}{q} : \quad p, q \in \mathbb{N} \right\} = \{x_1, x_2, \ldots, x_n, \ldots\} \subset \mathbb{Q}$$

der positiven rationalen Zahlen abzählbar ist. Dann gibt es eine bijektive Abbildung

$f : \mathbb{N} \to \mathbb{Q}$ vermöge $1 \mapsto 0$, $\quad 2 \mapsto x_1$, $\quad 3 \mapsto -x_1$, $\quad 4 \mapsto x_2$, $\quad 5 \mapsto -x_2$ usw.

Die Abzählbarkeit von M_1 zeigt das *Diagonalverfahren von Cantor:*

	$(q=1)$	$(q=2)$	$(q=3)$	$(q=4)$	
$(p=1)$	$\frac{1}{1}$ $\to$	$\frac{1}{2}$	$\frac{1}{3}$ $\to$	$\frac{1}{4}$	$\cdots \frac{1}{q} \cdots$
$(p=2)$	$\frac{2}{1}$	$\frac{2}{2}$	$\frac{2}{3}$	$\frac{2}{4}$	$\cdots \frac{2}{q} \cdots$
$(p=3)$	$\frac{3}{1}$	$\frac{3}{2}$	$\frac{3}{3}$	$\frac{3}{4}$	$\cdots \frac{3}{q} \cdots$
$\vdots$	$\frac{p}{1}$	$\frac{p}{2}$	$\frac{p}{3}$	$\frac{p}{4}$	$\cdots \frac{p}{q} \cdots$

Wir numerieren die positiven rationalen Zahlen in Richtung der Pfeile. Erscheint ein $r \in M_1$ mehrfach in dem Schema, so erhält r nur beim ersten Auftreten eine Nummer und wird dann nicht mehr berücksichtigt. M ist abzählbar, denn jede Diagonale hat endlich viele Elemente und alle Diagonalen sind abzählbar. Es entsteht die Folge

$$\{x_n\} = 1, \frac{1}{2}, 2, 3, \frac{1}{3}, \frac{1}{4}, \frac{2}{3}, \frac{3}{2}, 4, 5, \ldots \qquad q.e.d.$$

Wir zeigen nun G. Cantors Erkenntnis aus dem Jahr 1873, dass nämlich das Kontinuum $[0, 1]$ nicht abzählbar ist.

Satz 2. *Die Menge der reellen Zahlen des Intervalls $[0, 1]$ ist überabzählbar.*

Beweis: Wir setzen $M_2 := \{x \in \mathbb{R} : \quad 0 \le x \le 1\}$ und nehmen an, die Menge M_2 wäre abzählbar. Dann wird M_2 durch eine Folge $\{x_n\}_{n \in \mathbb{N}}$ gegeben. Nach § 2 lässt sich jedes $x_n \in M_2$ durch die Dezimalbruchentwicklung

$$x_n = \Big[\sum_{k=1}^{m} \frac{b_{nk}}{10^k} \Big]_{m \in \mathbb{N}} \text{ mit den Ziffern } b_{nk} \in \{0, 1, \ldots, 9\} \tag{1}$$

darstellen. Um die Annahme zum Widerspruch zu führen, geben wir nun ein $\alpha \in M_2$ an, welches nicht ein Glied der Folge $\{x_n\}_{n \in \mathbb{N}}$ ist – für welches also $\alpha \ne x_n$ für alle $n \in \mathbb{N}$ gilt. Hierzu wählen wir eine Folge mit den Gliedern $b_n \in \{0, 1, \ldots, 9\}$ und $|b_n - b_{nn}| = 2$ für alle $n \in \mathbb{N}$. Dann setzen wir

$$\alpha := \Big[\sum_{k=1}^{m} \frac{b_k}{10^k} \Big]_{m \in \mathbb{N}}. \tag{2}$$

Offenbar unterscheidet sich die Zahl α um den Betrag 2 in der n-ten Stelle der Dezimalbruchentwicklung einer jeden Zahl x_n der Folge $\{x_n\}_{n \in \mathbb{N}}$. Nach dem Satz 4 aus § 2 unterscheiden sich damit die reellen Zahlen α und x_n voneinander für alle $n \in \mathbb{N}$. Damit gilt $\alpha \in M_2$ aber $\alpha \notin \{x_n \mid n \in \mathbb{N}\}$ – was einen Widerspruch zur Annahme bedeutet. \qquad q.e.d.

Wir untersuchen jetzt systematisch Folgen reeller Zahlen, die wir bereits in Definition 15 von § 2 eingeführt haben. Einige der Begriffe haben wir für rationale Folgen in § 2 schon kennengelernt.

Definition 1. *Eine Folge reeller Zahlen $\{x_n\}_{n=1,2,\ldots}$ heißt* **reelle Cauchy-folge**, *wenn es zu jedem $\epsilon > 0$ eine natürliche Zahl $N = N(\epsilon)$ gibt, so dass für alle $m, n \ge N$ die Ungleichung $|x_n - x_m| < \epsilon$ erfüllt ist.*

Definition 2. *Eine Folge reeller Zahlen $\{x_n\}_{n=1,2,\ldots}$ heißt* **reelle Nullfolge**, *wenn es zu jedem $\epsilon > 0$ eine natürliche Zahl $N = N(\epsilon)$ derart gibt, dass für alle $n \ge N$ stets $|x_n| < \epsilon$ gilt.*

Definition 3. *Eine* **reelle Folge** *$\{x_n\}_{n=1,2,\ldots}$ heißt* **konvergent**, *wenn es ein $\alpha \in \mathbb{R}$ gibt, so dass $\{x_n - \alpha\}_{n=1,2,\ldots}$ eine reelle Nullfolge ist. Man verwendet die Schreibweise*

$$\alpha := \lim_{n \to \infty} x_n \tag{3}$$

für den **Grenzwert** *der Folge $\{x_n\}$.*

Bemerkungen: Die Folge $\{x_n\}_{n=1,2,\ldots}$ ist konvergent $\quad\Leftrightarrow$
Es gibt ein $\alpha \in \mathbb{R}$, so dass bei beliebig vorgegebenem $\epsilon > 0$ ein $N = N(\epsilon) \in \mathbb{N}$
existiert mit folgender Eigenschaft: $|x_n - \alpha| < \epsilon$ für alle $n \geq N(\epsilon)$.
Man schreibt dann auch $x_n \to \alpha$ für $n \to \infty$.

Die eindeutige Bestimmtheit des Grenzwerts wird gewährleistet im

Hilfssatz 1. *Sei $\{x_n\}_{n=1,2,\ldots}$ eine konvergente reelle Folge, und es gelte*
$\lim_{n\to\infty} x_n = \alpha$ *sowie* $\lim_{n\to\infty} x_n = \beta$ *mit* $\alpha \in \mathbb{R}$ *und* $\beta \in \mathbb{R}$. *Dann folgt* $\alpha = \beta$.

Beweis: Zu jedem $\epsilon > 0$ liefert Definition 3 mit der anschließenden Bemerkung

$$|\alpha - \beta| = |(\alpha - x_n) + (x_n - \beta)| \leq |x_n - \alpha| + |x_n - \beta| < \epsilon + \epsilon = 2\epsilon$$

für alle $n \geq N(\epsilon)$. Also folgt $\alpha = \beta$. $\hfill$ q.e.d.

Hilfssatz 2 (Rechenregeln für Grenzwerte).
Seien $\{x_n\}_{n=1,2,\ldots}$ und $\{y_n\}_{n=1,2,\ldots}$ zwei konvergente reelle Folgen mit
$\lim_{n\to\infty} x_n = \alpha$ *und* $\lim_{n\to\infty} y_n = \beta$. *Dann gelten die Identitäten*

$$\lim_{n\to\infty} (x_n + y_n) = \alpha + \beta \tag{4}$$

und

$$\lim_{n\to\infty} (x_n\, y_n) = \alpha \cdot \beta \quad. \tag{5}$$

*Weiter existiert eine reelle Konstante $c > 0$ mit der Eigenschaft: $|x_n| \leq c$ für
alle $n \in \mathbb{N}$. Falls zusätzlich $\alpha \neq 0$ und $x_n \neq 0$ für alle $n \in \mathbb{N}$ gilt, so folgt*

$$\lim_{n\to\infty} \frac{1}{x_n} = \frac{1}{\alpha} \quad. \tag{6}$$

Beweis zu (4) und (5): Beachten wir Definition 3 mit der anschließenden Bemerkung, so folgt die Aussage

$$|(x_n + y_n) - (\alpha + \beta)| = |(x_n - \alpha) + (y_n - \beta)| \leq |x_n - \alpha| + |y_n - \beta| < 2\epsilon, \quad n \geq N(\epsilon),$$

welche die Identität (4) impliziert. Die Identität (5) lassen wir den Lesern als Übungsaufgabe. Die Beschränktheit der Folge zeigen wir wie im Beweis von Hilfssatz 2 aus §2 für rationale Cauchyfolgen.

zu (6): Nach Voraussetzung gibt es ein $\alpha \in \mathbb{R} \setminus \{0\}$, so dass zu vorgegebenem $\epsilon > 0$ ein $N = N(\epsilon) \in \mathbb{N}$ existiert mit der folgenden Eigenschaft:

$$|x_n - \alpha| < \epsilon \quad \text{für alle} \quad n \geq N(\epsilon).$$

Weiter finden wir eine reelle Zahl $a > 0$, so dass die Ungleichungen $|\alpha| \geq a$
sowie $|x_n| \geq a$ für alle $n \geq N(\epsilon)$ erfüllt sind. Somit folgt

$$\left|\frac{1}{x_n} - \frac{1}{\alpha}\right| \leq \frac{|x_n - \alpha|}{a^2} < \frac{\epsilon}{a^2} \quad \text{für alle} \quad n \geq N(\epsilon)$$

gemäß der Abschätzung xii) aus Satz 2 in §1. Damit stellt $\left\{\frac{1}{x_n} - \frac{1}{\alpha}\right\}_{n \in \mathbb{N}}$ eine Nullfolge dar, und die Behauptung (6) folgt.   q.e.d.

Hilfssatz 3. *Die rationale Cauchyfolge* $\{x_n\}_{n \in \mathbb{N}} \in \mathcal{M}$ *repräsentiere die Äquivalenzklasse* $\alpha = [x_1, x_2, x_3, \ldots]$, *und die Ungleichung* $|x_n| \leq \epsilon$ *für alle* $n \geq N$ *gelte mit einem Index* $N \in \mathbb{N}$. *Dann folgt* $|\alpha| \leq \epsilon$.

Beweis:

(i) Für alle $n \geq N$ gilt: $x_n \leq |x_n| \overset{(n.V)}{\leq} \epsilon \Rightarrow x_n - \epsilon \leq 0$.
    Somit folgt $\alpha - \epsilon \leq 0 \Rightarrow \alpha \leq \epsilon$.
(ii) Für alle $n \geq N$ gilt: $-x_n \leq |-x_n| \leq \epsilon \Rightarrow x_n + \epsilon \geq 0$.
    Somit folgt $\alpha + \epsilon \geq 0 \Rightarrow -\alpha \leq \epsilon$.
    Aus (i) und (ii) erhalten wir $|\alpha| \leq \epsilon$.   q.e.d.

Hilfssatz 4 (Dichtheit von $\mathbb{Q}$ in $\mathbb{R}$). *Die rationalen Zahlen* $\mathbb{Q}$ *liegen in* $\mathbb{R}$ *dicht, d.h. zu jedem* $\alpha \in \mathbb{R}$ *gibt es eine Folge* $\{a_n\}_{n \in \mathbb{N}} \subset \mathbb{Q}$ *mit der Eigenschaft*

$$\lim_{n \to \infty} a_n = \alpha.$$

Beweis: Sei die reelle Zahl $\alpha = [x_n]_{n \in \mathbb{N}}$ mit $x_n \in \mathbb{Q}$ für alle $n \in \mathbb{N}$ gegeben. Wir erklären dann die rationale Zahl $a_m := [y_n]_{n \in \mathbb{N}}$ durch die konstante rationale Folge

$$\{y_n\}_{n \in \mathbb{N}} := \{x_m, x_m, \ldots\}.$$

Dann gilt für jedes feste $m \in \mathbb{N}$ die Identität

$$\alpha - a_m = [x_n - y_n]_{n \in \mathbb{N}} = [x_n - x_m]_{n \in \mathbb{N}}.$$

Da nun $\{x_n\}_{n \in \mathbb{N}}$ eine Cauchyfolge ist, gibt es zu jedem $\epsilon > 0$ eine natürliche Zahl $N = N(\epsilon)$ mit

$$|x_n - x_m| < \epsilon \quad \text{für alle} \quad m, n \geq N.$$

Bei festem Index $m \geq N$ wenden wir den Hilfssatz 3 auf die Folge

$$z_n := x_n - x_m, \quad n = 1, 2, \ldots$$

an. Wir erhalten

$$|\alpha - a_m| = |[x_n - x_m]_{n \in \mathbb{N}}| \leq \epsilon \quad \text{für alle} \quad m \geq N(\epsilon)$$

bzw.

$$\lim_{m \to \infty} a_m = \alpha.$$

q.e.d.

Die folgende Äquivalenz nennt man **Cauchysches Konvergenzkriterium**, welches für die moderne Analysis die Basis liefert.

Satz 3 (Vollständigkeit von $\mathbb{R}$). *Eine reelle Folge $\{x_n\}_{n \in \mathbb{N}}$ ist genau dann konvergent, wenn $\{x_n\}_{n \in \mathbb{N}}$ eine reelle Cauchyfolge ist.*

Beweis: „$\Rightarrow$": Sei $\{x_n\}_{n \in \mathbb{N}}$ konvergent, das heißt es gibt ein $\alpha \in \mathbb{R}$ mit $\lim_{n \to \infty} x_n = \alpha$. Somit gibt es zu jedem $\epsilon > 0$ eine natürliche Zahl $N = N(\epsilon)$ mit der Eigenschaft

$$|x_n - \alpha| < \epsilon \quad \text{für alle} \quad n \geq N.$$

Wegen der Ungleichung

$$|x_n - x_m| = |(x_n - \alpha) + (\alpha - x_m)| \leq |x_n - \alpha| + |x_m - \alpha| < 2\epsilon$$

für alle $n, m \geq N$ ist $\{x_n\}_{n \in \mathbb{N}}$ eine Cauchyfolge.

„$\Leftarrow$": Sei $\{x_n\}_{n \in \mathbb{N}}$ eine reelle Cauchyfolge, d.h. zu jedem $\epsilon > 0$ gibt es eine natürliche Zahl $N = N(\epsilon)$ derart, dass

$$|x_n - x_m| < \epsilon \quad \text{für alle} \quad m, n \geq N(\epsilon)$$

erfüllt ist. Hilfssatz 4 liefert zu jedem $n \in \mathbb{N}$ ein $a_n \in \mathbb{Q}$ mit $|x_n - a_n| \leq \dfrac{1}{n}$. Offenbar können wir eine natürliche Zahl $M(\epsilon) \geq N(\epsilon)$ so finden, so dass für alle $m, n \geq M(\epsilon)$ die folgende Abschätzung gilt:

$$\begin{aligned} |a_n - a_m| &= |(a_n - x_n) + (x_n - x_m) + (x_m - a_m)| \\ &\leq |x_n - a_n| + |x_n - x_m| + |x_m - a_m| \\ &\leq \frac{1}{n} + \epsilon + \frac{1}{m} \leq 2\epsilon. \end{aligned}$$

Somit stellt $\{a_n\}_{n \in \mathbb{N}}$ eine rationale Cauchyfolge dar. Wir definieren die reelle Zahl $\alpha := [a_m]_{m \in \mathbb{N}} \in \mathbb{R}$ und erhalten

$$|\alpha - x_n| = |(\alpha - a_n) + (a_n - x_n)| \leq |\alpha - a_n| + |x_n - a_n| \leq 2\epsilon + \frac{1}{n}$$

für alle $n \geq M(\epsilon)$. Die Folge $\{x_n\}_{n=1,2,\ldots}$ mit dem reellen Grenzwert α ist somit konvergent.

q.e.d.

Hilfssatz 5. *Die reelle Folge $\{x_n\}_{n=1,2,\ldots}$ sei nach oben beschränkt gemäß*

$$x_n \leq c \quad \text{für alle} \quad n \in \mathbb{N} \quad \text{mit einer Konstante} \quad c \in \mathbb{R}$$

und konvergiere mit dem Grenzwert $\lim_{n \to \infty} x_n = \alpha \in \mathbb{R}$. Dann folgt $\alpha \leq c$.

Beweis: Angenommen, es wäre $\alpha > c$ erfüllt. Dann folgt zunächst $\frac{1}{2}(\alpha+c) > c$. Äquivalent zur Aussage $\lim\limits_{n\to\infty} x_n = \alpha$ gibt es zu jedem $\epsilon > 0$ einen Index $N(\epsilon) \in \mathbb{N}$ mit der folgenden Eigenschaft:

$$|x_n - \alpha| \leq \epsilon \quad \text{bzw.} \quad x_n - \epsilon \leq \alpha \leq x_n + \epsilon \quad \text{für alle} \quad n \geq N(\epsilon).$$

Zum speziellen $\epsilon := \dfrac{1}{2}(\alpha - c)$ ist nun für alle Indizes $n \geq N(\epsilon)$ die Ungleichung

$$\alpha \leq x_n + \frac{1}{2}(\alpha - c) \quad \text{bzw.} \quad x_n \geq \alpha - \frac{1}{2}(\alpha - c) = \frac{1}{2}(\alpha + c) > c$$

erfüllt. Dieses steht im Widerspruch zur Voraussetzung.   q.e.d.

Satz 4 (Häufungsstellensatz von Weierstraß). *Sei die beschränkte reelle Folge $\{x_n\}_{n=1,2,\ldots}$ mit der Schranke $c \in [0, +\infty)$ gegeben, so dass*

$$|x_n| \leq c \quad \text{für alle} \quad n \in \mathbb{N}$$

erfüllt ist. Dann gibt es eine konvergente Teilfolge $\{x_{n_k}\}_{k=1,2,\ldots}$ der Folge $\{x_n\}_{n\in\mathbb{N}}$ mit dem Grenzwert $\lim\limits_{k\to\infty} x_{n_k} = \alpha \in \mathbb{R}$, und es gilt $|\alpha| \leq c$.

Beweis: Wir betrachten das Intervall $I_0 := [-c, c]$ der Länge $2\,c$ und beachten $x_n \in I_0$ für alle $n \in \mathbb{N}$. Ist $I := [a, b]$ mit $-c \leq a < b \leq c$ ein beliebiges Teilintervall von I_0, so können folgende zwei Fälle eintreten:

(i) In I *liegen nur endlich viele Glieder der Folge* $\{x_n\}_{n\in\mathbb{N}}$, d.h. es gibt eine natürliche Zahl N mit $x_n \notin I$ für alle $n \geq N$.
(ii) In I *liegen unendlich viele Glieder der Folge* $\{x_n\}_{n\in\mathbb{N}}$, d.h. zu jeder natürlichen Zahl N gibt es ein $n \geq N$ mit $x_n \in I$.

Wir setzen $a_0 := -c$, $\quad b_0 := c$ und teilen das Intervall I_0 in zwei Intervalle L,R der Länge c:

$$L := \left[a_0, \frac{1}{2}(a_0 + b_0)\right] \quad \text{und } R := \left[\frac{1}{2}(a_0 + b_0), b_0\right].$$

Nun liegen entweder in L oder in R unendlich viele Glieder der Folge $\{x_n\}_{n\in\mathbb{N}}$. Wenn nun z.B. (ii) für L zutrifft, so wählen wir $I_1 := L$ – ansonsten wird L durch R ersetzt. Jetzt halbieren wir das Intervall $I_1 = [a_1, b_1]$ in ein

$$\text{linkes Teilintervall } L := \left[a_1, \frac{1}{2}(a_1 + b_1)\right]$$

sowie ein

$$\text{rechtes Teilintervall } R := \left[\frac{1}{2}(a_1 + b_1), b_1\right] \quad .$$

Dann wählen wir als $I_2 := [a_2, b_2]$ dasjenige Intervall von L oder R, für welches (ii) zutrifft. Die Fortsetzung dieses Verfahrens liefert eine Folge $\{I_k\}_{k \in \mathbb{N}_0}$ von Intervallen mit den Eigenschaften:

$$\text{Für alle } k \in \mathbb{N}_0 \text{ gilt}: \quad I_k = [a_k, b_k] \quad \wedge \quad b_k - a_k = \frac{2c}{2^k} \quad \wedge \quad a_k < b_k \,(7)$$

$$a_0 \leq a_1 \leq a_2 \ldots b_2 \leq b_1 \leq b_0 \quad \wedge \quad I_0 \supset I_1 \supset I_2 \supset I_3 \ldots \qquad (8)$$

In jedem Intervall I_k liegen unendlich viele Glieder der Folge $\{x_n\}$. Nun ist die Folge $\{a_k\}_{k \in \mathbb{N}_0}$ der linken Eckpunkte von I_k eine Cauchyfolge, denn wegen (7) und (8) gilt

$$|a_k - a_l| \leq |b_l - a_l| = \frac{2c}{2^l} \leq \frac{2c}{2^n} < \epsilon \text{ für alle } k \geq l \geq n = n(\epsilon).$$

Nach Satz 3 existiert nun ein $\alpha \in \mathbb{R}$ mit $\lim_{k \to \infty} a_k = \alpha$, und Hilfssatz 5 liefert

$$a_k \leq \alpha \leq b_k \text{ für alle } k \in \mathbb{N}_0.$$

Zu vorgegebenem $\epsilon > 0$ wählen wir k derart, dass

$$\alpha - \epsilon < a_k \leq \alpha \leq b_k < \alpha + \epsilon$$

gilt. Da nun in jedem I_k unendlich viele x_n liegen, finden wir zu jeder natürlichen Zahl $N = N(\epsilon)$ ein $m \geq N$, so dass

$$\alpha - \epsilon < a_k \leq x_m \leq b_k < \alpha + \epsilon$$

richtig ist. Wir setzen jetzt $\epsilon := \frac{1}{l}$, wobei der Index $l = 1, 2, \ldots$ durchläuft. Es gibt also eine Folge $\{n_l\}$ natürlicher Zahlen mit $n_1 < n_2 < \ldots$, welche

$$\alpha - \frac{1}{l} \leq x_{n_l} \leq \alpha + \frac{1}{l}$$

erfüllen. Somit folgen die Ungleichungen $|x_{n_l} - \alpha| < \frac{1}{l}$ für alle $l \in \mathbb{N}$ und schließlich

$$\lim_{l \to \infty} x_{n_l} = \alpha \text{ mit } \alpha \in I_k \text{ für alle } k \in \mathbb{N}_0.$$

q.e.d.

Definition 4. *Eine reelle Folge $\{x_n\}_{n=1,2,\ldots}$ heißt* **monoton nicht fallend** *bzw.* **schwach monoton steigend**, *wenn die Ungleichung $x_n \leq x_{n+1}$ für alle $n \in \mathbb{N}$ erfüllt ist. Die Folge heißt* **(streng) monoton steigend**, *wenn $x_n < x_{n+1}$ für alle $n \in \mathbb{N}$ gilt.*
Entsprechend heißt die Folge $\{x_n\}_{n=1,2,\ldots}$ **monoton nicht steigend** *bzw.* **schwach monoton fallend**, *wenn die Ungleichung $x_n \geq x_{n+1}$ für alle $n \in \mathbb{N}$ erfüllt ist. Die Folge heißt* **(streng) monoton fallend**, *wenn $x_n > x_{n+1}$ für alle $n \in \mathbb{N}$ gilt.*

Satz 5. *Sei die monoton nicht fallende reelle Folge $\{x_n\}_{n\in\mathbb{N}}$ gegeben, die nach oben beschränkt ist gemäß $x_n \leq c$ $(n = 1, 2, \ldots)$ mit der Schranke $c \in \mathbb{R}$. Dann ist die Folge $\{x_n\}_{n\in\mathbb{N}}$ konvergent.*

Beweis: Wegen der Beschränktheit und Monotonie unserer Folge gilt

$$|x_n| \leq c_1 := max\{|x_1|, |c|\} \text{ für alle } n \in \mathbb{N}.$$

Nach Satz 4 gibt es zu $\{x_n\}_{n\in\mathbb{N}}$ eine Teilfolge $\{x_{n_k}\}_{k\in\mathbb{N}}$ mit

$$\lim_{k\to\infty} x_{n_k} = \alpha.$$

Wir zeigen jetzt, dass auch $\{x_n\}_{n\in\mathbb{N}}$ gegen $\alpha \in \mathbb{R}$ konvergiert: Zu jedem $n \in \mathbb{N}$ ist die Ungleichung $n \leq n_k$ für alle $k \geq n$ richtig, und die Monotonie liefert

$$x_n \leq x_{n_k} \text{ für alle } k \geq n.$$

Der Grenzübergang $k \to \infty$ ergibt mittels Hilfssatz 5 die Ungleichung

$$x_n \leq \lim_{k\to\infty} x_{n_k} = \alpha \leq c \text{ für alle } n \in \mathbb{N}. \tag{9}$$

Zu vorgegebenem $\epsilon > 0$ existiert nun eine natürliche Zahl $K = K(\epsilon)$ mit $|x_{n_k} - \alpha| < \epsilon$ für alle $k \geq K$. Wir erhalten die Ungleichung

$$\alpha - \epsilon \leq x_{n_k} \leq \alpha \text{ für alle } k \geq K.$$

Da die Folge $\{x_n\}_{n\in\mathbb{N}}$ monoton nicht fallend ist, gibt es eine Zahl $N = N(K) \in \mathbb{N}$, so dass

$$\alpha - \epsilon \leq x_{n_K} \leq x_n \leq \alpha \text{ für alle } n \geq N(K)$$

richtig ist. Dies bedeutet aber

$$\lim_{n\to\infty} x_n = \alpha.$$

q.e.d.

Satz 6. *Jede monoton nicht wachsende reelle Folge $\{x_n\}_{n=1,2,\ldots}$, die gemäß $x_n \geq c$ $(n = 1, 2, \ldots)$ für ein $c \in \mathbb{R}$ nach unten beschränkt ist, konvergiert.*

Beweis: Die Behauptung ergibt sich aus Satz 5 durch Spiegelung am Null-punkt, indem wir die monoton nicht fallende reelle Folge $\{-x_n\}_{n=1,2,\ldots}$ mit $-x_n \leq -c$ für alle $n \in \mathbb{N}$ betrachten.

q.e.d.

Jede endliche Menge $M = \{x_1, \ldots, x_n\} \subset \mathbb{R}$ mit festem $n \in \mathbb{N}$ besitzt ein kleinstes Element $min\, M \in M$ und ein größtes Element $max\, M \in M$. Diese nennen wir **Maximum** bzw. **Minimum der Menge** M. Offenbar ist die Ungleichung

$$min\, M \leq x_k \leq max\, M \quad \text{für} \quad k = 1, \ldots, n$$

erfüllt. Bei Mengen mit unendlich vielen Elementen liegt diese einfache Situation im Allgemeinen nicht vor, jedoch können wir Folgendes zeigen:

Satz 7. *Sei M eine nicht leere Menge reeller Zahlen, die nach oben beschränkt ist – d.h. es gibt ein $c \in \mathbb{R}$ derart, dass*

$$x \leq c \text{ für alle } x \in M$$

gilt. Dann gibt es ein durch die Menge M eindeutig bestimmtes Element $\sigma \in \mathbb{R}$ mit den folgenden Eigenschaften:

$$\text{Für alle} \quad x \in M \text{ gilt } x \leq \sigma. \tag{10}$$

$$\text{Zu jedem} \quad \epsilon > 0 \text{ gibt es ein } y \in M \text{ mit } \sigma - \epsilon \leq y \leq \sigma. \tag{11}$$

Bemerkung: Im Gegensatz zu endlichen Mengen ist im allgemeinen Fall auch $\sigma \notin M$ möglich, z.B. für $M := \left\{ -\dfrac{1}{n} : n \in \mathbb{N} \right\}$ mit der oberen Grenze $\sigma = 0$.

Beweis der Eindeutigkeit von σ: Angenommen, die verschiedenen Größen $\sigma_1 \in \mathbb{R}$ und $\sigma_2 \in \mathbb{R}$ erfüllen die Bedingungen (10) und (11): Wir können dann o.B.d.A. $\sigma_1 < \sigma_2$ voraussetzen. Nun gibt es zu jedem $\epsilon > 0$ ein $y \in M$ mit $\sigma_2 - \epsilon \leq y \leq \sigma_2$. Speziell für $\epsilon := \frac{1}{2}(\sigma_2 - \sigma_1)$ erhalten wir

$$y \geq \sigma_2 - \frac{1}{2}(\sigma_2 - \sigma_1) = \frac{1}{2}(\sigma_2 + \sigma_1) > \sigma_1.$$

Dies steht im Widerspruch zu (10) für die Größe σ_1.

Existenz von σ: Wegen $M \neq \emptyset$ gibt es ein $x_0 \in M$, und wir wählen das Intervall $I_0 := [x_0, c]$. Wir beachten $x_0 \in I_0$ und $x \leq c$ für alle $x \in M$. Wie im Beweis von Satz 4 teilen wir das Intervall I_0 in zwei Teilintervalle L und R:

$$L := \left[x_0, \frac{1}{2}(x_0 + c) \right] \text{ und } R := \left[\frac{1}{2}(x_0 + c), c \right].$$

Wir setzen $I_1 := [a_1, b_1] = L$ falls $M \cap R = \emptyset$ erfüllt ist – ansonsten sei $I_1 := R$ erklärt. Dann gibt es ein $x_1 \in I_1 \cap M$ und für alle $x \in M$ gilt $x \leq b_1$. Dieses Verfahren wenden wir nun auf I_1 an und erhalten das Intervall $I_2 \subset I_1$. Wir wählen dabei das folgende Intervall stets so, dass wenigstens ein $y \in M$ darin enthalten ist. Haben wir bereits das Intervall $I_n = [a_n, b_n]$ konstruiert, halbieren wir dieses wieder in die Intervalle L und R und wählen als $I_{n+1} = [a_{n+1}, b_{n+1}]$ das Intervall L, falls $M \cap R = \emptyset$ – ansonsten sei $I_{n+1} = R$ gesetzt. Wir erhalten also eine Folge $\{I_k\}_{k \in \mathbb{N}_0}$ von Intervallen mit den Eigenschaften:

$$\text{Für alle } k \in \mathbb{N}_0 \text{ gilt}: \quad I_k = [a_k, b_k] \quad \wedge \quad b_k - a_k = \frac{c - x_0}{2^k} \tag{12}$$

$$a_0 \leq a_1 \leq \ldots \leq b_1 \leq a_0 \quad \wedge \quad I_0 \supset I_1 \supset I_2 \supset \ldots \tag{13}$$

In jedem Intervall I_k ($k \in \mathbb{N}_0$) liegt wenigstens ein $y \in M$, und es gilt:

$$x \leq b_k \text{ für alle } x \in M \quad \text{ und } k = 0, 1, 2, \ldots.$$

Die Folge $\{a_k\}_{k\in\mathbb{N}_0}$ der linken Endpunkte von I_k ist monoton nicht fallend und nach oben beschränkt. Wegen Satz 5 existiert ihr Grenzwert $\lim_{k\to\infty} a_k = \eta$. Weiterhin ist die Folge $\{b_k\}_{k\in\mathbb{N}_0}$ der rechten Eckpunkte von I_k monoton nicht steigend und nach unten beschränkt – also gibt es nach Satz 6 ein $\sigma \in \mathbb{R}$ mit $\lim_{k\to\infty} b_k = \sigma$. Wegen (12) und (13) folgt für hinreichend große k

$$|\eta - \sigma| = |(\eta - a_k) + (a_k - b_k) + (b_k - \sigma)| \le |a_k - \eta| + |a_k - b_k| + |b_k - \sigma| < 3\,\epsilon$$

bzw.

$$\lim_{k\to\infty} a_k = \lim_{k\to\infty} b_k = \sigma.$$

Zu vorgegebenem $\epsilon > 0$ existiert nun eine natürliche Zahl $K = K(\epsilon)$ mit der Eigenschaft

$$\sigma - \epsilon \le a_k < b_k \le \sigma + \epsilon \text{ für alle } k \ge K.$$

Also folgt $\sigma - \epsilon \le y \le \sigma + \epsilon$ für mindestens ein $y \in I_k \cap M$. Andererseits liefert $y \le b_k$ für alle $y \in M$ und $\lim_{k\to\infty} b_k = \sigma$ die Ungleichung $y \le \sigma$ für jedes $y \in M$. Das beweist die Behauptung des Satzes 7.   q.e.d.

Bemerkung: Damit haben wir für nach oben beschränkte Mengen $M \subset \mathbb{R}$ die Existenz einer kleinsten Zahl $\sigma \in \mathbb{R}$ bewiesen, für die (10) und (11) erfüllt ist. Im Allgemeinen ist $\sigma \in M$ nicht richtig – jedoch kann σ durch eine Folge $\{x_n\}_{n=1,2,\dots} \subset M$ approximiert werden.

Satz 8. *Sei M eine nicht leere Menge reeller Zahlen, die nach unten beschränkt ist – d.h. es gibt ein $c \in \mathbb{R}$ derart, dass $x \ge c$ für alle $x \in M$ gilt. Dann gibt es ein durch M eindeutig bestimmtes $\tau \in M$ mit folgenden Eigenschaften:*

$$\textit{Für alle}\quad x \in M \textit{ gilt } x \ge \tau; \tag{14}$$

$$\textit{Zu jedem}\quad \epsilon > 0 \textit{ gibt es ein } x \in M \textit{ mit } \tau \le x \le \tau + \epsilon. \tag{15}$$

Beweis: Wir wenden Satz 7 auf die folgende Menge an:

$$M^* := \{z \in \mathbb{R}: \quad z = -x, x \in M\}. \qquad \text{q.e.d.}$$

Wir können nun vereinbaren:

Definition 5. *Für eine nach oben beschränkte Menge $\emptyset \ne M \subset \mathbb{R}$ heißt $\sigma \in \mathbb{R}$ mit den Eigenschaften (10) und (11) die obere Grenze, die kleinste obere Schranke, oder das* **Supremum** *von M. Man schreibt $\sigma := \sup M$.*

Definition 6. *Für eine nach unten beschränkte Menge $\emptyset \ne M \subset \mathbb{R}$ heißt $\tau \in \mathbb{R}$ mit den Eigenschaften (14) und (15) die untere Grenze, die größte untere Schranke, oder das* **Infimum** *von M. Man schreibt $\tau := \inf M$.*

Wir wollen nun beliebige reelle Folgen untersuchen, welche nicht notwendig konvergieren.

Definition 7. *Eine Zahl* $\xi \in \mathbb{R}$ *heißt* **Häufungswert** *einer rellen Folge* $\{x_n\}_{n=1,2,\dots}$, *wenn es eine konvergente Teilfolge* $\{x_{n_k}\}_{k \in \mathbb{N}}$ *von* $\{x_n\}_{n \in \mathbb{N}}$ *mit der Eigenschaft* $\lim\limits_{k \to \infty} x_{n_k} = \xi$ *gibt.*

Beispiel 1. a) Sei $\mathbb{Q} = \{x_1, x_2, x_3, \dots\}$ eine Abzählung der rationalen Zahlen. Die Menge aller Häufungswerte der Folge $\{x_n\}_{n=1,2,\dots}$ stellt dann $\mathbb{R}$ dar.
b) Die Folge der natürlichen Zahlen besitzt in $\mathbb{R}$ keinen Häufungswert.
c) Wenn $\{x_n\}_{n=1,2,\dots}$ eine nach oben beschränkte, monoton nicht fallende, reelle Folge ist, dann besitzt sie nach Satz 5 genau einen Häufungswert.

Um zu sichern, dass jede reelle Folge $\{x_n\}_{n=1,2,\dots}$ wenigstens einen Häufungswert besitzt, werden wir die reellen Zahlen $\mathbb{R}$ abschließen.

Definition 8. *Das* **erweiterte reelle Zahlensystem**

$$\overline{\mathbb{R}} := \mathbb{R} \cup \{-\infty\} \cup \{+\infty\}$$

entsteht durch Hinzufügen der beiden **uneigentlichen Elemente** $-\infty$ *und* $+\infty$ *zu dem Körper der reellen Zahlen. Für alle* $x \in \mathbb{R}$ *gilt:* $-\infty < x < +\infty$.

Definition 9. *Sei* $\{x_n\}_{n=1,2,\dots}$ *eine beliebige Folge in der Menge* $\overline{\mathbb{R}}$ *des erweiterten reellen Zahlensystems gemäß der Definition 14 aus § 2, was wir durch* $\{x_n\}_{n \in \mathbb{N}} \subset \overline{\mathbb{R}}$ *andeuten. Dann vereinbaren wir*

$$\lim_{n \to \infty} x_n = +\infty \qquad \Leftrightarrow$$

Zu jedem $c \in \mathbb{R}$ *existiert ein* $K = K(c) \in \mathbb{N}:$ $x_n \geq c$ *für alle* $n \geq K$.

$$\lim_{n \to \infty} x_n = -\infty \qquad \Leftrightarrow$$

Zu jedem $c \in \mathbb{R}$ *existiert ein* $K = K(c) \in \mathbb{N}:$ $x_n \leq c$ *für alle* $n \geq K$.

Definition 10. $\xi \in \{-\infty, +\infty\}$ *heißt Häufungswert einer Folge* $\{x_n\}_{n=1,2,\dots}$ *in* $\overline{\mathbb{R}}$, *wenn es eine Teilfolge* $\{x_{n_k}\}_{k \in \mathbb{N}}$ *mit* $\lim\limits_{k \to \infty} x_{n_k} = \xi$ *gibt.*

Beispiel 2. a) Die Folge der natürlichen Zahlen $\{1, 2, \dots\}$ besitzt $+\infty \in \overline{\mathbb{R}}$ als einzigen Häufungswert.
b) Die Folge $\{x_n\}_{n=1,2,\dots}$ mit $x_n := (-1)^n \cdot n^2$ $(n \in \mathbb{N})$ besitzt die beiden Häufungswerte $+\infty$ und $-\infty$.

In Verallgemeinerung von Satz 7 und 8 sowie Definition 5 und 6 kann jeder nichtleeren Menge $M \subset \overline{\mathbb{R}}$ ein Supremum und ein Infimum zugeordnet werden.

Definition 11. *Wir setzen für* $M \subset \overline{\mathbb{R}}$ *die Größen*

$$\sup M = +\infty \Leftrightarrow Zu\ jedem\ c \in \mathbb{R}\ gibt\ es\ ein\ x \in M\ mit\ x \geq c,$$
$$\sup M = -\infty \Leftrightarrow M = \{-\infty\},$$
$$\inf M = +\infty \Leftrightarrow M = \{+\infty\},$$
$$\inf M = -\infty \Leftrightarrow Zu\ jedem\ c \in \mathbb{R}\ gibt\ es\ ein\ x \in M\ mit\ x \leq c.$$

Satz 9. *Jede Zahlenfolge* $\{x_n\}_{n=1,2,\dots}$ *in* $\overline{\mathbb{R}}$ *besitzt wenigstens einen Häufungswert* $\xi \in \overline{\mathbb{R}}$.

Beweis: Wenn $|x_n| \leq c$ für alle $n \in \mathbb{N}$ richtig ist, so folgt die Behauptung aus Satz 4 mit einem Häufungswert $\xi \in \mathbb{R}$. Anderenfalls gibt es eine Teilfolge $\{x_{n_k}\}_{k=1,2,\dots}$ mit $\lim\limits_{k \to \infty} |x_{n_k}| = +\infty$. Dann existiert eine Teilfolge $\{x_{m_j}\}_{j \in \mathbb{N}}$ von $\{x_{n_k}\}_{k \in \mathbb{N}}$ mit der Eigenschaft $\lim\limits_{j \to \infty} x_{m_j} = -\infty$ oder $\lim\limits_{j \to \infty} x_{m_j} = +\infty$.
q.e.d.

Satz 10. *Jede monoton nicht fallende Folge* $\{x_n\}_{n \in \mathbb{N}}$ *in* $\overline{\mathbb{R}}$ *ist konvergent, d.h. es gibt ein* $\alpha \in \overline{\mathbb{R}}$ *mit* $\lim\limits_{n \to \infty} x_n = \alpha$.

Beweis: Wenn $\{x_n\}_{n=1,2,\dots}$ nach oben beschränkt ist, so folgt die Behauptung aus Satz 5. Ist hingegen $\{x_n\}_{n=1,2,\dots}$ nach oben unbeschränkt, dann gibt es wegen der Monotonie zu jedem $c \in \mathbb{R}$ eine natürliche Zahl $K = K(c)$ derart, dass $x_n \geq c$ für alle $n \geq K$ gilt. Definition 9 liefert $\lim\limits_{n \to \infty} x_n = +\infty$.   q.e.d.

Satz 11. *Jede monoton nicht steigende Folge* $\{x_n\}_{n \in \mathbb{N}}$ *in* $\overline{\mathbb{R}}$ *ist konvergent.*

Definition 12. *Seien* $\{x_n\}_{n=1,2,\dots}$ *eine beliebige Folge in* $\overline{\mathbb{R}}$ *und* $E \neq \emptyset$ *die Menge ihrer Häufungswerte. Dann setzt man*

$$\sup E =: \limsup_{n \to \infty} x_n \quad als\ \text{\textbf{Limes superior}}\ und \tag{16}$$

$$\inf E =: \liminf_{n \to \infty} x_n \quad als\ \text{\textbf{Limes inferior}}. \tag{17}$$

Satz 12. *Sei* $\{x_n\}_{n \in \mathbb{N}}$ *eine Folge in* $\overline{\mathbb{R}}$ *mit* $\limsup_{n \to \infty} x_n = \xi$. *Dann gilt:*

$$Es\ gibt\ eine\ Teilfolge\ \{x_{n_k}\}_{k \in \mathbb{N}} \subset \{x_n\}_{n \in \mathbb{N}} : \quad \lim_{k \to \infty} x_{n_k} = \xi. \tag{18}$$

$$Zu\ jedem\ c \in \overline{\mathbb{R}}\ mit\ c > \xi\ existiert\ K = K(c) \in \mathbb{N} : x_n \leq c\ für\ alle\ n \geq K. \tag{19}$$

Beweis: 1.) Sei zunächst $\limsup_{n\to\infty} x_n = -\infty$. Wegen Definition 11 und 12 gilt $E = \{-\infty\}$ für die Menge alle Häufungswerte E von $\{x_n\} \subset \overline{\mathbb{R}}$. Damit gibt es eine Teilfolge $\{x_{n_k}\} \subset \{x_n\}$ mit $\lim_{k\to\infty} x_{n_k} = -\infty$. Daraus folgt unmittelbar $\lim_{n\to\infty} x_n = -\infty$ und nach Definition 9 gibt es zu jedem $c \in \mathbb{R}$ eine natürliche Zahl $K = K(c)$ mit $x_n \leq c$ für alle $n \geq K$.

2.) Gelte nun $\limsup_{n\to\infty} x_n = +\infty$. Dann gibt es wegen Definition 9 eine Teilfolge $\{x_{n_k}\} \subset \{x_n\}$ mit $\lim_{k\to\infty} x_{n_k} = +\infty$. Anderenfalls gäbe es ein $c \in \mathbb{R}$, so dass $x_n \leq c$ für alle $n \geq K$ mit einem geeigneten $K = K(c) \in \mathbb{N}$ richtig ist. Dann müßte wegen Hilfssatz 5 aber $\xi \leq c$ gelten – im Widerspruch zu $\xi = +\infty$.

3.) Im dritten Fall sei $\limsup_{n\to\infty} x_n =: \xi \in \mathbb{R}$ erfüllt. Da $\xi = \sup E$ ist, gibt es eine Folge $\{y_k\} \subset E$ mit $\lim_{k\to\infty} y_k = \xi$. Da jedes y_k Häufungswert von der Folge $\{x_n\}$ ist, gibt es zu jedem $k \in \mathbb{N}$ eine Teilfolge $\{x_{m_j}^{(k)}\} \subset \{x_n\}$ mit $\lim_{j\to\infty} x_{m_j}^{(k)} = y_k$. Also finden wir Glieder x_{n_k} der Folge, so dass $|x_{n_k} - y_k| < \frac{1}{k}$ für $k = 1, 2, \ldots$ gilt. Mit

$$|x_{n_k} - \xi| \leq |x_{n_k} - y_k| + |y_k - \xi| < \frac{1}{k} + \epsilon$$

erhalten wir $\lim_{k\to\infty} x_{n_k} = \xi$.

Wäre nun (19) falsch, so gäbe es ein $c \in \overline{\mathbb{R}}$ mit $x_n > c > \xi$ für unendlich viele $n \in \mathbb{N}$. Damit muß ein Häufungswert $\omega \in \overline{\mathbb{R}}$ der Folge $\{x_n\}$ existieren, der $\omega \geq c$ erfüllt. Dies steht aber im Widerspruch zu $\xi = \sup E < c$ – und somit gilt (19).   q.e.d.

Satz 13. *Sei $\{x_n\}_{n\in\mathbb{N}}$ eine Folge in $\overline{\mathbb{R}}$ mit $\liminf_{n\to\infty} x_n = \eta$. Dann gilt:*

$$\text{Es existiert eine Teilfolge } \{x_{n_k}\}_{k\in\mathbb{N}} \subset \{x_n\}_{n\in\mathbb{N}} : \quad \lim_{k\to\infty} x_{n_k} = \eta. \qquad (20)$$

$$\textit{Zu jedem } c \in \mathbb{R} \textit{ mit } c < \eta \textit{ existiert } K = K(c) \in \mathbb{N} : x_n \geq c \textit{ für alle } n \geq K. \qquad (21)$$

Beweis: Indem wir die Folge $\{z_n\}_{n\in\mathbb{N}}$ in $\overline{\mathbb{R}}$ mit $z_n := -x_n$, $n = 1, 2, \ldots$ betrachten, erhalten wir aus Satz 12 die Behauptungen (20) und (21). q.e.d.

Für eine beliebige Folge $\{x_n\}_{\in\mathbb{N}}$ in $\overline{\mathbb{R}}$ gilt nach Definition 12

$$\liminf_{n\to\infty} x_n \leq \limsup_{n\to\infty} x_n.$$

Ein Kriterium zur Konvergenz der beliebigen Folge wird gegeben durch den

Satz 14. *Eine Folge $\{x_n\}_{n\in\mathbb{N}}$ in $\overline{\mathbb{R}}$ ist genau dann konvergent (im eigentlichen Sinne), wenn*

$$\liminf_{n\to\infty} x_n = \limsup_{n\to\infty} x_n =: \alpha \in \mathbb{R}$$

erfüllt ist. Es gilt dann $\lim_{n\to\infty} x_n = \alpha$.

Beweis: „⇒": Sei $\{x_n\}_{n\in\mathbb{N}}$ konvergent mit $\lim_{n\to\infty} x_n = \alpha$. Dann gibt es zu jedem $\epsilon > 0$ eine natürliche Zahl $N = N(\epsilon)$ mit der Eigenschaft

$$\alpha - \epsilon \leq x_n \leq \alpha + \epsilon \text{ für alle } n \geq N.$$

Jede Teilfolge besitzt also den Häufungswert α – und somit ergibt sich

$$E = \{\alpha\} \text{ sowie } \liminf_{n\to\infty} x_n = \limsup_{n\to\infty} x_n = \alpha.$$

„⇐": Für die Folge $\{x_n\}_{n\in\mathbb{N}}$ in $\overline{\mathbb{R}}$ gibt es ein $\alpha \in \mathbb{R}$ mit

$$\liminf_{n\to\infty} x_n = \limsup_{n\to\infty} x_n = \alpha.$$

Zu jedem $\epsilon > 0$ existiert wegen $\limsup_{n\to\infty} x_n = \alpha$ und Satz 12 eine natürliche Zahl $N_1 = N_1(\epsilon)$, so dass $x_n \leq \alpha + \epsilon$ für alle $n \geq N_1$ richtig ist. Entsprechend gibt es wegen $\liminf_{n\to\infty} x_n = \alpha$ und Satz 13 eine natürliche Zahl $N_2 = N_2(\epsilon)$ mit $x_n \geq \alpha - \epsilon$ für alle $n \geq N_2$. Setzen wir $N := max\{N_1, N_2\}$, dann erhalten wir $|x_n - \alpha| < \epsilon$ für alle $n \geq N$. Also folgt $\lim_{n\to\infty} x_n = \alpha$.   q.e.d.

Die Begriffe Limes superior und Limes inferior erklären sich aus

Satz 15. *Sei $\{x_n\}_{n\in\mathbb{N}}$ eine beliebige Folge in $\overline{\mathbb{R}}$, so gilt:*

$$\limsup_{n\to\infty} x_n = \lim_{m\to\infty}\left[\sup_{k\in\mathbb{N}_0} x_{m+k}\right] = \inf_{m\in\mathbb{N}}\left[\sup_{k\in\mathbb{N}_0} x_{m+k}\right] \tag{22}$$

$$\liminf_{n\to\infty} x_n = \lim_{m\to\infty}\left[\inf_{k\in\mathbb{N}_0} x_{m+k}\right] = \sup_{m\in\mathbb{N}}\left[\inf_{k\in\mathbb{N}_0} x_{m+k}\right]. \tag{23}$$

Beweis: Wir beweisen nur (22), da der Beweis von (23) entsprechend geführt wird. Sei $\{x_n\}_{n\in\mathbb{N}}$ eine Folge in $\overline{\mathbb{R}}$ und $\limsup_{n\to\infty} x_n =: \xi$.

1.Fall: $\xi = -\infty$. Nach (19) gibt es zu jedem $c > -\infty$ eine natürliche Zahl $K = K(c)$ mit $x_n \leq c$ für alle $n \geq K$. Setzen wir

$$y_m := \sup\{x_m, x_{m+1}, x_{m+2}, \ldots\} \text{ für } m \in \mathbb{N},$$

so gilt $y_1 \geq y_2 \geq y_3 \geq \ldots$. Dann erfüllt die Folge $\{y_m\}$ für alle $m \geq K$ die Ungleichung $y_m \leq c$. Somit folgt für alle $c \in \mathbb{R}$ die Beziehung

$$\inf_{m\in\mathbb{N}} y_m = \lim_{m\to\infty} y_m = \lim_{m\to\infty} [\sup\{x_m, x_{m+1}, x_{m+2}, \ldots\}] \leq c \text{ und damit}$$

$$\lim_{m\to\infty} [\sup\{x_m, x_{m+1}, x_{m+2}, \ldots\}] = \inf_{m\in\mathbb{N}} [\sup\{x_m, x_{m+1}, x_{m+2}, \ldots\}] = -\infty.$$

2.Fall: $\xi = \infty$. Es gibt eine Teilfolge $\{x_{n_k}\}$ mit $\lim_{k\to\infty} x_{n_k} = +\infty$, und für alle $m \in \mathbb{N}$ gilt

$$y_m = \sup\{x_m, x_{m+1}, x_{m+2}, \ldots\} = +\infty.$$

Dann folgt

$$\inf_{m \in \mathbb{N}} y_m = \lim_{m \to \infty} y_m = \lim_{m \to \infty} \sup\{x_m, x_{m+1}, x_{m+2}, \ldots\} = +\infty.$$

3.Fall: $\xi \in \mathbb{R}$. Wir betrachten die Folge $\{y_m\}$ der Suprema mit

$$y_m := \sup\{x_m, x_{m+1}, x_{m+2}, \ldots\} \text{ für } m \in \mathbb{N},$$

welche monoton nicht steigend ist. Also existiert die Größe

$$\eta := \lim_{m \to \infty} y_m = \inf_{m \in \mathbb{N}} y_m \quad \in \mathbb{R}.$$

Wir werden zeigen, dass $\eta = \xi$ gilt: Zu vorgegebenem $\epsilon > 0$ gibt es eine natürliche Zahl $N_1 = N_1(\epsilon)$, so dass $x_n \le \xi + \epsilon$ für alle $n \ge N_1$ gilt (vgl. Satz 12). Daraus folgt

$$y_m = \sup\{x_m, x_{m+1}, x_{m+2}, \ldots\} \le \xi + \epsilon \text{ für alle } m \ge N_1.$$

Also gilt für jedes $\epsilon > 0$ die Abschätzung

$$\eta = \lim_{m \to \infty} y_m = \inf_{m \in \mathbb{N}} y_m \le \xi + \epsilon$$

und damit $\eta \le \xi$. Es bleibt noch zu zeigen, dass $\eta \ge \xi$ gilt. Wegen $\limsup_{n \to \infty} x_n = \xi$ gibt es nach (18) eine Teilfolge $\{x_{n_k}\} \subset \{x_n\}$ mit $\lim_{k \to \infty} x_{n_k} = \xi$. Deshalb existiert zu beliebigem $\epsilon > 0$ eine Zahl $N_2 = N_2(\epsilon)$ mit $x_{n_k} \ge \xi - \epsilon$ für alle $k \ge N_2$. Sei nun $m \in \mathbb{N}$ vorgegeben und $n_k > m$ entsprechend gewählt, so folgt

$$y_m = \sup\{x_m, x_{m+1}, x_{m+2}, \ldots\} \ge \xi - \epsilon \text{ für alle } m.$$

Also gilt für beliebiges $\epsilon > 0$ die Abschätzung

$$\eta = \lim_{m \to \infty} y_m = \inf_{m \in \mathbb{N}} y_m \ge \xi - \epsilon$$

und damit $\eta \ge \xi$. Mit der nun folgenden Identität $\eta = \xi$ haben wir (22) bewiesen. q.e.d.

§4 Der n-dimensionale Zahlenraum $\mathbb{R}^n$ als topologischer Raum

Bisher haben wir die (eindimensionale) reelle Gerade $\mathbb{R} = \mathbb{R}^1$ betrachtet. Nehmen wir nun ein geordnetes Paar reeller Zahlen $(x_1, x_2) \in \mathbb{R}^2 := \mathbb{R} \times \mathbb{R}$, so können wir dieses als Punkt in der reellen (zweidimensionalen) Ebene interpretieren. Analog beschreiben wir einen Punkt im anschaulichen (dreidimensionalen) Raum durch ein geordnetes Tripel reeller Zahlen $(x_1, x_2, x_3) \in \mathbb{R}^3 :=$

$\mathbb{R} \times \mathbb{R} \times \mathbb{R}$. Mit der Einführung des vierdimensionalen Raum-Zeit-Kontinuums, wo wir jeden Punkt als geordnetes Quadrupel $(x_1, x_2, x_3, t) \in \mathbb{R}^4$ beschreiben, sehen wir die Bedeutung der Räume der Dimension größer ist als drei auch für der Physik.

Wir wollen nun allgemein für festes $n \in \mathbb{N}$ den n-dimensionalen reellen Zahlenraum einführen:

Definition 1. *Sei* $n \in \mathbb{N}$ *eine natürliche Zahl. Das kartesische Produkt*

$$\mathbb{R}^n := \underbrace{\mathbb{R} \times \ldots \times \mathbb{R}}_{n-mal}$$

bezeichnen wir als n-**dimensionalen reellen Zahlenraum.** *Ein* **Punkt** $x = (x_1, \ldots, x_n) \in \mathbb{R}^n$ *ist ein geordnetes* n-*Tupel reeller Zahlen. Das ausgezeichnete Element* $0 := (0, \ldots, 0) \in \mathbb{R}^n$ *heißt* **Nullelement** *bzw.* **Nullvektor.** *Seien weiter* $x, y \in \mathbb{R}^n$ *und* $\lambda \in \mathbb{R}$ *so erklären wir durch*

$$x + y = (x_1, \ldots, x_n) + (y_1, \ldots, y_n) := (x_1 + y_1, \ldots, x_n + y_n) \qquad (1)$$

eine **Addition** *und durch*

$$\lambda \cdot x = \lambda \cdot (x_1, \ldots, x_n) := (\lambda \cdot x_1, \ldots, \lambda \cdot x_n) \qquad (2)$$

eine **skalare Multiplikation.**

Bemerkungen zu Definition 1:

1. Für zwei Punkte $x = (x_1, \ldots, x_n), y = (y_1, \ldots, y_n) \in \mathbb{R}^n$ gilt:

$$x = y \Longleftrightarrow x_k = y_k \text{ für } k = 1, \ldots, n.$$

2. Für beliebige $x, y \in \mathbb{R}^n$, $\lambda \in \mathbb{R}$ sind $x + y \in \mathbb{R}^n$ und $\lambda x \in \mathbb{R}^n$. Somit wird aufgrund der Eigenschaften von $\mathbb{R}$ als Körper der Raum $\mathbb{R}^n$ zusammen mit den Verknüpfungen (1) und (2) zu einem n-dimensionalen Vektorraum über $\mathbb{R}$.

Definition 2. *Seien* $x, y \in \mathbb{R}^n$ *zwei Vektoren, so erklären wir deren* **Skalarprodukt** *(auch* **inneres Produkt** *genannt) durch*

$$x \cdot y := (x, y) := \sum_{k=1}^{n} x_k y_k \qquad (3)$$

und den **Betrag** *bzw. die* **Norm des Vektors** $x \in \mathbb{R}^n$ *durch*

$$|x| := \sqrt{(x, x)} = \sqrt{\sum_{k=1}^{n} x_k^2} \quad . \qquad (4)$$

Dabei wurde die Quadratwurzel $\sqrt{\ }$ *in Definition 13 von § 2 erklärt.*

Bemerkung: Für $x \in \mathbb{R}^n$ gilt $|x| \geq 0$ und $|x| = 0 \Leftrightarrow x = 0$.

Definition 3. *Zwei Vektoren $x, y \in \mathbb{R}^n$ heißen zueinander* **orthogonal** *(symbolisch $x \perp y$), falls $(x, y) = 0$ gilt.*

Satz 1. *Für alle $x, y \in \mathbb{R}^n$ gelten die folgenden Ungleichungen:*

$$|(x, y)| \leq |x| \cdot |y| \tag{5}$$

$$|x + y| \leq |x| + |y| \quad (Dreiecksungleichung) \tag{6}$$

$$|x - y| \geq ||x| - |y|| \tag{7}$$

Beweis: Zum Nachweis von (5) verwenden wir die Ungleichung von Cauchy-Schwarz aus dem Satz 4 in §1. Wir erhalten wir für beliebige Punkte $x = (x_1, \ldots, x_n), y = (y_1, \ldots, y_n) \in \mathbb{R}^n$ die Abschätzung

$$(x, y)^2 \overset{(3)}{=} \left(\sum_{k=1}^n x_k y_k \right)^2 \leq \left(\sum_{k=1}^n x_k^2 \right) \cdot \left(\sum_{k=1}^n y_k^2 \right) \overset{(4)}{=} |x|^2 \cdot |y|^2,$$

und Radizieren liefert die Behauptung.

Zum Nachweis der Dreiecksungleichung (6) berechnen wir

$$|x + y|^2 \overset{(4)}{=} \sum_{k=1}^n (x_k + y_k)^2 = \sum_{k=1}^n (x_k^2 + 2x_k y_k + y_k^2)$$

$$= \sum_{k=1}^n x_k^2 + 2 \sum_{k=1}^n x_k y_k + \sum_{k=1}^n y_k^2 \overset{(3),(4)}{=} |x|^2 + 2(x, y) + |y|^2$$

$$\leq |x|^2 + 2|(x, y)| + |y|^2 \overset{(5)}{\leq} |x|^2 + 2|x||y| + |y|^2 = (|x| + |y|)^2,$$

und Radizieren liefert die Behauptung.

Die Ungleichung (7) können wir nun leicht aus der Dreicksungleichung herleiten, wie wir dieses bereits für die Ungleichung ix) von Satz 2 in §1 durchgeführt haben.   q.e.d.

Gemäß Definition 14 in §2 betrachten wir eine **Folge im** $\mathbb{R}^n$, die wir auch **reelle Punktfolge** nennen wollen. Hierunter verstehen wir die Abbildung $\mathbb{N} \ni k \mapsto x^{(k)} \in \mathbb{R}^n$, welche wir als Folge $\{x^{(k)}\}_{k=1,2,\ldots}$ im $\mathbb{R}^n$ bezeichnen und kurz $\{x^{(k)}\}_{k \in \mathbb{N}} \subset \mathbb{R}^n$ schreiben. Eine **Teilfolge dieser reellen Punktfolge**

$$\{x^{(k_l)}\}_{l \in \mathbb{N}} \subset \{x^{(k)}\}_{k \in \mathbb{N}}$$

wird gegeben durch die aufsteigende Auswahl der Indizes

$$1 \leq k_1 < k_2 < k_3 < \ldots.$$

Wir sprechen von einer **beschränkten reellen Punktfolge**, wenn es eine Schranke $c \in [0, +\infty)$ so gibt, dass $|x^{(k)}| \leq c$ für alle $k \in \mathbb{N}$ erfüllt ist.

Definition 4. *Eine* **Punktfolge** $\{x^{(k)}\}_{k\in\mathbb{N}}$ *im* $\mathbb{R}^n$ *heißt* **konvergent***, wenn es ein $x \in \mathbb{R}^n$ gibt, so dass*

$$\lim_{k\to\infty} |x^{(k)} - x| = 0 \tag{8}$$

gilt. Der Punkt x heißt **Grenzpunkt** *der Folge und ist eindeutig bestimmt. Wir schreiben $x = \lim_{k\to\infty} x^{(k)}$ oder $x^{(k)} \to x$ $(k \to \infty)$.*

Hilfssatz 1. *Sei $\{x^{(k)}\}_{k\in\mathbb{N}}$ mit $x^{(k)} = (x_1^{(k)}, \ldots, x_n^{(k)}) \in \mathbb{R}^n$, $k \in \mathbb{N}$, eine reelle Punktfolge und $x = (x_1, \ldots, x_n) \in \mathbb{R}^n$ ein Punkt. Dann gilt $x^{(k)} \to x$ $(k \to \infty)$ genau dann, wenn für $i = 1, \ldots, n$ die reellen Punktfolgen $x_i^{(k)} \to x_i$ $(k \to \infty)$ erfüllen.*

Beweis: „$\Rightarrow$": Gilt $\lim_{k\to\infty} |x^{(k)} - x| = 0$, so folgt wegen

$$0 \le |x_i^{(k)} - x_i| \le |x^{(k)} - x| \text{ für } i = 1, \ldots, n \text{ und alle } k \in \mathbb{N}$$

die Relation $\lim_{k\to\infty} |x_i^{(k)} - x_i| = 0$ für $i = 1, \ldots, n$.

„$\Leftarrow$": Gilt $\lim_{k\to\infty} |x_i^{(k)} - x_i| = 0$ für $i = 1, \ldots, n$, so haben wir

$$\lim_{k\to\infty} \max\left\{ |x_i^{(k)} - x_i| \; : \; i = 1, \ldots, n \right\} = 0.$$

Wegen der Ungleichung

$$0 \le |x^{(k)} - x| = \sqrt{\sum_{i=1}^n \left(x_i^{(k)} - x_i \right)^2}$$

$$\le \sqrt{\sum_{i=1}^n \left(\max\left\{ |x_i^{(k)} - x_i| \; : \; i = 1, \ldots, n \right\} \right)^2}$$

$$= \sqrt{n} \cdot \max\left\{ |x_i^{(k)} - x_i| \; : \; i = 1, \ldots, n \right\} \text{ für alle } k \in \mathbb{N}$$

folgt $\lim_{k\to\infty} |x^{(k)} - x| = 0$.   q.e.d.

Definition 5. *Eine Punktfolge $\{x^{(k)}\}_{k\in\mathbb{N}}$ im $\mathbb{R}^n$ heißt* **Cauchyfolge im** $\mathbb{R}^n$ *(oder auch in sich konvergente Folge), wenn die folgende Aussage richtig ist: Zu jedem $\epsilon > 0$ gibt es eine natürliche Zahl $N = N(\epsilon) \in \mathbb{N}$, so dass $|x^{(k)} - x^{(l)}| < \epsilon$ für alle $k, l \ge N$ erfüllt ist.*

Analog zum Hilfssatz 2 beweist man

Hilfssatz 2. *Es ist $\{x^{(k)}\}_{k\in\mathbb{N}}$ eine Cauchyfolge im $\mathbb{R}^n$ genau dann, wenn $\{x_i^{(k)}\}_{k\in\mathbb{N}}$ eine Cauchyfolge in $\mathbb{R}$ für $i = 1, \ldots, n$ ist.*

Satz 2. (Cauchysches Konvergenzkriterium im $\mathbb{R}^n$) *Eine Punktfolge* $\{x^{(k)}\}_{k\in\mathbb{N}}$ *im $\mathbb{R}^n$ ist genau dann konvergent, wenn sie eine Cauchyfolge ist.*

Beweis: Mit den Hilfssätzen 1 und 2 können wir das Cauchysche Konvergenzkriterium in $\mathbb{R}$ (Satz 3 aus §3) auf den $\mathbb{R}^n$ übertragen:

$$\left\{x^{(k)}\right\}_{k\in\mathbb{N}} \quad \text{ist Cauchyfolge im } \mathbb{R}^n$$

$$\Longleftrightarrow \left\{x_i^{(k)}\right\}_{k\in\mathbb{N}} \quad \text{ist Cauchyfolge für } i = 1, \ldots, n$$

$$\Longleftrightarrow \left\{x_i^{(k)}\right\}_{k\in\mathbb{N}} \quad \text{ist konvergent in } \mathbb{R} \text{ für } i = 1, \ldots, n$$

$$\Longleftrightarrow \left\{x^{(k)}\right\}_{k\in\mathbb{N}} \quad \text{ist konvergent im } \mathbb{R}^n.$$

$$\text{q.e.d.}$$

Satz 3. (Weierstraßscher Häufungsstellensatz im $\mathbb{R}^n$) *Sei $\{x^{(k)}\}_{k\in\mathbb{N}}$ mit $x^{(k)} = (x_1^{(k)}, \ldots, x_n^{(k)}) \in \mathbb{R}^n$, $k \in \mathbb{N}$, eine beschränkte reelle Punktfolge, d.h. es gibt eine reelle Zahl $c > 0$, so dass $|x^{(k)}| \leq c$ für alle $k \in \mathbb{N}$ richtig ist. Dann gibt es eine Teilfolge $\{x^{(k_p)}\}_{p\in\mathbb{N}}$ der Folge $\{x^{(k)}\}_{k\in\mathbb{N}}$ und ein $x \in \mathbb{R}^n$, so dass $x^{(k_p)} \to x$ $(p \to \infty)$ gilt.*

Beweis durch vollständige Induktion über n: Nach Satz 4 aus §3 ist die obige Aussage für $n = 1$ bereits bewiesen. Sei nun $n \in \mathbb{N}$ beliebig und

$$z^{(k)} := (x_1^{(k)}, \ldots, x_{n-1}^{(k)}) \in \mathbb{R}^{n-1}, \quad k \in \mathbb{N}$$

gesetzt, so erhalten wir

$$x^{(k)} = \left(z^{(k)}, x_n^{(k)}\right), \, k \in \mathbb{N}.$$

Dabei ist $\left\{z^{(k)}\right\}_{k\in\mathbb{N}}$ im $\mathbb{R}^{n-1}$ eine Punktfolge. Dann folgt die Abschätzung

$$c^2 \geq |x^{(k)}|^2 = |z^{(k)}|^2 + (x_n^{(k)})^2, \, k \in \mathbb{N},$$

und somit

$$|z^{(k)}| \leq c \text{ sowie } |x_n^{(k)}| \leq c \text{ für alle } k \in \mathbb{N}.$$

Es sind also $\{z^{(k)}\}_{k\in\mathbb{N}} \subset \mathbb{R}^{n-1}$ und $\{x_n^{(k)}\}_{k\in\mathbb{N}} \subset \mathbb{R}$ beschränkte Punktfolgen. Gelte nun die Aussage von Satz 3 bereits für $n - 1$. Dann können wir eine Teilfolge $\{z^{(k_p)}\}_{p\in\mathbb{N}}$ von der Folge $\{z^{(k)}\}_{k\in\mathbb{N}}$ und ein $z = (x_1, \ldots, x_{n-1}) \in \mathbb{R}^{n-1}$ so finden, dass $z^{(k_p)} \to z$ $(p \to \infty)$ beziehungsweise

$$x_i^{(k_p)} \to x_i \quad (p \to \infty) \text{ für } i = 1, \ldots, n-1$$

richtig ist. Wegen $|x_n^{(k)}| \leq c$ für alle $k \in \mathbb{N}$ haben wir $|x_n^{(k_p)}| \leq c$ für alle $p \in \mathbb{N}$, und nach dem Weierstraßschen Häufungsstellensatz in $\mathbb{R}$ finden wir wiederum eine Teilfolge

$$\{x_n^{(k_{p_l})}\}_{l \in \mathbb{N}} \subset \{x_n^{(k_p)}\}_{p \in \mathbb{N}}$$

und ein $x_n \in \mathbb{R}$, so dass

$$x_n^{(k_{p_l})} \to x_n \quad (l \to \infty)$$

erfüllt ist. Wegen

$$x_i^{(k_p)} \to x_i \quad (p \to \infty) \text{ für } i = 1, \dots, n-1$$

folgt

$$x_i^{(k_{p_l})} \to x_i \quad (l \to \infty) \text{ für } i = 1, \dots, n-1.$$

Es gilt also

$$x^{k_{p_l}} \to x = (x_1, \dots, x_n) \in \mathbb{R}^n \quad (l \to \infty),$$

und wir haben die Aussage für n bewiesen.   q.e.d.

Wir wollen nun die Teilmengen im n-dimensionalen Raum für die Analysis geeignet klassifizieren.

Definition 6. *Seien $x \in \mathbb{R}^n$ und $r > 0$ beliebig gewählt, so wird durch*

$$K_r(x) := \{\xi \in \mathbb{R}^n \ : \ |\xi - x| < r\} \tag{9}$$

die **offene Kugel im $\mathbb{R}^n$ vom Radius r um den Mittelpunkt x** *definiert. Wählen wir den Radius $r = \epsilon > 0$ (im Allgemeinen hinreichend klein), so sprechen wir auch kurz von der ϵ-**Umgebung des Punktes** x.*

Bemerkungen: Wegen der englischen Bezeichnung *'ball'* für eine Kugel verwendet man oft auch die Abkürzung $B_r(x) := K_r(x)$. Wenn keine Verwechslungen zu befürchten sind, lässt man ggf. bei den Kugeln den Mittelpunkt 0 und den Radius $r = 1$ als normal weg, also ergibt sich $B_r = K_r := K_r(0)$ sowie $B := K_1(0)$ für die **offene Einheitskugel** um den Nullpunkt. Die Dimension n des umgebenden Raumes ist aus dem Zusammenhang ersichtlich. Allerdings sprechen wir im Falle $n = 2$ von einer **Kreisscheibe** $K_r(x)$ beziehungsweise der **Einheitskreisscheibe** $B = K_1(0)$.

Definition 7. *Sei $M \subset \mathbb{R}^n$. Dann nennen wir die Menge*

$$\mathcal{C}M = M^c := \{x \in \mathbb{R}^n \ : \ x \notin M\}$$

das **Komplement der Menge M**.

Definition 8. *Sei $M \subset \mathbb{R}^n$ eine Punktmenge.*

(a) *Ein Punkt $x \in \mathbb{R}^n$ heißt* **Häufungspunkt** *von M, wenn es zu jedem $\epsilon > 0$ einen Punkt $y \in M \backslash \{x\}$ gibt, der auch $y \in K_\epsilon(x)$ erfüllt.*

(b) Ein Punkt $x \in \mathbb{R}^n$ heißt **Randpunkt** *von M, wenn es zu jedem $\epsilon > 0$ Punkte $y, z \in K_\epsilon(x)$ gibt, so dass $y \in M$ und $z \in \mathcal{C}M$ richtig sind.*

(c) Ein Punkt $x \in M$ heißt **isolierter Punkt** *von M, wenn x kein Häufungspunkt von M ist.*

(d) Ein Punkt $x \in M$ heißt **innerer Punkt** *von M, wenn es ein $\epsilon > 0$ mit der Eigenschaft $K_\epsilon(x) \subset M$ gibt.*

Definition 9.

(e) Eine **Menge** *$M \subset \mathbb{R}^n$ heißt* **offen**, *falls jeder ihrer Punkte ein innerer Punkt ist.*

(f) Eine **Menge** *$M \subset \mathbb{R}^n$ heißt* **abgeschlossen**, *wenn für jeden Häufungspunkt $\xi \in \mathbb{R}^n$ von M gilt, dass $\xi \in M$ ist.*

(g) Eine **Menge** *$M \subset \mathbb{R}^n$ heißt* **beschränkt**, *falls eine reelle Zahl $c > 0$ existiert, so dass $|x| \leq c$ für alle $x \in M$ richtig ist.*

Definition 10. *Sei die Menge $M \subset \mathbb{R}^n$ gegeben.*

(h) Die Menge

$$\overset{\circ}{M} := \{x \in \mathbb{R}^n \ : \ x \text{ ist innerer Punkt von } M\}$$

nennen wir den **offenen Kern** *oder auch das* **Innere der Menge** *M.*

(i) Die Menge

$$\overline{M} := \{x \in \mathbb{R}^n \ : x \text{ liegt in } M \text{ oder ist Häufungspunkt von } M\}$$

heißt **abgeschlossene Hülle** *bzw.* **Abschluss** *von M.*

(j) Die Menge

$$\partial M := \{x \in \mathbb{R}^n \ : \ x \text{ ist Randpunkt von } M\}$$

nennen wir den topologischen **Rand** *von M.*

Bemerkungen: Leicht sehen wir ein, dass für jede Punktmenge $M \subset \mathbb{R}^n$ die Beziehung $\partial M = \overline{M} \setminus \overset{\circ}{M}$ gilt. Speziell für die offene Einheitskugel

$$B = \{x \in \mathbb{R}^n : |x| < 1\}$$

erhalten wir die **abgeschlossene Einheitskugel** in

$$\overline{B} = \{x \in \mathbb{R}^n : |x| \leq 1\}$$

mit der $(n-1)$-**dimensionalen Sphäre**

$$S^{n-1} := \{x \in \mathbb{R}^n : |x| = 1\}$$

als Rand $\partial B = S^{n-1}$.

Hilfssatz 3. *Sei* $M \subset \mathbb{R}^n$. *Ein Punkt* $x \in \mathbb{R}^n$ *ist genau dann Häufungspunkt von* M, *wenn es eine Folge* $\{x^{(k)}\}_{k \in \mathbb{N}} \subset M \backslash \{x\}$ *gibt mit* $x^{(k)} \to x$ $(k \to \infty)$.

Beweis: „$\Rightarrow$": Sei $x \in \mathbb{R}^n$ Häufungspunkt von M. Dann gibt es für jedes $k \in \mathbb{N}$ einen Punkt $x^{(k)} \in M \backslash \{x\}$ mit $x^{(k)} \in K_{\frac{1}{k}}(x)$. Wir erhalten also eine Folge $\{x^{(k)}\}_{k \in \mathbb{N}} \subset M \backslash \{x\}$ mit $|x^{(k)} - x| < \frac{1}{k}$ für alle $k \in \mathbb{N}$ und damit $x^{(k)} \to x$ $(k \to \infty)$.
„$\Leftarrow$": Sei $\{x^{(k)}\}_{k \in \mathbb{N}} \subset M \backslash \{x\}$ eine Folge mit $x^{(k)} \to x$ $(k \to \infty)$, so existiert zu jedem $\epsilon > 0$ ein k_ϵ, so dass $|x^{(k_\epsilon)} - x| < \epsilon$. Wir finden also einen Punkt $x^{(k_\epsilon)} \in M \backslash \{x\}$ mit $x^{(k_\epsilon)} \in K_\epsilon(x)$. Somit ist x ein Häufungspunkt von M.
q.e.d.

Mit Hilfssatz 3 und Definition 8(f) erhalten wir unmittelbar die folgende Aussage:

Hilfssatz 4. *Eine Menge* $M \subset \mathbb{R}^n$ *ist genau dann abgeschlossen, wenn für jede konvergente Folge* $\{x^{(k)}\}_{k \in \mathbb{N}} \subset M$ *die Aussage* $\lim_{k \to \infty} x^{(k)} \in M$ *richtig ist.*

Hilfssatz 5. *Sei die Menge* $M \subset \mathbb{R}^n$ *gegeben. Dann gilt:*

(a) M *ist abgeschlossen* $\Longleftrightarrow$ $\mathcal{C}M$ *ist offen.*
(b) M *ist offen* $\Longleftrightarrow$ $\mathcal{C}M$ *ist abgeschlossen.*

Beweis: Es genügt jeweils nur die Richtung „$\Rightarrow$"zu zeigen, denn wegen $\mathcal{C}(\mathcal{C}M) = M$ folgt auch „$\Leftarrow$".

(a) Sei M abgeschlossen. Wäre nun $\mathcal{C}M$ nicht offen, dann gäbe es einen Punkt $x \in \mathcal{C}M$ mit der Eigenschaft, dass für jedes $\epsilon > 0$ gilt: $K_\epsilon(x) \not\subset \mathcal{C}M$. Also gibt es ein $y \in K_\epsilon(x)$ mit $y \notin \mathcal{C}M$ bzw. $y \in M$. Damit ist x Häufungspunkt von M. Da M abgeschlossen ist, muss $x \in M$ sein, im Widerspruch zu $x \in \mathcal{C}M$.

(b) Sei M offen. Wir betrachten eine beliebige konvergente Punktfolge

$$\{x^{(k)}\}_{k \in \mathbb{N}} \subset \mathcal{C}M \text{ mit } \lim_{k \to \infty} x^{(k)} = x \in \mathbb{R}^n.$$

Es muss dann $x \in \mathcal{C}M$ sein, denn wäre $x \in M$, dann gäbe es ein $\epsilon > 0$ mit $K_\epsilon(x) \subset M$ und damit $|x^{(k)} - x| \geq \epsilon$ für alle $k \in \mathbb{N}$, im Widerspruch zu $\lim_{k \to \infty} x^{(k)} = x$. Folglich ist $\mathcal{C}M$ abgeschlossen.   q.e.d.

Satz 4. (Topologische Eigenschaften des $\mathbb{R}^n$**)**

(a) Die Vereinigung beliebig vieler offener Mengen ist offen.
(b) Der Durchschnitt endlich vieler offener Mengen ist offen.
(c) Die Vereinigung endlich vieler abgeschlossener Mengen ist abgeschlossen.
(d) Der Durchschnitt beliebig vieler abgeschlossener Mengen ist abgeschlossen.

Beweis: (a) Es seien I eine beliebige Indexmenge und $M_i \subset \mathbb{R}^n$ offen für alle $i \in I$. Sei weiter $x \in M := \bigcup_{i \in I} M_i$. Dann gibt es einen Index $j \in I$ mit $x \in M_j$. Da M_j offen ist, gilt $K_\epsilon(x) \subset M_j$ für ein $\epsilon > 0$, und damit $K_\epsilon(x) \subset M_j \subset \bigcup_{i \in I} M_i = M$. Also ist M offen.

(b) Seien $I := \{1, \ldots, m\}$ eine endliche Indexmenge und $M_i \subset \mathbb{R}^n$ offen für alle $i \in I$. Sei weiter $x \in \bigcap_{i \in I} M_i$, so haben wir $x \in M_i$ für alle $i \in I$. Ferner gibt es zu jedem $i \in I$ ein $\epsilon_i > 0$, so dass $K_{\epsilon_i}(x) \subset M_i$ gilt. Mit

$$\epsilon := \min_{i \in I} \epsilon_i = \min\{\epsilon_1, \ldots, \epsilon_m\} > 0$$

erhalten wir $K_\epsilon(x) \subset K_{\epsilon_i}(x) \subset M_i$ für alle $i \in I$ und somit $K_\epsilon(x) \subset \bigcap_{i \in I} M_i = M$. Es ist also M offen.

(c) Seien $I := \{1, \ldots, m\}$ und $M_i \subset \mathbb{R}^n$ abgeschlossen für alle $i \in I$. Wir betrachten eine konvergente Folge $\{x^{(k)}\}_{k \in \mathbb{N}} \subset M := \bigcup_{i \in I} M_i$ mit $\lim_{k \to \infty} x^{(k)} = x \in \mathbb{R}^n$. Da I endlich ist, gibt es ein $j \in I$ und eine Teilfolge $\{x^{(k_p)}\}_{p \in \mathbb{N}} \subset \{x^{(k)}\}_{k \in \mathbb{N}}$, mit $x^{(k_p)} \in M_j$ für alle $p \in \mathbb{N}$. Wegen $x^{(k)} \to x$ $(k \to \infty)$ gilt auch $x^{(k_p)} \to x$ $(p \to \infty)$. Nun ist M_j abgeschlossen, also ist $x \in M_j$, folglich gilt $x \in M_j \subset \bigcup_{i \in I} M_i = M$, und damit ist M abgeschlossen.

(d) Seien nun I eine beliebige Indexmenge und $M_i \subset \mathbb{R}^n$ abgeschlossen für alle $i \in I$. Sei weiter $\{x^{(k)}\}_{k \in \mathbb{N}} \subset M := \bigcap_{i \in I} M_i$ eine konvergente Folge mit $\lim_{k \to \infty} x^{(k)} = x \in \mathbb{R}^n$. Dann gilt $\{x^{(k)}\}_{k \in \mathbb{N}} \subset M_i$ für alle $i \in I$. Weil M_i abgeschlossen ist, gilt $x \in M_i$ für alle $i \in I$, also $x \in \bigcap_{i \in I} M_i = M$. Es ist M demnach abgeschlossen. q.e.d.

Bemerkung: Auf die Endlichkeit der Indexmengen in den Aussagen (b) und (c) können wir nicht verzichten, wie bereits im Beweis ersichtlich wird. So muss ein unendlicher Durchschnitt von offenen Mengen durchaus nicht mehr offen sein. Für $n = 1$ gilt zum Beispiel

$$\bigcap_{i \in \mathbb{N}} \left(-\frac{1}{i} \ , \ 1 + \frac{1}{i} \right) = [0, 1].$$

Analog ist eine unendliche Vereinigung abgeschlossener Mengen im Allgemeinen nicht mehr abgeschlossen, wie das folgende Beispiel für $n = 1$ zeigt:

$$\bigcup_{i \in \mathbb{N}} \left[-1 + \frac{1}{i} \ , \ 1 - \frac{1}{i} \right] = (-1, 1).$$

Definition 11. *Sei X eine beliebige Menge und $\mathcal{P}(X) := \{A \ : \ A \subset X\}$ deren Potenzmenge. Ein System von Teilmengen $\mathcal{T} \subset \mathcal{P}(X)$ heißt* **Topologie** *auf X, wenn es folgende Bedingungen erfüllt:*

(i) Es gelten $\emptyset \in \mathcal{T}$ und $X \in \mathcal{T}$;

(ii) Mit $A, B \in \mathcal{T}$ ist auch $A \cap B \in \mathcal{T}$;
(iii) Für eine beliebige Indexmenge I ist mit $U_i \in \mathcal{T}$ für alle $i \in I$ auch $\bigcup_{i \in I} U_i \in \mathcal{T}$ erfüllt.

Das geordnete Paar $(X, \mathcal{T})$ heißt **topologischer Raum** *mit den offenen Mengen $U \in \mathcal{T}$.*

Mit Definition 11 und Satz 4 erhalten wir sofort den folgenden

Satz 5. *Mit $\mathcal{O} := \{U \subset \mathbb{R}^n \ : \ U$ ist offen gemäß Definition 9(e)$\}$ wird $(\mathbb{R}^n, \mathcal{O})$ zu einem topologischen Raum.*

Satz 6. (Cantorscher Durchschnittssatz) *Sei $\{A_i\}_{i \in \mathbb{N}}$ eine Folge von nichtleeren, abgeschlossenen Teilmengen des $\mathbb{R}^n$. Sei weiter die Menge A_1 beschränkt und $A_{i+1} \subset A_i$ für alle $i \in \mathbb{N}$ erfüllt. Dann ist $\bigcap_{i \in \mathbb{N}} A_i \neq \emptyset$.*

Beweis: Zu jedem $k \in \mathbb{N}$ wählen wir einen Punkt $x^{(k)} \in A_k \subset A_1$ und erhalten eine Folge $\{x^{(k)}\}_{k \in \mathbb{N}} \subset A_1$. Diese ist beschränkt, weil A_1 beschränkt ist. Nach dem Weierstraßschen Häufungsstellensatz im $\mathbb{R}^n$ gibt es eine Teilfolge $\{x^{(k_p)}\}_{p \in \mathbb{N}} \subset \{x^{(k)}\}_{k \in \mathbb{N}}$ und ein $x \in \mathbb{R}^n$, so dass $x^{(k_p)} \to x$ $(p \to \infty)$ gilt. Nach Voraussetzung ist nun zu beliebig vorgegebenem $i \in \mathbb{N}$ die Inklusion $A_k \subset A_i$ für alle $k \geq i$ richtig, und damit folgt $x^{(k)} \in A_k \subset A_i$ für alle $k \geq i$. Wir bestimmen einen Index $P = P(i)$, so dass $k_p \geq i$ und damit $x^{(k_p)} \in A_i$ für alle $p \geq P$ erfüllt ist. Wegen der Konvergenz $x^{(k_p)} \to x$ $(p \to \infty)$ und der Abgeschlossenheit von A_i folgt $x \in A_i$ für alle $i \in \mathbb{N}$. Somit ist $x \in \bigcap_{i \in \mathbb{N}} A_i$ gezeigt.   q.e.d.

Bemerkungen:

1. Auf die Beschränktheit können wir nicht verzichten, denn wählen wir für $n = 1$ beispielsweise $A_i := [i, +\infty)$, $i \in \mathbb{N}$, so erhalten wir $\bigcap_{i \in \mathbb{N}} A_i = \emptyset$.
2. Ebenso wird obige Aussage für nicht abgeschlossene Mengen im Allgemeinen falsch: Die Mengen $U_i := \left(0, \frac{1}{i}\right)$, $i \in \mathbb{N}$ haben den leeren Durchschnitt $\bigcap_{i \in \mathbb{N}} U_i = \emptyset$.

Wir erklären nun grundlegende Begriffe:

Definition 12. *Seien $a, b \in \mathbb{R}^n$ zwei Punkte mit der Eigenschaft*

$$a < b \Leftrightarrow a_i < b_i \ \text{für } i = 1, \dots, n.$$

Dann nennen wir die abgeschlossene Punktmenge

$$Q := \{x \in \mathbb{R}^n \ : \ a_i \leq x_i \leq b_i, \ i = 1, \dots, n\} = [a_1, b_1] \times \dots \times [a_n, b_n] \quad (10)$$

einen **Quader** *im $\mathbb{R}^n$. Gilt speziell $b_i - a_i = 2c$, $i = 1, \dots, n$ mit einem $c \in (0, +\infty)$, dann sprechen wir auch von einem* **Würfel** *der Kantenlänge $2c$.*

Definition 13. *Sei* $M \subset \mathbb{R}^n$. *Wir nennen*

$$diam(M) = \delta(M) := \sup\{|x - y| \ : \ x, y \in M\} \in [0, +\infty]$$

den **Durchmesser** – *im Englischen 'diameter'* – **der Menge** M.

Der Durchmesser eines Quaders ist gerade die Länge seiner Diagonale

$$\delta(Q) = diam(Q) = |b - a| = \sqrt{\sum_{i=1}^{n}(b_i - a_i)^2}. \tag{11}$$

Wir wollen nun die **Methode der Quaderzerlegung** kennenlernen: Wir gehen aus von einem Quader gemäß Definition 12, nämlich

$$Q = I_1 \times \ldots \times I_n \subset \mathbb{R}^n$$

mit den konstituierenden Intervallen $I_i := [a_i, b_i]$ für $i = 1, \ldots, n$. Diese Intervalle halbieren wir und erhalten zwei Teilintervalle

$$I_i^{(1)} := \left[a_i, \frac{1}{2}(a_i + b_i)\right] \ \text{und} \ I_i^{(2)} := \left[\frac{1}{2}(a_i + b_i), b_i\right], \tag{12}$$

so dass

$$I_i^{(1)} \cup I_i^{(2)} = I_i \ \text{und} \ \overset{\circ}{I_i^{(1)}} \cap \overset{\circ}{I_i^{(2)}} = \emptyset \tag{13}$$

für $i = 1, \ldots, n$ gilt. Dann wählen wir n Indizes $p_1, \ldots, p_n \in \{1, 2\}$ bzw. den Multiindex $p = (p_1, \ldots, p_n) \in \{1, 2\} \times \ldots \times \{1, 2\} = \{1, 2\}^n$ und erhalten in

$$Q^p = Q^{(p_1, \ldots, p_n)} := I_1^{(p_1)} \times \ldots \times I_n^{(p_n)} \subset Q \tag{14}$$

jeweils einen der 2^n gleichgroßen Teilquader von Q. Es gelten die Identitäten

$$Q = \bigcup_{p \in \{1, 2\}^n} Q^p \ \text{und} \ \overset{\circ}{Q^p} \cap \overset{\circ}{Q^q} = \emptyset \ \text{für} \ p, q \in \{1, 2\}^n \ \text{mit} \ p \neq q. \tag{15}$$

Außerdem berechen wir für $p \in \{1, 2\}^n$ die Durchmesser der Teilquader

$$\delta(Q^p) = \sqrt{\sum_{i=1}^{n}\left[\frac{1}{2}(b_i - a_i)\right]^2} = \frac{1}{2}\sqrt{\sum_{i=1}^{n}(b_i - a_i)^2} = \frac{1}{2}\delta(Q) \quad . \tag{16}$$

Wir vereinbaren nun die

Definition 14. *Seien eine Punktmenge* $M \subset \mathbb{R}^n$ *und eine Indexmenge* I *gegeben. Weiter sei einem jeden Index* $i \in I$ *eine offene Menge* $U_i \subset \mathbb{R}^n$ *zugeordnet, so dass die Inklusion* $M \subset \bigcup_{i \in I} U_i$ *erfüllt ist. Dann nennen wir das System* $\{U_i\}_{i \in I}$ *ein* **offenes Überdeckungssystem** *von* M.

Beispiel 1. Sei jedem Punkt $x \in M$ eine offene Kugel $U_x := K_{\epsilon(x)} \subset \mathbb{R}^n$ vom Radius $\epsilon(x) > 0$ um den Mittelpunkt x zugeordnet. Dann folgt $M \subset \bigcup_{x \in M} U_x$, und wir erhalten mit $\{U_x\}_{x \in M}$ ein offenes Überdeckungssystem von M.

Fundamental ist der folgende

Satz 7. (Überdeckungssatz von E. Heine und E. Borel) *Sei $M \subset \mathbb{R}^n$ eine beschränkte, abgeschlossene Menge. Sei weiter $\{U_i\}_{i \in I}$ ein offenes Überdeckungssystem von M mit der Indexmenge I. Dann existiert eine endliche Indexmenge J mit $J \subset I$, so dass auch $\{U_i\}_{i \in J}$ ein offenes Überdeckungssystem von M ist.*

Beweis:

1. Da die Menge M beschränkt ist, existiert eine reelle Zahl $c > 0$ hinreichend groß, so dass der zugehörige Würfel W der Kantenlänge $2c$ um den Nullpunkt die Inklusion

$$M \subset [-c, +c] \times \ldots \times [-c, +c] =: W \subset \mathbb{R}^n$$

erfüllt.

Wir nehmen nun an, die Aussage des Satzes wäre falsch: Also ist für jede endliche Indexmenge $J \subset I$ die Aussage $M \not\subset \bigcup_{i \in J} U_i$ richtig, d.h. *endlich viele Mengen des Überdeckungssystems reichen nicht zur Überdeckung von M aus.*

2. Zunächst setzen wir $W_0 := W$. Dann konstruieren wir eine Folge $\{W_k\}_{k \in \mathbb{N}_0}$ von Würfeln, so dass für alle $k \in \mathbb{N}_0$ die Bedingungen

$$W_{k+1} \subset W_k \text{ sowie } \delta(W_k) = \frac{1}{2^k} 2c\sqrt{n} \qquad (17)$$

und

$$M \cap W_k \not\subset \bigcup_{i \in J} U_i \text{ für jede endliche Indexmenge } J \subset I \qquad (18)$$

erfüllt sind.

Sei für ein beliebiges $k \in \mathbb{N}_0$ bereits der Würfel $W_k \in \mathbb{R}^n$ mit den o.a. Eigenschaften gefunden. Diesen zerlegen wir wie oben beschrieben in 2^n gleichgroße Teilwürfel W_k^p, $p \in \{1, 2\}^n$. Dann sehen wir:

$$M \cap W_k = M \cap \left(\bigcup_{p \in \{1,2\}^n} W_k^p \right) = \bigcup_{p \in \{1,2\}^n} \left(M \cap W_k^p \right) . \qquad (19)$$

Nun muss es ein $p \in \{1, 2\}^n$ geben, so dass auch W_k^p die Bedingung erfüllt: $M \cap W_k^p \not\subset \bigcup_{i \in J} U_i$ ist für jede endliche Indexmenge $J \subset I$ richtig *beziehungsweise endlich viele Mengen des Überdeckungssystems reichen zur Überdeckung von $M \cap W_k^p$ nicht aus.*

Wäre dies nämlich nicht so, dann könnten wir alle Teilmengen

$$M \cap W_k^p, \quad p \in \{1,2\}^n$$

durch endlich viele Mengen aus dem Überdeckungssystem überdecken und somit auch die endliche Vereinigung (19) – im Widerspruch zu (18). Wir wählen dieses $p \in \{1,2\}^n$ und setzen

$$W_{k+1} := W_k^p \subset W_k \quad .$$

Mit Hilfe von (17) ermitteln wir

$$\delta(W_{k+1}) = \delta(W_k^p) = \frac{1}{2}\delta(W_k) = \frac{1}{2}\frac{1}{2^k}2c\sqrt{n} = \frac{1}{2^{k+1}}2c\sqrt{n}.$$

3. Mit der in Teil 2.) konstruierten Würfelfolge $\{W_k\}_{k \in \mathbb{N}_0}$ bilden wir die Folge $\{M_k\}_{k \in \mathbb{N}_0}$ abgeschlossener Mengen

$$M_k := M \cap W_k \subset M, \ k \in \mathbb{N}_0.$$

Wegen (17) folgt $M_{k+1} \subset M_k$ für alle $k \in \mathbb{N}_0$. Da $M_0 = M \cap W_0 = M$ beschränkt ist, gibt es nach dem Cantorschen Durchschnittssatz einen Punkt $x \in \bigcap_{k \in \mathbb{N}_0} M_k \subset M$. Da weiter $\{U_i\}_{i \in I}$ ein Überdeckungssystem von M ist, gibt es einen Index $j \in I$ mit $x \in U_j$. Die Menge U_j ist offen, also existiert ein $\epsilon > 0$, so dass $K_\epsilon(x) \subset U_j$ gilt. Mit (17) erhalten wir

$$\delta(M_k) \leq \delta(W_k) = \frac{1}{2^k}2c\sqrt{n} \quad .$$

Wir können also ein $K \in \mathbb{N}_0$ finden, so dass $\delta(M_K) \leq 2^{-K} \cdot 2c \cdot \sqrt{n} < \epsilon$ richtig wird. Wegen $x \in M_K$ folgt mit der endlichen Menge $J := \{j\} \subset I$, dass die Inklusion

$$M \cap W_K = M_K \subset K_\epsilon(x) \subset U_j = \bigcup_{i \in J} U_i$$

gilt – im Widerspruch zu (18). Unsere Annahme ist also falsch, und somit ist die Behauptung des Satzes richtig.

q.e.d.

Bemerkungen:

1. Wir können obigen Satz auch folgendermaßen formulieren:
   Sei $M \subset \mathbb{R}^n$ eine beschränkte abgeschlossene Menge, und sei jedem Punkt $x \in M$ eine offene Menge $U_x \subset \mathbb{R}^n$ mit $x \in U_x$ zugeordnet. Dann gibt es endlich viele Punkte $x^{(1)}, \ldots, x^{(m)} \in M$, so dass $M \subset \bigcup_{i=1}^m U_{x^{(i)}}$ gilt.

2. Aus einer gegebenen unendlichen offenen Überdeckung einer offenen Menge können wir nicht immer eine endliche Teilüberdeckung auswählen, wie für $n = 1$ das folgende Beispiel zeigt:
Seien die offene Menge $M := (0, 1)$ und offenen Intervalle

$$U_i := \left(\frac{1}{2^{i+2}}, \frac{1}{2^i} \right), \quad i \in \mathbb{N}_0$$

definiert. Dann ist die Überdeckung $M \subset \bigcup_{i \in \mathbb{N}_0} U_i$ erfüllt, aber für jede endliche Teilmenge $J \subset \mathbb{N}_0$ sehen wir die Aussage $M \not\subset \bigcup_{i \in J} U_i$ leicht ein.

3. Eine beschränkte, abgeschlossene Menge $M \subset \mathbb{R}^n$ erfüllt nach dem Heine-Borelschen Satz die folgende **Überdeckungseigenschaft:** Eine beliebig vorgegebenes offenes Überdeckungssystem von M enthält eine endliche Teilüberdeckung. Diese Eigenschaft nennt man in der Topologie **Kompaktheit**. Darum ist die folgende Begriffsbildung im $\mathbb{R}^n$ sinnvoll:

Definition 15. *Eine beschränkte, abgeschlossene* **Menge** M *im* $\mathbb{R}^n$ *heißt* **kompakt**.

§5 Die komplexen Zahlen $\mathbb{C}$ in der Gaußschen Ebene

Ausgangspunkt zur Einführung komplexer Zahlen ist das Bestreben etwa für die Gleichung $x^2 + 1 = 0$ die Nullstellen zu finden. Wir wollen also einen Körper $\mathbb{C}$ mit $\mathbb{R} \subset \mathbb{C}$ – einen sogenannten Oberkörper von $\mathbb{R}$ – konstruieren, in welchem beliebige Polynome in Linearfaktoren zerlegt werden können.

Definition 1. *Eine* **komplexe Zahl** z *ist ein geordnetes Paar reeller Zahlen a und b, also $z = (a, b)$. Dabei heißen a der* **Realteil** *und b der* **Imaginärteil** *von z. Wir schreiben $Re(z) := a$ und $Im(z) := b$. Zwei komplexe Zahlen $x := (a, b)$ und $y := (c, d)$ heißen gleich genau dann wenn $a = c$ und $b = d$ gelten. Die Menge aller komplexen Zahlen nennen wir*

$$\mathbb{C} := \{ z = (a, b) \ : \ a, b \in \mathbb{R} \}.$$

Für zwei komplexe Zahlen $x = (a, b)$, $y = (c, d) \in \mathbb{C}$ erklären wir durch

$$x + y = (a, b) + (c, d) := (a + c, b + d) \in \mathbb{C} \tag{1}$$

eine **komplexe Addition** *und durch*

$$x \cdot y = (a, b) \cdot (c, d) := (ac - bd, ad + bc) \in \mathbb{C} \tag{2}$$

eine **komplexe Multiplikation**.

Bemerkungen: Eine komplexe Zahl kann als Punkt im $\mathbb{R}^2$ gesehen werden – also als Punkt in der **Gaußschen Zahlenebene**. Der Unterschied zwischen $\mathbb{C}$ und $\mathbb{R}^2$ besteht in den Verknüpfungsoperationen, die auf den jeweiligen Mengen erklärt sind – insbesondere in der komplexen Multiplikation. So meinen wir mit $\mathbb{C}$ eben nicht nur die Menge aller geordneten Paare reeller Zahlen, sondern die Menge aller geordneten Paare reeller Zahlen mit ihren Verknüfungen $+$ und $\cdot$ gemäß (1) und (2). Analog verstehen wir unter $\mathbb{R}^2$ die Menge aller geordneten Paare reeller Zahlen als Vektorraum über $\mathbb{R}$ mit der Vektoraddition und der skalaren Multiplikation.

Mit (1) und (2) und den entsprechenden Rechenregeln in $\mathbb{R}$ erhalten wir

Hilfssatz 1. *Für alle $x, y, z \in \mathbb{C}$ gelten*

$$(x + y) + z = x + (y + z) \ \textit{(additive Assoziativität)}, \tag{3}$$

$$x + y = y + x \ \textit{(additive Kommutativität)}, \tag{4}$$

$$(x \cdot y) \cdot z = x \cdot (y \cdot z) \ \textit{(multiplikative Assoziativität)}, \tag{5}$$

$$x \cdot y = y \cdot x \ \textit{(multiplikative Kommutativität)}, \tag{6}$$

$$(x + y) \cdot z = x \cdot z + y \cdot z \ \textit{(Distributivität)}. \tag{7}$$

Hilfssatz 2. *Es gibt ein eindeutig bestimmtes Nullelement $0_\mathbb{C} \in \mathbb{C}$, so dass*

$$x + y = x \Longleftrightarrow y = 0_\mathbb{C} \tag{8}$$

für alle $x \in \mathbb{C}$ richtig ist.

Beweis: Wir wählen

$$0_\mathbb{C} := (0, 0) \in \mathbb{C}. \tag{9}$$

Da das Nullelement $0 \in \mathbb{R}$ eindeutig bestimmt ist, gilt für alle $a \in \mathbb{R}$ die Identität

$$a + c = a \Longleftrightarrow c = 0.$$

Mit (1) und (8) folgt dann

$$x + y = x \Longleftrightarrow y = 0_\mathbb{C}$$

für jedes $x \in \mathbb{C}$. q.e.d.

Hilfssatz 3. *Zu jedem $x \in \mathbb{C}$ gibt es ein eindeutig bestimmtes additiv inverses (bzw. negatives) Element $-x \in \mathbb{C}$, so dass*

$$x + y = 0_\mathbb{C} \Longleftrightarrow y = -x. \tag{10}$$

Beweis: Sei $x = (a, b)$. Dann wählen wir

$$-x := (-a, -b) \tag{11}$$

und erhalten (10) mit (1) und den Eigenschaften von $\mathbb{R}$.   q.e.d.

Hilfssatz 4. *Es gibt ein eindeutig bestimmtes Einselement $1_\mathbb{C} \in \mathbb{C}$, so dass*

$$x \cdot y = x \iff y = 1_\mathbb{C} \tag{12}$$

für alle $x \in \mathbb{C} \backslash \{0_\mathbb{C}\}$ richtig ist.

Beweis:
„$\Leftarrow$": Wir wählen
$$1_\mathbb{C} := (1_\mathbb{R}, 0) \in \mathbb{C}. \tag{13}$$
Sei $x = (a, b)$ beliebig. Dann erhalten wir mit (2):

$$x \cdot 1_\mathbb{C} = (a, b) \cdot (1, 0) = (a \cdot 1_\mathbb{R} - b \cdot 0, a \cdot 0 + b \cdot 1_\mathbb{R}) = (a, b).$$

„$\Rightarrow$": Sei nun $y = (c, d) \in \mathbb{C}$, so dass

$$(a, b) = x = x \cdot y = (a, b) \cdot (c, d) = (ac - bd, ad + bc)$$
$$\iff a = ac - bd \ \wedge \ b = ad + bc.$$

Dann ist (c,d) eine Lösung des Gleichungssystems

$$\begin{pmatrix} a \\ b \end{pmatrix} = \begin{pmatrix} a & -b \\ b & a \end{pmatrix} \cdot \begin{pmatrix} c \\ d \end{pmatrix}. \tag{14}$$

Für $(a, b) = x \neq 0_\mathbb{C} = (0, 0)$ haben wir

$$0 < a^2 + b^2 = \det \begin{pmatrix} a & -b \\ b & a \end{pmatrix},$$

und damit die eindeutige Lösbarkeit von (14) durch $y = (c, d) = (1_\mathbb{R}, 0) = 1_\mathbb{C}$.
q.e.d.

Hilfssatz 5. *Zu jedem $x \in \mathbb{C} \backslash \{0_\mathbb{C}\}$ gibt es ein eindeutig bestimmtes multiplikativ inverses (bzw. reziprokes) Element $x^{-1} \in \mathbb{C} \backslash \{0\}$, so dass*

$$x \cdot y = 1_\mathbb{C} \iff y = x^{-1}. \tag{15}$$

Beweis:
„$\Leftarrow$": Sei $x = (a, b) \neq (0, 0) = 0_\mathbb{C}$. Dann wählen wir

$$x^{-1} := \left(\frac{a}{a^2 + b^2}, \frac{-b}{a^2 + b^2} \right) \in \mathbb{C} \tag{16}$$

und berechnen mit (2):

$$x \cdot x^{-1} = (a,b) \cdot \left(\frac{a}{a^2+b^2}, \frac{-b}{a^2+b^2} \right) = \left(\frac{a^2+b^2}{a^2+b^2}, \frac{-ab+ab}{a^2+b^2} \right) = (1,0) = 1_{\mathbb{C}}.$$

„⇒": Sei nun $y = (c,d) \in \mathbb{C}$, so dass

$$(1,0) = 1_{\mathbb{C}} = x \cdot y = (a,b) \cdot (c,d) = (ac - bd, ad + bc)$$
$$\Longleftrightarrow 1 = ac - bd \ \wedge \ 0 = ad + bc.$$

Dann ist (c,d) eine Lösung des Gleichungssystems

$$\begin{pmatrix} 1 \\ 0 \end{pmatrix} = \begin{pmatrix} a & -b \\ b & a \end{pmatrix} \cdot \begin{pmatrix} c \\ d \end{pmatrix}.$$

Wie im Beweis von Hilfssatz 4 erhalten wir für $x \neq 0_{\mathbb{C}}$ Eindeutigkeit, und es folgt $y = x^{-1}$. \hfill q.e.d.

Für $x, y \in \mathbb{C}$, $x \neq 0_{\mathbb{C}}$ schreiben wir auch

$$x^{-1} =: \frac{1_{\mathbb{C}}}{x} \text{ und } y \cdot x^{-1} =: \frac{y}{x}. \tag{17}$$

Mit den Hilfssätzen 1 bis 5 erhalten wir

Satz 1. *Die Menge der komplexen Zahlen mit den Verknüpfungen $+$ und $\cdot$ gemäß (1) und (2) bildet einen Körper (siehe Definition 1 in §1).*

Definition 2. *Die Teilmenge*

$$\mathbb{C}_{\mathbb{R}} := \{ (a,0) \in \mathbb{C} \ : \ a \in \mathbb{R} \} \subset \mathbb{C} \tag{18}$$

der komplexen Zahlen nennen wir die **reelle Achse** *von $\mathbb{C}$.*

Hilfssatz 6. $\mathbb{C}_{\mathbb{R}} \subset \mathbb{C}$ *ist ein Unterkörper von $\mathbb{C}$, das heißt die Teilmenge $\mathbb{C}_{\mathbb{R}} \subset \mathbb{C}$ der komplexen Zahlen bildet mit den Verknüpfungen $+$ und $\cdot$ gemäß (1) und (2) einen Körper.*

Beweis: Da sich Assoziativität, Kommutativität und Distributivität automatisch übertragen, bleibt nur (a) die Abgeschlossenheit von $\mathbb{C}_{\mathbb{R}}$ bezüglich $+$ und $\cdot$, und (b) die Existenz von Null-, Eins-, negativem und reziprokem Element in $\mathbb{C}_{\mathbb{R}}$ zu zeigen:
(a) Seien $x, y \in \mathbb{C}_{\mathbb{R}}$. Dann gibt es zwei Zahlen $a, c \in \mathbb{R}$ mit $x = (a,0)$, $y = (c,0)$ und es ist

$$x + y = (a,0) + (c,0) = (a+c,0) \in \mathbb{C}_{\mathbb{R}}$$

und
$$x \cdot y = (a,0) \cdot (c,0) = (a \cdot c, 0) \in \mathbb{C}_\mathbb{R}.$$

(b) Es gelten
$$0_\mathbb{C} = (0,0) \in \mathbb{C}_\mathbb{R} \text{ und } 1_\mathbb{C} = (1,0) \in \mathbb{C}_\mathbb{R},$$

sowie
$$x \in \mathbb{C}_\mathbb{R} \Rightarrow x = (a,0), \ a \in \mathbb{R} \Rightarrow -x = (-a,0) \in \mathbb{C}_\mathbb{R}$$

und
$$x \in \mathbb{C}_\mathbb{R} \backslash \{0_\mathbb{C}\} \Rightarrow x = (a,0), \ a \in \mathbb{R} \backslash \{0\}$$
$$\Rightarrow x^{-1} = (\frac{a}{a^2}, 0) = (\frac{1}{a}, 0) \in \mathbb{C}_\mathbb{R} \backslash \{0_\mathbb{C}\}.$$

Damit hat $\mathbb{C}_\mathbb{R} \subset \mathbb{C}$ alle Eigenschaften eines Körpers.   q.e.d.

Mit der Abbildung
$$\iota : \ \mathbb{R} \to \mathbb{C}_\mathbb{R} \text{ vermöge } a \mapsto \iota(a) := (a,0),$$

welche bijektiv ist und

(i) $\iota(a+c) = (a+c,0) = (a,0) + (c,0) = \iota(a) + \iota(c)$ für alle $a,c \in \mathbb{R}$,
(ii) $\iota(a \cdot c) = (a \cdot c, 0) = (a,0) \cdot (c,0) = \iota(a) \cdot \iota(c)$ für alle $a,c \in \mathbb{R}$,
(iii) $\iota(1) = (1,0) = 1_\mathbb{C}$

erfüllt, erhalten wir einen sogenannten Körperisomorphismus vom Körper $\mathbb{R}$ in den Körper $\mathbb{C}_\mathbb{R} \subset \mathbb{C}$. Durch diesen können wir die reellen Zahlen mit der reellen Achse von $\mathbb{C}$ identifizieren und somit $\mathbb{R}$ in $\mathbb{C}$ einbetten. In Zukunft identifizieren wir also $a \in \mathbb{R}$ mit $(a,0) \in \mathbb{C}$, $0 \in \mathbb{R}$ mit $0_\mathbb{C} \in \mathbb{C}$ und $1 \in \mathbb{R}$ mit $1_\mathbb{C} \in \mathbb{C}$.

Definition 3. *Sei* $x = (a,b) \in \mathbb{C}$ *eine komplexe Zahl. Dann nennen wir*
$$\overline{x} := (a,-b) \in \mathbb{C} \tag{19}$$

die zu x **konjugiert komplexe Zahl** *und*
$$|x| := \sqrt{a^2 + b^2} \geq 0 \tag{20}$$

den **Betrag** *von* x.

Bemerkungen:

1. Der Betrag einer komplexen Zahl entspricht dem Betrag des zugehörigen Vektors im $\mathbb{R}^2$ – also ihrem Abstand zum Nullpunkt.
2. Offenbar gilt: $z \in \mathbb{C}_\mathbb{R} \iff z = \overline{z}$. Somit sind die Zahlen auf der reellen Achse gerade diejenigen, welche unter der Konjugation invariant bleiben.

Hilfssatz 7. *Für alle $x, y \in \mathbb{C}$ gelten die folgenden Aussagen:*

$$|x| \geq 0 \quad und \quad |x| = 0 \Longleftrightarrow x = 0, \tag{21}$$

$$x \cdot \overline{x} = |x|^2, \tag{22}$$

$$\overline{(\overline{x})} = x, \tag{23}$$

$$\overline{x + y} = \overline{x} + \overline{y}, \tag{24}$$

$$\overline{x \cdot y} = \overline{x} \cdot \overline{y}, \tag{25}$$

$$|x \cdot y| = |x| \cdot |y|. \tag{26}$$

Beweis: Wir zeigen nur (26), und wir überlassen unseren Lesern den Beweis der restlichen Aussagen als Übungsaufgabe. Genauer berechnen wir

$$|x \cdot y|^2 = (x \cdot y) \cdot \overline{(x \cdot y)} = x \cdot y \cdot \overline{x} \cdot \overline{y} = |x|^2 \cdot |y|^2 \quad ,$$

und wir erhalten durch Radizieren die angegebene Identität.   q.e.d.

Definition 4. *Wir nennen*

$$i := (0, 1) \tag{27}$$

die **imaginäre Einheit** *in $\mathbb{C}$.*

Hilfssatz 8. *Es gilt*

$$i^2 = -1 \tag{28}$$

und für $x = (a, b) \in \mathbb{C}$ haben wir die Darstellung

$$x = a + i \cdot b. \tag{29}$$

Beweis: Wir berechnen

$$i^2 = (0, 1)^2 = (0, 1) \cdot (0, 1) = (-1, 0) = -1,$$

und

$$x = (a, b) = (a, 0) + (0, b) = (a, 0) + (0, 1) \cdot (b, 0) = a + i \cdot b.$$

q.e.d.

Eine Folge $\{z_k\}_{k=1,2,\dots}$ in der Menge $\mathbb{C}$ gemäß der Definition 14 aus § 2 nennen wir eine **Folge komplexer Zahlen** oder eine **komplexe Folge**, und wir schreiben kurz $\{z_k\}_{k \in \mathbb{N}} \subset \mathbb{C}$. Wir sprechen von einer **komplexen Nullfolge**, falls die komplexe Folge gemäß $\lim_{k \to \infty} z_k = 0$ den Grenzwert 0 besitzt. Hierbei übernehmen wir die Konvergenzbegriffe des $\mathbb{R}^2$ für die Gaußsche Zahlenebene $\mathbb{C}$. Mit dem Cauchyschen Konvergenzkriterium im $\mathbb{R}^n$ aus Satz 2 in § 4 erhalten wir für den Spezialfall $n = 2$ sofort den

Satz 2. (Vollständigkeit von $\mathbb{C}$) *Die Folge $\{z_k\}_{k \in \mathbb{N}}$ komplexer Zahlen bilde eine Cauchyfolge, d.h. es gebe zu jedem $\epsilon > 0$ eine natürliche Zahl $N = N(\epsilon) \in \mathbb{N}$, so dass $|z_k - z_l| < \epsilon$ für alle $k, l \geq N$ richtig ist. Dann existiert ein $z \in \mathbb{C}$ mit $\lim_{k \to \infty} |z_k - z| = 0$. Wir schreiben $z_k \to z$ $(k \to \infty)$ bzw. $z = \lim_{k \to \infty} z_k$.*

Als Spezialfall des Weierstraßschen Häufungsstellensatzes im $\mathbb{R}^n$ aus Satz 3 in § 4 für $n = 2$ erhalten wir den

Satz 3. (Häufungsstellensatz in $\mathbb{C}$) *Sei $\{z_k\}_{k \in \mathbb{N}}$ eine beschränkte Folge komplexer Zahlen, d.h. es gebe eine reelle Zahl $c > 0$, so dass $|z_k| \leq c$ für alle $k \in \mathbb{N}$ richtig ist. Dann gibt es eine Teilfolge $\{z_{k_p}\}_{p \in \mathbb{N}} \subset \{z_k\}_{k \in \mathbb{N}}$ und ein $z \in \mathbb{C}$, so dass $z_{k_p} \to z$ $(p \to \infty)$ gilt.*

Erklären wir im Raum

$$\mathbb{C}^n := \{\mathbf{z} = (z_1, \ldots, z_n) : z_k \in \mathbb{C} \text{ für } k = 1, \ldots, n\}$$

ein **inneres Produkt** durch die Setzung

$$< \mathbf{a}, \mathbf{b} > := \sum_{k=1}^{n} a_k \overline{b_k} \quad \text{für } \mathbf{a} = (a_1, \ldots, a_n), \mathbf{b} := (b_1, \ldots, b_n) \in \mathbb{C}^n \quad . \quad (30)$$

In Verallgemeinerung der reellen Ungleichung von Cauchy-Schwarz aus Satz 4 in § 1 wollen wir noch die Abschätzung

$$| < \mathbf{a}, \mathbf{b} > |^2 \leq \; < \mathbf{a}, \mathbf{a} > < \mathbf{b}, \mathbf{b} > \quad \text{für alle } \mathbf{a}, \mathbf{b} \in \mathbb{C}^n$$

beweisen. Man kann so zeigen, dass $|\mathbf{a}| := \sqrt{< \mathbf{a}, \mathbf{a} >}$ für die komplexen Vektoren $\mathbf{a} \in \mathbb{C}^n$ einen sinnvollen Abstandsbegriff bildet.

Satz 4. (Komplexe Ungleichung von Cauchy-Schwarz) *Seien $a_k, b_k \in \mathbb{C}$ für $k = 1, \ldots, n$. Dann gilt:*

$$\left| \sum_{k=1}^{n} a_k \overline{b_k} \right|^2 \leq \left(\sum_{k=1}^{n} |a_k|^2 \right) \cdot \left(\sum_{k=1}^{n} |b_k|^2 \right) . \quad (31)$$

Beweis: Mit den Beziehungen aus Hilfssatz 7 erhalten wir

$$0 \leq \sum_{i,j=1}^{n} |a_i b_j - a_j b_i|^2 = \sum_{i,j=1}^{n} (a_i b_j - a_j b_i) \overline{(a_i b_j - a_j b_i)}$$

$$= \sum_{i,j=1}^{n} (a_i b_j - a_j b_i)(\overline{a_i} \overline{b_j} - \overline{a_j} \overline{b_i})$$

$$= \sum_{i,j=1}^{n} (a_i \overline{a_i} b_j \overline{b_j} + a_j \overline{a_j} b_i \overline{b_i} - a_i \overline{a_j} b_j \overline{b_i} - a_j \overline{a_i} b_i \overline{b_j})$$

$$= 2 \cdot \sum_{i,j=1}^{n} a_i \overline{a_i} b_j \overline{b_j} - 2 \cdot \sum_{i,j=1}^{n} a_i \overline{b_i} \overline{a_j} b_j$$

$$= 2 \cdot \left[\left(\sum_{i=1}^{n} |a_i|^2 \right) \cdot \left(\sum_{i=1}^{n} |b_i|^2 \right) - \left(\sum_{i=1}^{n} a_i \overline{b_i} \right) \cdot \left(\sum_{i=1}^{n} \overline{a_i} b_i \right) \right]$$

$$= 2 \cdot \left[\left(\sum_{i=1}^{n} |a_i|^2 \right) \cdot \left(\sum_{i=1}^{n} |b_i|^2 \right) - \left(\sum_{i=1}^{n} a_i \overline{b_i} \right) \cdot \overline{\left(\sum_{i=1}^{n} a_i \overline{b_i} \right)} \right]$$

$$= 2 \cdot \left[\left(\sum_{i=1}^{n} |a_i|^2 \right) \cdot \left(\sum_{i=1}^{n} |b_i|^2 \right) - \left| \sum_{i=1}^{n} a_i \overline{b_i} \right|^2 \right],$$

woraus die behauptete Ungleichung folgt.   q.e.d.

§6 Reelle und komplexe Folgen und Reihen

Bevor wir den Begriff der Reihe einführen, berechnen wir zunächst einige Grenzwerte spezieller komplexer Zahlenfolgen zur späteren Anwendung.

Satz 1. *Es gelten die folgenden Aussagen:*

(a) Für $p \in (0, +\infty)$ ist $\lim_{n \to \infty} \sqrt[n]{p} = 1$ richtig.
(b) Es gilt $\lim_{n \to \infty} \sqrt[n]{n} = 1$.
(c) Für alle $z \in \mathbb{C}$ mit $|z| < 1$ ist $\{z^n\}_{n=1,2,\ldots}$ eine komplexe Nullfolge, d. h.
  $\lim_{n \to \infty} z^n = 0$.

Beweis: (a) Für $p = 1$ ist $\sqrt[n]{p} = 1$ für alle $n \in \mathbb{N}$ richtig, also $\lim_{n \to \infty} \sqrt[n]{p} = 1$. Für $p > 1$ haben wir $\sqrt[n]{p} > 1$ für alle $n \in \mathbb{N}$. Sei $\{x_n\}_{n \in \mathbb{N}} \subset \mathbb{R}$ mit $\sqrt[n]{p} = 1 + x_n$ erklärt, so gilt $x_n > 0$ für alle $n \in \mathbb{N}$. Mit der Ungleichung von Bernoulli erhalten wir $p = (1 + x_n)^n \geq 1 + n x_n$ und damit

$$0 < x_n \leq \frac{p-1}{n} \text{ für alle } n \in \mathbb{N}.$$

Nun ist $\left\{ \frac{p-1}{n} \right\}_{n \in \mathbb{N}}$ eine Nullfolge. Damit muss auch $\{x_n\}_{n \in \mathbb{N}}$ eine Nullfolge sein, und es folgt

$$\lim_{n \to \infty} \sqrt[n]{p} = \lim_{n \to \infty} (1 + x_n) = 1 + \lim_{n \to \infty} x_n = 1.$$

Für $p < 1$ setzen wir $p = \frac{1}{q}$ mit $q > 1$. Dann gilt $\lim_{n \to \infty} \sqrt[n]{q} = 1$ und damit

$$\lim_{n \to \infty} \sqrt[n]{p} = \lim_{n \to \infty} \sqrt[n]{\frac{1}{q}} = \lim_{n \to \infty} \frac{1}{\sqrt[n]{q}} = \frac{1}{\lim_{n \to \infty} \sqrt[n]{q}} = 1.$$

(b) Für $n > 1$ ist $\sqrt[n]{n} > 1$. Sei $\{x_n\}_{n=2,3,\ldots} \subset \mathbb{R}$ mit $\sqrt[n]{n} = 1 + x_n$ gesetzt, so folgt $x_n > 0$ für alle $n \in \mathbb{N}$ mit $n \geq 2$. Mit dem Binomischen Lehrsatz (Satz 5 aus §1) erhalten wir

$$n = (1 + x_n)^n = \sum_{k=0}^{n} \binom{n}{k} x_n^k \geq \binom{n}{2} x_n^2 = \frac{n}{2}(n-1)x_n^2$$

und damit

$$0 < x_n^2 \leq \frac{2}{n-1}.$$

Nun ist wieder $\left\{\frac{2}{n-1}\right\}_{n=2,3,\dots}$ eine Nullfolge, also besitzt auch $\{x_n^2\}_{n=2,3,\dots}$ und damit $\{x_n\}_{n=2,3,\dots}$ diese Konvergenzeigenschaft, und wir erhalten

$$\lim_{n \to \infty} \sqrt[n]{n} = 1 + \lim_{n \to \infty} x_n = 1.$$

(c) Für $z \in \mathbb{C}$ folgt mit (26) aus §5, dass $|z^n| = |z|^n$ für alle $n \in \mathbb{N}$ gilt. Sei nun $z \in \mathbb{C}$ mit $|z| < 1$ gewählt, dann gibt es ein $h > 0$, so dass $|z| = \frac{1}{1+h}$ richtig ist. Mit der Ungleichung von Bernoulli gilt dann $(1+h)^n \geq 1+nh$ und damit

$$0 \leq |z^n| = |z|^n = \frac{1}{(1+h)^n} \leq \frac{1}{1+nh} \text{ für alle } n \in \mathbb{N}.$$

Die Folge $\left\{\frac{1}{1+hn}\right\}_{n \in \mathbb{N}}$ ist eine Nullfolge und somit auch $\{|z^n|\}_{n \in \mathbb{N}}$. Schließlich erhalten wir

$$\lim_{n \to \infty} |z^n| = 0 \iff \lim_{n \to \infty} z^n = 0.$$

q.e.d.

Definition 1. *Sei $\{a_n\}_{n \in \mathbb{N}}$ eine Folge komplexer Zahlen. Für $n \in \mathbb{N}$ nennen wir*

$$s_n := \sum_{k=1}^{n} a_k \in \mathbb{C} \tag{1}$$

die n-te **Partialsumme der Folge** $\{a_n\}_{n \in \mathbb{N}}$. *Die Folge der Partialsummen* $\{s_n\}_{n \in \mathbb{N}} \subset \mathbb{C}$ *nennen wir eine* **Reihe** *und bezeichnen diese mit*

$$\sum_{k=1}^{\infty} a_k := \{s_n\}_{n \in \mathbb{N}} = \left\{\sum_{k=1}^{n} a_k\right\}_{n \in \mathbb{N}}. \tag{2}$$

Wir nennen die **Reihe beschränkt**, *falls die Folge der Partialsummen* $\{s_n\}_{n \in \mathbb{N}}$ *beschränkt ist.*
Die **Reihe** $\sum_{k=1}^{\infty} a_k = \{s_n\}_{n \in \mathbb{N}}$ *ist* **konvergent** *genau dann, wenn die Partialsummen konvergieren gemäß $s_n \to s \in \mathbb{C}$ ($n \to \infty$). In diesem Falle schreiben wir*

$$s = \lim_{n \to \infty} s_n = \lim_{n \to \infty} \left(\sum_{k=1}^{n} a_k\right) =: \sum_{k=1}^{\infty} a_k \tag{3}$$

und nennen die komplexe Zahl $s \in \mathbb{C}$ die **Summe** *oder den* **Wert der Reihe**. *Falls eine Reihe nicht konvergiert, die Folge der Partialsummen also nicht konvergiert, so sprechen wir von einer* **divergenten Reihe**.

Bemerkung: Bei konvergenten Reihen bezeichnet das Symbol $\sum_{k=1}^{\infty} a_k$ einerseits die Folge der Partialsummen $\{s_n\}_{n\in\mathbb{N}}$ und andererseits deren Grenzwert bzw. die Summe $s \in \mathbb{C}$ der Reihe.

Wir werden uns nun eingehend mit Kriterien für die Konvergenz von Reihen beschäftigen. Mit dem Cauchyschen Konvergenzkriterium für Folgen beweisen wir leicht ein fundamentales Konvergenzkriterium für Reihen, welche beide notwendig und hinreichend zugleich sind:

Satz 2. (Cauchysches Konvergenzkriterium für Reihen) *Die Reihe* $\sum_{k=1}^{\infty} a_k$ *konvergiert genau dann, wenn es zu jedem $\epsilon > 0$ eine natürliche Zahl $N = N(\epsilon) \in \mathbb{N}$ gibt, so dass*

$$\left| \sum_{k=m+1}^{n} a_k \right| < \epsilon \text{ für alle } n > m \geq N$$

richtig ist.

Beweis: Mit $s_n = \sum_{k=1}^{n} a_k$, $n \in \mathbb{N}$ gilt:

$$\sum_{k=1}^{\infty} a_k \text{ konvergent} \iff \{s_n\}_{n\in\mathbb{N}} \text{ konvergent} \iff \{s_n\}_{n\in\mathbb{N}} \text{ Cauchyfolge.}$$

Nun ist $\{s_n\}_{n\in\mathbb{N}}$ genau dann eine Cauchyfolge, wenn zu jedem $\epsilon > 0$ ein $N = N(\epsilon) \in \mathbb{N}$ existiert, so dass für alle $m, n \geq N$ mit o.B.d.A. $n > m$ gilt:

$$\epsilon > |s_n - s_m| = \left| \sum_{k=1}^{n} a_k - \sum_{k=1}^{m} a_k \right| = \left| \sum_{k=m+1}^{n} a_k \right|.$$

q.e.d.

Satz 3. (Notwendiges Konvergenzkriterium) *Wenn die Reihe $\sum_{k=1}^{\infty} a_k$ konvergiert, dann ist $\{a_n\}_{n\in\mathbb{N}}$ eine komplexe Nullfolge.*

Beweis: Wenn die Reihe $\sum_{k=1}^{\infty} a_k$ konvergiert, dann liefert Satz 2 zu jedem $\epsilon > 0$ ein $N = N(\epsilon) \in \mathbb{N}$, so dass $|a_{m+1}| = |\sum_{k=m+1}^{m+1} a_k| < \epsilon$ für alle $m \geq N$ richtig ist. Damit ist $\{a_n\}_{n\in\mathbb{N}}$ eine komplexe Nullfolge.   q.e.d.

Bemerkungen:

1. Durch Negation erhalten wir aus Satz 3 sofort das **Divergenzkriterium:** Ist $\{a_n\}_{n\in\mathbb{N}}$ keine komplexe Nullfolge, so konvergiert die Reihe $\sum_{k=1}^{\infty} a_k$ nicht.
2. Das folgende Beispiel zeigt, dass Satz 3 kein hinreichendes Kriterium ist.

Beispiel 1. (**Harmonische Reihe**) Betrachten wir die Reihe

$$\sum_{k=1}^{\infty} \frac{1}{k} \quad , \tag{4}$$

so erkennt man $\lim_{n \to \infty} \frac{1}{n} = 0$. Allerdings erfüllt (4) nicht das Cauchysche Konvergenzkriterium für Reihen: Mit $s_n = \sum_{k=1}^{n} a_k$, $n \in \mathbb{N}$, erhalten wir für beliebiges $m \in \mathbb{N}$ die Ungleichung

$$|s_{2m} - s_m| = \sum_{k=m+1}^{2m} \frac{1}{k} > \sum_{k=m+1}^{2m} \frac{1}{2m} = m \cdot \frac{1}{2m} = \frac{1}{2}.$$

Folglich konvergiert die Reihe (4) nicht – sie ist also divergent.

Satz 4. *Sei eine Reihe $\sum_{k=1}^{\infty} a_k$ mit den nichtnegativen Gliedern $a_n \geq 0$ für alle $n \in \mathbb{N}$ gegeben. Dann konvergiert sie konvergiert genau dann, wenn sie beschränkt ist.*

Beweis: Die Partialsummen $s_n = \sum_{k=1}^{n} a_k$, $n = 1, 2, \ldots$ bilden eine monoton nicht fallende Folge $\{s_n\}_{n \in \mathbb{N}}$ nichtnegativer reeller Zahlen. Der Satz 5 aus § 3 liefert:

$$\text{Die Reihe } \sum_{k=1}^{\infty} a_k \text{ konvergiert;}$$
$$\Longleftrightarrow \text{Die Folge der Partialsummen } \{s_n\}_{n \in \mathbb{N}} \text{ konvergiert;}$$
$$\Longleftrightarrow \text{Die Folge der Partialsummen } \{s_n\}_{n \in \mathbb{N}} \text{ ist nach oben beschränkt;} \tag{5}$$
$$\Longleftrightarrow \text{Die Reihe } \sum_{k=1}^{\infty} a_k \text{ ist beschränkt.} \qquad q.e.d.$$

Für Reihen mit nichtnegativen Summanden vereinbaren wir die folgende einprägsame Bezeichnung:

Definition 2. *Sei $\{a_n\}_{n \in \mathbb{N}}$ eine reelle Zahlenfolge mit nichtnegativen Gliedern $a_n \geq 0$ für alle $n \in \mathbb{N}$. Falls die Reihe $\sum_{k=1}^{\infty} a_k$ konvergiert, schreiben wir*

$$\sum_{k=1}^{\infty} a_k < +\infty \quad . \tag{6}$$

Im Falle der Divergenz schreiben wir

$$\sum_{k=1}^{\infty} a_k = +\infty \quad . \tag{7}$$

Satz 5. (Majorantenkriterium)   *Die komplexe Folge* $\{a_n\}_{n\in\mathbb{N}}$ *und die reelle Folge* $\{b_n\}_{n\in\mathbb{N}}$ *mit den Gliedern* $b_n \geq 0$ *für alle* $n \in \mathbb{N}$ *seien gegeben. Weiter existiere ein Index* $M \in \mathbb{N}$, *so dass* $|a_n| \leq b_n$ *für alle* $n \in \mathbb{N}$ *mit* $n \geq M$ *richtig ist. Dann gilt die Implikation*

$$\sum_{k=1}^{\infty} b_k < +\infty \implies \sum_{k=1}^{\infty} a_k \text{ ist konvergent.}$$

Beweis: Sei $\sum_{k=1}^{\infty} b_k < +\infty$. Dann gibt es nach Satz 2 zu beliebig vorgegebenem $\epsilon > 0$ ein $N = N(\epsilon) \in \mathbb{N}$, so dass die Abschätzung

$$\epsilon > \sum_{k=m}^{n} b_k \geq \sum_{k=m}^{n} |a_k| \geq \left| \sum_{k=m}^{n} a_k \right|$$

richtig ist für alle $m, n \in \mathbb{N}$ mit $n \geq m \geq \max\{M, N\}$. Also ist $\sum_{k=1}^{\infty} a_k$ nach Satz 2 konvergent.   q.e.d.

Bemerkung: Man nennt $\sum_{k=1}^{\infty} b_k$ eine **Majorante der Reihe** $\sum_{k=1}^{\infty} a_k$.

Satz 6. (Minorantenkriterium) *Seien die Folgen* $\{a_n\}_{n\in\mathbb{N}}$ *und* $\{b_n\}_{n\in\mathbb{N}}$ *reeller Zahlen mit der Eigenschaft* $0 \leq b_n \leq a_n$ *für alle* $n \in \mathbb{N}$ *gegeben. Dann gilt die Implikation*

$$\sum_{k=1}^{\infty} b_k = +\infty \implies \sum_{k=1}^{\infty} a_k = +\infty.$$

Beweis: Würde die Reihe $\sum_{k=1}^{\infty} a_k < +\infty$ erfüllen und somit konvergieren, so müsste auch die majorisierte Reihe $\sum_{k=1}^{\infty} b_k$ nach Satz 5 konvergieren – im Widerspruch zur Annahme $\sum_{k=1}^{\infty} b_k = +\infty$.   q.e.d.

Satz 7. (Geometrische Reihe) *Es gelten die folgenden Aussagen:*

(a) Für alle komplexen Zahlen z *in der offenen Einheitskreisscheibe* $\{z \in \mathbb{C} : |z| < 1\}$ *konvergiert die Reihe* $\sum_{k=0}^{\infty} z^k$, *und es gilt*

$$\sum_{k=0}^{\infty} z^k = \frac{1}{1-z}. \tag{8}$$

(b) Für alle komplexen Zahlen z *im Außengebiet* $\{z \in \mathbb{C} : |z| \geq 1\}$ *divergiert die Reihe* $\sum_{k=0}^{\infty} z^k$.

Beweis: Mit der geometrischen Summenformel (23) aus §1 haben wir für beliebiges $z \in \mathbb{C} \setminus \{+1\}$ die Identität

$$\sum_{k=0}^{n} z^k = \frac{z^{n+1} - 1}{z - 1} \quad . \tag{9}$$

(a) Sei nun $|z| < 1$ gewählt. Nach Satz 1(c) ist dann $\{z^n\}_{n \in \mathbb{N}}$ eine komplexe Nullfolge, und damit erhalten wir

$$\sum_{k=0}^{\infty} z^k = \lim_{n \to \infty} \sum_{k=0}^{n} z^k = \lim_{n \to \infty} \frac{z^{n+1} - 1}{z - 1} = \frac{\lim\limits_{n \to \infty} z^{n+1} - 1}{z - 1} = \frac{-1}{z - 1} = \frac{1}{1 - z}.$$

(b) Für $|z| \geq 1$ ist $|z^n| = |z|^n \geq 1$ für alle $n \in \mathbb{N}$ erfüllt, und damit stellt $\{z^n\}_{n \in \mathbb{N}}$ keine komplexe Nullfolge dar. Somit ist die Reihe $\sum_{k=0}^{\infty} z^k$ nach Satz 3 divergent.   q.e.d.

Verwenden wir die geometrische Reihe als Majorante, so erhalten wir den folgenden

Satz 8. (Vergleichskriterium für Reihen) *Sei die komplexe Zahlenfolge $\{a_n\}_{n=1,2,\dots}$ gegeben. Weiter seien die Größen $c, q \in \mathbb{R}$ mit $c > 0$ und $q \in (0, 1)$ so gewählt, dass die Ungleichung*

$$|a_n| \leq c \cdot q^n \text{ für alle } n \in \mathbb{N} \text{ mit } n \geq N$$

mit einem festen Index $N \in \mathbb{N}$ richtig ist. Dann ist die Reihe $\sum_{k=1}^{\infty} a_k$ konvergent.

Mit dem Vergleichskriterium aus Satz 8 beweisen wir jetzt zwei weitere Konvergenzkriterien für Reihen, die beide in der Praxis häufig verwendet werden: Zum einen das Wurzel- und zum anderen das Quotientenkriterium, welches von Cauchy bzw. d'Alembert gefunden wurde.

Satz 9. (Wurzelkriterium) *Sei die Folge $\{a_n\}_{n=1,2,\dots}$ komplexer Zahlen gegeben, so gelten die Implikationen:*

$$\limsup_{n \to \infty} \sqrt[n]{|a_n|} < 1 \Longrightarrow \sum_{k=1}^{\infty} a_k \text{ ist konvergent,} \tag{10}$$

und

$$\limsup_{n \to \infty} \sqrt[n]{|a_n|} > 1 \Longrightarrow \sum_{k=1}^{\infty} a_k \text{ ist divergent.} \tag{11}$$

Beweis von (10): Sei $r := \limsup_{n \to \infty} \sqrt[n]{|a_n|} < 1$. Zu einer Zahl $q \in (r, 1)$ können wir wegen Satz 12 in §3 eine Zahl $P \in \mathbb{N}$ finden, so dass $\sqrt[n]{|a_n|} \leq q$ bzw. $|a_n| \leq q^n$ für alle $n \geq P$ gilt. Nach Satz 8 konvergiert dann $\sum_{k=1}^{\infty} a_k$.

Beweis von (11): Seien $r_n := \sqrt[n]{|a_n|}$, $n \in \mathbb{N}$, und $r := \limsup_{n \to \infty} r_n > 1$. Dann gibt es nach Satz 12 in §3 eine Teilfolge $\{r_{n_k}\}_{k \in \mathbb{N}} \subset \{r_n\}_{n \in \mathbb{N}}$, so dass $r_{n_k} \to r$ $(k \to \infty)$ richtig ist. Wegen $r > 1$ gibt es einen Index $K \in \mathbb{N}$, so dass $r_{n_k} = \sqrt[n_k]{|a_{n_k}|} > 1$ und damit $|a_{n_k}| > 1$ für alle $k \geq K$ gilt. Es ist somit $\{a_n\}_{n \in \mathbb{N}}$ keine komplexe Nullfolge und $\sum_{k=1}^{\infty} a_k$ nach Satz 3 divergent. q.e.d.

Bemerkung: Falls $\limsup_{n\to\infty} \sqrt[n]{|a_n|} = 1$ erfüllt ist, kann man mit dem Wurzelkriterium nicht über Konvergenz oder Divergenz von $\sum_{k=1}^{\infty} a_k$ entscheiden.

Satz 10. (Quotientenkriterium) *Sei die komplexe Folge $\{a_n\}_{n=1,2,\ldots}$ mit einem Index $N \in \mathbb{N}$ so gegeben, dass $a_n \neq 0$ für alle $n \geq N$ richtig ist. Dann gelten die Implikationen*

$$\limsup_{n\to\infty} \left|\frac{a_{n+1}}{a_n}\right| < 1 \Longrightarrow \sum_{k=1}^{\infty} a_k \text{ ist konvergent,} \tag{12}$$

und

$$\text{Für alle } n \geq M \text{ gilt } \left|\frac{a_{n+1}}{a_n}\right| \geq 1 \text{ mit einem geeignetem Index } M \geq N$$
$$\Longrightarrow \sum_{k=1}^{\infty} a_k \text{ ist divergent.} \tag{13}$$

Beweis von (12): Sei

$$t := \limsup_{n\to\infty} \left|\frac{a_{n+1}}{a_n}\right| < 1$$

gesetzt. Dann gibt es eine reelle Zahl $q \in (t,1)$ und nach Satz 12 in §3 einen Index $P \in \mathbb{N}$ mit $P \geq N$, so dass

$$\left|\frac{a_{k+1}}{a_k}\right| \leq q \text{ für alle } k \geq P$$

gilt. Für beliebiges $n > P$ erhalten wir

$$\left|\frac{a_n}{a_P}\right| = \prod_{k=P}^{n-1} \left|\frac{a_{k+1}}{a_k}\right| \leq \prod_{k=P}^{n-1} q = q^{n-P},$$

und damit

$$|a_n| \leq |a_P| q^{n-P} = (|a_P| q^{-P}) \cdot q^n = c \cdot q^n,$$

wobei $c := |a_P| q^{-P} > 0$ abgekürzt wurde. Damit folgt nach Satz 8 die Konvergenz von $\sum_{k=1}^{\infty} a_k$.

Beweis von (13): Sei $M \geq N$ ein Index mit

$$\left|\frac{a_{k+1}}{a_k}\right| \geq 1 \text{ für alle } k \geq M.$$

Dann folgt für beliebiges $n \geq M$:

$$\left|\frac{a_n}{a_M}\right| = \prod_{k=M}^{n-1} \left|\frac{a_{k+1}}{a_k}\right| \geq \prod_{k=M}^{n-1} 1 = 1.$$

Also gilt $|a_n| \geq \epsilon$ für alle $n \geq M$, wobei wir $\epsilon := |a_M| > 0$ abkürzen. Damit kann $\{a_n\}_{n\in\mathbb{N}}$ keine komplexe Nullfolge sein, und nach Satz 3 ist die Reihe $\sum_{k=1}^{\infty} a_k$ divergent.   q.e.d.

Beispiel 2. (**Komplexe Exponentialreihe**) Für alle $z \in \mathbb{C}$ konvergiert die Reihe

$$\exp(z) := \sum_{k=0}^{\infty} \frac{z^k}{k!} \quad . \tag{14}$$

Setzen wir nämlich

$$a_k := \frac{z^k}{k!}, \quad k \in \mathbb{N}_0$$

als Glieder der Reihe, so berechnen wir

$$\lim_{n \to \infty} \left| \frac{a_{n+1}}{a_n} \right| = \lim_{n \to \infty} \frac{|z|^{n+1} \cdot n!}{(n+1)! \cdot |z|^n} = \lim_{n \to \infty} \frac{|z|}{n+1} = 0 \quad .$$

Die Konvergenz der Reihe für alle Punkte $z \in \mathbb{C}$ liefert nun das Quotientenkriterium.

Wenn wir mit dem Quotientenkriterium die Konvergenz einer Reihe feststellen können, so ist das auch mit dem Wurzelkriterium der Fall. Dieses beinhaltet

Satz 11. *Sei* $\{a_n\}_{n \in \mathbb{N}}$ *eine komplexe Folge mit* $a_n \neq 0$ *für alle* $n \in \mathbb{N}$. *Dann gilt*

$$\limsup_{n \to \infty} \sqrt[n]{|a_n|} \leq \limsup_{n \to \infty} \left| \frac{a_{n+1}}{a_n} \right| . \tag{15}$$

Beweis: Seien $r := \limsup_{n \to \infty} \sqrt[n]{|a_n|}$ und $t := \limsup_{n \to \infty} \left| \frac{a_{n+1}}{a_n} \right|$ erklärt. Nehmen wir an, es wäre $r > t$ erfüllt. Dann gibt es eine reelle Zahl $q \in (t, r)$ sowie einen Index $P \in \mathbb{N}$, so dass $\left| \frac{a_{k+1}}{a_k} \right| \leq q$ für alle $k \geq P$ gilt. Wie im Beweis von (12) erhalten wir $|a_n| \leq c \cdot q^n$ und damit $\sqrt[n]{|a_n|} \leq \sqrt[n]{c} \cdot q$ für alle $n \geq P$, wenn wir $c = |a_P| q^{-P} > 0$ abkürzen. Nach Satz 1(a) gilt $\lim_{n \to \infty} \sqrt[n]{c} = 1$, und es folgt

$$r = \limsup_{n \to \infty} \sqrt[n]{|a_n|} \leq \limsup_{n \to \infty} (\sqrt[n]{c} \cdot q) = q \cdot \lim_{n \to \infty} \sqrt[n]{c} = q,$$

im Widerspruch zur Wahl von $q < r$.   q.e.d.

Definition 3. *Seien die komplexen Zahlen* $a_n \in \mathbb{C}$ *für alle* $n \in \mathbb{N}_0$ *gegeben. Dann ordnen wir jeder komplexen Zahl* $z \in \mathbb{C}$ *die Reihe*

$$P(z) := \sum_{k=0}^{\infty} a_k z^k \tag{16}$$

zu und nennen diese eine **Potenzreihe in** z *mit den* **Koeffizienten** $a_n \in \mathbb{C}$, $n \in \mathbb{N}_0$.

Bemerkung: Falls es einen Index $N \in \mathbb{N}_0$ gibt, so dass $a_N \neq 0$ und $a_n = 0$ für alle $n > N$ richtig ist, so reduziert sich die Potenzreihe auf ein **Polynom vom Grade** N.

Mit Hilfe des Wurzelkriteriums können wir nun eine Aussage darüber gewinnen, für welche $z \in \mathbb{C}$ eine gegebene Potenzreihe $\sum_{k=0}^{\infty} a_k z^k$ konvergiert bzw. divergiert:

Satz 12. (A. Cauchy und J. Hadamard) *Seien* $P(z) := \sum_{k=0}^{\infty} a_k z^k$ *eine Potenzreihe und* $\alpha := \limsup_{n \to \infty} \sqrt[n]{|a_n|}$. *Sei weiter*

$$R := \begin{cases} +\infty, & \text{falls } \alpha = 0 \\ \alpha^{-1}, & \text{falls } \alpha \in (0, +\infty) \\ 0, & \text{falls } \alpha = +\infty \end{cases} \tag{17}$$

gesetzt. Dann gelten die Implikationen:

$$|z| < R \Longrightarrow P(z) \text{ ist konvergent}, \tag{18}$$

und

$$|z| > R \Longrightarrow P(z) \text{ ist divergent}. \tag{19}$$

Beweis: Sei $|z| \{\lessgtr\} R$. Dann ist

$$|z| \{\lessgtr\} \frac{1}{\limsup\limits_{n \to \infty} \sqrt[n]{|a_n|}} \Longleftrightarrow |z| \cdot \limsup_{n \to \infty} \sqrt[n]{|a_n|} = \limsup_{n \to \infty} \sqrt[n]{|a_n z^n|} \{\lessgtr\} 1,$$

und mit (10) bzw. (11) ist die Konvergenz bzw. Divergenz von $\sum_{k=0}^{\infty} a_k z^k$ sofort zu ermitteln.   q.e.d.

Definition 4. *Die Zahl* $R \in [0, +\infty]$ *aus Satz 12 heißt der* **Konvergenzradius der Potenzreihe**.

Bemerkung: Das Konvergenzgebiet ist eine offene Kreisscheibe um den Nullpunkt vom Radius

$$0 \leq R := \frac{1}{\limsup_{n \to \infty} \sqrt[n]{|a_n|}} \leq +\infty \quad . \tag{20}$$

Diese ist als **Formel von Cauchy-Hadamard** bekannt, und wurde bereits 1821 gefunden.

Beispiel 3. **(Konvergenzradien)**

1. Die geometrische Reihe

$$P(z) = \sum_{k=0}^{\infty} z^k$$

konvergiert für alle $z \in \mathbb{C}$ mit $|z| < 1$ und divergiert für alle $z \in \mathbb{C}$ mit $|z| \geq 1$. Damit besitzt sie den Konvergenzradius $R = 1$.

2. Die Exponentialreihe

$$P(z) = \sum_{k=0}^{\infty} \frac{z^k}{k!}$$

konvergiert für alle $z \in \mathbb{C}$ und hat somit als Konvergenzradius $R = \infty$.

Definition 5. *Sei die Folge $\{a_n\}_{n=1,2,\dots}$ komplexer Zahlen gegeben, so heißt die zugehörige Reihe $\sum_{k=1}^{\infty} a_k$ **absolut konvergent**, falls*

$$\sum_{k=1}^{\infty} |a_k| < +\infty \tag{21}$$

ausfällt.

Aus dem Majorantenkriterium folgt unmittelbar der

Satz 13. *Jede absolut konvergente Reihe $\sum_{k=1}^{\infty} a_k$ ist auch konvergent.*

Bemerkungen: Eine Durchsicht der obigen Beweise zeigt, dass in den Sätzen 5 und 8 sowie in den Implikationen (10) und (12) des Wurzel- bzw. Quotientenkriteriums sogar die absolute Konvergenz der entsprechenden Reihen gilt. Fundamental für den einfachen Umgang mit Potenzreihen ist

Satz 14. (Absolute Konvergenz von Potenzreihen) *Sei die Potenzreihe $P(z) = \sum_{k=0}^{\infty} a_k z^k$ gegeben und $z_0 \in \mathbb{C}\backslash\{0\}$ ein Punkt, an dem $P(z_0)$ konvergiert. Dann ist $P(z)$ absolut konvergent für alle $z \in \mathbb{C}$ mit $|z| < |z_0|$.*

Beweis: Sei $P(z_0) = \sum_{k=0}^{\infty} a_k z_0^k$ für $z_0 \in \mathbb{C}\backslash\{0\}$ konvergent. Dann gilt $\lim_{k \to \infty} a_k z_0^k = 0$, und es gibt eine Zahl $c \in (0, +\infty)$, so dass $|a_n z_0^n| \le c$ für alle $n \in \mathbb{N}_0$ richtig ist. Somit können wir für beliebiges $z \in \mathbb{C}$ mit $|z| < |z_0|$ und beliebiges $n \in \mathbb{N}_0$ die Terme

$$|a_n z^n| = \left| a_n z_0^n \frac{z^n}{z_0^n} \right| = |a_n z_0^n| \cdot \left| \frac{z}{z_0} \right|^n \le c \cdot \left| \frac{z}{z_0} \right|^n = c \cdot q^n$$

abschätzen, wobei wir $q := \left| \frac{z}{z_0} \right| < 1$ setzen. Mit Satz 8 folgt die Konvergenz von $\sum_{k=0}^{\infty} |a_k z^k|$, also die absolute Konvergenz von $P(z)$.   q.e.d.

Wir wollen auch konvergente Reihen kennenlernen, welche nicht absolut konvergieren. Hierzu benötigen wir den folgenden

Hilfssatz 1. (Partielle Summation) *Seien $a_k \in \mathbb{C}$ und $x_k \in \mathbb{R}$ für $k = 0, 1, 2, \dots, n$ mit $n \in \mathbb{N}$ so gegeben, dass $x_0 \ge x_1 \ge x_2 \ge \dots \ge x_n \ge 0$ gilt. Dann haben wir die Abschätzung*

$$\left| \sum_{k=0}^{n} a_k x_k \right| \le x_0 \cdot max\left\{ \left| \sum_{k=0}^{p} a_k \right| : \quad p = 0, 1, \dots, n \right\} \quad . \tag{22}$$

Beweis: Wir setzen $s_p := \sum_{k=0}^{p} a_k$ für $p = 0, 1, 2, \ldots, n$ sowie $s_{-1} := 0$ und erhalten $a_k = s_k - s_{k-1}$ für $k = 0, 1, 2, \ldots, n$. Nun berechnen wir leicht

$$\sum_{k=0}^{n} a_k x_k = s_0 x_0 + \sum_{k=0}^{n-1} (s_{k+1} - s_k) x_{k+1} = s_n x_n + \sum_{k=0}^{n-1} s_k (x_k - x_{k+1}) \quad,$$

wenn wir die Identität

$$\sum_{k=0}^{n-1} s_{k+1} x_{k+1} - \sum_{k=0}^{n-1} s_k x_k = s_n x_n - s_0 x_0$$

beachten. Nach Voraussetzung ist $x_k - x_{k+1} \geq 0$ für $k = 0, 1, 2, \ldots, n-1$ richtig, und es folgt

$$
\begin{aligned}
\left| \sum_{k=0}^{n} a_k x_k \right| &\leq |s_n| \cdot x_n + \sum_{k=0}^{n-1} |s_k| \cdot (x_k - x_{k+1}) \\
&\leq \max\{|s_k| : k = 0, 1, \ldots, n\} \cdot \left[x_n + \sum_{k=0}^{n-1} (x_k - x_{k+1}) \right] \\
&= x_0 \cdot \max\{|s_k| : k = 0, 1, \ldots, n\} \quad. \qquad q.e.d.
\end{aligned}
\tag{23}
$$

Satz 15. *Sei $\{a_n\}_{n \in \mathbb{N}_0}$ eine komplexe Folge derart, dass die Reihe $\sum_{k=0}^{\infty} a_k$ beschränkt ist, und sei $\{x_n\}_{n \in \mathbb{N}_0}$ eine reelle Nullfolge mit $x_n \geq x_{n+1} \geq 0$ für alle $n \in \mathbb{N}_0$. Dann konvergiert die Reihe $\sum_{k=0}^{\infty} a_k x_k$.*

Beweis: Wegen der Beschränktheit der Reihe $\sum_{k=0}^{\infty} a_k$ existiert eine obere Schranke $c > 0$, so dass die Partialsummen $s_n := \sum_{k=0}^{n} a_k$, $n \in \mathbb{N}_0$ die Ungleichung $|s_n| \leq c$ für alle $n \in \mathbb{N}_0$ erfüllen. Da $\{x_n\}_{n \in \mathbb{N}_0}$ eine Nullfolge darstellt, gibt es zu jedem $\epsilon > 0$ einen Index $N = N(\epsilon) \in \mathbb{N}$, so dass $0 \leq x_n \leq \epsilon$ für alle $n \geq N$ richtig ist. Da diese Nullfolge absteigend ist, können wir mit dem obigen Hilfssatz über *Partielle Summation* wie folgt abschätzen:

$$
\begin{aligned}
\left| \sum_{k=m}^{n} a_k x_k \right| &\leq x_m \cdot \max\left\{ \left| \sum_{k=m}^{p} a_k \right| : \quad p = m, m+1, \ldots, n \right\} \\
&\leq \epsilon \cdot \max\left\{ |s_p - s_{m-1}| : \quad p = m, m+1, \ldots, n \right\} \\
&\leq 2c \cdot \epsilon \quad \text{für alle } n \geq m \geq N \quad.
\end{aligned}
\tag{24}
$$

Mit dem Cauchyschen Konvergenzkriterium für Reihen aus Satz 2 erschließen wir die Konvergenz der o.a. Reihe. $\hspace{4cm}$ q.e.d.

Satz 16. *Die reelle Nullfolge $\{a_n\}_{n \in \mathbb{N}_0}$ erfülle $a_n \geq a_{n+1} \geq 0$ für alle $n \in \mathbb{N}_0$. Dann konvergiert die Potenzreihe $P(z) = \sum_{k=0}^{\infty} a_k z^k$ für alle $z \in \mathbb{C}$ mit $|z| \leq 1$ und $z \neq 1$.*

Beweis: Sei $z \in \mathbb{C}$ mit $|z| \leq 1$ und $z \neq 1$ beliebig gewählt. Dann erhalten wir für alle $n \in \mathbb{N}_0$ mittels Formel (9) die Abschätzung

$$\left| \sum_{k=0}^{n} z^k \right| = \left| \frac{1 - z^{n+1}}{1-z} \right| = \frac{|1 - z^{n+1}|}{|1-z|} \leq \frac{1 + |z|^{n+1}}{|1-z|} \leq \frac{2}{|1-z|} =: c(z) \in \mathbb{R} \quad .$$

Somit ist die Reihe $\sum_{k=0}^{\infty} z^k$ beschränkt, und Satz 15 liefert die Konvergenz von $P(z)$.   q.e.d.

Für den Punkt $z = -1$ erhalten wir aus Satz 16 den

Satz 17. (Konvergenzkriterium von Leibniz) *Sei $\{a_n\}_{n \in \mathbb{N}_0}$ eine absteigende reelle Nullfolge, d.h. $a_n \geq a_{n+1} \geq 0$ für alle $n \in \mathbb{N}_0$ und $\lim_{n \to \infty} a_n = 0$ sind erfüllt. Dann konvergiert die Reihe $\sum_{k=0}^{\infty} (-1)^k a_k$.*

§7 Absolut konvergente Doppelreihen

Beginnen wir mit der

Definition 1. *Sei $\{a_n\}_{n \in \mathbb{N}}$ eine reelle Folge. Die reelle Reihe $\sum_{k=1}^{\infty} a_k$ heißt* **bedingt konvergent***, falls $\sum_{k=1}^{\infty} a_k$ konvergent und nicht absolut konvergent ist.*

Eine überraschende Eigenschaft bedingt konvergenter Reihen besteht darin, dass mit Veränderung der Summationsreihenfolge – einer sogenannten Umordnung der Reihenglieder – sich auch der Wert der Reihe verändert! Dieses beobachtet man am Beispiel der alternierenden harmonischen Reihe oder **Leibnizschen Reihe**

$$\sum_{k=1}^{\infty} (-1)^{k+1} \frac{1}{k}.$$

Sie ist nach dem Leibniz-Kriterium konvergent, aber gemäß Beispiel 1 aus §6 nicht absolut konvergent. Um dieses allgemeine Phänomen zu erklären, benötigen wir die

Definition 2. *Sei die Folge $\{a_k\}_{k \in \mathbb{N}}$ komplexer Zahlen gegeben. Weiter sei eine bijektive Abbildung*

$$\pi : \mathbb{N} \longrightarrow \mathbb{N} \text{ vermöge } k \in \mathbb{N}, \quad k \mapsto \pi(k) := n_k \in \mathbb{N} \tag{1}$$

zwischen den natürlichen Zahlen gegeben, die wir (unendliche) **Permutation** *nennen. Dann betrachten wir die komplexe Folge $\{a'_k\}_{k \in \mathbb{N}}$ mit den Gliedern*

$$a'_k := a_{n_k} = a_{\pi(k)} \quad , \quad k \in \mathbb{N} \quad . \tag{2}$$

Die Reihe $\sum_{k=1}^{\infty} a'_k$ heißt eine **Umordnung der Reihe** *$\sum_{k=1}^{\infty} a_k$. Also geht die Reihe $\sum_{k=1}^{\infty} a'_k$ aus der Reihe $\sum_{k=1}^{\infty} a_k$ durch eine Permutation der Indizes (1) hervor!*

Sehr instruktiv ist die folgende Aussage, dessen Beweis wir nur skizzieren wollen:

Satz 1. (Umordnungssatz von Riemann) *Sei $\{a_k\}_{k\in\mathbb{N}}$ eine reelle Folge, so dass die Reihe $\sum_{k=1}^{\infty} a_k$ bedingt konvergent ist. Dann gibt es zu jeder reellen Zahl $s \in \mathbb{R}$ eine Umordnung $\sum_{k=1}^{\infty} a'_k$ von $\sum_{k=1}^{\infty} a_k$, so dass $\sum_{k=1}^{\infty} a'_k = s$ gilt.*

Beweis:

1. Da die verschwindenden Terme der Reihe für die Aussage des Satzes irrelevant sind, nehmen wir ohne Einschränkung $a_k \neq 0$ für alle $k \in \mathbb{N}$ an. Wir definieren dann für $k = 1, 2, 3, \ldots$ die Koeffizienten

$$b_k \quad := a_k \text{ falls } a_k > 0 \qquad := 0 \text{ falls } a_k < 0 \text{ gilt}$$

sowie

$$c_k \quad := 0 \text{ falls } a_k > 0 \qquad := -a_k \text{ falls } a_k < 0 \text{ gilt.}$$

Dann beachten wir

$$a_k = b_k - c_k, \quad b_k \geq 0, \quad c_k \geq 0, \quad |a_k| = b_k + c_k \text{ für } k = 1, 2, 3, \ldots$$

Da die Reihe $\sum_{k=1}^{\infty} a_k$ konvergiert, folgt $\lim_{k\to\infty} |a_k| = 0$ und somit

$$\lim_{k\to\infty} b_k = 0 = \lim_{k\to\infty} c_k \quad . \tag{3}$$

Weiter ist

$$\sum_{k=1}^{\infty} b_k = +\infty \text{ und } \sum_{k=1}^{\infty} c_k = +\infty \tag{4}$$

erfüllt. Da nämlich $\sum_{k=1}^{\infty} \left(b_k + c_k \right) = \sum_{k=1}^{\infty} |a_k| = +\infty$ richtig ist, muss mindestens eine der beiden Reihen in (4) divergent sein. Würde aber eine der beiden Reihen konvergieren und die andere divergieren, so ergäbe sich ein Widerspruch zur Konvergenz der Reihe

$$\sum_{k=1}^{\infty} a_k = \sum_{k=1}^{\infty} \left(b_k - c_k \right) \quad .$$

2. Wir nehmen nun ohne Einschränkung $s \in [0, +\infty)$ für unseren zu erreichenden Grenzwert an. Wir teilen die natürlichen Zahlen auf in die beiden Indexmengen $P := \{k \in \mathbb{N} : \quad a_k > 0\}$ und $N := \{k \in \mathbb{N} : \quad a_k < 0\}$. Beginnend mit dem kleinsten Element, wählen wir unter Beachtung von (4) aufsteigend Zahlen abwechselnd in P und N nach der folgenden Vorschrift: Wir wählen die Indizes

$$k_1 < \ldots < k_{n_1} \in P$$

mit minimalem n_1, so dass

$$a_{k_1} + \ldots + a_{k_{n_1}} > s$$

erfüllt ist. Wir wählen dann Indizes

$$k_{n_1+1} < \ldots < k_{n_2} \in N$$

mit minimalem $n_2 > n_1$, so dass

$$a_{k_1} + \ldots + a_{k_{n_1}} + a_{k_{n_1+1}} + \ldots + a_{k_{n_2}} < s$$

erfüllt ist. Wir wählen dann wieder Indizes $k_{n_2+1}, \ldots, k_{n_3} \in P$ mit minimalem $n_3 > n_2$, so dass

$$a_{k_1} + \ldots + a_{k_{n_2}} + a_{k_{n_2+1}} + \ldots + a_{k_{n_3}} > s$$

richtig ist. Durch Fortsetzung des Verfahrens schöpfen wir die Indexmengen P und N aus. Wir erhalten eine Umordnung $k_j, j \in \mathbb{N}$ unserer Reihe mit der Eigenschaft $\sum_{j=1}^{\infty} a_j' = s$; hierbei setzen wir $a_j' := a_{k_j}, j \in \mathbb{N}$. Die konstruierten Partialsummen oszillieren nämlich um den Grenzwert s, wobei der Abstand zu s wegen (3) gegen Null strebt.

q.e.d.

Bei absolut konvergenten Reihen können wir wie bei endlichen Summen die Reihenfolge in der Summation vertauschen.

Satz 2. (Umordnungssatz) *Seien die komplexen Folgen $\{a_k\}_{k \in \mathbb{N}}$ und $\{a_k'\}_{k \in \mathbb{N}}$ so gegeben, so dass die Reihe $\sum_{k=1}^{\infty} a_k'$ eine Umordnung der Reihe $\sum_{k=1}^{\infty} a_k$ gemäß Definition 2 darstellt. Wenn nun $\sum_{k=1}^{\infty} a_k$ absolut konvergiert, so ist das auch für die umgeordnete Reihe $\sum_{k=1}^{\infty} a_k'$ der Fall, und ihre Werte stimmen gemäß $\sum_{k=1}^{\infty} a_k' = \sum_{k=1}^{\infty} a_k$ überein.*

Beweis:

1. Wir gehen aus von der Konvergenzeigenschaft $\sum_{k=1}^{\infty} |a_k| < \infty$ sowie der vorgegebenen Permutation

$$a_k' = a_{j_k} \text{ mit der Bijektion } k \in \mathbb{N}, k \mapsto j_k \in \mathbb{N} \quad .$$

Zu einem festen $m \in \mathbb{N}$ gibt es ein $n \geq m$, so dass die Inklusion

$$\{j_1, \ldots, j_m\} \subset \{1, \ldots, n\}$$

erfüllt ist. Somit folgt

$$\sum_{k=1}^{m} |a_k'| = \sum_{k=1}^{m} |a_{j_k}| \leq \sum_{j=1}^{n} |a_j| \leq \sum_{j=1}^{\infty} |a_j| < \infty \tag{5}$$

für alle $m \in \mathbb{N}$. Also ist $\sum_{k=1}^{\infty} |a_k'| < \infty$ erfüllt, und die Reihe $\sum_{k=1}^{\infty} a_k'$ ist absolut konvergent.

2. Zu vorgegebenem $\epsilon > 0$ gibt es eine Zahl $N(\epsilon) \in \mathbb{N}$, so dass

$$\sum_{k=m}^{n} |a_k| \le \epsilon \text{ für alle } n \ge m > N(\epsilon) \tag{6}$$

erfüllt ist. Weiter gibt es eine natürliche Zahl $K(\epsilon) \ge N(\epsilon)$ so dass die Inklusion

$$\{1, \ldots, N(\epsilon)\} \subset \{j_1, \ldots, j_n\}$$

für alle $n \ge K(\epsilon)$ richtig ist. Es folgt für alle $n \ge K(\epsilon)$ die Abschätzung

$$\left| \sum_{k=1}^{n} a_k' - \sum_{k=1}^{n} a_k \right| = \left| \sum_{k=1}^{n} a_{j_k} - \sum_{k=1}^{n} a_k \right| = \left| \sum_{k=1,\ldots,n:j_k>N} a_{j_k} - \sum_{k=N+1}^{n} a_k \right|$$

$$\le \sum_{k=1,\ldots,n:j_k>N} |a_{j_k}| + \sum_{k=N+1}^{n} |a_k| \le 2\epsilon \quad .$$
$$\tag{7}$$

Wir erhalten damit

$$\lim_{n\to\infty} \sum_{k=1}^{n} a_k' = \lim_{n\to\infty} \sum_{k=1}^{n} a_k \quad .$$

q.e.d.

Definition 3. *Eine komplexe* **Doppelfolge** *ist eine Abbildung*

$$\gamma : \mathbb{N}_0 \times \mathbb{N}_0 \to \mathbb{C} \text{ vermöge } (m,n) \mapsto \gamma(m,n) =: c_{mn} \quad .$$

Diese bezeichnen wir durch das Symbol $\{c_{mn}\}_{m,n\in\mathbb{N}_0}$.

Definition 4. *Wir betrachten eine bijektive Abbildung*

$$\mathbb{N}_0 \ni l \mapsto (m_l n_l) \in \mathbb{N}_0 \times \mathbb{N}_0$$

auf das **Gitter** $\mathbb{N}_0 \times \mathbb{N}_0$. *Dann nennen wir*

$$(m_0 n_0), (m_1 n_1), (m_2 n_2), (m_3 n_3), \ldots \in \mathbb{N}_0 \times \mathbb{N}_0$$

eine **Abzählung des Gitters**.

Definition 5. *Sei die komplexe Doppelfolge* $\{c_{mn}\}_{m,n\in\mathbb{N}_0}$ *gegeben und*

$$(m_0 n_0), (m_1 n_1), (m_2 n_2), (m_3 n_3), \ldots \in \mathbb{N}_0 \times \mathbb{N}_0$$

eine beliebige Abzählung des Gitters. Dann nennen wir die **zugehörige Doppelreihe** $\sum_{m,n=0}^{\infty} c_{mn}$ **absolut konvergent,** *falls*

$$\sum_{l=0}^{\infty} |c_{m_l n_l}| < +\infty$$

ausfällt. Wir setzen dann

$$\sum_{m,n=0}^{\infty} c_{mn} := \sum_{l=0}^{\infty} c_{m_l n_l}$$

für den **Wert der Doppelreihe.**

Bemerkungen:

1. Der Wert der absolut konvergenten Doppelreihe ist unabhängig von der gewählten Abzählung des Gitters nach dem Umordnungssatz.
2. Üblicherweise prüft man die absolute Konvergenz einer Doppelreihe wie folgt nach: Man bestimmt eine Konstante $M \in [0, \infty)$, so dass die Abschätzung

$$\sum_{k=0}^{N} \sum_{l=0}^{N} |c_{kl}| \le M \text{ für alle } N \in \mathbb{N}_0$$

erfüllt ist.
3. Entsprechend erklärt man **absolut konvergente n-fache Reihen**

$$\sum_{k_1,\dots,k_n=0}^{\infty} a_{k_1 \dots k_n} \text{ mit den Termen } a_{k_1 \dots k_n} \in \mathbb{C} \text{ für } k_1, \dots, k_n = 0, 1, 2, \dots$$

Absolut konvergente Reihen können wir wie endliche Summen miteinander multiplizieren nach dem folgenden

Satz 3. (Multiplikationssatz für Reihen)   *Seien* $\{a_m\}_{m=0,1,2,\dots}$ *und* $\{b_n\}_{n=0,1,2,\dots}$ *Folgen komplexer Zahlen, so dass deren zugehörige Reihen* $\sum_{m=0}^{\infty} a_m$ *bzw.* $\sum_{n=0}^{\infty} b_n$ *absolut konvergieren. Dann konvergiert auch die Doppelreihe* $\sum_{m,n=0}^{\infty} a_m b_n$ *absolut, und es gilt*

$$\sum_{m,n=0}^{\infty} a_m b_n = \left(\sum_{m=0}^{\infty} a_m \right) \cdot \left(\sum_{n=0}^{\infty} b_n \right) = \sum_{l=0}^{\infty} c_l \quad . \tag{8}$$

Dabei ist

$$c_l := \sum_{k=0}^{l} a_k b_{l-k} = \sum_{k=0}^{l} a_{l-k} b_k \quad , \quad l = 0, 1, 2, \dots$$

gesetzt worden und die Konvergenzbedingung $\sum_{l=0}^{\infty} |c_l| < +\infty$ *erfüllt.*

Beweis:

1. Für alle $N \in \mathbb{N}$ gilt die Abschätzung

$$\sum_{m,n=0}^{N} |a_m b_n| = \left(\sum_{m=0}^{N} |a_m| \right) \cdot \left(\sum_{n=0}^{N} |b_n| \right) \leq \left(\sum_{m=0}^{\infty} |a_m| \right) \cdot \left(\sum_{n=0}^{\infty} |b_n| \right) < \infty. \tag{9}$$

Ist nun $(m_l n_l)_{l=0,1,2,3,\ldots}$ eine beliebige Abzählung des Gitters $\mathbb{N}_0 \times \mathbb{N}_0$, so liefert (9) die Ungleichung

$$\sum_{l=0}^{\infty} |a_{m_l} b_{n_l}| \leq \left(\sum_{m=0}^{\infty} |a_m| \right) \cdot \left(\sum_{n=0}^{\infty} |b_n| \right) \quad . \tag{10}$$

Somit ist die Doppelreihe $\sum_{m,n=0}^{\infty} (a_m b_n)$ absolut konvergent, und der Wert der Reihe ist unabhängig von der gewählten Abzählung des Gitters. Der Ungleichung (9) entnehmen wir auch die Abschätzung

$$\sum_{l=0}^{N} |c_l| \leq \left(\sum_{m=0}^{\infty} |a_m| \right) \cdot \left(\sum_{n=0}^{\infty} |b_n| \right) < \infty \quad \text{für alle } N \in \mathbb{N},$$

welche die absolute Konvergenz der Reihe $\sum_{l=0}^{\infty} c_l$ impliziert.

2. Durch den Grenzübergang $N \to \infty$ in der Identität

$$\sum_{m,n=0}^{N} a_m b_n = \left(\sum_{m=0}^{N} a_m \right) \cdot \left(\sum_{n=0}^{N} b_n \right) \tag{11}$$

erhalten wir schließlich die linke Identität in (8). Durch die Wahl einer speziellen Abzählung erhalten wir ferner

$$\sum_{m,n=0}^{\infty} a_m b_n = \sum_{l=0}^{\infty} \left(\sum_{m,n \geq 0 : m+n=l} a_m b_n \right) = \sum_{l=0}^{\infty} c_l \quad , \tag{12}$$

und somit die rechte Identität in (8).   q.e.d.

Satz 4. (Cauchyscher Produktsatz) *Die Potenzreihen $\sum_{n=0}^{\infty} a_n z^n$ und $\sum_{n=0}^{\infty} b_n z^n$ seien konvergent für alle $z \in \mathbb{C}$ mit $|z| < R$, wobei $0 < R \leq \infty$ gegeben sei. Dann gilt für alle $z \in \mathbb{C}$ mit $|z| < R$ die Identität*

$$\left(\sum_{n=0}^{\infty} a_n z^n \right) \cdot \left(\sum_{n=0}^{\infty} b_n z^n \right) = \sum_{n=0}^{\infty} c_n z^n$$

mit den Koeffizienten

$$c_n := \sum_{k=0}^{n} a_k b_{n-k} = \sum_{k=0}^{n} a_{n-k} b_k, \quad n = 0, 1, 2, \ldots \quad .$$

Beweis: Nach Satz 14 aus §6 konvergieren die angegebenen Reihen für alle $z \in \mathbb{C}$ mit $|z| < R$ absolut, und mit Satz 3 multiplizieren wir wie folgt aus:

$$\left(\sum_{n=0}^{\infty} a_n z^n\right) \cdot \left(\sum_{n=0}^{\infty} b_n z^n\right) = \sum_{n=0}^{\infty} \left(\sum_{k,l \geq 0 : k+l=n} a_k b_l\right) z^n \quad .$$

Wir erhalten damit die angegebene Identität.   q.e.d.

Wir wollen nun Doppelreihen mit Doppelfolgen in Verbindung bringen.

Definition 6. *Die komplexe* **Doppelfolge** $\{s_{mn}\}_{m,n \in \mathbb{N}_0}$ *heißt* **konvergent**, *wenn es eine komplexe Zahl* $s \in \mathbb{C}$ *gibt, so dass für alle* $\epsilon > 0$ *ein* $N = N(\epsilon) \in \mathbb{N}$ *existiert mit der Eigenschaft*

$$|s_{mn} - s| < \epsilon \text{ für alle } m, n \geq N(\epsilon) \quad .$$

Bemerkung: Die Zahl $s \in \mathbb{C}$ ist eindeutig bestimmt, und wir schreiben

$$s = \lim_{m,n \to \infty} s_{mn} \text{ oder } s_{mn} \to s \quad (m, n \to \infty). \tag{13}$$

Satz 5. (Cauchysches Konvergenzkriterium für Doppelfolgen) *Eine komplexe Doppelfolge* $\{s_{mn}\}_{m,n \in \mathbb{N}_0}$ *ist genau dann konvergent, wenn es zu jedem* $\epsilon > 0$ *eine Zahl* $N = N(\epsilon) \in \mathbb{N}$ *gibt, so dass* $|s_{m'n'} - s_{mn}| < \epsilon$ *für alle* $m, m' \geq N$ *und* $n, n' \geq N$ *ausfällt.*

Beweis: „⇒": Sei $\{s_{mn}\}_{m,n \in \mathbb{N}_0}$ konvergent. Dann gibt es einen Grenzwert $s \in \mathbb{C}$ und zu jedem $\epsilon > 0$ ein $N(\epsilon) \in \mathbb{N}$, so dass die Abschätzung $|s_{mn} - s| < \epsilon$ für alle $m, n \geq N(\epsilon)$ richtig ist. Damit erhalten wir für alle $m, m' \geq N(\epsilon)$ und $n, n' \geq N(\epsilon)$ die Ungleichung

$$|s_{mn} - s_{m'n'}| = |s_{mn} - s + s - s_{m'n'}| \leq |s_{mn} - s| + |s_{m'n'} - s| < 2\epsilon \quad .$$

Somit stellt $\{s_{mn}\}_{m,n \in \mathbb{N}_0}$ eine Cauchyfolge dar.

„⇐": Sei $\{s_{mn}\}_{m,n \in \mathbb{N}_0}$ eine Cauchyfolge. Dann gibt es zu jedem $\epsilon > 0$ ein $N(\epsilon) \in \mathbb{N}$, so dass $|s_{m'n'} - s_{mn}| < \epsilon$ für alle $m, m' \geq N(\epsilon)$ und $n, n' \geq N(\epsilon)$ gilt. Dann betrachten wir die Diagonalfolge $\{a_n\}_{n \in \mathbb{N}_0} \subset \mathbb{C}$ mit $a_n := s_{nn}$ für alle $n \in \mathbb{N}_0$, welche ebenfalls eine Cauchyfolge ist. Wegen der Vollständigkeit von $\mathbb{C}$ nach Satz 2 in §5 existiert eine Zahl $s \in \mathbb{C}$ mit der Eigenschaft

$$s = \lim_{n \to \infty} a_n = \lim_{n \to \infty} s_{nn} \quad .$$

Somit finden wir ein $M(\epsilon) \in \mathbb{N}$, welches $|s_{nn} - s| < \epsilon$ für alle $n \geq M(\epsilon)$ realisiert. Setzen wir $L(\epsilon) := \max\left(N(\epsilon), M(\epsilon)\right) \in \mathbb{N}$, so folgt für alle $m, n \geq L(\epsilon)$ die Abschätzung:

$$|s_{mn} - s| = |s_{mn} - s_{nn} + s_{nn} - s| \leq |s_{mn} - s_{nn}| + |s_{nn} - s| < 2\epsilon \quad . \tag{14}$$

Damit ist $\lim_{m,n \to \infty} s_{mn} = s$ gezeigt.   q.e.d.

Satz 6. (Iterierter Limes von Doppelfolgen) *Es sei $\{s_{mn}\}_{m,n\in\mathbb{N}_0}$ eine konvergente komplexe Doppelfolge. Außerdem existiere für alle $m \in \mathbb{N}_0$ der Grenzwert $s_m := \lim_{n\to\infty} s_{mn} \in \mathbb{C}$. Dann existiert auch der Grenzwert $\lim_{m\to\infty} s_m$, und es gilt*

$$\lim_{m\to\infty} s_m = \lim_{m\to\infty}\left(\lim_{n\to\infty} s_{mn}\right) = \lim_{m,n\to\infty} s_{mn} \quad.$$

Beweis: Sei $s := \lim_{m,n\to\infty} s_{mn}$ gesetzt. Zu beliebig vorgegebenem $\epsilon > 0$ gibt es dann ein $N(\epsilon) \in \mathbb{N}$, so dass

$$|s_{mn} - s| < \epsilon \text{ für alle } m, n \geq N(\epsilon)$$

richtig ist. Für festes $m \geq N(\epsilon)$ betrachten wir in dieser Ungleichung den Grenzübergang $n \to \infty$ und erhalten die Abschätzung

$$|s_m - s| \leq \epsilon \text{ für alle } m \geq N(\epsilon) \quad.$$

Somit folgt $\lim_{m\to\infty} s_m = s$.   q.e.d.

Wir werden nun von einer absolut konvergenten Doppelreihe die Doppelfolge ihrer Partialsummen untersuchen.

Satz 7. *Sei $\{c_{kl}\}_{k,l\in\mathbb{N}_0}$ eine komplexe Doppelfolge, so dass deren zugehörige Doppelreihe $\sum_{k,l=0}^{\infty} c_{kl}$ absolut konvergent ist. Dann ist die komplexe* **Doppelfolge ihrer Partialsummen**

$$s_{mn} := \sum_{k=0}^{m}\sum_{l=0}^{n} c_{kl} \quad , \quad m, n = 0, 1, 2, \ldots \tag{15}$$

konvergent, und es gilt die Identität

$$\lim_{m,n\to\infty} s_{mn} = \sum_{k,l=0}^{\infty} c_{kl} \tag{16}$$

zwischen dem Limes der Doppelfolge ihrer Partialsummen und dem Wert der Doppelreihe.

Beweis:

1. Mit dem Cauchyschen Konvergenzkriterium für Doppelfolgen zeigen wir die Existenz des Grenzwerts $\lim_{m,n\to\infty} s_{mn}$. Da die Doppelreihe absolut konvergent ist, gibt es zu jedem $\epsilon > 0$ ein $N = N(\epsilon) \in \mathbb{N}$, so dass die Abschätzung

$$\sum_{(k,l)\in\mathbf{M}(N)} |c_{kl}| \leq \epsilon \tag{17}$$

   erfüllt ist, wenn wir die angegebene Reihe über die zugehörige Indexmenge

$$\mathbf{M}(N) := \{(k,l) \in \mathbb{N}_0 \times \mathbb{N}_0 : \quad k \text{ oder } l \geq N\}$$

summieren. Nun gilt für alle $m, m' \geq N$ und $n, n' \geq N$ die folgende Abschätzung

$$|s_{m'n'} - s_{mn}| = \left| \sum_{k=0}^{m'} \sum_{l=0}^{n'} c_{kl} - \sum_{k=0}^{m} \sum_{l=0}^{n} c_{kl} \right| = \left| \sum_{k,l=0}^{\infty} \sigma_{kl} c_{kl} \right| \quad . \tag{18}$$

Dabei erscheinen in der Reihe auf der rechte Seite offenbar die folgenden Faktoren:

$$\begin{aligned} &\sigma_{kl} := 0 \text{ für } 0 \leq k \leq N \text{ und } 0 \leq l \leq N \quad, \\ &\sigma_{kl} := 0 \text{ für } k \text{ oder } l \geq \max\{m, m', n, n'\} + 1 \quad, \\ &\sigma_{kl} \in \{-1, 0, +1\} \text{ sonst} \quad. \end{aligned} \tag{19}$$

Wir bemerken, dass sich damit die Reihe in (18) auf eine endliche Summe reduziert. Also folgt für alle $m, m' \geq N(\epsilon)$ und $n, n' \geq N(\epsilon)$ die Ungleichung

$$|s_{m'n'} - s_{mn}| \leq \sum_{(k,l) \in \mathbf{M}(N)} |c_{kl}| \leq \epsilon \quad. \tag{20}$$

Nach Satz 5 ist damit die Doppelfolge $\{s_{mn}\}_{m,n \in \mathbb{N}_0}$ konvergent.

2. Der Wert der absolut konvergenten Doppelreihe ist unabhängig von der Auswahl der Abzählung des Gitters $\mathbb{N}_0 \times \mathbb{N}_0$. Da weiter der Grenzwert einer konvergenten Doppelfolge mit dem Grenzwert der zugehörigen Diagonalfolge übereinstimmt, erhalten wir

$$\sum_{k,l=0}^{\infty} c_{kl} = \lim_{n \to \infty} s_{nn} = \lim_{m,n \to \infty} s_{mn} \quad. \tag{21}$$

Damit ist alles gezeigt.

q.e.d.

Für die n-dimensionale Integrationstheorie benötigen wir den

Satz 8. (Iterierte Summation) *Sei $\{c_{kl}\}_{k,l \in \mathbb{N}_0}$ eine komplexe Doppelfolge, so dass deren zugehörige Doppelreihe $\sum_{k,l=0}^{\infty} c_{kl}$ absolut konvergent ist. Dann gilt*

$$\sum_{k,l=0}^{\infty} c_{kl} = \sum_{k=0}^{\infty} \left(\sum_{l=0}^{\infty} c_{kl} \right) = \sum_{l=0}^{\infty} \left(\sum_{k=0}^{\infty} c_{kl} \right). \tag{22}$$

Beweis: Wir betrachten die komplexe Doppelfolge der Partialsummen

$$s_{mn} := \sum_{k=0}^{m} \sum_{l=0}^{n} c_{kl} \quad, \quad m, n \in \mathbb{N}_0 \quad.$$

Nach dem obigen Satz 7 besitzt diese einen Grenzwert

$$\lim_{m,n \to \infty} s_{mn} =: s \in \mathbb{C}.$$

Wegen der absoluten Konvergenz der Doppelreihe existieren für alle $m \in \mathbb{N}_0$ die Grenzwerte

$$s_m := \lim_{n \to \infty} s_{mn} = \lim_{n \to \infty} \sum_{k=0}^{m} \sum_{l=0}^{n} c_{kl} = \sum_{k=0}^{m} \left(\sum_{l=0}^{\infty} c_{kl} \right) \quad . \tag{23}$$

Satz 6 liefert dann die Existenz des Grenzwerts $\lim_{m \to \infty} s_m$ sowie die Gleichung

$$s = \lim_{m \to \infty} s_m \tag{24}$$

des iterierten Limes. Also folgt aus (23), (24) und Satz 7 die Identität:

$$\sum_{k,l=0}^{\infty} c_{kl} = s = \lim_{m \to \infty} s_m = \lim_{m \to \infty} \left[\sum_{k=0}^{m} \left(\sum_{l=0}^{\infty} c_{kl} \right) \right] = \sum_{k=0}^{\infty} \left(\sum_{l=0}^{\infty} c_{kl} \right) \quad . \tag{25}$$

Somit ist die linke Identität in (22) gezeigt; die rechte Gleichung beweist man genauso. \hfill q.e.d.

§8 Aufgaben zum Kapitel I

1. Zeigen Sie mit Hilfe der Cauchy-Schwarzschen Ungleichung die folgende Aussage: Bei festem $n \in \mathbb{N}$ gilt für alle Zahlen $a_1, \ldots, a_n \in \mathbb{R}$ die Abschätzung

$$\left| \sum_{k=1}^{n} a_k \right| \le \sqrt{n} \sqrt{\sum_{k=1}^{n} a_k^2} \, .$$

2. Beweisen Sie die Gaußsche und die geometrische Summenformel aus Beispiel 5 bzw. 6 in §1 mittels vollständiger Induktion über n.

3. Zeigen Sie – ohne vollständige Induktion – für alle $n \in \mathbb{N}$ die Identitäten

$$\binom{n}{0} + \binom{n}{1} + \ldots \binom{n}{n-1} + \binom{n}{n} = 2^n \quad \text{und}$$

$$\binom{n}{0} - \binom{n}{1} + - \ldots + (-1)^{n-1} \binom{n}{n-1} + (-1)^n \binom{n}{n} = 0 \, .$$

4. Beweisen Sie mittels vollständiger Induktion die Ungleichung

$$n! \le \left(\frac{n+1}{2} \right)^n \quad \text{für alle} \quad n \in \mathbb{N} \, .$$

5. Zeigen Sie, dass für $p = 3$ und $p = 5$ die Gleichung $\quad x^2 = p,\, x \in \mathbb{Q}$ keine Lösung besitzt.

6. Innerhalb der ganzen Zahlen $\mathbb{Z}$ erkläre man mit einer Primzahl $p \in \mathbb{N}$ wie folgt eine Äquivalenzrelation:

$$x, y \in \mathbb{Z} \quad \text{erfüllt} \quad x \sim y \quad \Leftrightarrow \quad x - y = kp \quad \text{mit einem} \quad k \in \mathbb{Z}.$$

Wie sehen die Äquivalenzklassen aus, und wie die Addition und Multiplikation zwischen diesen?

7. Führen Sie den Beweis von Satz 2 aus § 2 genau aus!

8. Beweisen Sie die Identität (5) aus Hilfssatz 2 in § 3.

9. Für $a_k \neq 0 \neq b_k$ und $k \in \mathbb{N}$ berechnen Sie den Grenzwert

$$\lim_{n \to \infty} \frac{a_0 + a_1 n + \ldots + a_k n^k}{b_0 + b_1 n + \ldots + b_k n^k}.$$

10. Man zeige, dass die Zahlenfolge $\quad a_n := \sqrt{4n^2 + n} - 2n,\, n \in \mathbb{N}\quad$ den Grenzwert $\frac{1}{4}$ besitzt, indem man zu jedem $\epsilon > 0$ eine Zahl $N = N(\epsilon) \in \mathbb{N}$ so angibt, dass für alle $n \in \mathbb{N}$ mit $n \geq N(\epsilon)$ die Ungleichung $|a_n - \frac{1}{4}| < \epsilon$ erfüllt ist.

11. Prüfen Sie, ob die angegebenen Zahlenfolgen konvergent sind, und bestimmen Sie ggf. deren Grenzwert:
    a) $a_n := 2^n n^{-2}$, $\quad n = 1, 2, 3, \ldots$
    b) $b_n := \frac{(n+2)! - n!}{n! n^2}$, $\quad n = 1, 2, 3, \ldots$

12. Bestimmen Sie alle konvergenten Teilfolgen der nachstehenden Folgen und ihre Grenzwerte:
    a) $a_n := \frac{(-1)^n}{n+1} + n(1 + (-1)^n)$, $\quad n = 1, 2, 3, \ldots$
    b) $b_n := (-1)^n + \frac{1}{n}$, $\quad n = 1, 2, 3, \ldots$
    c) $c_n := q_n$, $\quad n = 1, 2, 3, \ldots$, wobei $q_n \in [0, 1] \cap \mathbb{Q}$ eine Abzählung der rationalen Zahlen im Intervall $[0, 1]$ bezeichne.

13. Ermitteln Sie den Limes superior und den Limes inferior der nachstehenden Zahlenfolgen:
    a) $a_n := (-1)^n (1 + \frac{2}{n})$, $\quad n = 1, 2, 3, \ldots$
    b) $b_n := n + (-1)^n n + \frac{1}{n}$, $\quad n = 1, 2, 3, \ldots$
    c) $c_n := q_n$, $\quad n = 1, 2, 3, \ldots$, wobei $q_n \in (0, 1) \cap \mathbb{Q}$ eine Abzählung der rationalen Zahlen im Intervall $(0, 1)$ angibt.

14. Berechnen Sie den Grenzpunkt der Folge

$$x^{(k)} := \left(1 + \frac{1}{2^k}, 2 + \frac{1+k}{k}, \frac{k^2}{2^k}\right) \quad , \quad k = 1, 2, 3, \ldots$$

im Euklidischen Raum $\mathbb{R}^3$.

15. Mit Hilfe der Quaderzerlegung im $\mathbb{R}^n$ geben Sie einen direkten Beweis des Weierstraßschen Häufungsstellensatzes für die höheren Dimensionen $n \geq 2$ an!

16. Zeigen Sie durch ein entsprechendes Beispiel, dass im Satz von Heine-Borel die Beschränktheit der zu überdeckenden Menge unverzichtbar ist.

17. Skizzieren Sie die Mengen $A := \{z \in \mathbb{C} : 1 \le Re\, z \le 4\,,\, 1 < Im\, z < 3\}$ und $B := \{z \in \mathbb{C} : 1 < |z + 1 - i| < 3\}$ in der Gaußschen Zahlenebene.

18. Beweisen Sie die restlichen Aussagen von Hilfssatz 7 in §5.

19. Seien die Zahlen $\alpha, \delta \in \mathbb{R}$ und $b = \beta + i\gamma \in \mathbb{C}$ gegeben, so betrachte man die Menge

$$M := \{z \in \mathbb{C} : \alpha|z|^2 + b\overline{z} + \overline{b}z + \delta = 0\}$$

und zeige die folgenden Aussagen:

a) Falls $|b|^2 - \alpha\delta > 0$ und $\alpha \ne 0$ erfüllt ist, so stellt M den Kreis mit dem Mittelpunkt $z_0 = -\dfrac{b}{\alpha}$ vom Radius $R = \dfrac{1}{|\alpha|}\sqrt{|b|^2 - \alpha\delta}$ dar.

b) Falls $\alpha = 0$ und $b \ne 0$ erfüllt ist, so stellt M die Gerade durch die Punkte $z_1 := -\dfrac{\delta}{2\overline{b}}$ und $z_2 := z_1 + ib$ dar.

20. Man untersuche die folgenden Reihen auf Konvergenz bzw. Divergenz:

$$\sum_{n=1}^{\infty} \frac{n^2}{2^n}\,,\ \sum_{n=1}^{\infty} \frac{n!}{n^n}\,,\ \sum_{n=1}^{\infty} n^7\left(\frac{2}{3}\right)^n\,,\ \sum_{n=1}^{\infty}\left(1 - \frac{1}{\sqrt{n}}\right)^{n^2}\,,\ \sum_{n=1}^{\infty}\left(\sqrt{n+1} - \sqrt{n}\right).$$

21. Man untersuche, in welchen Punkten $z \in \mathbb{C}$ die Potenzreihen $\displaystyle\sum_{n=1}^{\infty} \frac{z^n}{n^2}$ sowie

$\displaystyle\sum_{n=1}^{\infty} \frac{n^3}{9^n} z^n$ konvergieren.

II

Differential- und Integralrechnung in einer Veränderlichen

Wir wollen dem Wahlspruch von

Carl Friedrich GAUSS: *Pauca sed Matura*

folgen und wenige aber reife Themen behandeln. So werden wir eine Theorie der Funktionen entwickeln, die sowohl vektorwertige als auch solche mit komplexen Veränderlichen einschließt. Dieses Kapitel ist im Zusammenhang mit dem nächsten zu verstehen, wo explizit die in der Analysis häufig verwendeten sogenannten elementaren Funktionen vorgestellt werden. Diese werden durch reelle oder komplexe Potenzreihen definiert oder als deren Umkehrfunktion gewonnen. Wir werden in diesem Kapitel gleichermaßen reell und komplex differenzieren – und mit Hilfe von Stammfunktionen auch reell und komplex integrieren. Behandeln wir im nächsten Kapitel die bedeutendste Funktion der Analysis, nämlich die komplexe Exponentialfunktion sowie die komplexe Logarithmusfunktion als ihre Umkehrfunktion, so wird sich die Einbeziehung der komplexen Funktionen bewähren. Zum Abschluss dieses Kapitels werden wir den Krümmungsbegriff für Kurven mit Einheitsgeschwindigkeit vorstellen.

§1 Stetigkeit von Funktionen mehrerer Veränderlicher

Grundlegend ist in der Mathematik der Funktionsbegriff, den R. Descartes begründet hat.

Definition 1. *Seien die Dimensionen $m, n \in \mathbb{N}$ und die Menge*

$$D \subset \mathbb{R}^n := \{x = (x_1, \ldots, x_n) : \quad x_j \in \mathbb{R}, \quad j = 1, \ldots, n\}$$

sowie der Raum

$$\mathbb{R}^m := \{y = (y_1, \ldots, y_m) : \quad y_j \in \mathbb{R}, \quad j = 1, \ldots, m\}$$

gegeben. Jedem Punkt $x \in D$ werde vermöge der **Funktion**

F. Sauvigny, *Analysis*, Springer-Lehrbuch, DOI: 10.1007/978-3-642-41507-4_2,
@ Springer-Verlag Berlin Heidelberg 2014

$$f : D \to \mathbb{R}^m$$

genau ein Punkt

$$y = f(x) \in \mathbb{R}^m$$

zugeordnet. Wir nennen D den **Definitionsbereich** *und*

$$W := \{ f(x) \in \mathbb{R}^m : \quad x \in D \} := f(D)$$

den **Wertebereich** *der Funktion f. Genauer schreiben wir:*

$$(y_1, \ldots, y_m) = y = f(x) = \Big(f_1(x_1, \ldots, x_n), \ldots, f_m(x_1, \ldots, x_n) \Big) : D \to \mathbb{R}^m.$$

Wir sprechen von einer **beschränkten Funktion** $f : D \to \mathbb{R}^m$, *wenn es eine Konstante* $c \in [0, +\infty)$ *gibt, so dass die Abschätzung*

$$|f(x)| \leq c \text{ für alle } x \in D$$

richtig ist. Anderenfalls sprechen wir von einer **unbeschränkten Funktion.**

Bemerkung: Wir verwenden gleichwertig die Begriffe Funktion und **Abbildung**, um die geometrische Bedeutung zu hervorzuheben.

Allgemein erklären wir eine *Fläche in nichtparametrischer Darstellung* im $\mathbb{R}^3$ in der Form

$$z = f(x, y), \quad (x, y) \in D$$

als Funktion auf dem Definitionsbereich $D \subset \mathbb{R}^2$. Zum Beispiel stellt die Funktion

$$z = f(x, y) := x^2 + y^2, \quad (x, y) \in \mathbb{R}^2$$

im dreidimensionalen (x, y, z)-Raum ein *Paraboloid* und die Funktion

$$z = f(x, y) := x^2 - y^2, \quad (x, y) \in \mathbb{R}^2$$

ein *Hyperboloid* dar. Haben wir allgemeiner eine symmetrische, quadratische Matrix

$$A := (a_{ij})_{i,j=1,\ldots,n}$$

mit den Elementen

$$a_{ij} \in \mathbb{R} \text{ und } a_{ij} = a_{ji} \text{ für } i, j = 1, \ldots, n$$

gegeben, so definiert die Funktion

$$f(x) := \sum_{i,j=1}^{n} a_{ij} x_i x_j, \quad x = (x_1, \ldots, x_n) \in \mathbb{R}^n$$

eine *quadratische Form in n Veränderlichen*. Eine Funktion

$$f : \mathbb{R} \to \mathbb{R}^m$$

stellt eine *Kurve im m-dimensionalen Raum* dar. Auch die *Signumfunktion*

$$sgn(x) := \begin{cases} -1 & , \quad \text{falls } x \in (-\infty, 0) \\ 0 & , \quad \text{falls } x = 0 \\ +1 & , \quad \text{falls } x \in (0, +\infty) \end{cases}$$

tritt häufig auf. Von Interesse ist auch die *Dirichletsche Sprungfunktion*

$$f(x) := \begin{cases} 1 & \text{für} \quad x \in \mathbb{Q} \\ 0 & \text{für} \quad x \in \mathbb{R} \setminus \mathbb{Q} \end{cases} .$$

Im Allgemeinen identifizieren wir die Ebene $\mathbb{R}^2$ mit den komplexen Zahlen $\mathbb{C}$ und verwenden dort die komplexe Multiplikation: So erhalten wir in den *komplexen Polynomen*

$$f(z) := a_n z^n + a_{n-1} z^{n-1} + \ldots + a_1 z + a_0, \quad z = x + iy \in \mathbb{C}$$

Funktionen $f : \mathbb{C} \to \mathbb{C}$ – mit den komplexen Koeffizienten $a_0, \ldots, a_n \in \mathbb{C}$. Schränken wir die Abbildung auf die x-Achse ein, so erhalten wir die Funktion $f : \mathbb{R} \to \mathbb{C}$ vermöge

$$f(x) := a_n x^n + a_{n-1} x^{n-1} + \ldots + a_1 x + a_0, \quad x \in \mathbb{R}.$$

Falls alle Koeffizienten a_j des Polynoms reell sind, so wird $f : \mathbb{R} \to \mathbb{R}$ zu einer reellwertigen Funktion. Die Angabe von Definitions- und Wertebereich beschreibt also die Situation genauer.

Definition 2. *Sei ein Häufungspunkt $x \in \mathbb{R}^n$ des Definitionsbereichs $D \subset \mathbb{R}^n$ von der Funktion $f : D \to \mathbb{R}^m$ gewählt. Weiter existiere ein Punkt $A \in \mathbb{R}^m$, so dass es für alle $\epsilon > 0$ ein $\delta = \delta(\epsilon) > 0$ gibt mit der Eigenschaft*

$$|f(t) - A| < \epsilon \text{ für alle } t \in D \text{ mit } |t - x| < \delta.$$

Dann heißt A der **Limes der Funktion** f **an der Stelle** x, *und man schreibt:*

$$\lim_{t \to x, t \in D} f(t) = A \text{ oder } f(t) \to A \quad (t \in D, \quad t \to x).$$

Speziell für Funktionen einer reellen Veränderlichen notieren wir die

Definition 3. *Auf dem Intervall $D := (a, b) \subset \mathbb{R}$ mit $a < b$ sei die Funktion $f : D \to \mathbb{R}^m$ gegeben. Dann nennen wir*

$$f(a+) := \lim_{t \to a, t > a} f(t) := \lim_{t \to a, t \in D} f(t)$$

den **rechtsseitigen Limes von** f **an der Stelle** a *und*

$$f(b-) := \lim_{t \to b, t < b} f(t) := \lim_{t \to b, t \in D} f(t)$$

den **linksseitigen Limes von** f **an der Stelle** b.

Beispiel 1. Für die Signumfunktion sehen wir sofort:

$$sgn(0-) = -1, \quad sgn(0+) = +1, \quad sgn(0) = 0 = \frac{1}{2} \cdot [sgn(0+) + sgn(0-)].$$

Die Reduktion des o. a. Limes auf die Betrachtung von Folgen beinhaltet der

Satz 1. *Sei die Funktion* $f : D \to \mathbb{R}^m$ *auf dem Definitionsbereich* $D \subset \mathbb{R}^n$ *gegeben, und* $x \in \mathbb{R}^n$ *sei ein Häufungspunkt von* D. *Weiter sei der Punkt* $A \in \mathbb{R}^m$ *gewählt. Dann gilt die Beziehung*

$$\lim_{t \to x, t \in D} f(t) = A$$

genau dann, wenn für jede Punktfolge

$$\{x^{(p)}\}_{p \in \mathbb{N}} \subset D \setminus \{x\} \text{ mit } x^{(p)} \to x \quad (p \to \infty)$$

die Aussage

$$\lim_{p \to \infty} f(x^{(p)}) = A$$

gilt.

Beweis:„$\Rightarrow$"   Sei

$$\lim_{t \to x, t \in D} f(t) = A$$

erfüllt. Dann gibt es nach Definition 2 für alle $\epsilon > 0$ ein $\delta = \delta(\epsilon) > 0$, so dass

$$|f(t) - A| < \epsilon \text{ für alle } t \in D \text{ mit } |t - x| < \delta(\epsilon)$$

ausfällt. Für eine konvergente Punktfolge

$$\{x^{(p)}\}_{p \in \mathbb{N}} \subset D \setminus \{x\} = \{y \in D : y \neq x\} \text{ mit } x^{(p)} \to x \quad (p \to \infty)$$

erhalten wir

$$|x^{(p)} - x| < \delta \text{ für alle } p \geq p_0(\epsilon) \quad ,$$

und somit folgt $|f(x^{(p)}) - A| < \epsilon$. Also ergibt sich

$$\lim_{p \to \infty} f(x^{(p)}) = A.$$

„$\Leftarrow$"   Wir zeigen diese Implikation indirekt – unter der Voraussetzung

Für alle $\{x^{(p)}\}_{p \in \mathbb{N}} \subset D \setminus \{x\}$ mit $x^{(p)} \to x \, (p \to \infty)$ gilt $\lim\limits_{p \to \infty} f(x^{(p)}) = A$.

$$(1)$$

Wäre die Aussage

$$\lim_{t \to x, t \in D} f(t) = A \qquad\qquad (2)$$

falsch – also die folgende Behauptung:

$$\text{Für alle } \epsilon > 0 \text{ existiert ein } \delta = \delta(\epsilon) > 0, \text{ so dass}$$
$$|f(t) - A| < \epsilon \text{ für alle } t \in D \text{ mit } |t - x| < \delta \text{ erfüllt ist.} \tag{3}$$

Dann existiert ein $\epsilon > 0$, so dass es zu jedem $\delta > 0$ einen Punkt $t \in D$ mit $|t - x| < \delta$ gibt, welcher $|f(t) - A| \geq \epsilon$ erfüllt. Wählen wir nun sukzessiv

$$\delta = \frac{1}{p}, \quad p = 1, 2, \ldots,$$

so finden wir Punkte

$$x^{(p)} \in D \setminus \{x\} \text{ mit } |x^{(p)} - x| < \frac{1}{p} \text{ und } |f(x^{(p)}) - A| \geq \epsilon.$$

Offenbar ist nun $\lim_{p \to \infty} x^{(p)} = x$ aber $\lim_{p \to \infty} f(x^{(p)}) \neq A$ erfüllt – im Widerspruch zur Voraussetzung (1).   q.e.d.

Grundlegend ist die nachfolgende

Definition 4. *Sei der Punkt $x \in D$ und die Funktion $f : D \to \mathbb{R}^m$ auf dem Definitionsbereich $D \subset \mathbb{R}^n$ gegeben. Dann heißt* **die Funktion f stetig im Punkt** *x, wenn es zu jedem $\epsilon > 0$ ein $\delta = \delta(\epsilon, x) > 0$ mit der Eigenschaft*

$$|f(t) - f(x)| < \epsilon \text{ für alle } t \in D \text{ mit } |t - x| < \delta$$

gibt.

Bemerkung: Wenn x einen isolierten Punkt von D darstellt, so ist offenbar jede dort erklärte Funktion $f : D \to \mathbb{R}^m$ stetig in x.

Wir zeigen nun den hilfreichen

Satz 2. *Sei die Funktion $f : D \to \mathbb{R}^m$ auf dem Definitionsbereich $D \subset \mathbb{R}^n$ erklärt und $x \in D$ ein Häufungspunkt von D. Dann sind die folgenden Aussagen äquivalent:*

1. Es ist f stetig im Punkt x;
2. Es gilt

$$\lim_{t \to x, t \in D} f(t) = f(x);$$

3. Für alle Folgen

$$\{x^{(p)}\}_{p \in \mathbb{N}} \subset D \setminus \{x\} \text{ mit } x^{(p)} \to x \quad (p \to \infty)$$

haben wir

$$\lim_{p \to \infty} f(x^{(p)}) = f(x).$$

Beweis: Dieser folgt sofort aus den Definitionen 2 und 4 sowie Satz 1.   q.e.d.

Die nachfolgenden Sätze 3 – 5 brauchen wir nur für die Häufungspunkte des Definitionsbereichs D zu beweisen, wie die obige Bemerkung zu Definition 4 lehrt. Diese Aussagen werden uns zeigen, welche Verknüpfungen die Menge stetiger Funktionen in sich überführen.

Satz 3. *Seien die Funktionen $f, g : D \to \mathbb{R}^m$ im Punkt $x \in D \subset \mathbb{R}^n$ stetig, und die Skalare $a, b \in \mathbb{R}$ beliebig gewählt. Dann ist auch die Funktion*

$$h(t) := a \cdot f(t) + b \cdot g(t), \quad t \in D$$

im Punkt x stetig.

Beweis: Sei $\{x^{(p)}\}_{p \in \mathbb{N}} \subset D \setminus \{x\}$ eine Folge mit $x^{(p)} \to x$ $(p \to \infty)$. Dann erhalten wir

$$\lim_{p \to \infty} h(x^{(p)}) = \lim_{p \to \infty} \{af(x^{(p)}) + bg(x^{(p)})\}$$
$$= a \lim_{p \to \infty} f(x^{(p)}) + b \lim_{p \to \infty} g(x^{(p)}) = af(x) + bg(x). \tag{4}$$

q.e.d.

Satz 4. *Seien die Funktionen $f, g : D \to \mathbb{C}$ im Punkt $x \in D \subset \mathbb{R}^n$ stetig. Dann ist auch die Funktion*

$$h(t) := f(t) \cdot g(t), \quad t \in D$$

im Punkt x stetig. Falls zusätzlich $g(t) \neq 0$ für alle $t \in D$ erfüllt ist, so ist auch die Funktion

$$k(t) := \frac{f(t)}{g(t)}, \quad t \in D$$

stetig im Punkt x.

Beweis: Sei $\{x^{(p)}\}_{p \in \mathbb{N}} \subset D \setminus \{x\}$ eine Folge mit $x^{(p)} \to x$ $(p \to \infty)$. Dann liefern die Grenzwertsätze

$$\lim_{p \to \infty} h(x^{(p)}) = \lim_{p \to \infty} \{f \cdot g\}(x^{(p)}) = \{\lim_{p \to \infty} f(x^{(p)})\} \cdot \{\lim_{p \to \infty} g(x^{(p)})\} = f(x) \cdot g(x)$$

sowie

$$\lim_{p \to \infty} k(x^{(p)}) = \lim_{p \to \infty} \left\{\frac{f}{g}\right\}(x^{(p)}) = \frac{\lim_{p \to \infty} f(x^{(p)})}{\lim_{p \to \infty} g(x^{(p)})} = \frac{f(x)}{g(x)}.$$

q.e.d.

Satz 5. (Komposition stetiger Abbildungen) *Seien die Punkte* $x \in D \subset$
$\mathbb{R}^n$ *und* $y \in E \subset \mathbb{R}^m$ *gegeben sowie die Funktionen* $f : D \to \mathbb{R}^m$ *und* $g : E \to$
$\mathbb{R}^l$ *mit* $y = f(x)$ *– dabei sind die Dimensionen* $n, m, l \in \mathbb{N}$ *gewählt. Weiter sei*
f *stetig im Punkt* x *und* g *stetig im Punkt* y. *Dann ist auch die* **verkettete**
Funktion *bzw. die* **Komposition**

$$
\begin{aligned}
h(t) := g \circ f(t) = g(f(t)) = \Big(g_1\big(f_1(t_1, \ldots, t_n), \ldots, f_m(t_1, \ldots, t_n)\big), \ldots \\
\ldots, g_l\big(f_1(t_1, \ldots, t_n), \ldots, f_m(t_1, \ldots, t_n)\big)\Big), \quad t = (t_1, \ldots, t_n) \in D
\end{aligned}
\tag{5}
$$

im Punkt x *stetig.*

Beweis: Sei $\{x^{(p)}\}_{p \in \mathbb{N}} \subset D \setminus \{x\}$ eine Folge mit $x^{(p)} \to x$ $(p \to \infty)$, dann ist

$$
y^{(p)} = f(x^{(p)}), \quad p \in \mathbb{N}
$$

die Folge der Funktionswerte. Da f im Punkt x stetig ist, gilt

$$
\lim_{p \to \infty} y^{(p)} = \lim_{p \to \infty} f(x^{(p)}) = f(x) = y \quad .
$$

Da nun g im Punkt y stetig ist, folgt

$$
\lim_{p \to \infty} h(x^{(p)}) = \lim_{p \to \infty} g(f(x^{(p)})) = \lim_{p \to \infty} g(y^{(p)}) = g(y) = g(f(x)) = h(x) \quad .
$$

Also ist $h(t)$ im Punkt x stetig. q.e.d.

Wir vereinbaren nun die

Definition 5. *Sei die Funktion* $f : D \to \mathbb{R}^m$ *auf dem Definitionsbereich* $D \subset$
$\mathbb{R}^n$ *gegeben. Dann heißt* **die Funktion** f **stetig auf** D, *wenn* f *in jedem*
Punkt $x \in D$ *stetig ist.*

Bemerkung: Mit den obigen Sätzen prüft man leicht nach, dass die komplexen
Polynome

$$
f(z) := a_n z^n + a_{n-1} z^{n-1} + \ldots + a_1 z + a_0, \quad z = x + iy \in \mathbb{C}
$$

stetige Funktionen $f : \mathbb{C} \to \mathbb{C}$ darstellen. Die Koeffizienten $a_0, \ldots, a_n \in \mathbb{C}$ mit
$n \in \mathbb{N}_0$ sind komplex, und wir identifizieren wiederum $\mathbb{R}^2$ mit $\mathbb{C}$.

Für die Analysis benötigen wir den folgenden Funktionenraum:

Definition 6. *Den* **Vektorraum der stetigen Funktionen** $f : D \to \mathbb{R}^m$
auf dem Definitionsbereich $D \subset \mathbb{R}^n$ *bezeichnen wir mit* $C^0(D, \mathbb{R}^m)$. *Hierbei*
haben wir für $f, g \in C^0(D, \mathbb{R}^m)$ *und* $\alpha \in \mathbb{R}$ *die Verknüpfungen:*

$$
(f + g)(x) := f(x) + g(x), \quad x \in D \text{ sowie } (\alpha f)(x) := \alpha f(x), \quad x \in D.
$$

Falls $m = 1$ *die Bilddimension darstellt, schreiben wir kurz* $C^0(D)$. *Auch*
wenn aus dem Zusammenhang der Bildraum hervorgeht, lassen wir diesen
unerwähnt. Mit $C^0(D, \mathbb{C})$ *deuten wir im Fall* $m = 2$ *an, dass wir im Bildbe-*
reich die komplexe Multiplikation verwenden.

Wir werden in Kapitel III insbesondere den Logarithmus als Umkehrfunktion der Exponentialfunktion definieren. Hierzu benötigen wir den

Satz 6. (Stetigkeit der Umkehrfunktion) *Auf der kompakten Menge $D \subset \mathbb{R}^n$ sei die stetige Funktion $f : D \to \mathbb{R}^m$ vermöge $y = f(x)$, $x \in D$ mit dem Wertebereich*

$$W = f(D) = \{y \in \mathbb{R}^m :   y = f(x) \text{ mit einem } x \in D\}$$

*gegeben. Weiter sei $f : D \to \mathbb{R}^m$ **injektiv**, d.h. für je zwei Punkte $x^*, x^{**} \in D$ mit $x^* \neq x^{**}$ folgt $f(x^*) \neq f(x^{**})$. Dann ist die **Umkehrfunktion***

$$g : W \to \mathbb{R}^n$$

von f erklärt durch

$$g(y) := x \text{ für } y \in W \text{ und } x \in D \text{ mit } y = f(x)$$

stetig auf W. Dabei erfüllt die Umkehrfunktion die Identitäten:

$$g(f(x)) = x \text{ für alle } x \in D \text{ und } f(g(y)) = y \text{ für alle } y \in W   .$$

Beweis: Sei $y^* \in W$ und $\{y^{(p)}\}_{p \in \mathbb{N}} \subset W$ eine Folge mit $\lim_{p \to \infty} y^{(p)} = y^*$. Dann haben wir

$$\lim_{p \to \infty} g(y^{(p)}) = g(y^*) \tag{6}$$

zu zeigen. Wir setzen zunächst $x^{(p)} := g(y^{(p)})$ für alle $p \in \mathbb{N}$ und $x^* := g(y^*)$. Wäre die Aussage (6) falsch, so wäre $\lim_{p \to \infty} x^{(p)} = x^*$ nicht erfüllt. Somit gibt es von der Folge $\{x^{(p)}\}_{p \in \mathbb{N}} \subset D$ eine Teilfolge $\{x^{(p_l)}\}_{l \in \mathbb{N}} \subset \{x^{(p)}\}_{p \in \mathbb{N}}$, welche nicht gegen den Punkt x^* konvergiert.
Wir wenden nun den Weierstraßschen Häufungsstellensatz aus Satz 3 in § 4 von Kapitel I wie folgt an: In der kompakten Menge D gehen wir von der beschränkten Folge $\{x^{(p_l)}\}_{l \in \mathbb{N}} \subset D$ zu einer konvergenten Teilfolge

$$\{x^{(p_{l_k})}\}_{k \in \mathbb{N}} \subset \{x^{(p_l)}\}_{l \in \mathbb{N}} \subset D$$

über, welche gemäß

$$\lim_{k \to \infty} x^{(p_{l_k})} = x^{**} \in D \setminus \{x^*\}$$

in der abgeschlossenen Menge D gegen einen von x^* verschiedenen Grenzpunkt x^{**} konvergiert. Da die Funktion f stetig ist, erhalten wir

$$f(x^{**}) = f\left(\lim_{k \to \infty} x^{(p_{l_k})} \right) = \lim_{k \to \infty} f(x^{(p_{l_k})})$$

$$= \lim_{k \to \infty} y^{(p_{l_k})} = \lim_{p \to \infty} y^{(p)} = y^* = f(x^*).$$

Wegen der Injektivität von f folgt $x^* = x^{**}$ und somit ein Widerspruch, welcher die Gültigkeit der Aussage (6) zeigt.   q.e.d.

Eine qualitative Verschärfung der Stetigkeit liefert der folgende Begriff:

Definition 7. *Sei die Funktion $f : D \to \mathbb{R}^m$ auf dem Definitionsbereich $D \subset \mathbb{R}^n$ gegeben. Dann heißt **die Funktion f gleichmäßig stetig auf** D, wenn es zu jedem $\epsilon > 0$ ein $\delta = \delta(\epsilon) > 0$ mit der Eigenschaft*

$$|f(x) - f(y)| < \epsilon \text{ für alle } x, y \in D \text{ mit } |x - y| < \delta(\epsilon)$$

gibt.

Man zeigt leicht, dass etwa die Funktion

$$f(x) := x^2, \quad x \in \mathbb{R}$$

nicht gleichmäßig stetig auf $\mathbb{R}$ ist. Es gilt jedoch die folgende Aussage, die auf dem Heine-Borelschen Überdeckungssatz beruht:

Satz 7. *Sei $K \subset \mathbb{R}^n$ eine beschränkte und abgeschlossene – d.h. kompakte – Punktmenge und $f : K \to \mathbb{R}^m$ eine stetige Funktion. Dann ist f gleichmäßig stetig auf K.*

Beweis: Sei $\epsilon > 0$ vorgegeben. Da die Funktion $f : K \to \mathbb{R}^m$ in jedem Punkt $x \in K$ stetig ist, gibt es zu jedem $x \in K$ ein $\delta = \delta(\epsilon, x) > 0$ derart, dass für alle $y \in K$ mit $|y - x| < \delta(\epsilon, x)$ die Ungleichung $|f(y) - f(x)| < \epsilon$ gilt. Zu jedem $x \in K$ definieren wir nun die offene Teilmenge

$$O_x := \{y \in \mathbb{R}^n : \quad |y - x| < \frac{1}{2}\delta(\epsilon, x)\}.$$

Diese Mengen $O_x, x \in K$ bilden eine offene Überdeckung von K. Da K nach Voraussetzung abgeschlossen und beschränkt ist, gibt es nach dem Überdeckungssatz von Heine und Borel endlich viele Punkte

$$x^{(1)}, \ldots, x^{(N)} \quad \in K$$

mit $N \in \mathbb{N}$, so dass

$$K \subset \bigcup_{j=1}^{N} O_{x^{(j)}}$$

gilt. Wir setzen jetzt

$$\delta(\epsilon) := min\left\{\frac{1}{2}\delta(\epsilon, x^{(1)}), \ldots, \frac{1}{2}\delta(\epsilon, x^{(N)})\right\} \quad > 0.$$

Nun seien $x, y \in K$ beliebige Punkte mit $|x - y| < \delta(\epsilon)$. Da die Mengen

$$\{O_{x^{(j)}}\}_{j=1,\ldots,N}$$

ein Überdeckungssystem von K bilden, finden wir ein $j \in \{1, \ldots, N\}$ mit der Eigenschaft

$$|x - x^{(j)}| < \frac{1}{2}\delta(\epsilon, x^{(j)}).$$

Weiter gilt dann:

$$|y - x^{(j)}| \le |y - x| + |x - x^{(j)}|$$

$$< \delta(\epsilon) + \frac{1}{2}\delta(\epsilon, x^{(j)}) \le \frac{1}{2}\delta(\epsilon, x^{(j)}) + \frac{1}{2}\delta(\epsilon, x^{(j)}) = \delta(\epsilon, x^{(j)}).$$

(7)

Wegen der Stetigkeit folgt hieraus $|f(x) - f(x^{(j)})| < \epsilon$ und $|f(y) - f(x^{(j)})| < \epsilon$. Damit ergibt sich insgesamt

$$|f(x) - f(y)| \le |f(x) - f(x^{(j)})| + |f(x^{(j)}) - f(y)| < 2\epsilon$$

(8)

$$\text{für alle } x, y \in K \text{ mit } |x - y| < \delta(\epsilon).$$

Also ist f gleichmäßig stetig auf K.   q.e.d.

Die mathematischen Gebiete der *Variationsrechnung* und der *Optimierung* beruhen auf dem folgenden

Satz 8. (Fundamentalsatz von Weierstraß über Maxima und Minima) *Auf der kompakten Menge $K \subset \mathbb{R}^n$ sei die reellwertige Funktion $f : K \to \mathbb{R}$ stetig. Dann gibt es Punkte $x^* \in K$ und $x^{**} \in K$, so dass*

$$f(x^*) \le f(x) \le f(x^{**}) \text{ für alle } x \in K$$

erfüllt ist.

Beweis: Wir zeigen nur die Existenz von x^*. Durch die Spiegelung $f \mapsto (-f)$ folgt dann die Existenz von x^{**}. Wir erklären

$$\mu := \inf_{x \in K} f(x)$$

und finden eine Folge $\{x^{(p)}\}_{p \in \mathbb{N}}$ mit der Eigenschaft

$$f(x^{(p)}) \to \mu \quad (p \to \infty).$$

Die Folge $\{x^{(p)}\}_{p \in \mathbb{N}}$ ist beschränkt, da die Menge K beschränkt ist. Nach dem Häufungsstellensatz von Weierstraß gibt es eine konvergente Teilfolge

$$\{x^{(p_l)}\}_{l \in \mathbb{N}} \subset \{x^{(p)}\}_{p \in \mathbb{N}} \subset K$$

mit der Eigenschaft

$$x^{(p_l)} \to \xi \in K \quad (l \to \infty),$$

denn die Menge K ist abgeschlossen. Wegen der Stetigkeit von f auf K gilt weiter

$$f(\xi) = \lim_{l \to \infty} f(x^{(p_l)}) = \mu = \inf_{x \in K} f(x) \quad .$$

Mit $x^* := \xi$ haben wir einen Punkt gefunden, an dem f das Minimum annimmt.

q.e.d.

Bemerkungen: Weder die **Minimalstelle** x^* noch die **Maximalstelle** x^{**} ist im Allgemeinen eindeutig bestimmt. In obigem Satz können wir weder auf die Abgeschlossenheit noch auf die Beschränktheit des Definitionsbereichs bei den Voraussetzungen verzichten. Dieses erkennen wir an den Beispielen $f(x) := x, x \in (-1, +1)$ beziehungsweise $f(x) := x, x \in \mathbb{R}$.

Für die Suche von Nullstellen reeller Funktionen ist die nachfolgende Aussage sehr wichtig:

Satz 9. (Zwischenwertsatz von Bolzano und Weierstraß) *Sei das Intervall* $I := [a, b] \subset \mathbb{R}$ *mit* $-\infty < a < b < +\infty$ *gegeben sowie eine stetige Funktion* $f : I \to \mathbb{R}$ *mit der Eigenschaft* $f(a) < f(b)$. *Dann gibt es zu jedem Wert* $\eta \in (f(a), f(b))$ *ein* $\xi \in (a, b)$ *mit* $f(\xi) = \eta$.

Beweis: Nach Voraussetzung ist die Menge

$$D := \{ x \in I : \quad f(x) < \eta \}$$

nicht leer. Wir erklären

$$\xi := \sup_{x \in D} x$$

und sehen $a \leq \xi < b$ ein. Es gilt

$$\xi \geq x \text{ für alle } x \in D \quad,$$

und wir finden eine Folge $\{x_k\}_{k \in \mathbb{N}} \subset D$ mit $\lim_{k \to \infty} x_k = \xi$. Somit folgt

$$f(\xi) = \lim_{k \to \infty} f(x_k) \leq \eta.$$

Wäre nun $f(\xi) < \eta$ richtig, so gäbe es wegen der Stetigkeit von f ein $\epsilon > 0$, so dass

$$f(x) < \eta \text{ für alle } x \in (\xi, \xi + \epsilon)$$

gilt. Dieses steht im Widerspruch zur Wahl von $\xi = \sup_{x \in D}$, und es folgt $f(\xi) = \eta$.

q.e.d.

Zum Abschluss dieses Paragraphen wollen wir genauer die Umkehrfunktion einer stetigen Funktion untersuchen, wobei wir uns auf solche in einer reellen Variablen beschränken. Im nächsten Kapitel werden wir die Arcusfunktionen als Umkehrfunktionen der trigonometrischen Funktionen gewinnen. Wir benötigen zunächst die

Definition 8. *Eine reellwertige Funktion* $f : D \to \mathbb{R}$ *auf dem Definitionsbereich* $D \subset \mathbb{R}$ *heißt* (**schwach**) **monoton steigend**, *wenn für alle* $x_-, x_+ \in D$ *mit* $x_- < x_+$ *die Ungleichung* $(f(x_-) \leq f(x_+)$ *beziehungsweise)* $f(x_-) < f(x_+)$ *erfüllt ist. Sie heißt* (**schwach**) **monoton fallend**, *wenn für alle* $x_-, x_+ \in D$ *mit* $x_- < x_+$ *die Ungleichung* $(f(x_-) \geq f(x_+)$ *beziehungsweise)* $f(x_-) > f(x_+)$ *gilt.*

Leicht zeigen wir nun den

Satz 10. (Monotone Umkehrfunktion) *Sei auf dem Intervall* $[a, b] \subset \mathbb{R}$
die monoton steigende Funktion $f : [a, b] \to \mathbb{R}$ *erklärt und* $A := f(a)$, $B :=$
$f(b)$ *gesetzt. Dann hat die Gleichung* $f(x) = y$ *für jedes* $y \in [A, B]$ *die*
eindeutig bestimmte Lösung $x =: g(y) \in [a, b]$. *Die so definierte Funktion*
$g : [A, B] \to \mathbb{R}$ *ist auf dem Intervall* $[A, B]$ *stetig, und es gilt:*

$$g \circ f(x) = g(f(x)) = x \text{ für alle } x \in [a, b] \quad \text{und}$$
$$f \circ g(y) = f(g(y)) = y \text{ für alle } y \in [A, B] \quad . \tag{9}$$

Beweis: Nach dem Zwischenwertsatz hat die Gleichung

$$f(x) = y, \quad x \in [a, b]$$

für alle $y \in [A, B]$ mindestens eine Lösung.

Wir zeigen nun die *Eindeutigkeit der Lösung:* Gäbe es nämlich zwei Lösungen

$$a \leq x_- < x_+ \leq b \text{ mit } f(x_-) = y = f(x_+) \quad ,$$

so entsteht ein Widerspruch zur Monotonie der Funktion f. Also gibt es zu
jedem $y \in [A, B]$ genau ein $x \in [a, b]$ mit $f(x) = y$. Wir erhalten mittels
$y \mapsto g(y) = x$ die Umkehrfunktion $g : [A, B] \to [a, b]$.
Die *Stetigkeit der Umkehrfunktion* entnehmen wir sofort dem Satz 6.   q.e.d.

Bemerkung: Ein entsprechendes Ergebnis ist für monoton fallende Funktionen
gültig.

§2 Gleichmäßige Konvergenz von Funktionen und die C^0-Norm

Beginnen wir mit der sehr allgemeinen

Definition 1. *Auf dem Definitionsbereich* $D \subset \mathbb{R}^n$ *sei die* **Folge der Funktionen**

$$f_k : D \to \mathbb{R}^m, \quad k = 1, 2, \ldots$$

gegeben; dabei sind die Dimensionen $n, m \in \mathbb{N}$ *gewählt. Dann heißt diese*
Funktionenfolge (**punktweise**) **konvergent***, wenn für* **jedes** $x \in D$ *der*
Grenzwert $\lim_{k \to \infty} f_k(x)$ *existiert. Wir nennen dann*

$$f(x) := \lim_{k \to \infty} f_k(x), \quad x \in D$$

ihre **Grenzfunktion**.

Für die Funktionenfolge

$$f_k(x) := x^k, \quad 0 \le x \le 1; \quad k = 1, 2, \ldots \tag{1}$$

ermitteln wir sofort ihre Grenzfunktion:

$$f(x) := \lim_{k \to \infty} x^k = \begin{cases} 0 & \text{falls} \quad 0 \le x < 1, \\ 1 & \text{falls} \quad x = 1 \end{cases}. \tag{2}$$

Obwohl die approximierenden Funktionen alle stetig auf dem Intervall $[0, 1]$ sind, wird ihre Grenzfunktion unstetig! Wir wollen nun den Konvergenzbegriff für Folgen stetiger Funktionen so verschärfen, dass deren Grenzfunktion wiederum stetig ist. K. Weierstraß verdankt man die

Definition 2. *Auf dem Definitionsbereich $D \subset \mathbb{R}^n$ sei die Folge der stetigen Funktionen*

$$f_k : D \to \mathbb{R}^m \in C^0(D, \mathbb{R}^m), \quad k = 1, 2, \ldots$$

gegeben; dabei sind die Dimensionen $n, m \in \mathbb{N}$ gewählt. Dann heißt diese Funktionenfolge **gleichmäßig konvergent** *gegen die Funktion $f : D \to \mathbb{R}^m$, wenn für jedes $\epsilon > 0$ ein Index $N = N(\epsilon) \in \mathbb{N}$ mit der Eigenschaft*

$$|f_k(x) - f(x)| < \epsilon \text{ für alle } x \in D \text{ und alle } k \ge N \tag{3}$$

existiert.

Zentrale Bedeutung für die Analysis besitzt folgender

Satz 1. (Konvergenzsatz von Weierstraß) *Auf dem Definitionsbereich $D \subset \mathbb{R}^n$ konvergiere die Folge stetiger Funktionen*

$$f_k : D \to \mathbb{R}^m \in C^0(D, \mathbb{R}^m), \quad k = 1, 2, \ldots$$

gleichmäßig gegen die Grenzfunktion $f : D \to \mathbb{R}^m$. Dann ist f stetig auf D.

Beweis: Sei $\xi \in D$ beliebig gewählt. Zu vorgegebenem $\epsilon > 0$ existiert ein Index $N = N(\epsilon) \in \mathbb{N}$, so dass (3) erfüllt ist. Da die Funktion $f_N : D \to \mathbb{R}^m$ im Punkt ξ stetig ist, gibt es ein $\delta = \delta(\xi, \epsilon, N) > 0$, so dass

$$|f_N(x) - f_N(\xi)| < \epsilon \text{ für alle } x \in D \text{ mit } |x - \xi| < \delta \tag{4}$$

richtig ist. Somit folgt

$$|f(x) - f(\xi)| \le |f(x) - f_N(x)| + |f_N(x) - f_N(\xi)| + |f_N(\xi) - f(\xi)| < 3\epsilon \tag{5}$$

$$\text{für alle } x \in D \text{ mit } |x - \xi| < \delta \quad.$$

Also ist f stetig in ξ.   q.e.d.

Bemerkung: Da im obigen Beispiel die Grenzfunktion unstetig ist, kann die Konvergenz der Funktionenfolge dort nicht gleichmäßig sein.

Das nachfolgende Resultat stellt das *Cauchysche Konvergenzkriterium im Raum der stetigen Funktionen* dar.

Satz 2. (Cauchysches Konvergenzkriterium im C^0-Raum) *Sei die Folge stetiger Funktionen*

$$f_k : D \to \mathbb{R}^m \in C^0(D, \mathbb{R}^m), \quad k = 1, 2, \ldots$$

auf dem Definitionsbereich $D \subset \mathbb{R}^n$ gegeben. Dann konvergiert die Funktionenfolge $\{f_k\}_{k \in \mathbb{N}}$ gleichmäßig gegen die stetige Grenzfunktion $f : D \to \mathbb{R}^m$ genau dann, wenn es zu jedem $\epsilon > 0$ einen Index $N = N(\epsilon) \in \mathbb{N}$ gibt, so dass

$$|f_k(x) - f_l(x)| < \epsilon \text{ für alle } x \in D \text{ und alle } k, l \geq N \qquad (6)$$

erfüllt ist.

Beweis: „$\Rightarrow$" Die Funktionenfolge $\{f_k\}_{k \in \mathbb{N}}$ konvergiere gleichmäßig auf D gegen die Grenzfunktion f. Dann gibt es zu jedem $\epsilon > 0$ einen Index $N = N(\epsilon) \in \mathbb{N}$, so dass $|f_k(x) - f(x)| < \frac{\epsilon}{2}$ für alle $x \in D$ und alle $k \geq N$ ausfällt. Damit folgt

$$\begin{aligned} |f_k(x) - f_l(x)| \leq |f_k(x) - f(x)| + |f(x) - f_l(x)| < \epsilon \\ \text{für alle } x \in D \text{ und alle } k, l \geq N. \end{aligned} \qquad (7)$$

„$\Leftarrow$" Zu vorgegebenem $\epsilon > 0$ existiert nun ein Index $N = N(\epsilon) \in \mathbb{N}$ mit der Eigenschaft (6). Damit ist die Punktfolge $\{f_k(x)\}_{k \in \mathbb{N}}$ eine Cauchyfolge im $\mathbb{R}^m$. Wegen der Vollständigkeit dieses Raumes existiert der Grenzwert

$$f(x) := \lim_{k \to \infty} f_k(x) \quad \in \mathbb{R}^m$$

für alle $x \in D$. In der Ungleichung (6) vollziehen wir den Grenzübergang $l \to \infty$, und wir erhalten für jedes $\epsilon > 0$ ein $N = N(\epsilon) \in \mathbb{N}$ mit folgender Eigenschaft:

$$|f_k(x) - f(x)| < \epsilon \text{ für alle } x \in D \text{ und alle } k \geq N \quad .$$

Also konvergiert die Funktionenfolge $\{f_k\}_{k \in \mathbb{N}}$ gleichmäßig auf D gegen f.q.e.d.

Wir führen nun einen grundlegenden Begriff ein:

Definition 3. *Auf einem beliebigen Vektorraum $\mathcal{B}$ mit den Elementen $f \in \mathcal{B}$ erklären wir eine* **Norm** *als Abbildung*

$$\| \cdot \| : \mathcal{B} \to [0, +\infty) \quad \textit{vermöge} \quad f \mapsto \|f\|, \quad f \in \mathcal{B},$$

welche den folgenden drei **Normaxiomen** *genügt:*

$(N1) \qquad \|f\| \geq 0 \quad \textit{für alle} \quad f \in \mathcal{B} \quad \textit{und} \quad f = 0 \quad \textit{nur für} \quad f = 0;$

$(N2) \qquad \|\lambda f\| = |\lambda| \|f\| \quad \textit{für alle} \quad f \in \mathcal{B} \quad \textit{und alle} \quad \lambda \in \mathbb{R}; \qquad (8)$

$(N3) \qquad \|f + g\| \leq \|f\| + \|g\| \quad \textit{für alle} \quad f, g \in \mathcal{B}.$

Definition 4. *Auf dem Raum $C^0(D, \mathbb{R}^m)$ mit $D \subset \mathbb{R}^n$ erklären wir die* **Supremumsnorm** *oder auch C^0-***Norm** *wie folgt:*

$$\|f\|_0 = \|f\|_{C^0(D,\mathbb{R}^m)} := \sup_{x \in D} |f(x)|, \quad f \in C^0(D, \mathbb{R}^m) \quad . \tag{9}$$

Bemerkungen:

1. Man prüft leicht nach, dass die o.a. Supremumsnorm im Sinne von Definition 3 eine Norm auf dem Raum $C^0(D, \mathbb{R}^m)$ darstellt.
2. Auf dem Definitionsbereich $D \subset \mathbb{R}^n$ konvergiert die Folge stetiger Funktionen

$$f_k : D \to \mathbb{R}^m \in C^0(D, \mathbb{R}^m), \quad k = 1, 2, \dots$$

gleichmäßig gegen die Grenzfunktion $f : D \to \mathbb{R}^m$ genau dann, wenn

$$\|f_k - f\| \to 0 \quad (k \to \infty)$$

erfüllt ist; und eine entsprechende Aussage ist für die Cauchyfolgen richtig. Somit liefert Satz 1, dass der Raum $C^0(D, \mathbb{R}^m)$ abgeschlossen bezüglich der C^0-Norm ist; während Satz 2 die Konvergenz jeder Cauchyfolge in $C^0(D, \mathbb{R}^m)$ beinhaltet.
3. Vektorräume, die mit einer Norm ausgestattet sind, werden wir in §8 von Kapitel VIII als **normierte Vektorräume** bezeichnen. Falls dieser Raum vollständig bezüglich der Konvergenz in dieser Norm ist, so sprechen wir von einem **Banachraum**. In diesem Zusammenhang weisen wir auf die Definitionen 1 – 3 in §8 von Kapitel VIII hin. Ein systematisches Studium der Banachräume wird in der *Funktionalalanalysis* durchgeführt.

Wir wollen nun die gleichmäßige Konvergenz von Funktionenreihen – und insbesondere Potenzreihen – studieren.

Definition 5. *Auf dem Definitionsbereich $D \subset \mathbb{R}^n$ sei die Folge stetiger Funktionen*

$$f_k : D \to \mathbb{C} \in C^0(D, \mathbb{C}), \quad k = 0, 1, 2, \dots$$

gegeben; dabei ist die Dimension $n \in \mathbb{N}$ gewählt. Dann heißt die **Funktionenreihe**

$$\sum_{k=0}^{\infty} f_k : D \to \mathbb{C} \quad - \text{vermöge} \sum_{k=0}^{\infty} f_k(x), \quad x \in D \text{ erklärt } -$$

gleichmäßig konvergent auf D, *wenn die* **Folge der Partialsummen**

$$s_m(x) := \sum_{k=0}^{m} f_k(x), \quad x \in D, \quad m = 0, 1, 2, \dots$$

gleichmäßig auf D konvergiert.

Von großem Nutzen ist der nachfolgende

Satz 3. (Weierstraßscher Majorantentest *bzw.* **M-Test)** *Auf dem Definitionsbereich* $D \subset \mathbb{R}^n$ *sei die Folge stetiger Funktionen*

$$f_k : D \to \mathbb{C} \in C^0(D, \mathbb{C}), \quad k = 0, 1, 2, \ldots$$

gegeben, welche der Ungleichung

$$|f_k(x)| \le M_k, \quad x \in D$$

für alle $k \in \mathbb{N}_0$ *genügen. Dabei bilden die Zahlen*

$$M_k \in [0, +\infty), \quad k = 0, 1, 2, \ldots$$

gemäß

$$\sum_{k=0}^{\infty} M_k < \infty$$

eine konvergente Reihe. Dann konvergiert die Funktionenreihe

$$\sum_{k=0}^{\infty} f_k : D \to \mathbb{C}$$

gleichmäßig auf D.

Beweis: Zu vorgegebenem $\epsilon > 0$ gibt es einen Index $N = N(\epsilon) \in \mathbb{N}$ derart, dass für alle $p, q \in \mathbb{N}$ mit $q > p \ge N$ die Ungleichung

$$\sum_{k=p+1}^{q} M_k \le \epsilon$$

gilt. Damit ist

$$|s_q(x) - s_p(x)| = |\sum_{k=p+1}^{q} f_k(x)| \le \sum_{k=p+1}^{q} M_k \le \epsilon \tag{10}$$
$$\text{für alle } x \in D \text{ und alle } q > p \ge N$$

erfüllt, so dass die Folge der Partialsummen $\{s_q\}_{q \in \mathbb{N}_0}$ gleichmäßig konvergent ist.   q.e.d.

Da die elementaren Funktionen im nächsten Kapitel durch Potenzreihen definiert werden, ist das nachfolgende Ergebnis sehr bedeutend:

Satz 4. (Stetigkeit von Potenzreihen) *Die Potenzreihe*

$$P(z) := \sum_{k=0}^{\infty} a_k z^k$$

konvergiere für alle $z \in \mathbb{C}$ *mit* $|z| < R$ *bei festem Radius* $R \in (0, +\infty]$*. Dann konvergiert für jeden Radius* $0 < R_0 < R$ *die Potenzreihe*

$$P(z), \quad z \in \mathbb{C} \ \text{mit} \ |z| \leq R_0$$

gleichmäßig. Somit stellt

$$P(z), \quad z \in \mathbb{C} \ \text{mit} \ |z| < R$$

eine stetige Funktion dar.

Beweis: Für alle Punkte $z \in \mathbb{C}$ mit $|z| \leq R_0$ gilt

$$|a_k z^k| \leq |a_k| R_0{}^k, \quad k \in \mathbb{N}_0 \quad .$$

Der Satz 12 aus §6 in Kapitel I liefert die Konvergenz der Reihe

$$\sum_{k=0}^{\infty} |a_k| R_0{}^k < \infty \quad .$$

Der Weierstraßsche Majorantentest impliziert die gleichmäßige Konvergenz der Reihe $P(z)$ in der abgeschlossenen Kreisscheibe $\{z \in \mathbb{C} : |z| \leq R_0\}$, und folglich ist $P(z)$ dort stetig. Da der Radius $0 < R_0 < R$ beliebig gewählt wurde, ist $P(z)$ sogar stetig in der offenen Kreisscheibe $\{z \in \mathbb{C} : |z| < R\}$. q.e.d.

Im nachfolgenden Satz können wir die Stetigkeit der Potenzreihe – abgesehen von einem isolierten Punkt – sogar bis zum Rand zeigen. Für die Koeffizienten $a_k = \frac{1}{k}, k = 1, 2, 3, \ldots$ erscheint bei dieser Potenzreihe die harmonische Reihe im Punkt $z = 1$ und die Leibniz-Reihe im Punkt $z = -1$. Darum wollen wir von einer *Leibnizschen Potenzreihe* sprechen – allerdings sollte dieser Begriff nicht historisch verstanden werden!

Satz 5. (Leibnizsche Potenzreihe) *Sei* $\{a_k\}_{k \in \mathbb{N}_0}$ *eine absteigende reelle Zahlenfolge mit*

$$a_0 \geq a_1 \geq a_2 \geq \ldots \geq 0$$

und dem Grenzwert $\lim_{k \to \infty} a_k = 0$*. Dann ist die durch*

$$P(z) := \sum_{k=0}^{\infty} a_k z^k, \quad z \in \mathbb{C}, \quad |z| \leq 1, \quad z \neq 1$$

definierte Funktion stetig auf ihrem Definitionsbereich.

Beweis: Nach Satz 4 stellt $P(z)$ für $|z| < 1$ eine stetige Funktion dar. Zu zeigen bleibt die Stetigkeit für $|z| = 1$ und $z \neq 1$. Hierzu betrachten wir die Folge stetiger Funktionen

$$f_n(z) := \sum_{k=0}^{n} a_k z^k, \quad z \in \mathbb{C}, \quad |z| \leq 1, \quad |z - 1| \geq \delta; \quad n = 0, 1, 2, \ldots \quad (11)$$

mit einem $\delta > 0$. Wir zeigen mittels *partieller Summation*, dass $\{f_n(z)\}_{n \in \mathbb{N}_0}$ dort gleichmäßig gegen $P(z)$ konvergiert. Wenn wir über N später verfügen, so ergibt sich für $n \geq m \geq N$ die Ungleichung

$$|f_n(z) - f_m(z)| \leq a_{N+1} \cdot \frac{2}{|1-z|} \quad , \tag{12}$$

wie man den Abschätzungen

$$|f_n(z) - f_m(z)| = \left| \sum_{k=m+1}^{n} a_k z^k \right| \leq a_{N+1} \cdot \sup_{q > p \geq N+1} \left| \sum_{k=p}^{q} z^k \right| \tag{13}$$

und

$$\left| \sum_{k=p}^{q} z^k \right| = \left| z^p \sum_{k=p}^{q} z^{k-p} \right| \overset{|z| \leq 1}{\leq} \left| \sum_{k=p}^{q} z^{k-p} \right| \overset{p=k-l}{\leq} \left| \sum_{l=0}^{q-p} z^l \right|$$

$$= \left| \frac{1 - z^{1+q-p}}{1-z} \right| \overset{z \neq 1}{\leq} \frac{1 + |z|^{1+q-p}}{|1-z|} \leq \frac{2}{|1-z|} \tag{14}$$

entnimmt. Also erhalten wir

$$|f_n(z) - f_m(z)| \leq a_{N+1} \cdot \frac{2}{\delta} \leq \epsilon \text{ für alle } z \in \mathbb{C} \text{ mit } |z| \leq 1 \text{ und } |z-1| \geq \delta, \tag{15}$$

falls $n > m \geq N(\epsilon, \delta)$ erfüllt ist – mit einem hinreichend großen $N(\epsilon, \delta) \in \mathbb{N}$. Somit stellt

$$P(z) = \lim_{n \to \infty} f_n(z), \quad z \in \mathbb{C}, \quad |z| \leq 1, \quad |z-1| \geq \delta$$

für alle $\delta > 0$ eine stetige Funktion dar.   q.e.d.

Ebenso die Stetigkeit bis zum Rand des Definitionsbereichs liefert der

Satz 6. (Abelscher Stetigkeitssatz) *Sei $\{a_k\}_{k \in \mathbb{N}_0}$ eine komplexe Zahlenfolge, so dass die Reihe $\sum_{k=0}^{\infty} a_k$ konvergiert. Dann folgt die Stetigkeit der Funktion $f : [0,1] \to \mathbb{C}$ definiert durch*

$$f(x) := \sum_{k=0}^{\infty} a_k x^k, \quad 0 \leq x \leq 1 \quad . \tag{16}$$

Beweis: Wir weisen die gleichmäßige Konvergenz der Funktionenfolge

$$f_n(x) := \sum_{k=0}^{n} a_k x^k, \quad 0 \leq x \leq 1; \quad n = 0, 1, 2, \ldots \tag{17}$$

nach. Zu vorgegebenem $\epsilon > 0$ gibt es ein $N = N(\epsilon) \in \mathbb{N}$, so dass

$$\left| \sum_{k=m+1}^{n} a_k \right| \leq \epsilon \text{ für alle } n > m \geq N$$

richtig ist. Somit folgt für alle $n > m \geq N$ mittels *partieller Summation*

$$|f_n(x) - f_m(x)| = \left| \sum_{k=m+1}^{n} a_k x^k \right| \leq x^{m+1} \cdot \epsilon \leq \epsilon, \quad 0 \leq x \leq 1 \quad . \tag{18}$$

Da die Funktionen f_n auf $[0,1]$ stetig sind für $n = 0,1,2,\ldots$ und dort gleichmäßig konvergieren, liefert obiger Satz 1 die Stetigkeit der Grenzfunktion

$$f(x) = \lim_{n \to \infty} f_n(x) = \sum_{k=0}^{\infty} a_k x^k, \quad 0 \leq x \leq 1 \quad .$$

q.e.d.

Wir ergänzen nun Satz 4 aus §6 in Kapitel I durch die folgende Aussage:

Satz 7. (Allgemeiner Cauchyscher Produktsatz) *Seien $\{a_k\}_{k \in \mathbb{N}_0}$ und $\{b_k\}_{k \in \mathbb{N}_0}$ Folgen komplexer Zahlen, so dass die Reihen*

$$\sum_{k=0}^{\infty} a_k, \quad \sum_{k=0}^{\infty} b_k, \quad \sum_{k=0}^{\infty} c_k$$

mit den Koeffizienten

$$c_k := \sum_{p=0}^{k} a_p b_{k-p}, \quad k = 0,1,2,\ldots$$

konvergieren. Dann gilt die Identität

$$\left(\sum_{k=0}^{\infty} a_k \right) \cdot \left(\sum_{k=0}^{\infty} b_k \right) = \sum_{k=0}^{\infty} c_k \quad .$$

Beweis: Wir definieren die Funktionen

$$f(x) := \sum_{k=0}^{\infty} a_k x^k, \quad g(x) := \sum_{k=0}^{\infty} b_k x^k, \quad h(x) := \sum_{k=0}^{\infty} c_k x^k, \quad 0 \leq x \leq 1, \tag{19}$$

welche nach dem Abelschen Stetigkeitssatz auf dem Intervall $[0,1]$ stetig sind. Für alle Punkte $x \in [0,1)$ gilt nun

$$f(x) \cdot g(x) = \left(\sum_{k=0}^{\infty} a_k x^k \right) \cdot \left(\sum_{k=0}^{\infty} b_k x^k \right) = \sum_{k=0}^{\infty} c_k x^k = h(x), \tag{20}$$

da die Reihen dort absolut konvergieren. Beim Grenzübergang $x \to 1-$ erhalten wir

$$\left(\sum_{k=0}^{\infty} a_k \right) \cdot \left(\sum_{k=0}^{\infty} b_k \right) = f(1) \cdot g(1) = h(1) = \sum_{k=0}^{\infty} c_k \quad . \tag{21}$$

q.e.d.

§3 Reelle und komplexe Differenzierbarkeit

Der Begriff der *Differenzierbarkeit* wurde unabhängig voneinander – und in etwa gleichzeitig – von G. Leibniz zur geometrischen Beschreibung der *Tangente* an eine Kurve und von I. Newton zur physikalischen Beschreibung der *Geschwindigkeit* einer Bewegung entdeckt. Somit gelten diese beiden Gelehrten aus Hannover und England als die Begründer der Differential- und Integralrechnung – und sie zeigten zugleich den reinen und angewandten Aspekt der Analysis auf. B. Riemann verdanken wir den Begriff der *komplexen Differenzierbarkeit*, der sich als höchst fruchtbar für die Analysis erweisen wird.

Wir beginnen mit der fundamentalen

Definition 1. *Sei das offene Intervall* $I := (a, b)$ *mit den Grenzen* $-\infty \le a < b \le +\infty$ *sowie die Dimension* $m \in \mathbb{N}$ *gegeben. Dann nennen wir die Funktion*

$$f : I \to \mathbb{R}^m$$

im Punkt $x_0 \in I$ **(reell) differenzierbar**, *falls der Grenzwert*

$$\lim_{x \to x_0, x \ne x_0} \frac{f(x) - f(x_0)}{x - x_0} =: f'(x_0) \quad \in \mathbb{R}^m \tag{1}$$

existiert. Wir nennen $f'(x_0) \in \mathbb{R}^m$ **die Ableitung von** f **im Punkt** x_0.

Bemerkung: Die Existenz des obigen Grenzwertes (1) bedeutet, dass für jede Folge $\{x_k\}_{k \in \mathbb{N}} \subset I \setminus \{x_0\}$ mit $\lim_{k \to \infty} x_k = x_0$ Folgendes gilt:

$$\lim_{k \to \infty} \frac{f(x_k) - f(x_0)}{x_k - x_0} = f'(x_0) \quad \in \mathbb{R}^m \quad . \tag{2}$$

Im Sinne von Leibniz besagt der folgende Satz, dass die Differenzierbarkeit einer Funktion in einem Punkt mit der Möglichkeit ihrer Approximation durch eine Gerade äquivalent ist.

Satz 1. *Die Funktion* f *aus Definition 1 ist genau dann im Punkt* $x_0 \in I$ *differenzierbar, wenn es eine stetige Funktion*

$$\phi(.) = \phi(., x_0) : I \to \mathbb{R}^m \text{ mit der Eigenschaft } \phi(x_0) = 0$$

so gibt, dass die **linear approximative Darstellung**

$$f(x) = f(x_0) + f'(x_0)(x - x_0) + (x - x_0)\phi(x), \quad x \in I \tag{3}$$

erfüllt ist.

Beweis: „⇒" Sei f an der Stelle x_0 differenzierbar. Dann erklären wir die Hilfsfunktion

$$\phi(x) = \phi(x, x_0) := \begin{cases} \dfrac{f(x) - f(x_0)}{x - x_0} - f'(x_0) & \text{für} \quad x \in I \setminus \{x_0\}, \\ 0 & \text{für} \quad x = x_0 \end{cases} \qquad (4)$$

Die Differenzierbarkeit liefert

$$\lim_{x \to x_0, x \neq x_0} \phi(x, x_0) = \left(\lim_{x \to x_0, x \neq x_0} \frac{f(x) - f(x_0)}{x - x_0} \right) - f'(x_0) = 0 \quad . \qquad (5)$$

Stellen wir (4) geeignet um, so finden wir die gesuchte Darstellung (3).
„⇐" Wir gehen nun von der Darstellung (3) aus, subtrahieren $f(x_0)$ und dividieren durch $x - x_0$:

$$\frac{f(x) - f(x_0)}{x - x_0} = f'(x_0) + \phi(x), \quad x \in I \setminus \{x_0\}. \qquad (6)$$

Hieraus ermitteln wir

$$\lim_{x \to x_0, x \neq x_0} \frac{f(x) - f(x_0)}{x - x_0} = f'(x_0) \quad , \qquad (7)$$

womit die Differenzierbarkeit von f im Punkt x_0 folgt. q.e.d.

Die linear approximative Darstellung (3) impliziert den

Satz 2. *Sei die Funktion f aus Definition 1 im Punkt $x_0 \in I$ differenzierbar. Dann ist sie dort auch stetig.*

Bemerkung: Die Umkehrung von Satz 2 ist falsch, wie die stetige Funktion

$$f(x) := |x|, \quad x \in \mathbb{R}$$

zeigt: Im Nullpunkt ist sie nämlich nicht differenzierbar, da dort die rechts- und linksseitigen Grenzwerte

$$\lim_{x \to 0\pm} \frac{f(x) - 0}{x - 0} = \lim_{x \to 0\pm} \frac{\pm x}{x} = \pm 1$$

nicht übereinstimmen.

Definition 2. *Sei die Funktion f aus Definition 1 gegeben. Falls diese in allen Punkten $x_0 \in I$ differenzierbar ist, nennen wir f **differenzierbar in** I. Wir erhalten dann die **abgeleitete Funktion***

$$f' : I \to \mathbb{R}^m \text{ vermöge } x \in I, x \mapsto f'(x) \in \mathbb{R}^m \qquad (8)$$

*oder kurz die **Ableitung von** f **auf** I.*

Wir werden jetzt sehr nützliche **Differentiationsregeln** zeigen. Zunächst betrachten wir vektorwertige Funktionen.

Satz 3. (Linearität der Differentiation)   *Seien im offenen Intervall*
$I := (a, b)$ mit den Grenzen $-\infty \leq a < b \leq +\infty$ die Funktionen

$$f, g : I \to \mathbb{R}^m$$

im Punkt $x_0 \in I$ differenzierbar und die Skalare $\alpha, \beta \in \mathbb{R}$ beliebig gewählt.
Dann ist auch die Funktion

$$h(x) := \alpha\, f(x) + \beta\, g(x), \quad x \in I$$

im Punkt x_0 differenzierbar, und es gilt

$$h'(x_0) = \alpha\, f'(x_0) + \beta\, g'(x_0)\,. \tag{9}$$

Beweis: Für alle $x \in I \setminus \{x_0\}$ ermitteln wir die Identität

$$\frac{h(x) - h(x_0)}{x - x_0} = \alpha\, \frac{f(x) - f(x_0)}{x - x_0} + \beta\, \frac{g(x) - g(x_0)}{x - x_0}\,. \tag{10}$$

Hieraus folgt durch Grenzübergang $x \to x_0$ die Gleichung (9).   q.e.d.

Mit diesem Satz 3 prüft man in der nachfolgenden Definition leicht die Vektorraumaxiome nach:

Definition 3. *Falls die differenzierbare Funktion f aus Definition 2 eine stetige Ableitung*

$$f' : I \to \mathbb{R}^m \in C^0(I, \mathbb{R}^m)$$

besitzt, so sprechen wir von einer in I **stetig differenzierbaren Funktion.**
Der **Vektorraum der 1-mal stetig differenzierbaren Funktionen auf**
dem offenen Intervall I *wird gegeben durch*

$$C^1(I, \mathbb{R}^m) := \Big\{ f : I \to \mathbb{R}^m \in C^0(I, \mathbb{R}^m) :$$
$$\text{Es existiert } f' = f'(x) \in C^0(I, \mathbb{R}^m) \Big\} \tag{11}$$

mit den Verknüpfungen aus Definition 6 in § 1. Falls die Intervallgrenzen
$-\infty < a < b < +\infty$ *erfüllen, so erklären wir den* **Vektorraum der 1-mal**
stetig differenzierbaren Funktionen auf dem kompakten Intervall $\overline{I}$
wie folgt:

$$C^1(\overline{I}, \mathbb{R}^m) := \Big\{ f : I \to \mathbb{R}^m \in C^1(I, \mathbb{R}^m) :$$
$$f = f(x) \text{ und } f' = f'(x) \text{ sind stetig auf } \overline{I} \text{ fortsetzbar} \Big\}. \tag{12}$$

Die nächsten beiden Sätze zeigen wir für komplexwertige Funktionen.

Satz 4. (Produktregel) *Seien im offenen Intervall $I := (a, b)$ mit den Grenzen $-\infty \leq a < b \leq +\infty$ die Funktionen*

$$f, g : I \to \mathbb{C}$$

im Punkt $x_0 \in I$ differenzierbar. Dann ist auch die Funktion

$$h(x) := f(x)\, g(x), \quad x \in I$$

im Punkt x_0 differenzierbar, und es gilt

$$h'(x_0) = f'(x_0)\, g(x_0) + f(x_0)\, g'(x_0) \quad . \tag{13}$$

Beweis: Für alle $x \in I \setminus \{x_0\}$ berechnen wir

$$\frac{h(x) - h(x_0)}{x - x_0} = \frac{f(x)\, g(x) - f(x_0)\, g(x_0)}{x - x_0}$$

$$= \frac{f(x)\, g(x) - f(x)\, g(x_0) + f(x)\, g(x_0) - f(x_0)\, g(x_0)}{x - x_0} \tag{14}$$

$$= f(x)\, \frac{g(x) - g(x_0)}{x - x_0} + \frac{f(x) - f(x_0)}{x - x_0}\, g(x_0) \quad .$$

Der Grenzübergang $x \to x_0$ liefert schließlich die Identität (13).   q.e.d.

Satz 5. (Quotientenregel) *Seien im offenen Intervall $I := (a, b)$ mit den Grenzen $-\infty \leq a < b \leq +\infty$ die Funktionen*

$$f, g : I \to \mathbb{C}$$

im Punkt $x_0 \in I$ differenzierbar. Weiter sei die Bedingung

$$g(x) \neq 0 \text{ für alle } x \in I$$

erfüllt. Dann ist auch die Funktion

$$h(x) := \frac{f(x)}{g(x)}, \quad x \in I$$

im Punkt x_0 differenzierbar, und es gilt

$$h'(x_0) = \frac{f'(x_0)\, g(x_0) - f(x_0)\, g'(x_0)}{g^2(x_0)} \quad . \tag{15}$$

Beweis: Für alle $x \in I \setminus \{x_0\}$ ermitteln wir

$$\frac{h(x) - h(x_0)}{x - x_0} = \left(\frac{f(x)}{g(x)} - \frac{f(x_0)}{g(x_0)}\right) \frac{1}{x - x_0}$$

$$= \frac{f(x)\,g(x_0) - f(x_0)\,g(x_0) + f(x_0)\,g(x_0) - f(x_0)\,g(x)}{g(x)\,g(x_0)\,(x - x_0)} \qquad (16)$$

$$= \frac{1}{g(x)\,g(x_0)} \left(g(x_0) \frac{f(x) - f(x_0)}{x - x_0} - f(x_0) \frac{g(x) - g(x_0)}{x - x_0}\right) \quad .$$

Wiederum liefert der Grenzübergang $x \to x_0$ die behauptete Identität (13).
q.e.d.

Sehr nützlich ist der folgende

Satz 6. (Kettenregel) *Seien im offenen Intervall $I := (a, b)$ mit den Grenzen $-\infty \le a < b \le +\infty$ die Funktion*

$$f = f(x) : I \to \mathbb{R}$$

im Punkt $x_0 \in I$ differenzierbar und der Bildpunkt $y_0 := f(x_0)$ erklärt. Auf dem Intervall $J := (A, B)$ mit den Grenzen $-\infty \le A < B \le +\infty$ sei die Funktion

$$g = g(y) : J \to \mathbb{R}^m$$

im Punkt $y_0 \in J$ differenzierbar, und die Inklusion $f(I) \subset J$ sei erfüllt. Dann ist auch die Funktion

$$h(x) := g \circ f(x) = g(f(x)), \quad x \in I$$

im Punkt x_0 differenzierbar, und es gilt die Kettenregel

$$h'(x_0) = g'\Big(f(x_0)\Big) f'(x_0) = g'(y_0)\,f'(x_0) \quad . \qquad (17)$$

Beweis: Wir betrachten beliebige Folgen $\{x_k\}_{k \in \mathbb{N}} \subset I \setminus \{x_0\}$ mit dem Grenzwert $\lim_{k \to \infty} x_k = x_0$. Wir definieren

$$y_k := f(x_k), \quad k = 1, 2, \ldots \quad \text{sowie} \quad y_0 := f(x_0)$$

und setzen zunächst die Bedingung

$$y_k = f(x_k) \ne f(x_0) = y_0 \text{ für alle } k \ge N \qquad (18)$$

mit einem hinreichend großen Index $N \in \mathbb{N}$ voraus. Dann erweitern wir die Differenzenquotienten

$$\frac{h(x_k) - h(x_0)}{x_k - x_0} = \frac{g\Big(f(x_k)\Big) - g\Big(f(x_0)\Big)}{x_k - x_0}$$

$$= \frac{g(y_k) - g(y_0)}{x_k - x_0} = \frac{g(y_k) - g(y_0)}{y_k - y_0} \frac{f(x_k) - f(x_0)}{x_k - x_0} \quad . \qquad (19)$$

Hieraus folgt durch Grenzübergang $k \to \infty$ die Gleichung (17).
Insofern die Bedingung (18) verletzt ist, so gibt es eine Teilfolge

$$\{x'_k\}_{k \in \mathbb{N}} \subset \{x_k\}_{k \in \mathbb{N}} \text{ mit } f(x'_k) = f(x_0) \text{ für alle } k \in \mathbb{N}.$$

Wir erhalten dann für die Differenzenquotienten

$$\frac{h(x'_k) - h(x_0)}{x'_k - x_0} = \frac{g\Big(f(x'_k)\Big) - g\Big(f(x_0)\Big)}{x'_k - x_0} = 0 \quad . \tag{20}$$

Beim Grenzübergang $k \to \infty$ erhalten wir wiederum

$$h'(x_0) = 0 = g'(y_0) \, f'(x_0).$$

q.e.d.

Satz 7. (Differentiation der Umkehrfunktion) *Seien die offenen Intervalle* $I := (a, b)$ *mit den Grenzen* $-\infty < a < b < +\infty$ *und* $J := (A, B)$ *mit* $-\infty < A < B < +\infty$ *gegeben. Die stetige, streng monotone, surjektive Funktion*

$$f : \overline{I} \to \overline{J}$$

besitze die Umkehrfunktion

$$g = g(y) : \overline{J} \to \overline{I} \quad .$$

Weiter sei f *in* I *differenzierbar und erfülle* $f'(x) \neq 0$ *für alle* $x \in I$. *Dann ist die Funktion*

$$g(y), \quad y \in \overline{I}$$

im offenen Intervall J *differenzierbar, und es gilt*

$$g'(y) = \frac{1}{f'\Big(g(y)\Big)}, \quad y \in J \quad . \tag{21}$$

Beweis: Wir wählen einen Punkt $y_0 \in J$ beliebig, sowie eine Folge

$$\{y_k\}_{k \in \mathbb{N}} \subset J \setminus \{y_0\} \text{ mit } \lim_{k \to \infty} y_k = y_0 \quad .$$

Wegen der Stetigkeit der Umkehrfunktion ist für die Folge

$$x_k := g(y_k), \quad k = 1, 2, 3, \ldots$$

die Relation $\lim_{k \to \infty} x_k = g(y_0) =: x_0$ erfüllt. Wir erhalten dann

$$\frac{g(y_k) - g(y_0)}{y_k - y_0} = \frac{x_k - x_0}{f(x_k) - f(x_0)} = \left\{ \frac{f(x_k) - f(x_0)}{x_k - x_0} \right\}^{-1} \tag{22}$$

für alle $k \in \mathbb{N}$. Wegen $f'(x_0) \neq 0$ erhalten wir

$$\lim_{k \to \infty} \frac{g(y_k) - g(y_0)}{y_k - y_0} = \frac{1}{f'\Big(g(y_0)\Big)} \quad . \tag{23}$$

q.e.d.

Die nächsten drei Sätze sind für reellwertige Funktionen gültig und erlauben eine einfache geometrische Deutung. Wir beginnen mit einem Resultat des französischen Mathematikers M. Rolle, nämlich

Satz 8. (Rollescher Satz) *Sei die Funktion $f : [a,b] \to \mathbb{R}$ auf dem abgeschlossenen Intervall $[a,b]$ mit den Grenzen $-\infty < a < b < +\infty$ stetig und auf dem offenen Intervall (a,b) differenzierbar. Weiter sei $f(a) = 0 = f(b)$ erfüllt. Dann gibt es eine Stelle $\xi \in (a,b)$ mit $f'(\xi) = 0$.*

Beweis: Falls $f(x) = 0$, $x \in [a,b]$ erfüllt ist, so folgt $f'(x) = 0$, $x \in (a,b)$, und die Aussage des Satzes ist richtig.
Anderenfalls gibt es ein $x_0 \in (a,b)$ mit $f(x_0) \neq 0$, und wir können ohne Einschränkung $f(x_0) > 0$ annehmen. Nach Satz 8 aus §1 gibt es eine Maximalstelle $\xi \in (a,b)$ mit der Eigenschaft

$$f(x) \leq f(\xi) \text{ für alle } x \in [a,b] . \tag{24}$$

Wir betrachten jetzt den Differenzenquotienten mit den Eigenschaften

$$\frac{f(x) - f(\xi)}{x - \xi} \geq 0 \text{ für alle } a \leq x < \xi \text{ und } \frac{f(x) - f(\xi)}{x - \xi} \leq 0 \text{ für alle } b \geq x > \xi. \tag{25}$$

Da f im Punkt ξ differenzierbar ist, liefern der links- und rechtsseitige Grenzwert in (25) die Beziehung

$$f'(\xi) \geq 0 \quad \text{beziehungsweise} \quad f'(\xi) \leq 0 \quad . \tag{26}$$

Somit folgt $f'(\xi) = 0$. q.e.d.

Satz 9. (Allgemeiner Mittelwertsatz der Differentialrechnung) *Seien die Funktionen $f, g : [a,b] \to \mathbb{R}$ auf dem abgeschlossenen Intervall $[a,b]$ mit den Grenzen $-\infty < a < b < +\infty$ stetig und auf dem offenen Intervall (a,b) differenzierbar. Weiter gelte $g'(x) \neq 0$ für alle $x \in (a,b)$ und $g(a) \neq g(b)$. Dann gibt es eine Stelle $\xi \in (a,b)$ mit*

$$\frac{f'(\xi)}{g'(\xi)} = \frac{f(b) - f(a)}{g(b) - g(a)} \quad .$$

Beweis: Wir betrachten die Hilfsfunktion

$$h(x) := f(x) - f(a) - \frac{f(b) - f(a)}{g(b) - g(a)} \Big(g(x) - g(a)\Big), \quad x \in [a,b] \quad . \tag{27}$$

Wir ermitteln, dass h in $[a, b]$ stetig und in (a, b) differenzierbar ist sowie

$$h(a) = 0 = h(b).$$

Nach dem Rolleschen Satz gibt es einen Punkt $\xi \in (a, b)$ mit der Eigenschaft

$$0 = h'(\xi) = f'(\xi) - \frac{f(b) - f(a)}{g(b) - g(a)} g'(\xi) \tag{28}$$

beziehungsweise

$$\frac{f'(\xi)}{g'(\xi)} = \frac{f(b) - f(a)}{g(b) - g(a)} \quad . \tag{29}$$

q.e.d.

Setzen wir in Satz 9 die Funktion $g(x) := x$, $x \in [a, b]$ ein, so erhalten wir den

Satz 10. (Mittelwertsatz der Differentialrechnung)   *Sei die Funktion $f : [a, b] \to \mathbb{R}$ auf dem abgeschlossenen Intervall $[a, b]$ mit den Grenzen $-\infty < a < b < +\infty$ stetig und auf dem offenen Intervall (a, b) differenzierbar. Dann gibt es eine Stelle $\xi \in (a, b)$ mit der Eigenschaft*

$$f'(\xi) = \frac{f(b) - f(a)}{b - a} \quad .$$

Bemerkungen:

1. Man findet also im Innnern des Intervalls einen Punkt, wo das Steigungsmaß der Tangente an die Funktion f mit dem der Sekante durch die Punkte $(a, f(a))$ und $(b, f(b))$ übereinstimmt.
2. Über den Mittelwertsatz sieht man leicht ein, dass eine Funktion schwach monoton steigend bzw. fallend ist, falls ihre Ableitung nichtnegativ bzw. nichtpositiv in ihrem Definitionsintervall ist.

Wir wenden uns nun der komplexen Differentiation zu, die B. Riemann in seiner Dissertation als erster verwendet hat.

Definition 4. *Auf der offenen Menge $\Omega \subset \mathbb{C}$ sei die Funktion $f = f(z) : \Omega \to \mathbb{C}$ erklärt, und der Punkt $z_0 \in \Omega$ sei gewählt. Dann heißt f **im Punkt** z_0 **komplex differenzierbar**, wenn der Grenzwert*

$$\lim_{z \to z_0, z \neq z_0} \frac{f(z) - f(z_0)}{z - z_0} =: f'(z_0)$$

*existiert. Wir nennen $f'(z_0)$ die **komplexe Ableitung der Funktion** f **an der Stelle** z_0. Falls $f'(z)$ für alle $z \in \Omega$ existiert, und die Funktion $f' = f'(z) : \Omega \to \mathbb{C}$ stetig ist, nennen wir die **Funktion** f **holomorph in** Ω.*

Bemerkungen: Mit den konvergenten Potenzreihen werden wir in Satz 15 wichtige Beispiele holomorpher Funktionen kennenlernen. Insbesondere stellen also die Polynome holomorphe Funktionen dar. Wir geben nun mit der Funktion

$$f(z) := \overline{z}, \quad z \in \mathbb{C}$$

eine nicht holomorphe Funktion an. Für einen beliebigen Punkt $z \in \mathbb{C}$ betrachten wir die Grenzwerte

$$\lim_{h\to 0, h>0} \frac{f(z+ih) - f(z)}{(z+ih) - z} = \lim_{h\to 0, h>0} \frac{\overline{(z+ih)} - \overline{z}}{ih} = \lim_{h\to 0, h>0} \frac{-ih}{ih} = -1$$

sowie

$$\lim_{h\to 0, h>0} \frac{f(z+h) - f(z)}{(z+h) - z} = \lim_{h\to 0, h>0} \frac{\overline{(z+h)} - \overline{z}}{h} = \lim_{h\to 0, h>0} \frac{h}{h} = +1 \quad .$$

Somit ist f für kein $z \in \mathbb{C}$ komplex differenzierbar.

Wir notieren nun die Differentiationsregeln für holomorphe Funktionen, die wir wie im Reellen beweisen können; dieses überlassen wir dem Leser zur Übung.

Satz 11. (Linearitäts-, Produkt- und Quotientenregel für holomorphe Funktionen) *Auf der offenen Menge $\Omega \subset \mathbb{C}$ seien die holomorphen Funktionen $f, g : \Omega \to \mathbb{C}$ sowie die komplexen Konstanten $\alpha, \beta \in \mathbb{C}$ gegeben. Dann sind auch die Funktionen*

$$h_1(z) := \alpha\, f(z) + \beta\, g(z) \text{ und } h_2(z) := f(z)\, g(z), \quad z \in \mathbb{C}$$

holomorph, und es gelten die Linearitätsregel

$$h_1'(z) = \alpha\, f'(z) + \beta\, g'(z), \quad z \in \mathbb{C}$$

beziehungsweise die Produktregel

$$h_2'(z) = f'(z)\, g(z) + f(z)\, g'(z), \quad z \in \mathbb{C} \quad .$$

Falls zusätzlich $g(z) \neq 0$ für alle $z \in \Omega$ gilt, so erfüllt die holomorphe Funktion

$$h_3(z) := \frac{f(z)}{g(z)}, \quad z \in \Omega$$

die Quotientenregel

$$h_3'(z) = \frac{f'(z)\, g(z) - f(z)\, g'(z)}{g^2(z)}, \quad z \in \Omega \quad .$$

Ebenso wie Satz 6 zeigt man den

Satz 12. (Kettenregel für holomorphe Funktionen) *Seien $\Omega \subset \mathbb{C}$ und $\Theta \subset \mathbb{C}$ zwei offene Mengen, auf denen die holomorphen Funktionen*

$$f = f(z) : \Omega \to \Theta \quad und \quad g = g(w) : \Theta \to \mathbb{C}$$

erklärt sind. Dann ist auch die Funktion

$$h(z) := g \circ f(z) = g(f(z)), \quad z \in \Omega$$

holomorph, und es gilt die Kettenregel

$$h'(z) = g'\Big(f(z) \Big) f'(z), \quad z \in \Omega \quad .$$

Wir wollen zur Anwendung in § 5 nun allgemeiner in eine holomorphe Funktion eine stetig differenzierbare einsetzen:

Satz 13. (Komplexe Kettenregel) *Auf der offenen Menge $\Theta \subset \mathbb{C}$ sei die Funktion $g = g(w) : \Theta \to \mathbb{C}$ holomorph – mit der komplexen Ableitung $g'(w)$, $w \in \Theta$. Weiter sei im offenen Intervall $I := (a,b)$ mit den Grenzen $-\infty \le a < b \le +\infty$ die Funktion $f = f(x) : I \to \Theta$ reell differenzierbar mit der stetigen Ableitung $f'(x) \in \mathbb{C}$, $x \in I$. Dann ist auch die komponierte Funktion*

$$h(x) := g \circ f(x) = g(f(x)), \quad x \in I$$

im Intervall I stetig differenzierbar, und es gilt die komplexe Kettenregel

$$h'(x) = g'\Big(f(x) \Big) f'(x), \quad x \in I \quad . \tag{30}$$

Beweis: Verwende die Argumente aus dem Beweis zu Satz 6.   q.e.d.

Analog zu Satz 7 beweist man den

Satz 14. (Holomorphe Umkehrfunktion) *Seien $\Omega \subset \mathbb{C}$ und $\Theta \subset \mathbb{C}$ zwei offene Mengen auf denen die holomorphe und bijektive Funktion*

$$f = f(z) : \Omega \to \Theta \quad mit \ der \ Eigenschaft \quad f'(z) \ne 0 \quad für \ alle \quad z \in \Omega$$

erklärt ist. Dann ist auch ihre Umkehrfunktion $g = g(w) : \Theta \to \Omega$ holomorph, und es gilt

$$g'(w) = \frac{1}{f'\Big(g(w) \Big)} \quad , \quad w \in \Theta \quad . \tag{31}$$

Zumal wir im nächsten Kapitel die elementaren Funktionen durch konvergente Potenzreihen darstellen, benötigen wir noch den

Satz 15. (Differentiation von Potenzreihen) *Die Potenzreihe*

$$f(z) := \sum_{n=0}^{\infty} a_n z^n \quad , \quad z \in K_R$$

konvergiere in der Kreisscheibe $K_R := \{z \in \mathbb{C} : |z| < R\}$ *mit dem festen Konvergenzradius* $0 < R \le +\infty$. *Dann ist die Funktion* $f : K_R \to \mathbb{C}$ *holomorph, und es gilt*

$$f'(z) = \sum_{n=1}^{\infty} n a_n z^{n-1} \quad , \quad z \in K_R$$

für ihre komplexe Ableitung.

Beweis:

1. Zunächst zeigen wir die Konvergenz der **gliedweise differenzierten Reihe** $\sum_{n=1}^{\infty} n a_n z^{n-1}$ für alle $z \in K_R$. Nach dem Cauchyschen Konvergenzkriterium für Reihen ist die Konvergenz dieser Reihe äquivalent zur Konvergenz der Reihe

$$\sum_{n=1}^{\infty} n a_n z^n = \sum_{n=1}^{\infty} b_n z^n \quad \text{mit} \quad b_n := n a_n \quad \text{für alle} \quad n \in \mathbb{N}.$$

Nun ermitteln wir

$$\limsup_{n \to \infty} \sqrt[n]{|b_n|} = \limsup_{n \to \infty} \left(\sqrt[n]{n} \sqrt[n]{|a_n|} \right) = \limsup_{n \to \infty} \sqrt[n]{|a_n|} \quad . \tag{32}$$

Folglich hat die gliedweise differenzierte Reihe den gleichen Konvergenzradius wie die ursprüngliche Reihe.

2. Zu festem $z \in \mathbb{C}$ mit $|z| < R_0 < R$ wählen wir $w \in \mathbb{C}$ mit $w \ne z$ sowie $|w| \le R_0$ beliebig und betrachten den Differenzenquotienten

$$\frac{f(w) - f(z)}{w - z} = \sum_{n=0}^{\infty} a_n \frac{w^n - z^n}{w - z} = \sum_{n=1}^{\infty} a_n \, g_n(w, z) \quad . \tag{33}$$

Hier verwenden wir die Hilfsfunktionen

$$g_n(w, z) := (w^{n-1} + w^{n-2} z + \ldots + w z^{n-2} + z^{n-1}), \quad w, z \in K_{R_0} \tag{34}$$

für alle $n \in \mathbb{N}$. Wegen der Abschätzung

$$|a_n \, g_n(w, z)| \le n \, |a_n| \, R_0^{n-1} \quad \text{für alle } w, z \in \mathbb{C} \text{ mit } |w| \le R_0, |z| \le R_0 \tag{35}$$

für alle $n \in \mathbb{N}$ und der Aussage

$$\sum_{n=1}^{\infty} n \, |a_n| \, R_0^{n-1} < \infty$$

liefert der Weierstraßsche Majorantentest die gleichmäßige Konvergenz der Reihe aus (33) für alle $w, z \in \mathbb{C}$ mit $|w| \leq R_0, |z| \leq R_0$. Somit erhalten wir eine in w und z stetige Funktion. Beim Grenzübergang $w \to z, w \neq z$ ergibt sich schließlich

$$f'(z) = \sum_{n=1}^{\infty} a_n \, g_n(z, z) = \sum_{n=1}^{\infty} n \, a_n \, z^{n-1} \quad . \tag{36}$$

q.e.d.

§4 Riemannsches Integral für stetige Funktionen

Schon im 3. Jahrhundert vor Christus hatte Archimedes eine Vorstellung davon, wie man den Inhalt solcher Flächen approximativ berechnen sollte, welche etwa von Kreis- oder Parabelbögen begrenzt werden. Seine Ansätze wurden jedoch nicht weiterentwickelt, so dass erst mit der Entdeckung der Differentialrechnung durch Leibniz und Newton in der Neuzeit die Integralrechnung ihren adequaten Rahmen fand.

Wir betrachten ein kompaktes Intervall $Q := [a, b]$ mit den Grenzen $-\infty < a < b < +\infty$ und der Länge $|Q| = b - a$ sowie eine reellwertige, beschränkte Funktion

$$f = f(x) : Q \to \mathbb{R} \quad .$$

Nun wählen wir eine **Zerlegung** $\mathcal{Z}$ **des Intervalls** Q in $p = p(\mathcal{Z}) \in \mathbb{N}$ Teilintervalle wie folgt:

$$\mathcal{Z} : \text{ Es gibt } p = p(\mathcal{Z}) \in \mathbb{N} \text{ Teilintervalle } Q_j := [x_{j-1}, x_j]$$

$$\text{der Längen } |Q_j| = x_j - x_{j-1}, \quad j = 1, \ldots, p \tag{1}$$

$$\text{mit den Teilungspunkten } a = x_0 < x_1 < x_2 < \ldots < x_{p-1} < x_p = b \quad .$$

Definition 1. *Wir nennen* $\|\mathcal{Z}\| := max\{x_1 - x_0, \ldots, x_p - x_{p-1}\}$ *das* **Feinheitsmaß der Zerlegung** $\mathcal{Z}$.

Wir vereinbaren die

Definition 2. *Wählen wir zur Zerlegung* $\mathcal{Z}$ *aus (1) beliebige* **Zwischenpunkte** $\xi_j \in Q_j$ *für* $j = 1, \ldots, p$, *welche wir zum Vektor* $\xi := \{\xi_j\}_{j=1,\ldots,p}$ *zusammenfassen, so definiert man mittels*

$$R(f, \mathcal{Z}, \xi) := \sum_{j=1}^{p} f(\xi_j)(x_j - x_{j-1}) \tag{2}$$

die **Riemannsche Zwischensumme** *in Abhängigkeit von* $\mathcal{Z}$ *und* ξ.

Fundamental ist nun der folgende

Satz 1. (Integrabilität stetiger Funktionen auf kompakten Interval-len) *Sei* $f = f(x) : Q \to \mathbb{R} \in C^0(Q)$ *eine stetige Funktion auf dem kompakten Intervall* Q. *Dann gibt es zu jedem* $\epsilon > 0$ *ein* $\delta = \delta(\epsilon) > 0$ *mit folgender Eigenschaft:*
Für je zwei beliebige Zerlegungen $\mathcal{Z}^{(k)}$ *gemäß (1) mit den Feinheitsmaßen* $\|\mathcal{Z}^{(k)}\| < \delta$ *sowie beliebig ausgewählten Zwischenpunkten*

$$\xi^{(k)} := \{\xi_j{}^{(k)}\}_{j=1,\ldots,p^{(k)}} \quad zu \quad k = 1,2$$

ist die nachfolgende Abschätzung

$$|R(f, \mathcal{Z}^{(1)}, \xi^{(1)}) - R(f, \mathcal{Z}^{(2)}, \xi^{(2)})| \le \epsilon \cdot (b - a) \tag{3}$$

richtig.

Beweis:

1. Da stetige Funktionen auf kompakten Mengen gemäß Satz 7 aus § 1 gleichmäßig stetig sind, gibt es zu vorgegebenem $\epsilon > 0$ ein $\delta(\epsilon) > 0$ mit der folgenden Eigenschaft:

$$x_*, x_{**} \in Q \text{ mit } |x_* - x_{**}| < 2\delta(\epsilon) \quad \Rightarrow \quad |f(x_*) - f(x_{**})| < \epsilon \quad . \tag{4}$$

2. Mit $k = 1,2$ betrachten wir nun zwei Zerlegungen $\mathcal{Z}^{(k)}$ des Intervalls Q in die $p^{(k)} = p(\mathcal{Z}^{(k)})$ Teilintervalle

$$Q_j{}^{(k)} := [x_{j-1}{}^{(k)}, x_j{}^{(k)}], \quad j = 1,\ldots,p^{(k)}$$

mit den Teilungspunkten

$$a = x_0{}^{(k)} < x_1{}^{(k)} < x_2{}^{(k)} < \ldots < x_{p^{(k)}-1}{}^{(k)} < x_{p^{(k)}}{}^{(k)} = b \quad ,$$

deren Feinheitsmaße $\|\mathcal{Z}^{(k)}\| < \delta(\epsilon)$ erfüllen. Wir verwenden jetzt die **Verfeinerung der beiden Zerlegungen** $\mathcal{Z}^{(1)}$ und $\mathcal{Z}^{(2)}$, nämlich

$$\mathcal{Z} := \mathcal{Z}^{(1)} \cup \mathcal{Z}^{(2)}$$

gemäß (1). Dabei bestehen die Teilungspunkte von $\mathcal{Z}$ aus den Punkten

$$\{x_j\}_{j=1,\ldots,p} = \{x_j{}^{(1)}\}_{j=1,\ldots,p^{(1)}} \cup \{x_j{}^{(2)}\}_{j=1,\ldots,p^{(2)}} \quad ,$$

und sie bilden die Intervalle

$$Q_j = [x_{j-1}, x_j], \quad j = 1,\ldots,p$$

der Gesamtzahl

$$\max\{p^{(1)}, p^{(2)}\} \le p \le p^{(1)} + p^{(2)}.$$

3. Seien nun zu den Zerlegungen $\mathcal{Z}^{(k)}$ beliebige Zwischenpunkte

$$\xi_j^{(k)} \in Q_j^{(k)}, \quad j = 1, \ldots, p^{(k)}$$

mit $k = 1, 2$ ausgewählt. Dann setzen wir für $j = 1, 2, \ldots, p$ und $k = 1, 2$ folgendermaßen **Zwischenwerte** fest:

$$y_j^{(k)} := f\left(\xi_{l(j,k)}^{(k)}\right), \text{ falls } Q_j \subset Q_l^{(k)} \text{ für ein } l = l(j,k) \in \{1, 2, \ldots, p^{(k)}\}.$$

$$(5)$$

Mit Hilfe von (4), (5) und den Ungleichungen $\|\mathcal{Z}^{(k)}\| < \delta(\epsilon)$ schätzen wir wie folgt ab:

$$|y_j^{(1)} - y_j^{(2)}| = \left|f\left(\xi_{l(j,1)}^{(1)}\right) - f\left(\xi_{l(j,2)}^{(2)}\right)\right| < \epsilon \text{ für } j = 1, 2, \ldots, p \quad . \quad (6)$$

Die Riemannschen Zwischensummen $R^{(k)} = R(f, \mathcal{Z}^{(k)}, \xi^{(k)})$ ermitteln wir folgendermaßen:

$$R^{(k)} = \sum_{j=1}^{p^{(k)}} f(\xi_j^{(k)})(x_j^{(k)} - x_{j-1}^{(k)}) = \sum_{j=1}^{p} y_j^{(k)} \cdot (x_j - x_{j-1}), \quad k = 1, 2.$$

$$(7)$$

4. Mit Hilfe der Ungleichungen (6) und (7) schätzen wir nun wie folgt ab:

$$|R^{(1)} - R^{(2)}| = \left|\sum_{j=1}^{p} \left(y_j^{(1)} - y_j^{(2)}\right) \cdot (x_j - x_{j-1})\right|$$

$$\leq \sum_{j=1}^{p} \left|y_j^{(1)} - y_j^{(2)}\right| \cdot (x_j - x_{j-1}) \tag{8}$$

$$\leq \epsilon \cdot \sum_{j=1}^{p} (x_j - x_{j-1}) = \epsilon \cdot (b - a) \quad .$$

q.e.d.

Definition 3. *Eine* **Folge von Zerlegungen** $\{\mathcal{Z}^{(k)}\}_{k=1,2,3,\ldots}$ *nennen wir* **ausgezeichnet***, wenn deren Feinheitsmaß gemäß*

$$\lim_{k \to \infty} \|\mathcal{Z}^{(k)}\| = 0$$

gegen Null strebt.

Definition 4. *Eine beschränkte Funktion* $f = f(x) : Q \to \mathbb{R}$ *auf dem kompakten Intervall* Q *nennen wir* **Riemann-integrierbar** *oder kurz* **integrierbar**, *wenn für jede ausgezeichnete Zerlegungsfolge* $\{\mathcal{Z}^{(k)}\}_{k=1,2,3,...}$ *und beliebig ausgewählte Zwischenpunkte*

$$\xi^{(k)} := \{\xi_j^{(k)}\}_{j=1,...,p^{(k)}}, \quad k = 1, 2, \ldots$$

die Folge der Riemannschen Zwischensummen

$$R(f, \mathcal{Z}^{(k)}, \xi^{(k)}), \quad k = 1, 2, \ldots$$

konvergiert. In diesem Falle nennen wir

$$\int_a^b f(x)dx := \lim_{k \to \infty} R(f, \mathcal{Z}^{(k)}, \xi^{(k)}) \tag{9}$$

das **(Riemannsche) Integral von** f **über das Intervall** $[a, b]$.

Leicht zeigen wir nun den

Satz 2. (Integration stetiger Funktionen auf kompakten Intervallen)
Es gelten die folgenden Aussagen:

1. *Jede stetige Funktion* $f \in C^0(Q)$ *ist Riemann-integrierbar;*
2. *Für stetige Funktionen* $f, g \in C^0(Q)$ *und Skalare* $\alpha, \beta \in \mathbb{R}$ *gilt die Linearitätsregel*

$$\int_a^b (\alpha f(x) + \beta g(x))dx = \alpha \int_a^b f(x)dx + \beta \int_a^b g(x)dx \quad ;$$

3. *Für jede stetige Funktion* $f \in C^0(Q)$ *gilt die Abschätzung*

$$\left| \int_a^b f(x)dx \right| \le (b - a) \cdot \sup_{x \in Q} |f(x)| \quad .$$

Beweis:

1. Die Integrabilität folgt sofort aus obigem Satz 1.
2. Für beliebige Zerlegungen $\mathcal{Z}$ von Q und beliebige Zwischenpunkte ξ gilt die Identität

$$R(\alpha f + \beta g, \mathcal{Z}, \xi) = \alpha \cdot R(f, \mathcal{Z}, \xi) + \beta \cdot R(g, \mathcal{Z}, \xi) \quad .$$

Betrachten wir dann eine ausgezeichnete Zelegungsfolge mit entsprechenden beliebigen Zwischenpunkten, so folgt

$$\lim_{k \to \infty} R(\alpha f + \beta g, \mathcal{Z}^{(k)}, \xi^{(k)})$$
$$= \alpha \lim_{k \to \infty} R(f, \mathcal{Z}^{(k)}, \xi^{(k)}) + \beta \lim_{k \to \infty} R(g, \mathcal{Z}^{(k)}, \xi^{(k)}) \quad . \tag{10}$$

Damit erhalten wir die Linearitätsregel.

3. Wiederum gehen wir auf die Riemannschen Zwischensummen zurück und schätzen wie folgt ab:

$$|R(f, \mathcal{Z}, \xi)| = \left| \sum_{j=1}^{p} f(\xi_j)(x_j - x_{j-1}) \right| \le \sum_{j=1}^{p} |f(\xi_j)|(x_j - x_{j-1})$$
$$\le \sup_{x \in Q} |f(x)| \cdot \sum_{j=1}^{p} (x_j - x_{j-1}) = (b - a) \cdot \sup_{x \in Q} |f(x)|. \tag{11}$$

Dann lassen wir die Zerlegungen eine ausgezeichnete Folge mit ihren Zwischenpunkten durchlaufen, und wir erhalten beim Grenzübergang auch diese Aussage.

q.e.d.

Bemerkungen:

1. Wenn wir eine positive Funktion $f = f(x) : Q \to (0, +\infty) \in C^0(Q)$ betrachten, so approximiert das Integral offenbar den Flächeninhalt des ebenen Bereichs

$$\{(x, y) \in \mathbb{R}^2 : \quad a \le x \le b, \quad 0 \le y \le f(x)\}.$$

2. Bei der Dirichletschen Sprungfunktion

$$f(x) := \begin{cases} 1 & \text{für} \quad x \in [0, 1] \cap \mathbb{Q}, \\ 0 & \text{für} \quad x \in [0, 1] \setminus \mathbb{Q} \end{cases}$$

wählen wir zu jeder ausgezeichneten Zerlegungsfolge des Intervalls $[0, 1]$ alternierend nur rationale oder irrationale Zwischenpunkte, so dass dann die Riemannschen Zwischensummen alternierend die Werte $+1$ beziehungsweise 0 annehmen. Somit ist gemäß Definition 4 die Dirichletsche Sprungfunktion nicht Riemann-integrierbar.

3. In Kapitel V werden wir eine *Riemannsche Integrationstheorie* für reellwertige Funktionen in n Veränderlichen entwickeln. Wir werden insbesondere die Frage beantworten, wie groß die Menge der Unstetigkeiten einer Funktion sein darf, damit sie noch Riemann-integrierbar ist.

§5 Integration mittels reeller und komplexer Stammfunktionen

Wohl schon Leibniz hat den nachfolgenden Zusammenhang von Differentiation und Integration entdeckt:

Hilfssatz 1. *Für jede stetig differenzierbare Funktion*

$$f = f(x) : Q \to \mathbb{R} \in C^1(Q)$$

gilt die **Leibnizsche Identität**

$$\int_a^b f'(x)dx = f(b) - f(a) \quad . \tag{1}$$

Beweis: Wir wählen eine beliebige Zerlegung

$$\mathcal{Z}: \quad a = x_0 < x_1 < x_2 < \ldots < x_{p-1} < x_p = b \tag{2}$$

des Intervalls Q. In jedem Teilintervall Q_j finden wir mit dem Mittelwertsatz der Differentialrechnung einen Punkt $\xi_j \in Q_j$, so dass

$$f(x_j) - f(x_{j-1}) = f'(\xi_j)\Big(x_j - x_{j-1}\Big)$$

für $j = 1, \ldots, p$ richtig ist. Als Riemannsche Zwischensumme für die Ableitung f' erhalten wir dann

$$R(f', \mathcal{Z}, \xi) = \sum_{j=1}^p f'(\xi_j) \cdot (x_j - x_{j-1}) = \sum_{j=1}^p \Big(f(x_j) - f(x_{j-1})\Big) = f(b) - f(a). \tag{3}$$

Lassen wir nun die Zerlegungen eine ausgezeichnete Folge durchlaufen, so ergibt sich die Leibnizsche Identität. Hierbei beachten wir, dass die Ableitung als stetige Funktion auf Q integrierbar ist.   q.e.d.

Wir interessieren uns auch für die Integration komplexwertiger Funktionen.

Definition 1. *Die* **komplexwertige Funktion** $f = f_1(x) + if_2(x) : Q \to \mathbb{C}$ *heißt genau dann* **integrierbar**, *wenn sowohl ihr Realteil* $f_1 = f_1(x) : Q \to \mathbb{R}$ *als auch ihr Imaginärteil* $f_2 = f_2(x) : Q \to \mathbb{R}$ *integrierbar ist. In diesem Falle setzen wir*

$$\int_a^b f(x)dx := \int_a^b f_1(x)dx + i \int_a^b f_2(x)dx \quad .$$

Definition 2. *Für die komplexwertige integrierbare Funktion* $f : Q \to \mathbb{C}$ *erklären wir mit Hilfe von Definition 1 wie folgt ein* **orientiertes Integral**: *Seien die Punkte* $x_0, x_1 \in Q$ *beliebig, so definieren wir*

$$\int_{x_0}^{x_1} f(x)dx := \begin{cases} \displaystyle\int_{x_0}^{x_1} f(x)dx \quad , & \text{falls } x_0 < x_1 \text{ gilt,} \\[2mm] \qquad 0 \quad , & \text{falls } x_0 = x_1 \text{ gilt,} \\[2mm] -\displaystyle\int_{x_1}^{x_0} f(x)dx \quad , & \text{falls } x_1 < x_0 \text{ gilt.} \end{cases} \tag{4}$$

Hilfssatz 2. (Additivität des orientierten Integrals) *Für die komplex-wertige, integrierbare Funktion* $f = f_1(x) + if_2(x) : Q \to \mathbb{C}$ *gilt die* **Additivitätsregel**

$$\int_{x_1}^{x_2} f(x)dx + \int_{x_2}^{x_3} f(x)dx = \int_{x_1}^{x_3} f(x)dx$$

bei beliebigen Zwischenpunkten $x_1, x_2, x_3 \in Q$.

Beweis: Falls $a \leq x_1 < x_2 < x_3 \leq b$ für die Zwischenpunkte erfüllt ist, sehen wir die Additivitätsregel durch Appoximation mit den Riemannschen Summen ein. Mit Hilfe von Definition 2 des orientierten Integrals erhalten wir dann die Identität auch im allgemeinen Fall.   q.e.d.

Dem Hilfssatz 1 entnehmen wir den

Satz 1. (Fundamentalsatz der Differential- und Integralrechnung) *Für jede stetig differenzierbare Funktion*

$$f = f(x) : Q \to \mathbb{C} \in C^1(Q, \mathbb{C})$$

und je zwei Punkte $x_0, x_1 \in Q$ *gilt die Identität*

$$\int_{x_0}^{x_1} f'(x)dx = f(x_1) - f(x_0) \quad .$$

Beweis: Im Falle $x_0 < x_1$ wenden wir Hilfssatz 1 sowohl auf den Realteil als auch auf den Imaginärteil der Funktion an:

$$\int_{x_0}^{x_1} f_j'(x)dx = f_j(x_1) - f_j(x_0) \text{ für } j = 1, 2.$$

Addition liefert dann die Leibnizsche Identität.
Im Falle $x_1 < x_0$ ermitteln wir

$$\int_{x_0}^{x_1} f'(x)dx = -\int_{x_1}^{x_0} f'(x)dx = -\big(f(x_0) - f(x_1)\big) = f(x_1) - f(x_0) \quad .$$

q.e.d.

Von großem praktischen Interesse ist die folgende Integrationsregel:

Satz 2. (Partielle Integration) *Für zwei stetig differenzierbare Funktionen*

$$f = f(x), g = g(x) : Q \to \mathbb{C} \in C^1(Q, \mathbb{C})$$

gilt die Identität

$$\int\limits_a^b \Big(f'(x)\cdot g(x)\Big)dx = \Big[f(x)\cdot g(x)\Big]_{x=a}^{x=b} - \int\limits_a^b \Big(f(x)\cdot g'(x)\Big)dx \quad . \tag{5}$$

mit der üblichen Abkürzung

$$\Big[h(x)\Big]_{x=a}^{x=b} := h(b) - h(a) \quad . \tag{6}$$

Beweis: Wir differenzieren mit der Produktregel

$$f'(x)\cdot g(x) + f(x)\cdot g'(x) = \Big(f(x)\cdot g(x)\Big)', \quad x \in Q$$

und integrieren anschließend mit Hilfe von Satz 1 wie folgt:

$$\int\limits_a^b \Big(f'(x)\cdot g(x)\Big)dx + \int\limits_a^b \Big(f(x)\cdot g'(x)\Big)dx = \Big[f(x)\cdot g(x)\Big]_{x=a}^{x=b} \quad .$$

q.e.d.

Zentrale Bedeutung hat der folgende Begriff:

Definition 3. *Die Funktion* $F = F_1(x) + iF_2(x) : Q \to \mathbb{C} \in C^1(Q,\mathbb{C})$ *heißt* **reelle Stammfunktion** *der Funktion* $f = f_1(x) + if_2(x) : Q \to \mathbb{C} \in C^0(Q)$, *falls deren reelle Ableitung die Identität*

$$F'(x) = f(x), \quad x \in Q$$

erfüllt. Die **Gesamtheit der reellen Stammfunktionen** *bezeichnen wir mit*

$$\int f(x)dx := \Big\{F : Q \to \mathbb{C} \Big| F \text{ ist eine reelle Stammfunktion von } f : Q \to \mathbb{C}\Big\}. \tag{7}$$

Bemerkungen: Mit Hilfe von Stammfunktionen können wir über Satz 1 sofort Integrationsaufgaben lösen. In unserem nächsten Kapitel über die elementaren Funktionen werden wir explizit einige reelle Stammfunktionen – etwa von den Arcusfunktionen – bestimmen.

Sind $F = F_1 + iF_2$ und $G = G_1 + iG_2$ zwei Stammfunktionen von $f : Q \to \mathbb{C}$, so erfüllt deren Differenzfunktion

$$H(x) = H_1(x) + iH_2(x) := F(x) - G(x), \quad x \in Q$$

die Bedingung

$$H'(x) = F'(x) - G'(x) = f(x) - f(x) = 0, \quad x \in Q \quad .$$

Somit erfüllen Real- und Imaginärteil die Bedingungen

$$H'_j(x) = 0, \quad x \in Q$$

und der Mittelwertsatz der Differentialrechnung liefert

$$H_j(x) = c_j, \quad x \in Q$$

mit den reellen Konstanten c_j für $j = 1, 2$. Insgesamt folgt

$$H(x) = H_1(x) + iH_2(x) = c, \quad x \in Q$$

mit der komplexen Konstante $c := c_1 + ic_2$. Also erhalten wir

$$F(x) = G(x) + c, \quad x \in Q, \text{ mit der komplexen Konstante } c \quad .$$

Somit ist die die folgende Aussage gezeigt:

Satz 3. (Integrationskonstanten) *Ist* $F : Q \to \mathbb{C}$ *eine reelle Stammfunktion von* $f : Q \to \mathbb{C}$, *so wird die Gesamtheit aller reeller Stammfunktionen gegeben durch*

$$\int f(x)dx = F(x) + c, \quad x \in Q \text{ mit einer Konstanten } c \in \mathbb{C}. \tag{8}$$

Mit dem sogenannten *unbestimmten Integral* können wir für jede auf einem Intervall stetige Funktion eine reelle Stammfunktionen angeben.

Satz 4. (Unbestimmtes Integral) *Sei* $f : Q \to \mathbb{C} \in C^0(Q, \mathbb{C})$ *eine stetige Funktion und* $x_0 \in Q$ *beliebig gewählt. Dann liefert das* **unbestimmte Integral**

$$F(x) := \int_{x_0}^{x} f(t)dt, \quad x \in Q$$

eine reelle Stammfunktion von f.

Beweis:

1. Zunächst betrachten wir reellwertige stetige Funktionen $f : Q \to \mathbb{R}$ und wählen $x_1 \in \overset{\circ}{Q}$ mit der Eigenschaft $f(x_1) = 0$. Die Additivität des Integrals liefert

$$\frac{F(x) - F(x_1)}{x - x_1} = \frac{1}{x - x_1} \cdot \int_{x_1}^{x} f(t)dt \quad . \tag{9}$$

   Teil 3.) aus Satz 2 in §4 ergibt die Abschätzung

$$\left| \frac{F(x) - F(x_1)}{x - x_1} \right| = \frac{|\int_{x_1}^{x} f(t)dt|}{|x - x_1|}$$

$$\leq \frac{|x - x_1| \cdot \sup\{|f(\xi)| : \xi = \lambda x + (1 - \lambda)x_1, \lambda \in [0, 1]\}}{|x - x_1|} \tag{10}$$

$$= \sup\Big\{|f(\xi)| : \xi = \lambda x + (1 - \lambda)x_1, \lambda \in [0, 1]\Big\}.$$

Beim Grenzübergang $x \to x_1$ folgt

$$F'(x_1) = 0 = f(x_1)$$

wegen der Stetigkeit von f im Punkt x_1.

2. Sei nun $f : Q \to \mathbb{R}$ eine reellwertige Funktion und $x_1 \in \overset{\circ}{Q}$ beliebig gewählt. Wir ermitteln für die konstante Funktion $\phi(x) := f(x_1), x \in Q$ leicht das unbestimmte Integral

$$\Phi(x) := \int_{x_0}^{x} \phi(t)dt = f(x_1) \cdot \int_{x_0}^{x} 1 \ \ dt = f(x_1) \cdot (x - x_0), \quad x \in Q.$$

Mit Hilfe von Teil 1.) differenzieren wir die Stammfunktion

$$F(x) = \int_{x_0}^{x} \big(f(t) - f(x_1)\big)dt + \Phi(x), \quad x \in Q$$

im Punkt x_1 wie folgt:

$$F'(x_1) = 0 + \Phi'(x_1) = f(x_1) \quad .$$

3. Für die komplexwertige stetige Funktion $f : Q \to \mathbb{C}$ differenzieren wir ihr unbestimmtes Integral

$$F(x) := \int_{x_0}^{x} f_1(t)dt + i \int_{x_0}^{x} f_2(t)dt, \quad x \in Q$$

getrennt im Real- beziehungsweise Imaginärteil gemäß Teil 2.) und erhalten:

$$F'(x) = f_1(x) + if_2(x) = f(x), \quad x \in Q \quad .$$

q.e.d.

Wir wollen jetzt auch holomorphe Stammfunktionen betrachten, für welche sich die folgenden Definitionsbereiche anbieten:

Definition 4. *Eine nichtleere, offene Menge $\Omega \subset \mathbb{C}$ heißt ein* **Gebiet**, *falls sie in folgendem Sinne* **zusammenhängend** *ist: Zu je zwei Punkten $z_0, z_1 \in \Omega$ gibt es eine stetige Funktion*

$$\zeta(t) = \xi(t) + i\eta(t) : [0,1] \to \Omega \in C^0([0,1], \Omega) \tag{11}$$

mit dem Anfangspunkt $\zeta(0) = z_0$ und dem Endpunkt $\zeta(1) = z_1$.

Wir nennen ζ einen **stetigen Weg** *von z_0 nach z_1 in Ω.*

Im nachfolgenden Beweis wird ein **Fortsetzungsargument** in Gebieten präsentiert, das oft in der Analysis verwandt wird.

Satz 5. *Sei die holomorphe Funktion $f : \Omega \to \mathbb{C}$ auf dem Gebiet $\Omega \subset \mathbb{C}$ mit der Eigenschaft*

$$f'(z) = 0 \text{ für alle } z \in \Omega$$

gegeben. Dann folgt $f(z) = c$ für alle $z \in \Omega$ mit einer Konstanten $c \in \mathbb{C}$.

Beweis:

1. Seien $z_0, z_1 \in \Omega$ zwei Punkte, die durch einen differenzierbaren Weg

$$\zeta(t) : [0,1] \to \Omega \in C^1([0,1], \Omega) \tag{12}$$
$$\text{mit dem Anfangspunkt } \zeta(0) = z_0 \text{ und dem Endpunkt } \zeta(1) = z_1$$

verbunden werden können. Wir betrachten dann die Funktion

$$F(t) := f(\zeta(t)), \quad 0 \le t \le 1$$

und differenzieren sie mit Hilfe der komplexen Kettenregel. Wir erhalten

$$F'(t) = f'(\zeta(t)) \cdot \zeta'(t) = 0, \quad 0 < t < 1.$$

Mit den Argumenten zum Beweis von Satz 2 ist diese Funktion auf ihrem Definitionsintervall konstant. Damit ergibt sich

$$f(z_0) = f(\zeta(0)) = F(0) = F(1) = f(\zeta(1)) = f(z_1).$$

2. Ist nun $z_0 \in \Omega$ und $\epsilon > 0$ so gewählt, dass die Kreisscheibe

$$K_\epsilon(z_0) = \{z \in \mathbb{C} : |z - z_0| < \epsilon\}$$

die Inklusion $K_\epsilon(z_0) \subset \Omega$ erfüllt. Da jetzt jeder Punkt $z \in K_\epsilon(z_0)$ mit z_0 durch den differenzierbaren Weg

$$\zeta(t) := z_0 + t(z - z_0), \quad t \in [0,1]$$

verbunden werden kann, liefert Teil 1.) die Aussage

$$f(z) = \text{ const auf } K_\epsilon(z_0).$$

Somit ist die Funktion f **lokal konstant**.

3. Sind nun z_0, z_1 zwei beliebige Punkte in Ω, so können wir sie durch einen stetigen Weg

$$\zeta(t) : [0,1] \to \Omega \in C^0([0,1], \Omega) \text{ mit } \zeta(0) = z_0 \text{ und } \zeta(1) = z_1$$

miteinander verbinden. Wir betrachten nun die stetige Funktion

$$F(t) := f(\zeta(t)), \quad t \in [0,1].$$

Nun wählen wir $t_* \in [0,1]$ maximal, so dass

$$F(t) = \text{const für alle } t \in [0, t_*]$$

gilt. Wäre $t_* < 1$ erfüllt, so gäbe es wegen Teil 2.) ein $\epsilon > 0$, so dass

$$F(t) = \text{const}, \quad t_* - \epsilon < t < t_* + \epsilon$$

richtig ist – denn f ist lokal konstant. Dieses steht im Widerspruch zur Wahl von t_*. Somit folgt $t_* = 1$ und schließlich

$$f(z_0) = F(0) = F(1) = f(z_1).$$

q.e.d.

Definition 5. *Die auf dem Gebiet Ω holomorphe Funktion*

$$F = F(z) : \Omega \to \mathbb{C}$$

heißt **komplexe Stammfunktion** *der Funktion $f = f(z) : \Omega \to \mathbb{C}$, falls deren komplexe Ableitung die Identität*

$$F'(z) = f(z), \quad z \in \Omega$$

erfüllt. Die **Gesamtheit der komplexen Stammfunktionen** *bezeichnen wir mit*

$$\int f(z)dz := \left\{ F : \Omega \to \mathbb{C} \,\middle|\, F \text{ ist eine Stammfunktion von } f : \Omega \to \mathbb{C} \right\}. \quad (13)$$

Bemerkung: Nach Satz 5 sind die komplexen Stammfunktionen auf einem Gebiet $\Omega \subset \mathbb{C}$ bis auf eine Konstante bestimmt: Ist $F : \Omega \to \mathbb{C}$ eine komplexe Stammfunktion von $f : \Omega \to \mathbb{C}$, so wird die Gesamtheit aller komplexen Stammfunktionen gegeben durch

$$\int f(z)dz = F(z) + c, \quad z \in \Omega \text{ mit einer Konstante } c \in \mathbb{C}. \quad (14)$$

Die Bedeutung dieser komplexen Stammfunktionen zeigt sich im folgenden

Satz 6. (Komplexe Substitutionsregel) *Sei die holomorphe Funktion $f : \Omega \to \mathbb{C}$ auf dem Gebiet $\Omega \subset \mathbb{C}$ mit der Stammfunktion $F : \Omega \to \mathbb{C}$ gegeben. Weiter sei der differenzierbare Weg $\zeta(t) : [0, 1] \to \Omega \in C^1([0, 1], \Omega)$ mit dem Anfangspunkt $\zeta(0) = z_0$ und dem Endpunkt $\zeta(1) = z_1$ beliebig in Ω gewählt. Dann gilt*

$$\int_0^1 f(\zeta(t)) \cdot \zeta'(t)dt = F(z_1) - F(z_0). \quad (15)$$

Der Wert des Integrals hängt also nur von dem Anfangs-und Endpunkt – aber nicht vom gewählten Weg – ab.

Beweis: Mit Hilfe der komplexen Kettenregel und des Fundamentalsatzes der Differential-und Integralrechnung ermitteln wir:

$$\int_0^1 f\big(\zeta(t)\big) \cdot \zeta'(t)dt = \int_0^1 F'\big(\zeta(t)\big) \cdot \zeta'(t)dt$$

$$= \int_0^1 \frac{d}{dt}\Big(F\big(\zeta(t)\big)\Big)dt \tag{16}$$

$$= \Big[F\big(\zeta(t)\big)\Big]_{t=0}^{t=1} = F\big(\zeta(1)\big) - F\big(\zeta(0)\big) = F(z_1) - F(z_0).$$

q.e.d

Sehr wichtig zur Auswertung von Integralen über kompakte Intervalle, die wir **bestimmte Integrale** nennen, ist der nachfolgende

Satz 7. (Substitutionsregel) *Wir betrachten eine reellwertige Kurve*

$$\xi(t) : [\alpha, \beta] \to \mathbb{R} \in C^1\big([\alpha, \beta], \mathbb{R}\big) \quad ,$$

definiert auf einem kompakten Intervall mit den Grenzen $-\infty < \alpha < \beta < +\infty$*, und wir setzen als Bildpunkte* $a := \xi(\alpha)$ *sowie* $b := \xi(\beta)$*. Weiter wählen wir ein Intervall* $P := [A, B]$ *mit den Grenzen* $-\infty < A < B < +\infty$*, welches die Inklusion* $\xi([\alpha, \beta]) \subset P$ *erfüllt. Dann haben wir für jede stetige Funktion* $f : P \to \mathbb{C} \in C^0(P, \mathbb{C})$ *die Identität*

$$\int_\alpha^\beta f\big(\xi(t)\big) \cdot \xi'(t)dt = \int_a^b f(x)dx \quad . \tag{17}$$

Beweis: Die Funktion $f : P \to \mathbb{C}$ besitzt das uneigentliche Integral

$$F(x) := \int_A^x f(\xi)d\xi, \quad x \in P$$

als Stammfunktion. Wie im Beweis von Satz 6 integrieren wir jetzt die Ableitung der Komposition

$$F\big(\xi(t)\big), \quad t \in [\alpha, \beta] \quad ,$$

nämlich

$$f\big(\xi(t)\big) \cdot \xi'(t), \quad t \in [\alpha, \beta] \quad ,$$

und erhalten

$$\int_\alpha^\beta f\big(\xi(t)\big) \cdot \xi'(t)dt = F\big(\xi(\beta)\big) - F\big(\xi(\alpha)\big) = F(b) - F(a) \quad . \tag{18}$$

Wählen wir nun speziell

$$\xi(x) := x, \quad x \in [a, b]$$

in (18), so erhalten wir

$$\int_a^b f(x)dx = F(b) - F(a) \quad .\tag{19}$$

Aus den Identitäten (18) und (19) folgt die Substitutionsregel (17).   q.e.d.

Sehr praktisch für die Integralrechnung ist der folgende

Satz 8. (Reelle Stammfunktionen) *Zur Bestimmung von reellen Stammfunktionen sind die folgenden Aussagen richtig:*

1. **Unbestimmte Linearitätsregel:** *Seien $f, g \in C^0(Q, \mathbb{C})$ beliebige Funktionen und die Skalare $\alpha, \beta \in \mathbb{R}$ gewählt, so gilt*

$$\int \big(\alpha f(x) + \beta g(x)\big)dx = \alpha \int f(x)dx + \beta \int g(x)dx \quad .\tag{20}$$

2. **Unbestimmte partielle Integration:** *Für beliebige Funktionen $f, g \in C^1(Q, \mathbb{C})$ gilt*

$$\int \Big(f'(x) \cdot g(x)\Big)dx = f(x) \cdot g(x) - \int \Big(f(x) \cdot g'(x)\Big)dx \quad .\tag{21}$$

3. **Unbestimmte Substitution:** *Wir betrachten eine reellwertige Funktion*

$$\xi(t) : [\alpha, \beta] \to \mathbb{R} \in C^1\big([\alpha, \beta], \mathbb{R}\big),$$

welche auf einem kompakten Intervall mit den Grenzen $-\infty < \alpha < \beta < +\infty$ definiert ist. Weiter wählen wir ein Intervall $P := [A, B]$ mit den Grenzen $-\infty < A < B < +\infty$, welches die Inklusion $\xi([\alpha, \beta]) \subset P$ erfüllt. Dann haben wir für jede stetige Funktion $f : P \to \mathbb{C} \in C^0(P, \mathbb{C})$ die Identität

$$\int f\big(\xi(t)\big) \cdot \xi'(t)dt = \left\{ \int f(x)dx \right\}\Big|_{x = \xi(t)} \quad .\tag{22}$$

Beweis: Nach Satz 3 ist die Stammfunktion einer stetigen Funktion bis auf eine Konstante bestimmt, und sie kann durch das unbestimmte Integral aus Satz 4 berechnet werden. Somit liefern der Satz 2 aus § 4 und die Sätze 2 sowie 7 über bestimmte Integrale durch Differentiation nach der oberen Grenze die angegebenen Rechenregeln. Zum Beispiel wird die Regel für die unbestimmte partielle Integration aus der Identität (5) mit der oberen Grenze $b = x$, nämlich

$$\int_a^x \Big(f'(\xi) \cdot g(\xi)\Big)d\xi = f(x) \cdot g(x) - \left\{ \int_a^x \Big(f(\xi) \cdot g'(\xi)\Big)d\xi + f(a) \cdot g(a) \right\}, \quad x \in Q,$$

gewonnen.   q.e.d.

Im nächsten Kapitel über die elementaren Funktionen werden wir explizit komplexe Stammfunktionen bestimmen. Zumal die grundlegenden elementaren Funktionen durch konvergente Potenzreihen dargestellt sind, ist der folgende Satz von zentralem Interesse:

Satz 9. (Integration von Potenzreihen) *Die Potenzreihe*

$$f(z) := \sum_{n=0}^{\infty} a_n z^n, \quad z \in K_R$$

mit den komplexen Koeffizienten $a_n \in \mathbb{C}$, $n \in \mathbb{N}_0$ *konvergiere in der Kreisscheibe* $K_R := \{z \in \mathbb{C} : |z| < R\}$ *mit dem festen Konvergenzradius* $0 < R \le +\infty$. *Dann ist die Gesamtheit der Stammfunktionen von* f *gegeben durch*

$$\int f(z)dz = \sum_{n=0}^{\infty} \frac{1}{n+1} a_n z^{n+1} + c, \quad z \in K_R \tag{23}$$

mit einer Integrationskonstante $c \in \mathbb{C}$.

Beweis: Ebenso wie im Beweis zu Satz 15 in §3 zeigt man mit dem Wurzelkriterium die Konvergenz der **gliedweise integrierten Reihe**

$$F(z) := \sum_{n=0}^{\infty} \frac{1}{n+1} a_n z^{n+1} + c, \quad z \in K_R \quad .$$

Nach Satz 15 aus §3 stellt die angegebene Potenzreihe eine holomorphe Funktion in K_R dar, und gliedweise Differentiation ergibt

$$F'(z) = \sum_{n=0}^{\infty} a_n z^n = f(z), \quad z \in K_R \quad .$$

q.e.d.

Bemerkungen:

1. Um allgemeiner für beliebige holomorphe Funktion eine komplexe Stammfunktion zu bestimmen, benötigen wir die *Theorie der Kurvenintegrale*, welche von A. Cauchy begründet wurde.
2. Im Folgenden werden wir einfach von *Stammfunktionen* sprechen, wenn aus dem Zusammenhang klar ist, ob es sich um reelle oder komplexe Stammfunktionen handelt.

§6 Die Taylorsche Formel

Auf der Basis von §3 wollen wir zunächst die Ableitungen höherer Ordnung erklären. Die Dimension unseres Bildraums sei mit $m \in \mathbb{N}$ fest gewählt.

Definition 1. *Sei $f : I \to \mathbb{R}^m$ eine differenzierbare Funktion mit der Ableitung $f'(x)$, $x \in I$ auf dem offenen Intervall $I := (a, b)$ mit den Grenzen $-\infty \le a < b \le +\infty$. Ist $f' : I \to \mathbb{R}^m$ wiederum eine differenzierbare Funktion auf I mit der Ableitung $f''(x)$, $x \in I$, so nennen wir f* **2-mal differenzierbar auf I.** *Entsprechend erklären wir die k-malige* **Differenzierbarkeit** *induktiv. Für eine k-mal differenzierbare Funktion f bezeichnen wir deren Ableitungen 0-ter bis k-ter Ordnung mit*

$$f(x), f'(x), f''(x), \ldots, f^{(k)}(x), \quad x \in I \quad .$$

Hierbei ist $k \in \mathbb{N}_0$ gewählt worden. Eine k-mal differenzierbare Funktion nennen wir **k-mal stetig differenzierbar**, *wenn die k-te Ableitung*

$$f^{(k)}(x), \quad x \in I$$

eine stetige Funktion auf I darstellt.

Wir notieren wir nun für alle Ordnungen $k \in \mathbb{N}_0$ die

Definition 2. *Mit den Bezeichnungen aus Definition 1 erklären wir den* **Vektorraum der k-mal stetig differenzierbaren Funktionen auf dem offenen Intervall I** *(oder kurz den $C^k(I, \mathbb{R}^m)$-***Raum***) wie folgt:*

$$C^k(I, \mathbb{R}^m) := \Big\{ f : I \to \mathbb{R}^m \; \Big| \; f \text{ ist k-mal stetig differenzierbar in } I \Big\}.$$

Die Verknüpfungen hatten wir bereits im Raum $C^0(I, \mathbb{R}^m)$ in Definition 6 aus § 1 erklärt. Falls $m = 1$ gilt, schreiben wir kurz $C^k(I) := C^k(I, \mathbb{R})$. Falls $n = 2$ ist, setzen wir $C^k(I, \mathbb{C}) := C^k(I, \mathbb{R}^2)$ und verwenden im Bildraum die komplexe Multiplikation. Unter der Menge

$$C^\infty(I, \mathbb{R}^m) := \bigcap_{k=0}^{\infty} C^k(I, \mathbb{R}^m)$$

verstehen wir den **Vektorraum der beliebig oft differenzierbaren Funktionen auf dem Intervall I** *- oder kurz den $C^\infty(I, \mathbb{R}^m)$-***Raum***.*

Mit den Differentiationsregeln aus § 3 und den Stetigkeitsaussagen in § 1 prüft man leicht nach, dass diese Funktionenräume mit den angegebenen Verknüpfungen Vektorräume sind.

Da wir zunächst nur in offenen Intervallen differenzieren können, definieren wir auf kompakten Intervallen die C^k-Räume wie folgt:

Definition 3. *Seien die Intervallgrenzen $-\infty < a < b < +\infty$ für das Intervall I in Definition 1 gegeben und $k \in \mathbb{N}_0$. Dann erklären wir den* **Vektorraum der k-mal stetig differenzierbaren Funktionen auf dem kompakten Intervall $\overline{I}$** *oder kurz den $C^k(\overline{I}, \mathbb{R}^m)$-***Raum** *wie folgt:*

$$C^k(\overline{I}, \mathbb{R}^m) := \Big\{ f : I \to \mathbb{R}^m \in C^k(I, \mathbb{R}^m) \Big|$$
$$f^{(j)} \text{ ist stetig auf } \overline{I} \text{ fortsetzbar für } j = 0, 1, \ldots, k \Big\}. \tag{1}$$

Die Verknüpfungen haben wir im Raum $C^0(I, \mathbb{R}^m)$ in Definition 6 aus § 1 erklärt. Falls $m = 1$ ist, schreiben wir kurz $C^k(\overline{I}) := C^k(\overline{I}, \mathbb{R})$. Falls $m = 2$ gilt, setzen wir $C^k(\overline{I}, \mathbb{C}) := C^k(\overline{I}, \mathbb{R}^2)$ und verwenden im Bildraum die komplexe Multiplikation.

Auch hier prüft man sofort die Vektorraumeigenschaften mit Hilfe der Stetigkeitsaussagen aus § 1 nach.

Wir wollen nun die *Taylorsche Formel* und die *Taylorsche Reihe* behandeln, die wir dem englischen Mathematiker B. Taylor (1685–1731) verdanken. Mit der Taylorschen Formel können wir C^k-Funktionen durch Polynome (k-1)-ten Grades so approximieren, dass die Abweichung kontrolliert werden kann. Wir wählen als **Entwicklungspunkt** $x_0 \in \mathbb{R}$ sowie den **Konvergenzradius** $0 < r \le +\infty$, und wir betrachten im Intervall $I := (x_0 - r, x_0 + r)$ die konvergente Potenzreihe

$$f(x) := \sum_{k=0}^{\infty} c_k(x_0) \cdot (x - x_0)^k, \quad x \in I \tag{2}$$

mit den reellen Koeffizienten

$$c_k(x_0) \in \mathbb{R} \text{ für alle } k \in \mathbb{N}_0.$$

Gemäß Satz 15 aus § 3 können wir nun diese Reihe beliebig oft differenzieren, und der Konvergenzradius r bleibt dabei erhalten! Für die m-te Ableitung ermitteln wir

$$f^{(m)}(x) = \sum_{k=m}^{\infty} \{ k \cdot (k-1) \cdots (k-m+1) \} \cdot c_k(x_0) \cdot (x - x_0)^{k-m}, \quad x \in I \quad, \tag{3}$$

wobei $m = 0, 1, 2, \ldots$ durchläuft. Wir setzen jetzt in (3) $x = x_0$ ein und berechnen

$$f^{(m)}(x_0) = m(m-1) \cdots 1 \cdot c_m(x_0) = m! \cdot c_m(x_0), \quad m \in \mathbb{N}_0 \quad. \tag{4}$$

Somit sind die Koeffizienten der Potenzreihe durch

$$c_m(x_0) = \frac{f^{(m)}(x_0)}{m!}, \quad m \in \mathbb{N}_0 \tag{5}$$

eindeutig bestimmt. Wir nennen letztere die **Taylorkoeffizienten** der Potenzreihe (2). Setzen wir sie in die Potenzreihe ein, so erhalten wir die **Taylorreihe**

$$f(x) = \sum_{k=0}^{\infty} \frac{f^{(k)}(x_0)}{k!} \cdot (x - x_0)^k, \quad x \in I \quad . \tag{6}$$

Zu einem vorgegebenen Differenzierbarkeitsgrad $n \in \mathbb{N}$ gehen wir jetzt von einer Funktion

$$f = f(x) : \overline{I} \to \mathbb{R} \in C^n(I) \cap C^{n-1}(\overline{I}) \tag{7}$$

aus. Diese ist n-mal stetig differenzierbar in $I := (x_0 - r, x_0 + r)$ mit stetig fortsetzbaren Ableitungen der Ordnungen $0, \ldots, n-1$ auf das kompakte Intervall $\overline{I}$ vom endlichen Radius $0 < r < \infty$. Wir erklären das **Taylorpolynom** $(n-1)$-**ten Grades an der Stelle** x_0 mittels

$$T_n(x, x_0) := \sum_{k=0}^{n-1} \frac{f^{(k)}(x_0)}{k!} \cdot (x - x_0)^k, \quad x \in I \quad , \tag{8}$$

indem wir die Taylorreihe beim Term n-ter Ordnung abbrechen. Nun betrachten wir die **Taylorsche Identität**

$$f(x) = T_n(x, x_0) + R_n(x, x_0), \quad x \in I \tag{9}$$

mit dem **Restglied** n-**ter Ordnung** $R_n(x, x_0)$. Da dieses die Abweichung zwischen der C^n-Funktion f und dem Taylorpolynom $(n-1)$-ten Grades mißt, wollen wir es genauer bestimmen: Hierzu führen wir die Hilfsfunktion

$$\Phi(\lambda) := \sum_{k=0}^{n-1} \frac{f^{(k)}\Big(x + \lambda(x_0 - x)\Big)}{k!} \cdot \Big(\lambda(x - x_0)\Big)^k, \quad 0 \le \lambda \le 1 \tag{10}$$

der Regularitätsklasse $C^1(I) \cap C^0(\overline{I})$ ein. Dann beachten wir die Randwerte

$$\Phi(1) = \sum_{k=0}^{n-1} \frac{f^{(k)}(x_0)}{k!} \cdot (x - x_0)^k = f(x) - R_n(x, x_0) \tag{11}$$

sowie

$$\Phi(0) = \lim_{\lambda \to 0+} \Phi(\lambda) = f(x). \tag{12}$$

Die Hilfsfunktion (10) differenzieren wir wie folgt:

$$\Phi'(\lambda) = -\sum_{k=0}^{n-1} \frac{f^{(k+1)}\Big(x + \lambda(x_0 - x)\Big)}{k!} \cdot \lambda^k \cdot (x - x_0)^{k+1}$$

$$+ \sum_{k=1}^{n-1} \frac{f^{(k)}\Big(x + \lambda(x_0 - x)\Big)}{(k-1)!} \cdot \lambda^{k-1} \cdot (x - x_0)^k \tag{13}$$

$$= -\frac{f^{(n)}\Big(x + \lambda(x_0 - x)\Big)}{(n-1)!} \cdot \lambda^{n-1} \cdot (x - x_0)^n, \quad 0 < \lambda < 1.$$

Ferner verwenden wir die Funktion

$$\Psi(\lambda) := -\lambda^n, \quad 0 \leq \lambda \leq 1 \text{ mit } \Psi(1) = -1, \quad \Psi(0) = 0 \text{ und } \Psi'(\lambda) = -n\lambda^{n-1}. \tag{14}$$

Wir ziehen jetzt den allgemeinen Mittelwertsatz der Differentialrechnung heran, und mit Hilfe der Identitäten (11)-(14) ermitteln wir

$$R_n(x, x_0) = \frac{\Phi(1) - \Phi(0)}{\Psi(1) - \Psi(0)} = \frac{\Phi'(\theta)}{\Psi'(\theta)} = \frac{f^{(n)}\Big(x + \theta(x_0 - x)\Big)}{n!} \cdot (x - x_0)^n \tag{15}$$

mit einem $\theta \in (0, 1)$. Damit ist der folgende Satz bewiesen:

Satz 1. (Taylorsche Formel) *Die Funktion f aus (7) auf dem Intervall I vom Differenzierbarkeitsgrad $n \in \mathbb{N}$ besitzt die Darstellung*

$$f(x) = \sum_{k=0}^{n-1} \frac{f^{(k)}(x_0)}{k!} \cdot (x - x_0)^k + R_n(x, x_0), \quad x \in \overline{I} \quad .$$

*Dabei ist im **Lagrangeschen Restglied***

$$R_n(x, x_0) := \frac{f^{(n)}\Big(x + \theta(x_0 - x)\Big)}{n!} \cdot (x - x_0)^n$$

der Zwischenwert $\theta \in (0, 1)$ – nach dem Mittelwertsatz – geeignet zu wählen.

Satz 2. (Taylorsche Reihe) *Genau dann ist die Funktion $f \in C^\infty(I)$ im Punkt x_0 in ihre Taylorreihe (6) entwickelbar, wenn für alle $x \in I$ das Lagrangesche Restglied die Beziehung*

$$\lim_{n \to \infty} R_n(x, x_0) = 0$$

erfüllt.

Beweis: Dieser folgt sofort aus dem Satz 1.   q.e.d.

Bemerkung: Wir werden in § 1 des nächsten Kapitels eine C^∞-Funktion kennenlernen, welche nicht in ihre Taylorreihe entwickelt werden kann.

Wir wollen uns nun mit konvexen und konkaven Funktionen befassen.

Definition 4. *Eine **konvexe Funktion** ist ein Element der Menge $C^+(a, b)$ mit*

$$C^+(a, b) := \Big\{ f : (a, b) \to \mathbb{R} \in C^2\big((a, b)\big) \Big| \quad f''(x) \geq 0 \text{ für alle } x \in (a, b) \Big\}.$$

Mit der Taylorschen Formel zeigen wir den folgenden

Satz 3. *Für eine konvexe Funktion $f : (a,b) \to \mathbb{R} \in C^+(a,b)$ haben wir folgende Aussagen:*

1. *Die Ungleichung $f(x) \geq f(\xi) + f'(\xi) \cdot (x - \xi)$ für alle $x, \xi \in (a,b)$ ist erfüllt, d. h. f ist* **superlinear***;*
2. *Es gilt die* **Jensensche Ungleichung**

$$f(\sum_{j=1}^{m} \lambda_j x_j) \leq \sum_{j=1}^{m} \lambda_j f(x_j)$$

für alle $x_1, \ldots, x_m \in (a,b)$ und $\lambda_1, \ldots, \lambda_m \geq 0$ mit $\sum_{j=1}^{m} \lambda_j = 1$.

Beweis:

1. Auf die konvexe Funktion f wenden wir die Taylorsche Formel vom Differenzierbarkeitsgrad 2 mit dem Lagrangeschen Restglied an. Für alle $x, \xi \in (a,b)$ finden wir ein $\theta \in (0,1)$, so dass die Ungleichung

$$f(x) = f(\xi) + f'(\xi) \cdot (x - \xi) + \frac{f''\big(\xi + \theta(x - \xi)\big)}{2!} \cdot (x - \xi)^2 \geq f(\xi) + f'(\xi) \cdot (x - \xi) \tag{16}$$

   richtig ist, da nach Voraussetzung $f''(x) \geq 0$ für alle $x \in (a,b)$ gilt.

2. Wir wenden nun den ersten Teil auf $\xi := \sum_{j=1}^{m} \lambda_j x_j$ sowie $x := x_j$ an und erhalten die Ungleichungen

$$f(x_j) \geq f(\xi) + f'(\xi) \cdot (x_j - \xi) \text{ für } j = 1, \ldots, m. \tag{17}$$

   Multiplikation mit λ_j und Summation liefert

$$\sum_{j=1}^{m} \lambda_j f(x_j) \geq f(\xi) \cdot \sum_{j=1}^{m} \lambda_j + f'(\xi) \cdot \left(\sum_{j=1}^{m} \lambda_j x_j - \xi \sum_{j=1}^{m} \lambda_j \right) \tag{18}$$

$$= f(\xi) + f'(\xi) \cdot (\xi - \xi) = f(\xi) \quad,$$

   wenn wir $\sum_{j=1}^{m} \lambda_j = 1$ beachten.   q.e.d.

Jetzt notieren wir noch den Begriff der konkaven Funktion, für den die Aussagen aus Satz 3 entsprechend zu modifizieren sind.

Definition 5. *Eine* **konkave Funktion** *ist ein Element der Menge*

$$C^-(a,b) := \left\{ f : (a,b) \to \mathbb{R} \in C^2\big((a,b)\big) \,\Big|\,\, f''(x) \leq 0 \text{ für alle } x \in (a,b) \right\}.$$

§7 Krümmungen und Schmiegkreis von Kurven

Zum Abschluss dieses Kapitels wollen wir Krümmungen von Kurven definieren. Zur vorgegebenen Raumdimension $m \in \{2, 3, \ldots\}$ betrachten wir eine
Funktion

$$f = f(t) = (f_1(t), \ldots, f_m(t)) : [a, b] \to \mathbb{R}^m$$

der Klasse $C^2([a, b], \mathbb{R}^m)$ mit $f'(t) = (f_1'(t), \ldots, f_m'(t)) \neq 0$ für alle $t \in [a, b]$
auf dem Intervall $[a, b]$ mit den Grenzen $-\infty < a < b < +\infty$. Diese Funktion
stellt eine **reguläre C^2-Kurve**

$$\mathcal{K} := \{X \in \mathbb{R}^m : X = f(t),\ a \le t \le b\}$$

im $\mathbb{R}^m$ dar (Siehe hierzu Kapitel V, §5, Definition 5). Nun betrachten wir das
Integral

$$s = \sigma(t) := \int_a^t |f'(u)|\, du \quad \text{für alle} \quad t \in [a, b]. \tag{1}$$

In Satz 6 von §5 des Kapitels V zeigen wir, dass

$$L = \sigma(b) = \int_a^b |f'(u)|\, du$$

gerade die Bogenlänge L der Kurve $\mathcal{K}$ darstellt, welche wir dort in Definition
6 durch Approximation mit Polygonzügen erklären. Der Fundamentalsatz der
Differential- und Integralrechnung liefert

$$\sigma'(t) = |f'(t)| > 0 \quad \text{für alle} \quad t \in [a, b].$$

Also besitzt die streng monoton steigende Funktion $s = \sigma(t)$, $a \le t \le b$ eine
Umkehrfunktion $t = \tau(s)$, $s \in [0, L]$ der Klasse $C^1([0, L])$ mit der Ableitung

$$\tau'(s) = \frac{1}{|f'(\tau(s))|} \quad , \quad 0 \le s \le L. \tag{2}$$

Wir führen nun die **Bogenlänge als Parameter** ein, und wir erhalten für
die Funktion $g(s) := f(\tau(s))$, $0 \le s \le L$ sowohl **Einheitsgeschwindigkeit**

$$|g'(s)| = |f'(\tau(s))| \cdot |\tau'(s)| = |f'(\tau(s))| \cdot \frac{1}{|f'(\tau(s))|} = 1 \quad , \quad 0 \le s \le L \tag{3}$$

als auch die Darstellung

$$\mathcal{K} = \{X \in \mathbb{R}^m : X = g(s),\ 0 \le s \le L\}.$$

Differentiation der Identität $1 = g(s) \cdot g(s)$, $0 \le s \le L$ liefert die Identität

$$g''(s) \cdot g'(s) = 0 \quad , \quad 0 \le s \le L. \tag{4}$$

Definition 1. *Mit $G(s) := g''(s) \in \mathbb{R}^m$ bezeichnen wir den* **Krümmungs-vektor** *der Kurve $\mathcal{K}$ und mit $\kappa(s) := |g''(s)| = |G(s)| \in [0, +\infty)$ die* **Abso-lutkrümmung** *im Punkt $g(s) = f(\tau(s))$ zum Parameter $0 \le s \le L$.*

Bemerkungen: Der Krümmungsvektor $G(s)$ steht senkrecht auf dem normier-ten Tangentenvektor $g'(s)$. Sofern der Krümmungsvektor nicht verschwindet, so spannen die beiden Vektoren $g'(s)$ und $g''(s)$ die **Schmiegebene** an die Kurve $\mathcal{K}$ im Punkt $g(s)$ auf.

Wir wählen nun ein $s_0 \in (0, L)$ mit $\kappa(s_0) > 0$. Durch eine Translation im $\mathbb{R}^m$ und eine Drehung können wir erreichen, dass unsere Kurve g die Bedingungen

$$g(s_0) = (0, \ldots, 0),\ g'(s_0) = (1, 0, \ldots, 0),\ g''(s_0) = (0, \pm\kappa(s_0), 0, \ldots, 0) \quad (5)$$

erfüllt. Wir verwenden jetzt die Winkelfunktionen $\cos t$ und $\sin t$, die wir in § 2 von Kapitel III systematisch mittels komplexer Potenzreihen einführen. Wir betrachten nun die folgende Bewegung auf einem Kreis um den Mittelpunkt $(0, \pm r, 0, \ldots, 0)$ vom Radius r gemäß

$$h_\pm(s) := \left(r \sin\left(\frac{s - s_0}{r}\right),\ \mp r \cos\left(\frac{s - s_0}{r}\right) \pm r,\ 0, \ldots, 0 \right) \quad (6)$$

für alle Parameter $s_0 - r\pi \le s \le s_0 + r\pi$.

Zunächst berechnen wir

$$h'_\pm(s) = \left(\cos\left(\frac{s - s_0}{r}\right),\ \pm \sin\left(\frac{s - s_0}{r}\right), 0, \ldots, 0 \right),\ s_0 - r\pi \le s \le s_0 + r\pi \quad (7)$$

sowie

$$h''_\pm(s) = \left(-\frac{1}{r} \sin\left(\frac{s - s_0}{r}\right),\ \pm\frac{1}{r} \cos\left(\frac{s - s_0}{r}\right), 0, \ldots, 0 \right),\ s_0 - r\pi \le s \le s_0 + r\pi. \quad (8)$$

Hieraus ermitteln wir

$$h_\pm(s_0) = (0, \ldots, 0),\ h'_\pm(s_0) = (1, 0, \ldots, 0),\ h''_\pm(s_0) = (0, \pm\frac{1}{r}, 0, \ldots, 0). \quad (9)$$

Satz 1. *Die Funktionen $g_\pm$ aus (6) durchlaufen mit* **Einheitsgeschwindigkeit** *den Kreis um den Mittelpunkt $(0, \pm r, 0, \ldots, 0)$ vom Radius $r > 0$ und sind im Nullpunkt tangential zur Kurve g gemäß $g(s_0) = (0, \ldots, 0) = h_\pm(s_0)$ und $h'_\pm(s_0) = (1, 0, \ldots, 0) = g'(s_0)$. Wenn für den Radius die Bedingung*

$$r = \frac{1}{\kappa(s_0)} \quad (10)$$

erfüllt ist, so stimmt die Kurve g zum Parameter s_0 entweder mit h_+ gemäß $g''(s_0) = h''_+(s_0)$ oder mit h_- gemäß $g''(s_0) = h''_-(s_0)$ sogar in zweiter Ord-nung überein.

Beweis: Der Gleichung (7) entnehmen wir $|h'_\pm(s)| = 1$ für alle Parameter $s_0 - r\pi \le s \le s_0 + r\pi$. Ein Vergleich der Identitäten in (5) mit denen in (9) zeigt die weiteren Behauptungen.   q.e.d.

Somit ist der folgende Begriff sinnvoll:

Definition 2. *Wir nennen die Funktion h_+ oder h_- aus (6) mit dem Radius r gemäß (10) den* **Schmiegkreis** *an die Kurve g unter der Normierung (5) im Punkt $g(s_0)$, falls $g''(s_0) \cdot (0, 1, 0 \ldots, 0) > 0$ oder $g''(s_0) \cdot (0, 1, 0 \ldots, 0) < 0$ ausfällt.*

Im Sinne der nachfolgenden Definition besitzt die Kurve h_+ hat eine positive und die Funktion h_- eine negative *orientierte Krümmung*.

Definition 3. *Im Spezialfall $m = 2$ bezeichnet*

$$\widetilde{\kappa}(s) := \det \begin{pmatrix} g'(s) \\ g''(s) \end{pmatrix} \in \mathbb{R} \tag{11}$$

die **orientierte Krümmung** *der ebenen Kurve $\mathcal{K}$ im Punkt $g(s) = f(\tau(s))$ mit dem Parameter $0 \le s \le L$.*

§8 Aufgaben zum Kapitel II

1. Wir erklären die *Integerfunktion* $\zeta : \mathbb{R} \to \mathbb{Z}$ vermöge

$$\zeta(x) := \sup\{k \in \mathbb{Z} : k \le x\}.$$

Skizzieren Sie bitte die Funktionen $f(x) := x - \zeta(x), x \in \mathbb{R}$ und $g(x) := \sqrt{f(x)}, x \in \mathbb{R}$. Untersuchen Sie das Stetigkeitsverhalten dieser Funktionen – und insbesondere die rechts- und linksseitigen Grenzwerte an ihren Unstetigkeitsstellen!

2. In der offenen Einheitskreisscheibe $B := \{z \in \mathbb{C} : |z| < 1\}$ sei die konvergente Potenzreihe $\sum_{k=0}^{\infty} a_k z^k$ gegeben. Falls in einem Punkt $z_0 \in \partial B$ diese Potenzreihe absolut konvergiert, so stellt $f(z) := \sum_{k=0}^{\infty} a_k z^k, z \in \overline{B}$ eine stetige Funktion auf der abgeschlossenen Kreisscheibe $\overline{B}$ dar. Beweisen Sie diese Aussage!

3. Wiederum sei in der offenen Einheitskreisscheibe $B := \{z \in \mathbb{C} : |z| < 1\}$ eine konvergente Potenzreihe $\sum_{k=0}^{\infty} a_k z^k$ gegeben. Falls in einem Punkt $z_0 \in \partial B$ diese Potenzreihe konvergiert, so ist ihre Einschränkung auf den Strahl von 0 nach z_0 stetig – und somit stellt

$$f(t) := \sum_{k=0}^{\infty} a_k (t z_0)^k, \quad t \in [0, 1]$$

eine stetige Funktion auf dem abgeschlossenen Einheitsintervall dar. Zeigen Sie bitte diese Aussage!

4. Auf dem offenen Intervall I ist die Funktion $f \in C^1(I, \mathbb{R})$ genau dann schwach (bzw. strikt) monoton steigend, falls $f'(x) \geq 0$ (bzw. $f'(x) > 0$) für alle $x \in I$ erfüllt ist. Zeigen Sie diese Aussage mit dem Mittelwertsatz der Differentialrechnung.

5. Auf dem offenen Intervall I erfülle die Funktion $f \in C^1(I, \mathbb{R})$ die Bedingung $M := \sup\{|f'(x)| : x \in I\} < +\infty$. Beweisen Sie, dass dann diese Funktion der *Lipschitzbedingung*

$$|f(x_1) - f(x_2)| \leq M|x_1 - x_2| \quad \text{für alle} \quad x_1, x_2 \in I$$

genügt – und somit auf den Abschluss $\overline{I}$ fortsetzbar ist.

6. Sei die bijektive stetige Funktion $y = f(x) : [a, b] \to [A, B]$ der Klasse $C^1((a, b), \mathbb{R})$ mit der Eigenschaft $f'(x) \geq \alpha > 0, x \in (a, b)$ gegeben. Zeigen Sie, dass dann für ihre Umkehrfunktion $x = g(y) : [A, B] \to [a, b]$ eine Lipschitzkonstante $L > 0$ mit der Eigenschaft

$$|g(y_1) - g(y_2)| \leq L|y_1 - y_2| \quad \text{für alle} \quad y_1, y_2 \in [A, B]$$

existiert.

7. Berechnen Sie die Bogenlänge $\quad L = \displaystyle\int_1^2 \sqrt{1 + (f'(x))^2}\, dx \quad$ der Kurve, welche durch die Funktion

$$f(x) := \frac{x^2}{8} - \ln x\, , \, 1 \leq x \leq 2$$

definiert ist, und begründen Sie die angegebene Formel.

III

Die elementaren Funktionen als Potenzreihen

Beginnen wir mit einem Zitat von

Leonhard EULER: *Gerade durch die Lehre von den unendlichen Reihen hat die höhere Analysis sehr bedeutende Erweiterungen erfahren.*

Unter den elementaren Funktionen in einer reellen oder komplexen Veränderlichen verstehen wir solche, die lokal durch eine reelle oder komplexe Potenzreihe darstellbar sind. Dazu gehören Polynome, gebrochen rationale Funktionen, Wurzelfunktionen, sowie die Exponential- und Logarithmusfunktion, die allgemeine Potenzfunktion, die trigonometrischen Funktionen, die Arcus- und Hyperbelfunktionen als *transzendente Funktionen.* Ausgehend von der komplexen Exponentialfunktion wollen wir für all diese elementaren Funktionen ihre Differential- und Integralrechnung vorstellen. Die Umkehrung der komplexen Exponentialfunktion führt uns auf eine Riemannsche Fläche als Definitionsbereich der komplexen Logarithmusfunktion, welcher in der Geometrie eine zentrale Bedeutung zukommt. Zum Abschluss dieses Kapitels beweisen wir den Fundamentalsatz der Algebra und führen die Partialbruchzerlegung im Komplexen durch.

§1 Komplexe Exponentialfunktion und natürliche Logarithmusfunktion

Die komplexe Exponentialfunktion ist die wichtigste Funktion in der Mathematik, wie wir in diesem Kapitel erkennen werden. In den Anwendungen der Mathematik kommt sie etwa bei der mathematischen Modellierung physikalischer Gesetzmäßigkeiten wie dem radioaktiven Zerfall oder der Entladung eines Kondensators vor. Als Umkehrfunktion der reellen Exponentialfunktion werden wir am Schluss dieses Abschnitts die natürliche Logarithmusfunktion gewinnen.

Definition 1. *Für $z \in \mathbb{C}$ definieren wir*

$$\exp z := \sum_{k=0}^{\infty} \frac{z^k}{k!} \tag{1}$$

und nennen $\exp z : \mathbb{C} \to \mathbb{C}$ *die* **komplexe Exponentialfunktion**.

Satz 1. *Die Exponentialfunktion ist in $\mathbb{C}$ holomorph, und es gilt die Identität*

$$\frac{d}{dz} \exp z = \exp z, \quad z \in \mathbb{C}.$$

Beweis: In Beispiel 2 aus §6 von Kapitel I haben wir die Konvergenz der Reihe (1) für alle $z \in \mathbb{C}$ nachgewiesen. Nach Satz 15 aus Kapitel II, §3 ist die Funktion $f(z) = \exp z; \quad z \in \mathbb{C}$ holomorph, und die gliedweise Differentiation liefert

$$\frac{d}{dz} \exp z = \sum_{k=1}^{\infty} \frac{k z^{k-1}}{k!} = \sum_{k=1}^{\infty} \frac{z^{k-1}}{(k-1)!} = \sum_{k=0}^{\infty} \frac{z^k}{k!} = \exp z, \quad z \in \mathbb{C}.$$

q.e.d.

Satz 2 (Funktionalgleichung der Exponentialfunktion). *Es gilt für alle $z_1, z_2 \in \mathbb{C}$ die Funktionalgleichung*

$$\exp(z_1 + z_2) = (\exp z_1) \cdot (\exp z_2) \quad . \tag{2}$$

Beweis: Da die Exponentialreihe in $\mathbb{C}$ nach Satz 14 aus §6 in Kapitel I absolut konvergiert, können wir mit dem Multiplikationssatz für Reihen (vgl. Satz 3 aus §7 in Kapitel I) für alle $z_1, z_2 \in \mathbb{C}$ wie folgt multiplizieren:

$$\exp z_1 \cdot \exp z_2 = \left(\sum_{k=0}^{\infty} \frac{z_1^k}{k!} \right) \cdot \left(\sum_{l=0}^{\infty} \frac{z_2^l}{l!} \right) = \sum_{k=0}^{\infty} \left(\sum_{l=0}^{k} \frac{z_1^l \cdot z_2^{k-l}}{l! \cdot (k-l)!} \right)$$

$$= \sum_{k=0}^{\infty} \frac{1}{k!} \left(\sum_{l=0}^{k} \binom{k}{l} z_1^l \cdot z_2^{k-l} \right) = \sum_{k=0}^{\infty} \frac{(z_1 + z_2)^k}{k!} = \exp(z_1 + z_2). \tag{3}$$

Hierbei haben wir den Binomialsatz aus §1 in Kapitel I verwendet.   q.e.d.

Folgerung: Für beliebige $z \in \mathbb{C}$ ist

$$\exp z \cdot \exp(-z) = \exp(z - z) = \exp 0 = 1 \quad \text{und damit} \quad \exp z \neq 0$$

richtig.

Satz 3. *In jeder kompakten Kreisscheibe* $\overline{K_R} := \{z \in \mathbb{C} : |z| \leq R\}$ *mit dem festen Radius* $R \in (0, +\infty)$ *konvergiert die Funktionenfolge*

$$f_n(z) := \left(1 + \frac{z}{n}\right)^n, \quad z \in \mathbb{C}, \quad n = 1, 2, \ldots$$

gleichmäßig gegen die Funktion $f(z) = \exp z$, $\quad z \in \mathbb{C}$.

Beweis: Nach dem Binomialsatz gilt für festes $n \in \mathbb{N}$ und $z \in \mathbb{C}$ die Identität

$$f_n(z) := \left(1 + \frac{z}{n}\right)^n = \sum_{k=0}^{n} \binom{n}{k} \cdot \left(\frac{z}{n}\right)^k = 1 + \sum_{k=1}^{\infty} \varphi_k(z, n)$$

mit $\varphi_k(z, n) := \begin{cases} \binom{n}{k} \cdot \frac{1}{n^k} \cdot z^k & \text{falls } n \geq k \in \mathbb{N} \\ 0 & \text{falls } n < k \in \mathbb{N} \end{cases}$ und $\varphi_0(z, n) = 1$.

Für $k = 1, 2, \ldots, n$ erhalten wir

$$\varphi_k(z, n) = \binom{n}{k} \cdot \left(\frac{z}{n}\right)^k = \frac{n \cdot (n-1) \cdot (n-2) \cdot \ldots \cdot (n-k+1)}{k! \cdot n^k} \cdot z^k$$

$$= 1 \cdot \left(1 - \frac{1}{n}\right) \cdot \left(1 - \frac{2}{n}\right) \cdot \ldots \cdot \left(1 - \frac{k-1}{n}\right) \cdot \frac{z^k}{k!}$$

und damit

$$\lim_{n \to \infty} \varphi_k(z, n) = \frac{z^k}{k!} \quad.$$

Weiter gilt

$$|\varphi_k(z, n)| \leq \frac{R^k}{k!} \text{ für alle } z \in \overline{K_R} \text{ und alle } n \in \mathbb{N}_0.$$

Die Zahlenreihe

$$\sum_{k=0}^{\infty} \frac{R^k}{k!} = \exp R < +\infty$$

stellt also eine konvergente Majorante für die Funktionenreihe $\sum_{k=0}^{\infty} \varphi_k(z, n)$ dar. Nach dem Weierstraßschen Majorantentest aus Kapitel II, §2 konvergiert die Reihe

$$\sum_{k=0}^{\infty} \varphi_k(z, n)$$

gleichmäßig in $\overline{K_R}$ gegen die Reihe

$$\sum_{k=0}^{\infty} \frac{z^k}{k!} = \exp z.$$

Somit folgt die gleichmäßige Konvergenz

$$\lim_{n \to \infty} f_n(z) = \lim_{n \to \infty} \left(1 + \frac{z}{n}\right)^n = \exp z, \quad z \in \mathbb{C} \text{ mit } |z| \leq R. \tag{4}$$

q.e.d.

Definition 2. *Wir definieren die* **Eulersche Zahl** *e durch die Gleichung*

$$e := \exp 1 = \sum_{k=0}^{\infty} \frac{1}{k!} = \lim_{n \to \infty} \left(1 + \frac{1}{n} \right)^n \quad . \tag{5}$$

Evident ist der folgende

Satz 4. *Die Gesamtheit der komplexen Stammfunktionen für die Exponentialfunktion wird gegeben durch*

$$\int \exp z \, dz = \exp z + c, \qquad \text{mit einer Konstante } c \in \mathbb{C}.$$

Satz 5. *Die Funktion* $\exp : \mathbb{R} \to \mathbb{R}$, *vermöge* $\mathbb{R} \ni x \mapsto \exp x \in \mathbb{R}$ *als Einschränkung der komplexen Exponentialfunktion auf die reelle Achse definiert, nennen wir die* **reelle Exponentialfunktion**. *Diese stellt eine positive, streng monoton wachsende, konvexe Funktion mit dem folgenden asymptotischen Verhalten dar:*

$$\exp 0 = 1, \quad \lim_{x \to +\infty} \exp x = +\infty \quad \text{und} \quad \lim_{x \to -\infty} \exp x = 0. \tag{6}$$

Beweis:

1. Da die Exponentialreihe reelle Koeffizienten besitzt, folgt $\exp : \mathbb{R} \to \mathbb{R}$ für die Einschränkung der komplexen Exponentialfunktion auf die reelle Achse. Genauer gilt die Abschätzung

$$\exp x = 1 + x + \frac{1}{2} x^2 + \ldots \geq 1 + x \geq 1 > 0 \quad \text{für alle } x \in [0, +\infty) \quad . \tag{7}$$

Wir beachten $\exp 0 = 1$ und ermitteln

$$\exp x = \frac{1}{\exp(-x)} > 0 \text{ für alle } x \in (-\infty, 0] \quad .$$

2. Mit Hilfe von Satz 1 differenzieren wir auch unsere reelle Funktion

$$\frac{d}{dx} \exp x = \exp x > 0 \text{ für alle } x \in \mathbb{R} \quad .$$

Also ist die reelle Exponentialfunktion nach dem Mittelwertsatz streng monoton wachsend. Weiter liefert die Ungleichung

$$\frac{d^2}{dx^2} \exp x = \exp x > 0, \quad x \in \mathbb{R}$$

die Konvexität der Funktion.

3. Mit Hilfe von (7) ersehen wir

$$\lim_{x \to +\infty} \exp x \geq \lim_{x \to +\infty} (1 + x) = +\infty.$$

Schließlich berechnen wir

$$\lim_{x \to -\infty} \exp x = \lim_{x \to -\infty} \frac{1}{\exp(-x)} = \lim_{y \to +\infty} \frac{1}{\exp(y)} = 0$$

mit obigem Grenzwert.   q.e.d.

Satz 6. *Für alle rationalen Exponenten* $x := \dfrac{p}{q} \in \mathbb{Q}$ *mit* $p \in \mathbb{Z}$ *und* $q \in \mathbb{N}$ *gilt*

$$\exp\left(\frac{p}{q}\right) = \exp x = e^x = \left(\sqrt[q]{e}\right)^p. \tag{8}$$

Beweis: Für ein festes $n \in \mathbb{N}$ berechnen wir mit der Funktionalgleichung der Exponentialfunktion

$$e = \exp 1 = \exp\left(\sum_{k=1}^{n} \frac{1}{n}\right) = \prod_{k=1}^{n} \exp\left(\frac{1}{n}\right) \text{ und folglich } (*) \quad \exp\left(\frac{1}{n}\right) = \sqrt[n]{e}.$$

Für $p = 0$ und somit $x = 0$ erhalten wir $\exp 0 = e^0 = \left(\sqrt[q]{e}\right)^0 = 1$. Für $p > 0$ berechnet man

$$\exp x = \exp\left(\frac{p}{q}\right) = \exp\left(\sum_{k=1}^{p} \frac{1}{q}\right) = \prod_{k=1}^{p} \exp\left(\frac{1}{q}\right) \overset{(*)}{=} \left(\sqrt[q]{e}\right)^p = e^{\frac{p}{q}} = e^x.$$

Im Fall $p < 0$ erhalten wir aus dem Vorhergehenden:

$$\exp x = \exp\left(\frac{p}{q}\right) = \frac{1}{\exp\left(\frac{-p}{q}\right)} = \frac{1}{e^{\left(\frac{-p}{q}\right)}} = e^{\frac{p}{q}} = e^x.$$

q.e.d.

Bemerkung: Wegen Satz 6 verwenden wir auch die Schreibweise

$$e^x := \exp x, \quad x \in \mathbb{R} \quad \text{und} \quad e^z := \exp z, \quad z \in \mathbb{C}$$

für die reelle beziehungsweise komplexe Exponentialfunktion.

Wir wollen nun **Glättungsfunktionen** kennenlernen, die auf vorgegebenen Intervallen verschwinden und auf dessen Komplement positiv sind. Betrachten wir für ein festes $n \in \mathbb{N}$ die Funktion

$$f(x) := \begin{cases} 0 & \text{falls } x \leq 0 \\ x^n & \text{falls } x > 0 \end{cases}, \tag{9}$$

dann gilt $f \in C^{n-1}(\mathbb{R})$ aber $f \notin C^n(\mathbb{R})$. Wählen wir hingegen die Funktion

$$\Phi(x) := \begin{cases} 0 & \text{falls } x \leq 0 \\ \exp\left(-\frac{1}{x}\right) & \text{falls } x > 0 \end{cases}, \tag{10}$$

so ist diese für alle $x \in \mathbb{R}$ beliebig oft differenzierbar – d.h. $\Phi \in C^\infty(\mathbb{R})$ ist erfüllt:

Hilfssatz 1. *Für beliebige* $n \in \mathbb{N}$ *gilt*

$$\lim_{t \to +\infty} \frac{t^n}{\exp t} = 0.$$

Beweis: Für beliebiges $n \in \mathbb{N}$ gilt

$$\exp t = \sum_{k=0}^{\infty} \frac{t^k}{k!} \geq \frac{t^{n+1}}{(n+1)!} \quad \text{bzw.} \quad 0 < \frac{t^n}{\exp t} \leq \frac{(n+1)!}{t} \text{ für alle } t > 0.$$

Hieraus folgt wegen

$$0 \leq \lim_{t \to +\infty} \frac{t^n}{\exp t} \leq \lim_{t \to +\infty} \frac{(n+1)!}{t} = 0$$

sofort die Behauptung.

Hilfssatz 2. *Für alle* $k \in \mathbb{N}_0$ *gibt es ein Polynom* G_k *vom* $Grad\, G_k \leq 2k$, *so dass folgende Darstellung gilt:*

$$\Phi^{(k)}(x) = G_k\left(\frac{1}{x}\right) \cdot \exp\left(-\frac{1}{x}\right) \text{ für alle } x > 0.$$

Beweis durch vollständige Induktion über k:
Für den Induktionsanfang $k = 0$ haben wir

$$\Phi^{(0)}(x) = \Phi(x) = \exp\left(-\frac{1}{x}\right), \quad x > 0$$

mit dem Polynom $G_0\left(\frac{1}{x}\right) \equiv 1$ vom $\text{Grad}\, G_0 = 0$.
Die obige Darstellung sei nun für ein $k \in \mathbb{N}_0$ bereits gültig. Dann berechnen wir mit der Kettenregel

$$\Phi^{(k+1)}(x) = \frac{d}{dx}\Phi^{(k)}(x) = \frac{d}{dx}\left[G_k\left(\frac{1}{x}\right) \cdot \exp\left(-\frac{1}{x}\right)\right]$$

$$= \exp\left(-\frac{1}{x}\right) \cdot \frac{d}{dx}G_k\left(\frac{1}{x}\right) + G_k\left(\frac{1}{x}\right) \cdot \exp\left(-\frac{1}{x}\right) \cdot \frac{1}{x^2}$$

$$= \exp\left(-\frac{1}{x}\right)\left[\left(\frac{1}{x}\right)^2 \cdot G_k\left(\frac{1}{x}\right) - \left(\frac{1}{x}\right)^2 \cdot G_k'\left(\frac{1}{x}\right)\right] \tag{11}$$

$$= G_{k+1}\left(\frac{1}{x}\right) \cdot \exp\left(-\frac{1}{x}\right) \quad .$$

Für den Grad des entstehenden Polynoms G_{k+1} ermitteln wir

$$\operatorname{Grad} G_{k+1} \le 2 + \operatorname{Grad} G_k \le 2 + 2k = 2\,(k+1) \quad,$$

und damit haben wir die Behauptung vollständig gezeigt.   q.e.d.

Wir entnehmen Hilfssatz 1 für $t = \frac{1}{x}$ und Hilfssatz 2 sofort den

Hilfssatz 3. *Im Punkt $x = 0$ ist die Funktion Φ unendlich oft differenzierbar, und es gilt $\Phi^{(k)}(0) = 0$ für alle $k \in \mathbb{N}_0$.*

Satz 7. (Glättungsfunktion) *Es sei $-\infty < a < b < +\infty$. Dann existiert eine Funktion $f : \mathbb{R} \to \mathbb{R}$ mit $f \in C^\infty(\mathbb{R})$ und $f(x) = 0$ für alle $x \in \mathbb{R} \backslash (a, b)$ und $f(x) > 0$ für alle $x \in (a, b)$.*

Beweis: Wir wählen die Funktion

$$f(x) := \Phi(x - a) \cdot \Phi(b - x) \text{ für } x \in \mathbb{R} \quad,$$

welche das Gewünschte leistet.

Bemerkung: Entwickeln wir f im Punkt $x = a$ nach der Taylor-Formel gemäß §6 aus Kapitel II, so erhalten wir wegen $\Phi^{(k)}(0) = 0$ die Darstellung

$$f(x) = \sum_{k=0}^{n-1} \frac{f^k(a)}{k!} (x - a)^k + R_n(a, x) = R_n(a, x) \text{ für alle } x \in \mathbb{R} \quad.$$

Somit ist $\lim_{n \to \infty} R_n(a, x) = 0$ für alle $x \in (a, b)$ nicht erfüllt – und die Funktion f kann in einer Umgebung von a nicht in ihre Taylor-Reihe entwickelt werden.

Mit Hilfe von Satz 5 wollen wir nun die natürliche Logarithmusfunktion erklären.

Definition 3. *Die **natürliche Logarithmusfunktion** $\ln : I \to \mathbb{R}$ definieren wir auf dem Intervall $I := (0, +\infty)$ vermöge*

$$x = \ln u \Leftrightarrow u = \exp x \text{ mit } u \in I, x \in \mathbb{R} \tag{12}$$

als Umkehrfunktion von $\exp : \mathbb{R} \to I$.

Von der Exponentialfunktion können wir die Eigenschaften der natürlichen Logarithmusfunktion ablesen:

Satz 8. (Natürliche Logarithmusfunktion) *Die Funktion $\ln : I \to \mathbb{R}$ ist stetig differenzierbar in I mit der Ableitung*

$$\frac{d}{du} \ln u = \ln' u = \frac{1}{u}, \quad u \in I. \tag{13}$$

Diese Funktion ist in I streng monoton steigend sowie konkav, und sie besitzt die asymptotischen Eigenschaften

$$\lim_{u \to 0+} \ln u = -\infty \quad , \quad \ln 1 = 0 \quad , \quad \lim_{u \to +\infty} \ln u = +\infty \quad . \tag{14}$$

Schließlich genügt sie der Funktionalgleichung

$$\ln u_1 + \ln u_2 = \ln(u_1 \cdot u_2) \text{ für alle } u_1, u_2 \in I. \tag{15}$$

Beweis:

1. Nach entsprechenden Sätzen aus § 1 und § 3 in Kapitel II ist die Funktion $\ln : I \to \mathbb{R}$ stetig beziehungsweise differenzierbar, und ihre Ableitung ermitteln wir wie folgt:

$$\ln' u = \frac{1}{\exp' x}\bigg|_{x = \ln u} = \frac{1}{\exp \circ \ln u} = \frac{1}{u} \quad , \quad u \in I. \tag{16}$$

Also ist die Ableitungsfunktion stetig auf I und positiv, woraus sich die strikte Monotonie von $\ln : I \to \mathbb{R}$ ergibt. Die Ungleichung

$$\ln'' u = -\frac{1}{u^2} \quad , \quad u \in I$$

zeigt uns den konkaven Charakter der Funktion $\ln u$.

2. Wegen $\exp 0 = 1$ folgt zunächst $\ln 1 = 0$. Sei nun $x_n := \exp(u_n)$, $n = 1, 2, \ldots$ eine Folge in I mit der Eigenschaft $x_n \to 0$ $(n \to \infty)$. Dann erhalten wir $u_n = \ln(x_n) \to -\infty$ $(n \to \infty)$. Damit haben wir die erste asymptotische Eigenschaft in (14) bewiesen – und die zweite folgt genauso.

3. Die Funktionalgleichung (15) für die Logarithmusfunktion überführen wir äquivalent in die Funktionalgleichung der Exponentialfunktion:

$$\ln u_1 + \ln u_2 = \ln(u_1 \cdot u_2) \Leftrightarrow$$

$$x_1 + x_2 = \ln\left(\exp(x_1) \cdot \exp(x_2)\right) \Leftrightarrow \tag{17}$$

$$\exp(x_1 + x_2) = \exp(x_1) \cdot \exp(x_2)$$

für alle Punkte $u_1 = \exp(x_1), u_2 = \exp(x_2) \in I$ mit $x_1, x_2 \in \mathbb{R}$.

q.e.d.

Zur Integration gebrochen rationaler Funktionen benötigen wir den

Satz 9. *Für festes $u_0 \in \mathbb{R}$ bestimmen wir in $\mathbb{R} \setminus \{u_0\}$ die Gesamtheit der Stammfunktionen*

$$\int \frac{1}{u - u_0}\, du = \ln|u - u_0| + c, \quad u \in \mathbb{R} \setminus \{u_0\} \tag{18}$$

mit der reellen Integrationskonstanten $c \in \mathbb{R}$.

Beweis: Falls $u > u_0$ richtig ist, berechnen wir

$$\frac{d}{du}\ln|u - u_0| = \frac{d}{du}\ln(u - u_0) = \frac{1}{u - u_0} \quad \text{für } u \in \mathbb{R}, u > u_0. \qquad (19)$$

Falls $u < u_0$ richtig ist, ermitteln wir

$$\frac{d}{du}\ln|u - u_0| = \frac{d}{du}\ln -(u - u_0) = \frac{-1}{-(u - u_0)} = \frac{1}{u - u_0} \quad \text{für } u \in \mathbb{R}, u < u_0.$$
$$(20)$$
$$\text{q.e.d.}$$

Bemerkung: Die reellen Stammfunktionen der Logarithmusfunktion bestimmt man mittels partieller Integration wie folgt:

$$\int \ln u \, du = \int \left(1 \cdot \ln u\right) du = u \cdot \ln u - \int \left(u \cdot \frac{1}{u}\right) du$$
$$(21)$$
$$= u \cdot \ln u - \int 1 \, du = u \cdot \ln u - u + c \quad , \quad u \in I,$$

mit der Integrationskonstanten $c \in \mathbb{R}$.

§2   Die trigonometrischen Funktionen

Mit Hilfe der komplexen Exponentialfunktion erklären wir nun die Sinus- und Cosinusfunktion, die in der Trigonometrie seit der Antike verwendet werden:

Definition 1. *Für alle $z \in \mathbb{C}$ erklären wir die* **Cosinusfunktion**

$$\cos z := \frac{1}{2}\Big(\exp(iz) + \exp(-iz)\Big) = \frac{1}{2}\Big(e^{iz} + e^{-iz}\Big) \quad , \qquad (1)$$

sowie die **Sinusfunktion**

$$\sin z := \frac{1}{2i}\Big(\exp(iz) - \exp(-iz)\Big) = \frac{1}{2i}\Big(e^{iz} - e^{-iz}\Big) \quad . \qquad (2)$$

Bemerkungen:

1. Aus obiger Definition ergibt sich unmittelbar die **Eulersche Formel**

$$\cos z + i \sin z = \exp(iz), \quad z \in \mathbb{C}. \qquad (3)$$

2. Um die geometrische Bedeutung der o.a. Funktionen zu erkennen, betrachten wir zunächst die Funktion

$$f(x) := \exp(ix), \quad x \in \mathbb{R}. \qquad (4)$$

Wir ermitteln

$$|f(x)|^2 = f(x) \cdot \overline{f(x)} = \exp(ix) \cdot \exp(-ix) = 1, \quad x \in \mathbb{R} \qquad (5)$$

sowie

$$f'(x) = i \cdot \exp(ix) = i \cdot f(x), \quad x \in \mathbb{R}. \qquad (6)$$

Also stellt $f : \mathbb{R} \to \mathbb{C}$ eine mathematisch positiv orientierte Bewegung auf dem Einheitskreis mit der Geschwindigkeit 1 und dem Startpunkt $f(0) = 1$ dar.

Weiter berechnen wir den Real- und Imaginärteil der Funktion f, nämlich

$$Re f(x) = \frac{1}{2}\left(f(x) + \overline{f(x)}\right) = \frac{1}{2}\left(e^{ix} + e^{-ix}\right) = \cos x, \quad x \in \mathbb{R} \qquad (7)$$

beziehungsweise

$$Im f(x) = \frac{1}{2i}\left(f(x) - \overline{f(x)}\right) = \frac{1}{2i}\left(e^{ix} - e^{-ix}\right) = \sin x, \quad x \in \mathbb{R}. \qquad (8)$$

Also stellen die trigonometrischen Funktionen $\cos x : \mathbb{R} \to \mathbb{R}$ und $\sin x : \mathbb{R} \to \mathbb{R}$ gerade die Projektionen einer gleichförmigen Kreisbewegung

$$e^{ix}, \quad x \in \mathbb{R}$$

auf die reelle beziehungsweise imaginäre Achse dar.

3. Unter Verwendung der Potenzreihenentwicklung für die komplexe Exponentialfunktion berechnen wir

$$\cos x + i \sin x = \exp(ix) = \sum_{k=0}^{\infty} \left(\frac{1}{k!} \cdot i^k \cdot x^k\right)$$

$$= \sum_{m=0}^{\infty} \left(\frac{1}{(2m)!} \cdot i^{2m} \cdot x^{2m}\right) + \sum_{m=0}^{\infty} \left(\frac{1}{(2m+1)!} \cdot i^{2m+1} \cdot x^{2m+1}\right) \qquad (9)$$

$$= \sum_{m=0}^{\infty} \frac{(-1)^m}{(2m)!} \cdot x^{2m} + i \cdot \sum_{m=0}^{\infty} \frac{(-1)^m}{(2m+1)!} \cdot x^{2m+1} \quad , \quad x \in \mathbb{R}.$$

Damit ergeben sich die Potenzreihenentwicklungen für die reelle Sinus- und Cosinusfunktion durch den Vergleich von Real- und Imaginärteil:

$$\cos x = \sum_{m=0}^{\infty} \frac{(-1)^m}{(2m)!} \cdot x^{2m} \quad , \quad x \in \mathbb{R}, \qquad (10)$$

$$\sin x = \sum_{m=0}^{\infty} \frac{(-1)^m}{(2m+1)!} \cdot x^{2m+1} \quad , \quad x \in \mathbb{R}. \qquad (11)$$

Wegen $\cos(-x) = \cos x$ für alle $x \in \mathbb{R}$ ist die Cosinusfunktion eine **gerade Funktion**, während die Sinusfunktion eine **ungerade Funktion** darstellt gemäß $\sin(-x) = -\sin x$, $x \in \mathbb{R}$. Schließlich beachten wir $\cos 0 = 1$ und $\sin 0 = 0$.

4. Der Relation (5) entnehmen wir die Identität

$$\cos^2 x + \sin^2 x = 1 \quad , \quad x \in \mathbb{R}. \tag{12}$$

5. Die reelle Sinus- und Cosinusfunktion ist beliebig oft stetig differenzierbar. Die Gleichung (6) für die reelle Ableitung verwandelt sich in

$$\cos' x + i \sin' x = f'(x) = i \cdot f(x) = i(\cos x + i \sin x) = -sinx + i \cos x, x \in \mathbb{R}$$

beziehungsweise äquivalent hierzu in die Differentiationsregeln

$$\cos' x = -\sin x, \quad \sin' x = \cos x, \quad x \in \mathbb{R}. \tag{13}$$

6. Schließlich wollen wir noch integrieren: Für beliebige $a, b \in \mathbb{R}$ ermitteln wir

$$\int_a^b \cos x \, dx + i \int_a^b \sin x \, dx = \int_a^b \exp(ix) \, dx = \Big[-i \exp(ix) \Big]_a^b$$

$$= \Big[-i \cos x + \sin x \Big]_a^b = (\sin b - \sin a) + i(cosa - \cos b). \tag{14}$$

Durch den Vergleich von Real- und Imaginärteil erhalten wir die entsprechenden reellen Integrale der trigonometrischen Funktionen $\cos x$ und $\sin x$.

Wir wollen nun die Nullstellen der trigonometrischen Funktionen bestimmen.

Hilfssatz 1. *Für alle $x \in (0, 2]$ gilt $\sin x > 0$.*

Beweis: Für alle $x \in \mathbb{R}$ mit $0 < x \leq 2$ ist die Abschätzung

$$\sin x = \sum_{m=0}^{\infty} \frac{(-1)^m}{(2m+1)!} x^{2m+1} = x - \frac{x^3}{3!} + \frac{x^5}{5!} - \frac{x^7}{7!} + \frac{x^9}{9!} - \frac{x^{11}}{11!} + - \ldots$$

$$= x \left(1 - \frac{x^2}{6} \right) + \frac{x^5}{5!} \left(1 - \frac{x^2}{42} \right) + \frac{x^9}{9!} \left(1 - \frac{x^2}{110} \right) + \ldots > 0$$

richtig. Wegen $\left(1 - \frac{x^2}{6} \right) > 0$, $\left(1 - \frac{x^2}{42} \right) > 0$ usw. für $x \in (0, 2]$ sind nämlich alle Summanden positiv. q.e.d.

Hilfssatz 2. *Es gilt $\cos 2 < -\frac{1}{3} < 0$.*

Beweis: Wir ermitteln

$$\cos x = \sum_{m=0}^{\infty} \frac{(-1)^m}{(2m)!} x^{2m} = 1 - \frac{x^2}{2!} + \frac{x^4}{4!} - \frac{x^6}{6!} + \frac{x^8}{8!} - \frac{x^{10}}{10!} + \frac{x^{12}}{12!} - + \dots$$

$$= \left(1 - \frac{x^2}{2} + \frac{x^4}{24}\right) - \frac{x^6}{6!}\left(1 - \frac{x^2}{56}\right) - \frac{x^{10}}{10!}\left(1 - \frac{x^2}{132}\right) - \dots \quad .$$

An der Stelle $x = 2$ folgt wegen $\left(1 - 2 + \frac{2}{3}\right) = -\frac{1}{3}$, $\left(1 - \frac{1}{14}\right) > 0$, $\left(1 - \frac{1}{33}\right) > 0$
usw. die Behauptung $\cos 2 < -\frac{1}{3}$.   q.e.d.

Hilfssatz 3. *Die Gleichung $\cos x = 0$ besitzt für $x \in (0,2)$ genau eine Lösung.*

Beweis: Zuerst weisen wir die Existenz einer Lösung $\xi \in (0,2)$ nach. Es ist
$\cos 0 = 1 > 0$ erfüllt, und gemäß Hilfssatz 2 gilt $\cos 2 < -\frac{1}{3} < 0$. Nach dem
Zwischenwertsatz von Bolzano-Weierstraß aus §1 in Kapitel II existiert ein
$\xi \in (0,2)$ mit $\cos \xi = 0$.
Wir zeigen jetzt die Eindeutigkeit der Lösung: Gemäß Hilfssatz 2 gilt

$$\frac{d}{dx}\cos x = -\sin x < 0, \quad \text{für alle} \quad 0 < x < 2 \quad .$$

Somit ist die Cosinusfunktion streng monoton fallend im Intervall $[0,2]$, wie
der Mittelwertsatz der Differentialrechnung lehrt. Damit ist ξ die einzige Nullstelle von $f(x) = \cos x$ im Intervall $(0,2)$.   q.e.d.

Definition 2. *Für die gemäß Hilfssatz 3 existierende* **kleinste positive**
Nullstelle $\xi \in (0,2)$ **der Cosinusfunktion** $f(x) = \cos x$, $x > 0$ *setzen*
wir

$$\frac{\pi}{2} := \xi \quad .$$

Satz 1. *Die Funktion $f : \left[-\frac{\pi}{2}, \frac{\pi}{2}\right] \to \mathbb{R}$ vermöge $x \mapsto f(x) = \sin x$ ist im
Intervall $-\frac{\pi}{2} \le x \le \frac{\pi}{2}$ streng monoton steigend, und wir haben $\sin\left(-\frac{\pi}{2}\right) = -1$
und $\sin\left(\frac{\pi}{2}\right) = 1$.*

Beweis: Mit der Definition 2 ergibt sich

$$\frac{d}{dx}\sin x = \cos x > 0 \quad \text{für alle} \quad x \in [0, \frac{\pi}{2}).$$

Da die Cosinusfunktion gerade ist, folgt auch für $-\frac{\pi}{2} < x \le 0$ die Ungleichung
$\cos x > 0$. Also gilt

$$\frac{d}{dx}\sin x > 0 \quad \text{für alle} \quad x \in \left(-\frac{\pi}{2}, \frac{\pi}{2}\right) \quad ,$$

und somit ist f im Intervall $-\frac{\pi}{2} \le x \le \frac{\pi}{2}$ streng monoton wachsend.

Formel (12) liefert

$$\sin^2\left(\frac{\pi}{2}\right) = 1 - \cos^2\left(\frac{\pi}{2}\right) = 1,$$

und zusammen mit Hilfssatz 1 folgt $\sin\left(\frac{\pi}{2}\right) = +1$ sowie

$$\sin\left(\frac{-\pi}{2}\right) = -\sin\left(\frac{\pi}{2}\right) = -1.$$

q.e.d.

Bemerkungen: Für die Exponentialfunktion gilt

$$\exp\left(\frac{i\pi}{2}\right) = \cos\left(\frac{\pi}{2}\right) + i \cdot \sin\left(\frac{\pi}{2}\right) = 0 + i \cdot 1 = i \quad , \tag{15}$$

und somit folgt

$$\exp\left(\frac{ik\pi}{2}\right) = i^k \quad \text{für alle} \quad k \in \mathbb{Z}. \tag{16}$$

Insbesondere zum Studium der Hyperbelfunktionen in §3 wollen wir nun die trigonometrischen Funktionen auch in der komplexen Ebene studieren.

Satz 2. *Die Funktionen (1) und (2) sind holomorph, und es gilt*

$$\frac{d}{dz}\cos z = -\sin z \quad und \quad \frac{d}{dz}\sin z = \cos z \text{ für alle } z \in \mathbb{C}. \tag{17}$$

Sie sind darstellbar durch die konvergenten Potenzreihen

$$\cos z = \sum_{m=0}^{\infty} \frac{(-1)^m}{(2m)!} \cdot z^{2m} \quad , \quad z \in \mathbb{C} \tag{18}$$

und

$$\sin z = \sum_{m=0}^{\infty} \frac{(-1)^m}{(2m+1)!} \cdot z^{2m+1} \quad , \quad z \in \mathbb{C}. \tag{19}$$

Sie sind miteinander verknüpft durch die Eulersche Formel (3), und es gilt die Identität

$$\cos^2 z + \sin^2 z = 1 \quad , \quad z \in \mathbb{C}. \tag{20}$$

Schließlich geben wir die Gesamtheit ihrer Stammfunktionen an:

$$\int \cos z\, dz = \sin z + c_1 \quad und \quad \int \sin z\, dz = -\cos z + c_2 \quad , \quad z \in \mathbb{C} \text{ mit } c_1, c_2 \in \mathbb{C}. \tag{21}$$

Beweis:

1. Für alle $z \in \mathbb{C}$ gilt

$$\frac{d}{dz}\cos z = \frac{1}{2}\left(e^{iz} + e^{-iz}\right)' = \frac{1}{2}i\left(e^{iz} - e^{-iz}\right) = \frac{i^2}{2i}\left(e^{iz} - e^{-iz}\right) = -\sin z. \tag{22}$$

Analog zeigt man $\frac{d}{dz}\sin z = \cos z$.

2. Da die komplexe Exponentialfunktion eine konvergente Potenzreihe in $\mathbb{C}$ darstellt, müssen nach Definition 1 auch die Sinus- und Cosinusfunktion dort durch eine konvergente Potenzreihe gegeben sein. Deren Koeffizienten bestimmen wir mit den Überlegungen in § 6 von Kapitel II als Taylor-Koeffizienten ihrer Einschränkung auf die reelle Achse $\mathbb{R}$. Eben diese reelle Taylor-Reihen kennen wir schon aus (10) beziehungsweise (11). Also stellen die Reihen (18) und (19), welche nach Satz 14 aus § 6 in Kapitel I absolut konvergieren in $\mathbb{C}$, die entsprechenden trigonometrischen Funktionen dar.

3. Nach Formel (12) gilt die Identität (20) bereits für alle reellen Argumente. Zumal die angegebene Funktion aus (20) in eine konvergente Potenzreihe in $\mathbb{C}$ entwickelbar ist, liefert der nachfolgende Satz – spezialisiert auf einfache Reihen – die angegebene Identität.

4. Die Stammfunktionen verifizieren wir sofort mit den obigen Differentiationsregeln.

$$\text{q.e.d.}$$

Satz 3. (Identitätssatz für Doppelreihen) *Es sei in $\mathbb{C} \times \mathbb{C}$ die absolut konvergente Doppelreihe*

$$f(z_1, z_2) := \sum_{k_1, k_2 = 0}^{\infty} a_{k_1 k_2} z_1^{k_1} z_2^{k_2} \text{ für } z_1 = x_1 + iy_1, z_2 = x_2 + iy_2 \in \mathbb{C} \quad (23)$$

mit den Koeffizienten $a_{k_1 k_2} \in \mathbb{C}$ für $k_1, k_2 = 0, 1, 2, \ldots$ gegeben. Wenn auf der reellen Ebene $f(x_1, x_2) = 0$ für alle $x_1, x_2 \in \mathbb{R}$ verschwindet, so folgt die Identität $f(z_1, z_2) \equiv 0$ für alle $(z_1, z_2) \in \mathbb{C} \times \mathbb{C}$. Stimmen also zwei durch absolut konvergente Doppelreihen dargestellte Funktionen auf der reellen Ebene $\mathbb{R} \times \{0\} \times \mathbb{R} \times \{0\}$ überein, so ist dieses auch auf der komplexen Ebene $\mathbb{C} \times \mathbb{C}$ der Fall.

Beweis: Wie in § 6 von Kapitel II differenzieren wir die Doppelreihe (23) $l_1 \in \mathbb{N}_0$ mal reell nach x_1 sowie $l_2 \in \mathbb{N}_0$ mal reell nach x_2 und erhalten

$$0 = \sum_{k_1 \geq l_1, k_2 \geq l_2} l_1! \cdot l_2! \cdot a_{k_1 k_2} \cdot x_1^{k_1 - l_1} \cdot x_2^{k_2 - l_2} \text{ für } x_1, x_2 \in \mathbb{R} \quad . \quad (24)$$

Setzen wir dann die Stelle $x_1 = 0 = x_2$ ein, so folgt

$$0 = l_1! \cdot l_2! \cdot a_{l_1 l_2} \quad \text{beziehungsweise} \quad a_{l_1 l_2} = 0 \quad \text{für alle Indizes } l_1, l_2 \in \mathbb{N}_0. \quad (25)$$

Der Potenzreihendarstellung (23) entnehmen wir schließlich die Behauptung. q.e.d.

Satz 4. *Für alle $z_1, z_2 \in \mathbb{C}$ gelten die* **Additionstheoreme***:*

$$\cos(z_1 + z_2) = \cos z_1 \cdot \cos z_2 - \sin z_1 \cdot \sin z_2 \ \ und \tag{26}$$

$$\sin(z_1 + z_2) = \sin z_1 \cdot \cos z_2 + \cos z_1 \cdot \sin z_2. \tag{27}$$

Desweiteren gelten für alle $z \in \mathbb{C}$ *folgende* **Duplikationsformeln**:

$$\cos^2 z - \sin^2 z = \cos(2z) \tag{28}$$

$$2 \cos z \sin z = \sin(2z) \tag{29}$$

Beweis (26) und (27): Wegen Satz 3 reicht es aus, die Additionstheoreme nur für reelle Argumente nachzuweisen – zumal die darin erscheinenden Funktionen in absolut konvergente Doppelreihen entwickelbar sind. Mit der Funktionalgleichung der Exponentialfunktion berechnen wir für alle $x_1, x_2 \in \mathbb{R}$:

$$\cos(x_1 + x_2) + i\sin(x_1 + x_2) = \exp\left(i(x_1 + x_2)\right) = \exp(ix_1) \cdot \exp(ix_2)$$

$$= (\cos x_1 + i \sin x_1) \cdot (\cos x_2 + i \sin x_2)$$

$$= \left(\cos x_1 \cdot \cos x_2 - \sin x_1 \cdot \sin x_2 \right) + i \left(\sin x_1 \cdot \cos x_2 + \cos x_1 \cdot \sin x_2 \right). \tag{30}$$

Der Vergleich von Real- und Imaginärteil liefert die o.a. Additionstheoreme.
Beweis von (28) und (29): Wir setzen in (26) $z_1 = z_2 = z$ ein und erhalten

$$\cos(2z) = \cos(z + z) = \cos^2 z - \sin^2 z \quad .$$

Analog folgt aus (27) die Duplikationsformel (29).   q.e.d.

Bemerkung: Sehr praktisch zum Integrieren sind die Identitäten

$$1 + \cos(2z) = 2\cos^2 z \ \ und \ \ 1 - \cos(2z) = 2\sin^2 z, \quad z \in \mathbb{C} \quad , \tag{31}$$

welche man leicht nachweist.

Satz 5. (Phasenverschiebung) *Für alle* $z \in \mathbb{C}$ *gelten die Identitäten*

$$\cos\left(\frac{\pi}{2} - z\right) = \sin z \ \ und \ \ \sin\left(\frac{\pi}{2} - z\right) = \cos z \quad . \tag{32}$$

Beweis: Mit dem Additionstheorem (27) erhalten wir

$$\sin(\frac{\pi}{2} - z) = \sin(\frac{\pi}{2}) \cdot \cos(-z) + \cos(\frac{\pi}{2}) \cdot \sin(-z) = \cos z \quad .$$

Setzen wir in diese Identität $z := \frac{\pi}{2} - w$ mit $w \in \mathbb{C}$ ein, so folgt

$$\cos(\frac{\pi}{2} - w) = \sin[\frac{\pi}{2} - (\frac{\pi}{2} - w)] = \sin w \quad .$$

q.e.d.

Als Folgerung von Satz 1 notieren wir noch den

Satz 6. *Die Funktion* $g : [0, \pi] \to \mathbb{R}$ *vermöge* $x \mapsto g(x) = \cos x$ *ist im Intervall* $0 \leq x \leq \pi$ *streng monoton fallend, und es gilt* $\cos 0 = 1$ *und* $\cos \pi = -1$.

Beweis: Nach Satz 5 ist die Identität

$$\cos x = \sin \left(\frac{\pi}{2} - x \right) \quad \text{mit} \quad x \in [0, \pi]$$

gültig. Damit können wir alle Aussagen dem obigen Satz 1 entnehmen. q.e.d.

Hilfssatz 4. *Alle Lösungen von der Gleichung* $\exp z = 1$ *mit* $z \in \mathbb{C}$ *sind in der Form* $z = 2k\pi i$ *mit* $k \in \mathbb{Z}$ *darstellbar.*

Beweis: Der Formel (16) entnehmen wir, dass die angegebenen komplexen Zahlen die Gleichung lösen.
Sei nun umgekehrt $z = x + iy$ mit $x, y \in \mathbb{R}$ eine Lösung der Gleichung

$$1 = e^z = e^{x+iy} = e^x e^{iy} = e^x (\cos y + i \cdot \sin y) \quad,$$

so folgt $1 = e^x \left| e^{iy} \right| = e^x$ und damit $x = 0$. Wir ermitteln

$$1 = \overbrace{e^x}^{1} e^{iy} = e^{iy} = e^{i(y-2k\pi)} \overset{t := y - 2k\pi}{=} e^{it} = \cos t + i \overbrace{\sin t}^{0} = \cos t$$

und wählen $k \in \mathbb{Z}$ so, dass $-\pi < t \leq \pi$ erfüllt ist. Aus der Bedingung $\sin t = 0$ folgt dann $t = 0$ oder $t = \pi$, und zusammen mit der Bedingung $\cos t = +1$ erhalten wir $t = 0$. Wir finden schließlich $y = 2k\pi$ beziehungsweise $z = 2k\pi i$, wie es oben behauptet wurde.   q.e.d.

Satz 7. (Periodizität der Exponentialfunktion) *Die komplexe Exponentialfunktion hat die Periode* $2\pi i$. *Die Gleichung* $\exp w = \exp z$ *mit* $w, z \in \mathbb{C}$ *ist genau dann erfüllt, falls* $w - z = 2k\pi i$ *mit geeignetem* $k \in \mathbb{Z}$ *gültig ist.*

Beweis: Seien $w, z \in \mathbb{C}$ mit $e^w = e^z$, so ist äquivalent $e^{w-z} = 1$ erfüllt. Gemäß Hilfssatz 4 bedeutet dieses $w - z = 2k\pi i$ mit geeignetem $k \in \mathbb{Z}$.   q.e.d.

Satz 8. *Die komplexen trigonometrischen Funktionen* $\cos z$ *und* $\sin z$ *haben die Periode* 2π. *Alle komplexen Nullstellen von* $\cos z$ *sind durch* $\left(k + \frac{1}{2} \right) \pi$ *und von* $\sin z$ *durch* $k\pi$ *mit* $k \in \mathbb{Z}$ *gegeben.*

Beweis: Für alle $z \in \mathbb{C}$ und $k \in \mathbb{Z}$ gilt nach Hilfssatz 4 für die Cosinusfunktion

$$\cos(z + 2k\pi) = \frac{1}{2} \left(e^{i(z+2k\pi)} + e^{-i(z+2k\pi)} \right) = \frac{1}{2} \left(e^{iz} + e^{-iz} \right) = \cos z. \quad (33)$$

Wir berechnen jetzt alle Nullstellen der Cosinusfunktion. Für alle $z \in \mathbb{C}$ gilt

$$0 = \cos z = \tfrac{1}{2}\left(e^{iz} + e^{-iz}\right) \Leftrightarrow 0 = e^{2iz} + 1$$

$$\Leftrightarrow e^{2iz} = -1 = e^{i\pi}$$

$$\Leftrightarrow e^{(2z-\pi)i} = 1 \Leftrightarrow (2z - \pi)\,i = 2k\pi i \quad \wedge \quad k \in \mathbb{Z}$$

$$\Leftrightarrow z = \tfrac{\pi}{2}(2k+1) \quad \wedge \quad k \in \mathbb{Z}. \tag{34}$$

Die angegebenen Eigenschaften der Sinusfunktion ergeben sich aus der Phasenverschiebung gegenüber der Cosinusfunktion. q.e.d.

Wir wollen nun weitere trigonometrische Funktionen kennenlernen:

Definition 3. *Für alle* $z \in \{w \in \mathbb{C} : w \neq (k + \tfrac{1}{2})\pi \quad \wedge \quad k \in \mathbb{Z}\}$ *erklären wir die* **Tangensfunktion**

$$\tan z := \frac{\sin z}{\cos z} \quad , \tag{35}$$

und für alle $z \in \{w \in \mathbb{C} : w \neq k\pi \quad \wedge \quad k \in \mathbb{Z}\}$ *erklären wir die* **Cotangensfunktion**

$$\cot z := \frac{\cos z}{\sin z}. \tag{36}$$

Satz 9. *Die Funktionen aus Definition 3 sind holomorph in ihren Definitionsbereichen, und es gilt*

$$\frac{d}{dz}\tan z = \frac{1}{\cos^2 z} = 1 + \tan^2 z \ \text{für } z \in \mathbb{C} \ \text{und } z \neq \left(k + \frac{1}{2}\right)\pi (k \in \mathbb{Z}), \tag{37}$$

$$\frac{d}{dz}\cot z = -\frac{1}{\sin^2 z} = -(1 + \cot^2 z) \ \text{für } z \in \mathbb{C} \ \text{und } z \neq k\pi (k \in \mathbb{Z}). \tag{38}$$

Beweis: Die komplexen trigonometrischen Funktionen (35) und (36) sind holomorph, da sie als Quotient holomorpher Funktionen definiert sind. Für alle $z \in \mathbb{C}$ und $z \neq (2k+1)\frac{\pi}{2}$ mit $k \in \mathbb{Z}$ gilt

$$\frac{d}{dz}\tan z = \frac{d}{dz}\left(\frac{\sin z}{\cos z}\right) = \frac{\cos^2 z - \sin z(-\sin z)}{\cos^2 z} = \frac{1}{\cos^2 z} = 1 + \tan^2 z.$$

Für alle $z \in \mathbb{C}$ und $z \neq k\pi$ mit $k \in \mathbb{Z}$ berechnen wir

$$\frac{d}{dz}\cot z = \frac{d}{dz}\left(\frac{\cos z}{\sin z}\right) = \frac{(-\sin z)\sin z - \cos^2 z}{\sin^2 z} = \frac{-1}{\sin^2 z} = -(1 + \cot^2 z).$$

q.e.d.

Satz 10 (Additionstheorem für $\tan$ **und** $\cot$**).** *Für alle* $z_1, z_2, z_1 + z_2 \in \{w \in \mathbb{C} : w \neq (2k+1)\frac{\pi}{2} \quad \wedge \quad k \in \mathbb{Z}\}$ *gilt*

$$\tan(z_1 + z_2) = \frac{\tan z_1 + \tan z_2}{1 - \tan z_1 \tan z_2}. \tag{39}$$

Für alle $z_1, z_2, z_1 + z_2 \in \{w \in \mathbb{C} : w \neq k\pi \quad \wedge \quad k \in \mathbb{Z}\}$ *gilt*

$$\cot(z_1 + z_2) = \frac{-1 + \cot z_1 \cot z_2}{\cot z_1 + \cot z_2}. \tag{40}$$

Beweis: Für alle $z_1, z_2, z_1 + z_2 \in \{w \in \mathbb{C} : w \neq (2k+1)\frac{\pi}{2} \quad \wedge \quad k \in \mathbb{Z}\}$ gilt

$$\tan(z_1 + z_2) = \frac{\sin(z_1 + z_2)}{\cos(z_1 + z_2)} = \frac{\sin z_1 \cos z_2 + \cos z_1 \sin z_2}{\cos z_1 \cos z_2 - \sin z_1 \sin z_2}$$

$$\tag{41}$$

$$= \frac{\frac{\sin z_1}{\cos z_1} + \frac{\sin z_2}{\cos z_2}}{1 - \frac{\sin z_1}{\cos z_1} \cdot \frac{\sin z_2}{\cos z_2}} = \frac{\tan z_1 + \tan z_2}{1 - \tan z_1 \tan z_2} \quad .$$

Analog beweisen wir (40). q.e.d.

Satz 11. *Für alle* $z \in \mathbb{C}$ *mit* $z \neq k\pi$ $(k \in \mathbb{Z})$ *haben wir*

$$\frac{1}{\tan z} = \cot z = \tan\left(\frac{\pi}{2} - z\right) \quad . \tag{42}$$

Beweis: Mit Hilfe von Satz 5 berechnen wir

$$\frac{1}{\tan z} = \cot z = \frac{\cos z}{\sin z} = \frac{\sin\left(\frac{\pi}{2} - z\right)}{\cos\left(\frac{\pi}{2} - z\right)} = \tan\left(\frac{\pi}{2} - z\right) \quad .$$

q.e.d.

Wir wollen schließlich die reelle Tangens- und Cotangensfunktion untersuchen.

Satz 12. *Die Funktion* $f : \left(-\frac{\pi}{2}, \frac{\pi}{2}\right) \to \mathbb{R}$ *vermöge* $x \mapsto f(x) = \tan x$ *ist im Intervall* $-\frac{\pi}{2} < x < \frac{\pi}{2}$ *streng monoton steigend. Diese Funktion ist ungerade, erfüllt* $\tan 0 = 0$, *und besitzt das folgende asymptotische Verhalten:*

$$\lim_{x \to -\frac{\pi}{2}, x > -\frac{\pi}{2}} \tan x = -\infty \quad \text{und} \quad \lim_{x \to \frac{\pi}{2}, x < \frac{\pi}{2}} \tan x = +\infty. \tag{43}$$

Beweis: Wegen (37) gilt

$$f'(y) = \frac{1}{\cos^2 y} > 0 \text{ sowie } \tan(-y) = -\tan(y) \quad , \quad y \in \left(-\frac{\pi}{2}, \frac{\pi}{2}\right).$$

Somit ist diese Funktion im Definitionsbereich streng monoton steigend und ungerade mit der Eigenschaft

$$\tan 0 = \frac{\sin 0}{\cos 0} = 0.$$

Wir ermitteln nun ihr asymptotisches Verhalten

$$\lim_{x \to \frac{\pi}{2}, x < \frac{\pi}{2}} \tan x = \lim_{x \to \frac{\pi}{2}, x < \frac{\pi}{2}} \frac{\sin x}{\cos x} = +\infty \quad .$$

q.e.d.

Satz 13. *Die Funktion* $g : (0, \pi) \to \mathbb{R}$ *vermöge* $x \mapsto g(x) = \cot x$ *ist im Intervall* $0 < x < \pi$ *streng monoton fallend, und es gilt*

$$\lim_{x \to 0, x > 0} \cot x = +\infty, \quad \cot\left(\frac{\pi}{2}\right) = 0 \quad , \quad \lim_{x \to \pi, x < \pi} \cot x = -\infty.$$

Beweis: Wir beachten $g(x) = \cot x = \tan\left(\frac{\pi}{2} - x\right)$ für alle $0 < x < \pi$, und Satz 12 liefert die angegebenen Eigenschaften.   q.e.d.

Bemerkung: Wegen

$$\cos(z + k\pi) = \cos z \cos(k\pi) - \sin z \sin(k\pi) = (-1)^k \cos z \text{ und}$$
$$\sin(z + k\pi) = \sin z \cos(k\pi) + \cos z \sin(k\pi) = (-1)^k \sin z$$

folgen für beliebige $k \in \mathbb{Z}$ und geeignete $z \in \mathbb{C}$ die Identitäten

$$\tan(z + k\pi) = \frac{\sin(z + k\pi)}{\cos(z + k\pi)} = \frac{(-1)^k \sin z}{(-1)^k \cos z} = \tan z \text{ bzw.}$$
$$\cot(z + k\pi) = \frac{1}{\tan(z + k\pi)} = \frac{1}{\tan z} = \cot z,$$

d.h. die trigonometrischen Funktionen (35) und (36) haben die Periode π. Weiter sind offenbar beide Funktionen ungerade.

Schließlich notieren wir noch den

Satz 14. *Die Gesamtheit der reellen Stammfunktionen ist gegeben durch*

$$\int \tan x \, dx = -\int \frac{\cos' x}{\cos x} \, dx = -\ln(\cos x) + c_1, \quad x \in \left(-\frac{\pi}{2}, +\frac{\pi}{2}\right) \qquad (44)$$

und

$$\int \cot x \, dx = \int \frac{\sin' x}{\sin x} \, dx = \int (\ln \circ \sin)' x \, dx = \ln(\sin x) + c_2, \quad x \in (0, +\pi)$$
$$(45)$$

mit den reellen Integrationskonstanten $c_1, c_2 \in \mathbb{R}$.

§3 Die Hyperbelfunktionen

Wir beginnen mit der höchst ausgereiften

Definition 1 (Hyperbelfunktionen). *Für alle* $y \in \mathbb{R}$ *erklären wir den* **Cosinus hyperbolicus** *durch*

$$\cosh y := \frac{1}{2}(e^y + e^{-y}) = \cos(iy) \quad ,$$

den **Sinus hyperbolicus** *durch*

$$\sinh y := \frac{1}{2}(e^y - e^{-y}) = -i \cdot \sin(iy) \quad,$$

den **Tangens hyperbolicus** *durch*

$$\tanh y := \frac{\sinh y}{\cosh y} = \frac{e^y - e^{-y}}{e^y + e^{-y}} = -i \cdot \tan(iy) \quad,$$

und den **Cotangens hyperbolicus** *durch*

$$\coth y := \frac{\cosh y}{\sinh y} = \frac{e^y + e^{-y}}{e^y - e^{-y}} = i \cdot \cot(iy), \quad y \neq 0.$$

Bemerkungen:

1. Wir können nun alle Eigenschaften der Hyperbelfunktionen aus den entsprechenden der trigonometrischen Funktionen ermitteln, welche wir in § 2 bereit gestellt haben. So überträgt sich der gerade/ungerade Charakter der trigonometrischen Funktionen auf die entsprechende Hyperbelfunktion. Aus den Potenzreihen für die Cosinus- und Sinusfunktion können wir dann Reihenentwicklungen für die entsprechenden Hyperbelfunktionen gewinnen, welche natürlich auch ins Komplexe fortsetzbar sind.

2. Die Eulersche Formel wird zur *hyperbolischen Formel*

$$e^{-y} = \cosh y - \sinh y \quad, \quad e^y = \cosh y + \sinh y \quad, \quad y \in \mathbb{R} \quad.$$

Dabei stellt auf den rechten Seiten der erste Summand eine gerade und der zweite eine ungerade Funktion dar.

Wir zeigen nun die folgende Aussage:

Satz 1. *Die Hyperbelfunktionen sind in $\mathbb{R}$ stetig differenzierbar, und es gelten für alle $y \in \mathbb{R}$ die folgenden Differentiationsregeln:*

$$\frac{d}{dy} \cosh y = \sinh y \ \textit{und} \ \frac{d}{dy} \sinh y = \cosh y$$

$$\frac{d}{dy} \tanh y = \frac{1}{\cosh^2 y} \ \textit{und} \ \frac{d}{dy} \coth y = -\frac{1}{\sinh^2 y} \quad, \quad y \neq 0. \tag{1}$$

Beweis: Wir beachten die obige Definition der Hyperbelfunktionen durch die trigonometrischen Funktionen. Von den ersten beiden Differentiationsregeln berechnen wir

$$\frac{d}{dy} \cosh y = \frac{d}{dy} \cos(iy) = -i \cdot \sin(iy) = \sinh y, \quad y \in \mathbb{R}. \tag{2}$$

Unter Verwendung von Satz 9 aus § 2 ermitteln wir die dritte Differentiationsregel:

$$\frac{d}{dy}\tanh(iy) = -i \cdot \frac{d}{dy}\tan(iy) = -i \cdot i \cdot \frac{1}{\cos^2(iy)} = \frac{1}{\cosh^2 y}, \quad y \in \mathbb{R}. \quad (3)$$

Die restlichen Ableitungen bestimmen wir genauso.   q.e.d.

Satz 2 (Additionstheorem für die Hyperbelfunktionen). *Für alle* $y_1, y_2 \in \mathbb{R}$ *gelten die folgenden Identitäten:*

$$\cosh(y_1 + y_2) = \cosh y_1 \cdot \cosh y_2 + \sinh y_1 \cdot \sinh y_2 \quad ,$$

$$\sinh(y_1 + y_2) = \sinh y_1 \cdot \cosh y_2 + \cosh y_1 \cdot \sinh y_2 \quad . \tag{4}$$

Desweiteren gilt für alle $y \in \mathbb{R}$ *die Identität*

$$\cosh^2 y - \sinh^2 y = 1. \tag{5}$$

Beweis: Mit dem Additionstheorem berechnen wir von (4) die erste Gleichung:

$$\cosh(y_1 + y_2) = \cos(iy_1 + iy_2)$$

$$= \cos(iy_1) \cdot \cos(iy_2) - \sin(iy_1) \cdot \sin(iy_2)$$

$$= \cos(iy_1) \cdot \cos(iy_2) + [-i \cdot \sin(iy_1)] \cdot [-i \cdot \sin(iy_2)] \tag{6}$$

$$= \cosh y_1 \cdot \cosh y_2 + \sinh y_1 \cdot \sinh y_2 \quad \text{für alle } y_1, y_2 \in \mathbb{R}.$$

Weiter ermitteln wir für alle $y \in \mathbb{R}$:

$$\cosh^2 y - \sinh^2 y = \cos(iy)^2 - (-i)^2 \sin(iy)^2 = \cos(iy)^2 + \sin(iy)^2 = 1 \quad . \tag{7}$$

q.e.d.

Bemerkung zur Identität (5): Betrachten wir die Kurve

$$\xi(y) = \cosh y, \ \eta(y) = \sinh y \quad , \quad y \in \mathbb{R} \quad ,$$

so folgt

$$\xi(y)^2 - \eta(y)^2 = \cosh^2 y - \sinh^2 y = 1 \quad , \quad y \in \mathbb{R}.$$

Diese Kurve stellt also eine Hyperbel dar, was die Bezeichnung *hyperbolische Funktionen* rechtfertigt.

Wir wollen nun die Hyperbelfunktionen genauer untersuchen.

Satz 3. *Die ungerade Funktion* $f : \mathbb{R} \to \mathbb{R}$ *vermöge* $y \mapsto f(y) = \sinh y$ *ist in* $\mathbb{R}$ *streng monoton steigend, und wir haben das asymptotische Verhalten*

$$\lim_{y \to -\infty} \sinh y = -\infty, \quad \sinh 0 = 0, \quad \lim_{y \to +\infty} \sinh y = +\infty.$$

Beweis: Wegen der Ungleichung

$$f'(y) = \cosh y = \frac{1}{2}(e^y + e^{-y}) > 0, \quad y \in \mathbb{R}$$

ist die Funktion *Sinus hyperbolicus* auf $\mathbb{R}$ streng monoton steigend, und es gilt

$$\sinh 0 = \frac{1}{2}(e^0 - e^0) = 0.$$

Gemäß § 1 ist $\lim_{y \to +\infty} e^y = +\infty$ und $\lim_{y \to +\infty} e^{-y} = 0$ erfüllt, und wir erhalten

$$\lim_{y \to +\infty} \sinh y = \frac{1}{2}\left(\lim_{y \to +\infty} e^y - \lim_{y \to +\infty} e^{-y}\right) = \frac{1}{2} \lim_{y \to +\infty} e^y = +\infty.$$

Aus der Eigenschaft $\sinh(-y) = -\sinh y$, $y \in \mathbb{R}$ folgen nun alle weiteren Aussagen. Die Funktion $\sinh y$ ist nämlich ungerade, da dieses auch auf die Funktion $\sin z$ zutrifft. $\hfill$ q.e.d.

Bemerkungen: Wegen obigem Satz ist die Sinusfunktion auf der imaginären Achse gemäß

$$\sup\{|\sin(iy)| : y \in \mathbb{R}\} = \sup\{|\sinh y| : y \in \mathbb{R}\} = +\infty$$

unbeschränkt – jedoch auf der reellen Achse gemäß

$$\sup\{|\sin x| : x \in \mathbb{R}\} = +1$$

beschränkt. Eine entsprechende Aussage ist für die komplexe Cosinusfunktion richtig:

Satz 4. *Die gerade Funktion* $g : \mathbb{R} \to \mathbb{R}$ *vermöge* $y \mapsto g(y) = \cosh y$ *ist im Intervall* $0 \le y < +\infty$ *streng monoton steigend, und es gilt*

$$\lim_{y \to -\infty} \cosh y = +\infty = \lim_{y \to +\infty} \cosh y \ \text{ sowie } \cosh 0 = 1.$$

Beweis: Wegen $g'(y) = \sinh y > 0$ für alle $y > 0$ ist die Funktion *Cosinus hyperbolicus* im Intervall $[0, +\infty)$ streng monoton steigend. Weiter gilt $\cosh 0 = \frac{1}{2}(e^0 + e^0) = 1$. Da die Cosinusfunktion gerade ist, folgt

$$\cosh(-y) = \cosh(y), \quad y \in \mathbb{R}.$$

Wegen der asymptotischen Eigenschaften der Exponentialfunktion ist die Bedingung

$$\lim_{y \to +\infty} \cosh y = \frac{1}{2}\left(\lim_{y \to +\infty} e^y + \lim_{y \to +\infty} e^{-y}\right) = \frac{1}{2} \lim_{y \to +\infty} e^y = +\infty$$

erfüllt. Schließlich folgt noch $\lim_{y \to -\infty} \cosh y = +\infty$, denn g ist eine gerade Funktion. $\hfill$ q.e.d.

Bemerkung: Man zeigt wie im obigen Beweis, dass g im Intervall $-\infty < x \leq 0$ streng monoton fallend ist. Da die Schwerkraft eine Kette in solch einer Kurve durchhängen läßt, heißt der Graph von g auch eine *Kettenlinie.*

Wir notieren noch die folgenden Aussagen, die man sofort nachprüft:

Satz 5. *Die Gesamtheit der reellen Stammfunktionen vom Cosinus hyperbolicus beziehungsweise vom Sinus hyperbolicus sind gegeben durch*

$$\int \cosh y \, dy = \sinh y + c_1 \quad und \quad \int \sinh y \, dy = \cosh y + c_2 \qquad (8)$$

mit den reellen Integrationskonstanten $c_1, c_2 \in \mathbb{R}$.

Satz 6. *Für den Tangens hyperbolicus gilt*

$$\int \tanh y \, dy = \int \frac{\cosh' y}{\cosh y} \, dy = \int (\ln \circ \cosh)' y \, dy = \ln(\cosh y) + c, \quad y \in \mathbb{R} \quad (9)$$

mit der reellen Integrationskonstante $c \in \mathbb{R}$.

§4 Die Arcusfunktionen

Satz 1 und Satz 6 aus §2 legen die folgende Setzung nahe:

Definition 1. *Die Umkehrfunktion von* $y = \sin x : \left[-\frac{\pi}{2}, \frac{\pi}{2}\right] \to \mathbb{R}$ *heißt* **Arcus-Sinusfunktion** $x = \arcsin y : [-1, 1] \to \mathbb{R}$. *Die Umkehrfunktion von* $y = \cos x : [0, \pi] \to \mathbb{R}$ *heißt* **Arcus-Cosinusfunktion** $x = \arccos y : [-1, 1] \to \mathbb{R}$.

Satz 1. *Für alle $y \in \mathbb{R}$ mit $|y| \leq 1$ gilt*

$$\arccos y + \arcsin y = \frac{\pi}{2}. \qquad (1)$$

Beweis: Nach Satz 5 in §2 gilt

$$[-1, +1] \ni y = \sin x = \cos\left(\frac{\pi}{2} - x\right) \quad \text{für alle } x \in \left[-\frac{\pi}{2}, \frac{\pi}{2}\right].$$

Unter Anwendung von arccos auf die Identität $y = \cos\left(\frac{\pi}{2} - x\right)$ und von arcsin auf $y = \sin x$ erhalten wir

$$\arccos y = \left(\frac{\pi}{2} - x\right) = \left(\frac{\pi}{2} - \arcsin y\right) \qquad (2)$$

für alle $y \in [-1, +1]$. Somit folgt die o.a. Behauptung.   q.e.d.

Satz 2. *Die in Definition 1 erklärten Funktionen sind im Intervall $(-1,1)$ stetig differenzierbar, und es gilt*

$$\frac{d}{dy} \arcsin y = \frac{1}{\sqrt{1-y^2}} \quad und \quad \frac{d}{dy} \arccos y = \frac{-1}{\sqrt{1-y^2}} \tag{3}$$

für alle $y \in \mathbb{R}$ mit $|y| < 1$.

Beweis: Sei $y \in (-1,1)$ und $x := \arcsin y$, wobei $y = \sin x$ mit $x \in \left(-\frac{\pi}{2}, \frac{\pi}{2}\right)$ gilt. Nach den Überlegungen in § 2 ist $\frac{d}{dx} \sin x = \cos x > 0$ für alle $|x| < \frac{\pi}{2}$ erfüllt. Wir wenden jetzt Satz 7 aus § 3 in Kapitel II auf die Funktion $f(x) = \sin x$ an und erhalten

$$\frac{d}{dy} \arcsin y = \frac{1}{cos(\arcsin y)} = \frac{1}{\sqrt{1 - \sin^2(\arcsin y)}} = \frac{1}{\sqrt{1-y^2}}.$$

Aus Satz 1 folgt für alle $|y| < 1$ unmittelbar

$$\frac{d}{dy} \arccos y = \frac{d}{dy} \left(\frac{\pi}{2} - \arcsin y\right) = -\frac{1}{\sqrt{1-y^2}}.$$

q.e.d.

Satz 3. *Für alle $y \in (-1, +1)$ gilt die Reihenentwicklung*

$$\arcsin y = \sum_{k=0}^{\infty} \frac{1}{2^{2k}} \binom{2k}{k} \cdot \frac{y^{2k+1}}{2k+1} = y + \frac{1}{6}y^3 + \frac{3}{40}y^5 + \dots . \tag{4}$$

Beweis: Nach dem Satz 4 über die Binomialreihe, welchen wir in § 7 zeigen werden, konvergiert für alle $t \in (-1, +1)$ die folgende Reihe:

$$\frac{d}{dt} \arcsin t = \frac{1}{\sqrt{1-t^2}} = \left(1 - t^2\right)^{-\frac{1}{2}} = \sum_{k=0}^{\infty} \binom{-\frac{1}{2}}{k} \cdot (-1)^k \cdot t^{2k} \quad . \tag{5}$$

Hierbei verwenden wir die – in § 7 eingeführten – verallgemeinerten Binomialkoeffizienten

$$\binom{-\frac{1}{2}}{k} \cdot (-1)^k = (-1)^k \cdot \frac{\left(-\frac{1}{2}\right) \cdot \left(-\frac{1}{2} - 1\right) \cdot \left(-\frac{1}{2} - 2\right) \cdot \dots \cdot \left(-\frac{1}{2} - k + 1\right)}{k!}$$

$$= \frac{1 \cdot 3 \cdot 5 \cdot \dots \cdot (2k-1)}{2^k \cdot k!} \quad . \tag{6}$$

Wenn wir mit $\prod_{i=1}^{k}(2i) = 2^k \cdot k!$ erweitern, erhalten wir schließlich

$$\binom{-\frac{1}{2}}{k} \cdot (-1)^k = \frac{(2k)!}{2^{2k} \cdot (k!)^2} = \binom{2k}{k} \cdot \frac{1}{2^{2k}}. \tag{7}$$

Zusammen mit (5) folgt die Identität

$$\frac{d}{dt} \arcsin t = \sum_{k=0}^{\infty} \frac{1}{2^{2k}} \binom{2k}{k} \cdot t^{2k} \quad , \quad t \in (-1, +1). \qquad (8)$$

Mit Hilfe von Satz 9 aus §5 in Kapitel II integrieren wir diese Potenzreihe gliedweise, und wir erhalten für alle $y \in (-1, +1)$ die Entwicklung

$$\arcsin y = \int_0^y \left[\frac{d}{dt} \arcsin t \right] dt$$

$$= \left[\sum_{k=0}^{\infty} \frac{1}{2^{2k}} \binom{2k}{k} \cdot \frac{t^{2k+1}}{2k+1} \right]_0^y \qquad (9)$$

$$= \sum_{k=0}^{\infty} \frac{1}{2^{2k}} \binom{2k}{k} \cdot \frac{y^{2k+1}}{2k+1} \quad .$$

Damit ist die o.a. Reihe hergeleitet. $\hfill$ q.e.d.

Bemerkung: Wegen der Identität (1) finden wir mit obigem Satz auch eine Reihendarstellung für $\arccos y$, $\quad y \in (-1, 1)$.

Mittels Differentiation liefert Satz 2 den folgenden

Satz 4. *Es gilt für alle* $y \in \mathbb{R}$ *mit* $|y| < 1$ *die Aussage*

$$\int \frac{1}{\sqrt{1 - y^2}} \, dy = \arcsin y + c_1 = -\arccos y + c_2 \qquad (10)$$

mit den reellen Integrationskonstanten $c_1, c_2 \in \mathbb{R}$.

Wir wollen nun weitere inverse trigonometrische Funktionen kennenlernen.

Definition 2. *Die Umkehrfunktion von* $y = \tan x : \left(-\frac{\pi}{2}, \frac{\pi}{2}\right) \to \mathbb{R}$ *heißt* **Arcus-Tangensfunktion** $x = \arctan y : \mathbb{R} \to \left(-\frac{\pi}{2}, \frac{\pi}{2}\right)$. *Die Umkehrfunktion von* $y = \cot x : (0, \pi) \to \mathbb{R}$ *heißt* **Arcus-Cotangensfunktion** $x = \text{arccot} \, y : \mathbb{R} \to (0, \pi)$.

Satz 5. *Für alle* $y \in \mathbb{R}$ *gilt*

$$\text{arccot} \, y + \arctan y = \frac{\pi}{2} \quad . \qquad (11)$$

Beweis: Diese Identität entnehmen wir dem Satz 11 aus §2, wie wir im Beweis zu Satz 1 vorgestellt haben. $\hfill$ q.e.d.

Satz 6. *Die in Definition 2 erklärten Funktionen sind in $\mathbb{R}$ stetig differenzierbar, und es gilt dort*

$$\frac{d}{dy}\arctan y = \frac{1}{1+y^2} \quad sowie \quad \frac{d}{dy}arccoty = -\frac{1}{1+y^2}. \tag{12}$$

Beweis: Sei $y \in \mathbb{R}$ und $x := \arctan y$, wobei $y = \tan x$ mit $|x| < \frac{\pi}{2}$ gilt. Nach Satz 9 aus § 2 ist

$$\frac{d}{dx}\tan x = 1 + \tan^2 x > 0 \text{ für } |x| < \frac{\pi}{2} \text{ erfüllt.}$$

Wir wenden den Satz über die Differentation von Umkehrfunktionen auf $f(x) = \tan x$ an und erhalten

$$\frac{d}{dy}\arctan y = \frac{1}{1+\tan^2(\arctan y)} = \frac{1}{1+y^2}. \tag{13}$$

Dann liefert Satz 4 für alle $y \in \mathbb{R}$ die Identität

$$\frac{d}{dy}arccoty = \frac{d}{dy}\left(\frac{\pi}{2} - \arctan y\right) = -\frac{1}{1+y^2}.$$

q.e.d.

Satz 7. *Für alle $y \in (-1,1)$ gilt die Reihenentwicklung*

$$\arctan y = \sum_{k=0}^{\infty}(-1)^k \cdot \frac{y^{2k+1}}{2k+1} = y - \frac{1}{3}y^3 + \frac{1}{5}y^5 - + \dots. \tag{14}$$

Beweis: Wir entwickeln die Ableitung dieser Funktion in eine konvergente geometrische Reihe:

$$\frac{d}{dt}\arctan t = \frac{1}{1+t^2} = \frac{1}{1-(-t^2)} = \sum_{k=0}^{\infty}(-1)^k \cdot t^{2k} \quad , \quad t \in (-1,+1). \tag{15}$$

Mit Hilfe von Satz 9 in § 5 von Kapitel II integrieren wir die Potenzreihe gliedweise und erhalten

$$\arctan y = \int_0^y \frac{d}{dt}\arctan t\, dt = \left[\sum_{k=0}^{\infty}(-1)^k \cdot \frac{t^{2k+1}}{2k+1}\right]_0^y$$

$$= \sum_{k=0}^{\infty}(-1)^k \cdot \frac{y^{2k+1}}{2k+1} \quad , \quad y \in (-1,+1) \tag{16}$$

über den Fundamentalsatz der Differential-und Integralrechnung. q.e.d.

Bemerkung: Wegen (11) finden wir nun auch eine Reihenentwicklung für $arccoty, y \in (-1,1)$.

Satz 8. *Es gilt*

$$\frac{\pi}{4} = 1 - \frac{1}{3} + \frac{1}{5} - + \ldots = \sum_{k=0}^{\infty} \frac{(-1)^k}{2k+1}.$$ (17)

Beweis: Das Konvergenzkriterium von Leibniz (vgl. Satz 17 aus §6 in Kapitel I) liefert die Konvergenz der Reihe (14) auch für $y = 1$. Dem Abelschen Stetigkeitssatz 6 aus §2 in Kapitel II entnehmen wir, dass die in (14) angegebene Reihe eine stetige Funktion im Intervall $(-1, 1]$ darstellt. Satz 5 aus §2 impliziert $\cos\left(\frac{\pi}{4}\right) = \sin\left(\frac{\pi}{4}\right)$ und weiter

$$\tan\left(\frac{\pi}{4}\right) = \frac{\sin\left(\frac{\pi}{4}\right)}{\cos\left(\frac{\pi}{4}\right)} = 1 \quad .$$

Definition 2 zusammen mit der Reihe (14) liefern die Identität

$$\frac{\pi}{4} = \arctan 1 = \lim_{y \to 1-} \arctan y = \sum_{k=0}^{\infty} (-1)^k \cdot \frac{1}{2k+1} \quad ,$$ (18)

wenn wir obige Überlegungen einbeziehen.   q.e.d.

Wenn wir gebrochen rationale Funktionen im Reellen integrieren wollen, ist die folgende Aussage sehr wichtig:

Satz 9. *Die Gesamtheit der reellen Stammfunktionen von der gebrochen rationalen Funktion* $(1 + y^2)^{-1}, y \in \mathbb{R}$ *besteht aus*

$$\int \frac{1}{1+y^2}\, dy = \arctan y + c_1 = -\text{arccot}\, y + c_2, \quad y \in \mathbb{R} \quad \text{mit } c_1, c_2 \in \mathbb{R}. \text{ (19)}$$

Beweis: Dieser folgt sofort aus aus Satz 6.   q.e.d.

Bemerkung: Alle Stammfunktionen von $\arctan y$ bestimmt man mittels partieller Integration wie folgt:

$$\int \arctan y\, dy = \int (1 \cdot \arctan y)\, dy = y \arctan y - \int \frac{y}{1+y^2}\, dy$$

$$= y \arctan y - \frac{1}{2} \cdot \int \frac{2y}{1+y^2}\, dy = y \arctan y - \frac{1}{2} \cdot \int \{\ln(1+y^2)\}'\, dy \quad (20)$$

$$= y \arctan y - \frac{1}{2} \cdot \ln(1+y^2) + c, \quad y \in \mathbb{R} \quad \text{mit der Konstante } c \in \mathbb{R}.$$

§5 Polarkoordinaten und Überlagerungsflächen

Von großer praktischer Bedeutung ist der

Satz 1 (Polarkoordinaten). *Jede komplexe Zahl* $w = u + iv \in \mathbb{C} \setminus \{0\}$ *läßt sich durch*

$$w = re^{i\varphi} = r(\cos\varphi + i\sin\varphi) \quad \wedge \quad r \in (0, +\infty) \quad \wedge \quad \varphi \in (-\pi, \pi] \quad (1)$$

eindeutig darstellen.

Beweis:

1. Wir zeigen zunächst die Existenz einer solchen Darstellung: Die komplexe Zahl liege im 1. Quadranten der Gauß-Ebene:

$$w = u + iv, \quad u \geq 0 \quad \wedge \quad v \geq 0. \text{ Wir setzen dann:}$$
$$r := |w| = \sqrt{u^2 + v^2} > 0, \quad \xi := \frac{u}{|w|}, \quad \eta := \frac{v}{|w|}.$$

   Dann ist $w = |w| \left(\frac{u}{|w|} + i\frac{v}{|w|} \right) = r\,(\xi + i\eta)$ mit $\xi \geq 0$ sowie $\eta \geq 0$ und $\xi^2 + \eta^2 = \frac{u^2 + v^2}{|w|^2} = 1$, woraus $\eta \in [0, 1] = [\sin 0, \sin\left(\frac{\pi}{2}\right)]$ folgt. Nach Satz 1 aus §2 existiert genau ein $\varphi \in [0, \frac{\pi}{2}]$ mit $\sin\varphi = \eta$. Weiter gilt $\cos\varphi = \sqrt{1 - \sin^2\varphi} = \sqrt{1 - \eta^2} = \xi$. Damit erhalten wir die geforderte Darstellung

$$w = r(\xi + i\eta) = r(\cos\varphi + i\sin\varphi) = re^{i\varphi} \text{ mit } r > 0 \text{ und } 0 \leq \varphi \leq \frac{\pi}{2}. \quad (2)$$

2. Nun wollen wir (1) für alle $w \in \mathbb{C} \setminus \{0\}$ gewinnen. In Polarkoordinaten $w = r \cdot e^{i\varphi}$ wird die *Spiegelung am Nullpunkt* durch

$$-w = -re^{i\varphi} = e^{i\pi} \cdot re^{i\varphi} = re^{i(\varphi + \pi)}$$

   und die *Spiegelung an der reellen Achse* durch

$$\overline{w} = \overline{r(\cos\varphi + i\sin\varphi)} = r(\cos\varphi - i\sin\varphi) = r[\cos(-\varphi) + i\sin(-\varphi)] = re^{-i\varphi}$$

   beschrieben. Für eine beliebige komplexe Zahl $w \in \mathbb{C} \setminus \{0\}$ wenden wir eine Spiegelung am Nullpunkt oder eine Spiegelung an der reellen Achse an, und wir können sie so in den 1. Quadranten überführen. Die Rücktransformation liefert $w = re^{i\varphi}$ mit $r > 0$ und $\varphi \in \mathbb{R}$ für alle $w \in \mathbb{C} \setminus \{0\}$. Wir bestimmen noch ein $k \in \mathbb{Z}$, so daß $-\pi < \varphi + 2k\pi \leq \pi$ gilt und setzen $\psi := \varphi + 2k\pi$. Wegen $e^{2k\pi i} = 1$ ist dann eine Darstellung $w = re^{i\psi}$ mit $r > 0$ und $-\pi < \psi \leq \pi$ für alle $w \in \mathbb{C} \setminus \{0\}$ gefunden.

3. Wir weisen jetzt die Eindeutigkeit der Darstellung für $w \neq 0$ nach. Angenommen es gäbe die beiden Darstellungen $w = re^{i\varphi}$ $(r > 0, -\pi < \varphi \leq \pi)$ und $w = \rho e^{i\omega}$ $(\rho > 0, -\pi < \omega \leq \pi)$. Für den Betrag ermitteln wir $r = |w| = \rho > 0$, und dann folgt $e^{i\varphi} = e^{i\omega}$ beziehungsweise $e^{i(\varphi - \omega)} = 1$. Wegen $|\varphi - \omega| < 2\pi$ liefert Hilfssatz 4 aus §2 die Identität $\varphi = \omega$. q.e.d.

Wir wollen jetzt eine Fläche $\mathbb{U} \subset \mathbb{R}^3$ so konstruieren, dass man ihren Punkten in eineindeutiger Weise universelle Polarkoordinaten

$$0 < R < +\infty, \quad -\infty < \varPhi < +\infty$$

zuordnen kann. Hierzu betrachten wir die Punktmenge

$$\mathbb{U} := \{\mathbf{w} = (w, k) \in \mathbb{R}^3 : \quad w \in \mathbb{C} \setminus \{0\}, \quad k \in \mathbb{Z}\} \quad .$$

Sie besteht aus den **Blättern**

$$\mathbb{U}_k := \Big\{\mathbf{w} = \Big(r \cdot \exp(i\varphi), k\Big) \in \mathbb{U} : \quad -\pi < \varphi \leq +\pi, \quad 0 < r < +\infty\Big\}$$

mit dem **Schlitz**

$$\mathbb{S}_k := \Big\{\mathbf{w} = (-r, k) \in \mathbb{U} : \quad 0 < r < +\infty\Big\}$$

für alle $k \in \mathbb{Z}$. Dabei haben wir die eindeutig bestimmten Polarkoordinaten aus Satz 1 auf jedem einzelnen Blatt verwendet. Diese Blätter sind gemäß

$$\mathbb{U}_k \cap \mathbb{U}_l = \emptyset \text{ für alle } k, l \in \mathbb{Z} \text{ mit } k \neq l$$

paarweise disjunkt, und es gilt

$$\mathbb{U} = \bigcup_{k \in \mathbb{Z}} \mathbb{U}_k \quad .$$

Wir haben die **universelle Projektionsabbildung**

$$\sigma : \mathbb{U} \to \mathbb{C} \setminus \{0\} \text{ vermöge } \mathbb{U} \ni \mathbf{w} = (w, k) \mapsto \sigma(\mathbf{w}) = w \in \mathbb{C} \setminus \{0\} \quad .$$

Sie ist surjektiv aber nicht injektiv, denn wir haben für jedes $w \in \mathbb{C} \setminus \{0\}$ die **$\mathbb{Z}$-fache Faser**

$$\sigma^{-1}(w) := \{\mathbf{w} \in \mathbb{U} : \quad \sigma(\mathbf{w}) = w\} = \{(w, k) \in \mathbb{U} : \quad k \in \mathbb{Z}\}.$$

Darum nennen wir $\mathbb{U}$ auch die **universelle Überlagerungsfläche** der punktierten Ebene $\mathbb{C} \setminus \{0\}$ mit dem **Verzweigungspunkt** 0.

Nun liegt jeder Punkt $\mathbf{w} \in \mathbb{U}$ auf genau einem Blatt $\mathbb{U}_k$ mit eindeutig bestimmtem Index $k \in \mathbb{Z}$: Über dessen eindeutige Darstellung

$$\mathbb{U}_k \ni \mathbf{w} = (r \cdot \exp(i\varphi), k) \text{ mit } 0 < r < +\infty, -\pi < \varphi \leq +\pi$$

erklären wir nun die **universellen Polarkoordinaten**

$$R(\mathbf{w}) := r \in (0, +\infty), \quad \varPhi(\mathbf{w}) := \varphi + 2\pi k \in \mathbb{R} \quad . \tag{3}$$

Umgekehrt entspricht jedem Paar aus Radius $R \in (0, +\infty)$ und Winkel $\varPhi \in \mathbb{R}$ genau ein Punkt

$$\mathbf{w} = \mathbf{w}(R, \varPhi) := \Big(R \cdot \exp(i\varPhi), [[\varPhi]]\Big) \in \mathbb{U} \quad .$$

Hierbei verwenden wir

Definition 1. *Die $\mathbb{Z}$-Funktion ist gegeben durch* $[[t]] := k \in \mathbb{Z}$, *falls*

$$-\pi + 2\pi k < t \leq +\pi + 2\pi k$$

gilt mit eindeutigem $k \in \mathbb{Z}$.

Wir können nun auf der universellen Überlagerungsfläche wie folgt eine Verknüpfung definieren:

Definition 2. *Zu je zwei Punkten* $\mathbf{w}_1 = \mathbf{w}(R_1, \Phi_1)$ *und* $\mathbf{w}_2 = \mathbf{w}(R_2, \Phi_2)$ *aus* $\mathbb{U}$ *erklären wir das* **Produkt in der universellen Überlagerungsfläche**

$$\mathbf{w}_1 * \mathbf{w}_2 := \mathbf{w}(R_1 \cdot R_2, \Phi_1 + \Phi_2) \in \mathbb{U}.$$

Definition 3. *Jedem Punkt* $\mathbf{w}_0 = (w_0, k_0) \in \mathbb{U}$ *und den Radien* $0 < \epsilon \leq R(\mathbf{w}_0)$ *ordnen wir jetzt die offene* **Kreisscheibe auf der Überlagerungsfläche** *wie folgt zu:*

$$\mathbb{K}_\epsilon(\mathbf{w}_0) := \left\{ \mathbf{w} \in \mathbb{U} : \quad |\sigma(\mathbf{w}) - \sigma(\mathbf{w}_0)| < \epsilon, \quad |\Phi(\mathbf{w}) - \Phi(\mathbf{w}_0)| < \frac{\pi}{2} \right\} \quad .$$

Bemerkung: Wir beachten, dass diese Kreischeibe $\mathbb{K}_\epsilon(\mathbf{w}_0)$ auch auf zwei verschiedenen Blättern der Überlagerungsfläche liegen kann. Wenn sie etwa auf dem k-ten und $(k+1)$- Blatt gelegen ist, werden das Blatt $\mathbb{U}_k$ mit dem Blatt $\mathbb{U}_{k+1}$ im Schlitzbereich $\mathbb{K}_\epsilon(\mathbf{w}_0) \cap \mathbb{S}_k$ verheftet.

Definition 4. *Wir können nun auf* $\mathbb{U}$ *eine Topologie erklären: Wir nennen eine Menge* $\mathbb{O} \subset \mathbb{U}$ **offen***, wenn es zu jedem Punkt* $\mathbf{w}_0 \in \mathbb{O}$ *ein* $\epsilon = \epsilon(\mathbf{w}_0) > 0$ *gibt, so dass die zugeordnete Kreisscheibe die Inklusion* $\mathbb{K}_\epsilon(\mathbf{w}_0) \subset \mathbb{O}$ *erfüllt. Eine Folge* $\mathbf{w}_l \in \mathbb{U}$, $l = 1, 2, \ldots$ *nennen wir* **konvergent gegen den Punkt** $\mathbf{w}_0 \in \mathbb{U}$, *falls es für jedes* $0 < \epsilon \leq R(\mathbf{w}_0)$ *ein* $N = N(\epsilon) \in \mathbb{N}$ *gibt, so dass* $\mathbf{w}_l \in \mathbb{K}_\epsilon(\mathbf{w}_0)$ *für alle* $l \geq N(\epsilon)$ *richtig ist.*

Definition 5. *Wir erklären die stetigen Wege*

$$\gamma : [0, 1] \to \mathbb{U} \text{ vermöge } [0, 1] \ni t \mapsto \mathbf{w} = \gamma(t) \in \mathbb{U} \quad .$$

Eine Menge heißt **zusammenhängend***, wenn sich je zwei ihrer Punkte durch einen stetigen Weg in der Menge verbinden lassen.*

Bemerkung: Wir sehen leicht ein, dass der **Sektor**

$$\mathbb{P}(R_-, R_+; \Phi_-, \Phi_+) := \{\mathbf{w} = \mathbf{w}(R, \Phi) \in \mathbb{U} : R_- \leq R \leq R_+, \Phi_- \leq \Phi \leq \Phi_+\}$$

$$(4)$$

eine zusammenhängende, abgeschlossene und beschränkte Menge in $\mathbb{U}$ darstellt. Dieser wird von zwei Kreisbögen und zwei Geradenstücken begrenzt, welche sich in rechten Winkeln schneiden.

Wenn wir den Radius der Kreisscheibe in Definition 3 maximal wählen, erhalten wir die **maximale Kreisscheibe in** $\mathbb{U}$ wie folgt:

$$\mathbb{K}(\mathbf{w}_0) := \mathbb{K}_{R(\mathbf{w}_0)}(\mathbf{w}_0) \subset \mathbb{U} \quad .$$

Entsprechend erklären wir die **maximale Kreisscheibe in** $\mathbb{C} \setminus \{0\}$ durch

$$K(w_0) := \{w \in \mathbb{C} : \quad |w - w_0| < |w_0|\}$$

für alle Punkte $w_0 \in \mathbb{C} \setminus \{0\}$.
Die universelle Projektionsabbildung σ eingeschränkt auf die o.a. Kreisscheiben

$$\sigma : \mathbb{K}(\mathbf{w}_0) \to K(w_0) \subset \mathbb{C} \setminus \{0\}$$

ist bijektiv. Wir bezeichnen mit

$$\tau_{\mathbf{w}_0} : K(w_0) \to \mathbb{K}(\mathbf{w}_0)$$

ihre Umkehrabbildung. Hier sprechen wir auch von einer **Liftung auf die Überlagerungsfäche**. Nun können wir auf der Überlagerungsfläche wie folgt differenzieren:

Definition 6. *Eine* **Abbildung** $\mathbb{F} : \mathbb{U} \to \mathbb{U}$ *heißt* **holomorph**, *wenn für jeden Punkt* $\mathbf{w}_0 \in \mathbb{U}$ *die Abbildung*

$$\sigma \circ \mathbb{F} \circ \tau_{\mathbf{w_0}} : K\big(\sigma(\mathbf{w}_0)\big) \to \mathbb{C}$$

in ihrem angegebenen Definitionsbereich holomoph ist.

Wir wollen jetzt aus der universellen Überlagerungsfläche endliche Überlagerungsflächen konstruieren:

Definition 7. *Zwei Punkte* $\mathbf{w}_1 = (w_1, k_1) \in \mathbb{U}$ *und* $\mathbf{w}_2 = (w_2, k_2) \in \mathbb{U}$ *bezeichnen wir als* **äquivalent**, *falls* $w_1 = w_2$ *und* $k_1 - k_2 = nk$ *mit einem* $k \in \mathbb{Z}$ *richtig ist. Unter*

$$[\mathbf{w}_0] := \{\mathbf{w} \in \mathbb{U} : \quad \mathbf{w} \text{ ist äquivalent zu } \mathbf{w}_0\}$$

verstehen wir die zu $\mathbf{w}_0$ *gehörige Äquivalenzklasse. Dann definieren wir*

$$\mathbb{U}[n] := \{[\mathbf{w}_0] : \quad \mathbf{w}_0 \in \mathbb{U}\} \tag{5}$$

als n-**fache Überlagerungsfläche**. *Dabei ist* $n \in \mathbb{N}$ *fest gewählt worden.*

Bemerkungen:

1. Geometrisch wird das k-te Blatt mit dem $(k+n)$-ten Blatt auf der universellen Überlagerungsfläche identifiziert für alle $k \in \mathbb{Z}$, so dass die Fläche $\mathbb{U}[n]$ durch die n Blätter $\mathbb{U}_0, \dots \mathbb{U}_{n-1}$ repräsentiert wird. Dabei wird der Schlitz $\mathbb{S}_0$ mit dem Schlitz $\mathbb{S}_n$ verheftet, und wir erhalten die disjunkte Vereinigung

$$\mathbb{U}[n] = \bigcup_{k=0,1,\dots,n-1} \mathbb{U}_k \quad .$$

2. Die Projektion $\sigma : \mathbb{U}[n] \to \mathbb{C} \setminus \{0\}$ hat die n-**fachen Fasern**

$$\sigma^{-1}(w) = \{(w,k) \in \mathbb{U}_k : \quad k = 0, 1, \dots, n-1\}.$$

3. Die Fläche $\mathbb{U}[1]$ kann mit $\mathbb{C} \setminus \{0\}$ identifiziert werden. Dabei stimmt die oben erklärte Multiplikation $*$ auf $\mathbb{U}$ mit der üblichen komplexen Multiplikation überein.

Aus den vorangegangenem Überlegungen ist die folgende Aussage klar, welche wir im nächsten Paragraphen benutzen werden.

Satz 2. *Eine Abbildung* $\mathbb{F} : \mathbb{U} \to \mathbb{U}$ *kann genau dann als Abbildung auf der n-fachen Überlagerungsfläche* $\mathbb{F} : \mathbb{U}[n] \to \mathbb{U}$ *aufgefasst werden, wenn sie gemäß*

$$\mathbb{F}(\mathbf{w} + nk\mathbf{e}) = \mathbb{F}(\mathbf{w}) \text{ für alle Punkte } \mathbf{w} \in \mathbb{U} \text{ und alle } k \in \mathbb{Z} \qquad (6)$$

periodisch ist; dabei ist $\mathbf{e} := (0,0,1)$ *definiert worden.*

Definition 8. *Die Funktion* $Arg : \mathbb{U} \to \mathbb{R}$*, die wir mittels Formel (3) vermöge* $\mathbb{U} \ni \mathbf{w} \mapsto \Phi(\mathbf{w}) \in \mathbb{R}$ *erklären, nennen wir die* **universelle Argumentfunktion**.

Bemerkungen: Auf der n-fachen Überlagerungsfläche ergibt sich dann die **n-fache Argumentfunktion**

$$Arg : \mathbb{U}[n] \to (-\pi, (2n-1)\pi]$$

durch die folgende Vorschrift: Dem Punkt $\mathbb{U}[n] \ni \mathbf{w} = (exp(i\varphi), k)$ mit $-\pi < \varphi \leq \pi$ und $k \in \{0, 1, \dots, n-1\}$ wird der Wert $\Phi = \varphi + 2\pi k \in (-\pi, (2n-1)\pi]$ zugeordnet. Auf der 1-fachen Überlagerungsfläche erhalten wir das Hauptargument wie folgt:

Definition 9. *Die Funkion* $arg : \mathbb{C} \setminus \{0\} \to (-\pi, \pi]$ *vermöge* $w \mapsto \varphi = \arg w$ *aus der Darstellung (1) heißt das* **Argument** *von* $w \neq 0$*. Es gilt also*

$$w = |w|e^{i \arg w} \quad \wedge \quad |w| \in (0, +\infty) \quad \wedge \quad \arg w \in (-\pi, \pi].$$

§6   Die n-ten Wurzeln und die komplexe Logarithmusfunktion

Wir setzen nun unsere Überlegungen aus §5 fort und übernehmen auch die dort eingeführten Bezeichnungen. Wir betrachten zu festem $n \in \mathbb{N}$ die n-**te Potenzfunktion**

$$F(z) := z^n, \quad z = x + iy \in \mathbb{C} \setminus \{0\} \quad . \tag{1}$$

Wir verwenden die Polarkoordinaten

$$z = r \cdot \exp(i\varphi) \text{ mit } r \in (0, +\infty) \text{ und } \varphi \in \left(-\frac{\pi}{n}, -\frac{\pi}{n} + 2\pi \right] \tag{2}$$

und erhalten

$$F(z) = r^n \cdot \exp(in\varphi) \text{ mit } r \in (0, +\infty) \text{ und } \varphi \in \left(-\frac{\pi}{n}, -\frac{\pi}{n} + 2\pi \right] \quad . \tag{3}$$

Offenbar ist für $n > 1$ diese Funktion $F : \mathbb{C} \setminus \{0\} \to \mathbb{C} \setminus \{0\}$ nicht injektiv und verbietet eine Umkehrfunktion! Darum **liften** wir sie auf die n-fache Überlagerungsfläche zur Funktion

$$\mathbb{F} : \mathbb{C} \setminus \{0\} \to \mathbb{U}[n] \text{ vermöge } \mathbb{F}\Big(r \cdot \exp(i\varphi) \Big) := \Big(r^n \cdot \exp(in\varphi), k \Big) \quad ,$$

$$\text{falls } r \in (0, +\infty) \text{ und } \varphi \in \left(-\frac{\pi}{n} + k\frac{2\pi}{n}, -\frac{\pi}{n} + (k+1)\frac{2\pi}{n} \right] \tag{4}$$

$$\text{mit } k \in \{0, 1, \ldots, n-1\} \text{ richtig ist.}$$

Nun ist die Funktion $\mathbb{F} : \mathbb{C} \setminus \{0\} \to \mathbb{U}[n]$ bijektiv und stetig. Sie besitzt eine stetige Umkehrfunktion $\mathbb{G} : \mathbb{U}[n] \to \mathbb{C} \setminus \{0\}$, denn für jedes $\epsilon > 0$ ist die Funktion $\mathbb{F} : R_\epsilon \to \mathbb{U}[n]$ auf dem kompakten Kreisring

$$R_\epsilon := \{ z \in \mathbb{C} : \quad \epsilon < |z| < \epsilon^{-1} \}$$

stetig umkehrbar (siehe Satz 6 in §1 von Kapitel II). Identifizieren wir nun noch $\mathbb{C} \setminus \{0\}$ mit $\mathbb{U}[1]$, so erhalten wir

Definition 1. *Die oben konstruierte Funktion* $\mathbb{G} : \mathbb{U}[n] \to \mathbb{U}[1]$ *als Umkehrfunktion zu* $\mathbb{F} : \mathbb{U}[1] \to \mathbb{U}[n]$ *nennen wir die* n-**te Wurzelfunktion** $z \mapsto \sqrt[n]{z}$.

Bemerkung: Wenden wir für beliebige $m \in \mathbb{N}$ auf $\mathbb{G}$ noch die m-te Potenzfunktion an, so erhalten wir eine bijektive stetige Abbildung $(\mathbb{G})^m : \mathbb{U}[n] \to \mathbb{U}[m]$ von der n-ten auf die m-te Überlagerungsfläche. Diese kennzeichnen wir durch das Symbol

$$z \mapsto \left(\sqrt[n]{z} \right)^m = z^{\frac{m}{n}} \quad .$$

Für die reelle Exponentialfunktion haben wir in Satz 8 von § 1 die natürliche Logarithmusfunktion als Umkehrfunktion gefunden. Aus Satz 7 in § 2 wissen wir, dass die komplexe Exponentialfunktion die Periode $2\pi i$ hat – und somit nicht injektiv ist. Um global ihre Umkehrfunktion bilden zu können, müssen wir sie zuvor auf die universelle Überlagerungsfläche liften.

Definition 2. *Die* **geliftete Exponentialfunktion** $Exp : \mathbb{C} \to \mathbb{U}$ *wird gegeben durch die Setzung*

$$\mathbb{C} \ni z = x + iy \mapsto \Big(\exp z, [[y]] \Big) \in \mathbb{U}$$

mit Hilfe der $\mathbb{Z}$-*Funktion.*

Bemerkungen:

1. Diese geliftete Exponentialabbildung $\mathrm{Exp} : \mathbb{C} \to \mathbb{U}$ ist nach Konstruktion bijektiv und stetig.
2. Für zwei komplexe Zahlen $z_j = x_j + i \cdot y_j \in \mathbb{C}$ – $j = 1, 2$ – berechnen wir mittels Definition 2 aus § 5 das Produkt in der universellen Überlagerungsfläche

$$\mathrm{Exp}(z_1) * \mathrm{Exp}(z_2)$$

$$= \Big(\exp(x_1 + iy_1), [[y_1]] \Big) * \Big(\exp(x_2 + iy_2), [[y_2]] \Big)$$

$$= \mathbf{w}\Big(e^{x_1}, y_1 \Big) * \mathbf{w}\Big(e^{x_2}, y_2 \Big)$$

$$= \mathbf{w}\Big(e^{x_1} \cdot e^{x_2}, y_1 + y_2 \Big)$$

$$= \mathbf{w}\Big(e^{x_1 + x_2}, y_1 + y_2 \Big) \tag{5}$$

$$= \Big(e^{x_1 + x_2} \exp i(y_1 + y_2 - 2\pi k), [[y_1 + y_2]] \Big)$$

$$= \Big(e^{x_1 + x_2} \exp i(y_1 + y_2), [[y_1 + y_2]] \Big)$$

$$= \mathrm{Exp}\Big((x_1 + x_2) + i(y_1 + y_2) \Big)$$

$$= \mathrm{Exp}(z_1 + z_2) \quad .$$

Hierbei verwenden wir die Zahl $k := [[y_1 + y_2]] \in \mathbb{Z}$, für welche die Bedingung $y_1 + y_2 - 2\pi k \in (-\pi, +\pi]$ garantiert ist.
3. Ein beliebiges kompaktes Rechteck $[x_-, x_+] \times [y_-, y_+] \subset \mathbb{C}$ wird durch Exp eineindeutig abgebildet auf den folgenden abgeschlossenen, beschränkten Sektor:

$$\text{Exp}\Big([x_-, x_+] \times [y_-, y_+]\Big)$$

$$= \Big\{\text{Exp}(x + iy) \in \mathbb{U}: \quad x_- \leq x \leq x_+, \quad y_- \leq y \leq y_+\Big\}$$

$$= \Big\{\Big(e^x \cdot (\cos y + i \sin y), [[y]]\Big): \quad x_- \leq x \leq x_+, \quad y_- \leq y \leq y_+\Big\} \tag{6}$$

$$= \mathbb{P}\Big(\exp(x_-), \exp(x_+); y_-, y_+\Big) \quad .$$

4. Wegen der vorigen Bemerkung ist nach Satz 6 aus §1 in Kapitel II die Umkehrfunktion zur gelifteten Exponentialfunktion stetig auf $\mathbb{U}$, und wir vereinbaren:

Definition 3. *Die Umkehrfunktion zur gelifteten Exponentialfunktion Exp :* $\mathbb{C} \to \mathbb{U}$ *nennen wir die* **universelle Logarithmusfunktion**

$$Log: \mathbb{U} \to \mathbb{C} \text{ vermöge } Log(\mathbf{w}) = z \Longleftrightarrow \mathbf{w} = Exp(z).$$

Sie erfüllt die beiden Gleichungen

$$Exp \circ Log(\mathbf{w}) = \mathbf{w} \text{ für alle } \mathbf{w} \in \mathbb{U} \tag{7}$$

und

$$Log \circ Exp(z) = z \text{ für alle } z \in \mathbb{C} \quad . \tag{8}$$

Satz 1. *Die geliftete Exponentialfunktion genügt der Funktionalgleichung*

$$Exp(z_1 + z_2) = Exp(z_1) * Exp(z_2) \text{ für alle } z_1, z_2 \in \mathbb{C} \quad .$$

Die universelle Logarithmusfunktion erfüllt die Funktionalgleichung

$$Log(\mathbf{w}_1 * \mathbf{w}_2) = Log(\mathbf{w}_1) + Log(\mathbf{w}_2) \text{ für alle Punkte } \mathbf{w}_1, \mathbf{w}_2 \in \mathbb{U} \quad .$$

Beweis: Die Funktionalgleichung der gelifteten Exponentialfunktion haben wir bereits in Formel (5) gezeigt. Da die universelle Logarithmusfunktion die Umkehrfunktion der gelifteten Exponentialfunktion ist, leitet man wie im Beweis – Teil 3. – zu Satz 8 in §1 (für den natürlichen Logarithmus) die zweite Funktionalgleichung aus der ersten her.   q.e.d.

Mit Hilfe von Definition 6 in §5 zeigen wir nun die Holomorphie der Funktionen Exp und Log. Zunächst beachten wir die Identität

$$\sigma \circ \text{Exp}(z) = \exp z \text{ für alle } z \in \mathbb{C} \quad . \tag{9}$$

Diese impliziert die Holomorphie der gelifteten Exponentialfunktion. Wir beweisen jetzt den

Satz 2. *Für die universelle Logarithmusfunktion betrachten wir in jedem Punkt* $\mathbf{w}_0 \in \mathbb{U}$ *die Liftung*

$$\tau_{\mathbf{w}_0} : K(w_0) \to \mathbb{K}(\mathbf{w}_0)$$

auf die maximale Kreisscheibe in der Überlagerungsfläche. Dann betrachten wir lokal die Logarithmusfunktion

$$\log(w) = \log_{\mathbf{w}_0}(w) := Log \circ \tau_{\mathbf{w}_0}(w) \quad , \quad w \in K(w_0) \quad . \tag{10}$$

Diese ist komplex differenzierbar in $K(w_0)$*, und es gilt für ihre Ableitung*

$$\frac{d}{dw}\log(w) = \frac{1}{w} \quad , \quad w \in K(w_0) \quad . \tag{11}$$

Also ist $Log : \mathbb{U} \to \mathbb{C}$ *eine holomorphe Funktion auf der universellen Überlagerungsfläche.*

Beweis: Da nun lokal die Logarithmusfunktion als Umkehrfunktion der holomorphen Exponentialfunktion erscheint, können wir den Beweis – Teil 1. – von Satz 8 aus § 1 anwenden. Dabei benötigen wir den Satz 14 aus § 3 in Kapitel II über die holomorphe Umkehrfunktion.   q.e.d.

Satz 3. (Logarithmusreihe) *Für alle Punkte* $\mathbf{w} \in \mathbb{K}(\mathbf{w}_0)$ *gilt die Darstellung*

$$Log(\mathbf{w}) = Log(\mathbf{w}_0) + \sum_{l=0}^{\infty} (-1)^l \cdot w_0^{-l-1} \cdot \frac{1}{l+1} \cdot (w - w_0)^{l+1} \tag{12}$$

durch die konvergente Potenzreihe mit $w_0 = \sigma(\mathbf{w}_0)$ *und* $w = \sigma(\mathbf{w})$*.*

Beweis: Da $w_0 \neq 0$ und $|w - w_0| < |w_0|$ richtig ist, entwickeln wir die nachfolgende Funktion in eine geometrische Reihe um dem Punkt w_0:

$$\frac{1}{w} = \frac{1}{w_0 + (w - w_0)} = \frac{\frac{1}{w_0}}{1 - (-\frac{w - w_0}{w_0})}$$

$$= \frac{1}{w_0} \cdot \sum_{l=0}^{\infty} (-1)^l \cdot \left(\frac{w - w_0}{w_0}\right)^l = \sum_{l=0}^{\infty} (-1)^l \cdot w_0^{-l-1} \cdot (w - w_0)^l \quad . \tag{13}$$

Dann berechnen wir mittels Satz 9 aus § 5 in Kapitel II die komplexen Stammfunktionen durch gliedweise Integration der Potenzreihe

$$\int \frac{1}{w}\, dw = \sum_{l=0}^{\infty} (-1)^l \cdot w_0^{-l-1} \cdot \frac{1}{l+1} \cdot (w - w_0)^{l+1} \quad + c \tag{14}$$

mit der Integrationskonstante $c \in \mathbb{C}$. Schließlich liefert die komplexe Integration der Identität (11) die gewünschte Darstellung

$$\mathrm{Log}(\mathbf{w}) - \mathrm{Log}(\mathbf{w}_0) = \sum_{l=0}^{\infty} (-1)^l \cdot w_0^{-l-1} \cdot \frac{1}{l+1} \cdot (w - w_0)^{l+1} \quad . \tag{15}$$

Hierbei verwenden wir den Satz 6 aus §5 in Kapitel II.   q.e.d.

Satz 4. *Für die universelle Logarithmusfunktion gilt die Darstellung*

$$Log\,\mathbf{w} = \ln|\sigma(\mathbf{w})| + i\,Arg\,\mathbf{w}, \quad \mathbf{w} \in \mathbb{U} \quad . \tag{16}$$

Beweis: Wir verwenden die universellen Polarkoordinaten $R = R(\mathbf{w})$, $\Phi = \Phi(\mathbf{w})$ des Punktes $\mathbf{w} = \mathbf{w}(R, \Phi) \in \mathbb{U}$. Dann beachten wir

$$R(\mathbf{w}) = |\sigma(\mathbf{w})| \text{ und } \Phi(\mathbf{w}) = \mathrm{Arg}\,\mathbf{w}$$

und berechnen

$$\mathrm{Exp}\Big(\ln|\sigma(\mathbf{w})| + i\mathrm{Arg}\,\mathbf{w}\Big) = \mathrm{Exp}\Big(\ln R(\mathbf{w}) + i\Phi(\mathbf{w})\Big)$$

$$= \Big(\exp\big(\ln R(\mathbf{w}) + i\Phi(\mathbf{w})\big), [[\Phi(\mathbf{w})]]\Big) = \Big(R(\mathbf{w}) \cdot \exp\big(i\Phi(\mathbf{w})\big), [[\Phi(\mathbf{w})]]\Big)$$

$$= \Big(R(\mathbf{w}) \cdot \exp\big(i\Phi(\mathbf{w}) - 2\pi k\big), [[\Phi(\mathbf{w})]]\Big) = \mathbf{w}(R, \Phi) \quad . \tag{17}$$

Hierbei haben wir $k := [[\Phi(\mathbf{w})]] \in \mathbb{Z}$ gewählt, so dass $\Phi(\mathbf{w}) - 2\pi k \in (-\pi, +\pi]$ erfüllt ist. Die obige Identität (17) liefert die Behauptung.   q.e.d.

Bemerkungen zur **Projektion der universellen Logarithmusfunktion in die punktierte komplexe Ebene**:

1. Man wählt für $w_0 \in \mathbb{C} \setminus \{0\}$ ein $k_0 \in \mathbb{Z}$ und setzt mit $\mathbf{w}_0 = (w_0, k_0) \in \mathbb{U}$ den Startwert für den Logarithmus wie folgt fest:

$$\log w_0 := \mathrm{Log}\,\mathbf{w}_0 \quad . \tag{18}$$

Dann verwendet man einen stetigen Weg $\gamma = \gamma(t) : [0, 1] \to \mathbb{U}$ in der Überlagerungsfläche mit dem Anfangspunkt $\gamma(0) = \mathbf{w}_0$ und dem Endpunkt $\gamma(1) = \mathbf{w} = (w, k) \in \mathbb{U}$. Wir setzen dann die Logarithmusfunktion in der punktierten komplexen Ebene längs des projizierten Weges

$$\zeta(t) := \sigma \circ \gamma(t) : [0, 1] \to \mathbb{C} \setminus \{0\} \tag{19}$$

fort, indem wir

$$\log w := \mathrm{Log}\,\mathbf{w} \tag{20}$$

erklären. Auf diese Weise werden einer komplexen Zahl w verschiedene Werte des Logarithmus zugeordnet – wir erhalten also eine **mehrdeutige Funktion** auf $\mathbb{C} \setminus \{0\}$.

2. Unter Benutzung der lokalen Stammfunktion aus Satz 2 können wir – mit Hilfe von Satz 6 aus § 5 in Kapitel II – die Identität (11) integrieren, und wir erhalten den

Satz 5. *Für die die längs des Weges $\gamma(t)$ in der universellen Überlagerungsfläche wie oben fortgesetzte mehrdeutige Logarithmusfunktion $\log(w)$ gilt die Identität:*

$$\log(w) - \log(w_0) = \int_0^1 \frac{1}{\zeta(t)} \zeta'(t) \, dt \quad \textit{mit } w \in \mathbb{C} \setminus \{0\}$$

Nun identifizieren wir das Innere des 0-ten Blattes $\mathbb{U}_0 \setminus \mathbb{S}_0$ mit der **geschlitzten komplexen Ebene**

$$\mathbb{C}' := \mathbb{C} \setminus (-\infty, 0] \quad .$$

Dort können wir eindeutig die Logarithmusfunktion erklären:

Definition 4. *Wir definieren die* **komplexe Logarithmusfunktion**

$$\log : \mathbb{C}' \to \mathbb{C} \textit{ vermöge } \log w := Log(w, 0), \quad w \in \mathbb{C}' \quad .$$

Bemerkungen:

1. Als Einschränkung der universellen Logarithmusfunktion auf das Blatt $\mathbb{U}_0 \setminus \mathbb{S}_0$ entnehmen wir alle Eigenschaften für die komplexe Logarithmusfunktion der Funktion $Log : \mathbb{U} \to \mathbb{C}$, die sogar auf der universellen Überlagerungsfäche definiert ist.
2. Insbesondere ist die komplexe Logarithmusfunktion holomorph auf ihrem Definitionsbereich und besitzt die komplexe Ableitung

$$\frac{d}{dw} \log w = \frac{1}{w}, \quad w \in \mathbb{C}' \quad . \tag{21}$$

   Weiter genügt sie der Funktionalgleichung

$$\log(w_1 \cdot w_2) = \log w_1 + \log w_2 \quad \text{für alle} \quad w_1, w_2 \in \mathbb{C}' \quad . \tag{22}$$

3. Als Einschränkung auf das Intervall $(0, +\infty)$ erhalten wir die natürliche Logarithmusfunktion

$$\log u = \ln u \quad \text{für alle} \quad u \in (0, +\infty) \quad . \tag{23}$$

   Diese hatten wir schon in Satz 8 von § 1 betrachtet.

Wir zeigen nun die interessante Beziehung zwischen dem *komplexen Logarithmus* und dem Funktionspaar *Natürlicher Logarithmus/Arcus-Tangens*.

Satz 6. *Für alle komplexen Zahlen $w = u + iv \in \mathbb{C}$ mit $u > 0$ in der rechten Halbebene gilt die folgende Identität:*

$$\log w = \log |w| + i \cdot \arg w = \frac{1}{2} \ln \left(u^2 + v^2 \right) + i \cdot \arctan \left(\frac{v}{u} \right). \qquad (24)$$

Beweis: Wir spezialisieren den obigen Satz 4 auf das Blatt $\mathbb{U}_0$. Wegen

$$|w|^2 = u^2 + v^2 \text{ ist } \ln |w| = \frac{1}{2} \ln(u^2 + v^2) \text{ richtig,}$$

und es bleibt $\arg(u + iv) = \arctan \left(\frac{v}{u} \right)$ zu zeigen. Mit Hilfe von $u > 0$ folgt

$$\varphi := \arg w \in \left(-\frac{\pi}{2}, +\frac{\pi}{2} \right) \quad,$$

und Satz 1 aus §5 liefert die Identität

$$u + iv = w = |w| \cdot (\cos \varphi + i \cdot \sin \varphi) = |w| \cdot \cos \varphi + i \cdot |w| \cdot \sin \varphi \qquad (25)$$

beziehungsweise

$$u = |w| \cdot \cos \varphi \text{ und } v = |w| \cdot \sin \varphi \quad. \qquad (26)$$

Wir erhalten

$$\frac{v}{u} = \frac{\sin \varphi}{\cos \varphi} = \tan \varphi \qquad (27)$$

und somit

$$\arctan \left(\frac{v}{u} \right) = \varphi = \arg w.$$

q.e.d.

Zur Integration gebrochen rationaler Funktionen benötigen wir den

Satz 7. *Für alle komplexen Zahlen $w_0 = u_0 + iv_0 \in \mathbb{C}$ mit $v_0 > 0$ in der oberen Halbebene erhalten wir die reellen Stammfunktionen*

$$\int \frac{1}{u - w_0} \, du = \frac{1}{2} \ln \left((u - u_0)^2 + v_0^2 \right) + i \cdot \arctan \frac{u - u_0}{v_0} + c, \quad u \in \mathbb{R} \quad (28)$$

mit der komplexen Integrationskonstante $c \in \mathbb{C}$.

Beweis: Da $i(u - w_0)$ für $u \in \mathbb{R}$ in der rechten Halbebene liegt, berechnen wir mit Hilfe von Satz 6 das Integral

$$\int \frac{1}{u - w_0} \, du = \int \frac{i}{i(u - w_0)} \, du = \log \left(i(u - w_0) \right) + c$$

$$= \log \left(v_0 + i(u - u_0) \right) + c \qquad (29)$$

$$= \frac{1}{2} \ln \left((u - u_0)^2 + v_0^2 \right) + i \cdot \arctan \frac{u - u_0}{v_0} + c, \quad u \in \mathbb{R}$$

mit einer Integrationskonstanten $c \in \mathbb{C}$.   q.e.d.

Bemerkung: Multiplizieren wir (28) mit $\gamma = \alpha + i \cdot \beta \in \mathbb{C}$ und gehen zum Realteil über, so erhalten wir

$$\int \frac{\alpha \cdot (u - u_0) - \beta \cdot v_0}{u^2 - 2u_0 \cdot u + |w_0|^2} \, du$$

$$= \int \frac{\mathrm{Re}\big((\alpha + i\beta) \cdot \big((u - u_0) + iv_0\big)\big)}{u^2 - 2u_0 \cdot u + |w_0|^2} \, du$$

$$= \mathrm{Re} \int \frac{\gamma \cdot (u - \overline{w_0})}{(u - w_0) \cdot (u - \overline{w_0})} \, du = \mathrm{Re} \int \frac{\gamma}{u - w_0} \, du \tag{30}$$

$$= \frac{\alpha}{2} \ln\left((u - u_0)^2 + v_0^2\right) - \beta \cdot \arctan \frac{u - u_0}{v_0} + c, \quad u \in \mathbb{R}$$

mit der reellen Integrationskonstante $c \in \mathbb{R}$.

Wir können also eine echt gebrochen rationale Funktion integrieren, welche im Zähler ein beliebiges lineares Polynom und im Nenner ein quadratisches Polynom besitzt, das in $\mathbb{R}$ keine Nullstellen hat. Ein systematisches Studium der Partialbruchzerlegung wird in §9 erfolgen.

§7 Die allgemeinen Potenzfunktionen

Wir beginnen mit der tiefliegenden

Definition 1. *Zur Potenz* $\gamma = \alpha + i\beta \in \mathbb{C}$ *betrachten wir die* **universelle Potenzfunktion** $F_\gamma : \mathbb{U} \to \mathbb{U}$ *vermöge*

$$F_\gamma(\mathbf{w}) := Exp\big(\gamma \cdot Log\,\mathbf{w}\big), \quad \mathbf{w} = (w, k) \in \mathbb{U} \quad . \tag{1}$$

Satz 1. (Universelles Potenzgesetz) *Für je zwei Potenzen* $\gamma_j = \alpha_j + i\beta_j$ *mit* $j = 1, 2$ *erfüllen die Potenzfunktionen* F_{γ_j} *die Identität*

$$F_{\gamma_1}(\mathbf{w}) * F_{\gamma_2}(\mathbf{w}) = F_{\gamma_1 + \gamma_2}(\mathbf{w}) \quad , \quad \mathbf{w} \in \mathbb{U} \quad .$$

Beweis: Wir berechnen

$$F_{\gamma_1 + \gamma_2}(\mathbf{w}) = \mathrm{Exp}\left((\gamma_1 + \gamma_2) \cdot \mathrm{Log}\,\mathbf{w}\right)$$

$$= \mathrm{Exp}\left(\gamma_1 \cdot \mathrm{Log}\,\mathbf{w}\right) * \mathrm{Exp}\left(\gamma_2 \cdot \mathrm{Log}\,\mathbf{w}\right) = F_{\gamma_1}(\mathbf{w}) * F_{\gamma_2}(\mathbf{w}), \quad \mathbf{w} \in \mathbb{U}. \tag{2}$$

q.e.d.

Bemerkungen:

1. Für $\gamma = 0$ erhalten wir mit

$$F_0(\mathbf{w}) = (1,0) \in \mathbb{U}_0 \text{ für alle } \mathbf{w} \in \mathbb{U}$$

eine *konstante Abbildung*. Für $\gamma = 1$ ergibt sich die *identische Abbildung*

$$F_1(\mathbf{w}) = \mathbf{w} \text{ für alle } \mathbf{w} \in \mathbb{U} \quad .$$

2. Für alle Exponenten $\gamma \in \mathbb{C} \setminus \{0\}$ ist $F_\gamma : \mathbb{U} \to \mathbb{U}$ bijektiv mit der Umkehrabbildung

$$F_{\gamma^{-1}} : \mathbb{U} \to \mathbb{U} \quad .$$

3. Für rationale Exponenten $\gamma = \frac{m}{n}$ mit $m, n \in \mathbb{N}$ ist die Aussage

$$F_\gamma : \mathbb{U}[n] \to \mathbb{U}[m]$$

wie zu Beginn von § 6 erfüllt. Diese Funktion ist nämlich n-fach periodisch auf der universellen Überlagerungsfläche $\mathbb{U}$, während ihre Umkehrabbildung dort m-fach periodisch ist. Für irrationale Exponenten $\gamma \in \mathbb{R} \setminus \mathbb{Q}$ ist die Abbildung $F_\gamma : \mathbb{U} \to \mathbb{U}$ nicht reduzierbar.

4. Zur Differentiation von Potenzfunktionen betrachten wir ihre Projektion in die komplexe Ebene und benutzen die üblichen Symbole:

Definition 2. *Zur Potenz* $\gamma = \alpha + i\beta \in \mathbb{C}$ *betrachten wir die* **allgemeine Potenzfunktion** $f_\gamma : \mathbb{U} \to \mathbb{C} \setminus \{0\}$ *vermöge*

$$f_\gamma(\mathbf{w}) := \exp\left(\gamma \cdot Log\,\mathbf{w}\right) = \sigma \circ F_\gamma(\mathbf{w}) =: \mathbf{w}^\gamma, \quad \mathbf{w} = (w, k) \in \mathbb{U} \quad . \tag{3}$$

Zur Differentiation dieser Funktion verwenden wir Satz 2 aus § 6 mit den dortigen Bezeichnungen: In einem beliebigen Punkt $\mathbf{w}_0 = (w_0, k_0) \in \mathbb{U}$ betrachten wir die Liftung

$$\tau_{\mathbf{w}_0} : K(w_0) \to \mathbb{K}(\mathbf{w}_0)$$

auf die maximale Kreisscheibe in der Überlagerungsfläche. Die assoziierte Funktion

$$f(w) := \exp\left(\gamma \cdot \mathrm{Log} \circ \tau_{\mathbf{w}_0}(w)\right) \quad , \quad w \in K(w_0) \tag{4}$$

ist holomorph, und ihre komplexe Ableitung lautet:

$$f'(w) = \exp\left(\gamma \cdot \mathrm{Log} \circ \tau_{\mathbf{w}_0}(w)\right) \cdot \gamma \cdot \left(\mathrm{Log} \circ \tau_{\mathbf{w}_0}\right)'(w)$$

$$= \gamma \cdot \exp\left(\gamma \cdot \mathrm{Log} \circ \tau_{\mathbf{w}_0}(w)\right) \cdot \frac{1}{w}$$

$$= \gamma \cdot \exp\left(\gamma \cdot \mathrm{Log} \circ \tau_{\mathbf{w}_0}(w)\right) \cdot \exp\left(-\mathrm{Log} \circ \tau_{\mathbf{w}_0}(w)\right) \tag{5}$$

$$= \gamma \cdot \exp\left((\gamma - 1) \cdot \mathrm{Log} \circ \tau_{\mathbf{w}_0}(w)\right)$$

$$= \gamma \cdot \mathbf{w}^{\gamma-1}\Big|_{\mathbf{w} = \tau_{\mathbf{w}_0}(w)} \quad , \quad w \in K(w_0) \quad .$$

Wir erhalten so den

Satz 2. *Für alle $\gamma \in \mathbb{C}$ ist die allgemeine Potenzfunktion $f_\gamma : \mathbb{U} \to \mathbb{C} \backslash \{0\}$ auf der universellen Überlagerungsfläche holomorph. Im oben präzisierten Sinne – siehe (4) und (5) – gilt die Differentiationsregel*

$$\frac{d}{d\mathbf{w}} \mathbf{w}^\gamma = \gamma \cdot \mathbf{w}^{\gamma-1}, \quad \mathbf{w} \in \mathbb{U} \quad .$$

Bemerkungen:

1. Wählen wir $\gamma = k \in \mathbb{Z}$, so ist $f_\gamma : \mathbb{U} \to \mathbb{C} \backslash \{0\}$ 1-fach periodisch auf der universellen Überlagerungsfläche. Folglich reduziert sich dann diese Abbildung zur Funktion

$$f_\gamma(w) := w^\gamma : \mathbb{C} \backslash \{0\} \to \mathbb{C} \backslash \{0\}.$$

2. Nur für $\gamma = \pm 1$ ist diese Abbildung bijektiv. Wir erhalten für $\gamma = +1$ mit $f_1(w) := w : \mathbb{C} \backslash \{0\} \to \mathbb{C} \backslash \{0\}$ die *identische Abbildung auf* $\mathbb{C} \backslash \{0\}$. Für $\gamma = -1$ ergibt sich mit

$$f_{-1}(w) := \frac{1}{w} : \mathbb{C} \backslash \{0\} \to \mathbb{C} \backslash \{0\}$$

die *Spiegelung am Einheitskreis*. Letzteres sehen wir mittels Polarkoordinaten

$$f_{-1}\left(re^{i\varphi}\right) = \frac{1}{r}e^{-i\varphi}, \quad 0 < r < +\infty, \quad -\pi < \varphi \le +\pi$$

leicht ein.

3. Für $\gamma \ge 0$ handelt es sich um komplexe Polynome, welche in $\mathbb{C}$ komplexe Stammfunktionen besitzen. Für $\gamma = -1$ tritt der Sonderfall ein, den wir in §6 bereits mit der komplexen Logarithmusfunktion studiert haben. Auch alle weiteren Fälle $\gamma \le -2$ müssen wir für die Partialbruchzerlegung im Komplexen in Betracht ziehen:

Satz 3. *Sei die komplexe Zahl $w_0 \in \mathbb{C}$ und die natürliche Zahl $n \in \mathbb{N}$ gegeben. Die Gesamtheit der komplexen Stammfunktionen der folgenden gebrochen rationalen Funktion lautet:*

$$\int \frac{1}{(w - w_0)^{n+1}} \, dw = \frac{1}{-n \cdot (w - w_0)^n} + c \quad \text{für alle } w \in \mathbb{C} \backslash \{w_0\}, \qquad (6)$$

mit der komplexen Integrationskonstante $c \in \mathbb{C}$.

Üblicherweise betrachtet man die allgemeine Potenzfunktion nur auf dem Inneren vom 0-ten Blatt $\mathbb{U}_0 \backslash \mathbb{S}_0 = \mathbb{C}'$ der Überlagerungsfläche:

Definition 3. *Zur Potenz $\gamma = \alpha + i\beta \in \mathbb{C}$ betrachten wir die* **allgemeine komplexe Potenzfunktion**

$$f_\gamma : \mathbb{C}' \to \mathbb{C} \backslash \{0\}$$

vermöge

$$f_\gamma(w) := \exp(\gamma \cdot \log w) =: w^\gamma, \quad w \in \mathbb{C}' \quad . \qquad (7)$$

Bemerkungen: Für die allgemeine komplexe Potenzfunktion liefert Satz 1 die Potenzgesetze

$$w^{\gamma_1+\gamma_2} = w^{\gamma_1} \cdot w^{\gamma_2} \text{ für alle } w \in C' \text{ mit den Potenzen } \gamma_1, \gamma_2 \in \mathbb{C} \quad .$$

Weiter ergibt Satz 2 für $\gamma \in \mathbb{C}$ die Differentiationsregel

$$\frac{d}{dw} w^{\gamma} = \gamma \cdot w^{\gamma-1}, \quad w \in C' \quad .$$

In § 4 haben wir bereits die folgende Aussage im Spezialfall $\gamma = -\frac{1}{2}$ verwendet:

Satz 4. (Binomialreihe) *Mit dem Exponenten* $\gamma = \alpha + i\beta \in \mathbb{C}$ *gilt für die Funktion*

$$f(w) := (1 + w)^{\gamma}, \quad w \in B$$

auf der Einheitskreisscheibe $B := \{w \in \mathbb{C} : |w| < 1\}$ *die folgende Darstellung*

$$f(w) = \sum_{k=0}^{\infty} \binom{\gamma}{k} w^k \quad , \quad w \in B \tag{8}$$

durch die konvergente **Binomialreihe**. *Dabei haben wir die* **verallgemeinerten Binomialkoeffizienten** *wie folgt erklärt:*

$$\binom{\gamma}{k} := \frac{\gamma \cdot (\gamma - 1) \cdot \ldots \cdot (\gamma - k + 1)}{k!} \quad \text{für } k \in \mathbb{N} \text{ und } \binom{\gamma}{0} := 1 \quad . \tag{9}$$

Beweis:

1. Zunächst genügt die Funktion f dem folgenden **Anfangswertproblem**:

$$f = f(w) : B \to \mathbb{C} \setminus \{0\} \text{ holomorph}, \quad f'(w) = \frac{\gamma}{1 + w} \cdot f(w), \quad w \in B$$

$$\text{und } f(0) = 1 \quad . \tag{10}$$

Haben wir nun zwei Lösungen f_j von (10) mit $j = 1, 2$ gegeben, so erfüllt deren Quotient

$$F(w) := \frac{f_1(w)}{f_2(w)}, \quad w \in B$$

das folgende Anfangswertproblem:

$$F'(w) = \frac{f_1'(w) \cdot f_2(w) - f_1(w) \cdot f_2'(w)}{\left(f_2(w)\right)^2}$$

$$= \gamma \cdot \frac{f_1(w) \cdot f_2(w) - f_1(w) \cdot f_2(w)}{(1 + w) \cdot \left(f_2(w)\right)^2} = 0 \quad \text{für alle } w \in B \tag{11}$$

$$\text{und } F(0) = 1.$$

Somit ist $F(w) \equiv 1, w \in B$ beziehungsweise $f_1(w) \equiv f_2(w), w \in B$ richtig. Folglich ist das Anfangswertproblem (10) eindeutig bestimmt.

2. Wir zeigen nun, dass die Binomialreihe in B konvergiert:

$$\frac{|\binom{\gamma}{k+1} w^{k+1}|}{|\binom{\gamma}{k}w^k|} = \frac{|w| \cdot |\gamma| \cdot |\gamma - 1| \dots |\gamma - k| \cdot k!}{|\gamma| \cdot |\gamma - 1| \dots |\gamma - k + 1| \cdot (k+1)!}$$

$$= \frac{|w| \cdot |\gamma - k|}{|k+1|} = \frac{|w| \cdot |1 - \frac{\gamma}{k}|}{|1 + \frac{1}{k}|} \quad \text{für } k = 1, 2, \dots \tag{12}$$

Wir sehen

$$\lim_{k \to \infty} \frac{|\binom{\gamma}{k+1} w^{k+1}|}{|\binom{\gamma}{k}w^k|} = |w| \in [0, +1)$$

für alle $w \in B$ ein. Das Quotientenkriterium liefert sofort die Konvergenz der Binomialreihe in B.

3. Schließlich genügt

$$g(w) := \sum_{k=0}^{\infty} \binom{\gamma}{k} w^k \quad , \quad w \in B$$

dem Anfangswertproblem (10):
Offenbar ist $g(0) = 1$ erfüllt. Dann differenzieren wir gemäß Satz 15 aus §3 in Kapitel II gliedweise die Binomialreihe und erhalten

$$(1 + w) \cdot g'(w) = (1 + w) \cdot \sum_{k=1}^{\infty} k \cdot \binom{\gamma}{k} w^{k-1}$$

$$= \gamma \cdot \left[\sum_{k=1}^{\infty} \binom{\gamma - 1}{k - 1} w^{k-1} + \sum_{k=1}^{\infty} \binom{\gamma - 1}{k - 1} w^k \right]$$

$$= \gamma \cdot \left[\sum_{l=0}^{\infty} \binom{\gamma - 1}{l} w^l + \sum_{l=1}^{\infty} \binom{\gamma - 1}{l - 1} w^l \right] \tag{13}$$

$$= \gamma \cdot \left[1 + \sum_{l=1}^{\infty} \left(\binom{\gamma - 1}{l} + \binom{\gamma - 1}{l - 1} \right) w^l \right]$$

$$= \gamma \cdot \left[1 + \sum_{l=1}^{\infty} \binom{\gamma}{l} w^l \right] = \gamma \cdot \left[\sum_{l=0}^{\infty} \binom{\gamma}{l} w^l \right] = \gamma \cdot g(w), \quad w \in B.$$

Hierbei haben wir das vom Binomialsatz bekannte Additionstheorem für die Binomialkoeffizienten

$$\binom{\gamma - 1}{l} + \binom{\gamma - 1}{l - 1} = \binom{\gamma}{l} \tag{14}$$

verwandt, welches auch für die verallgemeinerten Binomialkoeffizienten gilt. Da das Anfangswertproblem (10) eindeutig lösbar ist, stimmt die Funktion $f(w) = (1 + w)^{\gamma}$ in B mit der Binomialreihe überein.   q.e.d.

Zur Integration reeller gebrochen rationaler Funktionen stellen wir noch die folgende Aussage bereit:

Satz 5. *Sei die komplexe Zahl $w_0 = u_0 + iv_0 \in \mathbb{C}$ mit $v_0 > 0$ in der oberen Halbebene und die natürliche Zahl $n \in \mathbb{N}$ gegeben sowie $\gamma = \alpha + i\beta \in \mathbb{C}$. Die Gesamtheit der reellen Stammfunktionen folgender echt gebrochen rationaler Funktionen lautet:*

$$\int \frac{\mathrm{Re}\big((\alpha + i\beta) \cdot \big((u - u_0) + iv_0\big)^{n+1}\big)}{\big(u^2 - 2u_0 \cdot u + |w_0|^2\big)^{n+1}} \, du = \mathrm{Re} \int \frac{\gamma}{(u - w_0)^{n+1}} \, du$$

$$= \mathrm{Re}\left(\frac{\gamma}{-n \cdot (u - w_0)^n}\right) + c = \frac{\mathrm{Re}\big((\alpha + i\beta) \cdot \big((u - u_0) + iv_0\big)^n\big)}{-n \cdot \big(u^2 - 2u_0 \cdot u + |w_0|^2\big)^n} + c \tag{15}$$

für alle $u \in \mathbb{R}$, mit der reellen Integrationskonstante $c \in \mathbb{R}$.

Während im Zähler reelle Polynome vom Grad höchstens $n + 1$ und n auf der linken bzw. rechten Seite auftreten, finden wir im Nenner Potenzen eines quadratischen Polynoms, welches keine Nullstellen in $\mathbb{R}$ besitzt.

Beweis: Wir berechnen

$$\int \frac{\mathrm{Re}\big((\alpha + i\beta) \cdot \big((u - u_0) + iv_0\big)^{n+1}\big)}{\big(u^2 - 2u_0 \cdot u + |w_0|^2\big)^{n+1}} \, du$$

$$= \mathrm{Re} \int \frac{\gamma \cdot (u - \overline{w_0})^{n+1}}{(u - w_0)^{n+1} \cdot (u - \overline{w_0})^{n+1}} \, du$$

$$= \mathrm{Re} \int \frac{\gamma}{(u - w_0)^{n+1}} \, du = \mathrm{Re}\left(\frac{\gamma}{-n \cdot (u - w_0)^n}\right) + c \tag{16}$$

$$= \ldots = \frac{\mathrm{Re}\big((\alpha + i\beta) \cdot \big((u - u_0) + iv_0\big)^n\big)}{-n \cdot \big(u^2 - 2u_0 \cdot u + |w_0|^2\big)^n} + c$$

mit der reellen Integrationskonstante $c \in \mathbb{R}$.   q.e.d.

Bemerkungen: Den Fall $n = 0$ haben wir bereits in Satz 7 und der anschließenden Bemerkung aus §6 gesondert behandelt. Speziell im Fall $n = 1$ erhalten wir aus obigem Satz die Integrationsregel

$$\int \frac{\alpha(u - u_0)^2 - \alpha v_0^2 - 2\beta(u - u_0)v_0}{\big(u^2 - 2u_0 \cdot u + |w_0|^2\big)^2} \, du = \frac{-\alpha(u - u_0) + \beta v_0}{u^2 - 2u_0 \cdot u + |w_0|^2} + c. \tag{17}$$

Es ist mühsam, solche gebrochen rationale Funktionen im Reellen zu integrieren.

Wir wollen nun die allgemeine komplexe Potenzfunktion auf die reellen Intervalle $\mathbb{R} \setminus \{0\}$ einschränken:

Definition 4. *Zur Potenz $\alpha \in \mathbb{R}$ betrachten wir die* **allgemeine reelle Potenzfunktion**

$$f_\alpha : \mathbb{R} \setminus \{0\} \to \mathbb{R}$$

vermöge

$$f_\alpha(u) := \exp(\alpha \cdot \ln |u|) =: u^\alpha, \quad u \in \mathbb{R} \setminus \{0\} \quad . \tag{18}$$

Bemerkungen: Für die allgemeine reelle Potenzfunktion liefert Satz 1 die Potenzgesetze

$$u^{\alpha_1 + \alpha_2} = u^{\alpha_1} \cdot u^{\alpha_2} \text{ für alle } u \in \mathbb{R} \setminus \{0\}$$

mit den Potenzen $\alpha_1, \alpha_2 \in \mathbb{R}$. Weiter ergibt Satz 2 für $\alpha \in \mathbb{R}$ die Differentiationsregel

$$\frac{d}{du} u^\alpha = \alpha \cdot u^{\alpha-1}, \quad u \in \mathbb{R} \setminus \{0\} \quad .$$

Zur Integration reeller gebrochen rationaler Funktionen notieren wir noch die folgende Aussage, welche man durch Differentiation sofort nachprüft:

Satz 6. *Sei die reelle Zahl $u_0 \in \mathbb{R}$ und die natürliche Zahl $n \in \mathbb{N}$ gegeben. Die Gesamtheit der reellen Stammfunktionen der folgenden echt gebrochen rationalen Funktion lautet:*

$$\int \frac{1}{(u - u_0)^{n+1}} \, du = \frac{1}{-n \cdot (u - u_0)^n} + c \quad \text{für alle } u \in \mathbb{R} \setminus \{u_0\}, \tag{19}$$

mit der reellen Integrationskonstante $c \in \mathbb{R}$.

Wir wollen nun eine wichtige Anwendung der Jensenschen Ungleichung auf die natürliche Logarithmusfunktion kennenlernen:

Satz 7. *Für alle $x_1, \ldots, x_n \geq 0$ und $\lambda_1, \ldots, \lambda_n \geq 0$ mit $\sum_{k=1}^{n} \lambda_k = 1$ ($n = 2, 3, \ldots$) gilt*

$$\prod_{k=1}^{n} x_k^{\lambda_k} \leq \sum_{k=1}^{n} \lambda_k x_k. \tag{20}$$

Beweis: Gemäß §6 in Kapitel II ist eine konkave Funktion ein Element der Menge

$$K^-(a, b) := \left\{ f : (a, b) \to \mathbb{R} \Big| f \in C^2(a, b) \text{ und } f''(x) \leq 0 \text{ für alle } x \in (a, b) \right\}.$$

Analog zu Satz 3 aus §6 in Kapitel II gilt für konkave Funktionen unter obigen Voraussetzungen die Jensensche Ungleichung

$$f \left(\sum_{k=1}^{n} \lambda_k x_k \right) \geq \sum_{k=1}^{n} \lambda_k \cdot f(x_k).$$

Betrachten wir nun die konkave Funktion $f(x) := \ln x : (0, +\infty) \to \mathbb{R}$ mit der zweiten Ableitung

$$f''(x) = -\frac{1}{x^2} < 0 \quad \text{für alle} \quad x \in (0, +\infty) \quad ,$$

so erhalten wir die Ungleichung

$$\ln\left(\sum_{k=1}^{n} \lambda_k x_k\right) \geq \sum_{k=1}^{n} \lambda_k \cdot \ln x_k.$$

Bilden wir die Potenz zur Basis e, so erhalten wir wegen der Monotonie der reellen Exponentialfunktion die Ungleichung (20), nämlich

$$\sum_{k=1}^{n} \lambda_k x_k \geq \exp\left(\sum_{k=1}^{n} \lambda_k \cdot \ln x_k\right) = \exp\left(\sum_{k=1}^{n} \ln x_k^{\lambda_k}\right)$$

$$= \exp\left(\ln\left(\prod_{k=1}^{n} x_k^{\lambda_k}\right)\right) = \prod_{k=1}^{n} x_k^{\lambda_k},$$

wobei $x_1, \ldots, x_n > 0$ und $\lambda_1, \ldots, \lambda_n > 0$ erfüllt ist. Aus Stetigkeitsgründen bleibt (20) auch für alle $x_1, \ldots, x_n \geq 0$ und $\lambda_1, \ldots, \lambda_n \geq 0$ richtig.   q.e.d.

Folgerung 1: Für $n \in \mathbb{N}$ mit $n \geq 2$ erklären wir die Koeffizienten $\lambda_k := \frac{1}{n}$ für $1 \leq k \leq n$, und wir erhalten die Ungleichung

$$\prod_{k=1}^{n} x_k^{\frac{1}{n}} \leq \sum_{k=1}^{n} \frac{x_k}{n}$$

beziehungsweise

$$m_G := \sqrt[n]{x_1 \cdot x_2 \cdot \ldots \cdot x_n} \leq \frac{1}{n}(x_1 + x_2 + \ldots + x_n) =: m_A \qquad (21)$$

für alle reellen Zahlen $x_k \geq 0$ mit $1 \leq k \leq n$. Dieses besagt, daß das **geometrische Mittel** m_G kleiner oder gleich dem **arithmetischen Mittel** m_A ist.

Folgerung 2: Wir setzen nun $x_k := a_k^{p_k}$ und $\lambda_k := p_k^{-1}$ für $k = 1, 2, \ldots, n$ in Satz 7 ein, wobei $a_k \geq 0$ und $p_k > 1$ sowie $\sum_{k=1}^{n} p_k^{-1} = 1$ gelten. Wegen $x_k^{\lambda_k} = a_k$ erhalten wir die Ungleichung

$$\prod_{k=1}^{n} a_k \leq \sum_{k=1}^{n} \frac{a_k^{p_k}}{p_k} \quad .$$

Folgerung 3: Im Falle $n = 2$ mit $a_1 := a \geq 0$, $a_2 := b \geq 0$ und $p_1 := p > 1$, $p_2 := q > 1$ sowie $\frac{1}{p} + \frac{1}{q} = 1$ ergibt sich die **Youngsche Ungleichung**:

$$a \cdot b \leq \frac{a^p}{p} + \frac{b^q}{q} \quad . \tag{22}$$

Mit der Youngschen Ungleichung zeigen wir nun

Satz 8. (Höldersche Ungleichung im $\mathbb{R}^n$) *Es seien $a_k, b_k \in \mathbb{C}$ – für $k = 1, 2, \ldots, n$ – gegeben. Wenn die Exponenten $p, q \in (1, +\infty)$ die Bedingung $\frac{1}{p} + \frac{1}{q} = 1$ erfüllen, dann folgt*

$$\left| \sum_{k=1}^{n} a_k \cdot \overline{b_k} \right| \leq \sum_{k=1}^{n} |a_k| \cdot |b_k| \leq \left(\sum_{k=1}^{n} |a_k|^p \right)^{\frac{1}{p}} \cdot \left(\sum_{k=1}^{n} |b_k|^q \right)^{\frac{1}{q}} . \tag{23}$$

Beweis: Wir brauchen nur die rechte Ungleichung in (23) zu beweisen. Wenn $\sum_{k=1}^{n} |a_k|^p = 0$ erfüllt ist, so muß $a_1 = a_2 = \ldots a_n = 0$ gelten, und in (23) tritt Gleichheit ein. Also können wir ohne Einschränkung $\sum_{k=1}^{n} |a_k|^p > 0$ und $\sum_{k=1}^{n} |b_k|^q > 0$ annehmen. Dann betrachten wir für $k = 1, 2, \ldots, n$ die normierten Größen

$$\alpha_k := \frac{|a_k|}{\left(\sum_{i=1}^{n} |a_i|^p \right)^{\frac{1}{p}}} \quad \text{und} \quad \beta_k := \frac{|b_k|}{\left(\sum_{i=1}^{n} |b_i|^q \right)^{\frac{1}{q}}} \quad ,$$

welche offenbar die Bedingung

$$\sum_{k=1}^{n} \alpha_k^p = 1 = \sum_{k=1}^{n} \beta_k^q$$

erfüllen. Nach der Youngschen Ungleichung (22) gilt

$$\alpha_k \cdot \beta_k \leq \frac{\alpha_k^p}{p} + \frac{\beta_k^q}{q} \quad \text{für} \quad k = 1, 2, \ldots, n.$$

Summation über k liefert die Ungleichung

$$\sum_{k=1}^{n} \alpha_k \cdot \beta_k \leq \frac{1}{p} \cdot \sum_{k=1}^{n} \alpha_k^p + \frac{1}{q} \cdot \sum_{k=1}^{n} \beta_k^q = \frac{1}{p} + \frac{1}{q} = 1 \tag{24}$$

wegen der Normierungsbedingungen. Diese Ungleichung (24) impliziert offenbar die rechte Ungleichung in (23).   q.e.d.

Bemerkungen:

1. Für $p = q = 2$ beinhaltet (23) die Ungleichung von Cauchy-Schwarz.
2. Wir erhalten aus $\frac{1}{p} + \frac{1}{q} = 1$ den zu $p > 1$ **konjugierten Exponenten** $p' := q(p) = \frac{p}{p-1}$.
3. Wir werden später eine Höldersche Ungleichung für Integrale kennenlernen, die ein wichtiges Hilfsmittel bei der Lösung partieller Differentialgleichungen darstellt.

§8 Der Fundamentalsatz der Algebra

wurde von Carl Friedrich Gauß in seiner Dissertation 1801 bewiesen. Wenn wir vom Zwischenwertsatz von Bolzano einmal absehen, wurde hiermit erstmalig ein abstrakter Existenzbeweis erbracht. Niels Abel konnte zeigen, dass die Berechnung von Lösungen der Gleichungen fünften und höheren Grades mittels rationaler Operationen und Radizieren im Allgemeinen unmöglich ist.

Definition 1. *Die Funktion*

$$f(z) = \sum_{k=0}^{n} a_k z^k = a_n z^n + a_{n-1} z^{n-1} + \ldots + a_1 z + a_0 \quad , \quad z \in \mathbb{C} \quad (1)$$

heißt ein **Polynom** *in* $z \in \mathbb{C}$ **vom Grad** $n \in \mathbb{N}_0$ *– in Zeichen* $\mathrm{Grad}\, f = n$ *– mit den komplexen Koeffizienten* $a_k \in \mathbb{C}$ *für* $k = 0, 1, 2, \ldots, n$ *und* $a_n \neq 0$. *Wenn alle Koeffizienten gemäß* $a_k \in \mathbb{R}$ *für* $k = 0, 1, 2, \ldots, n$ *reell sind, so sprechen wir von einem* **reellen Polynom**.

Bemerkungen:

1. Ein Polynom mit Grad $f = 0$ ist eine konstante Funktion.
2. Ein Polynom mit Grad $f = n \in \mathbb{N}$ stellt eine in $\mathbb{C}$ konvergente Potenzreihe $\sum_{k=0}^{\infty} a_k z^k$ dar, welche nach dem n-ten Glied abbricht: $a_n \neq 0$ sowie $a_{n+1} = a_{n+2} = \ldots = 0$.
3. Wegen der Folgerung aus Satz 2 in Kapitel III, §1 gilt

$$f(z) = \sum_{k=0}^{\infty} \frac{z^k}{k!} \neq 0 \quad \text{für alle} \quad z \in \mathbb{C}.$$

Somit braucht eine in $\mathbb{C}$ konvergente Potenzreihe $\sum_{k=0}^{\infty} a_k z^k$ keine Nullstellen zu haben.

Hilfssatz 1. *Sei* f *ein Polynom (1) mit* $\mathrm{Grad}\, f > 0$. *Dann gibt es zu jedem* $z_0 \in \mathbb{C}$ *komplexe Koeffizienten* $b_0 = f(z_0), b_1, \ldots, b_{n-1}, b_n = a_n$ *derart, daß folgende Darstellung gültig ist:*

$$f(z_0 + \xi) = a_n \xi^n + b_{n-1} \xi^{n-1} + \ldots + b_1 \xi + f(z_0) \quad , \quad \xi \in \mathbb{C} \quad . \quad (2)$$

Beweis: Wir setzen $z = z_0 + \xi$ und erhalten mittels (1) die Identität

$$f(z) = f(z_0 + \xi) = \sum_{k=0}^{n} a_k (z_0 + \xi)^k.$$

Die Terme $(z_0 + \xi)^k$ werden über den Binomischen Lehrsatz berechnet, und die Summe wird nach Potenzen von ξ umgeordnet. Für $k = 0, 1, \ldots, n$ finden wir dann neue Koeffizienten $b_k = b_k(a_0, a_1, \ldots, a_n, z_0)$ mit $b_n = a_n \neq 0$ und $b_0 = f(z_0)$. Damit ist die Darstellung (2) gezeigt.   q.e.d.

Definition 2. *Sei $\mathcal{O} \subset \mathbb{C}$ eine offene Menge. Eine Funktion $\Phi : \mathcal{O} \to \mathbb{R}$ besitzt im Punkt $z_0 \in \mathcal{O}$ ein* **schwaches relatives Minimum,** *falls es ein $\epsilon > 0$ gibt mit der folgenden Eigenschaft:*

$$\Phi(z) \geq \Phi(z_0) \text{ für alle } z \in \mathcal{O} \text{ mit } |z - z_0| < \epsilon \quad .$$

Hilfssatz 2. *Sei f ein Polynom (1) mit Grad $f > 0$ und $f(z_0) \neq 0$ für ein $z_0 \in \mathbb{C}$. Dann gibt es zu jedem $R > 0$ ein $z_* \in \mathbb{C}$ mit $|z_* - z_0| \leq R$ und $|f(z_*)| < |f(z_0)|$.*

Beweis:

1. Durch Übergang von f zum Polynom $g(z) := \frac{1}{f(z_0)} \cdot f(z), \quad z \in \mathbb{C}$ können wir ohne Einschränkung $g(z_0) = 1$ annehmen. Gemäß (2) entwickeln wir

$$g(z_0 + \xi) = 1 + b_k \xi^k + b_{k+1} \xi^{k+1} + \ldots + b_n \xi^n$$

mit $b_k \neq 0$ zu geeignetem $1 \leq k \leq n$. Mittels Satz 1 aus § 5 ergibt sich die eindeutige Darstellung in Polarkoordinaten

$$b_k = |b_k| \exp(i\vartheta) \text{ mit } \vartheta \in (-\pi, \pi].$$

Ferner sei die Darstellung $\xi = r \exp(i\varphi)$ beziehungsweise

$$\xi^k = r^k \exp(ik\varphi) \text{ mit } r > 0 \text{ und } \varphi \in (-\pi, \pi]$$

gewählt. Dann erhalten wir

$$g(z_0 + \xi) = 1 + |b_k| \cdot r^k \exp\big(i(\vartheta + k\varphi)\big) + r^k \cdot h(\xi).$$

Dabei erfüllt die Funktion

$$h(\xi) := \exp(ik\varphi) \cdot \big(b_{k+1}\xi + \ldots + b_n \xi^{n-k}\big) : \mathbb{C} \backslash \{0\} \to \mathbb{C}$$

die Bedingung $\lim_{\xi \to 0, \xi \neq 0} h(\xi) = 0$.

2. Unser Ziel ist es nun, den zweiten Summanden negativ zu machen. Wir wählen φ derart, daß $\vartheta + k\varphi = \pi$ gilt. Anschaulich bewegt sich ξ mit variablem $r > 0$ und festgelegtem $\varphi = \frac{\pi - \vartheta}{k}$ auf dem Strahl $r \exp(i\varphi)$. Wegen $\exp(i\pi) = -1$ und nach Wahl eines geeigneten $\epsilon > 0$ mit $|b_k|\epsilon^k \leq 1$ und $2|h(\xi)| \leq |b_k|$ für alle $|\xi| < \epsilon$ gilt die Abschätzung

$$|g(z_0 + \xi)| \leq 1 + |b_k| \exp(i\pi)r^k + |h(\xi)|r^k = 1 - |b_k|r^k + |h(\xi)|r^k$$

$$= 1 - \big(|b_k| - |h(\xi)|\big)r^k \leq 1 - \frac{1}{2}|b_k|r^k < 1$$

für alle $r \in (0, \epsilon]$. Zu gegebenem $R > 0$ wählen wir $\xi = r \exp(i\varphi)$ mit $r = \min\{\epsilon, R\}$, und wir erhalten so einen Punkt $z_* = z_0 + \xi$ in der Gauß-Ebene, welcher die geforderte Eigenschaft

$$|g(z_*)| = |g(z_0 + \xi)| < 1 \overset{n.V.}{=} |g(z_0)|$$

mit $|z_* - z_0| = |\xi| \leq R$ erfüllt.   q.e.d.

Folgerung aus Hilfssatz 2: Die Betragsfunktion $\Phi(z) := |f(z)| : \mathbb{C} \to \mathbb{R}$ zu einem nichtkonstanten Polynom f kann in keinem Punkt $z_0 \in \mathbb{C}$, in welchem $f(z_0) \neq 0$ erfüllt ist, ein schwaches relatives Minimum annehmen.

Für ein nicht konstantes Polynom wächst $|f(z)| = \left| \sum_{k=0}^{n} a_k z^k \right|$, $z \in \mathbb{C}$ in alle Richtungen über jede Grenze. Diese Aussage des nachfolgenden Hilfssatzes ist für Potenzreihen im Allgemeinen nicht erfüllt, wie man an der komplexen Exponentialfunktion überprüfen kann.

Hilfssatz 3. *Wenn f ein Polynom (1) mit $\operatorname{Grad} f > 0$ darstellt, dann folgt das asymptotische Verhalten*

$$\lim_{R \to +\infty} \inf\{|f(z)| : z \in \mathbb{C}, |z| = R\} = +\infty \quad . \tag{3}$$

Beweis: Für $z \in \mathbb{C} \backslash \{0\}$ finden wir die Abschätzung

$$|f(z)| = \left| a_n z^n \cdot \left(1 + \sum_{k=0}^{n-1} \frac{a_k}{a_n} \cdot \frac{1}{z^{n-k}} \right) \right| \geq |a_n| |z|^n \cdot \left(1 - \sum_{k=0}^{n-1} \left| \frac{a_k}{a_n} \right| \cdot \frac{1}{|z|^{n-k}} \right) .$$

Nun wählen wir $R > 0$ so, dass

$$\sum_{k=0}^{n-1} \left| \frac{a_k}{a_n} \right| \cdot \frac{1}{|z|^{n-k}} = \left| \frac{a_{n-1}}{a_n} \right| \cdot \frac{1}{|z|} + \ldots + \left| \frac{a_0}{a_n} \right| \cdot \frac{1}{|z|^n} \leq \frac{1}{2} \quad \text{für alle } |z| \geq R$$

ausfällt. Dann ist die Abschätzung

$$|f(z)| \geq \frac{1}{2} |a_n| R^n \quad \text{für alle} \quad |z| \geq R$$

und somit das asymptotische Verhalten (3) erfüllt.   q.e.d.

Satz 1. (Fundamentalsatz der Algebra) *Jedes nichtkonstante Polynom f hat wenigstens eine komplexe Nullstelle, d.h. es gibt ein $z_0 \in \mathbb{C}$ mit $f(z_0) = 0$.*

Beweis: Wir betrachten die Hilfsfunktion $\Phi(z) = |f(z)| : \mathbb{C} \to \mathbb{R}$. Wegen (3) können wir $R > 0$ so groß wählen, daß

$$\inf\{\Phi(z) : z \in \mathbb{C}, |z| = R\} > \Phi(0)$$

gilt. Auf der kompakten Menge $K := \{z \in \mathbb{C} : |z| \leq R\}$ ist die Funktion Φ stetig, und folglich gibt es ein $z_0 \in K$ mit

$$\Phi(z_0) = \inf\{\Phi(z) : z \in \mathbb{C}, |z| \leq R\} \quad . \tag{4}$$

Wegen $\Phi(z_0) \leq \Phi(0) < \inf\{\Phi(z) : z \in \mathbb{C}, |z| = R\}$ muß $z_0 \in \overset{\circ}{K}$ richtig sein. Wir werden $z_0 \in \mathbb{C}$ als Nullstelle erkennen: Angenommen es wäre $\Phi(z_0) \neq 0$ beziehungsweise $f(z_0) \neq 0$ erfüllt. Nach Hilfssatz 2 gibt es dann ein $z_* \in \mathbb{C}$ mit $|z_*| < R$ und $\Phi(z_*) < \Phi(z_0)$. Dieses liefert einen Widerspruch zur Minimaleigenschaft (4). Also folgt $f(z_0) = 0$, und eine Nullstelle ist gefunden. q.e.d.

Satz 2. (Linearfaktorzerlegung) *Jedes Polynom (1) besitzt eine Linear-faktorzerlegung der Form*

$$f(z) = a_n \cdot \prod_{j=1}^{m} (z - z_j)^{k_j} \quad . \tag{5}$$

Dabei sind $z_1, z_2, \ldots, z_m \in \mathbb{C}$ seine paarweise verschiedenen komplexen Null-stellen. Die Zahlen $k_j \in \mathbb{N}$ geben die **Vielfachheiten** *beziehungsweise* **Ord-nungen der Nullstellen** z_j *für $j = 1, \ldots, m$ an. Schließlich ist die Identität $\sum_{j=1}^{m} k_j = n$ für die Vielfachheiten erfüllt.*

Beweis: Wegen Satz 1 besitzt f eine Nullstelle $z_0 \in \mathbb{C}$. Nach Hilfssatz 1 ent-wickeln wir f an der Stelle z_0, indem wir $\xi := z - z_0$ setzen:

$$f(z) = f(z_0 + \xi) \overset{(2)}{=} f(z_0) + b_k \xi^k + \ldots + a_n \xi^n \quad .$$

Dabei ist $b_k \neq 0$ für ein $1 \leq k \leq n$ und $a_n \neq 0$ erfüllt. Schließlich ergibt sich die Darstellung

$$f(z) = b_k \xi^k + b_{k+1} \xi^{k+1} + \ldots + b_n \xi^n = \xi^k \left(b_k + b_{k+1} \xi + \ldots + b_n \xi^{n-k} \right)$$
$$= (z - z_0)^k \cdot \tilde{f}(z) \quad .$$

Hierbei besitzt das Polynom $\tilde{f}(z) := \sum_{j=0}^{m} c_j z^j$ den Grad $m = n - k \in \mathbb{N}_0$ und die Koeffizienten $c_j \in \mathbb{C}$ für $j = 1, \ldots, m$ sowie $c_m = a_n \neq 0$. Das durch Ordnen nach Potenzen von z entstehende Polynom $\tilde{f}$ erfüllt Grad $\tilde{f} <$ Grad f und $\tilde{f}(z_0) \neq 0$. Wiederholte Anwendung von Satz 1 liefert die Behauptung. q.e.d.

Wir wollen nun reelle Polynome untersuchen: Ihre Nullstellen sind symme-trisch zur reellen Achse angeordnet.

Hilfssatz 4. *Sei f ein reelles Polynom (1) mit der komplexen Nullstelle $z_0 \in \mathbb{C}$ der Vielfachheit $k_0 \in \mathbb{N}$. Dann ist auch $\overline{z_0}$ eine Nullstelle von f der Vielfachheit k_0.*

Beweis:

1. Zunächst sehen wir Folgendes leicht ein: Ein Polynom f besitzt in $z_0 \in \mathbb{C}$ genau dann eine Nullstelle der Vielfachheit $k_0 \in \mathbb{N}$, wenn die abgeleiteten Polynome $f^{(k)}$ der Ordnungen $k = 0, \ldots, k_0 - 1$ dort verschwinden.

2. Ist nun $z_0 \in \mathbb{C}$ eine Nullstelle eines reellen Polynoms, so folgt

$$0 = \overline{f(z_0)} = \overline{\sum_{k=0}^{n} a_k z_0^k} = \sum_{k=0}^{n} a_k \overline{z_0}^k = f(\overline{z_0}) \quad .$$

Also ist dann auch $\overline{z_0}$ eine Nullstelle von f.

3. Ist nun $z_0 \in \mathbb{C}$ eine Nullstelle des reellen Polynoms f der Vielfachheit k_0, so verschwinden dort die abgeleiteten Polynome $f^{(k)}$ der Ordnungen $k = 0, \ldots, k_0 - 1$. Da letztere reell sind, so verschwinden sie auch im Punkt $\overline{z_0}$. Folglich ist $\overline{z_0}$ eine Nullstelle der Vielfachheit k_0 von f.   q.e.d.

Eine Kombination von Satz 2 mit Hilfssatz 4 liefert sofort den

Satz 3. (Reelle Linearfaktorzerlegung) *Jedes reelle Polynom f aus (1) vom Grad n besitzt eine Linearfaktorzerlegung der folgenden Form*

$$f(x) = a_n \cdot \prod_{j=1}^{m} (x - x_j)^{k_j} \cdot \prod_{j=m+1}^{m+\mu} \left[(x - z_j) \cdot (x - \overline{z_j}) \right]^{k_j}$$

$$= a_n \cdot \prod_{j=1}^{m} (x - x_j)^{k_j} \cdot \prod_{j=m+1}^{m+\mu} \left[x^2 - 2x_j \cdot x + |z_j|^2 \right]^{k_j} \quad , \quad x \in \mathbb{R}.$$

(6)

Dabei sind $x_1, \ldots, x_m \in \mathbb{R}$ – mit $m \in \mathbb{N}_0$ – seine paarweise verschiedenen **reellen Nullstellen** *der Vielfachheiten $k_j \in \mathbb{N}$ für $j = 1, \ldots, m$. Weiter sind $z_j = x_j + iy_j \in \mathbb{C}$ mit $y_j > 0$ für $j = m + 1, \ldots, m + \mu$ – mit $\mu \in \mathbb{N}_0$ – die paarweise verschiedenen* **Nullstellen in der oberen komplexen Halbebene** *der Vielfachheiten $k_j \in \mathbb{N}$. Schließlich gilt die Identität*

$$\sum_{j=1}^{m} k_j + 2 \cdot \sum_{j=m+1}^{m+\mu} k_j = n$$

(7)

für ihre Vielfachheiten.

§9 Partialbruchzerlegung gebrochen rationaler Funktionen

Wir vereinbaren zunächst die

Definition 1. *Sei die* **gebrochen rationale Funktion**

$$h(z) := \frac{g(z)}{f(z)} \text{ für } z \in \mathbb{C}^* := \{\zeta \in \mathbb{C} : f(\zeta) \neq 0\}$$

gegeben: Hierbei tritt im Nenner das nichtkonstante Polynom

$$f(z) := \sum_{k=0}^{n} a_k z^k \quad , \quad z \in \mathbb{C}$$

wie in § 8 mit den komplexen Koeffizienten $a_k \in \mathbb{C}$ für $k = 0, 1, \ldots, n$ sowie $a_n \neq 0$ vom Grad $f = n \in \mathbb{N}$ auf. Im Zähler erscheint das Polynom

$$g(z) := \sum_{j=0}^{N} b_j z^j \quad , \quad z \in \mathbb{C}$$

mit den komplexen Koeffizienten $b_j \in \mathbb{C}$ *für* $j = 0, 1, \ldots, N$. *Falls* $b_N \neq 0$ *für* $N > 0$ *gilt, erhalten wir den* $\mathrm{Grad}\, g = N \in \mathbb{N}$. *Falls* $g(z) \equiv b_0 \in \mathbb{C} \setminus \{0\}$ *gilt, setzen wir* $\mathrm{Grad}\, g = 0$. *Wir sprechen von einer* **echt gebrochen rationalen Funktion** h, *falls* $\mathrm{Grad}\, g < \mathrm{Grad}\, f$ *erfüllt ist.*

Wir fixieren nun das Nennerpolynom f, und zerlegen es gemäß Satz 2 aus § 8 in Linearfaktoren im Komplexen. Nehmen wir dessen Nullstellen aus $\mathbb{C}$ heraus, so erhalten wir die **eventuell mehrfach punktierte komplexe Ebene** $\mathbb{C}^* := \mathbb{C} \setminus \{z_1, \ldots, z_m\}$. Nun betrachten wir die echt gebrochen rationalen Funktionen

$$h_k(z) := \frac{z^k}{f(z)} \quad , \quad z \in \mathbb{C}^* \text{ für } k = 0, 1, \ldots, n - 1. \tag{1}$$

Man prüft sofort nach, dass diese Funktionen linear unabhängig im folgenden Sinne sind:

Definition 2. *Die* **Funktionen** $h_0 = h_0(z), \ldots, h_{n-1} = h_{n-1}(z) : \mathbb{C}^* \to \mathbb{C}$ *heißen* **linear unabhängig**, *wenn für alle* $c_0, \ldots, c_{n-1} \in \mathbb{C}$ *aus der Identität*

$$c_0 \cdot h_0(z) + \ldots + c_{n-1} \cdot h_{n-1}(z) = 0 \text{ für alle } z \in \mathbb{C}^*$$

die Beziehung $c_0 = \ldots = c_{n-1} = 0$ *folgt. Dabei ist* $n \in \mathbb{N}$ *beliebig gewählt worden.*

Nun spannen die Funktionen $h_0, \ldots, h_{n-1}$ den n-dimensionalen Vektorraum

$$\mathbb{V}[f] := \left\{ h(z) = \sum_{k=0}^{n-1} c_k \cdot h_k(z) = \frac{\sum_{k=0}^{n-1} c_k \cdot z^k}{f(z)}, z \in \mathbb{C}^* \, \middle| \, c_0, \ldots, c_{n-1} \in \mathbb{C} \right\} \tag{2}$$

auf. Zum festen Nennerpolynom f enthält die Menge $\mathbb{V}[f]$ gerade alle echt gebrochen rationalen Funktionen gemäß Definition 1.

Satz 1 (Partialbruchzerlegung). *Die echt gebrochen rationale Funktion* h *aus Definition 1, dessen Nennerpolynom* f *gemäß Satz 2 aus § 8 in Linearfaktoren zerlegt sei, läßt sich in der Form*

$$h(z) = \sum_{l_1=1}^{k_1} \frac{c_1^{(l_1)}}{(z - z_1)^{l_1}} + \ldots + \sum_{l_m=1}^{k_m} \frac{c_m^{(l_m)}}{(z - z_m)^{l_m}} \quad , \quad z \in \mathbb{C}^* \tag{3}$$

darstellen – mit den komplexen Koeffizienten $c_j^{(l_j)} \in \mathbb{C}$ *für* $l_j \in \{1, 2, \ldots, k_j\}$ *und* $1 \leq j \leq m$. *Die Koeffizienten* $c_j^{(l_j)}$ *sind durch* h *eindeutig bestimmt.*

Beweis: Wir betrachten die $k_1 + \ldots + k_m = n$ echt gebrochen rationalen Funktionen

$$h_j^{(l_j)}(z) := \frac{1}{(z - z_j)^{l_j}}, \quad z \in \mathbb{C}^* \quad \text{für } l_j \in \{1, 2, \ldots, k_j\} \text{ und } 1 \leq j \leq m. \quad (4)$$

Diese sind im Sinne von Definition 2 linear unabhängig:
Seien nämlich die Zahlen $c_j^{(l_j)} \in \mathbb{C}$ für $l_j \in \{1, 2, \ldots, k_j\}$ und $1 \leq j \leq m$ mit der Identität

$$0 = \sum_{l_1=1}^{k_1} \frac{c_1^{(l_1)}}{(z - z_1)^{l_1}} + \ldots + \sum_{l_m=1}^{k_m} \frac{c_m^{(l_m)}}{(z - z_m)^{l_m}}, \quad z \in \mathbb{C}^* \quad (5)$$

gegeben. Dann multiplizieren wir diese Identität mit dem Faktor $(z - z_j)^{k_j}$, setzen nun $z = z_j$ in diese Gleichung ein, und wir erhalten

$$0 = c_j^{(k_j)} \quad \text{für } j = 1, \ldots, m. \quad (6)$$

Insofern $k_j > 0$ richtig ist, verfahren wir entsprechend mit dem nächst niedrigeren Koeffizienten und erhalten $c_j^{(k_j-1)} = 0$. Nach endlich vielen Schritten ergibt sich

$$c_j^{(l_j)} = 0 \quad \text{für } l_j \in \{1, 2, \ldots, k_j\} \text{ und } 1 \leq j \leq m. \quad (7)$$

Somit ist das Funktionensystem (4) linear unabhängig.
Durch Erweitern mit den komplementären Linearfaktoren des Nennerpolynoms sehen wir ferner die Inklusion

$$h_j^{(l_j)}(z) \in \mathbb{V}[f] \quad \text{für } l_j \in \{1, 2, \ldots, k_j\} \text{ und } 1 \leq j \leq m \quad (8)$$

ein. Folglich liefern diese Funktionen eine Basis des n-dimensionalen Vektorraums $\mathbb{V}[f]$, und die Aussage des Satzes ist gezeigt.   q.e.d.

Bemerkungen zu Satz 1:

1. Mit den gleichen Überlegungen, wie wir sie für die homogene Gleichung (5) im obigen Beweis durchgeführt haben, bestimmen wir auch die komplexen Koeffizienten für die inhomogene Gleichung (3) durch ihre linke Seite h.
2. Mit Hilfe von Satz 5 aus §6 und Satz 3 aus §7 können wir für alle Summanden auf der rechten Seite in (3) Stammfunktionen bestimmen – und somit die echt gebrochen rationale Funktion integrieren. Allerdings führt uns die komplexe Logarithmusfunktion auf die in §5 und §6 untersuchte Überlagerungsfläche.
3. Wir betrachten nun den Spezialfall, dass sowohl das Zählerpolynom g als auch das Nennerpolynom f in der echt gebrochen rationalen Funktion h aus Definition 1 reell ist. Wir sprechen dann von einer **reellen echt gebrochen rationalen Funktion** h. Das Nennerpolynom denken wir uns gemäß Satz 3 aus §8 in Linearfaktoren zerlegt.

Satz 2 (Reelle Partialbruchzerlegung). *Die reelle echt gebrochen ratio-nale Funktion h aus Definition 1, dessen Nennerpolynom f gemäß Satz 3 aus § 8 in Linearfaktoren zerlegt sei, läßt sich für alle $x \in \mathbb{R} \setminus \{x_1, \ldots, x_m\}$ in der folgenden Form darstellen:*

$$h(x) = \sum_{l_1=1}^{k_1} \frac{a_1^{(l_1)}}{(x-x_1)^{l_1}} + \ldots + \sum_{l_m=1}^{k_m} \frac{a_m^{(l_m)}}{(x-x_m)^{l_m}}$$

$$+2 \sum_{l_{m+1}=1}^{k_{m+1}} Re\left[\frac{c_{m+1}^{(l_{m+1})}}{(x-z_{m+1})^{l_{m+1}}}\right] + \ldots + 2 \sum_{l_{m+\mu}=1}^{k_{m+\mu}} Re\left[\frac{c_{m+\mu}^{(l_{m+\mu})}}{(x-z_{m+\mu})^{l_{m+\mu}}}\right] \ .$$

$$(9)$$

Dabei sind sowohl die reellen Koeffizienten

$$a_j^{(l_j)} \in \mathbb{R} \ \text{für } l_j \in \{1,2,\ldots,k_j\} \ \text{und } 1 \leq j \leq m$$

als auch die komplexen Koeffizienten

$$c_j^{(l_j)} \in \mathbb{C} \ \text{für } l_j \in \{1,2,\ldots,k_j\} \ \text{und } m+1 \leq j \leq m+\mu$$

durch h eindeutig bestimmt.

Beweis: Das Nennerpolynom f besitzt gemäß Satz 3 aus § 8 die paarwei-se verschiedenen Nullstellen $x_1, \ldots, x_m; z_{m+1}, \ldots, z_{m+\mu}; \overline{z_{m+1}}, \ldots, \overline{z_{m+\mu}}$ der Vielfachheiten $k_1, \ldots, k_m; k_{m+1}, \ldots, k_{m+\mu}; k_{m+1}, \ldots, k_{m+\mu}$. Stellen wir nun die reelle echt gebrochen rationale Funktion h mit Hilfe von Satz 1 dar, so erhalten wir zuächst Terme der Form

$$\frac{c}{(x-x_j)^{l_j}}$$

zu den reellen Nullstellen. Die Konstante $c \in \mathbb{C}$ muss dabei reell sein, da die Funktion h reell ist. Jedem Term

$$\frac{c_+}{(x-z_j)^{l_j}}$$

zur Nullstelle in der oberen komplexen Halbebene korrespondiert ein Term

$$\frac{c_-}{(x-\overline{z_j})^{l_j}}$$

zur Nullstelle in der unteren komplexen Halbebene. Damit die Summe beider Terme reell wird, müssen die komplexen Konstanten $c_+, c_- \in \mathbb{C}$ die Bedingung $c_- = \overline{c_+}$ erfüllen. Somit erhalten wir die im Satz angegebenen Summanden. q.e.d.

Folgerung aus Satz 2: Für die Summanden auf der rechten Seite der Identität (9) in der oberen Zeile können wir mit Hilfe von Satz 9 aus § 1 und Satz 6 aus

§7 Stammfunktionen bestimmen. Für die Summanden auf der rechten Seite der Identität (9) in der unteren Zeile können wir mit Hilfe von Satz 7 aus §6 und Satz 5 aus §7 Stammfunktionen bestimmen. Damit können wir die reellen echt gebrochenen rationalen Funktionen integrieren.

Bemerkung: Für eine beliebige gebrochen rationale Funktion H – mit den Polynomen G, F – ist es zweckmäßig, sie zunächst gemäß

$$H(z) = \frac{G(z)}{F(z)} = h(z) + \frac{g(z)}{f(z)} \quad \text{mit Grad } g < \text{Grad } f \qquad (10)$$

und den Polynomen f, g, h zu zerlegen. Nach Ausführung dieses **Euklidischen Algorithmus** wenden wir das o.a. Verfahren auf die echt gebrochen rationale Funktion $\frac{g}{f}$ an. Dann können wir alle beteiligten Summanden integrieren.

§10 Aufgaben zum Kapitel III

1. Berechnen Sie die bestimmten Integrale $\int_0^1 x^3 e^x \, dx$ und $\int_1^2 x^2 \ln x \, dx$.

2. Zeigen Sie durch vollständige Induktion die folgende Identität:

$$\int_0^{\frac{\pi}{2}} \sin^{2n+1} x \, dx = \frac{2^n \, n!}{1 \cdot 3 \cdot \ldots \cdot (2n+1)} \quad \text{für} \quad n = 0, 1, 2, \ldots$$

3. Für alle $n, m \in \mathbb{Z}$ berechnen Sie die Integrale $\int_0^{2\pi} \sin nx \sin mx \, dx$, $\int_0^{2\pi} \cos nx \cos mx \, dx$ und $\int_0^{2\pi} \sin nx \cos mx \, dx$.

4. Begründen Sie, warum die Additionstheoreme für die Funktionen sin und cos nur im Reellen bewiesen werden müssen, damit sie auch im Komplexen gelten!

5. Beweisen Sie die Funktionalgleichung der universellen Logarithmusfunktion aus Satz 1 in §6.

6. Führen Sie den Beweis von Satz 2 in §6 zur Differentiation der universellen Logarithmusfunktion aus!

7. Zeigen Sie die Bemerkung 3. im Anschluss von Satz 1 in §7 über die universelle Potenzfunktion.

8. Zeigen Sie für alle $\gamma \in \mathbb{C}$ und $l \in \mathbb{N}$ das *verallgemeinerte Additionstheorem für die Binomialkoeffizienten*

$$\binom{\gamma - 1}{l} + \binom{\gamma - 1}{l - 1} = \binom{\gamma}{l} \quad .$$

9. Ein Polynom $f(z) = a_n z^n + a_{n-1} z^{n-1} + \ldots a_1 z + a_0, \ z \in \mathbb{C}$ besitzt genau dann eine Nullstelle $z_0 \in \mathbb{C}$ der Vielfachheit $k_0 \in \mathbb{N}$, wenn $f(z_0) = 0, \ldots, f^{(k_0-1)}(z_0) = 0$ erfüllt ist. Beweisen Sie bitte diese Aussage.

10. Finden Sie alle Stammfunktionen $\displaystyle\int \frac{6x^2 - 10x + 2}{x^3 - 3x^2 + 2x}\, dx$ mittels Partialbruchzerlegung.

11. Ebenso berechne man das unbestimmte Integral $\displaystyle\int \frac{6x^3 - 2x}{x^4 - 1}\, dx$.

12. Sei $f(z) = z^n + a_{n-1}z^{n-1} + \ldots a_1 z + a_0$, $z \in \mathbb{C}$ ein normiertes Polynom, welches nur ganzzahlige Nullstellen besitze. Dann erfüllen alle Koeffizienten die Inklusion $a_0, \ldots, a_{n-1} \in \mathbb{Z}$, und die Nullstellen sind Teiler des niedrigsten Koeffizienten a_0. Zeigen Sie bitte diese Aussage!

IV

Partielle Differentiation und differenzierbare Mannigfaltigkeiten im $\mathbb{R}^n$

Auch für die Studenten, welche Mathematik nicht als Hauptfach studieren, hören wir zunächst auf die Worte eines der großen Wissenschaftler des 20.Jahrhunderts, nämlich

Albert EINSTEIN: *Auch meinte ich in meiner Unschuld, dass es für den Physiker genüge, die elementaren mathematischen Begriffe klar erfasst und für die Anwendung bereit zu haben, und dass der Rest in für den Physiker unfruchtbaren Subtilitäten bestehe – ein Irrtum, den ich erst später mit Bedauern einsah.*

In diesem Kapitel wollen wir die Differentialrechnung für Funktionen mehrerer Veränderlicher entwickeln. Während der Begriff der Stetigkeit auch für die mehrdimensionale Situation in Kapitel II §§ 1,2 behandelt wurde, werden wir die mehrdimensionale Differentialrechnung nun auf die eindimensionale zurückführen mit dem Konzept der partiellen Ableitungen. Hierbei ist die Lösbarkeitstheorie linearer Gleichungssysteme durch die Cramersche Regel notwendig. Im Prinzip werden wir die nichtlinearen Abbildungen durch lineare approximieren und entwickeln so den Begriff der totalen Ableitung. Zur Behandlung von Extremwertaufgaben in mehreren Veränderlichen nähern wir eine gegebene Funktion durch eine quadratische an. Schließlich behandeln wir in § 6 und § 7 m-dimensionale Mannigfaltigkeiten mit ihrer Orientierung, die in den $\mathbb{R}^n$ eingebettet oder nur eingetaucht sind.

§1 Partielle Ableitungen erster Ordnung und die totale Differenzierbarkeit

Die im Kapitel II begonnene Behandlung der Differentialrechnung wird hier fortgesetzt. Insbesondere werden die Aussagen des Kapitels II § 3 auf Funktionen $f : \mathbb{R}^n \to \mathbb{R}^m$ erweitert.

F. Sauvigny, *Analysis*, Springer-Lehrbuch, DOI: 10.1007/978-3-642-41507-4_4,
@ Springer-Verlag Berlin Heidelberg 2014

Definition 1. *Seien die Dimensionen* $n, m \in \mathbb{N}$ *gewählt,* $f = f(x) : \Omega \to \mathbb{R}^m$ *sei eine auf der offenen Menge* $\Omega \subset \mathbb{R}^n$ *erklärte Funktion, und schließlich sei* $x^0 = (x_1^0, \ldots, x_n^0) \in \Omega$ *ein fester Punkt. Für hinreichend kleines* $\epsilon > 0$ *betrachten wir die Funktion*

$$\Phi_j : (x_j^0 - \epsilon, x_j^0 + \epsilon) \to \mathbb{R}^m \quad \textit{vermöge}$$

$$\Phi_j(t) := f(x_1^0, \ldots, x_{j-1}^0, t, x_{j+1}^0, \ldots, x_n^0) \quad , \quad t \in (x_j^0 - \epsilon, x_j^0 + \epsilon).$$

Existiert die Ableitung der Funktion Φ_j *an der Stelle* $t = x_j^0$*, so heißt* $\Phi_j'(x_j^0)$ *die* **partielle Ableitung von** f **nach** x_j **im Punkt** x^0*. Wir schreiben*

$$\Phi_j'(x_j^0) =: f_{x_j}(x^0) = \frac{\partial}{\partial x_j} f(x^0) \textit{ für ein } j \in \{1, \ldots, n\}.$$

Definition 2. *Sei* $\Omega \subset \mathbb{R}^n$ *eine offene Menge. Existieren die partiellen Ableitungen* $f_{x_j}(x)$ *mit* $j = 1, \ldots, n$ *für alle* $x \in \Omega$*, und stellen sie in* Ω *stetige Funktionen dar, so gehört die Funktion* f *zur* **Klasse** $C^1(\Omega, \mathbb{R}^m)$ **der einmal stetig differenzierbaren Funktionen** *– oder kurz* $f \in C^1(\Omega, \mathbb{R}^m)$*. Falls* $m = 1$ *ist, schreiben wir* $C^1(\Omega) := C^1(\Omega, \mathbb{R})$*. Für* $m = 2$ *identifizieren wir* $\mathbb{R}^2 = \mathbb{C}$ *und setzen* $C^1(\Omega, \mathbb{C}) := C^1(\Omega, \mathbb{R}^2)$*. Falls der Bildbereich aus dem Zusammenhang hervorgeht, werden wir diesen nicht notwendig angeben.*

Bemerkung: Die Funktion

$$f = f(x) = (f_1(x), \ldots, f_m(x)) : \Omega \to \mathbb{R}^m \textit{ mit } \Omega \subset \mathbb{R}^n$$

gehört genau dann zur Klasse $C^1(\Omega, \mathbb{R}^m)$, wenn die Komponentenfunktionen $f_j(x) \in C^1(\Omega)$ für $j = 1, \ldots, m$ erfüllen.

Besonders wichtig zur Berechnung partieller Ableitungen ist der nachfolgende

Satz 1 (Kettenregel in mehreren Veränderlichen). *Voraussetzungen:*

(1) Die Mengen $\Omega \subset \mathbb{R}^n$ *und* $\Theta \subset \mathbb{R}^m$ *– mit* $m, n \in \mathbb{N}$ *– sind offen.*
(2) Die Funktion

$$y = f(x) = (f_1(x_1, \ldots, x_n), \ldots, f_m(x_1, \ldots, x_n)) : \Omega \to \Theta$$

gehört zur Klasse $C^1(\Omega, \mathbb{R}^m)$*.*
(3) Weiter sei $f \in C^0(\Omega, \mathbb{R}^m)$ *erfüllt.*
(4) Es sei $z = g(y) = g(y_1, \ldots, y_m) : \Theta \to \mathbb{C}$ *eine Funktion der Regularitäts-klasse* $C^1(\Theta, \mathbb{C})$*.*

Behauptung: Dann gehört die Funktion

$$h = h(x) = g(f(x)) = g(f_1(x_1, \ldots, x_n), \ldots, f_m(x_1, \ldots, x_n)) : \Omega \to \mathbb{C}$$

zur Klasse $C^1(\Omega, \mathbb{C})$, *und es gilt*

$$\frac{\partial}{\partial x_j} h(x) = \sum_{k=1}^{m} \frac{\partial}{\partial y_k} g(f(x)) \frac{\partial f_k(x)}{\partial x_j}, \quad x \in \Omega \tag{5}$$

für $j = 1, \ldots, n$.

Beweis: Offenbar genügt es, die Situation $n = 1$, $\Omega = (a, b)$ und $g \in C^1(\Theta, \mathbb{R})$ zu betrachten. Zu zeigen ist die Differenzierbarkeit von h und die Identität (5): Sei $x^0 \in (a, b)$ fest, und $x \in (a, b)$ mit $0 < |x - x^0| < \epsilon$ – zu hinreichend kleinem $\epsilon > 0$ – gewählt. Dann gilt

$$\begin{aligned}
h(x) - h(x^0) &= g\left(f_1(x), \ldots, f_m(x)\right) - g\left(f_1(x^0), \ldots, f_m(x^0)\right)\\
&= \left[g\left(f_1(x), \ldots, f_m(x)\right) - g\left(f_1(x^0), \ldots, f_m(x)\right)\right]\\
&\quad + \left[g\left(f_1(x^0), f_2(x), \ldots, f_m(x)\right) - g\left(f_1(x^0), f_2(x^0), \ldots, f_m(x)\right)\right]\\
&\quad + \cdots\\
&\quad + \left[g\left(f_1(x^0), \ldots, f_{m-1}(x^0), f_m(x)\right) - g\left(f_1(x^0), \ldots, f_m(x^0)\right)\right].
\end{aligned}$$

Wendet man auf die Ausdrücke in den eckigen Klammern den Mittelwertsatz der Differentialrechnung an, so folgt

$$\begin{aligned}
h(x) - h(x^0) &= g_{y_1}\left(\eta_1, f_2(x), \ldots, f_m(x)\right)\left(f_1(x) - f_1(x^0)\right)\\
&\quad + g_{y_2}\left(f_1(x^0), \eta_2, \ldots, f_m(x)\right)\left(f_2(x) - f_2(x^0)\right)\\
&\quad + \cdots\\
&\quad + g_{y_m}\left(f_1(x^0), \ldots, f_{m-1}(x^0), \eta_m\right)\left(f_m(x) - f_m(x^0)\right)
\end{aligned}$$

mit $|\eta_j - f_j(x^0)| \leq |f_j(x) - f_j(x^0)|$ für $j = 1, \ldots, m$.
Für den Differenzenquotienten erhalten wir dann

$$\begin{aligned}
\frac{h(x) - h(x^0)}{x - x^0} &= g_{y_1}\left(\eta_1, f_2(x), \ldots, f_m(x)\right)\frac{f_1(x) - f_1(x^0)}{x - x^0}\\
&\quad + \cdots\\
&\quad + g_{y_m}\left(f_1(x^0), \ldots, f_{m-1}(x^0), \eta_m\right)\frac{f_m(x) - f_m(x^0)}{x - x^0}.
\end{aligned}$$

Mittels Grenzübergang $x \to x^0$ folgt in

$$h'(x_0) = g_{y_1}\left(f(x^0)\right) \cdot f_1'(x^0) + \ldots + g_{y_m}\left(f(x^0)\right) \cdot f_m'(x^0)$$

die Behauptung. q.e.d.

Wir zeigen nun den wichtigen

Satz 2 (Mittelwertsatz der Differentialrechnung mehrerer Veränderlicher). *Sei* $f \in C^1(\Omega)$ *eine reellwertige Funktion auf der offenen Menge*

$\Omega \subset \mathbb{R}^n$. Weiter seien $x', x'' \in \Omega \subset \mathbb{R}^n$ zwei Punkte, so dass deren Verbindungsstrecke die folgende Inklusion erfüllt:

$$\sigma(x', x'') := \{x \in \mathbb{R}^n : x = (1 - \lambda)x' + \lambda x'', 0 \leq \lambda \leq 1\} \subset \Omega \quad .$$

Dann gibt es einen Punkt $z \in \overset{\circ}{\sigma}(x', x'') := \sigma(x', x'') \backslash \{x', x''\}$, so dass

$$f(x'') - f(x') = \sum_{k=1}^{n} f_{x_k}(z)(x''_k - x'_k)$$

gilt.

Beweis: Wir wenden nun den Mittelwertsatz der Differentialrechnung aus § 3 in Kapitel II auf die Funktion

$$g(\lambda) := f\Big((1 - \lambda)x' + \lambda x''\Big), \quad 0 \leq \lambda \leq 1$$

an. Da $f \in C^1(\Omega)$ erfüllt ist, so folgt $g \in C^1((0,1)) \cap C^0([0,1])$. Dann erhalten wir die Identität

$$f(x'') - f(x') = g(1) - g(0) = g'(\tau) \tag{6}$$

mit einem geeigneten $\tau \in (0,1)$. Wir berechnen

$$g'(\lambda) = \frac{d}{d\lambda} f\left(x'_1 + \lambda(x''_1 - x'_1), \ldots, x'_n + \lambda(x''_n - x'_n)\right)$$
$$= f_{x_1}\left(x' + \lambda(x'' - x')\right)(x''_1 - x'_1) + \ldots + f_{x_n}\left(x' + \lambda(x'' - x')\right)(x''_n - x'_n).$$

Mit Hilfe von (6) folgt die behauptete Gleichung

$$f(x'') - f(x') = \sum_{k=1}^{n} f_{x_k}(z)(x''_k - x'_k) \quad ,$$

wobei $z := x' + \tau(x'' - x') \in \overset{\circ}{\sigma}(x', x'')$ erklärt ist. $\qquad$ q.e.d.

Definition 3. *Sei $\Omega \subset \mathbb{R}^n$ eine offene Menge und $f \in C^1(\Omega)$ eine reellwertige Funktion, so nennen wir*

$$\nabla f(x) = \Big(f_{x_1}(x), \ldots, f_{x_n}(x)\Big), \quad x \in \Omega$$

den **Gradienten von f an der Stelle x.**

Bemerkung: Der Mittelwertsatz läßt sich mit Hilfe von Definition 3 auch in der Form

$$f(x'') - f(x') = \nabla f(z) \cdot (x'' - x')$$

mit einem $z \in \overset{\circ}{\sigma}(x', x'')$ darstellen.

Definition 4. *Mit $C^0(\Omega)$ bezeichnen wir den* **Vektorraum aller reellwertigen stetigen Funktionen** *auf der offenen Menge $\Omega \subset \mathbb{R}^n$.*

Satz 3. *Jede Funktion $f = f(x) \in C^1(\Omega)$ ist in der offenen Menge $\Omega \subset \mathbb{R}^n$ stetig, d.h. die Inklusion $C^1(\Omega) \subset C^0(\Omega)$ ist erfüllt.*

Beweis: Diese Aussage ergibt sich als Folgerung aus Satz 2. Es gilt nämlich

$$|f(x'') - f(x')| = |\nabla f(z) \cdot (x'' - x')| \le |\nabla f(z)| \cdot |x'' - x'|$$

für alle $x', x'' \in \Omega$ mit $z \in \sigma(x', x'') \subset \Omega$. Hiermit erhalten wir die Stetigkeit von f auf der Menge Ω.   q.e.d.

Definition 5. *Sei $f \in C^1(\Omega)$ auf der offenen Menge $\Omega \subset \mathbb{R}^n$ eine Funktion und $v \in \mathbb{R}^n$ mit $|v| = 1$ ein Richtungsvektor. Dann nennen wir die Ableitung der Funktion*

$$\Phi(t) := f(x + tv), \quad t \in (-\epsilon, \epsilon) \quad \text{mit einem } \epsilon > 0$$

an der Stelle $t = 0$ die **Richtungsableitung von f an der Stelle $x \in \Omega$ in Richtung** v, *also*

$$\Phi'(0) = \nabla f(x) \cdot v =: \frac{\partial}{\partial v} f(x). \tag{7}$$

Satz 4. *Für eine Funktion $f \in C^1(\Omega)$ auf der offenen Menge $\Omega \subset \mathbb{R}^n$ gilt die Abschätzung*

$$-|\nabla f(x)| \le \frac{\partial}{\partial v} f(x) \le +|\nabla f(x)| \quad \text{für alle } v \in \mathbb{R}^n \text{ mit } |v| = 1 \tag{8}$$

in jedem Punkt $x \in \Omega$. Falls $|\nabla f(x)| > 0$ erfüllt ist, so tritt Gleichheit in (8) genau in den Fällen

$$v = -|\nabla f(x)|^{-1} \nabla f(x) \quad \text{bzw.} \quad v = |\nabla f(x)|^{-1} \nabla f(x)$$

ein. Somit zeigt der Gradient in Richtung des höchsten Anstiegs von f.

Beweis: Die Identität (7) mit $\frac{\partial}{\partial v} f(x) = \nabla f(x) \cdot v$ und $v \in \mathbb{R}^n$ sowie $|v| = 1$ liefert die Ungleichung

$$\left| \frac{\partial}{\partial v} f(x) \right| \le |\nabla f(x)|.$$

Die Diskussion des Gleichheitszeichens überlassen wir dem Leser.   q.e.d.

Wir wollen später C^1-Abbildungen durch lineare Abbildungen approximieren und beginnen mit der fundamentalen

Definition 6. *Für eine Abbildung*

$$y = f(x) = (f_1(x_1, \ldots, x_n), \ldots, f_m(x_1, \ldots, x_n)) : \Omega \to \mathbb{R}^m \in C^1\left(\Omega, \mathbb{R}^m\right)$$

auf der offenen Menge $\Omega \subset \mathbb{R}^n$ nennen wir

$$\partial f(x) := \left(\frac{\partial f_i(x)}{\partial x_j}\right)_{\substack{i=1,\ldots,m \\ j=1,\ldots,n}} = \begin{pmatrix} f_{1,x_1}(x) & \cdots & f_{1,x_n}(x) \\ \vdots & \ddots & \vdots \\ f_{m,x_1}(x) & \cdots & f_{m,x_n}(x) \end{pmatrix}, \quad x \in \Omega \qquad (9)$$

die **Funktionalmatrix** *(oder* **Jacobimatrix***) von f an der Stelle x.*

Satz 5. *Sei die Gültigkeit von (1) und (2) aus Satz 1 vorausgesetzt, und weiter gehöre die Funktion*

$$z = g(y) = (g_1(y_1, \ldots, y_m), \ldots, g_l(y_1, \ldots, y_m)) : \Theta \to \mathbb{R}^l \qquad (10)$$

zur Klasse $C^1\left(\Theta, \mathbb{R}^l\right)$, $l \in \mathbb{N}$. Dann liegt die Funktion

$$h(x) := (h_1(x), \ldots, h_l(x)) = g(f(x)) = \begin{pmatrix} g_1\left(f_1(x), \ldots, f_m(x)\right) \\ \vdots \\ g_l\left(f_1(x), \ldots, f_m(x)\right) \end{pmatrix} : \Omega \to \mathbb{R}^l$$

in der Klasse $C^1\left(\Omega, \mathbb{R}^l\right)$, und es gilt

$$\frac{\partial}{\partial x_j} h_i(x) = \sum_{k=1}^{m} \frac{\partial g_i}{\partial y_k}\left(f(x)\right) \frac{\partial f_k(x)}{\partial x_j}$$

mit $i = 1, \ldots, l$ und $j = 1, \ldots, n$ bzw.

$$\partial h(x) = \partial g(f(x)) \circ \partial f(x), \quad x \in \Omega. \qquad (11)$$

Beweis: Dieser ergibt sich unmittelbar aus Satz 1 und Definition 6.   q.e.d.

Wir wollen zunächst den Zusammenhang zwischen komplexer Differenzierbarkeit und partieller Differentiation verstehen.

Satz 6 (Differentialgleichungssystem von Cauchy und Riemann).
Sei die Funktion $w = f(z) = u(x, y) + iv(x, y) : \Omega \to \mathbb{C}$ auf der offenen Menge $\Omega \subset \mathbb{C}$ holomorph. Dann folgt $f \in C^1\left(\Omega, \mathbb{C}\right)$, und f erfüllt eine der folgenden beiden gleichwertigen Bedingungen:

$$f_x + if_y = 0 \text{ in } \Omega \qquad (12)$$

oder das Cauchy-Riemannsche Differentialgleichungssystem

$$u_x = v_y, \quad u_y = -v_x \text{ in } \Omega. \qquad (13)$$

Dabei erklären wir $u = \operatorname{Re} f(z)$ und $v = \operatorname{Im} f(z)$ als Real- bzw. Imaginärteil der Funktion f.

Beweis: Da $f(z)$ holomorph in Ω ist, existiert

$$f'(z) = \lim_{k \to \infty} \frac{f(z + \zeta_k) - f(z)}{\zeta_k}$$

für jede komplexe Nullfolge $\{\zeta_k\}_{k \in \mathbb{N}} \subset \mathbb{C} \setminus \{0\}$ mit $\zeta_k \to 0$ $(k \to \infty)$. Somit ergibt sich

$$f'(z) = \lim_{\epsilon \to 0, \epsilon \neq 0} \frac{f(z + \epsilon) - f(z)}{\epsilon} = \lim_{\epsilon \to 0, \epsilon \neq 0} \frac{f(x + \epsilon, y) - f(x, y)}{\epsilon} = f_x(x, y),$$

$$f'(z) = \lim_{\epsilon \to 0, \epsilon \neq 0} \frac{f(z + i\epsilon) - f(z)}{i\epsilon} = \lim_{\epsilon \to 0, \epsilon \neq 0} \frac{f(x, y + \epsilon) - f(x, y)}{i\epsilon} = \frac{1}{i} f_y(x, y).$$

Damit erhalten wir $f \in C^1(\Omega, \mathbb{C})$ und folglich

$$f_x = f'(z) = \frac{1}{i} f_y \text{ oder } f_x - \frac{1}{i} f_y = f_x + i f_y = 0 \quad \text{in } \Omega.$$

Weiter gilt

$$0 = f_x + i f_y = (u(x, y) + i v(x, y))_x + i (u(x, y) + i v(x, y))_y$$
$$= (u_x - v_y) + i (v_x + u_y)$$

genau dann, wenn

$$u_x = v_y, \quad v_x = -u_y \quad \text{in } \Omega$$

erfüllt ist.   q.e.d.

Bemerkungen:

1. Umgekehrt kann man von dem Cauchy-Riemannschen Differentialglei-chungssystem auf die Holomorphie der Funktion schließen.
2. Die Eigenschaft (12) holomorpher Funktionen beinhaltet die **Winkel-treue der Abbildung** $f : \Omega \to \mathbb{C}$ in allen Punkten $z \in \Omega$ mit $f'(z) \neq 0$. Wegen $f_y = i f_x$ entsteht nämlich die Tangente an die Kurve $y \mapsto f(x, y)$ durch eine Drehung um $\frac{\pi}{2}$ aus der Tangente an die Kurve $x \mapsto f(x, y)$.
3. Die Cauchy-Riemannschen Differentialgleichungen implizieren, dass die folgende Matrix

$$\frac{1}{\sqrt{u_x^2 + u_y^2}} \cdot \begin{pmatrix} u_x(x, y), & u_y(x, y) \\ v_x(x, y), & v_y(x, y) \end{pmatrix}, \quad z = x + iy \in \Omega \qquad (14)$$

orthogonal mit Determinante $+1$ ist – also eine Drehung darstellt. Somit sind holomorphe Funktionen mit nichtverschwindender Ableitung infini-tesimal Drehungen in der x,y-Ebene.
4. Winkeltreue Abbildungen wurden von C.F. Gauß auch **konform** genannt; sie sind bei der Erstellung von Landkarten bedeutend. Für eine umfassen-de geometrische Diskussion der Klasse holomorpher Funktionen verweisen wir auf [S3], Kapitel IV.

In Verallgemeinerung von Satz 5 aus Kapitel II §5 wollen wir den nachfolgenden Satz 7 zeigen, und wir benötigen hierzu die

Definition 7. *Eine offene Menge $\Omega \subset \mathbb{R}^n$ heißt* **Gebiet,** *wenn sie im folgenden Sinne* **zusammenhängend** *ist: Zu je zwei Punkten $x', x'' \in \Omega$ gibt es einen stetigen Weg*

$$\varphi(t) : [0,1] \to \Omega \in C^0 \left([0,1], \mathbb{R}^n\right) \ \ mit \ \varphi(0) = x' \ und \ \varphi(1) = x'' \quad .$$

Dieser Weg verbindet x' und x'' stetig in Ω.

Satz 7. *Sei $\Omega \subset \mathbb{R}^n$ ein Gebiet und $f \in C^1(\Omega)$ eine reellwertige Funktion mit $\nabla f(x) \equiv 0$ in Ω. Dann ist $f(x) \equiv c$ für alle $x \in \Omega$ erfüllt – mit einer Konstante $c \in \mathbb{R}$.*

Beweis: Im ersten Teil wird die Eigenschaft „die Funktion f ist konstant" lokal geprüft, während im zweiten Teil die globale Aussage gezeigt wird.

1. Sei $x \in \Omega$ ein beliebiger Punkt, so gibt es eine Kugel $K_\epsilon(x) \subset \Omega$ mit einem hinreichend kleinen $\epsilon > 0$. Zu $y \in K_\epsilon(x)$ gibt es nach dem Mittelwertsatz mehrerer Veränderlicher einen Punkt $z \in \overset{\circ}{\sigma}(x,y)$ mit der Eigenschaft

$$f(y) - f(x) = \nabla f(z) \cdot (y - x) = 0 \quad ,$$

   weil ∇f nach Voraussetzung verschwindet. Somit folgt

$$f(x) = f(y) \ \text{für alle} \ y \in K_\epsilon(x) \quad ,$$

   und f ist lokal konstant.
2. Wie im Teil 3.) des Beweises von Satz 5 aus Kapitel II §5 zeigt man über die Gebietseigenschaft, dass f global konstant ist.   q.e.d.

Als Anwendung von Satz 7 präsentieren wir den

Satz 8 (Additionstheorem für die Arcusfunktionen).
Für alle $x, y \in \mathbb{R}$ mit $x \cdot y \neq 1$ und $|\arctan x + \arctan y| < \frac{\pi}{2}$ gilt

$$\arctan \frac{x+y}{1-xy} = \arctan x + \arctan y. \tag{15}$$

Für alle $x, y \in \mathbb{R}$ mit $|x| \leq 1$ und $|y| \leq 1$ sowie $|\arcsin x + \arcsin y| \leq 1$ gilt

$$\arcsin \left(x\sqrt{1-y^2} + y\sqrt{1-x^2} \right) = \arcsin x + \arcsin y. \tag{16}$$

Beweis: Zum Beweis von (15) betrachte man die Funktion

$$f(x, y) = \arctan\left(\frac{x + y}{1 - xy}\right) - \arctan x - \arctan y$$

für alle x, y mit $x \cdot y \neq 1$ und $|\arctan x + \arctan y| < \frac{\pi}{2}$. Man berechnet dann

$$f_x(x, y) = 0 = f_y(x, y)$$

und somit ist f konstant. Da $f(0,0) = 0$ richtig ist, folgt $f(x, y) \equiv 0$ und somit die Identität (15). Ebenso beweist man (16).   q.e.d.

Wir bezeichnen mit * die Transposition von Matrizen und kommen nun zum angekündigten

Satz 9. *Auf der offenen Menge $\Omega \subset \mathbb{R}^n$ sei die Funktion*

$$f = (f_1, \ldots, f_m)^* : \Omega \to \mathbb{R}^m \quad \in C^1(\Omega, \mathbb{R}^m)$$

gegeben. Dann gilt in jedem Punkt $x \in \Omega$ die **linear approximative Darstellung**

$$f(x + h) = f(x) + \partial f(x) \circ h^* + F(x, h) \circ h^* \quad , \tag{17}$$

$$h = (h_1, \ldots, h_n) \in \mathbb{R}^n \backslash \{0\} \ mit \ 0 < |h| < \epsilon$$

für ein hinreichend kleines $\epsilon > 0$. Hierbei liefert $h \mapsto \partial f(x) \circ h^*$ eine lineare Abbildung vom $\mathbb{R}^n$ in den $\mathbb{R}^m$ mit der Funktionalmatrix $\partial f(x)$. Ferner haben wir für die $m \times n$-Matrix $F(x, h) \in \mathbb{R}^{m \times n}$ die asymptotische Beziehung

$$\lim_{h \to 0, h \in \mathbb{R}^n \backslash \{0\}} F(x, h) = 0 \quad ,$$

wobei wir ihre Konvergenz natürlich im $\mathbb{R}^{m \cdot n}$ verstehen.

Beweis: Für $j = 1, \ldots, m$ wenden wir auf jede Komponentenfunktion f_j den Mittelwertsatz an. Dann gibt es eine Zwischenstelle $z^{(j)} \in \overset{\circ}{\sigma}(x, x + h)$ mit der Eigenschaft

$$f_j(x + h) - f_j(x) = f_j(x_1 + h_1, \ldots, x_n + h_n) - f_j(x_1, \ldots, x_n)$$

$$= \nabla f_j\left(z^{(j)}\right) \cdot h$$

$$= \nabla f_j(x) \cdot h + \left(\nabla f_j\left(z^{(j)}\right) - \nabla f_j(x)\right) \cdot h.$$

Mit der $m \times n$-Matrix-wertigen Funktion

$$F(x, h) := \begin{pmatrix} \nabla f_1(z^{(1)}) - \nabla f_1(x) \\ \vdots \\ \nabla f_m(z^{(m)}) - \nabla f_m(x) \end{pmatrix} \tag{18}$$

erhalten wir die angegebene Darstellung.   q.e.d.

Wir wollen zum Abschluss noch einen allgemeineren Differenzierbarkeitsbegriff bei Funktionen in mehreren Veränderlichen kennenlernen.

Definition 8. *Auf der offenen Menge $\Omega \subset \mathbb{R}^n$ sei die Funktion*

$$f(x) = (f_1(x), \ldots, f_m(x))^* : \Omega \to \mathbb{R}^m$$

gegeben. Dann nennen wir f **im Punkt** $x_0 \in \Omega$ **total differenzierbar,** *falls es eine lineare Abbildung*

$$\mathbb{R}^n \ni h = (h_1, \ldots, h_n)^* \to A \circ h \tag{19}$$

vom $\mathbb{R}^n$ in den $\mathbb{R}^m$ gibt, welche durch die Matrix $A = \left(a_{ij}\right)_{i=1,\ldots,m;\, j=1,\ldots,n}$ dargestellt sei, so dass für ein hinreichend kleines $\epsilon > 0$ die Identität

$$f(x_0 + h) = f(x_0) + A \circ h + F(x_0, h) \circ h, h = (h_1, \ldots, h_n)^* \in \mathbb{R}^n, 0 < |h| < \epsilon \tag{20}$$

erfüllt ist. Hierbei haben wir für die Funktion $\mathbb{R}^n \ni h \to F(x_0, h) \in \mathbb{R}^{m \times n}$ die asymptotische Beziehung

$$\lim_{h \to 0, h \in \mathbb{R}^n \setminus \{0\}} F(x_0, h) = 0, \tag{21}$$

wobei wir den Grenzwert der Matrix-Funktion im $\mathbb{R}^{m \cdot n}$ verstehen. Die obige lineare Abbildung (19) sieht man dann als **totale Ableitung** *an.*

Bemerkungen:

a) In der eindimensionalen Situation sind die gewöhnliche Differenzierbarkeit und die Approximierbarkeit durch eine lineare Abbildung äquivalent. Hierzu verweisen wir auf den Satz 1 aus Kapitel II, §3.

b) In der mehrdimensionalen Situation wissen wir bereits aus obigem Satz 9, dass stetig partiell differenzierbare Abbildungen der Klasse $C^1(\Omega, \mathbb{R}^n)$ in jedem Punkt von Ω total differenzierbar sind.

c) Man findet jedoch total differenzierbare Abbildungen, die nicht stetig partiell differenzierbar sind. Die Bedingung (20) und (21) impliziert nur, dass die Tangentialebene im Punkt $f(x_0)$ sich anschmiegt. Hierzu verweisen wir auf den Abschnitt 1.2 im schönen Lehrbuch [Fr2] von K. Fritzsche.

d) Für die Theorie partieller Differentialgleichungen mit ihren Anwendungen in Geometrie und Physik ist es sinnvoll, in der Klasse der stetig partiell differenzierbaren Funktionen zu arbeiten.

e) Der Begriff der totalen Differenzierbarkeit lässt sich auch auf Funktionen zwischen – unendlich-dimensionalen – Banachräumen übertragen.

Wie in der eindimensionalen Situation haben wir den folgenden

Satz 10. *Wenn die Funktion f im Punkt $x_0 \in \Omega$ total differenzierbar ist, so ist sie dort auch stetig.*

Beweis: Aus (20) und (21) ermitteln wir

$$\lim_{h \to 0, h \neq 0} f(x_0 + h) = \lim_{h \to 0, h \neq 0} \left\{ f(x_0) + A \circ h + F(x_0, h) \circ h \right\}$$

$$= f(x_0) + \lim_{h \to 0, h \neq 0} \left\{ F(x_0, h) \circ h \right\} = f(x_0). \tag{22}$$

q.e.d.

§2 Partielle Ableitungen höherer Ordnung

Wir beginnen mit der zentralen

Definition 1. *Sei $\Omega \subset \mathbb{R}^n$ eine offene Menge und $y = f(x) : \Omega \to \mathbb{R}^m$ eine Funktion, deren partielle Ableitung*

$$\frac{\partial f}{\partial x_{i_1}} = f_{x_{i_1}} : \Omega \to \mathbb{R}^m$$

existiere. Außerdem existieren sukzessiv

$$\frac{\partial f_{x_{i_1}}}{\partial x_{i_2}} = f_{x_{i_1} x_{i_2}}, \ldots, \frac{\partial f_{x_{i_1}, \ldots, x_{i_{\alpha-1}}}}{\partial x_{i_\alpha}} = f_{x_{i_1}, \ldots, x_{i_\alpha}}$$

überall in Ω. Dann heißt

$$f_{x_{i_1}, \ldots, x_{i_\alpha}} = \frac{\partial^\alpha f}{\partial x_{i_\alpha} \ldots \partial x_{i_1}}$$

die **partielle Ableitung von f der Ordnung α nach den Variablen** *$x_{i_1} \ldots x_{i_\alpha}$. Dabei sind $\alpha \in \mathbb{N}$ und $i_1, \ldots, i_\alpha \in \{1, \ldots, n\}$ gewählt worden.*

Als nächstes soll untersucht werden, unter welchen Voraussetzungen partielle Ableitungen unabhängig von der Reihenfolge der Differentiation sind.

Satz 1. *Auf der offenen Menge $\Omega \subset \mathbb{R}^2$ sei die Funktion $f(x, y) : \Omega \to \mathbb{R}$ erklärt. Weiter existieren die partiellen Ableitungen $f_x(x, y)$ und $f_{xy}(x, y)$ in Ω. Außerdem sei $f_{xy}(x, y)$ an der Stelle $(x_0, y_0) \in \Omega$ stetig. Dann gilt*

$$f_{xy}(x_0, y_0) = \lim_{\substack{x \to x_0, y \to y_0 \\ x \neq x_0, y \neq y_0}} \Phi(x, y; x_0, y_0)$$

mit der Hilfsfunktion

$$\Phi(x, y; x_0, y_0) := \frac{f(x, y) - f(x_0, y) - f(x, y_0) + f(x_0, y_0)}{(x - x_0)(y - y_0)}$$

für $(x, y) \in \Omega$ mit $x \neq x_0$ und $y \neq y_0$.

Beweis: Wegen ihrer Offenheit gibt es ein $\delta > 0$, so dass die Kreisscheibe

$$K_\delta(x_0, y_0) := \{(x, y) \in \mathbb{R}^2 | (x - x_0)^2 + (y - y_0)^2 < \delta^2\}$$

in Ω liegt. Sei nun (x, y) ein beliebiger Punkt aus $K_\delta(x_0, y_0)$ mit $x \neq x_0$ und $y \neq y_0$. Dann können wir

$$\Phi(x, y; x_0, y_0) = \frac{(f(x, y) - f(x, y_0)) - (f(x_0, y) - f(x_0, y_0))}{(x - x_0)(y - y_0)}$$

mit Hilfe der Funktion $\phi(t) := f(t, y) - f(t, y_0)$ im Intervall

$$I := [\min\{x_0, x\}, \max\{x_0, x\}]$$

wie folgt darstellen:

$$\Phi(x, y; x_0, y_0) = \frac{\phi(x) - \phi(x_0)}{(x - x_0)(y - y_0)} \quad . \tag{1}$$

Da f_x in Ω existiert, ist $\phi(t)$ in I stetig und im Innern von I differenzierbar. Damit kann man den Mittelwertsatz der Differentialrechnung anwenden und erhält mit einem $\xi \in \overset{\circ}{I}$ (d.h. $|\xi - x_0| < |x - x_0|$) aus (1) die Beziehung

$$\Phi(x, y; x_0, y_0) = \frac{\phi_x(\xi)}{y - y_0} = \frac{f_x(\xi, y) - f_x(\xi, y_0)}{y - y_0}. \tag{2}$$

Eine nochmalige Anwendung des Mittelwertsatzes auf die im Intervall

$$J := [\min\{y_0, y\}, \max\{y_0, y\}]$$

stetige und in $\overset{\circ}{J}$ differenzierbare Funktion $\Psi(t) := f_x(\xi, t)$ liefert

$$\Phi(x, y; x_0, y_0) = \frac{\Psi(y) - \Psi(y_0)}{y - y_0} = \Psi'(\eta) = f_{xy}(\xi, \eta)$$

mit einem $\eta \in \overset{\circ}{J}$ (d.h. $|\eta - y_0| < |y - y_0|$). Da der Punkt (x, y) beliebig gewählt war, gibt es also zu jedem $(x, y) \in K_\delta(x_0, y_0)$ mit $x \neq x_0$ und $y \neq y_0$ einen Punkt (ξ, η) mit $|\xi - x_0| < |x - x_0|$ und $|\eta - y_0| < |y - y_0|$, so dass

$$\Phi(x, y; x_0, y_0) = f_{xy}(\xi, \eta) \tag{3}$$

erfüllt ist. Wegen der vorausgesetzten Stetigkeit von f_{xy} im Punkt (x_0, y_0) folgt aus (3) die Relation

$$f_{xy}(x_0, y_0) = \lim_{\substack{x \to x_0, x \neq x_0 \\ y \to y_0, y \neq y_0}} \Phi(x, y; x_0, y_0) \quad .$$

q.e.d.

Der nächste Satz macht eine Aussage über die Vertauschbarkeit der gemischten Ableitungen zweiter Ordnung.

Satz 2. *Auf der offenen Menge $\Omega \subset \mathbb{R}^2$ sei die Funktion $f(x,y) : \Omega \to \mathbb{R}$ erklärt. Weiter existieren die partiellen Ableitungen f_x, f_y und f_{xy} in Ω, wobei f_{xy} an der Stelle $(x_0, y_0) \in \Omega$ stetig ist. Dann existiert auch f_{yx} im Punkt (x_0, y_0), und es gilt*

$$f_{xy}(x_0, y_0) = f_{yx}(x_0, y_0).$$

Beweis: Da die Voraussetzungen des Satzes 1 erfüllt sind, sehen wir ein:

$$f_{xy}(x_0, y_0) = \lim_{\substack{x \to x_0, x \neq x_0 \\ y \to y_0, y \neq y_0}} \Phi(x, y; x_0, y_0) = \lim_{x \to x_0, x \neq x_0} \left(\lim_{y \to y_0, y \neq y_0} \Phi(x, y; x_0, y_0) \right)$$

$$= \lim_{x \to x_0, x \neq x_0} \frac{f_y(x, y_0) - f_y(x_0, y_0)}{x - x_0} = f_{yx}(x_0, y_0) \quad .$$

q.e.d.

Wir behandeln nun das instruktive

Beispiel 1. Für die Funktion

$$f(x,y) := xy \cdot \frac{x^2 - y^2}{x^2 + y^2} \text{ falls } (x,y) \neq (0,0) \text{ und } f(0,0) := 0$$

verwenden wir universelle Polarkoordinaten $x = r \cos \phi$, $y = r \sin \phi$ mit $0 < r < +\infty$ und $-\infty < \phi < +\infty$. Dann ergibt sich

$$f(x,y) = xy \cdot \frac{r^2 \cos^2 \phi - r^2 \sin^2 \phi}{r^2} = xy \cdot \cos\{2\phi(x,y)\} \text{ falls } (x,y) \neq (0,0).$$

Wir beachten nun

$$\nabla \phi(x,y) = \frac{1}{\sqrt{x^2 + y^2}} \left(-\sin \phi(x,y), \cos \phi(x,y) \right)$$

und berechnen in $\mathbb{R}^2 \setminus \{(0,0)\}$ ihre ersten partiellen Ableitungen

$$f_x(x,y) = y \cdot \cos\{2\phi(x,y)\} + \frac{2xy}{\sqrt{x^2 + y^2}} \cdot \sin\{2\phi(x,y)\} \sin \phi(x,y)$$

sowie

$$f_y(x,y) = x \cdot \cos\{2\phi(x,y)\} - \frac{2xy}{\sqrt{x^2 + y^2}} \cdot \sin\{2\phi(x,y)\} \cos \phi(x,y).$$

Hieraus ersehen wir $f \in C^1(\mathbb{R}^2)$ mit $\nabla f(0,0) = (0,0)$, und wir spezialisieren

$$f_x(0,y) = y \cdot \cos\{2\phi(0,y)\} = -y \text{ falls } y \neq 0$$

sowie

$$f_y(x,0) = x \cdot \cos\{2\phi(x,0)\} = x \text{ falls } x \neq 0.$$

Wir erhalten damit, dass die gemischten Ableitungen

$$f_{xy}(0,0) = -1 \neq +1 = f_{yx}(0,0)$$

nicht übereinstimmen. Folglich muss die gemischte Ableitung f_{xy} im Nullpunkt unstetig sein!

Aus Satz 2 erhalten wir unmittelbar den

Satz 3 (Vertauschbarkeitslemma von H.A. Schwarz). *Seien $m \in \mathbb{N}$ und $f(x,y) : \Omega \to \mathbb{R}^m$ eine Funktion auf der offenen Menge $\Omega \in \mathbb{R}^2$, deren partielle Ableitungen f_x, f_y und f_{xy} stetig in Ω sind. Dann existiert auch f_{yx} in Ω, und es gilt*

$$f_{xy} = f_{yx} \text{ für alle } (x,y) \in \Omega \quad .$$

Indem wir die Begriffe der eindimensionalen Situation aus §6 in Kapitel II weiterentwickeln, erhalten wir die

Definition 2. *Die Dimensionen $m, n \in \mathbb{N}$ und die offene Menge $\Omega \subset \mathbb{R}^n$ seien gewählt. Dann erklären wir die Menge aller Funktionen*

$$y = f(x) = (f_1(x_1, \ldots, x_n), \ldots, f_m(x_1, \ldots, x_n)) : \Omega \to \mathbb{R}^m \quad ,$$

deren partielle Ableitungen bis zur Ordnung $k \in \mathbb{N}$ einschließlich existieren und in Ω stetige Funktionen darstellen, als den **Vektorraum der k-mal stetig differenzierbaren Funktionen** $C^k(\Omega, \mathbb{R}^m)$. *Wir schreiben*

$$C^k(\Omega) := C^k(\Omega, \mathbb{R}) \text{ und } C^k(\Omega, \mathbb{C}) := C^k(\Omega, \mathbb{R}^2).$$

Wir nennen $f \in C^k(\Omega, \mathbb{R}^m)$ eine k-mal stetig partiell differenzierbare **Funktion in Ω. Mit**

$$C^\infty(\Omega, \mathbb{R}^m) := \bigcap_{k=1}^{\infty} C^k(\Omega, \mathbb{R}^m)$$

bezeichnen wir den **Vektorraum der beliebig oft stetig partiell differenzierbaren Funktionen auf Ω.**

Bemerkung: Seien $f, g \in C^k(\Omega, \mathbb{R}^m)$ zu $k \in \mathbb{N}_0 \cup \{\infty\}$ zwei Funktionen und a eine reelle Zahl. Mit den Verknüpfungen

$$(f+g)(x) := f(x) + g(x), \ x \in \Omega \text{ und}$$
$$(a\,f)(x) := a\,f(x), \ x \in \Omega$$

wird $C^k(\Omega, \mathbb{R}^m)$ zu einem Vektorraum.

In Verallgemeinerung des Schwarzschen Vertauschbarkeitslemmas notieren wir

Satz 4. *Sei die Funktion* $f = f(x_1, \ldots, x_n) \in C^\alpha(\Omega, \mathbb{R}^m)$ *mit* $2 \le \alpha \in \mathbb{N}$ *gegeben. Weiter sei* $(i_1, \ldots, i_\alpha)$ *ein System natürlicher Zahlen mit* $1 \le i_l \le n$ *für* $l = 1, \ldots, \alpha$ *und* $(j_1, \ldots, j_\alpha)$ *eine Permutation von* $(i_1, \ldots, i_\alpha)$. *Dann gilt*

$$\frac{\partial^\alpha f(x)}{\partial x_{i_\alpha} \ldots \partial x_{i_1}} = \frac{\partial^\alpha f(x)}{\partial x_{j_\alpha} \ldots \partial x_{j_1}} \quad \text{für alle } x \in \Omega \quad .$$

Beweis: Jede Permutation läßt sich durch endlich viele Vertauschungen benachbarter Paare darstellen. Damit wird der Beweis auf Satz 3 zurückgeführt. q.e.d.

Definition 3. *Für eine reellwertige Funktion* $f \in C^1(\Omega)$ *versteht man unter ihrem* **Differential** $d f = d f(x^0, h)$ **an der Stelle** $x = x^0 \in \Omega$ *die Linearform*

$$d f(x^0, h) := \sum_{\alpha=1}^{n} f_{x_\alpha}(x^0) h_\alpha \quad , \quad h = (h_1, \ldots, h_n). \tag{4}$$

Bemerkung: Der Mittelwertsatz aus §1, Satz 2 erscheint nun in der Form

$$f(x'') - f(x') = d f(z, x'' - x') \text{ mit } z \in \overset{\circ}{\sigma}(x', x'') \subset \Omega.$$

Definition 4. *Auf der offenen Menge* $\Omega \subset \mathbb{R}^n$ *sei die Funktion* $f \in C^k(\Omega)$ *gegeben. Dann erklären wir das* **Differential der Ordnung k von f** *als folgende k-Form:*

$$d^k f(x, h) := \left(\sum_{\alpha=1}^{n} h_\alpha \frac{\partial}{\partial x_\alpha} \right)^k f(x)$$

$$= \sum_{\alpha_1, \ldots, \alpha_k=1}^{n} \frac{\partial^k f(x)}{\partial x_{\alpha_1} \ldots \partial x_{\alpha_k}} h_{\alpha_1} \ldots h_{\alpha_k} \quad , \quad h = (h_1, \ldots, h_n) \in \mathbb{R}^n. \tag{5}$$

Wir notieren das einfache

Beispiel 2. Seien $y = f(x_1, x_2)$ und $h = (h_1, h_2) \in \mathbb{R}^2$ gewählt, so gilt für das Differential erster Ordnung

$$d f(x, h) = f_{x_1}(x) h_1 + f_{x_2}(x) h_2$$

und für das Differential zweiter Ordnung

$$d^2 f(x, h) = \left(h_1 \frac{\partial}{\partial x_1} + h_2 \frac{\partial}{\partial x_2} \right)^2 f(x, h) =$$

$$= f_{x_1 x_1}(x) h_1^2 + 2 f_{x_1 x_2}(x) h_1 h_2 + f_{x_2 x_2}(x) h_2^2 \quad .$$

In Verallgemeinerung von Definition 3 aus § 6 in Kapitel II erklären wir die

Definition 5. *Seien $m, n \in \mathbb{N}$ sowie $k \in \mathbb{N}$ und die offene Menge $\Omega \subset \mathbb{R}^n$ gegeben. Dann gehört die Funktion $f \in C^k(\Omega, \mathbb{R}^m)$ zur Klasse $f \in C^k(\overline{\Omega}, \mathbb{R}^m)$, falls f und alle partiellen Ableitungen bis zur Ordnung k einschließlich zu stetigen Funktionen auf die Menge $\overline{\Omega}$ fortgesetzt werden können. So erhalten wir den* **Vektorraum $C^k(\overline{\Omega}, \mathbb{R}^m)$ der k-mal stetig differenzierbaren Funktionen auf der abgeschlossenen Menge $\overline{\Omega}$.** *Ferner setzen wir*

$$C^\infty(\overline{\Omega}, \mathbb{R}^m) := \bigcap_{k=1}^{\infty} C^k(\overline{\Omega}, \mathbb{R}^m)$$

für den **Vektorraum der unendlich oft differenzierbaren Funktionen auf $\overline{\Omega}$.**

§3 Taylorsche Formel im $\mathbb{R}^n$: Extremwertaufgaben und Eigenwerte

Gern approximiert man gegebene Funktionen durch Polynome mehrerer Veränderlicher, die man dann genauer untersuchen kann. Wir benötigen hierzu den

Satz 1 (Taylorsche Formel in mehreren Variablen).
Seien die Dimensionen $m, n \in \mathbb{N}$ und die offene Menge Ω im $\mathbb{R}^n$ gewählt. Es seien x und y zwei feste Punkte aus Ω, so dass die Verbindungsgerade $\sigma(x, y)$ – auch Segment genannt – die folgende Inklusion

$$\sigma(x, y) := \{ z = x + t(y - x) \in \mathbb{R}^n \,|\, 0 \le t \le 1 \} \subset \Omega$$

erfüllt. Weiter sei die reellwertige Funktion in der Klasse $f(x) \in C^m(\Omega)$ gegeben. Unter Verwendung der Differentiale aus § 2 haben wir dann die Darstellung

$$f(y) - f(x) = \sum_{k=1}^{m-1} \frac{1}{k!} d^k f(x, y - x) + \frac{1}{m!} d^m f(z, y - x) \tag{1}$$

mit einem Punkt $z \in \overset{\circ}{\sigma}(x, y) := \sigma(x, y) \backslash \{x, y\}$.

Beweis: Wir betrachten die Funktion $g(t) := f(x + t(y - x))$, $t \in [0, 1]$ der Klasse $C^m([0, 1])$. Mit Hilfe der Kettenregel erhält man

$$g'(t) = \sum_{\alpha=1}^{n} f_{x_\alpha}(x + t(y - x)) \cdot (y_\alpha - x_\alpha)$$

$$= \left(\sum_{\alpha=1}^{n} (y_\alpha - x_\alpha) \frac{\partial}{\partial x_\alpha} \right) f(x + t(y - x)), \tag{2}$$

woraus sich wegen Formel (4) aus § 2

$$g'(t) = d f \left(x + t(y - x), y - x \right) \tag{3}$$

ergibt. Durch wiederholte Differentiation findet man

$$g^{(k)}(t) = \left(\sum_{\alpha=1}^{n} (y_\alpha - x_\alpha) \frac{\partial}{\partial x_\alpha} \right)^k f \left(x + t(y - x) \right) \tag{4}$$

$$= d^k f \left(x + t(y - x), y - x \right)$$

für $k = 1, 2, \ldots, m$. Die eindimensionale Taylorsche Formel aus Satz 1 von § 6 in Kapitel II liefert die Identität

$$f(y) - f(x) = g(1) - g(0) = \sum_{k=1}^{m-1} \frac{1}{k!} g^{(k)}(0) + \frac{1}{m!} g^{(m)}(\theta)$$

$$= \sum_{k=1}^{m-1} \frac{1}{k!} d^k f \left(x, y - x \right) + \frac{1}{m!} d^m f \left(z, y - x \right). \tag{5}$$

Dabei wurde $\theta \in (0, 1)$ gewählt und $z := x + \theta(y - x) \in \overset{\circ}{\sigma} (x, y)$ gesetzt. q.e.d.

Wir wollen nun Extremwertaufgaben für reellwertige Funktionen in n Veränderlichen behandeln. In Weiterentwicklung der Definition 2 aus § 8 in Kapitel III vereinbaren wir

Definition 1. *Auf der offenen Menge $\Omega \subset \mathbb{R}^n$ sei $f(x) : \Omega \to \mathbb{R}$ erklärt. Dann hat die Funktion f ein* **absolutes oder auch globales Maximum bzw. Minimum** *im Punkt $x = a \in \Omega$, wenn die Ungleichung*

$$f(x) \le f(a) \ bzw. \ f(x) \ge f(a) \ \text{für alle } x \in \Omega$$

gilt.
Die Funktion f hat ein – schwaches – **relatives oder auch lokales Maximum bzw. Minimum** *an der Stelle $x = a$, wenn es eine Kugel*

$$K_\epsilon(a) := \{ x \in \mathbb{R}^n : |x - a| < \epsilon \} \subset \Omega$$

vom hinreichend kleinen Radius $\epsilon > 0$ so gibt, dass die Ungleichung

$$f(x) \le f(a) \, bzw. \, f(x) \ge f(a) \ \text{für alle } x \in K_\epsilon(a)$$

erfüllt ist.
Die Funktion f hat ein **striktes relatives oder auch lokales Maximum bzw. Minimum** *an der Stelle $x = a$, wenn es eine Kugel $K_\epsilon(a) \subset \Omega$ vom Radius $\epsilon > 0$ so gibt, dass die Ungleichung*

$$f(x) < f(a) \ bzw. \ f(x) > f(a) \ \text{für alle } x \in K_\epsilon(a) \ \text{mit } x \neq a$$

richtig ist.
Wir sprechen von einem **Exremum**, *wenn wir sowohl ein Maximum als auch ein Minimum zulassen.*

Ohne notwendig $f \in C^1(\Omega)$ vorauszusetzen, zeigen wir den

Satz 2 (Notwendige Bedingung erster Ordnung).

Die stetige Funktion $f(x) : \Omega \to \mathbb{R}$ auf der offenen Menge $\Omega \subset \mathbb{R}^n$ besitze an der Stelle $x = a \in \Omega$ ein relatives Maximum oder Minimum – also ein Extremum. Außerdem existieren die ersten partiellen Ableitungen $f_{x_i}(a)$ für $i = 1, 2, \ldots, n$. Dann gilt die Beziehung

$$f_{x_i}(a) = 0 \ \text{für} \ i = 1, 2, \ldots, n, \ \text{das heißt} \ \nabla f(a) = 0 \quad . \tag{6}$$

Beweis: Da die offene Menge Ω den Punkt a enthält, gibt es eine Kugel $K_\rho(a) \subset \Omega$ von hinreichend kleinem Radius $\rho > 0$. Wir betrachten nun die Funktion

$$\varphi(t) := f(a_1, \ldots, a_{i-1}, t, a_{i+1}, \ldots, a_n), \quad t \in (a_i - \rho, a_i + \rho) \quad ,$$

die an der Stelle $t = a_i$ ein Extremum hat. Weiter existiert $\varphi'(a_i)$, und wie im Beweis des Rolleschen Satzes aus §3 in Kapitel II zeigen wir

$$0 = \varphi'(a_i) = f_{x_i}(a) \ \text{für} \ i = 1, \ldots, n \quad .$$

q.e.d.

Definition 2. *In der offenen Menge $\Omega \subset \mathbb{R}^n$ nennen wir $a \in \Omega$ einen* **kritischen Punkt der Funktion** $f \in C^1(\Omega)$, *falls $\nabla f(a) = 0$ erfüllt ist.*

Satz 3 (Notwendige Bedingung zweiter Ordnung).

Die Funktion $f(x) : \Omega \to \mathbb{R}$ auf der offenen Menge $\Omega \subset \mathbb{R}^n$ gehöre zur Klasse $C^2(\Omega)$ und besitze im Punkt $x = a \in \Omega$ ein relatives Minimum. Dann gilt

$$\sum_{i,j=1}^{n} f_{x_i x_j}(a) \xi_i \xi_j \geq 0 \quad \text{für alle} \quad \xi = (\xi_1, \ldots, \xi_n) \in \mathbb{R}^n \quad .$$

Beweis: Es sei $\xi \in \mathbb{R}^n$ beliebig gewählt. Dann liegt für ein hinreichend kleines $t > 0$ die Strecke $\sigma(a, a + t\xi)$ in Ω. Die Taylorsche Formel liefert

$$f(a + t\xi) - f(a) = df(a, t\xi) + \frac{1}{2}d^2 f(a + \tau\xi, t\xi)$$

mit einem geeigneten $\tau = \tau(\xi) \in (0, t)$. Da an der Stelle $x = a$ ein relatives Minimum vorliegt, folgt $df(a, t\xi) = 0$. Ferner ist für alle hinreichend kleinen $t > 0$ die Ungleichung $f(a + t\xi) - f(a) \geq 0$ erfüllt. Damit folgt

$$0 \leq \frac{1}{2}d^2 f(a + \tau\xi, t\xi) = \frac{t^2}{2} \sum_{i,j=1}^{n} f_{x_i x_j}(a + \tau\xi) \xi_i \xi_j \quad .$$

Für $t \to 0+$ folgt $\tau \to 0+$, und wegen $f \in C^2(\Omega)$ erhalten wir die Behauptung

$$\sum_{i,j=1}^{n} f_{x_i x_j}(a)\xi_i\xi_j \geq 0 \quad \text{für alle} \quad \xi \in \mathbb{R}^n \quad .$$

q.e.d.

Satz 4 (Hinreichende Bedingung zweiter Ordnung). *Sei die Funktion* $f = f(x) : \Omega \to \mathbb{R} \in C^2(\Omega)$ *auf der offenen Menge* $\Omega \subset \mathbb{R}^n$ *gegeben. Weiter sei* $a \in \Omega$ *ein Punkt, welcher* $f_{x_i}(a) = 0$ *für* $i = 1, 2, \ldots, n$ *sowie*

$$\sum_{i,j=1}^{n} f_{x_i x_j}(a)\xi_i\xi_j > 0 \quad \text{für alle} \quad \xi = (\xi_1, \ldots, \xi_n) \in \mathbb{R}^n \backslash \{0\}$$

erfüllt. Dann besitzt f *an der Stelle* $x = a$ *ein striktes relatives Minimum.*

Beweis: Nach Voraussetzung gilt

$$\sum_{i,j=1}^{n} f_{x_i x_j}(a)\xi_i\xi_j > 0 \quad \text{für alle} \quad \xi \in S \tag{7}$$

auf der kompakten Einheitssphäre $S := \{\xi \in \mathbb{R}^n : |\xi| = 1\}$. Nun ist die quadratische Form aus (7) als Funktion von ξ stetig auf S, und nach Satz 8 aus §1 in Kapitel II gibt es eine Zahl $\alpha > 0$, so dass

$$\sum_{i,j=1}^{n} f_{x_i x_j}(a)\xi_i\xi_j \geq \alpha \quad \text{für alle} \quad \xi \in S \tag{8}$$

ausfällt. Wegen $f \in C^2(\Omega)$ gibt es eine hinreichend kleine Zahl $\epsilon > 0$, so dass die Ungleichung

$$\sum_{i,j=1}^{n} f_{x_i x_j}(x)\xi_i\xi_j \geq \frac{\alpha}{2} > 0 \text{ für alle } \xi \in S \text{ und alle } x \in K_\epsilon(a) \tag{9}$$

erfüllt ist. Somit folgt

$$\sum_{i,j=1}^{n} f_{x_i x_j}(x)\xi_i\xi_j \geq \frac{\alpha}{2}|\xi|^2 \text{ für alle } \xi \in \mathbb{R}^n \text{ und alle } x \in K_\epsilon(a) \subset \Omega. \tag{10}$$

Die Taylorsche Formel liefert für beliebiges $y \in K_\epsilon(a)$ die Identität

$$f(y) - f(a) = df(a, y - a) + \frac{1}{2}d^2(z, y - a) \quad ,$$

wobei z auf der Verbindungsstrecke $\overset{\circ}{\sigma}(a, y) \subset K_\epsilon(a)$ liegt. Beachten wir $df(a, y - a) = 0$, so folgt mit (10) die Ungleichung

$$f(y) - f(a) = \frac{1}{2}d^2(z, y - a) = \frac{1}{2}\sum_{i,j=1}^{n} f_{x_i x_j}(z)(y_i - a_i)(y_j - a_j) \geq \frac{\alpha}{4}|y - a|^2.$$

$$(11)$$

Wir erhalten

$$f(y) > f(a) \text{ für alle } y \neq a \text{ mit } |y - a| \leq \epsilon. \tag{12}$$

Somit nimmt f im Punkt a ein striktes relatives Minimum an.   q.e.d.

Definition 3. *Sei $f = f(x) : \Omega \to \mathbb{R} \in C^2(\Omega)$ eine Funktion auf der offenen Menge $\Omega \subset \mathbb{R}^n$, und sei ein Punkt $a \in \Omega$ gewählt. Dann nennen wir*

$$\mathbf{H}f(a) := \left(f_{x_i x_j}(a)\right)_{i,j=1,\ldots,n} = \begin{pmatrix} f_{x_1 x_1}(a) & \cdots & f_{x_1 x_n}(a) \\ \vdots & \ddots & \vdots \\ f_{x_n x_1}(a) & \cdots & f_{x_n x_n}(a) \end{pmatrix}$$

die **Hessesche Matrix** *von f an der Stelle a. Ihr ist die* **Hessesche quadratische Form**

$$q(\xi) := \sum_{i,j=1}^{n} f_{x_i x_j}(a)\xi_i \xi_j \quad , \quad \xi = (\xi_1, \ldots, \xi_n) \in \mathbb{R}^n$$

zugeordnet.

Die folgenden Begriffe werden in der Linearen Algebra vorgestellt.

Definition 4. *Wir nennen die* **quadratische Form** *q* **positiv-definit**, *falls $q(\xi) > 0$ für alle $\xi \in \mathbb{R}^n \backslash \{0\}$ gilt – und* **positiv-semidefinit**, *falls $q(\xi) \geq 0$ für alle $\xi \in \mathbb{R}^n$ richtig ist.*
Entsprechend heißt die **quadratische Form** *q* **negativ-definit**, *falls $q(\xi) < 0$ für alle $\xi \in \mathbb{R}^n \backslash \{0\}$ gilt – und* **negativ-semidefinit**, *falls $q(\xi) \leq 0$ für alle $\xi \in \mathbb{R}^n$ richtig ist.*
Die **quadratische Form** *q wird* **indefinit** *genannt, falls es Punkte $\xi, \eta \in \mathbb{R}^n$ gibt, für die $q(\xi) > 0$ bzw. $q(\eta) < 0$ richtig ist.*

Bemerkungen:

1. Als notwendige Bedingung für ein relatives Minimum im Punkt a haben wir in Satz 3 hergeleitet, dass die Hessesche Form im kritischen Punkt a positiv-semidefinit sein muß.
2. Im Satz 4 haben wir gezeigt, dass eine hinreichende Bedingung für ein relatives Minimum eine positiv-definite Hessesche Form im kritischen Punkt a ist.
3. Durch den Übergang von f zu $-f$ erhalten wir Kriterien für relative Maxima von Funktionen.
4. Die Hessesche Form erlaubt nur die Kontrolle relativer aber nicht absoluter Extrema.

5. Die Voraussetzung

$$\sum_{i,j=1}^{n} f_{x_i x_j}(a)\xi_i\xi_j > 0 \text{ für alle } \xi \in \mathbb{R}^n \setminus \{0\}$$

in Satz 4 läßt sich nicht durch die schwächere Voraussetzung

$$\sum_{i,j=1}^{n} f_{x_i x_j}(a)\xi_i\xi_j \geq 0 \quad \text{für alle} \quad \xi \in \mathbb{R}^n$$

ersetzen. Hierzu betrachten wir die Funktion $f(x) = x^3, x \in \mathbb{R}$, die eine solche schwächere Voraussetzung für $a = 0$ erfüllt – dort jedoch kein relatives Minimum besitzt.

6. Andererseits ist die Behauptung in Satz 3 nicht durch die stärkere Aussage

$$\sum_{i,j=1}^{n} f_{x_i x_j}(a)\xi_i\xi_j > 0 \quad \text{für alle} \quad \xi \in \mathbb{R}^n \setminus \{0\}$$

ersetzbar, wie man mit Hilfe der Funktion $f(x) = x^4, x \in \mathbb{R}$ an der Stelle $a = 0$ einsehen kann.

Notieren wir noch den

Satz 5. *Auf der offenen Menge $\Omega \subset \mathbb{R}^n$ sei die Funktion $f \in C^2(\Omega)$ gegeben mit dem kritischen Punkt $a \in \Omega$. Weiter sei die der Hessesche Matrix $\mathbf{H}f(a)$ mit der zugeordneten quadratischen Form $q(\xi)$ indefinit. Dann nimmt f im Punkt a weder ein lokales Minimum noch ein lokales Maximum an.*

Beweis: Da q indefinit ist, können wir mit den Überlegungen des Beweises von Satz 4 in jeder Umgebung von a Punkte x_+ und x_- mit der Eigenschaft $f(x_-) < f(a) < f(x_+)$ finden.   q.e.d.

Bemerkungen:

1. Die in Satz 5 betrachteten kritischen Punkte $a \in \Omega$ heißen **Sattelpunkte**.
2. Die Hessesche Matrix

$$\mathbf{H}f(a) = \left(f_{x_i x_j}(a) \right)_{i,j=1,\ldots,n}$$

ist genau dann positiv-definit bzw. positiv-semidefinit, falls ihre **Hauptminoren**

$$\mathbf{S}_k := \left(f_{x_i x_j}(a) \right)_{i,j=1,\ldots,k}$$

für $k = 1,\ldots,n$ die Bedingungen $\det \mathbf{S}_k > 0$ bzw. $\det \mathbf{S}_k \geq 0$ erfüllen. Dieses **Kriterium von A. Hurwitz** können wir mit der Hauptachsentransformation symmetrischer, reeller Matrizen sofort einsehen.

3. Als Spezialfall ergibt sich: Die Hessesche Matrix

$$\mathbf{H}f(a) = \begin{pmatrix} f_{xx}(a) & f_{xy}(a) \\ f_{yx}(a) & f_{yy}(a) \end{pmatrix}$$

ist positiv-definit genau dann, wenn die Bedingung

$$f_{xx}(a) > 0 \quad \wedge \quad f_{xx}(a) \cdot f_{yy}(a) - f_{xy}^2(a) > 0 \tag{13}$$

erfüllt ist.

Beispiel 1. Wir untersuchen nun Funktionen $f_j : \mathbb{R}^2 \to \mathbb{R}$ für $j = 1, \ldots, 4$ mit ihren kritischen Punkten.

1. Die Funktion $f_1(x, y) = x^2 + y^2$ hat als einzigen kritischen Punkt den Nullpunkt als ein lokales Minimum, da aus $(0, 0) = \nabla f(x, y) = (2x, 2y)$ dann $(x, y) = (0, 0)$ folgt und die Matrix

$$\mathbf{H}f(0, 0) = \begin{pmatrix} 2 & 0 \\ 0 & 2 \end{pmatrix}$$

   positiv-definit ist.
2. Die Funktion $f_2(x, y) = -x^2 - y^2$ hat im Nullpunkt als einzigen kritischen Punkt ein lokales Maximum. Aus $\nabla f(x, y) = (0, 0)$ folgt wegen $\nabla f(x, y) = (-2x, -2y)$ die Bedingung $(x, y) = (0, 0)$. Außerdem ist die Matrix

$$\mathbf{H}f(0, 0) = \begin{pmatrix} -2 & 0 \\ 0 & -2 \end{pmatrix}$$

   negativ-definit.
3. Die Funktion $f_3(x, y) = x^2 - y^2$ besitzt als einzigen kritischen Punkt im Nullpunkt einen Sattelpunkt. Aus der notwendigen Bedingung $\nabla f(x, y) = (0, 0)$ folgt $(x, y) = (0, 0)$, und die Matrix

$$\mathbf{H}f(0, 0) = \begin{pmatrix} 2 & 0 \\ 0 & -2 \end{pmatrix}$$

   ist indefinit.
4. Die Funktion $f_4(x, y) = x^2 + y^4$ erfüllt im Nullpunkt $(x, y) = (0, 0)$ die notwendige Bedingung $\nabla f(x, y) = (0, 0)$, jedoch ist die Hessesche Matrix

$$\mathbf{H}f(0, 0) = \begin{pmatrix} 2 & 0 \\ 0 & 0 \end{pmatrix}$$

   positiv-semidefinit. Obwohl über die Hessesche Matrix keine generellen Aussagen möglich sind, hat die Funktion f_4 im Nullpunkt ein striktes lokales Minimum.

Wir wollen nun Eigenwerte symmetrischer Matrizen mit einer Extremalmethode untersuchen.

Definition 5. *Sei $A = (a_{ij})_{i,j=1,2,\ldots,n}$ eine reelle $n \times n$−Matrix und λ eine reelle Zahl. Dann nennen wir λ einen* **Eigenwert der Matrix** *A, wenn es einen Vektor $\xi \in \mathbb{R}^n \backslash \{0\}$ mit der Eigenschaft $A \circ \xi = \lambda \xi$ gibt. Der Vektor $\xi = (\xi_1, \ldots, \xi_n)^*$ heißt* **Eigenvektor zum Eigenwert** *λ.*

Das Extremalverhalten der Funktion $f \in C^2(\Omega)$ in kritischen Punkten wird besonders einfach überprüfbar, wenn man mittels Hauptachsentransformation dort die Hessesche quadratische Form in die Normalform

$$q(\xi) = \lambda_1 \xi_1^2 + \ldots + \lambda_n \xi_n^2 \quad , \quad \xi = (\xi_1, \ldots, \xi_n) \in \mathbb{R}^n \tag{14}$$

überführt. Dabei sind $\lambda_j \in \mathbb{R}$ für $j = 1, \ldots, n$ die Eigenwerte der Hesseschen Matrix. Den größten Eigenwert erhalten wir wie folgt durch ein Maximierungsverfahren:

Satz 6 (Existenz des größten Eigenwerts). *Jede reelle, symmetrische Matrix $A = (a_{ij})_{i,j=1,\ldots,n}$ besitzt einen reellen Eigenwert λ, d.h. es gibt einen Vektor $x \in \mathbb{R}^n$ mit $A \circ x = \lambda x$ und $|x| = 1$.*

Beweis: Wir betrachten die Funktion

$$g(x) := \frac{\sum_{i,j=1}^n a_{ij} x_i x_j}{\sum_{i=1}^n x_i^2} \quad , \quad x = (x_1, \ldots, x_n) \in K \tag{15}$$

auf der kompakten Kugelschale $K := \{x \in \mathbb{R}^n : \frac{1}{2} \le |x| \le 2\}$. Nun ist $g(x)$ stetig auf K – und nimmt nach Satz 8 aus §1 in Kapitel II ihr Maximum in einem Punkt $\xi \in K$ an. Dabei kann $|\xi| = 1$ gewählt werden, da die folgende Beziehung gilt:

$$g(x) = g\left(\frac{x}{|x|}\right) \text{ für alle } x \in K \quad .$$

Nach obigem Satz 2 folgt

$$g_{x_k}(\xi) = 0 \quad \text{für} \quad k = 1, 2, \ldots, n \quad .$$

Wir berechnen zunächst

$$g_{x_k}(x) = \frac{\left(\sum_{i=1}^n x_i^2\right) \cdot \left(\sum_{i,j=1}^n a_{ij} x_i x_j\right)_{x_k} - \left(\sum_{i,j=1}^n a_{ij} x_i x_j\right) \cdot \left(\sum_{i=1}^n x_i^2\right)_{x_k}}{\left(\sum_{i=1}^n x_i^2\right)^2} \tag{16}$$

für $k = 1, \ldots, n$. Dann ermitteln wir

$$\left(\sum_{i=1}^n x_i^2\right)_{x_k} = 2x_k \tag{17}$$

sowie

$$\left(\sum_{i,j=1}^{n} a_{ij}x_i x_j\right)_{x_k} = \sum_{i,j=1}^{n} a_{ij}\delta_{ik}x_j + \sum_{i,j=1}^{n} a_{ij}x_i\delta_{jk} = \tag{18}$$

$$= \sum_{j=1}^{n} a_{kj}x_j + \sum_{i=1}^{n} a_{ik}x_i = 2\cdot\sum_{j=1}^{n} a_{kj}x_j \quad.$$

Dabei benutzen wir die Symmetriebedingung

$$a_{ij} = a_{ji} \quad \text{für} \quad i,j = 1,\ldots,n$$

und verstehen unter

$$\delta_{lm} = \begin{cases} 1 \text{ falls } l = m \\ 0 \text{ falls } l \neq m \end{cases} \text{ für } 1 \leq l,m \leq n \tag{19}$$

das **Kronecker-Symbol**. Somit ergibt sich

$$0 = g_{x_k}(\xi) = \frac{2\cdot|\xi|^2 \sum_{j=1}^{n} a_{kj}\xi_j - 2\xi_k \sum_{i,j=1}^{n} a_{ij}\xi_i\xi_j}{|\xi|^4} \quad \text{für } k = 1,\ldots,n.$$

Wegen $|\xi| = 1$ folgt

$$\sum_{j=1}^{n} a_{kj}\xi_j = g(\xi)\cdot\xi_k \quad \text{für} \quad k = 1,2,\ldots,n \tag{20}$$

und schließlich $A \circ \xi = \lambda\xi$ mit $|\xi| = 1$ und dem **größten Eigenwert**

$$\lambda := g(\xi) = \max\{g(x) : x \in \mathbb{R}^n \text{ mit } |x| = 1\} \quad. \tag{21}$$

q.e.d.

Bemerkungen:

1. Indem wir das obige Maximierungsproblem

$$g(x) \to \text{Maximum}, \quad x \in K' := \left\{x \in K \,\middle|\, <x,\xi> = 0\right\} \tag{22}$$

auf der Ebene senkrecht zum Eigenvektor ξ lösen, erhalten wir den nächst kleineren Eigenwert; hierbei bezeichnet $<.,.>$ das Skalarprodukt im $\mathbb{R}^n$. Wir erhalten so für die Matrix A sukzessiv die Eigenwerte

$$\lambda_1 \geq \lambda_2 \geq \ldots \geq \lambda_n \quad. \tag{23}$$

2. In der Linearen Algebra bestimmt man alle Eigenwerte einer Matrix A, wenn wir mit E die Einheitsmatrix benennen, als Nullstellen des **charakteristischen Polynoms**

$$p(\lambda) := \det\left(A - \lambda E\right) \quad, \quad \lambda \in \mathbb{C} \tag{24}$$

über den Fundamentalsatz der Algebra. Letzteren hatten wir in §8 von Kapitel III mit einer Extremalmethode bewiesen.

3. Aus der Identität $A \circ \xi = \lambda \xi$ erhalten wir durch Skalarmultiplikation mit dem Einheitsvektor ξ und wegen der Symmetrie der Matrix A den reellen Charakter der Eigenwerte wie folgt:

$$\lambda = < A \circ \xi, \xi > = < \xi, A \circ \xi > \quad \in \mathbb{R} \quad . \tag{25}$$

§4 Fundamentalsatz über die inverse Abbildung

Wir wählen in diesem Abschnitt $n \in \mathbb{N}$ als feste Raumdimension. Weiter vereinbaren wir die

Definition 1. *Unter einer* **Umgebung A eines Punktes** $a \in \mathbb{R}^n$ *verstehen wir eine offene Menge $A \subset \mathbb{R}^n$, welche diesen Punkt gemäß $a \in A$ enthält.*

Auf einer offenen Menge $\Omega \subset \mathbb{R}^n$ sei eine einmal stetig partiell differenzierbare Abbildung $f \in C^1(\Omega, \mathbb{R}^n)$ gegeben. Nun untersuchen wir die **lokale Umkehrbarkeit der Funktion**

$$y = f(x) : \Omega \to \mathbb{R}^n \text{ im Punkt } a \in \Omega \text{ mit dem Bildpunkt } b := f(a) \in \mathbb{R}^n.$$
$$\tag{1}$$

Genauer beantworten wir positiv die folgenden Fragen:

1. Gibt es eine Umgebung B des Bildpunktes b, die das bijektive Bild einer Umgebung A des Punktes a bezüglich der Abbildung (1) ist?
2. Übertragen sich die Differenzierbarkeitseigenschaften von f auf die Umkehrabbildung g – auch die höhere Differenzierbarkeit?

Bemerkung: Die Lösung des Problems ist offenbar äquivalent zur lokalen Lösung eines **nichtlinearen Gleichungssystems** der Form

$$\left. \begin{array}{l} f_1(x_1, \ldots, x_n) = y_1 \\ \quad\vdots \\ f_n(x_1, \ldots, x_n) = y_n \end{array} \right\} \quad x = (x_1, \ldots, x_n) \in A, \ y = (y_1, \ldots, y_n) \in B. \tag{2}$$

Zunächst betrachten wir das

Beispiel 1. Eine lineare Abbildung

$$f : \mathbb{R}^n \to \mathbb{R}^n \text{ vermöge } x \mapsto y = f(x) = A \circ x$$

mit den Komponenten

$$f_i(x) = \sum_{j=1}^{n} a_{ij} x_j \quad , \quad x = (x_1, \ldots, x_n)^* \quad \text{für} \quad i = 1, \ldots, n$$

und der assoziierten reellen Matrix $A = (a_{ij})_{i,j=1,\ldots,n}$ sei gegeben. Dann zeigt man in der Linearen Algebra die fundamentale Äquivalenz

$$f \text{ ist bijektiv } \Leftrightarrow \det A \neq 0 \quad . \tag{3}$$

Die vektorwertige Funktion $f(x) = (f_1(x), \ldots, f_n(x))^*$ besitzt die Funktional-matrix

$$\partial f(x) := \left(\frac{\partial f_i}{\partial x_k}(x) \right)_{i,k=1,\ldots,n} = (a_{ik})_{i,k=1,\ldots,n} \quad . \tag{4}$$

Mit dem Kroneckersymbol ermitteln wir für $i, k = 1, \ldots, n$ nämlich

$$\frac{\partial f_i}{\partial x_k}(x) = \frac{\partial}{\partial x_k} \left(\sum_{l=1}^{n} a_{il}x_l \right) = \sum_{l=1}^{n} a_{il}\delta_{lk} = a_{ik}.$$

Somit erscheint die Äquivalenz (3) in der Form

$$f \text{ ist bijektiv } \Leftrightarrow \det \left(\frac{\partial f_i}{\partial x_k}(x) \right)_{i,k=1,\ldots,n} \neq 0. \tag{5}$$

Also ist die Invertierbarkeit der Funktionalmatrix im Punkt $a \in \Omega$ für unsere Fragestellung entscheidend! Nach Formel (17) von Satz 9 aus § 1 gilt für die Abbildung (1) die linear-approximative Darstellung

$$f(x) = f(a) + \partial f(a) \circ (x-a)^* + F(x,a) \circ (x-a)^* \text{ mit } \lim_{x \to a, x \neq a} F(x,a) = 0 \quad . \tag{6}$$

Wir benötigen jetzt die

Definition 2. *Auf der offenen Menge $\Omega \subset \mathbb{R}^n$ sei die folgende Abbildung $f : \Omega \to \mathbb{R}^n \in C^1(\Omega, \mathbb{R}^n)$ gegeben. Dann nennen wir*

$$J_f(x) := \det \left(\frac{\partial f_i}{\partial x_j}(x) \right)_{i,j=1,\ldots,n}$$

die **Funktionaldeterminante** *oder auch* **Jacobische (Determinante)** *der Abbildung f im Punkt $x \in \Omega$.*

Beispiel 2. Für $n = 2$ betrachten wir die Koordinatentransformation zwischen Polarkoordinaten und kartesischen Koordinaten. Auf der offenen Menge

$$\Omega := \{(r, \varphi) : 0 < r < R, 0 < \varphi < 2\pi\} \quad \text{mit} \quad R \in (0, +\infty)$$

definieren wir die Abbildung

$$f : \Omega \to \mathbb{R}^2 \text{ vermöge } x := \begin{pmatrix} r \\ \varphi \end{pmatrix} \mapsto y := f(x) = \begin{pmatrix} r \cdot \cos\varphi \\ r \cdot \sin\varphi \end{pmatrix}. \tag{7}$$

Wir berechnen ihre Funktionalmatrix

$$\partial f(r,\varphi) = \begin{pmatrix} \frac{\partial f_1}{\partial r}, & \frac{\partial f_1}{\partial \varphi} \\ \frac{\partial f_2}{\partial r}, & \frac{\partial f_2}{\partial \varphi} \end{pmatrix} = \begin{pmatrix} \cos\varphi, & -r\sin\varphi \\ \sin\varphi, & r\cos\varphi \end{pmatrix} \tag{8}$$

sowie ihre Funktionaldeterminante

$$J_f(r,\varphi) = \det \partial f(r,\varphi) = r > 0 \text{ in } \Omega. \tag{9}$$

Der Fundamentalsatz über die inverse Abbildung wird in den nachfolgenden Hilfssätzen erarbeitet.

Hilfssatz 1. *Seien die offene Menge $\Omega \subset \mathbb{R}^n$, die Abbildung $f : \Omega \to \mathbb{R}^n \in C^1(\Omega, \mathbb{R}^n)$, und der* **reguläre Punkt** *$a \in \Omega$ mit $J_f(a) \neq 0$ gegeben. Dann gibt es eine Zahl $\rho > 0$, so dass die Abbildung f eingeschränkt auf die Menge $K_\rho(a) := \{x \in \mathbb{R}^n : |x - a| \leq \rho\}$ injektiv ist. Weiter ist mit einer Konstanten $M > 0$ die Ungleichung*

$$|f(x') - f(x'')| \geq M \cdot |x' - x''| \text{ für alle } x', x'' \in K_\rho(a) \tag{10}$$

erfüllt. Schließlich gilt $J_f(x) \neq 0$ für alle Punkte $x \in K_\rho(a)$.

Beweis:

1. Wegen $J_f(a) \neq 0$ und der Stetigkeit der Funktionen $\dfrac{\partial f_i}{\partial x_j}$ gibt es ein $\rho > 0$, so dass für alle $\eta = \left(z^{(1)}, \ldots, z^{(n)}\right) \in K_\rho(a) \times \ldots \times K_\rho(a)$ die folgende Matrix invertierbar ist:

$$\partial f(\eta) := \begin{pmatrix} f_{1,x_1}\left(z^{(1)}\right) & \cdots & f_{1,x_n}\left(z^{(1)}\right) \\ \vdots & \ddots & \vdots \\ f_{n,x_1}\left(z^{(n)}\right) & \cdots & f_{n,x_n}\left(z^{(n)}\right) \end{pmatrix} .$$

Mit $S := \{\xi \in \mathbb{R}^n : |\xi| = 1\}$ und $D := K_\rho(a) \times \ldots \times K_\rho(a) \times S \subset \mathbb{R}^{n \cdot n + n}$ betrachten wir die Hilfsfunktion

$$\Phi : D \to \mathbb{R} \quad \text{vermöge}$$

$$\Phi\left(z^{(1)}, \ldots, z^{(n)}; \xi\right) := |\partial f(\eta) \circ \xi^*| \quad \text{für} \tag{11}$$

$$\eta = \left(z^{(1)}, \ldots, z^{(n)}\right) \in K_\rho(a) \times \ldots \times K_\rho(a), \quad \xi \in S.$$

Unter Beachtung der Cramerschen Regel sehen wir die Aussage

$$\Phi(\eta; \xi) > 0 \quad \text{für alle} \quad (\eta, \xi) \in D$$

ein. Da die Funktion Φ stetig auf ihrem kompakten Definitionsbereich D ist, nimmt sie ihr Minimum $M > 0$ dort an – und ein Homogenitätsargument liefert die Abschätzung

$$\Phi\left(z^{(1)}, \ldots, z^{(n)}; \xi\right) \geq M|\xi|$$

$$\text{für alle } z^{(i)} \in K_\rho(a) \text{ mit } i = 1, \ldots, n \text{ und } \xi \in \mathbb{R}^n. \tag{12}$$

2. Seien $x', x'' \in K_\rho(a)$ beliebig gewählte Punkte. Nun wenden wir den Mittelwertsatz auf jede Komponentenfunktionen $f_i : K_\rho(a) \to \mathbb{R}$ wie folgt an:

$$f_i(x'') - f_i(x') = \sum_{j=1}^{n} \frac{\partial f_i}{\partial x_j}\left(z^{(i)}\right)\left(x_j'' - x_j'\right) \tag{13}$$

mit $z^{(i)} \in \overset{\circ}{\sigma}(x', x'') \subset K_\rho(a)$ für $i = 1, \ldots, n$. Wir fassen nun die Gleichungen (13) zusammen:

$$f(x'') - f(x') = \partial f(\eta) \circ (x'' - x')^*$$

$$= \begin{pmatrix} f_{1,x_1}\left(z^{(1)}\right) & \cdots & f_{1,x_n}\left(z^{(1)}\right) \\ \vdots & \ddots & \vdots \\ f_{n,x_1}\left(z^{(n)}\right) & \cdots & f_{n,x_n}\left(z^{(n)}\right) \end{pmatrix} \circ \begin{pmatrix} x_1'' - x_1' \\ \vdots \\ x_n'' - x_n' \end{pmatrix}.$$

Schließlich erhält man mittels (12) und $\xi := x'' - x'$ die Ungleichung

$$|f(x'') - f(x')| = |\partial f(\eta) \circ (x'' - x')^*| \geq M|x'' - x'| \,\forall\, x', x'' \in K_\rho(a).$$

$$\text{q.e.d.}$$

Hilfssatz 2. *Auf der offenen Menge $\Omega \subset \mathbb{R}^n$ sei $f : \Omega \to \mathbb{R}^n \in C^1(\Omega, \mathbb{R}^n)$ eine Abbildung und $a \in \Omega$ ein regulärer Punkt mit $J_f(a) \neq 0$. Neben der Größe $\rho > 0$ aus Hilfssatz 1 existiert dann eine Zahl $\sigma > 0$ mit folgender Eigenschaft:*
Wir setzen $b := f(a)$ sowie $K_\sigma(b) := \{y \in \mathbb{R}^n : |y - b| \leq \sigma\}$ und finden zu jedem $y' \in K_\sigma(b)$ ein $x' \in K_\rho(a)$ mit $f(x') = y'$.

Beweis: Wir betrachten wir die Funktion

$$h : K_\rho(a) \to \mathbb{R} \text{ vermöge } x \mapsto h(x) := |f(x) - y'|^2 = \sum_{i=1}^{n} \left(f_i(x) - y_i'\right)^2.$$

Mit $\tau := M \cdot \rho > 0$ erhält man aus Hilfssatz 1 zunächst die Ungleichung

$$|f(x) - b| \geq M \cdot |x - a| = \tau \quad \text{für alle} \quad x \in \partial K_\rho(a) \quad.$$

Jetzt sei y' ein beliebiger Punkt aus $K_\sigma(b)$, wobei σ mit $0 < \sigma < \frac{1}{2}\tau$ gewählt wurde. Wir werden die Existenz eines Urbildes $x' \in K_\rho(a)$ mit $y' = f(x')$ zeigen: Wir beginnen mit

$$|f(x) - y'| = |f(x) - b + b - y'| \geq |f(x) - b| - |b - y'| \geq \tau - \sigma > \frac{1}{2}\tau \tag{14}$$

$$\text{für alle} \quad x \in \partial K_\rho(a)$$

und erhalten die Abschätzung

$$h(x) > \frac{1}{4}\tau^2 \quad \text{für alle} \quad x \in \partial K_\rho(a). \tag{15}$$

Ferner gilt die Beziehung

$$|f(a) - y'| = |b - y'| \leq \sigma < \frac{1}{2}\tau \text{ bzw. } h(a) = |f(a) - y'|^2 < \frac{1}{4}\tau^2. \tag{16}$$

Auf der kompakten Menge $K_\rho(a)$ nimmt die stetige Funktion h wegen (15) und (16) ihr Minimum in einem inneren Punkt

$$x' \in \overset{\circ}{K}_\rho(a) := \{x \in \mathbb{R}^n : |x - a| < \rho\}$$

an. Nach Satz 2 aus §3 erhält man die Gleichungen

$$0 = \frac{\partial}{\partial x_k} h(x') = \frac{\partial}{\partial x_k}\left(\sum_{i=1}^n \left(f_i(x) - y_i'\right)^2\right)\Big|_{x=x'} = 2\sum_{i=1}^n \frac{\partial f_i(x')}{\partial x_k} \cdot \left(f_i(x') - y_i'\right) \tag{17}$$

für $k = 1, \ldots, n$. Wegen

$$J_f(x') = \det\left(\frac{\partial f_i}{\partial x_k}(x')\right)_{i,k=1,\ldots,n} \neq 0$$

hat das Gleichungssystem (17) nach der Cramerschen Regel nur die triviale Lösung

$$f_i(x') - y_i' = 0 \quad \text{für} \quad i = 1, \ldots, n.$$

Damit folgt $f(x') = y'$.   q.e.d.

Definition 3. *Mit den Größen $\rho > 0$ aus Hilfssatz 1 und $\sigma > 0$ aus Hilfssatz 2 nennen wir die Funktion*

$$g : K_\sigma(b) \to K_\rho(a), \ y \mapsto x =: g(y), \ \text{falls } x \in K_\rho(a) \ \text{und } f(x) = y \ \text{gilt,} \tag{18}$$

die zu f inverse Abbildung *oder auch* **die Umkehrfunktion von f auf** $K_\sigma(b)$. *Diese erfüllt die Identität*

$$f\big(g(y)\big) = y \quad \text{für alle} \quad y \in K_\sigma(b) \quad .$$

Hilfssatz 3. *Die Abbildung g ist in $K_\sigma(b)$ stetig.*

Beweis: Wegen der Stetigkeit der Abbildung $f : K_\rho(a) \to \mathbb{R}^n$ ist die Menge $D := \{x \in K_\rho(a) : f(x) \in K_\sigma(b)\}$ kompakt. Nun wenden wir Satz 6 in §1 aus Kapitel II auf die stetige, umkehrbare Funktion $f : D \to K_\sigma(b)$ an, und wir erhalten die Stetigkeit der Abbildung $g : K_\sigma(b) \to D$.   q.e.d.

Hilfssatz 4.   *Die Abbildung g aus der Definition 3 gehört zur Klasse*
$C^1\left(\overset{\circ}{K}_\sigma(b), \mathbb{R}^n\right)$ *und besitzt die Funktionalmatrix*

$$\partial g(y) := \left(\frac{\partial g_i}{\partial y_j}(y)\right)_{i,j=1,\ldots,n} = \left\{\partial f(g(y))\right\}^{-1}$$

$$= \frac{1}{J_f(g(y))} \cdot \Big(\det F_{ij}(g(y))\Big)_{i,j=1,\ldots,n} \, .$$

Dabei entsteht die Matrix $F_{ij}(x)$ aus der Funktionalmatrix $\partial f(x)$ durch Er-setzen der i-ten Spalte durch den j-ten Einheitsvektor

$$\mathbf{e}_j := (\delta_{1j},\ldots,\delta_{jj},\ldots,\delta_{nj})^* .$$

Beweis:

1. Nach Hilfssatz 1 gilt $J_f(x) \neq 0$ für alle $x \in K_\rho(a)$, und die Inverse der Funktionalmatrix

$$\{\partial f(x)\}^{-1} =: (a_{ij}(x))_{i,j=1,\ldots,n}$$

existiert. Wir erhalten die Koeffizienten $a_{ij}(x)$ als Lösung des linearen Gleichungssystems

$$\partial f(x) \circ \begin{pmatrix} a_{1j} \\ a_{2j} \\ \vdots \\ a_{nj} \end{pmatrix} = \begin{pmatrix} \delta_{1j} \\ \delta_{2j} \\ \vdots \\ \delta_{nj} \end{pmatrix} \qquad \text{für } j = 1,\ldots,n.$$

Die Cramersche Regel liefert

$$a_{ij}(x) = \frac{\det F_{ij}(x)}{J_f(x)} \qquad \text{für} \quad i,j = 1,2,\ldots,n.$$

Damit ist die Funktion $\{\partial f(x)\}^{-1}$, $x \in K_\rho(a)$ stetig.

2. Da $f \in C^1(K_\rho(a), \mathbb{R}^n)$ erfüllt ist, gilt für festes $x \in \overset{\circ}{K}_\rho(a)$ und beliebiges $x' \in \overset{\circ}{K}_\rho(a)$ nach Satz 9 aus §1 die linear approximative Darstellung

$$f(x') - f(x) = \partial f(x) \circ (x'-x)^* + F(x',x) \circ (x'-x)^*, \quad \lim_{x' \to x, x' \neq x} F(x,x') = 0.$$

Die Multiplikation mit $\partial f(x)^{-1}$ liefert die Identität

$$\partial f(x)^{-1} \circ \big(f(x') - f(x)\big) = (x'-x)^* + \partial f(x)^{-1} \circ F(x',x) \circ (x'-x)^* \, .$$

Wir setzen nun $y = f(x)$, $y' = f(x')$ bzw. $x = g(y)$, $x' = g(y')$ und erhalten

$$g(y') - g(y) =$$

$$\partial f(g(y))^{-1} \circ (y' - y)^* - \partial f(g(y))^{-1} \circ F(g(y'), g(y)) \circ \Big(g(y') - g(y)\Big) =$$

$$= \partial f(g(y))^{-1} \circ (y' - y)^* + G(y', y) \quad .$$

$$(19)$$

3. Die oben verwendete **Restgliedfunktion**

$$G(y', y) := -\partial f(g(y))^{-1} \circ F(g(y'), g(y)) \circ \Big(g(y') - g(y)\Big) \quad ,$$

ist **superlinear** gemäß

$$\lim_{y' \to y, y' \neq y} \frac{1}{|y' - y|} G(y', y) = 0 \quad .$$

Da nämlich $\lim_{x' \to x, x' \neq x} F(x, x') = 0$ erfüllt ist, und g sowie $\{\partial f\}^{-1}$ stetige Funktionen darstellen, bleibt nur die Beschränktheit des Quotienten

$$\frac{|g(y') - g(y)|}{|y' - y|}, \, y' \to y, \, y' \neq y$$

zu zeigen: Nach Hilfssatz 1 existiert eine Konstante $M > 0$, so dass die Abschätzung

$$|y' - y| = |f(g(y')) - f(g(y))| \geq M \cdot |g(y') - g(y)|$$

$$\text{für alle } y', y \in K_\sigma(b) \text{ mit } y' \neq y$$

beziehungsweise

$$\frac{|g(y') - g(y)|}{|y' - y|} \leq \frac{1}{M} \quad \text{für alle } y', y \in K_\sigma(b) \text{ mit } y' \neq y$$

erfüllt ist.

4. Mit $h \in \mathbb{R} \backslash \{0\}$ setzen wir $y' = (y_1, \ldots, y_j + h, \ldots, y_n)^*$ in (19) ein. Multiplikation mit dem Vektor $h^{-1}(\delta_{i1}, \ldots, \delta_{in})$ von links liefert beim Grenzübergang $h \to 0$ die Identität

$$\frac{\partial}{\partial y_j} g_i(y) = \frac{\det F_{ij}(g(y))}{J_f(g(y))} \quad \text{für} \quad i, j = 1, 2, \ldots, n \quad , \qquad (20)$$

wobei wir die Superlinearität des Restglieds verwenden. Da die rechte Seite von (20) stetig auf der Menge $\overset{\circ}{K}_\sigma(b)$ ist, folgt die Aussage

$$g \in C^1\left(\overset{\circ}{K}_\sigma(b), \mathbb{R}^n\right) \quad .$$

q.e.d.

Hilfssatz 5. *Zu $p \in \mathbb{N}$ sei $f : \Omega \to \mathbb{R}^n$ eine Abbildung der Klasse $C^p(\Omega, \mathbb{R}^n)$ mit $J_f(a) \neq 0$ in $a \in \Omega$. Dann gehört die inverse Abbildung $g : K_\sigma(b) \to K_\rho(a)$ aus Definition 3 zur folgenden Regularitätsklasse:*

$$g \in C^p\left(\overset{\circ}{K}_\sigma(b), \mathbb{R}^n\right).$$

Beweis: Für $p = 1$ wurde die Aussage in Hilfssatz 4 hergeleitet. In den Fällen $p \geq 2$ ist der Beweis mittels vollständiger Induktion zu führen: Sei also $f \in C^p(\Omega, \mathbb{R}^n)$ und nach Induktionsvoraussetzung sei $g \in C^{p-1}\left(\overset{\circ}{K}_\sigma(b), \mathbb{R}^n\right)$ richtig. Dann liefert Hilfssatz 4

$$\frac{\partial g_i}{\partial y_j} = \frac{\det F_{ij}(g(y))}{J_f(g(y))} \in C^{p-1}\left(\overset{\circ}{K}_\sigma(b), \mathbb{R}^n\right) \quad \text{für} \quad i, j = 1, \ldots, n,$$

denn es sind bereits die Regularitätsaussagen $g, F_{ij}, J_f \in C^{p-1}$ erfüllt. Somit folgt

$$g \in C^p\left(\overset{\circ}{K}_\sigma(b), \mathbb{R}^n\right).$$

q.e.d.

Satz 1 (Fundamentalsatz über die inverse Abbildung).
Sei $\Omega \subset \mathbb{R}^n$ eine offene Menge, p eine natürliche Zahl und die Abbildung $f : \Omega \to \mathbb{R}^n$ gehöre zur Klasse $C^p(\Omega, \mathbb{R}^n)$. Weiter sei für einen Punkt $a \in \Omega$ die Bedingung $J_f(a) \neq 0$ erfüllt, und wir setzen $b := f(a)$.
Dann gibt es zwei offene Mengen A und B im $\mathbb{R}^n$, die folgende Eigenschaften haben:

(i) Es gilt $a \in A$ und $b \in B$.
*(ii) Die Funktion f **bildet** A **topologisch auf** B **ab**, d.h. $f : A \to B$ besitzt eine Umkehrfunktion $g : B \to A$, und beide Funktionen sind auf ihren Definitionsbereichen stetig.*
(iii) Die Umkehrabbildung g gehört zur Klasse $C^p(B, \mathbb{R}^n)$, und es gelten die beiden Identitäten

$$f(g(y)) = y \text{ für alle } y \in B \quad \text{sowie} \quad g(f(x)) = x \text{ für alle } x \in A \quad .$$

Beweis: Wir wählen die Definitionsbereiche

$$B := \overset{\circ}{K}_\sigma(b) = \{y \in \mathbb{R}^n : |y - b| < \sigma\} \quad \text{und} \quad A := g\left(\overset{\circ}{K}_\sigma(b)\right) \quad .$$

Nun kann man zeigen, dass A wegen der Stetigkeit von f eine offene Menge im $\mathbb{R}^n$ ist. Wenn x' ein beliebiger Punkt aus A ist, so liegt $y' = f(x')$ in $\overset{\circ}{K}_\sigma(b)$. Nun ist $\overset{\circ}{K}_\sigma(b)$ offen, und es gibt ein $\epsilon > 0$ mit der Eigenschaft

$$\overset{\circ}{K}_\epsilon(y') := \{y \in \mathbb{R}^n : |y - y'| < \epsilon\} \subset \overset{\circ}{K}_\sigma(b) \quad .$$

Wegen der Stetigkeit von f existiert zu diesem $\epsilon > 0$ ein $\delta > 0$, so dass $K_\delta(x')$ in Ω liegt und

$$|f(x) - f(y')| < \epsilon \quad \text{für alle } x \in K_\delta(x')$$

gilt. Somit wird $K_\delta(x')$ durch f in $\overset{\circ}{K}_\epsilon (y') \subset \overset{\circ}{K}_\sigma (b)$ abgebildet. Also ist $K_\delta(x') \subset A$ erfüllt, und x' ist innerer Punkt von A. Damit ist A offen. Nun folgt Satz 1 aus den Hilfssätzen 1 bis 5.   q.e.d.

§5 Implizite Funktionen und restringierte Extremwertaufgaben

In diesem Abschnitt wollen wir den Satz über implizite Funktionen mit dem Fundamentalsatz über inverse Funktionen beweisen. Wir betrachten zunächst einige Beispiele.

Beispiel 1. Auf der offenen Menge $\Omega \subset \mathbb{R}^2$ sei die Funktion

$$f(x,y) : \Omega \to \mathbb{R} \in C^1(\Omega)$$

gegeben. Wir betrachten nun die Nullstellenmenge dieser Funktion

$$\{(x,y) \in \Omega : f(x,y) = 0\} \quad .$$

Uns interessiert die Frage, ob es eine Funktion $x = g(y) : I \to \mathbb{R} \in C^1(I)$ auf einem Intervall $I := (y_1, y_2) \subset \mathbb{R}$ so gibt, dass Folgendes gilt:

$$f\big(g(y), y\big) = 0 \quad \text{für alle} \quad y \in I. \tag{1}$$

Im Falle der Existenz von g erhält man durch Differentiation aus (1)

$$f_x(g(y), y)g'(y) + f_y(g(y), y) = 0 \quad \text{in} \quad I \quad ,$$

und somit

$$g'(y) = -\frac{f_y(g(y), y)}{f_x(g(y), y)} \quad \text{für alle} \quad y \in I. \tag{2}$$

Die Auflösbarkeit der impliziten Gleichung $f(x,y) = 0$ in die explizite Funktion $x = g(y)$ erfordert also $f_x(x,y) \neq 0$ für alle $(x,y) \in \Omega$ als Bedingung.

Beispiel 2. Auf der offenen Menge

$$\Omega \subset \mathbb{R}^n \times \mathbb{R} = \{(x_1, \ldots, x_n, y)\big| x_i \in \mathbb{R} \text{ für } i = 1, \ldots, n \text{ und } y \in \mathbb{R}\}$$

seien die Komponentenfunktionen von $f = (f_1, \ldots, f_n)$ gegeben durch

$$f_i(x,y) = f_i(x_1, \ldots, x_n, y) : \Omega \to \mathbb{R} \in C^1(\Omega) \text{ für } i = 1, \ldots, n.$$

Dann stellt die Menge

$$\Gamma := \{(x, y) \in \Omega : f_i(x, y) = 0 \text{ für } i = 1, \dots, n\}$$

eine Kurve im $\mathbb{R}^{n+1}$ dar. Sie entsteht als Durchschnitt der Flächen

$$F_i := \{(x, y) \in \Omega : f_i(x, y) = 0\} \quad \text{für} \quad i = 1, 2, \dots, n$$

mit den Normalenvektoren $\nabla f_i(x, y) = (f_{i,x_1}, f_{i,x_2}, \dots, f_{i,x_n}, f_{i,y})$, die senkrecht auf den Flächen F_i stehen. Der Tangentialvektor an die Kurve Γ ist orthogonal zu allen Flächennormalen. Somit hat die Tangente $\mathbf{t}$ die Richtung des Kreuzproduktvektors im $\mathbb{R}^{n+1}$, nämlich $\nabla f_1(x, y) \wedge \dots \wedge \nabla f_n(x, y)$. Wollen wir nun die Kurve Γ in der Form

$$x = g(y) = (g_1(y), g_2(y), \dots, g_n(y)), \ y \in I \subset \mathbb{R}$$

darstellen, so darf die Komponente von $\mathbf{t}$ in y-Richtung nicht verschwinden. Es muß also die Bedingung

$$(0, \dots, 0, 1) \cdot \nabla f_1 \wedge \dots \wedge \nabla f_n = \det \left(\frac{\partial f_i}{\partial x_j} \right)_{i,j=1,\dots,n} \neq 0 \qquad (3)$$

gelten, wobei wir noch Folgendes beachten

$$\begin{pmatrix} \nabla f_1 \\ \vdots \\ \nabla f_n \end{pmatrix} = \begin{pmatrix} f_{1,x_1} & \cdots & f_{1,x_n} & f_{1,y} \\ \vdots & \ddots & \vdots & \vdots \\ f_{n,x_1} & \cdots & f_{n,x_n} & f_{n,y} \end{pmatrix}.$$

Beispiel 3. Bezeichne M eine $(n \times n)$-Matrix und N eine $(n \times m)$-Matrix, so betrachten wir die lineare Abbildung

$$f(x, y) = M \circ x + N \circ y : \mathbb{R}^{n+m} \to \mathbb{R}^n, \quad x \in \mathbb{R}^n, \quad y \in \mathbb{R}^m.$$

Wir beachten

$$f(x, y) = M \circ x + N \circ y = 0 \quad \text{genau dann wenn} \quad x = -M^{-1} \circ N \circ y \ . \ (4)$$

Die Auflösung setzt also die folgende Bedingung voraus:

$$\det M = \det \left(\frac{\partial f_i}{\partial x_j} \right)_{i,j=1,2,\dots,n} \neq 0 \ .$$

Allgemein wollen wir jetzt das folgende **implizite Gleichungssystem**

$$f_1(x_1, \dots, x_n; y_1, \dots, y_m) = 0$$
$$\vdots \qquad\qquad\qquad (5)$$
$$f_n(x_1, \dots, x_n; y_1, \dots, y_m) = 0$$

auflösen. Wir fassen dieses mit Hilfe der Setzungen

$$x = (x_1, \ldots, x_n), \quad y = (y_1, \ldots, y_m),$$
$$(x, y) = (x_1, \ldots, x_n; y_1, \ldots, y_m), \quad (6)$$
$$f(x, y) = (f_1(x, y), f_2(x, y), \ldots, f_n(x, y))$$

zur Gleichung

$$f(x, y) = 0 \quad (7)$$

zusammen, welche zum System (5) äquivalent ist. Die Auflösung des Systems (7) bedeutet eine Abbildung $x = g(y)$ so zu finden, dass $f(g(y), y) = 0$ gilt. Wie die obigen Beispiele zeigen, ist eine Auflösung im nichtlinearen Fall nur lokal möglich!

Satz 1 (Implizite Funktionen). *Voraussetzungen:*
Seien die natürlichen Zahlen $m, n, p \in \mathbb{N}$ gewählt. Auf der offenen Menge $\Omega \subset \mathbb{R}^{n+m}$ sei die Funktion

$$f(x, y) = (f_1(x, y), \ldots, f_n(x, y)) : \Omega \to \mathbb{R}^n \in C^p(\Omega, \mathbb{R}^n)$$

gegeben. Ferner sei $(a, b) \in \Omega$ ein fester Punkt mit

$$f(a, b) = 0 \text{ und } J_f(a, b) := \det\left(\frac{\partial f_i}{\partial x_j}(a, b)\right)_{i,j=1,\ldots,n} \neq 0.$$

Behauptung: Dann gibt es eine offene Umgebung B von b im $\mathbb{R}^m$ und eine eindeutig bestimmte Abbildung $x = g(y) : B \to \mathbb{R}^n$ mit den folgenden Eigenschaften:

1. Es sind die Bedingungen $g(b) = a$ und $g \in C^p(B, \mathbb{R}^n)$ erfüllt.
2. Für alle $y \in B$ gilt die Identität $f(g(y), y) = 0$.

Beweis: 1.Teil: Wir erweitern die Abbildung f zu einer Abbildung $F : \Omega \to \mathbb{R}^{n+m}$ vermöge

$$(x_1, \ldots, x_n; y_1, \ldots, y_m) \mapsto \begin{pmatrix} F_1(x, y) \\ \vdots \\ F_n(x, y) \\ F_{n+1}(x, y) \\ \vdots \\ F_{n+m}(x, y) \end{pmatrix} := \begin{pmatrix} f_1(x_1, \ldots, x_n; y_1, \ldots, y_m) \\ \vdots \\ f_n(x_1, \ldots, x_n; y_1, \ldots, y_m) \\ y_1 \\ \vdots \\ y_m \end{pmatrix}$$

für $(x, y) \in \Omega$. Nach Voraussetzung gehört F der Klasse $C^p(\Omega, \mathbb{R}^{n+m})$ an. Wir berechnen nun

$$F(a, b) = (f(a, b), b) \overset{\text{n.V.}}{=} (0, b) \in \mathbb{R}^{n+m}.$$

Für die Funktionaldeterminante von F erhält man

$$
J_F(x,y) = \det \left(\begin{array}{c|c} \left(\dfrac{\partial f_i}{\partial x_j}\right)_{i,j=1,\ldots,n} & \left(\dfrac{\partial f_i}{\partial y_j}\right)_{\substack{i=1,\ldots,n \\ j=1,\ldots,m}} \\ \hline (0)_{\substack{i=1,\ldots,m \\ j=1,\ldots,n}} & (\delta_{ij})_{i,j=1,\ldots,m} \end{array} \right) = J_f(x,y) \quad \text{in} \quad \Omega. \quad (8)
$$

Für $x = a$ und $y = b$ gilt also

$$
J_F(a,b) = J_f(a,b) \overset{\text{n.V}}{\neq} 0.
$$

2.Teil: Wir setzen nun $z = (x,y) \in \mathbb{R}^{n+m}$ sowie $\zeta = (\xi,\eta) \in \mathbb{R}^{n+m}$ mit $\xi \in \mathbb{R}^n$ und $\eta \in \mathbb{R}^m$. Nach dem Fundamentalsatz über die inverse Abbildung gibt es eine Umgebung $\Gamma \subset \mathbb{R}^{n+m}$ des Punktes $(0,b)$ und eine Abbildung

$$
\Phi = (\Phi_1, \ldots \Phi_n; \Phi_{n+1}, \ldots, \Phi_{n+m}) : \Gamma \to \Omega \in C^p\left(\Gamma, \mathbb{R}^{n+m}\right)
$$

mit der Eigenschaft

$$
F(\Phi(\xi,\eta)) = (\xi,\eta) \quad \text{für alle} \quad (\xi,\eta) \in \Gamma.
$$

Setzen wir nun $\varphi : \Gamma \to \mathbb{R}^n \in C^p(\Gamma, \mathbb{R}^n)$ vermöge

$$
\varphi(\xi,\eta) := (\Phi_1(\xi,\eta), \ldots, \Phi_n(\xi,\eta)), \quad (\xi,\eta) \in \Gamma,
$$

so gilt

$$
\varphi(0,b) = a \quad \text{und} \quad f(\varphi(\xi,\eta),\eta) = \xi \quad \text{für alle} \quad (\xi,\eta) \in \Gamma.
$$

Wir erklären eine – im $\mathbb{R}^m$ offene – Umgebung von b durch

$$
B := \{y \in \mathbb{R}^m : (0,y) \in \Gamma\}
$$

und eine Abbildung

$$
g : B \to \mathbb{R}^n \quad \text{vermöge} \quad g(y) := \varphi(0,y), \quad y \in B.
$$

Nun folgt $g \in C^p(B)$, $g(b) = \varphi(0,b) = a$ und

$$
f(g(y),y) = f(\varphi(0,y),y) = 0 \quad \text{für alle} \quad y \in B.
$$

Die Eindeutigkeit der Abbildung $g : B \to \mathbb{R}^n$ ist aus der Konstruktion klar. q.e.d.

Bemerkung: Wir differenzieren das implizite Gleichungssystem

$$
0 = f_i(g_1(y_1,\ldots,y_m),\ldots,g_n(y_1,\ldots,y_m),y_1,\ldots,y_m), \quad 1 \le i \le n \quad (9)
$$

nach den Variablen y_k für $1 \le k \le m$. Dann erhalten wir

$$\sum_{j=1}^{n} \frac{\partial f_i}{\partial x_j}(g(y), y) \frac{\partial g_j}{\partial y_k}(y) + \frac{\partial f_i}{\partial y_k}(g(y), y) = 0 \text{ für } i = 1, \ldots, n; k = 1, \ldots, m.$$

(10)

Wir definieren die Funktionalmatrizen

$$\partial_x f(x, y) := \left(\frac{\partial f_i}{\partial x_j}(x, y) \right)_{i,j=1,\ldots,n} \quad ,$$

$$\partial_y f(x, y) := \left(\frac{\partial f_i}{\partial y_k}(x, y) \right)_{\substack{i=1,\ldots,n \\ k=1,\ldots,m}} \quad , \tag{11}$$

$$\partial g(y) := \left(\frac{\partial g_j}{\partial y_k}(y) \right)_{\substack{j=1,\ldots,n \\ k=1,\ldots,m}} \quad .$$

Wir erhalten nun den folgenden Ausdruck für die Funktionalmatrix der inversen Abbildung

$$\partial_x f(g(y), y) \circ \partial g(y) + \partial_y f(g(y), y) = 0$$

beziehungsweise

$$\partial g(y) = -\partial_x f(g(y), y)^{-1} \circ \partial_y f(g(y), y). \tag{12}$$

Wir betrachten jetzt restringierte Extremwertaufgaben, die J.L. Lagrange in der **Analytischen Mechanik** ursprünglich behandelt hat.

Satz 2 (Extrema mit Nebenbedingungen). *Voraussetzungen:*
Sei $\Omega \subset \mathbb{R}^{n+m}$ eine offene Menge mit ihren Punkten $z = (z_1, \ldots, z_{n+m}) \in \Omega$, wobei $m, n \in \mathbb{N}$ gewählt sind. Weiter seien die Funktionen

$$\Phi : \Omega \to \mathbb{R} \in C^1(\Omega)$$

und

$$f_i(z) : \Omega \to \mathbb{R} \in C^1(\Omega) \quad für \quad i = 1, \ldots, n$$

gegeben. Außerdem sei z^0 ein **regulärer Punkt der Mannigfaltigkeit**

$$\mathcal{M} := \{z \in \Omega \big| f_i(z) = 0 \text{ für } i = 1, \ldots, n\} \quad ,$$

d.h. ihre Funktionalmatrix habe maximalen Rang gemäß

$$Rang \left(\frac{\partial f_i}{\partial z_j}(z^0) \right)_{\substack{i=1,\ldots,n \\ j=1,\ldots,n+m}} = n \quad .$$

Die Funktion Φ nehme im Punkt $z^0 \in \mathcal{M}$ ein **Extremum unter den Nebenbedingungen** *$f_i = 0$ mit $i = 1, \ldots, n$ an: Es gilt also*

$$\Phi(z) \geq \Phi(z^0) \quad oder \quad \Phi(z) \leq \Phi(z^0) \quad f\ddot{u}r \ alle \quad z \in \mathcal{M} \cap K_\epsilon(z^0) \quad ,$$

wobei $K_\epsilon(z^0) := \{z \in \Omega : |z - z_0| < \epsilon\}$ mit einem hinreichend kleinen $\epsilon > 0$ erklärt ist.
Behauptung: Dann folgt $\nabla\Phi(z^0) \in \mathcal{V}_n$, wobei $\mathcal{V}_n$ der von den Vektoren $\nabla f_1(z^0), \ldots, \nabla f_n(z^0)$ aufgespannte n-dimensionale Untervektorraum des Vektorraums $\mathbb{R}^{n+m}$ ist.

Beweis: Da z^0 ein regulärer Punkt von $\mathcal{M}$ ist, können wir ohne Einschränkung das Folgende annehmen:

$$\det\left(\frac{\partial f_i}{\partial z_j}(z^0)\right)_{i,j=1,\ldots,n} \neq 0 \quad .$$

Nun setzen wir

$$z = (z_1, \ldots, z_n; z_{n+1}, \ldots, z_{n+m}) = (x_1, \ldots, x_n; y_1, \ldots, y_m) = (x, y)$$

mit $x = (x_1, \ldots, x_n)$ und $y = (y_1, \ldots, y_m)$. Wir wenden den Satz über implizite Funktionen auf

$$f(x, y) = (f_1(x, y), \ldots, f_n(x, y)) : \Omega \to \mathbb{R}^n$$

an. Erklären wir $z^0 = (a, b) = (a_1, \ldots, a_n, b_1, \ldots, b_m) \in \mathcal{M}$, dann gibt es eine Umgebung $B \subset \mathbb{R}^m$ von b und eine Funktion

$$g = g(y_1, \ldots, y_m) \in C^1(B, \mathbb{R}^n)$$

mit $f(g(y), y) = 0$ für alle $y \in B$. Somit nimmt die Funktion

$$\Theta(y_1, \ldots, y_m) := \Phi\left(g_1(y_1, \ldots, y_m), \ldots, g_n(y_1, \ldots, y_m), y_1, \ldots, y_m\right) \qquad (13)$$

mit $y = (y_1, \ldots, y_m) \in B$ ein freies Extremum im Punkt $y = b$ an. Damit verschwindet an diesem Punkt der Gradient von Θ, und wir erhalten aus (14) durch Differentiation die Identitäten

$$0 = \Theta_{y_k}(b) = \sum_{j=1}^{n} \Phi_{z_j}(g(b), b)\frac{\partial g_j}{\partial y_k}(b) + \Phi_{z_{n+k}}(g(b), b) \qquad f\ddot{u}r \quad k = 1, \ldots, m.$$

$$(14)$$

Wir führen nun die Tangentialvektoren T_k mittels

$$T_k := \left(\frac{\partial g_1}{\partial y_k}(b), \ldots, \frac{\partial g_n}{\partial y_k}(b), \delta_{1k}, \ldots, \delta_{mk}\right)^* \qquad f\ddot{u}r \quad k = 1, \ldots, m$$

ein. Wegen (14) folgt

$$0 = \Theta_{y_k}(b) = \nabla\Phi(g(b), b) \cdot T_k \qquad f\ddot{u}r \ k = 1, \ldots, m. \qquad (15)$$

Somit steht $\nabla\Phi(g(b), b) = \nabla\Phi(z^0)$ orthogonal zu den Vektoren T_k ($k = 1, \ldots, m$). Ebenso erhalten wir aus den Nebenbedingungen

$$0 = f_i(g_1(y_1, \ldots, y_m), \ldots, g_n(y_1, \ldots, y_m), y_1, \ldots, y_m), y \in B \text{ für } i = 1, \ldots, n \tag{16}$$

durch Differentiation nach y_k die Gleichungen

$$0 = \nabla f_i(g(b), b) \cdot T_k \quad \text{für } k = 1, \ldots, m \text{ und } i = 1, \ldots, n \quad . \tag{17}$$

Somit spannen die n linear unabhängigen Vektoren $\nabla f_1(z^0), \ldots, \nabla f_n(z^0)$ den n-dimensionalen Orthogonalraum zu den m linear unabhängigen Vektoren $T_1, \ldots, T_m$ im $\mathbb{R}^{n+m}$ auf. Damit ist die Basisdarstellung

$$\nabla\Phi(z^0) = \lambda_1 \nabla f_1(z^0) + \ldots + \lambda_n \nabla f_n(z^0)$$

mit geeigneten Skalaren $\lambda_1, \ldots, \lambda_n \in \mathbb{R}$ möglich.   q.e.d.

Bemerkungen: Da die Vektoren $\nabla f_i(z^0)$ mit $i = 1, \ldots, n$ eine Basis des Untervektorraums $\mathcal{V}_n$ bilden, kann man $\nabla\Phi(z^0)$ als deren Linearkombination mittels reeller Skalare $\lambda_1, \ldots, \lambda_n \in \mathbb{R}$ darstellen, so dass Folgendes gilt:

$$\nabla\Phi(z^0) = \lambda_1 \nabla f_1(z^0) + \ldots + \lambda_n \nabla f_n(z^0) \quad . \tag{18}$$

Zur Lösung des Extremwertproblems unter Nebenbedingungen betrachten wir also die Funktion

$$\Psi(z) := \Phi(z) - \lambda_1 f_1(z) - \ldots - \lambda_n f_n(z), \ z \in \Omega.$$

Es sind nun die kritischen Punkte z^0 mit $\nabla\Psi(z^0) = 0$ zu bestimmen, wobei $\lambda_1, \ldots, \lambda_n$ zunächst freie, später zu bestimmende Parameter sind. Diese nennt man **Lagrangesche Multiplikatoren**.

§6 Eingebettete C^2-Mannigfaltigkeiten im $\mathbb{R}^n$ und ihre Orientierung

Wir wollen nun m-dimensionale Mannigfaltigkeiten $\mathcal{M}$ im $\mathbb{R}^n$ kennenlernen und übernehmen hierzu deren topologische Struktur vom umgebenden Raum.

Definition 1. *Sei $\mathcal{M} \subset \mathbb{R}^n$ eine Teilmenge des $\mathbb{R}^n$, so vereinbaren wir die folgenden Begriffe:*

i) *Eine Teilmenge $A \subset \mathcal{M}$ nennen wir* **offen**, *wenn es eine offene Menge $B \subset \mathbb{R}^n$ so gibt, dass $A = \mathcal{M} \cap B$ erfüllt ist. Das System der offenen Mengen in $\mathcal{M}$ nennen wir eine* **Relativtopologie**.

ii) *Die Teilmenge $A \subset \mathcal{M}$ heißt* **abgeschlossen**, *wenn für jede im $\mathbb{R}^n$ konvergente Folge*

$$\{x^{(k)}\}_{k=1,2,\ldots} \subset A$$

von Punkten aus A derer Grenzwert in der Menge A bleibt gemäß

$$\lim_{k \to \infty} x^{(k)} =: x^{(0)} \in A.$$

iii) Wir bezeichnen $\mathcal{M}$ als **zusammenhängend,** *wenn es zu je zwei Punkten $x^{(0)}$, $x^{(1)} \in \mathcal{M}$ eine stetige Funktion $X = X(t) : [0,1] \to \mathcal{M}$ so gibt, dass $X(0) = x^{(0)}$ und $X(1) = x^{(1)}$ richtig ist.*

Definition 2. *Zu den Dimensionen $n \in \mathbb{N}$ und $m \in \mathbb{N}$ mit $m \leq n$ nennen wir $\mathcal{M}$ eine in den $\mathbb{R}^n$* **eingebettete** *m-dimensionale C^2-**Mannigfaltigkeit,** wenn es zu jedem $\xi = (\xi_1, \ldots, \xi_n) \in \mathcal{M}$ auf einer offenen Umgebung $U = U(\xi) \subset \mathbb{R}^n$ genau $n - m$ Funktionen*

$$f_i : U(\xi) \to \mathbb{R} \in C^2(U(\xi)) \quad mit \quad f_i(\xi) = 0 \quad f\ddot{u}r \quad i = 1, \ldots, n - m \quad (1)$$

so gibt, dass die Bedingung

$$\nabla f_1(x), \ldots, \nabla f_{n-m}(x) \quad linear\ unabh\ddot{a}ngig\ f\ddot{u}r\ alle \quad x \in U(\xi) \quad (2)$$

erfüllt ist, und die Aussage

$$\mathcal{M} \cap U(\xi) = \Big\{ x \in U(\xi) : f_1(x) = 0, \ldots, f_{n-m}(x) = 0 \Big\} \quad (3)$$

richtig ist. Mit

$$N_{\mathcal{M}}(\xi) := \Big\{ N = \sum_{j=1}^{n-m} a_j \nabla f_j(\xi) \in \mathbb{R}^n : \quad a_1, \ldots, a_{n-m} \in \mathbb{R} \Big\}, \xi \in \mathcal{M} \quad (4)$$

bezeichnen wir den **Normalraum** *und mit*

$$T_{\mathcal{M}}(\xi) := \{ T \in \mathbb{R}^n : \quad T \cdot N = 0 \quad f\ddot{u}r\ alle \quad N \in N_{\mathcal{M}}(\xi) \}, \xi \in \mathcal{M} \quad (5)$$

den **Tangentialraum** *an die Mannigfaltigkeit $\mathcal{M}$ im Punkt $\xi \in \mathcal{M}$.*

Satz 1 (Karten eingebetteter Mannigfaltigkeiten).
i) Für eine eingebettete Mannigfaltigkeit $\mathcal{M}$ aus Definition 2 gibt es zu jedem $\xi \in \mathcal{M}$ eine Abbildung $X(t) = X(t_1, \ldots, t_m) : V \to \mathbb{R}^n \in C^2(V)$ auf einer offenen Umgebung $V = V(\eta) \subset \mathbb{R}^m$ eines Punktes $\eta \in \mathbb{R}^m$ mit der Eigenschaft $X(\eta) = \xi$, so dass die Bedingungen

$$f_1\Big(X(t_1, \ldots, t_m)\Big) = 0, \ldots, f_{n-m}\Big(X(t_1, \ldots, t_m)\Big) = 0, t = (t_1, \ldots, t_m) \in V$$
$$(6)$$

und

$$\det\Big(X_{t_1}(t), \ldots, X_{t_m}(t), \nabla f_1(X(t)), \ldots, \nabla f_{n-m}(X(t))\Big) > 0, t \in V(\eta) \quad (7)$$

richtig sind.

ii) Lokal besitzt diese Abbildung $X : V(\eta) \to \mathcal{M}$ eine Umkehrabbildung X^{-1} und kann zu einer C^1-Abbildung in den umgebenden Raum gemäß

$$Y(t_1, \ldots, t_m, t_{m+1}, \ldots, t_n) := X(t_1, \ldots, t_m) +$$

$$t_{m+1} \nabla f_1(X(t_1, \ldots, t_m)) + \ldots + t_n \nabla f_{n-m}(X(t_1, \ldots, t_m)) \qquad (8)$$

$$\text{für alle} \quad (t_1, \ldots, t_m, t_{m+1}, \ldots, t_n) \in V(\eta) \times \mathbb{R}^{n-m}$$

erweitert werden mit positiver Funktionaldeterminante $J_Y(\eta, 0) > 0$.

Beweis: i) Wegen der Bedingung (2) gibt es Indizes $1 \leq i_1 < \ldots < i_{n-m} \leq n$, so dass die quadratische Matrix

$$\left(\frac{\partial f_i(\xi)}{\partial x_{i_j}} \right)_{i,j=1,\ldots,n-m}$$

invertierbar ist. Wir wenden nun den Satz über implizite Funktionen aus § 5 an. Hierzu nennen wir $t_1, \ldots, t_m$ die zu $x_{i_1}, \ldots, x_{i_{n-m}}$ komplementären Variablen von $x_1, \ldots, x_n$. Weiter bezeichnen wir mit $\eta \in \mathbb{R}^m$ den Punkt, welcher aus den zu $\xi_{i_1}, \ldots, \xi_{i_{n-m}}$ komplementären Koordinaten des Punktes $\xi \in \mathbb{R}^n$ besteht. Dann finden wir Funktionen

$$x_{i_j} = g_j(t_1, \ldots, t_m) \in C^2(V(\eta)) \quad \text{für} \quad j = 1, \ldots, n-m,$$

welche

$$\xi_{i_j} = g_j(\eta) \quad \text{für} \quad j = 1, \ldots, n-m$$

erfüllen, so dass – nach entsprechender Vertauschung der unabhängigen Variablen – die Funktionen $\hat{f}_1, \ldots, \hat{f}_{n-m}$ das Gleichungssystem

$$\hat{f}_i\Big(g_1(t_1, \ldots, t_m), \ldots, g_{n-m}(t_1, \ldots, t_m), t_1, \ldots, t_m \Big) = 0$$

$$\text{für alle} \quad t = (t_1, \ldots, t_m) \in V(\eta) \quad \text{und} \quad i = 1, \ldots, n-m$$

auf einer hinreichend kleinen, offenen Umgebung $V = V(\eta) \subset \mathbb{R}^m$ lösen. Machen wir die Vertauschung mit dem Symbol $\widehat{\cdots}$ wieder rückgängig, so liefert

$$X(t_1, \ldots, t_m) := \Big(g_1(t_1, \ldots, t_m), \ldots, \widehat{g_{n-m}(t_1, \ldots, t_m)}, t_1, \ldots, t_m \Big)$$

$$\text{für alle} \quad t = (t_1, \ldots, t_m) \in V(\eta) \quad \text{und} \quad i = 1, \ldots, n-m$$

die gesuchte Lösung von (6). Durch eventuelle Spiegelung der unabhängigen Variablen $t_1 \to -t_1$ realisieren wir zusätzlich die Bedingung (7).

ii) Wir betrachten nun die Erweiterung (8) der Abbildung X in den umgebenden Raum Y, welche offenbar der Klasse C^1 angehört. Leicht berechnet man deren Funktionaldeterminante

$$J_Y(\eta, 0) = \det\Big(X_{t_1}(\eta), \ldots, X_{t_m}(\eta), \nabla f_1(X(\eta)), \ldots, \nabla f_{n-m}(X(\eta))\Big) > 0\,.$$

Hierbei benutzen wir $X_{t_i}(\eta) \in T_{\mathcal{M}}(\xi)$ für $i = 1, \ldots, m$ und $\nabla f_j(X(\eta)) \in N_{\mathcal{M}}(\xi)$ für $j = 1, \ldots, n - m$. Da Tangential- und Normalraum im Punkt ξ senkrecht aufeinander stehen, erhalten wir die Determinante der Abbildung im $\mathbb{R}^n$ als Produkt der Determinanten der eingeschränkten Abbildungen auf die Vektorräume $T_{\mathcal{M}}(\xi)$ und $N_{\mathcal{M}}(\xi)$. Diese Aussage folgt aus der entsprechenden Multiplikationseigenschaft von Determinanten.   q.e.d.

Definition 3. *Die Mannigfaltigkeit $\mathcal{M}$ aus Definition 2 besitze die folgende Eigenschaft: Zu je zwei Funktionensystemen mit $[f_1, \ldots, f_{n-m}]$ aus (1)-(3) auf $U = U(\xi)$ und dem weiteren System $[\tilde{f}_1, \ldots, \tilde{f}_{n-m}]$ auf der weiteren offenen Umgebung $\tilde{U} = \tilde{U}(\xi) \subset \mathbb{R}^n$ von $\xi \in \mathcal{M}$, welches*

$$\tilde{f}_i : \tilde{U}(\xi) \to \mathbb{R} \in C^2(\tilde{U}(\xi)) \quad mit \quad \tilde{f}_i(\xi) = 0 \quad für \quad i = 1, \ldots, n - m \qquad (9)$$

unter der Bedingung

$$\nabla\tilde{f}_1(x), \ldots, \nabla\tilde{f}_{n-m}(x) \quad linear\ unabhängig\ für\ alle \quad x \in \tilde{U}(\xi) \qquad (10)$$

sowie

$$\mathcal{M} \cap \tilde{U}(\xi) = \Big\{x \in \tilde{U}(\xi) : \ \tilde{f}_1(x) = 0, \ldots, \tilde{f}_{n-m}(x) = 0\Big\} \qquad (11)$$

erfüllt, gilt die folgende **Orientierungsbedingung:**
Es gibt $(n - m) \cdot (n - m)$ Elemente

$$a_{ij} = a_{ij}(\xi) \in \mathbb{R} \quad für \quad i, j = 1, \ldots, n - m\,, \qquad (12)$$

deren zugehörige quadratische Matrix die positive Determinante

$$\det\Big(a_{ij}(\xi)\Big)_{i,j=1,\ldots n-m} > 0 \qquad (13)$$

besitzt und die folgende Transformationseigenschaft:

$$\nabla\tilde{f}_j(\xi) = \sum_{i=1}^{n-m} \nabla f_i(\xi)\, a_{ij}(\xi) \quad für \quad j = 1, \ldots, n - m\,. \qquad (14)$$

Dann nennen wir $\mathcal{M}$ eine **orientierte, eingebettete C^2-Mannigfaltigkeit.**

Satz 2 (Orientierter Kartenwechsel).
Für eine eingebettete, orientierte Mannigfaltigkeit $\mathcal{M}$ aus Definition 3 gebe es zu $\xi \in \mathcal{M}$ neben der Abbildung (6) und (7) aus Satz 1 eine weitere Abbildung

$$\tilde{X}(s) = \tilde{X}(s_1, \ldots, s_m) : \tilde{V} \to \mathbb{R}^n \in C^1(\tilde{V})$$

auf einer offenen Umgebung $\tilde{V} = \tilde{V}(\tilde{\eta}) \subset \mathbb{R}^m$ eines Punktes $\tilde{\eta} \in \mathbb{R}^m$ mit der Eigenschaft $\tilde{X}(\tilde{\eta}) = \xi$, so dass die Bedingungen

$$\tilde{f}_1\Big(\tilde{X}(s_1,\ldots,s_m)\Big) = 0,\ldots,\tilde{f}_{n-m}\Big(\tilde{X}(s_1,\ldots,s_m)\Big) = 0\,,\ s = (s_1,\ldots,s_m) \in \tilde{V}$$
$$\text{(15)}$$

und

$$\det\Big(\tilde{X}_{s_1}(s),\ldots,\tilde{X}_{s_m}(s),\nabla\tilde{f}_1(\tilde{X}(s)),\ldots,\nabla\tilde{f}_{n-m}(\tilde{X}(s))\Big) > 0\,,\ s \in \tilde{V}(\tilde{\eta})$$
$$\text{(16)}$$

richtig sind. Dann liefert die C^1-Abbildung

$$(s_1,\ldots,s_n) = Z(t_1,\ldots,t_m) := \tilde{X}^{-1} \circ X(t_1,\ldots,t_m),\ (t_1,\ldots,t_m) \in V(\eta)$$
$$\text{(17)}$$

mit der Funktionaldeterminante $J_Z(\eta) > 0$ eine positiv-orientierte Parametertransformation.

Beweis: Wie in Satz 1 erweitern wir die Abbildung X auf den umgebenden Raum zur positiv-orientierten C^1-Abbildung Y. Bezeichnen wir mit

$$\partial X(\eta) := \Big(X_{t_1}(\eta),\ldots,X_{t_m}(\eta)\Big)$$

die Jacobimatrix von X im Punkte η und mit

$$F(\xi) := \Big(\nabla f_1(\xi),\ldots,\nabla f_{n-m}(\xi)\Big)$$

die Gradientenmatrix der Funktionen $f_1,\ldots,f_{n-m}$ im Punkte ξ, so nimmt die Funktionalmatrix der erweiterten Abbildung die folgende Diagonalgestalt an:

$$\partial Y(\eta,0) = \begin{pmatrix} \partial X(\eta)\,, & 0 \\ 0 & ,\,F(\xi) \end{pmatrix}\,. \qquad \text{(18)}$$

Bilden wir nun die entsprechenden Ausdrücke für die Abbildung $\tilde{X}$ im Punkt $\tilde{\eta}$ mit der Erweiterung $\tilde{Y}$ und der Gradientenmatrix $\tilde{F}(\xi)$ zu den Funktionen $\tilde{f}_1,\ldots,\tilde{f}_{n-m}$, so erhalten wir weiter

$$\partial\tilde{Y}(\tilde{\eta},0) = \begin{pmatrix} \partial\tilde{X}(\tilde{\eta})\,, & 0 \\ 0 & ,\,\tilde{F}(\xi) \end{pmatrix}\,. \qquad \text{(19)}$$

In (18) und (19) haben die quadratischen Matrizen auf der linken Seite eine positive Determinante. Nun invertieren wir die Matrizen in (19) und multiplizeren diese von links mit den Matrizen in (18) mit folgendem Resultat:

$$\partial\tilde{Y}(\tilde{\eta},0)^{-1} \circ \partial Y(\eta,0) = \begin{pmatrix} \partial\tilde{X}(\tilde{\eta})^{-1}\,, & 0 \\ 0 & ,\,\tilde{F}(\xi)^{-1} \end{pmatrix} \circ \begin{pmatrix} \partial X(\eta)\,, & 0 \\ 0 & ,\,F(\xi) \end{pmatrix}\,. \qquad \text{(20)}$$

Multiplikation dieser Diagonalmatrizen liefert die fundamentale Identität

$$\partial \tilde{Y}(\tilde{\eta}, 0)^{-1} \circ \partial Y(\eta, 0) = \begin{pmatrix} \partial \tilde{X}(\tilde{\eta})^{-1} \circ \partial X(\eta) \,, & 0 \\ 0 & , \ \tilde{F}(\xi)^{-1} \circ F(\xi) \end{pmatrix}. \tag{21}$$

Die Orientierungsbedingung (12) – (14) besagt $\det \left(\tilde{F}(\xi)^{-1} \circ F(\xi) \right) > 0$. Da die linke Seite von (21) eine positive Determinante besitzt, muss nach dem Determinanten-Multiplikationssatz für Matrizen in Diagonalgestalt dann $\det \left(\partial \tilde{X}(\tilde{\eta})^{-1} \circ \partial X(\eta) \right) > 0$ gelten. Letztere Determinante stimmt aber mit der Funktionaldeterminante der Abbildung $\tilde{X}^{-1} \circ X$ im Punkte η überein. q.e.d.

Nun wollen wir die Orientierungsbedingung (12) – (14) genauer verstehen. Hierzu betrachten wir die Funktionen aus (1) und wenden auf deren Gradienten (2) das **Orthogonalisierungsverfahren von Gram-Schmidt** an:

$$N_1(x) := |\nabla f_1(x)|^{-1} \nabla f_1(x) \,,$$

$$N_2(x) := \left| \nabla f_2(x) - \left(\nabla f_2(x) \cdot N_1(x) \right) N_1(x) \right|^{-1}$$
$$\cdot \left(\nabla f_2(x) - \left(\nabla f_2(x) \cdot N_1(x) \right) N_1(x) \right), \dots,$$

$$N_{n-m}(x) := \left| \nabla f_{n-m}(x) - \sum_{j=1}^{n-m-1} \left(\nabla f_{n-m}(x) \cdot N_j(x) \right) N_j(x) \right|^{-1} \tag{22}$$
$$\cdot \left(\nabla f_{n-m}(x) - \sum_{j=1}^{n-m-1} \left(\nabla f_{n-m}(x) \cdot N_j(x) \right) N_j(x) \right), \quad x \in U(\xi).$$

Offenbar gelten die Bedingungen

$$N_i(x) \cdot N_j(x) = \delta_{ij} \,, \quad x \in U(\xi) \quad \text{für} \quad i, j = 1, \dots, n - m. \tag{23}$$

Fassen wir das Normalensystem $\left(N_1(x), \dots, N_{n-m}(x) \right)$, $x \in U(\xi)$ als Abbildung von $U(\xi)$ in den $\underbrace{\mathbb{R}^n \times \dots \times \mathbb{R}^n}_{n-m \, \text{mal}}$ auf, so ist diese Funktion wegen (22) stetig. Wir verwenden jetzt **die spezielle orthogonale Gruppe**

$$SO(n - m) := \left\{ A = \left(a_{ij} \right)_{i,j=1,\dots,n-m} \,\middle|\, \sum_{j=1}^{n-m} a_{ij} a_{jk} = \delta_{ik} \right.$$
$$\left. \text{für} \quad i, k = 1, \dots, n - m \quad \text{und} \quad \det A = +1 \right\} \tag{24}$$

der Drehungen im $\mathbb{R}^{n-m}$. Fundamental ist die folgende

Definition 4. *Zu den Dimensionen $n \in \mathbb{N}$ und $m \in \mathbb{N}$ mit $m \le n$ betrachte man eine in den $\mathbb{R}^n$ eingebettete, m-dimensionale, orientierte C^2-Mannigfaltigkeit $\mathcal{M}$ gemäß Definition 3. Zu den Funktionen $f_i(x)$ aus (1) mit*

den Gradienten $\nabla f_i(x)$ *aus (2) für* $i = 1, \ldots, n - m$ *bilden wir das Orthonormalsystem* $\left(N_1(x), \ldots, N_{n-m}(x)\right)$ *aus (22). Dann erklären wir als* **Nomalbahn** *die folgende Menge*

$$
\left[\nabla f_1(\xi), \ldots, \nabla f_{n-m}(\xi)\right] := \left\{\left(\tilde{N}_1, \ldots, \tilde{N}_{n-m}\right) \in N_{\mathcal{M}}(\xi) \times \ldots \times N_{\mathcal{M}}(\xi)\right|
$$

$$
\tilde{N}_j = \sum_{i=1}^{n-m} N_i(\xi) a_{ij} \; \textit{für } j = 1, \ldots, n - m \; \textit{mit} \; (a_{ij})_{i,j=1,\ldots,n-m} \in SO(n-m)\Big\}.
$$
(25)

Bemerkungen:

a) Wählen wir nun neben den $[f_1, \ldots, f_{n-m}]$ aus (1) – (3) auch die Funktionen $[\tilde{f}_1, \ldots, \tilde{f}_{n-m}]$ aus (9) – (11) für die orientierte Mannigfaltigkeit $\mathcal{M}$, so liefert obige Konstruktion wegen (13) die Übereinstimmung

$$
\mathcal{N}_\xi := \left[\nabla \tilde{f}_1(\xi), \ldots, \nabla \tilde{f}_{n-m}(\xi)\right] = \left[\nabla f_1(\xi), \ldots, \nabla f_{n-m}(\xi)\right] \qquad (26)
$$

ihrer zugehörigen Normalbahnen.

b) Wir fassen $SO(n-m)$ als Teilmenge des $\underbrace{\mathbb{R}^{n-m} \times \ldots \times \mathbb{R}^{n-m}}_{n-m \, \text{mal}}$ auf, welche beschränkt sowie abgeschlossen und nach dem Heine-Borelschen Überdeckungssatz kompakt ist. Also stellen die Normalbahnen

$$
\mathcal{N}_\xi \subset \underbrace{N_{\mathcal{M}}(\xi) \times \ldots \times N_{\mathcal{M}}(\xi)}_{n-m \, \text{mal}} \qquad (27)
$$

kompakte Teilmengen im $\mathbb{R}^{n \cdot (n-m)}$ dar.

c) Zu je zwei Punkten $\xi', \xi'' \in \mathcal{M}$ sind die zugehörigen Normalbahnen $\mathcal{N}_{\xi'}$ und $\mathcal{N}_{\xi''}$ entweder disjunkt oder identisch, was die Gruppeneigenschaft von $SO(n-m)$ bewirkt. Wenn sie disjunkt sind, so haben diese eine positive Distanz zueinander als Punktmengen im $\mathbb{R}^{n \cdot (n-m)}$. Hierzu verweisen wir auf den Hilfssatz 1 in §5 von Kapitel V.

d) Genauer erklären wir **den Abstand der Normalbahn** $\mathcal{N}_{\xi'}$ **von der Normalbahn** $\mathcal{N}_{\xi''}$ für die Punkte $\xi', \xi'' \in \mathcal{M}$ durch die Größe

$$
\text{dist}(\mathcal{N}_{\xi'}, \mathcal{N}_{\xi''}) := \inf \left\{\sqrt{\sum_{j=1}^{n-m} \left|\sum_{i=1}^{n-m} N_i(\xi') a'_{ij} - \sum_{i=1}^{n-m} N_i(\xi'') a''_{ij}\right|^2}\right|
$$

$$
(a'_{ij})_{i,j=1,\ldots,n-m} \in SO(n-m), \; (a''_{ij})_{i,j=1,\ldots,n-m} \in SO(n-m)\Big\}.
$$
(28)

Dabei bilden wir die Normalensysteme gemäß (22) in den Punkten $x = \xi'$ und $x = \xi''$ mit den jeweils zulässigen Funktionensystemen. Das Infimum in (28) wird auf der kompakten Menge $SO(n-m) \times SO(n-m)$ nach Satz 8 aus §1 in Kapitel II auch angenommen.

e) Unter Berücksichtigung des Gram-Schmidt-Verfahrens (22) und der Setzung (28) zeigt man leicht die Beziehung

$$\operatorname{dist}(\mathcal{N}_{\xi'}, \mathcal{N}_{\xi''}) \to 0 \quad \text{für} \quad \xi'' \to \xi'. \tag{29}$$

Die Vorschrift, welche jedem Punkt ξ der Mannigfaltigkeit ihre Normalbahn $\mathcal{N}_\xi$ zuordnet,

$$\mathcal{M} \ni \xi \to \mathcal{N}_\xi \subset \underbrace{N_{\mathcal{M}}(\xi) \times \ldots \times N_{\mathcal{M}}(\xi)}_{n-m \, \text{mal}} \tag{30}$$

stellt folglich eine **stetige Normalenabbildung** dar. Eben diese Eigenschaft wird durch die Bedingungen (12) – (14) garantiert.

Definition 5. *Die orientierte, beschränkte C^2-Mannigfaltigkeit $\mathcal{M}$ aus Definition 3 besitzt den* **Rand** $\partial \mathcal{M} := \overline{\mathcal{M}} \setminus \mathcal{M}$, *wobei $\overline{\mathcal{M}}$ den topologischen Abschluss der Menge $\mathcal{M}$ im $\mathbb{R}^n$ bezeichne.*

i) Wenn die Bedingung $\partial \mathcal{M} = \emptyset$ erfüllt ist, diese also keinen Rand besitzt, so sprechen wir von einer **geschlossenen Mannigfaltigkeit**.

ii) Wenn die Bedingung $\partial \mathcal{M} \neq \emptyset$ erfüllt ist, diese also den echten Rand $\partial \mathcal{M}$ besitzt, so sprechen wir von einer **berandeten Mannigfaltigkeit**.

iii) Wir sprechen von einer **regulär berandeten Mannigfaltigkeit**, *falls zu jedem Punkt $\xi \in \partial \mathcal{M}$ ein Funktionensystem*

$$f_i : U(\xi) \to \mathbb{R} \in C^2(U(\xi)) \text{ mit } f_i(\xi) = 0 \quad \text{für} \quad i = 0, 1, \ldots, n - m \tag{31}$$

auf der offenen Umgebung $U = U(\xi) \subset \mathbb{R}^n$ existiert, welches die Bedingung

$$\nabla f_0(x), \nabla f_1(x), \ldots, \nabla f_{n-m}(x) \text{ linear unabhängig für alle } x \in U(\xi) \tag{32}$$

und die Identitäten

$$\mathcal{M} \cap U(\xi) = \left\{ x \in U(\xi) : f_0(x) < 0, f_1(x) = 0, \ldots, f_{n-m}(x) = 0 \right\} \tag{33}$$

sowie

$$\partial \mathcal{M} \cap U(\xi) = \left\{ x \in U(\xi) : f_0(x) = 0, f_1(x) = 0, \ldots, f_{n-m}(x) = 0 \right\} \tag{34}$$

erfüllt. Wir nennen $\partial \mathcal{M}$ den **regulären Rand der Mannigfaltigkeit**.

Bemerkungen: Für die regulär berandete Mannigfaltigkeit $\mathcal{M}$ aus Definition 5 erhalten wir mit

$$N_{\partial \mathcal{M}}(\xi) := \left\{ N = \sum_{j=0}^{n-m} a_j \nabla f_j(\xi) \in \mathbb{R}^n : \quad a_0, a_1, \ldots, a_{n-m} \in \mathbb{R} \right\} \tag{35}$$

den **Normalraum** und mit

$$T_{\partial\mathcal{M}}(\xi) := \{T \in \mathbb{R}^n : \quad T \cdot N = 0 \quad \text{für alle} \quad N \in N_{\partial\mathcal{M}}(\xi)\} \qquad (36)$$

den **Tangentialraum** an den regulären Rand im Punkt $\xi \in \partial\mathcal{M}$. Wir nennen

$$\begin{aligned}
N_0(x) &:= \left| \nabla f_0(x) - \sum_{j=1}^{n-m} \Big(\nabla f_0(x) \cdot N_j(x) \Big) N_j(x) \right|^{-1} \\
&\cdot \left(\nabla f_0(x) - \sum_{j=1}^{n-m} \Big(\nabla f_0(x) \cdot N_j(x) \Big) N_j(x) \right), \quad x \in U(\xi) \cap \partial\mathcal{M}
\end{aligned} \qquad (37)$$

die **äußere Normale** auf dem regulären Rand $\partial\mathcal{M}$ der Mannigfaltigkeit und notieren

$$N_0(\xi) \in N_{\partial\mathcal{M}}(\xi) \cap T_{\mathcal{M}}(\xi). \qquad (38)$$

Satz 3 (Orientierter regulärer Rand).
Für eine eingebettete Mannigfaltigkeit $\mathcal{M}$ aus Definition 5 mit dem regulären Rand $\partial\mathcal{M}$ haben wir die folgenden Aussagen:

i) Der Rand $\partial\mathcal{M}$ stellt gemäß (34) eine eingebettete, orientierte $(m-1)$-dimensionale Mannigfaltigkeit dar.

ii) Es gibt es zu jedem $\xi \in \partial\mathcal{M}$ eine Abbildung

$$X(t) = X(t_1, \dots, t_m) : V \to \mathbb{R}^n \in C^1(V)$$

auf einer offenen Umgebung $V = V(\eta) \subset \mathbb{R}^m$ eines Punktes

$$\eta = (0, \eta_2, \dots, \eta_m) \in \{0\} \times \mathbb{R}^{m-1}$$

mit der Eigenschaft $X(\eta) = \xi$, so dass

$$f_1\Big(X(t_1, \dots, t_m) \Big) = 0, \dots, f_{n-m}\Big(X(t_1, \dots, t_m) \Big) = 0 \quad , t \in V(\eta) \qquad (39)$$

richtig ist.

iii) Auf der eingeschränkten Menge

$$V_0 = V_0(\eta) := \{t = (t_1, \dots, t_m) \in V(\eta) : t_1 = 0\}$$

gelten die Identitäten

$$\begin{aligned}
&f_0\Big(X(0, t_2, \dots, t_m) \Big) = 0, f_1\Big(X(0, t_2, \dots, t_m) \Big) = 0, \dots, \\
&f_{n-m}\Big(X(0, t_2, \dots, t_m) \Big) = 0 \quad \text{für alle} \quad t = (0, t_2, \dots, t_m) \in V_0(\eta).
\end{aligned} \qquad (40)$$

Weiter ist die folgende Bedingung erfüllt:

$$f_0\Big(X(t_1,\ldots,t_m)\Big) < 0 \quad \textit{für alle} \quad t = (t_1,\ldots,t_m) \in V(\eta) \quad \textit{mit} \quad t_1 < 0.$$
$$(41)$$

iv) Wir haben die **Rand-Orientierungs-Bedingung**

$$\det\Big(\nabla f_0|_{X(t)}, X_{t_2}(t),\ldots,X_{t_m}(t), \nabla f_1|_{X(t)},\ldots,\nabla f_{n-m}|_{X(t)}\Big) > 0$$
$$(42)$$
für alle $t = (0, t_2,\ldots,t_m) \in V_0(\eta)$.

v) Schließlich besitzt die Abbildung $X : V_0(\eta) \to \partial\mathcal{M}$ *lokal eine Umkehrabbildung* X^{-1} *und kann zu einer* C^1-*Abbildung in den umgebenden Raum gemäß*

$$Y(t_1,\ldots,t_m,t_{m+1},\ldots,t_n) := t_1\,\nabla f_0(X(0,t_2,\ldots,t_m)) + X(0,t_2,\ldots,t_m) +$$

$$t_{m+1}\,\nabla f_1(X(0,t_2,\ldots,t_m)) + \ldots + t_n\,\nabla f_{n-m}(X(0,t_2,\ldots,t_m))$$

für alle $(t_1,t_2,\ldots,t_m,t_{m+1},\ldots,t_n) \in \mathbb{R} \times V_0(\eta) \times \mathbb{R}^{n-m}$
$$(43)$$

erweitert werden mit positiver Funktionaldeterminante $J_Y(\eta,0) > 0$.

Beweis: i) Zunächst betrachten wir die stetige Schar der invertierbaren, linearen Abbildungen $L_\sigma : \mathbb{R}^{1+(n-m)} \to \mathbb{R}^n$, welche durch die Matrizen

$$L_\sigma := \Big((1-\sigma)N_0(\xi) + \sigma\nabla f_0(\xi), \nabla f_1(\xi),\ldots,\nabla f_{n-m}(\xi)\Big), \quad 0 \le \sigma \le 1 \quad (44)$$

definiert sind. Haben wir nun ein weiteres Funktionensystem $[\tilde{f}_0, \tilde{f}_1,\ldots,\tilde{f}_{n-m}]$ aus (31) – (34), so erklären wir die stetige Schar der invertierbaren, linearen Abbildungen $\tilde{L}_\sigma : \mathbb{R}^{1+(n-m)} \to \mathbb{R}^n$ durch

$$\tilde{L}_\sigma := \Big((1-\sigma)N_0(\xi) + \sigma\nabla\tilde{f}_0(\xi), \nabla\tilde{f}_1(\xi),\ldots,\nabla\tilde{f}_{n-m}(\xi)\Big), \quad 0 \le \sigma \le 1. \quad (45)$$

Nun gilt für die Determinante

$$\det\Big(\tilde{L}_\sigma^{-1} \circ L_\sigma\Big) \neq 0 \quad \text{für alle} \quad 0 \le \sigma \le 1,$$
$$(46)$$

und diese hat aus Stetigkeitsgründen für $\sigma = 0$ und $\sigma = 1$ das gleiche Vorzeichen. Wegen der Orientierungsbedingung (12) – (14) ist für $\sigma = 0$ diese Determinante positiv, und es folgt

$$\det\left(\Big(\nabla\tilde{f}_0, \nabla\tilde{f}_1,\ldots,\nabla\tilde{f}_{n-m}\Big)\Big|_\xi^{-1} \circ \Big(\nabla f_0, \nabla f_1,\ldots,\nabla f_{n-m}\Big)\Big|_\xi\right) > 0. \quad (47)$$

Somit ist die $(m-1)$-dimensionale Mannigfaltigkeit $\partial\mathcal{M}$ aus (34) orientiert.

ii) Wir verfahren wie im Teil i) von Satz 1 und finden eine Funktion

$$\hat{X} = \hat{X}(t_1, \ldots, t_m) : V(\eta) \to \mathbb{R}^n \in C^2(V(\eta))$$

mit den Eigenschaften (6) und (7). Führen wir die Translation

$$(t_1, t_2, \ldots, t_m) \to (t_1 - \eta_1, t_2, \ldots, t_m)$$

im Parameterbereich durch, so erreichen wir $\eta \in \{0\} \times \mathbb{R}^{m-1}$.

iii) Nun betrachten wir die Funktion

$$\Phi = \Phi(t_1, \ldots, t_m) := f_0\Big(\hat{X}(t_1, \ldots, t_m)\Big) : V(\eta) \to \mathbb{R} \in C^2(V(\eta)).$$

Beachten wir (37) und (38), so folgt $\nabla f_0(\xi) \cdot N_0(\xi) > 0$. Wir verwenden jetzt den nicht verschwindenden Vektor $T_0 \in \mathbb{R}^m$ als Lösung des Gleichungssystems $N_0 = \partial\hat{X}(\eta) \circ T_0$. Gehen wir zum Einheitsvektor $V_0 := |T_0|^{-1} T_0$ über, so berechnen wir die Ableitung von Φ in Richtung V_0 im Punkt η durch

$$\frac{\partial \Phi(\eta)}{\partial V_0} = \nabla f_0(\xi) \cdot \Big(|T_0|^{-1} N_0(\xi)\Big) = |T_0|^{-1}\Big(\nabla f_0(\xi) \cdot N_0(\xi)\Big) > 0.$$

Durch eine Drehung im Parameterbereich aus der Gruppe $SO(m)$ um den Punkt η erreichen wir $V_0 = (1, 0, \ldots, 0)$ und somit $\Phi_{t_1}(\eta) > 0$.
Jetzt wenden den Satz über implizite Funktionen aus §5 an: Damit gibt es eine Funktion $g = g(t_2, \ldots, t_m) : V_0(\eta) \to \mathbb{R} \in C^2(V_0(\eta))$ mit der Eigenschaft $0 = g(\eta_2, \ldots, \eta_m)$, welche die folgende Identität erfüllt:

$$f_0\bigg(\hat{X}\Big(g(t_2, \ldots, t_m), t_2, \ldots, t_m\Big)\bigg) = \Phi\Big(g(t_2, \ldots, t_m), t_2, \ldots, t_m\Big) = 0 \quad (48)$$

für alle $\quad t = (0, t_2, \ldots, t_m) \in V_0(\eta)$.

Wir gehen nun über zur Abbildung

$$X(t_1, t_2, \ldots, t_m) := \hat{X}\Big(t_1 + g(t_2, \ldots, t_m), t_2, \ldots, t_m\Big), \quad (t_1, t_2, \ldots, t_m) \in V(\eta),$$
$$(49)$$

welche offenbar die Bedingungen (39) erfüllt. Wegen (48) sind alle Identitäten in (40) gültig. Die Aussage (41) entnehmen wir der Ungleichung $\Phi_{t_1}(\eta) > 0$.

iv) Wir betrachten die stetige Homotopie

$$\det\Big((1-\sigma)X_{t_1}(t) + \sigma\nabla f_0|_{X(t)}, X_{t_2}(t), \ldots, X_{t_m}(t), \nabla f_1|_{X(t)}, \ldots$$
$$(50)$$
$$\ldots, \nabla f_{n-m}|_{X(t)}\Big) \neq 0 \quad \text{für alle} \quad t \in V_0(\eta) \quad \text{und alle} \quad 0 \leq \sigma \leq 1.$$

Für $\sigma = 0$ ist diese Determinante nach (7) positiv, und sie ändert das Vorzeichen im Intervall $[0, 1]$ aus Stetigkeitsgründen nicht. Dann erhalten wir bei $\sigma = 1$ die Rand-Orientierungs-Bedingung (42).

v) Diese Aussage entnehmen wir – nach entsprechenden Änderungen – dem Teil ii) von Satz 1. q.e.d.

§7 Der Orbitraum $\mathbb{O}(n, m)$ als metrischer Raum und Immersionen im $\mathbb{R}^n$

Beginnen wir mit der fundamentalen

Definition 1. *Die Punktmenge $\mathcal{X}$ nennen wir einen* **metrischen Raum**, *wenn in diesem eine* **Abstandsfunktion** *bzw. eine* **Metrik**

$$d = d(\cdot, \cdot): \ \mathcal{X} \times \mathcal{X} \to [0, +\infty)$$

existiert mit den folgenden Eigenschaften:

(M1) Es gilt $d(x, y) \geq 0$ für alle $x, y \in \mathcal{X}$ und $d(x, y) = 0$ nur für $x = y$;
(M2) Es gilt $d(x, y) = d(y, x)$ für alle $x, y \in \mathcal{X}$ (Symmetrie);
(M3) Es gilt $d(x, z) \leq d(x, y) + d(y, z)$ für alle $x, y, z \in \mathcal{X}$ (Dreiecksungleichung).

Bemerkungen: Sei $\mathcal{M} \subset \mathbb{R}^n$ eine beliebige Teilmenge des $\mathbb{R}^n$, so wird durch die Abstandsfunktion

$$d(x, y) := |x - y|, \quad x, y \in \mathcal{M}$$

diese Menge zu einem metrischen Raum. Diese Metrik erzeugt eine Topologie im Sinne der nachfolgenden Definition 2, welche mit der Relativtopologie aus Definition 1 i) in §6 übereinstimmt.

Definition 2. *Im metrischen Raum $\mathcal{X}$ erklären wir zum Punkt $\xi \in \mathcal{X}$ die ϵ-Umgebung*

$$U(\xi, \epsilon) := \{x \in \mathcal{X} : \ d(x, \xi) < \epsilon\}$$

zum Parameter $\epsilon > 0$. Die **Menge** *$A \subset \mathcal{X}$ nennen wir* **offen***, wenn es zu jedem $\xi \in A$ ein $\epsilon = \epsilon(\xi) > 0$ so gibt, dass die Inklusion $U(\xi, \epsilon) \subset A$ gilt.*

Bemerkungen:

a) Für beliebige $\xi \in \mathcal{X}$, $\epsilon_1 > 0$, $\epsilon_2 > 0$ mit $\epsilon := \min\{\epsilon_1, \epsilon_2\} > 0$ gilt offenbar die Aussage $U(\xi, \epsilon_1) \cap U(\xi, \epsilon_2) = U(\xi, \epsilon)$.
b) Weiter prüft man mit der Dreiecksungleichung die folgenden Inklusion: Für einen beliebigen Punkt $y \in U(\xi, \epsilon)$ gilt $U(y, \epsilon - d(\xi, y)) \subset U(\xi, \epsilon)$.
c) Wegen der Bemerkung b) ist $U(\xi, \epsilon)$ eine offene Menge.

Satz 1. *Die offenen Mengen aus Definition 2 bilden einen topologischen Raum im Sinne von Definition 11 in §4 aus Kapitel I. Weiter genügt diese Topologie dem* **Hausdorffschen Trennungsaxiom***: Zu je zwei Punkten $\xi^{(j)} \in \mathcal{X}$ mit $j = 1, 2$ und $\xi^{(1)} \neq \xi^{(2)}$ gibt es Umgebungen $U^{(j)} = U(\xi^{(j)}, \epsilon_j)$ zu den Parametern $\epsilon_j > 0$ und $j = 1, 2$, so dass $U^{(1)} \cap U^{(2)} = \emptyset$ erfüllt ist.*

Beweis: Die leere Menge und die beliebige Vereinigung offener Mengen bilden offenbar wieder offene Mengen.

Sind nun U_j für $j = 1, 2$ offene Mengen und $U_1 \cap U_2 \neq \emptyset$, so gibt es einen Punkt $\xi \in U_1 \cap U_2$. Wegen der Offenheit gibt es $\epsilon_j > 0$ mit der Eigenschaft $\xi \in U(\xi, \epsilon_j) \subset U_j$ für $j = 1, 2$. Nach obiger Bemerkung a) folgt die Inklusion $\xi \in U(\xi, \epsilon) \subset U(\xi, \epsilon_1) \cap U(\xi, \epsilon_2) \subset U_1 \cap U_2$ mit $\epsilon := \min\{\epsilon_1, \epsilon_2\} > 0$, und die Menge $U_1 \cap U_2$ ist somit offen.

Zum Nachweis des Hausdorffschen Trennungsaxioms wählen wir zu den Punkten $\xi^{(1)}, \xi^{(2)} \in \mathcal{X}$ mit $\xi^{(1)} \neq \xi^{(2)}$ die Umgebungen $U_j := U(\xi_j, \frac{1}{2} d(\xi_1, \xi_2))$, welche die geforderte Eigenschaft besitzen.   q.e.d.

Definition 3. *Im metrischen Raum $\mathcal{X}$ heißt die Folge $\{x^{(k)}\}_{k=1,2\ldots} \subset \mathcal{X}$ in* **sich konvergent** *bzw.* **Cauchyfolge,** *wenn $d(x^{(k)}, x^{(l)}) \to 0$ für $k, l \to \infty$ gilt. Sie heißt* **konvergent** *gegen einen Grenzpunkt $x \in \mathcal{X}$, kurz $x^{(k)} \to x$ für $k \to \infty$ bzw. $\lim_{k \to \infty} x^{(k)} = x$, falls $d(x^{(k)}, x) \to 0$ für $k \to \infty$ gilt.*

Definition 4. *Der metrische Raum $\mathcal{X}$ heißt* **vollständig,** *wenn für jede in sich konvergente Folge $\{x^{(k)}\}_{k=1,2\ldots} \subset \mathcal{X}$ ein Grenzpunkt $x \in \mathcal{X}$ mit $\lim_{k \to \infty} x^{(k)} = x$ existiert.*

Definition 5. *Eine beliebige Teilmenge $\mathcal{Y} \subset \mathcal{X}$ eines vollständigen metrischen Raumes $\{\mathcal{X}, d_\mathcal{X}(\cdot, \cdot)\}$ machen wir mittels*

$$d_\mathcal{Y}(x, y) := d_\mathcal{X}(x, y), \quad x, y \in \mathcal{Y}$$

zu einem metrischen Raum. Deren offene Mengen

$$\Big\{ \mathcal{Y} \cap B : \quad B \quad ist \ offen \ in \quad \mathcal{X} \Big\}$$

stellen die **Relativtopologie** *dar. Wenn der Raum $\mathcal{Y}$ vollständig ist, so sprechen wir $\mathcal{Y}$ als* **abgeschlossene Teilmenge** *des metrischen Raumes $\mathcal{X}$ an.*

In den Formeln (25) – (30) von § 6 haben wir bereits einen Abstandsbegriff zwischen den Normalbahnen verwandt, den wir nicht mehr aus dem umgebenden Euklidischen Raum als Relativtopologie übernehmen konnten! Zum besseren Verständnis der Zusammenhänge in § 6 treffen wir zunächst die

Definition 6. *Zu den Dimensionen $n \in \mathbb{N}$ und $m \in \mathbb{N}$ mit $m \leq n$ betrachte man das Orthonormalsystem $\left(N_1, \ldots, N_{n-m} \right) \in \underbrace{\mathbb{R}^n \times \ldots \times \mathbb{R}^n}_{n-m \ mal}$.*

*Dann erklären wir als zugehörigen $(n-m)$-**fachen Orbit** im $\mathbb{R}^n$ die folgende Menge*

$$\mathcal{N} := \left[N_1, \ldots, N_{n-m} \right] := \left\{ \left(\tilde{N}_1, \ldots, \tilde{N}_{n-m} \right) \in \underbrace{\mathbb{R}^n \times \ldots \times \mathbb{R}^n}_{n-m \, mal} \right|$$

$$\tilde{N}_j = \sum_{i=1}^{n-m} N_i a_{ij} \, f\ddot{u}r \, j = 1, \ldots, n-m \, mit \, (a_{ij})_{i,j=1,\ldots,n-m} \in SO(n-m) \right\}.$$

Diese Orbits fassen wir zum **Orbitraum**

$$\mathbb{O}(n,m) := \left\{ \mathcal{N} \ \middle| \ \mathcal{N} \ \textit{ist ein} \ (n-m) - \textit{facher Orbit im} \ \mathbb{R}^n \right\}$$

zusammen. Zwischen zwei Orbits $\mathcal{N}'$ und $\mathcal{N}''$ erklären wir den Abstand

$$d(\mathcal{N}', \mathcal{N}'') := \inf \left\{ \sqrt{\sum_{j=1}^{n-m} \left| \sum_{i=1}^{n-m} N_i' a_{ij}' - \sum_{i=1}^{n-m} N_i'' a_{ij}'' \right|^2} \right|$$

$$(a_{ij}')_{i,j=1,\ldots,n-m} \in SO(n-m) \, , \, (a_{ij}'')_{i,j=1,\ldots,n-m} \in SO(n-m) \right\}. \tag{1}$$

Satz 2. *Der Orbitraum $\mathbb{O}(n,m)$ bildet mit dem Abstand $d(\mathcal{N}',\mathcal{N}'')$ aus (1) für $\mathcal{N}',\mathcal{N}'' \in \mathbb{O}(n,m)$ einen vollständigen metrischen Raum.*

Beweis: i) Mit der Formel (1) sehen wir sofort die Symmetrie und die Nichtnegativität der Metrik ein.

ii) Sei nun $d(\mathcal{N}',\mathcal{N}'') = 0$ erfüllt, so finden wir Matrizen $(\alpha_{ij}')_{i,j=1,\ldots,n-m} \in SO(n-m)$ und $(\alpha_{ij}'')_{i,j=1,\ldots,n-m} \in SO(n-m)$ mit der Eigenschaft

$$d(\mathcal{N}',\mathcal{N}'') = \sqrt{\sum_{j=1}^{n-m} \left| \sum_{i=1}^{n-m} N_i' \alpha_{ij}' - \sum_{i=1}^{n-m} N_i'' \alpha_{ij}'' \right|^2} = 0 \, . \tag{2}$$

Die Orthonormalsysteme $\left(N_1', \ldots, N_{n-m}' \right)$ und $\left(N_1'', \ldots, N_{n-m}'' \right)$ stimmen bis auf eine Drehung überein und erzeugen den gleichen $(n-m)$-fachen Orbit $\mathcal{N}' = \mathcal{N}''$.

iii) Zum Nachweis der Dreiecksungleichung wählen wir Orbits $\mathcal{N}'$, $\mathcal{N}''$, $\mathcal{N}'''$, welche von den Orthonormalsystemen

$$\left(N_1', \ldots, N_{n-m}' \right), \ \left(N_1'', \ldots, N_{n-m}'' \right), \ \left(N_1''', \ldots, N_{n-m}''' \right)$$

erzeugt werden. Zu einer festen Matrix $(\alpha_{ij}')_{i,j=1,\ldots,n-m} \in SO(n-m)$ finden wir eine Drehung $(\alpha_{ij}'')_{i,j=1,\ldots,n-m} \in SO(n-m)$ mit der Eigenschaft

$$d(\mathcal{N}',\mathcal{N}'') = \sqrt{\sum_{j=1}^{n-m} \left| \sum_{i=1}^{n-m} N_i' \alpha_{ij}' - \sum_{i=1}^{n-m} N_i'' \alpha_{ij}'' \right|^2} \, . \tag{3}$$

Weiter finden wir eine Drehung $(\alpha_{ij}''')_{i,j=1,\ldots,n-m} \in SO(n-m)$ mit der Eigenschaft

$$d(\mathcal{N}'', \mathcal{N}''') = \sqrt{\sum_{j=1}^{n-m} \left| \sum_{i=1}^{n-m} N_i'' \alpha_{ij}'' - \sum_{i=1}^{n-m} N_i''' \alpha_{ij}''' \right|^2}. \tag{4}$$

Wenden wir nun die Dreiecksungleichung für die entsprechenden Punkte im $\underbrace{\mathbb{R}^n \times \ldots \times \mathbb{R}^n}_{n-m \text{ mal}}$ an, so folgt aus (3) und (4) die Ungleichung

$$d(\mathcal{N}', \mathcal{N}''') \leq \sqrt{\sum_{j=1}^{n-m} \left| \sum_{i=1}^{n-m} N_i' \alpha_{ij}' - \sum_{i=1}^{n-m} N_i''' \alpha_{ij}''' \right|^2} \leq d(\mathcal{N}', \mathcal{N}'') + d(\mathcal{N}'', \mathcal{N}'''). \tag{5}$$

Bei der linken Ungleichung von (5) beachten wir, dass $d(\mathcal{N}', \mathcal{N}''')$ als Infimum der Abstände im $\underbrace{\mathbb{R}^n \times \ldots \times \mathbb{R}^n}_{n-m \text{ mal}}$ zwischen den Orbits gebildet wird.

iv) Zum Nachweis der Vollständigkeit nehmen wir die Orbits $\mathcal{N}^{(j)}$, welche von den Orthonormalsystemen $\left(N_1^{(j)}, \ldots, N_{n-m}^{(j)} \right)$ für $j = 1, 2, \ldots$ erzeugt werden mit der Eigenschaft $d\left(\mathcal{N}^{(j)}, \mathcal{N}^{(k)} \right) \to 0$ für $j, k \to \infty$. Wir können die Orthonormalsysteme so auswählen, dass im $\underbrace{\mathbb{R}^n \times \ldots \times \mathbb{R}^n}_{n-m \text{ mal}}$

$$\left\| \left(N_1^{(j)}, \ldots, N_{n-m}^{(j)} \right) - \left(N_1^{(k)}, \ldots, N_{n-m}^{(k)} \right) \right\| \to 0 \quad \text{für} \quad j, k \to \infty \tag{6}$$

für deren Distanz $\| \cdot \|$ erfüllt ist. Also konvergieren diese Systeme gegen ein Orthonormalsystem $\left(N_1^{(0)}, \ldots, N_{n-m}^{(0)} \right)$, welches den Orbit $\mathcal{N}^{(0)}$ erzeugt. Schließlich sehen wir $d\left(\mathcal{N}^{(j)}, \mathcal{N}^{(0)} \right) \to 0$ für $j \to \infty$ ein.   q.e.d.

Definition 7. *Die Abbildung $\mathcal{F} : \mathcal{X} \to \mathcal{Y}$ vermöge $\mathcal{X} \ni x \mapsto \mathcal{F}(x) \in \mathcal{Y}$ zwischen den metrischen Räumen $\{\mathcal{X}, d_{\mathcal{X}}(\cdot, \cdot)\}$ und $\{\mathcal{Y}, d_{\mathcal{Y}}(\cdot, \cdot)\}$ nennen wir* **stetig,** *falls für alle $x^{(0)} \in \mathcal{X}$ und alle Folgen $\{x^{(k)}\}_{k=1,2,\ldots} \subset \mathcal{X}$ mit $\lim_{k \to \infty} x^{(k)} = x^{(0)}$ die Konvergenz $\lim_{k \to \infty} \mathcal{F}(x^{(k)}) = \mathcal{F}(x^{(0)})$ in $\mathcal{Y}$ erfüllt ist.*

Wir können nun ein Ergebnis des vorigen Abschnitts besser formulieren.

Satz 3. *Auf der orientierten, eingebetteten C^2-Mannigfaltigkeit $\mathcal{M}$ im $\mathbb{R}^n$ aus Definition 3 in § 6 stellt die Normalabbildung*

$$\mathcal{M} \ni \xi \to \mathcal{N}_\xi \in \mathbb{O}(n, m) \tag{7}$$

aus (25) und (26) in § 6 eine stetige Abbildung in den Orbitraum $\mathbb{O}(n, m)$ dar.

Beweis: Hierzu verwende man die Aussage (29) aus § 6.   q.e.d.

Definition 8. *Zu den vollständigen, metrischen Räumen $\{\mathcal{X}, d_{\mathcal{X}}(\cdot, \cdot)\}$ und $\{\mathcal{Y}, d_{\mathcal{Y}}(\cdot, \cdot)\}$ erklären wir den* **Produktraum** $\mathcal{X} \times \mathcal{Y}$, *welcher mit der Metrik*

$$d\Big((x', y'), (x'', y'')\Big) := \max\{d_{\mathcal{X}}(x', x''), d_{\mathcal{Y}}(y', y'')\} \tag{8}$$

für beliebige Punkte (x', y') und (x'', y'') in $\mathcal{X} \times \mathcal{Y}$

ausgestattet wird.

Bemerkungen: Der obige Produktraum ist wiederum vollständig. Als Produkt von $\mathbb{R}^n$ und $\mathbb{O}(n, m)$ erhalten wir die

Definition 9. *Der* **Überlagerungsraum** $\mathbb{R}^n \times \mathbb{O}(n, m)$ *ist vollständig. Wir bezeichnen mit $\pi: \mathbb{R}^n \times \mathbb{O}(n, m) \to \mathbb{R}^n$ vermöge*

$$\mathbb{R}^n \times \mathbb{O}(n, m) \ni (\xi, \nu) \mapsto \pi(\xi, \nu) := \xi \in \mathbb{R}^n$$

die **Projektion** *des Überlagerungsraumes auf den $\mathbb{R}^n$.*

Satz 4. *Für die geschlossene C^2-Mannigfaltigkeit $\mathcal{M}$ im $\mathbb{R}^n$ aus Definition 5 in § 6 stellt der* **Graph der Normalabbildung**

$$\widehat{\mathcal{M}} := \Big\{ (\xi, \mathcal{N}_\xi) \in \mathbb{R}^n \times \mathbb{O}(n, m) : \xi \in \mathcal{M} \Big\} \tag{9}$$

eine abgeschlossene Teilmenge im Überlagerungsraum $\mathbb{R}^n \times \mathbb{O}(n, m)$ dar. Wegen der bijektiven Projektion

$$\widehat{\mathcal{M}} \ni (\xi, \nu) \mapsto \pi(\xi, \nu) := \xi \in \mathcal{M} \tag{10}$$

nennen wir $\widehat{\mathcal{M}}$ auch die **einfache Überlagerung von $\mathcal{M}$**.

Beweis: Hierzu verwende man den Satz 3 oben.   q.e.d.

Tiefliegend ist die folgende

Definition 10. *Zu den Dimensionen $n \in \mathbb{N}$ und $m \in \mathbb{N}$ mit $m \le n$ betrachten wir eine abgeschlossene Teilmenge $\widehat{\mathcal{M}} \subset \mathbb{R}^n \times \mathbb{O}(n, m)$. Wir nennen $\widehat{\mathcal{M}}$ eine in den $\mathbb{R}^n$ immergierte bzw. eingetauchte, m-dimensionale C^2-Mannigfaltigkeit oder eine* **Immersion**, *wenn es zu jedem $(\xi, \nu) \in \widehat{\mathcal{M}}$ eine – im $\mathbb{R}^n$ offene – Umgebung $U(\xi, \nu) \subset \mathbb{R}^n$ von ξ sowie eine – im Orbitraum $\mathbb{O}(n, m)$ offene – Umgebung $V(\xi, \nu) \subset \mathbb{O}(n, m)$ von ν und $n - m$ Funktionen*

$$f_i : U(\xi, \nu) \to \mathbb{R} \in C^2(U(\xi, \nu)) \quad \textit{mit} \quad f_i(\xi) = 0 \quad \textit{für} \quad i = 1, \ldots, n - m$$

unter der Bedingung $\Big[\nabla f_1(\xi), \ldots, \nabla f_{n-m}(\xi) \Big] = \nu$

$$\tag{11}$$

so gibt, dass die Eigenschaften

$$\nabla f_1(x), \ldots, \nabla f_{n-m}(x) \quad \textit{linear unabhängig für alle} \quad x \in U(\xi, \nu) \qquad (12)$$

sowie

$$\widehat{\mathcal{M}} \cap \Big(U(\xi, \nu) \times V(\xi, \nu) \Big) = \bigg\{ \Big(x_1, \ldots, x_n, \big[\nabla f_1(x), \ldots, \nabla f_{n-m}(x) \big] \Big) \in$$

$$\mathbb{R}^n \times \mathbb{O}(n, m) \bigg| \, x = (x_1, \ldots, x_n) \in U(\xi, \nu) \, \textit{mit} \, f_1(x) = 0, \ldots, f_{n-m}(x) = 0 \bigg\}$$

erfüllt sind. Hierbei verwenden wir die von $\Big(\nabla f_1(x), \ldots, \nabla f_{n-m}(x) \Big)$ *erzeugte Normalbahn* $\big[\nabla f_1(x), \ldots, \nabla f_{n-m}(x) \big]$ *gemäß der Formel (25) aus* § 6 .

Bemerkungen:

a) Mit der Abgeschlossenheit der Menge $\widehat{\mathcal{M}}$ fordern wir global die Stetigkeit der Normalabbildung.

b) Die Projektion $\pi : \widehat{\mathcal{M}} \to \mathcal{M}$ vermöge

$$\widehat{\mathcal{M}} \ni (\xi, \nu) \mapsto \pi(\xi, \nu) := \xi \in \mathcal{M} \qquad (13)$$

kann bei Immersionen mehrdeutig sein. Darum nennen wir $\widehat{\mathcal{M}}$ die **universelle Überlagerung** der Mannigfaltigkeit $\mathcal{M}$.

c) Nach den Sätzen 1 und 2 aus § 6 besitzt eine Immersion $\widehat{\mathcal{M}}$ aus Definition 10 ein System von orientierungserhaltenden Karten, welche diese immergierte Mannigfaltigkeit überdeckt.

§8   Aufgaben zum Kapitel IV

1. Seien $r(x_1, \ldots, x_n) := \sqrt{x_1^2 + \ldots + x_n^2}$, $(x_1, \ldots, x_n) \in \mathbb{R}^n$ und $\alpha \in \mathbb{R}$ erklärt. Berechnen Sie den Gradienten der Funktion

$$f(x_1, \ldots, x_n) := r(x_1, \ldots, x_n)^\alpha, \quad (x_1, \ldots, x_n) \in \mathbb{R}^n \setminus \{0\} \, .$$

2. Sei die Funktion $f(z) = u(x, y) + iv(x, y) : \Omega \to \mathbb{C}$ holomorph im Gebiet $\Omega \subset \mathbb{C}$. Zeigen Sie, dass dann sowohl ihr Realteil u als auch ihr Imaginärteil v der *Laplacegleichung*

$$\Delta w(x, y) := w_{xx} + w_{yy} = 0 \quad \text{für alle} \quad (x, y) \in \Omega$$

genügt; solche Funktionen w nennt man *harmonisch* in Ω.

3. Beweisen Sie die Umkehrung von Satz 6 aus § 1, dass nämlich aus der Gültigkeit des Cauchy-Riemannschen Differentialgleichungssystems die Holomorphie der Funktion f folgt.

4. Führen Sie den Beweis von Satz 8 in §1 zum Additionstheorem für die Arcusfunktionen aus.

5. Bestimmen Sie Maximum und Minimum der Funktion

$$f(x) := 3x^4 + 4x^3 - 12x^2 + 5 \quad , \quad -1 \leq x \leq +1 \, .$$

6. Ein Körper werde mit der Geschwindigkeit U_0 in eine Richtung geworfen, welche mit der Horizontalen den Winkel $\varphi \in (0, \frac{\pi}{2})$ einschließt. Die Parameterdarstellung dieser Kurve lautet dann

$$x = U_0 \, t \, \cos\varphi \quad , \quad y = U_0 \, t \, \sin\varphi - \frac{g}{2} \, t^2 \quad , \quad 0 \leq t \leq +\infty \, .$$

Berechnen Sie die Wurfhöhe H und die Wurfweite W für den Fall $y \geq 0$.

7. Beweisen Sie mit Hilfe der Hauptachsentransformation den Satz von Hurwitz über positiv-definite, synmmetrische Matrizen.

8. Untersuchen Sie die Funktion $z = f(x,y) := (y - 2x^2)(y - x^2), (x,y) \in \mathbb{R}^2$ auf lokale Extrema!

9. Berechnen Sie die globalen Extrema der Funktion $f(x,y) := x, (x,y) \in \mathbb{R}^2$ unter der Nebenbedingung $g(x,y) := y^2 - x^3 = 0$.

10. Auf dem Bereich $D := \{(x,y) \in \mathbb{R}^2 : -1 \leq x \leq +1, 0 \leq y \leq x + 1\}$ ermitteln Sie die globalen Extrema der Funktion

$$h(x,y) := x^2 - xy + y^2 - 2x - \frac{5}{2}y, \, (x,y) \in D \, .$$

11. Seien die Parameter $a, b, c \in (0, +\infty)$ gegeben. Innerhalb des Ellipsoids $\frac{x^2}{a^2} + \frac{y^2}{b^2} + \frac{z^2}{c^2} = 1$ bestimmen Sie das Volumen des größten Quaders mit achsenparallelen Kanten.

12. Bestimmen Sie die Extrema der Funktion $f(x,y) := x^2 - y^2, (x,y) \in \mathbb{R}^2$ unter der Nebenbedingung $g(x,y) := x^2 + y^2 - 1 = 0$.

13. Zeigen Sie, dass die offenen Mengen in $\mathcal{M}$ von Definition 1 aus §6 eine topologischen Raum im Sinne von Definition 11 in §4 von Kapitel 1 bilden.

14. Zeigen Sie die Identität (24) aus §6.

15. Weisen Sie die Aussage (29) in §6 nach.

V

Riemannsches Integral im $\mathbb{R}^n$ mit Approximations- und Integralsätzen

Beginnen wir mit einem Zitat vom Schöpfer des modernen Integralbegriffs, nämlich

Bernhard RIEMANN: *Mit jedem einfachen Denkakt tritt etwas Bleibendes, Substantielles in unsere Seele ein.*

Wir haben bereits in §4 von Kapitel II das Riemannsche Integral für stetige Funktionen einer reellen Veränderlichen erklärt, um dann im folgenden §5 und in Kapitel III sogar komplexe Stammfunktionen der *elementaren Funktionen* angeben zu können. Auf der Grundlage von §9 aus Kapitel III wollen wir nun Klassen *explizit durch Stammfunktionen integrierbarer* Funktionen in §1 mit Hilfe von Standardsubstitutionen behandeln.

Dann werden wir das Riemannsche Integral für reellwertige Funktionen in n Veränderlichen erklären: Wir wollen insbesondere die Frage beantworten, wie groß die Menge der Unstetigkeitsstellen einer Funktion sein darf, damit diese integrierbar bleibt. Durch Integration *charakteristischer Funktionen* von Teilmengen des $\mathbb{R}^n$ erhalten wir das *Jordansche Maß*. Besondere Bedeutung kommt der *Iterierten Integration* zu, womit wir ein n-dimensionales Integral auf ein $(n-1)$-dimensionales – und schließlich auf ein 1-dimensionales Integral – zurückführen können.

Als besonders tiefliegend stellt sich der Beweis der *Transformationsformel für mehrfache Integrale* in §§5-6 heraus, einer Verallgemeinerung der Substitutionsregel aus §5 in Kapitel II. Hierzu werden wir die Integration von Testfunktionen und die *Zerlegung der Eins* heranziehen, und wir öffnen so das Tor zur *Integrationstheorie auf Mannigfaltigkeiten*. Wir werden in §8 eine kurze Einführung in die Theorie der Differentialformen geben und im §9 den Stokesschen Integralsatz für glatt berandete C^2-Mannigfaltigkeiten bereitstellen. Hier stützen wir uns auf das Studium eingebetteter m-dimensionaler Mannigfaltigkeiten im $\mathbb{R}^n$ aus §6 und §7 von Kapitel IV. Insbesondere erhalten wir den Gaußschen Integralsatz für C^2-Gebiete.

F. Sauvigny, *Analysis*, Springer-Lehrbuch, DOI: 10.1007/978-3-642-41507-4_5,
@ Springer-Verlag Berlin Heidelberg 2014

Ferner leiten wir in §10 fundamentale Aussagen über holomorphe Funktionen her. Zum Abschuß dieses Kapitels beweisen wir in §11 den allgemeinen Weierstraßschen Approximationssatz, mit welchem wir k-mal stetig differenzierbare Funktionen durch Polynome geeignet annähern können.

§1 Integration mittels Standardsubstitutionen

In §9 aus Kapitel III haben wir mittels Partialbruchzerlegung die Integration – insbesondere reeller – gebrochen rationaler Funktionen durchgeführt. Wir werden nun Integrale von Funktionenklassen bestimmen, die sich durch die folgenden Standardsubstitutionen (I) bis (V) auf Integrale von gebrochen rationalen Funktionen zurückführen lassen. Zunächst benötigen wir die

Definition 1. *Eine* **rationale Funktion** *R in den reellen Variablen $x_1, \ldots, x_n$ entsteht durch die algebraischen Operationen Addition, Multiplikation und Division aus den Variablen $x_1, \ldots, x_n$. Somit folgt*

$$R(x_1, \ldots, x_n) = \frac{P(x_1, \ldots, x_n)}{Q(x_1, \ldots, x_n)} \quad .$$

Dabei sind die **Polynome in mehreren Veränderlichen** *vom Grad $M \in \mathbb{N}_0$ durch*

$$P(x_1, \ldots, x_n) = \sum_{||\mu||=0}^{M} a_\mu \left(\prod_{i=1}^{n} x_i^{\mu_i} \right)$$

mit den Koeffizienten $a_\mu \in \mathbb{R}$ und den Multiindizes

$$\mu = (\mu_1, \ldots, \mu_n) \in \mathbb{N}_0 \times \ldots \times \mathbb{N}_0$$

vom Betrag $||\mu|| := \sum_{i=1}^{n} \mu_i$ **beziehungsweise** *vom Grad $N \in \mathbb{N}_0$ durch*

$$Q(x_1, \ldots, x_n) = \sum_{||\nu||=0}^{N} b_\nu \left(\prod_{i=1}^{n} x_i^{\nu_i} \right)$$

mit den Koeffizienten $b_\nu \in \mathbb{R}$ und den Multiindizes

$$\nu = (\nu_1, \ldots, \nu_n) \in \mathbb{N}_0 \times \ldots \times \mathbb{N}_0$$

vom Betrag $||\nu|| := \sum_{i=1}^{n} \nu_i$ erklärt.

(I) **Integrale vom Typ $\int R(e^x)\,dx$** .
Durch die Substitution $t = t(x) = e^x$ mit $dx = \frac{dt}{t}$ entstehen Integrale der Form

$$\int R(e^x)\,dx = \int \frac{R(t)}{t}\,dt = \int \widetilde{R}(t)\,dt$$

mit der gebrochen rationalen Funktion $\widetilde{R}$.

Zum *Beispiel* können wir auf das Integral

$$\int \frac{e^x + e^{2x}}{e^{5x} + e^{7x}}\, dx = \int \frac{1+t}{t^5 + t^7}\, dt = \int \frac{(t+1)\, dt}{t^5 \cdot (t-i) \cdot (t+i)}$$

die Methoden aus §9 in Kapitel III anwenden.

(II) **Integrale vom Typ** $\int R(\cosh x, \sinh x)\, dx$.

Wegen Definition 1 aus §3 in Kapitel III sind diese Integrale bereits in (I) behandelt worden. Als *Beispiel* betrachten wir

$$\int \frac{1}{\cosh x} = 2 \int \frac{dx}{e^x + e^{-x}} \overset{(I)}{=} 2 \int \frac{dt}{1 + t^2} = 2 \arctan e^x + c \quad \text{mit } c \in \mathbb{R}.$$

(III) **Integrale vom Typ** $\int R(\cos x, \sin x)\, dx$ (**Halbwinkelmethode**).

Durch die Substitution

$$z = z(x) = \tan\left(\frac{x}{2}\right) \text{ für } |x| < \pi \quad \left(x = 2 \arctan z \text{ und } dx = \frac{2\, dz}{1 + z^2}\right) \tag{1}$$

der sogenannten *Halbwinkelmethode* erhalten wir wegen der Identitäten

$$\cos x = \frac{\cos\left(2 \cdot \frac{x}{2}\right)}{1} = \frac{\cos^2\left(\frac{x}{2}\right) - \sin^2\left(\frac{x}{2}\right)}{\cos^2\left(\frac{x}{2}\right) + \sin^2\left(\frac{x}{2}\right)} = \frac{1 - \tan^2\left(\frac{x}{2}\right)}{1 + \tan^2\left(\frac{x}{2}\right)} = \frac{1 - z^2}{1 + z^2},$$

$$\sin x = \frac{\sin\left(2 \cdot \frac{x}{2}\right)}{1} = \frac{2 \sin\left(\frac{x}{2}\right) \cdot \cos\left(\frac{x}{2}\right)}{\cos^2\left(\frac{x}{2}\right) + \sin^2\left(\frac{x}{2}\right)} = \frac{2 \tan\left(\frac{x}{2}\right)}{1 + \tan^2\left(\frac{x}{2}\right)} = \frac{2z}{1 + z^2} \tag{2}$$

Integrale der Form

$$\int R(\cos x, \sin x)\, dx = 2 \int \frac{1}{1 + z^2} \cdot R\left(\frac{1 - z^2}{1 + z^2}, \frac{2z}{1 + z^2}\right) dz = \int \widetilde{R}(z)\, dz$$

mit der gebrochen rationalen Funktion $\widetilde{R}$.

So betrachten wir als *Beispiel*

$$\int \frac{dx}{\sin x} = \int \frac{1}{\frac{2z}{1+z^2}} \cdot \frac{2\, dz}{1 + z^2} = \int \frac{dz}{z} = \log\left|\tan\left(\frac{x}{2}\right)\right| + c \quad \text{mit } c \in \mathbb{R}.$$

(IV) **Integrale vom Typ** $\int R\left(x, \sqrt{ax^2 + bx + c}\right) dx$ mit $a, b, c \in \mathbb{R}$.

Fall 1: $a = b = 0$. Dann stellt $\int R\left(x, \sqrt{c}\right) dx$ bereits das Integral einer rationalen Funktion dar.

Fall 2: $a = 0$ und $b, c \neq 0$. Die Substitution

$$w^2 = bx + c \quad \left(x = x(w) = \frac{w^2 - c}{b} \text{ und } dx = \frac{2}{b} \cdot w\, dw\right) \tag{3}$$

führt uns auf den Ausdruck

$$\int R\left(x, \sqrt{bx+c}\right) dx = \int R\left(\frac{w^2 - c}{b}, w\right) \cdot \frac{2w}{b} \, dw = \int \widetilde{R}(w) \, dw \quad,$$

also ein Integral mit gebrochen rationalem Integranden $\widetilde{R}$.

Fall 3: $a, b, c \neq 0$. Diese Integrale lassen sich auf Integrale über rationale Funktionen von trigonometrischen Funktionen oder Hyperbelfunktionen zurückführen: Zunächst liefert die quadratische Ergänzung im Radikanden

$$\begin{aligned}
ax^2 + bx + c &= a\left(x^2 + \frac{b}{a}x + \frac{c}{a}\right) = a\left[\left(x + \frac{b}{2a}\right)^2 - \frac{b^2}{4a^2} + \frac{c}{a}\right] \\
&= a\left[\left(x + \frac{b}{2a}\right)^2 + \frac{4ac - b^2}{4a^2}\right].
\end{aligned} \tag{4}$$

Fall 3a: $b^2 = 4ac$. Dann folgt die Identität

$$\sqrt{ax^2 + bx + c} = \pm\sqrt{|a|} \cdot \left(x + \frac{b}{2a}\right) \quad.$$

Hier läßt sich die Wurzel im Integranden ziehen, und es bleibt das Integral einer rationalen Funktion zu ermitteln.

Fall 3b: $b^2 \neq 4ac$. Wir setzen dann

$$D := \frac{1}{2|a|}\sqrt{|4ac - b^2|}$$

und wählen die Vorzeichenfaktoren $E, F \in \{-1, +1\}$ so, dass

$$\begin{aligned}
ax^2 + bx + c &= |a| \cdot \left[E\left(x + \frac{b}{2a}\right)^2 + F \cdot D^2\right] = \\
&= |a| \cdot D^2 \cdot \left[E \cdot \left(\frac{x}{D} + \frac{b}{2aD}\right)^2 + F\right]
\end{aligned} \tag{5}$$

erfüllt ist. Durch die Substitution

$$t = t(x) = \frac{x}{D} + \frac{b}{2aD} \quad \left(x = D \cdot t - \frac{b}{2a} \text{ und } dx = D \cdot dt\right) \tag{6}$$

entstehen Integrale der folgenden Form

$$\begin{aligned}
&\int R\left(x, \sqrt{ax^2 + bx + c}\right) dx = \\
&\int R\left(Dt - \frac{b}{2a}, D \cdot \sqrt{|a|} \cdot \sqrt{E \cdot t^2 + F}\right) D \, dt \quad.
\end{aligned} \tag{7}$$

Somit sind die folgenden **Grundintegrale vom Typ**

$$\int R_1\left(x, \sqrt{1+x^2}\right) dx, \quad \int R_2\left(x, \sqrt{1-x^2}\right) dx,$$
$$\int R_3\left(x, \sqrt{x^2-1}\right) dx \tag{8}$$

zu berechnen. Die Substitutionen

$$x = \sinh t \quad \text{in} \quad \int R_1\left(x, \sqrt{1+x^2}\right) dx \tag{9}$$

beziehungsweise

$$x = \cosh t \quad \text{in} \quad \int R_3\left(\sqrt{x^2-1}\right) dx \tag{10}$$

führen uns auf Integrale vom Typ (I). Für die Integrale

$$\int R_2\left(x, \sqrt{1-x^2}\right) dx$$

liefern sowohl die Substitution $x = \cos t$ als auch $x = \sin t$ Integrale vom Typ (III).

(V) **Integrale vom Typ** $\int R\left(x^{r_1}, \ldots, x^{r_n}\right)$ mit $r_k \in \mathbb{Q}$.
Wir gehen von den Exponenten

$$r_k = \frac{p_k}{q} \text{ mit } p_k \in \mathbb{Z} \text{ und } q \in \mathbb{N} \text{ für } k = 1, 2, \ldots, n$$

aus. Das Integral läßt sich durch die Substitution

$$t = t(x) = x^{\frac{1}{q}} \quad (x = t^q \text{ und } dx = q \cdot t^{q-1} dt) \tag{11}$$

rationalisieren, d.h. es gilt

$$\int R\left(x^{\frac{p_1}{q}}, \ldots, x^{\frac{p_n}{q}}\right) dx =$$
$$q \int R\left(t^{p_1}, \ldots, t^{p_n}\right) \cdot t^{q-1} dt = \int \widetilde{R}(t) dt \tag{12}$$

mit der gebrochen rationalen Funktion $\widetilde{R}$.

Bemerkungen zu (IV): Wir wollen nun geeignete Substitutionen angeben, um die obigen Grundintegrale aus Teil (IV) direkt in gebrochen rationale Integranden umzurechnen: Für R_3 können wir das Integral durch die Substitution $x = \frac{1}{z}$ auf den zweiten Typ zurückführen, denn es gilt

$$\int R_3\left(x, \sqrt{x^2-1}\right) dx = -\int \frac{1}{z^2} R_3\left(\frac{1}{z}, \frac{1}{z}\sqrt{1-z^2}\right) dz =$$
$$= \int R_2\left(z, \sqrt{1-z^2}\right) dz \quad . \tag{13}$$

Zur Rationalisierung von R_2 substituieren wir

$$x = x(w) = \frac{1 - w^2}{1 + w^2} \tag{14}$$

und erhalten

$$\int R_2 \left(x, \sqrt{1 - x^2} \right) dx =$$

$$= -\int R_2 \left(\frac{1 - w^2}{1 + w^2}, \frac{2w}{1 + w^2} \right) \cdot \frac{4w}{(1 + w^2)^2} \, dw = \int \widetilde{R}(w) \, dw \tag{15}$$

mit der gebrochen rationalen Funktion $\widetilde{R}$.
Setzen wir $y = \sqrt{x^2 + 1}$ im Falle des Integranden R_1, so folgt

$$y^2 - x^2 = (y - x)(y + x) = 1.$$

Mit $x + y = v$ erhalten wir $y - x = \frac{1}{v}$ sowie $2x = v - \frac{1}{v}$. Die Substitution

$$x = x(v) = \frac{1}{2} \left(v - \frac{1}{v} \right) \tag{16}$$

liefert schließlich

$$\int R_1 \left(x, \sqrt{1 + x^2} \right) dx =$$

$$\frac{1}{2} \int R_1 \left(\frac{v - \frac{1}{v}}{2}, \frac{v + \frac{1}{v}}{2} \right) \cdot \left(1 + \frac{1}{v^2} \right) dv = \int \widetilde{R}(v) \, dv \tag{17}$$

mit der gebrochen rationalen Funktion $\widetilde{R}$.

§2 Existenz des Riemannschen Integrals

Wir wollen nun die Überlegungen aus § 4 in Kapitel II auf Funktionen mehrerer
Veränderlicher ausdehnen – und zugleich eine Theorie der *im Riemannschen
Sinne integrablen* Funktionen entwickeln. Letztere Klasse umfasst die Gesamt-
heit der stetigen Funktionen – und wir werden in § 3 genauer die zulässige
Menge der Unstetigkeiten charakterisieren. Beginnen wir mit der fundamen-
talen

Definition 1. *Es seien die Vektoren*

$$a = (a_1, \ldots, a_n) \in \mathbb{R}^n \quad und \quad b = (b_1, \ldots, b_n) \in \mathbb{R}^n$$

mit $a_k < b_k$ für $k = 1, 2, \ldots, n$ gegeben. Dann erklären wir mit der Menge

$$Q := [a, b] = \{ x \in \mathbb{R}^n : a_k \leq x_k \leq b_k \text{ für } 1 \leq k \leq n \} \tag{1}$$

einen **Quader** *oder ein* **Parallelepiped** *im* $\mathbb{R}^n$. *Mit den Intervallen*

$$I_k := [a_k, b_k] = \{x_k \in \mathbb{R} : a_k \leq x_k \leq b_k\}, \quad k = 1, 2, \ldots, n, \tag{2}$$

wird der **elementargeometrische Inhalt von** Q *gegeben durch*

$$|Q| := \prod_{k=1}^{n} (b_k - a_k) = \prod_{k=1}^{n} |I_k|. \tag{3}$$

Weiter erklären wir als **Durchmesser** *oder auch* **Diameter** *von* Q *die Größe*

$$diam(Q) := \sqrt{\sum_{k=1}^{n} (b_k - a_k)^2} = \sqrt{\sum_{k=1}^{n} |I_k|^2}. \tag{4}$$

Definition 2. *Gemäß (1) und (2) stelle* $Q = I_1 \times \ldots \times I_n$ *einen Quader im* $\mathbb{R}^n$ *dar. Seien die Intervalle* I_k *jeweils in* p_k *Teilintervalle*

$$I_k^{(i_k)} := \left[x_k^{(i_k-1)}, x_k^{(i_k)} \right]$$

mit $1 \leq i_k \leq p_k$ *und* $p := (p_1, \ldots, p_n) \in \mathbb{N}^n$ *aufgeteilt, wobei die Anordnung*

$$a_k := x_k^{(0)} < x_k^{(1)} < \ldots < x_k^{(p_k-1)} < x_k^{(p_k)} =: b_k \tag{5}$$

für $k = 1, \ldots, n$ *gelte. Wir verwenden im Folgenden die* **Indexmenge**

$$\mathfrak{N} := \{i \in \mathbb{N}^n : 1 \leq i_k \leq p_k \text{ für } 1 \leq k \leq n\} \subset \mathbb{N}^n \quad .$$

Dann erklären wir eine **Zerlegung** $\mathcal{Z}$ **von** Q *durch die Teilquader*

$$Q_i := \left\{ x \in \mathbb{R}^n : x_k^{(i_k-1)} \leq x_k \leq x_k^{(i_k)}, 1 \leq k \leq n \right\} \tag{6}$$
$$mit \quad i := (i_1, \ldots, i_n) \in \mathfrak{N}.$$

Gemäß (4) definieren wir das **Feinheitsmaß der Zerlegung** $\mathcal{Z}$ *als*

$$\|\mathcal{Z}\| := max\{diam(Q_i) : i \in \mathfrak{N}\}. \tag{7}$$

Die Anzahl der Zerlegungsquader $Q_i = I_1^{(i_1)} \times \ldots \times I_n^{(i_n)}$ *ist durch die natürliche Zahl* $\prod_{k=1}^{n} p_k$ *gegeben.*

Hilfssatz 1. *Es sei* $\mathcal{Z}$ *eine beliebige Zerlegung von* Q *gemäß Definition 2. Dann gelten für alle* $i, j \in \mathfrak{N}$ *mit* $i \neq j$ *stets* $\mathring{Q}_i \cap \mathring{Q}_j = \emptyset$ *und* $|Q| = \sum_{i \in \mathfrak{N}} |Q_i|$.

Beweis:

1. Wir zeigen zunächst, dass zwei Teilquader $Q_i, Q_j \subset Q$ mit $i \neq j$ höchstens Randpunkte gemeinsam haben. Wegen

$$i = (i_1, \ldots, i_n) \quad \neq \quad j = (j_1, \ldots, j_n)$$

gibt es eine Komponente $1 \leq \nu \leq n$, so dass $i_\nu \neq j_\nu$ erfüllt ist. Somit folgt nach Konstruktion

$$I_\nu^{(i_\nu)} \neq I_\nu^{(j_\nu)} \text{ beziehungsweise } \mathring{I}_\nu^{(i_\nu)} \cap \mathring{I}_\nu^{(j_\nu)} = \emptyset. \tag{8}$$

Für einen inneren Punkt $x = (x_1, \ldots, x_n) \in \mathring{Q}_i$ von Q_i gilt $x_k \in \mathring{I}_k^{(i_k)}$ für $k = 1, \ldots, n$ und insbesondere $x_\nu \in \mathring{I}_\nu^{(i_\nu)}$. Wegen (8) kann x_ν kein innerer Punkt von $I_\nu^{(j_\nu)}$ sein, und somit folgt $x \notin \mathring{Q}_j$. Schließlich erhalten wir $\mathring{Q}_i \cap \mathring{Q}_j = \emptyset$.

2. Nach (3) erhalten wir

$$|Q| = \prod_{k=1}^{n} |I_k| = \prod_{k=1}^{n} \left(\sum_{1 \leq i_k \leq p_k} \left| I_k^{(i_k)} \right| \right) = \sum_{1 \leq i_k \leq p_k} \left(\prod_{k=1}^{n} \left| I_k^{(i_k)} \right| \right) = \sum_{i \in \mathfrak{N}} |Q_i|,$$

wobei über den Multiindex $i \in \mathfrak{N} = \{i \in \mathbb{N}^n : 1 \leq i_k \leq p_k, 1 \leq k \leq n\}$ summiert wird.

$$\text{q.e.d.}$$

Für nicht notwendig stetige Funktionen vereinbaren wir nun die beiden folgenden Definitionen.

Definition 3. *Auf dem Quader $Q \subset \mathbb{R}^n$ aus (1) sei die beschränkte Funktion $f : Q \to \mathbb{R}$ mit $|f(x)| \leq K$ für alle $x \in Q$ und einem $K \in (0, +\infty)$ sowie eine Zerlegung $\mathcal{Z}$ von $Q = \bigcup_{i \in \mathfrak{N}} Q_i$ gemäß (5) und (6) gegeben. Dann erklären wir*

$$m_i := \inf\{f(x) : x \in Q_i\} \quad und \quad M_i := \sup\{f(x) : x \in Q_i\} \tag{9}$$

für jedes $i \in \mathfrak{N}$, und wir setzen

$$s(f, \mathcal{Z}) := \sum_{i \in \mathfrak{N}} m_i \cdot |Q_i| \tag{10}$$

als **Untersumme von f bez. $\mathcal{Z}$** *bzw.*

$$S(f, \mathcal{Z}) := \sum_{i \in \mathfrak{N}} M_i \cdot |Q_i| \tag{11}$$

als **Obersumme von f bez. $\mathcal{Z}$.**

Bemerkungen:

1. Wir setzen

$$m := \inf\{f(x) : x \in Q\} \quad \text{sowie} \quad M := \sup\{f(x) : x \in Q\} \qquad (12)$$

und erhalten die Abschätzung

$$m \leq m_i \leq M_i \leq M \quad \text{für alle} \quad i \in \mathfrak{N} \quad .$$

Gemäß Hilfssatz 1 folgt dann

$$m \cdot |Q| = m \cdot \sum_{i \in \mathfrak{N}} |Q_i| \leq \sum_{i \in \mathfrak{N}} m_i \cdot |Q_i| = s(f, \mathcal{Z}) \quad \text{bzw.}$$

$$S(f, \mathcal{Z}) = \sum_{i \in \mathfrak{N}} M_i \cdot |Q_i| \leq M \cdot \sum_{i \in \mathfrak{N}} |Q_i| = M \cdot |Q| \quad .$$

Für eine beliebige Zerlegung $\mathcal{Z}$ von Q erhalten wir die Ungleichung

$$m \cdot |Q| \leq s(f, \mathcal{Z}) \leq S(f, \mathcal{Z}) \leq M \cdot |Q| \quad .$$

2. Weiter ist für eine beliebige Zerlegung $\mathcal{Z}$ von Q die folgende Identität erfüllt:

$$s(-f, \mathcal{Z}) = \sum_{i \in \mathfrak{N}} \inf\{-f(x) : x \in Q_i\} \cdot |Q_i|$$

$$= -\sum_{i \in \mathfrak{N}} \sup\{f(x) : x \in Q_i\} \cdot |Q_i| = -S(f, \mathcal{Z}) \quad .$$

Definition 4. *Unter Beachtung der Definitionen 2 und 3 setzen wir*

$$s(f) := \sup_{\mathcal{Z}} s(f, \mathcal{Z}) \quad und \quad S(f) := \inf_{\mathcal{Z}} S(f, \mathcal{Z}) \qquad (13)$$

als **unteres** *bzw.* **oberes Riemannsches Integral von** $f : Q \to \mathbb{R}$.

Bemerkung: Aus der obigen Bemerkung 2.) folgt

$$s(-f) = \sup_{\mathcal{Z}} s(-f, \mathcal{Z}) = \sup_{\mathcal{Z}} [-S(f, \mathcal{Z})] = -\inf_{\mathcal{Z}} S(f, \mathcal{Z}) = -S(f).$$

Bei den weiteren Betrachtungen können wir uns also auf die Untersuchung von Obersummen (11) und den oberen Integralen in (13) beschränken.

Auf dem obigen Quader $Q \subset \mathbb{R}^n$ seien eine beschränkte Funktion $f : Q \to \mathbb{R}$ sowie zwei Zerlegungen $\mathcal{Z}$ und $\mathcal{Z}^*$ von Q in Teilquader $Q_i, i \in \mathfrak{N}$ beziehungsweise $Q_k^*, k \in \mathfrak{N}^*$ gemäß Definition 2 gegeben. Wir erklären die Größen

$$M_i := \sup\{f(x) : x \in Q_i\} \text{ bez. } \mathcal{Z}, \quad M_k^* := \sup\{f(x) : x \in Q_k^*\} \text{ bez. } \mathcal{Z}^*.$$
$$(14)$$

Dann haben wir (11) als Obersumme von f bez. $\mathcal{Z}$ und setzen

$$S(f, \mathcal{Z}^*) := \sum_{k \in \mathfrak{N}^*} M_k^* \cdot |Q_k^*| \tag{15}$$

als Obersumme von f bez. $\mathcal{Z}^*$. Wir nennen die **Zerlegung $\mathcal{Z}^*$ feiner als die Zerlegung $\mathcal{Z}$**, wenn es für alle $k \in \mathfrak{N}^*$ ein $i = i(k) \in \mathfrak{N}$ derart gibt, dass $Q_k^* \subset Q_i$ gilt. Dann folgt aus

$$M_k^* \leq M_{i(k)} \quad \text{für alle} \quad k \in \mathfrak{N}^*$$

die Ungleichung

$$S(f, \mathcal{Z}^*) \leq S(f, \mathcal{Z}) \quad . \tag{16}$$

Der nachfolgende Hilfssatz vergleicht nun zwei Zerlegungen, welche nicht notwendig *'feiner als'* geordnet sind.

Hilfssatz 2. *Wir betrachten auf dem Quader $Q \subset \mathbb{R}^n$ eine beschränkte Funktion $f : Q \to \mathbb{R}$ mit (12) und zwei Zerlegungen $\mathcal{Z}$ sowie $\mathcal{Z}^*$ von Q. Dann gibt es eine nur von der Zerlegung $\mathcal{Z}$ von Q abhängige Zahl $\Theta = \Theta(\mathcal{Z}) \in (0, +\infty)$, so dass für jede Zerlegung $\mathcal{Z}^*$ von Q die Ungleichung*

$$S(f, \mathcal{Z}^*) \leq S(f, \mathcal{Z}) + \Theta(\mathcal{Z}) \cdot (M - m) \cdot \|\mathcal{Z}^*\| \tag{17}$$

gilt mit dem Feinheitsmaß $\|\mathcal{Z}^*\| = \max\{diam(Q_k^*) : k \in \mathfrak{N}^*\}$ und der Indexmenge $\mathfrak{N}^* := \{k \in \mathbb{N}^n : 1 \leq k_\nu \leq q_\nu \text{ für } 1 \leq \nu \leq n\}$ mit dem Multiindex $q = (q_1, q_2, \ldots, q_n) \in \mathbb{N}^n$.

Beweis: 1.) Wir können durch den Übergang von f zur Funktion

$$g(x) := f(x) - m, \quad x \in Q$$

ohne Einschränkung $m = 0$ annehmen. Seien nun $\mathcal{Z}$ und $\mathcal{Z}^*$ zwei beliebige Zerlegungen von Q gemäß Definition 2 mit den Zerlegungsquadern

$$Q_k^* = \left\{ x \in \mathbb{R}^n : \overset{*(k_\nu - 1)}{x_\nu} \leq x_\nu \leq \overset{*(k_\nu)}{x_\nu}, 1 \leq \nu \leq n \right\}, k = (k_1, k_2, \ldots, k_n) \in \mathfrak{N}^*.$$

Somit sind die Identitäten

$$Q = \bigcup_{i \in \mathfrak{N}} Q_i = \bigcup_{k \in \mathfrak{N}^*} Q_k^*$$

und

$$Q_i = I_1^{(i_1)} \times \ldots \times I_n^{(i_n)} \quad \text{bzw.} \quad Q_k^* = \overset{*(k_1)}{I_1} \times \ldots \times \overset{*(k_n)}{I_n}$$

sowie (9), (11), (14), (15) erfüllt.

2.) Dann können genau zwei Fälle bez. der Teilquader Q_k^* eintreten:

Fall (a): $Q_k^* \in \mathfrak{A}$ gilt, falls es einen Quader Q_i der Zerlegung $\mathcal{Z}$ mit $Q_k^* \subset Q_i$ gibt – d.h. $\overset{*(k_\nu)}{I_\nu} \subset I_\nu^{(i_\nu)}$ für $\nu = 1, 2, \ldots, n$ ist erfüllt.

Fall (b): $Q_k^* \in \mathfrak{B}$ gilt, falls eine Komponente $\nu \in \{1, 2, \ldots, n\}$ und ein zugehöriges $k_\nu \in \{1, 2, \ldots, q_\nu\}$ derart existieren, dass das Intervall $\overset{*(k_\nu)}{I_\nu}$ einen der Punkte $x_\nu^{(1)}, x_\nu^{(2)}, \ldots, x_\nu^{(p_\nu-1)}$ der Teilung des Intervalls $I_\nu = [a_\nu, b_\nu]$ von $\mathcal{Z}$ im Inneren enthält.

Es sei K_ν die Menge aller natürlichen Zahlen k_ν mit $1 \leq k_\nu \leq q_\nu$ und obiger Eigenschaft. Dann besitzt die Menge K_ν höchstens $p_\nu - 1$ Elemente. Für die Klasse $\mathfrak{B}$ folgt die Inklusion

$$
\bigcup_{Q_k^* \in \mathfrak{B}} Q_k^* \subset \bigcup_{\nu=1}^{n} \left\{ \bigcup_{k_\nu \in K_\nu, \mu \neq \nu : 1 \leq k_\mu \leq q_\mu} \left[\overset{*(k_1)}{I_1} \times \ldots \times \overset{*(k_\nu)}{I_\nu} \times \ldots \times \overset{*(k_n)}{I_n} \right] \right\}.
$$

Wir schätzen wir mit obigen Vorüberlegungen für die Klasse $\mathfrak{B}$ wie folgt ab:

$$
\sum_{Q_k^* \in \mathfrak{B}} |Q_k^*| \leq \sum_{\nu=1}^{n} \left\{ \sum_{k_\nu \in K_\nu, \mu \neq \nu : 1 \leq k_\mu \leq q_\mu} \left| \overset{*(k_1)}{I_1} \right| \cdot \ldots \cdot \left| \overset{*(k_\nu)}{I_\nu} \right| \cdot \ldots \cdot \left| \overset{*(k_n)}{I_n} \right| \right\}
$$

$$
= \sum_{\nu=1}^{n} \left\{ (b_1 - a_1) \cdot \ldots \cdot \left(\sum_{k_\nu \in K_\nu} \left| \overset{*(k_\nu)}{I_\nu} \right| \right) \cdot \ldots \cdot (b_n - a_n) \right\}
$$

$$
\leq \sum_{\nu=1}^{n} \frac{|Q|}{|b_\nu - a_\nu|} \cdot (p_\nu - 1) \cdot \|\mathcal{Z}^*\| =: \Theta(\mathcal{Z}) \cdot \|\mathcal{Z}^*\|.
$$

3.) Wir beachten die folgenden Abschätzungen

$$
M_k^* = \sup\{f(x) : x \in Q_k^*\} \leq \sup\{f(x) : x \in Q_i\} = M_i \text{ für } Q_k^* \subset Q_i
$$

und

$$
M_k^* = \sup\{f(x) : x \in Q_k^*\} \leq M \text{ für alle } k \in \mathfrak{N}^* \quad .
$$

Nun können wir die Ungleichung (17) für $m = 0$ wie folgt herleiten:

$$
S(f, \mathcal{Z}^*) \overset{(15)}{=} \sum_{k \in \mathfrak{N}^*} M_k^* \cdot |Q_k^*| = \sum_{Q_k^* \in \mathfrak{A}} M_k^* \cdot |Q_k^*| + \sum_{Q_k^* \in \mathfrak{B}} M_k^* \cdot |Q_k^*|
$$

$$
\leq \sum_{i \in \mathfrak{N}} M_i \cdot |Q_i| + M \cdot \sum_{Q_k^* \in \mathfrak{B}} |Q_k^*| \overset{(9)}{\leq} S(f, \mathcal{Z}) + M \cdot \Theta(\mathcal{Z}) \cdot \|\mathcal{Z}^*\|.
$$

q.e.d.

Zentrale Bedeutung besitzt die folgende

Definition 5. *Eine* **Folge** $\{\mathcal{Z}_j\}_{j\in\mathbb{N}}$ **von Zerlegungen** *eines Quaders Q mit dem Feinheitsmaß* $\lim\limits_{j\to\infty}\|\mathcal{Z}_j\| = 0$ *nennen wir* **ausgezeichnet**.

Hilfssatz 2 impliziert den fundamentalen

Satz 1. *Auf dem Quader $Q \subset \mathbb{R}^n$ sei eine beschränkte Funktion $f : Q \to \mathbb{R}$ gegeben, und ferner bilde $\{\mathcal{Z}_j\}_{j\in\mathbb{N}}$ eine ausgezeichnete Zerlegungsfolge von Q. Dann folgt $S(f) = \lim\limits_{j\to\infty} S(f, \mathcal{Z}_j)$ und $s(f) = \lim\limits_{j\to\infty} s(f, \mathcal{Z}_j)$.*

Beweis: Es genügt, die Gleichheit nur für das obere Integral von f zu beweisen. Wegen (13) gibt es eine Folge von Zerlegungen $\{\mathcal{Z}_l^*\}_{l\in\mathbb{N}}$ von Q mit $\lim\limits_{l\to\infty} S(f, \mathcal{Z}_l^*) = S(f)$. Sei nun $\{\mathcal{Z}_j\}_{j\in\mathbb{N}}$ eine ausgezeichnete Zerlegungsfolge von Q, so liefert Hilfssatz 2 die Abschätzung

$$S(f) \overset{(13)}{\le} S(f, \mathcal{Z}_j) \overset{(17)}{\le} S(f, \mathcal{Z}_l^*) + \Theta(\mathcal{Z}_l^*) \cdot (M - m) \cdot \|\mathcal{Z}_j\|.$$

Lassen wir bei festgehaltenem l zuerst $j \to \infty$ gehen, so erhalten wir

$$S(f) \le \liminf_{j\to\infty} S(f, \mathcal{Z}_j) \le \limsup_{j\to\infty} S(f, \mathcal{Z}_j) \le S(f, \mathcal{Z}_l^*) \quad \text{für alle} \quad l \in \mathbb{N}.$$

Beim Grenzübergang $l \to \infty$ ergibt sich

$$S(f) \le \liminf_{j\to\infty} S(f, \mathcal{Z}_j) \le \limsup_{j\to\infty} S(f, \mathcal{Z}_j) \le \lim_{l\to\infty} S(f, \mathcal{Z}_l^*) = S(f)$$

und damit $S(f) = \lim\limits_{j\to\infty} S(f, \mathcal{Z}_j)$.   q.e.d.

Satz 2. *Auf dem Quader $Q \subset \mathbb{R}^n$ sei eine beschränkte Funktion $f : Q \to \mathbb{R}$ gegeben. Dann gilt für jede Zerlegung $\mathcal{Z}$ von Q die Ungleichung*

$$s(f, \mathcal{Z}) \le s(f) \le S(f) \le S(f, \mathcal{Z}).$$

Beweis: Wegen (13) brauchen wir nur die Ungleichung $s(f) \le S(f)$ zu beweisen. Für eine ausgezeichnete Zerlegungsfolge $\{\mathcal{Z}_j\}_{j\in\mathbb{N}}$ von Q liefert Satz 1 die Identitäten

$$s(f) = \lim_{j\to\infty} s(f, \mathcal{Z}_j) \quad \text{und} \quad S(f) = \lim_{j\to\infty} S(f, \mathcal{Z}_j).$$

Weiter gilt

$$s(f, \mathcal{Z}_j) \le S(f, \mathcal{Z}_j) \quad \text{für} \quad j = 1, 2, \ldots$$

gemäß obiger Bemerkung 1.) Der Grenzübergang $j \to \infty$ ergibt dann die mittlere behauptete Ungleichung.   q.e.d.

Definition 6. *Auf dem Quader $Q \subset \mathbb{R}^n$ betrachten wir eine beschränkte Funktion $f : Q \to \mathbb{R}$. Dann setzen wir*

$$s(f) = \sup_{\mathcal{Z}} s(f, \mathcal{Z}) =: \underline{\int_Q} f(x)\, dx \qquad (18)$$

für das **untere Integral von f über Q** *und*

$$S(f) = \inf_{\mathcal{Z}} S(f, \mathcal{Z}) =: \overline{\int_Q} f(x)\, dx \qquad (19)$$

für das **obere Integral von f über Q.**

Definition 7. *Eine beschränkte Funktion $f : Q \to \mathbb{R}$ heißt über den Quader $Q \subset \mathbb{R}^n$* **Riemann-integrierbar** *genau dann, wenn*

$$\underline{\int_Q} f(x)\, dx = \overline{\int_Q} f(x)\, dx =: \int_Q f(x)\, dx \qquad (20)$$

gilt. In diesem Falle nennen wir (20) das **Riemannsche Integral von f über Q.**

Satz 3. *Auf dem Quader $Q \subset \mathbb{R}^n$ ist eine beschränkte Funktion $f : Q \to \mathbb{R}$ genau dann Riemann-integrierbar, wenn es zu jedem $\epsilon > 0$ eine Zerlegung $\mathcal{Z}_\epsilon$ von Q derart gibt, dass $S(f, \mathcal{Z}_\epsilon) - s(f, \mathcal{Z}_\epsilon) < \epsilon$ gilt.*

Beweis:
„$\Rightarrow$" Es sei f über Q Riemann-integrierbar. Für eine ausgezeichnete Zerlegungsfolge $\{\mathcal{Z}_j\}_{j \in \mathbb{N}}$ von Q liefert Satz 1, kombiniert mit den Definitionen 6 und 7, die Identitäten

$$\int_Q f(x)\, dx \overset{(20)}{=} \underline{\int_Q} f(x)\, dx \overset{(18)}{=} s(f) = \lim_{j \to \infty} s(f, \mathcal{Z}_j) \quad \text{bzw.}$$

$$\int_Q f(x)\, dx \overset{(20)}{=} \overline{\int_Q} f(x)\, dx \overset{(19)}{=} S(f) = \lim_{j \to \infty} S(f, \mathcal{Z}_j).$$

Wir erhalten somit $\lim_{j \to \infty} \{S(f, \mathcal{Z}_j) - s(f, \mathcal{Z}_j)\} = 0$. Also gibt es zu jedem $\epsilon > 0$ ein hinreichend großes $j = j(\epsilon) \in \mathbb{N}$ mit der Eigenschaft

$$S(f, \mathcal{Z}_{j(\epsilon)}) - s(f, \mathcal{Z}_{j(\epsilon)}) < \epsilon.$$

„$\Leftarrow$" Zu gegebenem $\epsilon > 0$ existiert eine Zerlegung $\mathcal{Z}_\epsilon$ von Q mit der Eigenschaft $S(f, \mathcal{Z}_\epsilon) - s(f, \mathcal{Z}_\epsilon) < \epsilon$. Insbesondere gilt nach Satz 2

$$s(f, \mathcal{Z}_\epsilon) \leq s(f) \leq S(f) \leq S(f, \mathcal{Z}_\epsilon).$$

Daraus folgt gemäß Definition 6 für jedes $\epsilon > 0$ die Abschätzung

$$S(f) - s(f) = \overline{\int_Q} f(x)\,dx - \underline{\int_Q} f(x)\,dx \leq S(f, \mathcal{Z}_\epsilon) - s(f, \mathcal{Z}_\epsilon) < \epsilon.$$

Dieses impliziert die Identität

$$\overline{\int_Q} f(x)\,dx = \underline{\int_Q} f(x)\,dx \quad,$$

und f ist über Q Riemann-integrierbar.   q.e.d.

Für Funktionen einer Veränderlichen haben wir bereits in § 4 aus Kapitel II den folgenden Begriff kennengelernt:

Definition 8. *Auf einem Quader $Q \subset \mathbb{R}^n$ sei eine beschränkte Funktion $f : Q \to \mathbb{R}$ gegeben. Weiter seien eine Zerlegung $\mathcal{Z}$ von $Q = \bigcup_{i \in \mathfrak{N}} Q_i$ und die* **Zwischenpunkte** $\xi_i \in Q_i, i \in \mathfrak{N}$ *gewählt. Dann nennen wir*

$$\Sigma(f, \mathcal{Z}, \xi) := \sum_{i \in \mathfrak{N}} f(\xi_i) \cdot |Q_i|$$

die **Riemannsche Zwischensumme von f zur Zerlegung $\mathcal{Z}$ und zu den Zwischenpunkten** $\xi := \{\xi_i : i \in \mathfrak{N}\}$.

In § 4 aus Kapitel II haben wir das nachfolgende Kriterium zur Definition der Riemann-Integrierbarkeit herangezogen:

Satz 4. *Sei $Q \subset \mathbb{R}^n$ ein Quader. Eine beschränkte Funktion $f : Q \to \mathbb{R}$ ist über Q genau dann Riemann-integrierbar, wenn für jede ausgezeichnete Zerlegungsfolge $\{\mathcal{Z}_j\}_{j \in \mathbb{N}}$ von Q und jede Wahl der Zwischenpunkte*

$$\xi^{(j)} := \{\xi_i^{(j)} \in Q_i^{(j)}, i \in \mathfrak{N}_j\}$$

die Folge der Riemannschen Zwischensummen

$$\Sigma(f, \mathcal{Z}_j, \xi^{(j)}) := \sum_{i \in \mathfrak{N}_j} f(\xi_i^{(j)}) \cdot \left|Q_i^{(j)}\right| \quad, \quad j = 1, 2, \ldots$$

von f konvergiert. In diesem Fall gilt

$$\lim_{j \to \infty} \Sigma(f, \mathcal{Z}_j, \xi^{(j)}) = \int_Q f(x)\,dx.$$

Beweis:

„⇒" Es sei f über Q Riemann-integrierbar. Dann haben wir für jedes $j \in \mathbb{N}$ die Ungleichungen

$$\sum_{i \in \mathfrak{N}_j} m_i^{(j)} \cdot \left| Q_i^{(j)} \right| \leq \sum_{i \in \mathfrak{N}_j} f(\xi_i^{(j)}) \cdot \left| Q_i^{(j)} \right| \leq \sum_{i \in \mathfrak{N}_j} M_i^{(j)} \cdot \left| Q_i^{(j)} \right| \quad \text{bzw.}$$

$$s(f, \mathcal{Z}_j) \leq \sum_{i \in \mathfrak{N}_j} f(\xi_i^{(j)}) \cdot \left| Q_i^{(j)} \right| \leq S(f, \mathcal{Z}_j).$$

Der Grenzübergang $j \to \infty$ liefert

$$\underline{\int_Q} f(x)\,dx = \int_Q f(x)\,dx = \lim_{j \to \infty} s(f, \mathcal{Z}_j) \leq \lim_{j \to \infty} \sum_{i \in \mathfrak{N}_j} f(\xi_i^{(j)}) \cdot \left| Q_i^{(j)} \right|$$

$$\leq \lim_{j \to \infty} S(f, \mathcal{Z}_j) = \overline{\int_Q} f(x)\,dx = \int_Q f(x)\,dx \quad ,$$

also die Konvergenz der Riemannschen Zwischensummen gegen das Integral.

„⇐" Sei nun $\{\mathcal{Z}_j\}_{j \in \mathbb{N}}$ eine ausgezeichnete Zerlegungsfolge von Q. Mit Hilfe der Definitionen von Supremum bzw. Infimum können wir für $j = 1, 2, \ldots$ geeignete Zwischenpunkte

$$\xi^{(j)} := \{\xi_i^{(j)} \in Q_i^{(j)} : i \in \mathfrak{N}_j\} \quad \text{und} \quad \eta^{(j)} := \{\eta_i^{(j)} \in Q_i^{(j)} : i \in \mathfrak{N}_j\}$$

mit den Indexmengen $\mathfrak{N}_j \subset \mathbb{N}^n$ derart wählen, dass die Zwischensummen

$$\Sigma(f, \mathcal{Z}_j, \xi^{(j)}) := \sum_{i \in \mathfrak{N}_j} f(\xi_i^{(j)}) \cdot \left| Q_i^{(j)} \right| \quad \text{und} \quad \Sigma(f, \mathcal{Z}_j, \eta^{(j)}) := \sum_{i \in \mathfrak{N}_j} f(\eta_i^{(j)}) \cdot \left| Q_i^{(j)} \right|$$

die Ungleichungen

$$\left| \Sigma(f, \mathcal{Z}_j, \xi^{(j)}) - S(f, \mathcal{Z}_j) \right| < \frac{1}{j} \quad \text{bzw.} \quad \left| \Sigma(f, \mathcal{Z}_j, \eta^{(j)}) - s(f, \mathcal{Z}_j) \right| < \frac{1}{j}$$

erfüllen. Somit folgt

$$\lim_{j \to \infty} \Sigma(f, \mathcal{Z}_j, \xi^{(j)}) = \overline{\int_Q} f(x)\,dx \quad \text{und} \quad \lim_{j \to \infty} \Sigma(f, \mathcal{Z}_j, \eta^{(j)}) = \underline{\int_Q} f(x)\,dx.$$

Da nach Voraussetzung auch die gemischte Zahlenfolge

$$\Sigma(f, \mathcal{Z}_1, \xi^{(1)}), \Sigma(f, \mathcal{Z}_1, \eta^{(1)}), \Sigma(f, \mathcal{Z}_2, \xi^{(2)}), \Sigma(f, \mathcal{Z}_2, \eta^{(2)}), \ldots$$

konvergiert, erhalten wir

$$\overline{\int_Q} f(x)\,dx = \underline{\int_Q} f(x)\,dx.$$

Also ist f über Q Riemann-integrierbar. $\hspace{2cm}$ q.e.d.

§3 Klassen Riemann-integrierbarer Funktionen

Beginnen wir mit der

Definition 1. *Sei die Dimensionen $m, n \in \mathbb{N}$ fest gewählt. Auf dem Quader $Q \subset \mathbb{R}^n$ sei eine beschränkte Funktion $f = (f_1(x), \ldots, f_m(x)) : Q \to \mathbb{R}^m$ gegeben. Dann heißt f **über** Q **Riemann-integrierbar** oder kurz **integrierbar**, wenn alle Komponentenfunktionen*

$$f_j = f_j(x) : Q \to \mathbb{R} \quad \text{für} \quad j = 1, \ldots, m$$

gemäß Definition 7 in §2 Riemann-integrierbar sind. Wir setzen dann als **Riemannsches Integral**

$$\int_Q f(x)\,dx := \left(\int_Q f_1(x)\,dx\,, \ldots, \int_Q f_m(x)\,dx \right) \quad . \tag{1}$$

Diese Definition erlaubt es, sich beim Riemannschen Integral auf reellwertige Funktionen zu konzentrieren.

Von unabhängiger Bedeutung ist die

Definition 2. *Für die beschränkte Funktion $f : Q \to \mathbb{R}^m$ erklären wir die* **Oszillation auf einer Teilmenge** $Q' \subset Q$ *des Quaders Q durch*

$$osc(f, Q') := \sup\{|f(x) - f(y)| : x, y \in Q'\} \quad . \tag{2}$$

Definition 3. *Wir betrachten auf dem Quader $Q \subset \mathbb{R}^n$ eine beschränkte Funktion $f : Q \to \mathbb{R}^m$. Für eine Zerlegung $\mathcal{Z}$ von $Q = \bigcup_{i \in \mathfrak{N}} Q_i$ gemäß Definition 2 aus §2 nennen wir*

$$\sigma(f, \mathcal{Z}) := \sum_{i \in \mathfrak{N}} osc(f, Q_i) \cdot |Q_i| \tag{3}$$

die **Schwankung von** f **auf** Q **bez. der Zerlegung** $\mathcal{Z}$.

Bemerkung: Wegen der Eigenschaft

$$\sigma(f, Q') = \sup\{f(x) : x \in Q'\} - \inf\{f(x) : x \in Q'\}$$

für beschränkte reellwertige Funktionen $f : Q \to \mathbb{R}$ und beliebige Teilmengen $Q' \subset Q$ ermitteln wir – über die Definition 3 aus §2 – die folgende Identität:

$$\sigma(f, \mathcal{Z}) = \sum_{i \in \mathfrak{N}} osc\,(f, Q_i) \cdot |Q_i|$$
$$= \sum_{i \in \mathfrak{N}} (\sup\{f(x) : x \in Q_i\} - \inf\{f(x) : x \in Q_i\}) \cdot |Q_i|$$
$$= \sum_{i \in \mathfrak{N}} M_i \cdot |Q_i| - \sum_{i \in \mathfrak{N}} m_i \cdot |Q_i| = S(f, \mathcal{Z}) - s(f, \mathcal{Z}). \tag{4}$$

Das Hauptergebnis aus §2 fassen wir nun wie folgt zusammen.

Satz 1 (Riemannsches Integrabilitätskriterium). *Für eine beschränkte Funktion $f = (f_1, \ldots, f_m) : Q \to \mathbb{R}^m$ auf einem Quader $Q \subset \mathbb{R}^n$ gelten die folgenden Aussagen:*

1. *Wenn es eine ausgezeichnete Zerlegungsfolge $\{\mathcal{Z}_j\}_{j \in \mathbb{N}}$ mit der Schwankung $\lim\limits_{j \to \infty} \sigma(f, \mathcal{Z}_j) = 0$ gibt, dann ist f über Q Riemann-integrierbar.*
2. *Wenn f über Q Riemann-intergrierbar ist, dann erfüllt jede ausgezeichnete Zerlegungsfolge die Beziehung $\lim\limits_{j \to \infty} \sigma(f, \mathcal{Z}_j) = 0$ für die Schwankung.*

Beweis:

1. Alle Komponentenfunktionen erfüllen dann

$$\lim_{j \to \infty} \sigma(f_k, \mathcal{Z}_j) = 0 \quad \text{für} \quad k = 1, \ldots m \quad .$$

Mit der Identität (4) folgt

$$\lim_{j \to \infty} \{ S(f_k, \mathcal{Z}_j) - s(f_k, \mathcal{Z}_j) \} = 0 \quad .$$

Satz 3 in §2 liefert die Integrierbarkeit der Funktionen

$$f_k : Q \to \mathbb{R} \quad \text{für} \quad k = 1, \ldots, m \quad .$$

2. Für jede Komponentenfunktion $f_k : Q \to \mathbb{R}$ mit $k = 1, \ldots, m$ ergibt der Satz 1 aus §2 – kombiniert mit obiger Identität (4) – die Beziehung

$$\lim_{j \to \infty} \sigma(f_k, \mathcal{Z}_j) = 0 \quad \text{für} \quad k = 1, \ldots m \quad .$$

Beachten wir noch die Abschätzung

$$\sigma(f, \mathcal{Z}) \le \sigma(f_1, \mathcal{Z}) + \ldots + \sigma(f_m, \mathcal{Z}) \quad ,$$

so folgt $\lim\limits_{j \to \infty} \sigma(f, \mathcal{Z}_j) = 0$.

q.e.d.

Für Funktionen einer Veränderlichen kennen wir aus §4 in Kapitel II bereits

Satz 2. *Eine stetige Funktion $f : Q \to \mathbb{C}$ ist über Q Riemann-integrierbar.*

Beweis: Nach Satz 7 aus §1 in Kapitel II ist die Funktion f gleichmäßig stetig auf der kompakten Menge Q. Also existiert zu jedem $\epsilon > 0$ ein $\delta = \delta(\epsilon) > 0$ derart, dass für alle $x, y \in Q$ mit $|x - y| < \delta$ stets $|f(x) - f(y)| < \epsilon$ folgt. Für eine beliebige Zerlegung $\mathcal{Z}$ von $Q = \bigcup\limits_{i \in \mathfrak{N}} Q_i$ mit dem Feinheitsmaß $\|\mathcal{Z}\| < \delta$ folgt die Abschätzung

$$\sigma(f, \mathcal{Z}) = \sum_{i \in \mathfrak{N}} \sigma(f, Q_i) \cdot |Q_i| \le \sum_{i \in \mathfrak{N}} \epsilon \cdot |Q_i| = \epsilon \cdot |Q|.$$

Somit gibt es eine ausgezeichnete Zerlegungsfolge $\{\mathcal{Z}_j\}_{j \in \mathbb{N}}$ mit der Schwankung $\lim\limits_{j \to \infty} \sigma(\mathcal{Z}_j, f) = 0$. Nach Satz 1 ist f über Q Riemann-integrierbar. q.e.d.

Speziell für Funktionen einer Veränderlichen notieren wir den

Satz 3. *Auf dem Intervall $I := [a, b]$ mit $a, b \in \mathbb{R}$ und $a < b$ sei die (schwach) monotone Funktion $f : I \to \mathbb{R}$ gegeben. Dann ist f über I Riemann-integrierbar.*

Beweis: Wir können ohne Einschränkung annehmen, dass f auf I monoton nicht fallend sei. Dann betrachten wir eine beliebige Zerlegung

$$\mathcal{Z}: \quad a = x_0 < x_1 < \ldots < x_{N-1} < x_N = b$$

des Intervalls I in die $N \in \mathbb{N}$ Teilintervalle $I_k := [x_{k-1}, x_k]$ mit $I = \bigcup\limits_{k=1}^{N} I_k$ und dem Feinheitsmaß $\|\mathcal{Z}\| = \max\{(x_k - x_{k-1}) : k = 1, \ldots, N\}$. Wir berechnen die Schwankung von f auf I bez. $\mathcal{Z}$ wie folgt:

$$\begin{aligned}
\sigma(f, \mathcal{Z}) &= \sum_{k=1}^{N} \operatorname{osc}(f, I_k) \cdot |I_k| = \sum_{k=1}^{N} [f(x_k) - f(x_{k-1})] \cdot (x_k - x_{k-1}) \\
&\le \|\mathcal{Z}\| \cdot \sum_{k=1}^{N} [f(x_k) - f(x_{k-1})] = \|\mathcal{Z}\| \cdot [f(b) - f(a)].
\end{aligned} \tag{5}$$

Somit erhalten wir für eine ausgezeichnete Zerlegungsfolge $\{\mathcal{Z}_j\}_{j \in \mathbb{N}}$ des Intervalls I die Beziehung $\lim\limits_{j \to \infty} \sigma(f, \mathcal{Z}_j) = 0$. Das Riemannsche Integrabilitätskriterium liefert die Integrierbarkeit von f.   q.e.d.

Wollen wir das Volumen von Teilmengen im $\mathbb{R}^n$ messen, so bietet sich die Integration der folgenden unstetigen Funktionen an:

Definition 4. *Sei die Menge $E \subset\subset \mathring{Q}$ kompakt enthalten im Innern eines Quaders $Q \subset \mathbb{R}^n$, das heißt der topologische Abschluss $\overline{E} \subset \mathbb{R}^n$ ist kompakt und erfüllt die Inklusion $\overline{E} \subset \mathring{Q}$. Dann erklären wir die* **charakteristische Funktion der Menge E in Q** *durch*

$$\chi_E(x) = 1 \; \text{falls} \; x \in E \quad \text{und} \quad \chi_E(x) = 0 \; \text{falls} \; x \in Q \setminus E \quad . \tag{6}$$

Wir verweisen auf den Begriff der **Jordanschen Nullmenge** im nächsten Abschnitt, und zeigen mit dem Riemannschen Integrabilitätskriterium die folgende Aussage:

Satz 4. *Der topologische Rand ∂E einer Teilmenge $E \subset\subset \mathring{Q}$ stelle eine Jordansche Nullmenge im $\mathbb{R}^n$ dar. Dann ist die charakteristische Funktion χ_E Riemann-integrierbar über Q.*

Beweis: Für eine beliebige Zerlegung $\mathcal{Z}$ von $Q = \bigcup_{i \in \mathfrak{N}} Q_i$ schätzen wir die Schwankung der charakteristischen Funktion wie folgt ab:

$$\sigma(\chi_E, \mathcal{Z}) = \sum_{i \in \mathfrak{N}} \operatorname{osc}(\chi_E, Q_i) \cdot |Q_i| \le \sum_{i \in \mathfrak{N}:\, Q_i \cap \partial E \neq \emptyset} |Q_i| \quad . \tag{7}$$

Zu jedem vorgegebenen $\epsilon > 0$ können wir nun endlich viele achsenparallele Teilquader von Q finden, welche vereinigt ∂E überdecken und deren Gesamtinhalt diese Größe nicht übersteigt. Hierzu konstruieren wir eine Zerlegung $\mathcal{Z}$ von Q, so dass wir eine äquivalente Überdeckung mit Teilquadern aus dieser Zerlegung erreichen. Mittels (7) erhalten wir so eine ausgezeichnete Zerlegungsfolge $\mathcal{Z}_k$, $k = 1, 2, \ldots$ von Q mit der Schwankung $\sigma(\chi_E, \mathcal{Z}_k) \to 0\,(k \to \infty)$. Nach dem Riemannschen Integrabilitätskriterium ist die charakteristische Funktion χ_E dann integrierbar.   q.e.d.

Jetzt wollen wir wichtige Aussagen über die Klasse der beschränkten Riemann-integrierbaren Funktionen herleiten. Diese Klasse bildet einen Vektorraum, und ist unter Produkt- und Reziprokenbildung abgeschlossen.

Satz 5 (Riemann-integrierbare Funktionen). *Seien die beschränkten, über den Quader $Q \subset \mathbb{R}^n$ integrierbaren Funktionen $f : Q \to \mathbb{C}$ und $g : Q \to \mathbb{C}$ gegeben – sowie die Konstante $c \in \mathbb{C}$. Dann sind auch die folgenden Funktionen*

$$c \cdot f(x),\ x \in Q \quad f(x) + g(x),\ x \in Q \quad f(x) \cdot g(x),\ x \in Q \quad |f(x)|,\ x \in Q$$

über Q integrierbar. Wenn es zusätzlich ein $P > 0$ gibt, so dass die Bedingung

$$|f(x)| \ge P \quad \text{für alle} \quad x \in Q$$

erfüllt ist, dann ist auch die Funktion $\dfrac{1}{f(x)}$, $x \in Q$ integrierbar.

Beweis:

1. Seien die Funktionen f und g über Q integrierbar mit

$$K := \sup\{|f(x)| + |g(x)| : x \in Q\} < +\infty.$$

Dann betrachten wir zunächst $h(x) := f(x) \cdot g(x)$, $x \in Q$. Für eine Zerlegung

$$\mathcal{Z} : \quad Q = \bigcup_{i \in \mathfrak{N}} Q_i$$

haben wir

$$\text{osc}(h, Q_i) := \sup\{|h(x) - h(y)| : x, y \in Q_i\}.$$

Ferner schätzen wir für $x, y \in Q_i$ wie folgt ab:

$$|h(x) - h(y)| = |f(x)[g(x) - g(y)] + g(y)[f(x) - f(y)]|$$

$$\leq |f(x)| \cdot |g(x) - g(y)| + |g(y)| \cdot |f(x) - f(y)| \qquad (8)$$

$$\leq K \cdot [|f(x) - f(y)| + |g(x) - g(y)|].$$

Folglich ist die Ungleichung

$$\text{osc}(h, Q_i) \leq K[\text{osc}(f, Q_i) + \text{osc}(g, Q_i)] \qquad \text{für alle } i \in \mathfrak{N}$$

richtig, und wir erhalten

$$\sigma(h, \mathcal{Z}) \leq K[\sigma(f, \mathcal{Z}) + \sigma(g, \mathcal{Z})] \qquad \text{für jede Zerlegung } \mathcal{Z} \text{ von } Q. \qquad (9)$$

Jetzt betrachten wir eine ausgezeichnete Zerlegungsfolge $\{\mathcal{Z}_j\}_{j \in \mathbb{N}}$. Da f und g integrierbar sind, liefert Satz 1 die Beziehungen $\lim_{j \to \infty} \sigma(f, \mathcal{Z}_j) = 0$ und $\lim_{j \to \infty} \sigma(g, \mathcal{Z}_j) = 0$. Die Abschätzung (9) ergibt $\lim_{j \to \infty} \sigma(h, \mathcal{Z}_j) = 0$, und nach Satz 1 ist h über Q integrierbar.

2. Die Integrabilität der Linearkombination integrierbarer Funktionen zeigt man entsprechend. Schließlich entnehmen wir die Integrabilität der Funktion $|f(x)|$, $x \in Q$ der folgenden einfachen Abschätzung

$$\sigma(|f|, \mathcal{Z}) \leq \sigma(f, \mathcal{Z}) \qquad \text{für jede Zerlegung } \mathcal{Z} \text{ von } Q.$$

3. Für die über Q integrierbare Funktion f gebe es eine Zahl $P > 0$ mit der folgenden Eigenschaft:

$$|f(x)| \geq P \qquad \text{für alle } x \in Q \quad .$$

Dann betrachten wir die reziproke Funktion $\dfrac{1}{f(x)} : Q \to \mathbb{C}$. Wir ermitteln für alle $x, y \in Q_i$ die Abschätzung

$$\left| \frac{1}{f(x)} - \frac{1}{f(y)} \right| = \left| \frac{f(y) - f(x)}{f(x) \cdot f(y)} \right| \leq \frac{1}{P^2} |f(y) - f(x)|.$$

Es folgt $\text{osc}\left(\dfrac{1}{f}, Q_i\right) \leq \dfrac{1}{P^2} \text{osc}(f, Q_i)$ und somit

$$\sigma\left(\frac{1}{f}, \mathcal{Z}\right) \leq \frac{1}{P^2} \sigma(f, \mathcal{Z}) \qquad \text{für jede Zerlegung } \mathcal{Z} \text{ von } Q.$$

Wie im Teil 1.) ergibt sich die Integrierbarkeit von $\dfrac{1}{f}$ über Q.   q.e.d.

Satz 6 (Linearitätsregel). *Gegeben seien die beschränkten, über den Quader $Q \subset \mathbb{R}^n$ integrierbaren, komplexwertigen Funktionen f und g sowie die Konstanten $c, d \in \mathbb{C}$. Dann gilt die Identität*

$$\int_Q \Big(c \cdot f(x) + d \cdot g(x) \Big) \, dx = c \cdot \int_Q f(x) \, dx + d \cdot \int_Q g(x) \, dx. \qquad (10)$$

Somit ist das Riemannsche Integral ein **lineares Funktional** *auf dem $\mathbb{C}$-linearen Raum der beschränkten, integrierbaren Funktionen über Q.*

Beweis: Die Integrierbarkeit der Funktion $c \cdot f(x) + d \cdot g(x)$, $x \in Q$ ist nach Satz 5 klar. Seien $\{\mathcal{Z}_j\}_{j \in \mathbb{N}}$ eine ausgezeichnete Zerlegungsfolge von Q und $\xi_i^{(j)} \in Q_i^{(j)}$ mit $i \in \mathfrak{N}_j$ beliebig gewählte Zwischenpunkte für $j = 1, 2, \ldots$. Dann liefert Satz 4 aus §2 die behauptete Identität wie folgt:

$$\int_Q \Big(c \cdot f(x) + d \cdot g(x) \Big) \, dx = \lim_{j \to \infty} \sum_{i \in \mathfrak{N}_j} \Big(c \cdot f(\xi_i^{(j)}) + d \cdot g(\xi_i^{(j)}) \Big) \cdot \Big| Q_i^{(j)} \Big|$$

$$= \lim_{j \to \infty} \Big(c \cdot \sum_{i \in \mathfrak{N}_j} f(\xi_i^{(j)}) \cdot \Big| Q_i^{(j)} \Big| + d \cdot \sum_{i \in \mathfrak{N}_j} g(\xi_i^{(j)}) \cdot \Big| Q_i^{(j)} \Big| \Big) \qquad (11)$$

$$= c \cdot \int_Q f(x) \, dx + d \cdot \int_Q g(x) \, dx.$$

q.e.d.

Satz 7. *Für jede beschränkte, über den Quader $Q \subset \mathbb{R}^n$ integrierbare Funktion $f : Q \to \mathbb{C}$ gilt*

$$\left| \int_Q f(x) \, dx \right| \le \int_Q |f(x)| \, dx. \qquad (12)$$

Beweis: Wir approximieren gemäß Satz 4 aus §2 wieder durch Riemannsche Zwischensummen. Seien $\{\mathcal{Z}_j\}_{j \in \mathbb{N}}$ eine ausgezeichnete Zerlegungsfolge von Q und $\xi_i^{(j)} \in Q_i^{(j)}$ mit $i \in \mathfrak{N}_j$ beliebig gewählte Zwischenpunkte für $j = 1, 2, \ldots$. Dann liefert die Dreiecksungleichung die behauptete Ungleichung

$$\left| \int_Q f(x) \, dx \right| = \lim_{j \to \infty} \left| \sum_{i \in \mathfrak{N}_j} f(\xi_i^{(j)}) \cdot \Big| Q_i^{(j)} \Big| \right|$$

$$\le \lim_{j \to \infty} \sum_{i \in \mathfrak{N}_j} \Big| f(\xi_i^{(j)}) \Big| \cdot \Big| Q_i^{(j)} \Big| = \int_Q |f(x)| \, dx \quad,$$

denn auch $|f|$ ist nach Satz 5 integrierbar.   q.e.d.

Von großer Bedeutung für Abschätzungen bei Integralen ist der

Satz 8 (Mittelwertsatz der Integralrechnung). *Gegeben seien die beschränkten, über den Quader $Q \subset \mathbb{R}^n$ Riemann-integrierbaren, reellwertigen Funktionen $f, g : Q \to \mathbb{R}$, und es gelte $g(x) \geq 0$ für alle $x \in Q$. Dann gibt es ein*

$$\mu \quad \in \quad [\quad \inf \{f(x) : x \in Q\} \, , \, \sup \{f(x) : x \in Q\} \quad]$$

derart, dass die Identität

$$\int_Q f(x) \cdot g(x) \, dx = \mu \cdot \int_Q g(x) \, dx \tag{13}$$

erfüllt ist. Wenn außerdem f stetig auf Q ist, dann gibt es einen Punkt $\xi \in Q$ mit der Eigenschaft $\mu = f(\xi)$.

Beweis: 1.) Wir setzen $m := \inf \{f(x) : x \in Q\}$ und $M := \sup \{f(x) : x \in Q\}$. Seien $\{\mathcal{Z}_j\}_{j \in \mathbb{N}}$ eine ausgezeichnete Zerlegungsfolge von $Q = \bigcup_{i \in \mathfrak{N}_j} Q_i^{(j)}$ und $\xi_i^{(j)} \in Q_i^{(j)}$ mit $i \in \mathfrak{N}_j$ beliebig gewählte Zwischenpunkte für $j = 1, 2, \ldots$. Wegen $m \leq f(\xi_i^{(j)}) \leq M$ für alle $i \in \mathfrak{N}_j$ und $j \in \mathbb{N}$ folgt die Abschätzung

$$m \cdot g(\xi_i^{(j)}) \cdot \left| Q_i^{(j)} \right| \leq f(\xi_i^{(j)}) \cdot g(\xi_i^{(j)}) \cdot \left| Q_i^{(j)} \right| \leq M \cdot g(\xi_i^{(j)}) \cdot \left| Q_i^{(j)} \right| \quad . \tag{14}$$

Die Summation über i liefert

$$m \cdot \sum_{i \in \mathfrak{N}_j} g(\xi_i^{(j)}) \cdot \left| Q_i^{(j)} \right| \leq \sum_{i \in \mathfrak{N}_j} f(\xi_i^{(j)}) \cdot g(\xi_i^{(j)}) \cdot \left| Q_i^{(j)} \right| \leq M \cdot \sum_{i \in \mathfrak{N}_j} g(\xi_i^{(j)}) \cdot \left| Q_i^{(j)} \right| . \tag{15}$$

Mittels Satz 4 aus § 2 erhalten wir durch Grenzübergang $j \to \infty$ die Identität

$$m \cdot \int_Q g(x) \, dx \leq \int_Q f(x) \cdot g(x) \, dx \leq M \cdot \int_Q g(x) \, dx \quad . \tag{16}$$

Falls $\int_Q g(x) \, dx = 0$ gilt, so ist wegen der Abschätzung (16) die Identität (13) mit $\mu := \frac{1}{2}(m + M)$ erfüllt.

Sei nun $\int_Q g(x) \, dx > 0$ gültig. Aus (16) folgt dann die erste Behauptung mit

$$\mu := \frac{\int_Q f(x) \cdot g(x) \, dx}{\int_Q g(x) \, dx} \quad \in \quad [\, m \, , \, M \,] \quad . \tag{17}$$

2.) Die zweite Behauptung weisen wir wie folgt nach: Als stetige Funktion auf einer kompakten Menge Q nimmt f sowohl ihr Minimum $m \in \mathbb{R}$ als auch ihr Maximum $M \in \mathbb{R}$ an, d.h. es gibt Punkte $x_{\min} \in Q$ und $x_{\max} \in Q$ mit $f(x_{\min}) = m$ und $f(x_{\max}) = M$. Wir betrachten nun auf der in Q gelegenen Verbindungsstrecke die Funktion $\Phi(t) := f(x_{\min} + t(x_{\max} - x_{\min}))$ für $t \in [0, 1]$ mit $\Phi(0) = m$ und $\Phi(1) = M$. Nach dem Zwischenwertsatz existiert ein $\tau \in [0, 1]$ mit $\Phi(\tau) = \mu \in [m, M]$. Setzen wir $\xi := x_{\min} + \tau(x_{\max} - x_{\min}) \in Q$, so folgt $f(\xi) = \Phi(\tau) = \mu$. q.e.d.

Zum Abschluss dieses Paragraphen wenden wir uns nochmals den Funktionen einer reellen Veränderlichen zu.

Definition 5. *Auf dem Intervall $I = [a, b]$ mit den Grenzen $a, b \in \mathbb{R}$ und $a < b$ sowie der Bilddimension $m \in \mathbb{N}$ sei die Funktion $f : I \to \mathbb{R}^m$* **stückweise stetig** *im folgenden Sinne: Es gibt eine Zerlegung des Intervalls*

$$a = x_0 < x_1 < \ldots < x_{N-1} < x_N = b$$

in $N \in \mathbb{N}$ offene Teilintervalle

$$I_k := (x_{k-1}, x_k), \quad k = 1, 2, \ldots, N$$

derart, dass die Funktion $f : I_k \to \mathbb{R}^m \in C^0(I_k, \mathbb{R}^m)$ auf das abgeschlossene Intervall $\overline{I_k}$ für jedes $k \in \{1, \ldots, N\}$ stetig fortsetzbar ist.

Mit dem Riemannschen Integrabilitätskriterium zeigt man sofort den

Satz 9. *Wenn $f : I \to \mathbb{R}^m$ stückweise stetig ist, dann ist f über I integrierbar.*

Somit ist eine Funktion mit höchstens endlich vielen Sprungstellen noch Riemann-integrierbar! Eine entsprechende Aussage werden wir in § 4 für Funktionen in n Veränderlichen herleiten.

Zur Anwendung in Kapitel VI notieren wir den

Satz 10 (Allgemeiner Fundamentalsatz der Differential- und Integralrechnung). *Auf dem Intervall $I := [a, b]$ mit den Grenzen $a, b \in \mathbb{R}$ und $a < b$ besitze die stetige Funktion $f = (f_1, \ldots, f_m) : I \to \mathbb{R}^m \in C^0(I, \mathbb{R}^m)$ eine stückweise stetige Ableitung $f'(x)$, $x \in I \setminus \{x_0, \ldots, x_N\}$ gemäß der Definition 5. Dann gilt die Leibnizsche Identität*

$$\int\limits_a^b f'(x)\, dx = f(b) - f(a). \tag{18}$$

Beweis: Dieser wird analog zum Hilfssatz 1 aus § 5 in Kapitel II für jede Komponentenfunktion f_k durchgeführt. q.e.d.

Es seien $T \subset \mathbb{R}^n$ ein Quader der Dimension $n \in \mathbb{N}$ mit $n \geq 2$ und $f : T \to \mathbb{R}$ eine beschränkte, Riemann-integrierbare Funktion. Wir werden jetzt das n-dimensionale Integral

$$\int\limits_T f(z)\, dz = \int\limits_T f(z_1, z_2, \ldots, z_n)\, dz_1\, dz_2 \ldots dz_n \tag{19}$$

auf niederdimensionale Integrale zurückführen. Zu diesem Zweck denken wir uns die Indizes $(1, 2, \ldots, n)$ aufgeteilt in die Mengen $(r_1, \ldots, r_p)$ und $(s_1, \ldots, s_q)$ mit $p + q = n$, und wir setzen

$$z_{r_i} =: x_i\ (i = 1, 2, \ldots, p) \quad \text{sowie} \quad z_{s_j} =: y_j\ (j = 1, 2, \ldots, q).$$

Somit erhalten wir die Funktion

$$f(z) = f(x, y) = f(x_1, \ldots, x_p, y_1, \ldots, y_q),\ z := (x_1, \ldots, x_p, y_1, \ldots, y_q).$$

Wir betrachten nun Quader

$$Q := \{x \in \mathbb{R}^p : a_i \le x_i \le b_i,\, 1 \le i \le p\}$$

und

$$R := \{y \in \mathbb{R}^q : c_j \le y_j \le d_j,\, 1 \le j \le q\}$$

sowie den **Produktquader**

$$T = Q \times R = \{(x, y) \in \mathbb{R}^n : x \in Q,\, y \in R\} \subset \mathbb{R}^p \times \mathbb{R}^q = \mathbb{R}^n \quad .$$

Wir gehen aus von den Zerlegungen von Q in die Teilquader Q_k mit $\mathcal{Z}_Q$: $Q = \bigcup\limits_{k \in \mathfrak{N}} Q_k$ und von R in die Teilquader R_l mit $\mathcal{Z}_R : R = \bigcup\limits_{l \in \mathfrak{N}^*} R_l$ gemäß Definition 2 aus § 2. Diesen Zerlegungen entspricht eine **Produktzerlegung** von T in die Teilquader $T_{kl} := Q_k \times R_l$, $k \in \mathfrak{N}$, $l \in \mathfrak{N}^*$, so dass die Darstellung $\mathcal{Z}_T : T = \bigcup\limits_{k \in \mathfrak{N},\, l \in \mathfrak{N}^*} T_{kl}$ erfüllt ist.

Satz 11 (Iterierte Integration). *Wenn die Funktion $f : Q \times R \to \mathbb{R}$ beschränkt und Riemann-integrierbar ist, dann sind die Funktionen*

$$\varphi(x) := \underline{\int\limits_R} f(x, y)\, dy \quad , \quad x \in Q \quad \text{und} \quad \Phi(x) := \overline{\int\limits_R} f(x, y)\, dy \quad , \quad x \in Q$$

Riemann-integrierbar auf Q, und es gilt die Identität

$$\int\limits_{Q \times R} f(x, y)\, dx\, dy = \int\limits_Q \varphi(x)\, dx = \int\limits_Q \Phi(x)\, dx \quad .$$

Beweis: Wegen der Beschränktheit von $f : Q \times R \to \mathbb{R}$ existieren das untere Integral $\varphi(x)$ und das obere Integral $\Phi(x)$ von $f(x, .) : R \to \mathbb{R}$ für jedes $x \in Q$. Seien nun $\mathcal{Z}_Q$ eine Zerlegung von Q mit beliebigen Zwischenpunkten $\xi_k \in Q_k$

und $\mathcal{Z}_R$ eine Zerlegung von R. Es beschreibe $\mathcal{Z}_T$ eine Zerlegung von T in die Teilquader $T_{kl} := Q_k \times R_l$ wie oben. Wir erklären die folgenden Größen

$$m_{kl} := \inf\{f(x,y) : x \in Q_k,\, y \in R_l\},\ M_{kl} := \sup\{f(x,y) : x \in Q_k\, y \in R_l\}. \tag{20}$$

Dann folgen für jedes $k \in \mathfrak{N}$ die Ungleichungen

$$\sum_{l\in\mathfrak{N}^*} m_{kl}\cdot|R_l| \le \sum_{l\in\mathfrak{N}^*} \inf\{f(\xi_k,y) : y \in R_l\}\cdot|R_l| \le \underline{\int_R} f(\xi_k,y)\,dy = \varphi(\xi_k) \tag{21}$$

und

$$\sum_{l\in\mathfrak{N}^*} M_{kl}\cdot|R_l| \ge \sum_{l\in\mathfrak{N}^*} \sup\{f(\xi_k,y) : y \in R_l\}\cdot|R_l| \ge \overline{\int_R} f(\xi_k,y)\,dy = \Phi(\xi_k). \tag{22}$$

Beachten wir Satz 2 aus §2, so ergibt sich für alle $k \in \mathfrak{N}$ die Abschätzung

$$\sum_{l\in\mathfrak{N}^*} m_{kl}\cdot|R_l| \le \varphi(\xi_k) \le \Phi(\xi_k) \le \sum_{l\in\mathfrak{N}^*} M_{kl}\cdot|R_l|. \tag{23}$$

Multiplikation mit $|Q_k|$ sowie Summation über $k \in \mathfrak{N}$ liefert

$$\sum_{k\in\mathfrak{N},\,l\in\mathfrak{N}^*} m_{kl}\cdot|T_{kl}| = \sum_{k\in\mathfrak{N},\,l\in\mathfrak{N}^*} m_{kl}\cdot|Q_k|\cdot|R_l| \le \sum_{k\in\mathfrak{N}} \varphi(\xi_k)\cdot|Q_k|$$
$$\le \sum_{k\in\mathfrak{N}} \Phi(\xi_k)\cdot|Q_k| \le \sum_{k\in\mathfrak{N},\,l\in\mathfrak{N}^*} M_{kl}\cdot|Q_k|\cdot|R_l| = \sum_{k\in\mathfrak{N},\,l\in\mathfrak{N}^*} M_{kl}\cdot|T_{kl}|. \tag{24}$$

Jetzt seien $\left\{\mathcal{Z}_Q^{(j)}\right\}_{j\in\mathbb{N}}$ und $\left\{\mathcal{Z}_R^{(j)}\right\}_{j\in\mathbb{N}}$ ausgezeichnete Zerlegungsfolgen der Quader Q bzw. R. Dann ist auch $\left\{\mathcal{Z}_T^{(j)}\right\}_{j\in\mathbb{N}}$ eine ausgezeichnete Zerlegungsfolge von $T = Q \times R$. Da nach Voraussetzung $f : T \to \mathbb{R}$ integrierbar ist, erhalten wir aus der Ungleichung (24) durch Grenzübergang

$$\int_T f(z)\,dz = \lim_{j\to\infty} \sum_{k\in\mathfrak{N}_j,\,l\in\mathfrak{N}_j^*} m_{kl}^{(j)}\cdot\left|T_{kl}^{(j)}\right| \le \lim_{j\to\infty} \sum_{k\in\mathfrak{N}_j} \varphi(\xi_k^{(j)})\cdot\left|Q_k^{(j)}\right|$$
$$\le \lim_{j\to\infty} \sum_{k\in\mathfrak{N}_j} \Phi(\xi_k^{(j)})\cdot\left|Q_k^{(j)}\right| \le \lim_{j\to\infty} \sum_{k\in\mathfrak{N}_j,\,l\in\mathfrak{N}_j^*} M_{kl}^{(j)}\cdot\left|T_{kl}^{(j)}\right| = \int_T f(z)\,dz. \tag{25}$$

Also sind wegen Satz 4 aus §2 die Funktionen φ und Φ auf Q integrierbar, und es folgt die oben angegebene Identität.   q.e.d.

Im Allgemeinen müssen die Riemannschen Integrale über die eingeschränkten Funktionen $f(x,.) : R \to \mathbb{R}$ nicht für jedes $x \in Q$ existieren; wir notieren jedoch als Folgerung von Satz 11 den

Satz 12 (Iterierte Integration stetiger Funktionen). *Sei die Funktion $f : T \to \mathbb{R}$ auf $T = Q \times R$ stetig. Dann existieren die Riemann-Integrale $\varphi(x)$ und $\Phi(x)$ von $f(x,.) : R \to \mathbb{R}$ für jedes $x \in Q$, und es gilt die* **Identität der iterierten Integration**

$$\int\limits_T f(x,y)\, dx\, dy = \int\limits_R \left[\int\limits_Q f(x,y)\, dx \right] dy = \int\limits_Q \left[\int\limits_R f(x,y)\, dy \right] dx. \qquad (26)$$

Bemerkung: In §6 werden wir stetige Funktionen im $\mathbb{R}^n$ integrieren, welche auf dem Komplement einer kompakten Menge verschwinden. Diese nennt man *Testfunktionen*, welche einer Iterierten Integration zugänglich sind. So könnte man auch induktiv über die Raumdimension ein Integral für diese Funktionenklasse definieren.

§4 Integration über Jordan-Bereiche

Wir betrachten wieder achsenparallele Quader Q und Zerlegungen von Q in Teilquader gemäß den Definitionen 1 und 2 aus §2. Für eine beliebige Menge $E \subset \mathbb{R}^n$ verstehen wir unter $\mathring{E}$, $\overline{E}$ und ∂E wie üblich den offenen Kern, die abgeschlossene Hülle und den topologischen Rand von E .

Definition 1. *Eine Punktmenge $E \subset \mathbb{R}^n$ heißt* **Jordansche Nullmenge** *genau dann, wenn es zu jedem $\epsilon > 0$ eine* **endliche** *Anzahl $N = N(\epsilon) \in \mathbb{N}$ von (achsenparallelen) Quadern $Q_1, Q_2, \ldots, Q_N$ derart gibt, dass die* **Überdeckungseigenschaft**

$$E \subset \bigcup_{k=1}^{N} Q_k \qquad (1)$$

und die **Abschätzung des Gesamtinhalts**

$$\sum_{k=1}^{N} |Q_k| < \epsilon \qquad (2)$$

gültig sind.

Bemerkungen:

1. Wenn $E \subset \mathbb{R}^n$ eine Nullmenge ist und $F \subset E$ gilt, dann ist auch F eine Nullmenge.
2. Wenn $E_1, E_2, \ldots, E_p \subset \mathbb{R}^n$ nun $p \in \mathbb{N}$ Jordansche Nullmengen sind, dann bildet auch deren Vereinigung $\bigcup_{k=1}^{p} E_k$ eine Jordansche Nullmenge. Diese Eigenschaft bezeichnen wir als **endliche Vereinigungs-Stabilität Jordanscher Nullmengen.**

3. Die Menge $[0,1] \cap \mathbb{Q}$ ist keine Jordansche Nullmenge. Diese bildet jedoch eine *Lebesguesche Nullmenge*, welche wir in Kapitel VIII, §4 untersuchen werden.

Kombinieren wir die Beweisideen von Satz 2 und Satz 4 aus §3, so erhalten wir den fundamentalen

Satz 1. *Wenn die Funktion $f : Q \to \mathbb{C}$ beschränkt und überall bis auf eine Jordansche Nullmenge E stetig ist, dann ist f über Q Riemann-integrierbar.*

Beweis:

1.) Zu vorgegebenem $\epsilon > 0$ existieren nach obiger Definition $N = N(\epsilon) \in \mathbb{N}$ Quader $\tilde{Q}_1, \tilde{Q}_2, \ldots, \tilde{Q}_N$ mit $E \subset \bigcup_{k=1}^{N} \tilde{Q}_k$ und $\sum_{k=1}^{N} \left| \tilde{Q}_k \right| < \epsilon$. Zu jedem $\tilde{Q}_k$ bestimmen wir einen Quader Q_k^* mit $\tilde{Q}_k \subset \mathring{Q}_k^*$, d.h. $\tilde{Q}_k$ ist im Inneren von Q_k^* für $k = 1, 2, \ldots, N$ enthalten, so dass die Abschätzung $\sum_{k=1}^{N} |Q_k^*| < 2\epsilon$ erfüllt ist. Setzen wir nun $Q_k := Q_k^* \cap Q$ für $k = 1, 2, \ldots, N$, so erhalten wir

$$E \subset \bigcup_{k=1}^{N} Q_k =: M \quad \text{und} \quad \sum_{k=1}^{N} |Q_k| < 2\epsilon \quad . \tag{3}$$

Wir zeigen, dass die folgende Aussage gilt:

$$\overline{Q \setminus M} \cap E = \emptyset \quad . \tag{4}$$

Angenommen, dieser Durchschnitt wäre nicht leer. Dann existiert ein $x \in E$ und eine Punktfolge

$$\{x_l\}_{l=1,2,\ldots} \subset Q \setminus M \quad \text{mit} \quad x_l \to x \, (l \to \infty) \quad . \tag{5}$$

Wegen der Inklusion $E \subset \bigcup_{k=1}^{N} \tilde{Q}_k$ gibt es einen Index $k \in \{1, \ldots, N\}$, so dass $x \in \tilde{Q}_k$ erfüllt ist. Nach Konstruktion existiert ein $\eta > 0$ mit der Eigenschaft

$$\{y \in Q : |y - x| < \eta\} \subset Q_k^* \cap Q = Q_k \subset M \quad . \tag{6}$$

Die Bedingung (6) schließt aber die Existenz einer Folge gemäß (5) aus, und wir erhalten einen Widerspruch.

2.) Sei $\mathcal{Z}$ eine beliebige Zerlegung von Q gemäß Definition 2 aus §2 mit $Q = \bigcup_{i \in \mathfrak{N}} Q_i$. Wir können $\mathcal{Z}$ derart verfeinern, so dass für jeden Teilquader Q_k entweder $Q_k \subset M$ oder $Q_k \subset \overline{Q \setminus M}$ gilt. Hierzu nehmen wir die Zerlegungspunkte der überdeckenden Quader $Q_1, Q_2, \ldots, Q_N$ als Zerlegungspunkte in die Zerlegung $\mathcal{Z}$ auf. Wegen der Aussage (4) ist die Funktion

$$f : \overline{Q \setminus M} \to \mathbb{C}$$

auf ihrem kompakten Definitionsbereich $\overline{Q \setminus M}$ gleichmäßig stetig. Daher existiert zu gegebenem $\epsilon > 0$ ein $\delta = \delta(\epsilon) > 0$ derart, dass

$$|f(x) - f(y)| < \epsilon \text{ für alle } x, y \in \overline{Q \setminus M} \text{ mit } |x - y| < \delta \tag{7}$$

erfüllt ist. Wir wählen jetzt eine Zerlegung $\mathcal{Z} : Q = \bigcup_{i \in \mathfrak{N}} Q_i$ mit dem

Feinheitsmaß $\|\mathcal{Z}\| := \max \{ \operatorname{diam}(Q_i) : i \in \mathfrak{N} \} < \delta.$ Weiter ist nach Voraussetzung die Funktion f auf Q beschränkt, und wir erklären

$$K := \sup\{|f(x)| : x \in Q\} \in [0, +\infty) \quad . \tag{8}$$

Nun schätzen wir die Schwankung von f mit Hilfe von Definition 3 aus §3 und den Ungleichungen (3), (7), (8) wie folgt ab:

$$\sigma(f, \mathcal{Z}) = \sum_{i \in \mathfrak{N}} \operatorname{osc}(f, Q_i) \cdot |Q_i|$$

$$= \sum_{k \in \mathfrak{N}: Q_k \subset M} \operatorname{osc}(f, Q_k) \cdot |Q_k| + \sum_{k \in \mathfrak{N}: Q_k \subset \overline{Q \setminus M}} \operatorname{osc}(f, Q_k) \cdot |Q_k| \tag{9}$$

$$\leq 2K \cdot \sum_{k \in \mathfrak{N}: Q_k \subset M} |Q_k| + \epsilon \cdot \sum_{k \in \mathfrak{N}: Q_k \subset \overline{Q \setminus M}} |Q_k|$$

$$\leq 2K \cdot 2\epsilon + \epsilon \cdot |Q| = \epsilon \cdot (4K + |Q|) \quad .$$

3.) Schließlich gibt es eine ausgezeichnete Zerlegungsfolge $\{\mathcal{Z}_j\}_{j \in \mathbb{N}}$ von Q mit $\lim_{j \to \infty} \sigma(f, \mathcal{Z}_j) = 0.$ Also ist nach Satz 1 aus §3 die Funktion f über Q Riemann-integrierbar. q.e.d.

Satz 2. *Wenn $f : Q \to \mathbb{C}$ eine beschränkte Funktion ist, die auf dem Komplement einer Jordanschen Nullmenge $E \subset Q$ verschwindet, dann ist f über Q Riemann-integrierbar, und es gilt $\int\limits_Q f(x)\,dx = 0.$*

Beweis: Nach Satz 1 ist f über Q integrierbar. Wie im Beweis dieses Satzes konstruieren wir eine ausgezeichnete Zerlegungsfolge von Q in Abhängigkeit von der Nullmenge E:

$$\mathcal{Z}_j : \quad Q = \bigcup_{i \in \mathfrak{N}_j} Q_i^{(j)} \quad \text{für} \quad j = 1, 2, \ldots \quad . \tag{10}$$

Gemäß Definition 7 aus §2 betrachten wir ihre Riemannschen Zwischensummen

$$\sum_{i\in\mathfrak{N}_j} f(\xi_i^{(j)})\cdot\left|Q_i^{(j)}\right|$$

$$=\sum_{k\in\mathfrak{N}_j\,:\,Q_k\subset M_j} f(\xi_k^{(j)})\cdot\left|Q_k^{(j)}\right| + \sum_{k\in\mathfrak{N}_j\,:\,Q_k\subset\overline{Q\backslash M_j}} f(\xi_k^{(j)})\cdot\left|Q_k^{(j)}\right| \qquad(11)$$

$$=\sum_{k\in\mathfrak{N}_j\,:\,Q_k\subset M_j} f(\xi_k^{(j)})\cdot\left|Q_k^{(j)}\right| \qquad\text{für}\quad j=1,2,\dots \quad.$$

Nach Voraussetzung verschwindet nämlich $f(\xi_k^{(j)})=0$ für alle $k\in\mathfrak{N}_j$ mit der Eigenschaft $Q_k\subset\overline{Q\setminus M_j}$. Da f auf Q beschränkt ist, folgt die Abschätzung

$$\left|\sum_{i\in\mathfrak{N}_j} f(\xi_i^{(j)})\cdot\left|Q_i^{(j)}\right|\right| = \left|\sum_{k\in\mathfrak{N}_j\,:\,Q_k\subset M_j} f(\xi_k^{(j)})\cdot\left|Q_k^{(j)}\right|\right|$$

$$\leq K\cdot\sum_{k\in\mathfrak{N}_j\,:\,Q_k\subset M_j}\left|Q_k^{(j)}\right|\leq 2\epsilon_j\cdot K \qquad(12)$$

mit den Bezeichnungen aus dem Beweis zu Satz 1. Daher gibt es eine ausgezeichnete Zerlegungsfolge $\{\mathcal{Z}_j\}_{j\in\mathbb{N}}$ von Q, so dass

$$\lim_{j\to\infty}\sum_{k\in\mathfrak{N}_j} f(\xi_k^{(j)})\cdot\left|Q_k^{(j)}\right| = 0 \qquad(13)$$

erfüllt ist. Satz 4 aus §2 liefert nun die Behauptung.   q.e.d.

Zu Ehren des französischen Mathematikers C. Jordan, welcher das erste moderne Lehrbuch zur Analysis verfasst hat, vereinbart man die folgende

Definition 2. *Eine kompakte Punktmenge $J\subset\mathbb{R}^n$ heißt **Jordan-Bereich** im $\mathbb{R}^n$, wenn die Menge ihrer Randpunkte $\partial J=\left\{x\in\overline{J}:x\notin\mathring{J}\right\}$ eine Jordansche Nullmenge bildet.*

Bemerkungen:

1. Die abgeschlossenen Quader aus §2 bilden offenbar Jordan-Bereiche. Wir werden in Satz 4 interessante, nicht notwendig durch Ebenen begrenzte, Jordanbereiche kennenlernen.
2. Die endliche Vereinigung und der endliche Durchschnitt von Jordan-Bereichen bilden wieder Jordan-Bereiche. Diese Aussage entnehmen wir den entsprechenden Aussagen über Jordansche Nullmengen und über kompakte Mengen im $\mathbb{R}^n$.
3. Als Integrationsbereiche bieten sich beim Riemannschen Integral die Jordan-Bereiche an. Da nämlich stetige Funktionen auf kompakten Mengen beschränkt sind, ist nach Satz 1 der folgende Begriff sinnvoll:

Definition 3. *Es sei* $f : J \to \mathbb{C}$ *eine auf dem Jordan-Bereich* $J \subset \mathbb{R}^n$ *stetige Funktion. Ferner sei* $Q \subset \mathbb{R}^n$ *ein Quader mit* $J \subset \mathring{Q}$, *und wir setzen*

$$f_J(x) := \begin{cases} f(x) & \text{falls } x \in J \\ 0 & \text{falls } x \in Q \setminus J \end{cases} . \tag{14}$$

Wir erklären durch die Gleichung

$$\int\limits_J f(x)\,dx := \int\limits_Q f_J(x)\,dx \tag{15}$$

das **Riemann-Integral von** f **über den Jordan-Bereich** J.

Satz 3. *Es seien* $J_1, J_2, \ldots, J_p$ *nun* $p \in \mathbb{N}$ *Jordan-Bereiche im* $\mathbb{R}^n$ *mit der Eigenschaft*

$$\mathring{J}_j \cap \mathring{J}_k = \emptyset \quad \text{für alle} \quad j, k \in \{1, \ldots, p\} \text{ mit } j \neq k \quad .$$

Weiter erklären wir deren Vereinigung $J := \bigcup\limits_{k=1}^{p} J_k$. *Wenn* $f : J \to \mathbb{C}$ *eine stetige Funktion darstellt, dann gilt die Identität*

$$\int\limits_J f(x)\,dx = \sum_{k=1}^{p} \int\limits_{J_k} f(x)\,dx. \tag{16}$$

Beweis: Sei $Q \subset \mathbb{R}^n$ ein Quader mit $J \subset \mathring{Q}$. Wir betrachten die Funktion

$$F(x) := f_J(x) - \sum_{k=1}^{p} f_{J_k}(x), \quad x \in Q \quad . \tag{17}$$

Wir betrachten die Jordansche Nullmenge $\bigcup\limits_{k=1}^{p} \partial J_k$ und ermitteln

$$F(x) = 0 \quad \text{für alle} \quad x \in Q \setminus \bigcup_{k=1}^{p} \partial J_k \quad .$$

Da weiter $F : Q \to \mathbb{C}$ eine beschränkte Funktion darstellt, liefert Satz 2 die behauptete Identität:

$$0 = \int\limits_Q F(x)\,dx = \int\limits_Q \left[f_J(x) - \sum_{k=1}^{p} f_{J_k}(x) \right]\,dx$$

$$= \int\limits_Q f_J(x)\,dx - \sum_{k=1}^{p} \int\limits_Q f_{J_k}\,dx = \int\limits_J f(x)\,dx - \sum_{k=1}^{p} \int\limits_{J_k} f(x)\,dx. \tag{18}$$

q.e.d.

Definition 4. *Für einen Jordan-Bereich $J \subset \mathbb{R}^n$ heißt*

$$|J| := \int\limits_J 1 \, dx \qquad (19)$$

der **Jordansche Inhalt von** J.

Bemerkungen:

1. Seien ein Quader $Q \subset \mathbb{R}^n$ und der Jordan-Bereich $J \subset \mathring{Q}$ gegeben. Nach (14) und (15) ergibt sich mit der charakteristischen Funktion χ_J der Menge J die folgende Identität:

$$|J| = \int\limits_J 1 \, dx = \int\limits_Q \chi_J(x) \, dx \quad . \qquad (20)$$

   Also ist χ_J auf Q Riemann-integrierbar.

2. Wegen Definition 3 gilt für einen Jordan-Bereich $J \subset \mathring{Q} \subset \mathbb{R}^n$ und eine stetige Funktion $f : Q \to \mathbb{C}$ die Identität

$$\int\limits_J f(x) \, dx = \int\limits_Q f_J(x) \, dx = \int\limits_Q f(x) \cdot \chi_J(x) \, dx \quad . \qquad (21)$$

Somit bleiben die Sätze 5 bis 8 aus §3 für Integrale stetiger Funktionen $f, g : J \to \mathbb{C}$ über beliebige Jordan-Bereiche J gültig.

Wir wollen nun Integrale über spezielle Jordanbereiche berechnen, indem wir sie in niederdimensionale Integrale verwandeln. Somit können wir ggf. ein n-dimensionales Integral nach $n - 1$ Schritten auf ein Integral über ein 1-dimensionales Intervall zurückführen. Solche Integrale haben wir bereits in den Kapiteln II und III explizit für die elementaren Funktionen gelöst! In diesem Zusammenhang ist der folgende Begriff fundamental:

Definition 5. *Es sei $J \subset \mathbb{R}^n$ ein Jordan-Bereich. Gegeben seien zwei stetige Funktionen*

$$\varphi_j : J \to \mathbb{R} \quad (j = 1, 2) \quad \text{mit} \quad \varphi_1(x) \le \varphi_2(x) \quad \text{für alle} \quad x \in J \quad .$$

Dann erklären wir einen **Normalbereich K über dem Jordanbereich J** *durch*

$$K := \left\{ (x, y) \in \mathbb{R}^{n+1} : x \in J, \, \varphi_1(x) \le y \le \varphi_2(x) \right\}. \qquad (22)$$

Sehr große Bedeutung bei der Auswertung n-dimensionaler Integrale besitzt der nachfolgende

Satz 4 (Iterierte Integration über Normalbereiche). *Der Normalbereich K über dem Jordanbereich $J \subset \mathbb{R}^n$ aus Definition 5 bildet einen Jordan-Bereich im $\mathbb{R}^{n+1}$. Wenn die Funktion $f = f(x, y) : K \to \mathbb{R}$ stetig ist, dann gilt die* **Identität der iterierten Integration**

$$\int\limits_K f(x, y) \, dx \, dy = \int\limits_J \left[\int\limits_{\varphi_1(x)}^{\varphi_2(x)} f(x, y) \, dy \right] dx. \tag{23}$$

Beweis: 1.) Zunächst bildet $E := \partial J$ eine Jordansche Nullmenge im $\mathbb{R}^n$, welche von einem Quader gemäß $J \subset \overset{\circ}{Q} \subset \mathbb{R}^n$ umfasst werde. Wie im Beweis von Satz 1 konstruieren wir zu vorgegebenem $\epsilon > 0$ eine – von der Menge E abhängige – Zerlegung $\mathcal{Z} : Q = \bigcup_{i \in \mathfrak{N}} Q_i$ des Quaders Q. Diese besitze das Feinheitsmaß $\|\mathcal{Z}\| < \omega(\epsilon)$, wobei $\omega = \omega(\epsilon) > 0$ den gemeinsamen **Stetigkeitsmodul**

$$|\varphi_j(x') - \varphi_j(x'')| < \epsilon \text{ für alle } x', \, x'' \in J \text{ mit } |x' - x''| < \omega \quad (j = 1, 2) \tag{24}$$

der Grenzfunktionen φ_j, $j = 1, 2$ angibt. Letztere Funktionen sind nämlich auf der kompakten Menge J stetig – und somit dort auch gleichmäßig stetig. Wir setzen noch

$$L := \sup\{|\varphi_1(x)| + |\varphi_2(x)| + 1 : x \in J\} < +\infty \quad , \tag{25}$$

und wählen das Intervall $I := [-L, +L]$. Dann erklären wir die $(n + 1)$-dimensionalen Quader

$$T_k := Q_k \times I \quad , \quad \text{falls} \quad Q_k \subset M \quad \text{gilt.} \tag{26}$$

Weiter definieren wir die folgenden $(n + 1)$-dimensionalen Quader

$$T_k := Q_k \times I_k \quad \text{mit dem Doppelintervall}$$

$$I_k := [\varphi_1(\xi_k) - \epsilon, \varphi_1(\xi_k) + \epsilon] \cup [\varphi_2(\xi_k) - \epsilon, \varphi_2(\xi_k) + \epsilon] \tag{27}$$

und einem Zwischenpunkt $\xi_k \in Q_k \quad , \quad$ falls $\quad Q_k \subset \overline{J \setminus M} \quad$ gilt.

Nach Konstruktion gilt die Überdeckungseigenschaft

$$\partial K \subset \bigcup_{k \in \mathfrak{N} : Q_k \subset J \cup M} T_k \quad . \tag{28}$$

Weiter schätzen wir den $(n+1)$-dimensionalen Gesamtinhalt mittels (25)-(27) wie folgt ab:

$$\sum_{k \in \mathfrak{N}:\, Q_k \subset J \cup M} |T_k| = \sum_{k \in \mathfrak{N}:\, Q_k \subset M} |T_k| + \sum_{k \in \mathfrak{N}:\, Q_k \subset \overline{J \setminus M}} |T_k|$$

$$= \sum_{k \in \mathfrak{N}:\, Q_k \subset M} |Q_k \times I| + \sum_{k \in \mathfrak{N}:\, Q_k \subset \overline{J \setminus M}} |Q_k \times I_k| \tag{29}$$

$$\leq |I| \cdot \sum_{k \in \mathfrak{N}:\, Q_k \subset M} |Q_k| + \sum_{k \in \mathfrak{N}:\, Q_k \subset \overline{J \setminus M}} |I_k| \cdot |Q_k|$$

$$\leq 2L \cdot 2\epsilon + 4\epsilon \cdot |J| = 4\epsilon \cdot (L + |J|) \quad .$$

Da $\epsilon > 0$ beliebig gewählt war, bildet ∂K wegen (28) und (29) eine Jordansche Nullmenge.

2.) Wir betrachten jetzt den Quader $Q \times I = T \subset \mathbb{R}^{n+1}$ mit der Eigenschaft $K \subset \mathring{T}$ und erklären die Funktion

$$F(x,y) := \begin{cases} f(x,y) & \text{falls } (x,y) \in K \\ 0 & \text{falls } (x,y) \in T \setminus K \end{cases} .$$

Nach Teil 1.) ist die Funktion F über T integrierbar, und Satz 11 aus §3 über die iterierte Integration liefert

$$\int_K f(x,y)\, dx\, dy = \int_T F(x,y)\, dx\, dy$$

$$= \int_Q \left[\int_I F(x,y)\, dy \right] dx = \int_J \left[\int_{\varphi_1(x)}^{\varphi_2(x)} f(x,y)\, dy \right] dx. \tag{30}$$

q.e.d.

Beispiel 1. Zum Radius $r > 0$ und der Dimension $n \in \mathbb{N}$ betrachten wir die $(n+1)$-dimensionale abgeschlossene Kugel

$$K := \{(x,y) = (x_1, \ldots, x_n, y) \in \mathbb{R}^{n+1} : |x|^2 + y^2 \leq r^2\} \quad . \tag{31}$$

Definieren wir nun die n-dimensionale Kugel

$$J := \{x \in \mathbb{R}^n : |x| \leq r\}$$

und setzen

$$\varphi_j(x) := (-1)^j \sqrt{r^2 - |x|^2} \quad , \quad x \in J \quad \text{für} \quad j = 1, 2 \quad , \tag{32}$$

so ermitteln wir

$$K = \{(x,y) \in \mathbb{R}^{n+1} : \quad x \in J \text{ und } \varphi_1(x) \leq y \leq \varphi_2(x)\} \quad . \tag{33}$$

Somit können wir mit obigem Satz 4 Integrale stetiger Funktionen über $(n+1)$-dimensionale abgeschlossene Kugeln auf Integrale über n-dimensionale abgeschlossene Kugeln von gleichem Radius $r > 0$ zurückführen. Für $n = 1$ erhalten wir als 1-dimensionale Kugel das Intervall $[-r, +r]$, welches offenbar einen Jordanbereich in $\mathbb{R}$ darstellt.

§5 Uneigentliche Riemannsche Integrale im $\mathbb{R}^n$

Über beliebige offene Mengen $\Omega \subset \mathbb{R}^n$ wollen wir nun Integrale stetiger Funktionen $f : \Omega \to \mathbb{C}$ der Form $\int_\Omega f(x)\,dx$ erklären. Hierbei werden wir auch Integrale über unbeschränkte Mengen $\Omega \subset \mathbb{R}^n$ betrachten. Da es sich hier um ein *inneres Integral* handelt, werden wir *keine* Aussage über die Qualität des Randes $\partial\Omega$ benötigen.

Definition 1. *Es seien $\Omega \subset \mathbb{R}^n$ eine offene Menge und J_m, $m = 1, 2, \ldots$ eine Folge von kompakten Mengen mit $J_m \subset \Omega$ für alle $m \in \mathbb{N}$. Dann vereinbaren wir*

$$\lim_{m \to \infty} J_m = \Omega \quad \text{beziehungsweise} \quad J_m \to \Omega\,(m \to \infty) \quad , \tag{1}$$

wenn es zu jeder kompakten Menge $K \subset \Omega$ eine Zahl $N = N(K) \in \mathbb{N}$ gibt mit der Eigenschaft

$$K \subset J_m \quad \text{für alle} \quad m \geq N \quad .$$

In dieser Situation **schöpfen die Kompakta $J_1, J_2, \ldots$ die offene Menge Ω aus.** *Falls zusätzlich alle Mengen J_m mit $m \in \mathbb{N}$ Jordanbereiche sind, sprechen wir von einer* **Ausschöpfung der offenen Menge Ω durch die Jordanbereiche $\{J_m\}_{m=1,2,\ldots}$.**

Beispiel 1. Für $\Omega = \mathbb{R}^n$ mit $n \in \mathbb{N}$ und die Quaderfolge

$$J_m := [-m, m] \times \ldots \times [-m, +m], \, m = 1, 2, \ldots$$

haben wir die Beziehung $\lim_{m \to \infty} J_m = \mathbb{R}^n$.

Definition 2. *Für zwei nichtleere Mengen $A, B \subset \mathbb{R}^n$ ist der* **Abstand** *oder auch die* **Distanz der Mengen** *A und B durch*

$$dist(A, B) := \inf\{|x - y| : x \in A \text{ und } y \in B\}$$

erklärt. Insbesondere definieren wir den **Abstand eines Punktes** *$y \in \mathbb{R}^n$* **von der Menge** *A durch*

$$dist(y, A) := \inf\{|x - y| : x \in A\}.$$

Hilfssatz 1 (Distanzlemma). *Es seien $A, K \subset \mathbb{R}^n$ zwei nichtleere Mengen. Sei A abgeschlossen und K kompakt sowie $A \cap K = \emptyset$ erfüllt, dann folgt $dist(A, K) > 0$.*

Beweis: Angenommen, es würde dist $(A, K) = 0$ eintreten. Dann existieren Punktfolgen $\{x^{(m)}\}_{m \in \mathbb{N}} \subset A$ und $\{y^{(m)}\}_{m \in \mathbb{N}} \subset K$ mit der Eigenschaft $\lim\limits_{m \to \infty} \left| x^{(m)} - y^{(m)} \right| = 0$. Da K beschränkt ist, gibt es nach Satz 3 von Kapitel I, §4 eine konvergente Teilfolge $\{y^{(m_k)}\}_{k=1,2,\dots} \subset \{y^{(m)}\}$ mit $\lim\limits_{k \to \infty} y^{(m_k)} = \eta \in \mathbb{R}^n$. Da K eine abgeschlossene Menge bildet, folgt $\eta \in K$. Wegen $\lim\limits_{k \to \infty} \left| x^{(m_k)} - y^{(m_k)} \right| = 0$ erhalten wir $\lim\limits_{k \to \infty} x^{(m_k)} = \eta \in A$, denn A ist abgeschlossen. Also gibt es einen Punkt $\eta \in A \cap K$ – im Widerspruch zu $A \cap K = \emptyset$. Somit muss dist $(A, K) > 0$ richtig sein.   q.e.d.

Hilfssatz 2 (Ausschöpfungslemma). *Zu jeder offenen Menge $\Omega \subset \mathbb{R}^n$ gibt es eine Folge von Jordan-Bereichen*

$$J_m \subset \Omega, \quad m = 1, 2, \dots \quad mit \quad J_m \to \Omega \, (m \to \infty) \quad .$$

Beweis: Für festes $m \in \mathbb{N}$ betrachten wir den Würfel

$$W_m := \{ x \in \mathbb{R}^n : |x_i| \le m \text{ für } 1 \le i \le n \} .$$

Wir konstruieren eine gleichmäßige Zerlegung von W_m in die Teilquader $Q_k^{(m)}$ der Seitenlänge $\dfrac{1}{m}$ gemäß

$$\mathcal{Z}_m : W_m = \bigcup_{k \in \mathfrak{N}_m} Q_k^{(m)}$$

vom Feinheitsmaß $\| \mathcal{Z}_m \| = \dfrac{\sqrt{n}}{m}$. Man zeigt leicht, dass die Folge von Jordan-Bereichen

$$J_m := \bigcup_{k \in \mathfrak{N}_m : Q_k^{(m)} \subset \Omega} Q_k^{(m)} \quad , \quad m = 1, 2, \dots \tag{2}$$

die offene Menge Ω ausschöpft. Offenbar sind $J_m \subset \Omega$ Jordan-Bereiche, und es bleibt (1) zu zeigen: Sei $K \subset \Omega$ eine beliebige kompakte Menge. Dann existiert nach dem Distanzlemma ein $\epsilon > 0$, so dass der Abstand zwischen K und $\mathbb{R}^n \setminus \Omega$ die Bedingung dist $(K, \mathbb{R}^n \setminus \Omega) \ge 2\epsilon$ realisiert. Wählen wir nun $m \in \mathbb{N}$ so groß, dass die Diagonale des Quaders $Q_k^{(m)}$ eine Länge $\dfrac{\sqrt{n}}{m} \le \epsilon$ besitzt, dann finden wir zu jedem $x \in K$ einen Teilquader $Q_k^{(m)} \subset \Omega$ mit $x \in Q_k^{(m)} \subset J_m$. Also folgt $K \subset J_m$ für alle $m \ge \dfrac{\sqrt{n}}{\epsilon}$.   q.e.d.

Definition 3. *Es seien $\Omega \subset \mathbb{R}^n$ eine offene Menge und $f : \Omega \to \mathbb{C}$ eine stetige Funktion. Wenn die Folge der Integrale $\displaystyle\int_{J_m} f(x) \, dx \quad , \quad m = 1, 2, \dots$*

für jede die Menge Ω ausschöpfende Folge $\{J_m\}_{m=1,2,\dots}$ von Jordan-Bereichen konvergiert, dann setzen wir

$$\int\limits_{\Omega} f(x)\,dx := \lim_{m\to\infty} \int\limits_{J_m} f(x)\,dx \tag{3}$$

als das **uneigentliche Riemannsche Integral von** f **über** Ω.

Bemerkung: Der Grenzwert (3) ist unabhängig von der Wahl einer – die Menge Ω ausschöpfenden – Folge $\{J_m\}$ von Jordan-Bereichen: Denn aus den Beziehungen $\lim\limits_{m\to\infty} J_m = \Omega = \lim\limits_{m\to\infty} J_m^*$ erhalten wir auch für die gemischte Folge $\left\{\tilde{J}_m\right\} = J_1, J_1^*, J_2, J_2^*, \dots$ die Ausschöpfungseigenschaft $\lim\limits_{m\to\infty} \tilde{J}_m = \Omega$ sowie den Grenzwert

$$\lim_{m\to\infty} \int\limits_{J_m} f(x)\,dx = \lim_{m\to\infty} \int\limits_{\tilde{J}_m} f(x)\,dx = \lim_{m\to\infty} \int\limits_{J_m^*} f(x)\,dx.$$

Eine hinreichende Bedingung zur uneigentlichen Integrierbarkeit enthält

Satz 1 (Existenz des uneigentlichen Integrals). *Es seien $\Omega \subset \mathbb{R}^n$ eine offene Menge und $f : \Omega \to \mathbb{C}$ eine stetige Funktion. Weiter gebe es eine Konstante $c \in [0, +\infty)$, so dass die Ungleichung*

$$\int\limits_{J} |f(x)|\,dx \le c \quad \textit{für jeden Jordan-Bereich} \quad J \subset \Omega \tag{4}$$

richtig ist. Dann existiert das uneigentliche Integral (3).

Beweis: Wegen Hilfssatz 2 gibt es eine Folge $\{J_m\}_{m\in\mathbb{N}}$ von Jordan-Bereichen, welche die offene Menge Ω ausschöpft. Ersetzen wir ggf. J_m durch $\bigcup\limits_{k=1}^{m} J_k$ für $m = 1, 2, \dots$, so können wir ohne Einschränkung

$$J_1 \subset J_2 \subset \dots \subset \Omega$$

annehmen. Die Folge der Integrale $\int\limits_{J_m} |f(x)|\,dx$, $m = 1, 2, \dots$ ist monoton nicht fallend und durch die Konstante $c \in [0, +\infty)$ nach oben beschränkt. Somit konvergiert diese und bildet eine Cauchyfolge. Zu jedem $\epsilon > 0$ gibt es eine natürliche Zahl $M = M(\epsilon) \in \mathbb{N}$ mit der Eigenschaft

$$0 \le \int\limits_{J_m \setminus J_M} |f(x)|\,dx = \int\limits_{J_m} |f(x)|\,dx - \int\limits_{J_M} |f(x)|\,dx \le \epsilon \quad \text{für alle } m \ge M. \tag{5}$$

Es sei nun $\{J_l^*\}_{l\in\mathbb{N}}$ eine beliebige Folge von Jordan-Bereichen, welche die offene Menge Ω ausschöpft. Da die Menge $J_M \subset \Omega$ kompakt ist, gibt es eine Zahl $L = L(\epsilon) \in \mathbb{N}$ mit der Eigenschaft $J_M \subset J_l^*$ für alle $l \geq L$. Also finden wir zu jedem Indexpaar $l, l' \geq L$ ein $K > M$, so dass die Inklusionsbedingung

$$J_M \subset J_l^* \cup J_{l'}^* \subset J_K \tag{6}$$

erfüllt ist. Somit folgt die Abschätzung

$$\left| \int_{J_l^*} f(x)\,dx - \int_{J_{l'}^*} f(x)\,dx \right| \overset{(6)}{=} \left| \int_{J_l^*\setminus J_M} f(x)\,dx - \int_{J_{l'}^*\setminus J_M} f(x)\,dx \right| \tag{7}$$

$$\leq \int_{J_l^*\setminus J_M} |f(x)|\,dx + \int_{J_{l'}^*\setminus J_M} |f(x)|\,dx \overset{(6)}{\leq} 2\int_{J_K\setminus J_M} |f(x)|\,dx \overset{(5)}{\leq} 2\epsilon.$$

Daher bildet $\displaystyle\int_{J_l^*} f(x)\,dx$, $\quad l = 1, 2, \ldots$ eine Cauchyfolge und ist konvergent.

Schließlich existiert der Grenzwert $\displaystyle\lim_{l\to\infty} \int_{J_l^*} f(x)\,dx = \int_{\Omega} f(x)\,dx$.   q.e.d.

Beispiel 2. Zum Exponenten $\alpha \in \mathbb{R}$ berechnen wir für $\alpha > -1$ das uneigentliche Integral

$$\int_0^1 x^\alpha\,dx = \lim_{\epsilon\to 0, \epsilon>0} \left[\frac{x^{\alpha+1}}{\alpha+1} \right]_{x=\epsilon}^1 = \frac{1}{\alpha+1} \lim_{\epsilon\to 0, \epsilon>0} (1 - \epsilon^{\alpha+1}) = \frac{1}{\alpha+1}. \tag{8}$$

Mit dieser Identität ermitteln wir für $\alpha < -1$ die Divergenz des Integrals $\displaystyle\int_0^1 x^\alpha\,dx = +\infty$. Im Spezialfall $\alpha = -1$ folgt die Divergenz aus

$$\int_0^1 \frac{dx}{x} = \lim_{\epsilon\to 0, \epsilon>0} \int_\epsilon^1 \frac{dx}{x} = \lim_{\epsilon\to 0, \epsilon>0} [\ln x]_{x=\epsilon}^1 = -\lim_{\epsilon\to 0, \epsilon>0} \ln\epsilon = +\infty.$$

Analog berechnen wir für $\alpha < -1$ das uneigentliche Integral

$$\int_1^\infty x^\alpha\,dx = \lim_{n\to\infty} \int_1^n x^\alpha\,dx = \lim_{n\to\infty} \left[\frac{x^{\alpha+1}}{\alpha+1} \right]_{x=1}^n \tag{9}$$

$$= \frac{1}{\alpha+1} \lim_{n\to\infty} (n^{\alpha+1} - 1) = -\frac{1}{\alpha+1}.$$

Mit dieser Identität sehen wir auch für $\alpha > -1$ die Divergenz des uneigentlichen Integrals $\int\limits_1^\infty x^\alpha \, dx = +\infty$, und im Spezialfall $\alpha = -1$ ermitteln wir

$$\int\limits_1^\infty \frac{dx}{x} = \lim_{n\to\infty} \int\limits_1^n \frac{dx}{x} = \lim_{n\to\infty} \ln n = +\infty.$$

Wir zeigen nun einen grundlegenden Konvergenzsatz.

Satz 2. *Es sei $f_k : J \to \mathbb{C}$, $k = 1, 2, \ldots$ eine Folge stetiger Funktionen auf dem Jordan-Bereich $J \subset \mathbb{R}^n$, die gleichmäßig gegen die Funktion f konvergiere. Dann gilt*

$$\lim_{k\to\infty} \left[\int\limits_J f_k(x) \, dx \right] = \int\limits_J \left[\lim_{k\to\infty} f_k(x) \right] dx = \int\limits_J f(x) \, dx. \tag{10}$$

Beweis: Wegen der gleichmäßigen Konvergenz gibt es zu jedem $\epsilon > 0$ eine natürliche Zahl $N = N(\epsilon)$ mit $|f_k(x) - f(x)| \leq \epsilon$ für alle $x \in J$ und $k \geq N$. Daraus folgt die Ungleichung

$$\left| \int\limits_J f_k(x) \, dx - \int\limits_J f(x) \, dx \right| = \left| \int\limits_J (f_k(x) - f(x)) \, dx \right|$$
$$\leq \int\limits_J |f_k(x) - f(x)| \, dx \leq \epsilon \cdot \int\limits_J 1 \, dx \overset{(19) \text{ aus } \S 4}{=} \epsilon \, |J| \,. \tag{11}$$

Da $\epsilon > 0$ beliebig vorgegeben war, erhalten wir

$$\lim_{k\to\infty} \int\limits_J f_k(x) \, dx = \int\limits_J f(x) \, dx \quad . \quad \text{q.e.d.}$$

Bemerkungen:

1. Die Grenzfunktion $f : J \to \mathbb{C}$ ist nach Satz 1 aus § 2 in Kapitel II stetig.
2. Die Aussage (10) wird falsch, wenn auf die gleichmäßige Konvergenz der Funktionenfolge als Voraussetzung verzichtet wird:
   Hierzu wählen wir $J = [0, 1]$ und eine stetige Funktion $\Phi : [0, 1] \to [0, +\infty)$ mit $\Phi(0) = \Phi(1) = 0$ und $\int\limits_0^1 \Phi(x) \, dx = 1$. Diese setzen wir gemäß

$$\Phi(x) := \begin{cases} \Phi(x) & \text{falls } x \in [0, 1], \\ 0 & \text{falls } x \in \mathbb{R} \setminus [0, 1] \end{cases}$$

auf ganz $\mathbb{R}$ fort, und wir erklären die Funktionenfolge

$$f_k(x) := k \cdot \varPhi(kx), \, x \in \mathbb{R} \quad \text{für} \quad k = 1, 2, \ldots \quad .$$

Offensichtlich ist

$$\lim_{k \to \infty} f_k(x) = 0 =: f(x) \text{ für alle } x \in \mathbb{R}$$

erfüllt – also konvergiert diese Funktionenfolge punktweise gegen die Null-funktion. Wir beobachten wir für beliebiges $k \in \mathbb{N}$ die Beziehung

$$\int_{\mathbb{R}} f_k(x) \, dx = \int_0^{\frac{1}{k}} f_k(x) \, dx = \int_0^{\frac{1}{k}} k \cdot \varPhi(kx) \, dx = \int_0^1 \varPhi(t) \, dt = 1 \quad .$$

Damit erhalten wir die Aussage

$$\lim_{k \to \infty} \int_{\mathbb{R}} f_k(x) \, dx = 1 \neq 0 = \int_{\mathbb{R}} f(x) \, dx = \int_{\mathbb{R}} \left[\lim_{k \to \infty} f_k(x) \right] dx \quad .$$

Angemessen für die klassische Analysis ist der folgende Konvergenzbegriff:

Definition 4. *Eine Folge stetiger Funktionen* $f_k : \varOmega \to \mathbb{C}$, $k = 1, 2, \ldots$ **kon-vergiert kompakt gleichmäßig**, *wenn für jede kompakte Teilmenge* $K \subset \varOmega$ *die eingeschränkten Funktionen* $f_k : K \to \mathbb{C}$, $k = 1, 2, \ldots$ *auf* K *gleichmäßig konvergieren.*

Satz 3 (Konvergenzsatz für uneigentliche Riemann-Integrale). *Auf einer offenen Menge* $\varOmega \subset \mathbb{R}^n$ *sei eine Folge stetiger Funktionen*

$$f_k : \varOmega \to \mathbb{C} \quad \text{für} \quad k = 1, 2, \ldots$$

gegeben, die auf jeder kompakten Menge $K \subset \varOmega$ *gleichmäßig gegen eine stetige Funktion* $f : \varOmega \to \mathbb{C}$ *konvergiert. Weiter habe diese Funktionenfolge eine* **integrierbare, stetige Majorante**

$$F : \varOmega \to [0, +\infty) \in C^0(\varOmega, \mathbb{R}) \quad \text{mit der Eigenschaft}$$

$$\int_{\varOmega} F(x) \, dx < +\infty \, , \text{ so dass } |f_k(x)| \leq F(x) \text{ für alle } x \in \varOmega \text{ und } k \in \mathbb{N} \tag{12}$$

erfüllt ist. Dann existiert das uneigentliche Integral $\displaystyle\int_{\varOmega} f(x) \, dx$, *und es gilt die Identität*

$$\lim_{k \to \infty} \int_{\varOmega} f_k(x) \, dx = \int_{\varOmega} f(x) \, dx. \tag{13}$$

Beweis: Aus (12) folgt $|f(x)| \leq F(x)$ für alle $x \in \Omega$, und Satz 1 impliziert die Existenz der uneigentlichen Integrale $\displaystyle\int_\Omega f_k(x)\,dx$ für $k = 1, 2, \ldots$ sowie

$\displaystyle\int_\Omega f(x)\,dx$. Zu jedem $\epsilon > 0$ existiert ein Jordanbereich $K = K(\epsilon) \subset \Omega$ mit der Eigenschaft

$$\int\limits_{\Omega\backslash K} |f_k(x)|\,dx \leq \int\limits_{\Omega\backslash K} F(x)\,dx < \epsilon \quad \text{für alle } k \in \mathbb{N}$$

sowie

$$\int\limits_{\Omega\backslash K} |f(x)|\,dx \leq \int\limits_{\Omega\backslash K} F(x)\,dx < \epsilon.$$

Da die Funktionen $f_k : K \to \mathbb{C}$ für $k \to \infty$ gleichmäßig gegen $f : K \to \mathbb{C}$ konvergieren, gibt es nach Satz 2 eine natürliche Zahl $N = N(\epsilon)$ mit der folgenden Eigenschaft:

$$\left| \int\limits_K f_k(x)\,dx - \int\limits_K f(x)\,dx \right| < \epsilon \quad \text{für alle } k \geq N.$$

Insgesamt erhalten wir für alle $k \geq N(\epsilon)$ die Abschätzung

$$\left| \int\limits_\Omega f_k(x)\,dx - \int\limits_\Omega f(x)\,dx \right|$$

$$= \left| \int\limits_{\Omega\backslash K} f_k(x)\,dx + \int\limits_K (f_k(x) - f(x))\,dx - \int\limits_{\Omega\backslash K} f(x)\,dx \right| \tag{14}$$

$$\leq \int\limits_{\Omega\backslash K} |f_k(x)|\,dx + \left| \int\limits_K f_k(x)\,dx - \int\limits_K f(x)\,dx \right| + \int\limits_{\Omega\backslash K} |f(x)|\,dx < 3\epsilon$$

bei beliebigem $\epsilon > 0$. Damit ist die obige Identität (13) gezeigt.   q.e.d.

In verschiedenen Anwendungen der Analysis treten uneigentliche Riemann-Integrale über Funktionen f auf, welche nicht **absolut integrierbar** sind – d.h. $|f|$ ist nicht mehr integrabel. Eine solche Situation ergibt sich im

Satz 4 (Oszillierende Integrale).   *Es sei der Exponent $\beta \in (0, +\infty)$ gewählt. Wenn die stetige Funktion $f : [1, +\infty) \to \mathbb{C}$ eine beschränkte Stamm-funktion $F(x) := \displaystyle\int_1^x f(t)\,dt$, $x \geq 1$ besitzt, so existiert das uneigentliche Inte-gral*

$$\int\limits_{1}^{+\infty} \frac{f(t)}{t^\beta}\, dt \quad . \tag{15}$$

Beweis: Für alle $x > 1$ erhalten wir die Identität

$$\int\limits_{1}^{x} \frac{f(t)}{t^\beta}\, dt = \int\limits_{1}^{x} t^{-\beta} \cdot f(t)\, dt = \left[t^{-\beta} \cdot F(t)\right]_{t=1}^{x} + \beta \cdot \int\limits_{1}^{x} \frac{F(t)}{t^{\beta+1}}\, dt$$

mittels partieller Integration. Da die Funktion F beschränkt ist gemäß

$$|F(x)| \le c,\ x \ge 1 \quad \text{mit einer Konstante} \quad c > 0,$$

so ermitteln wir

$$\lim_{x \to +\infty} \left[\frac{F(t)}{t^\beta}\right]_{t=1}^{x} = \lim_{x \to +\infty} \left[\frac{F(x)}{x^\beta} - F(1)\right] = 0.$$

Weiter entnehmen wir obigem Beispiel 2 die Abschätzung

$$\int\limits_{1}^{+\infty} \left|\frac{F(t)}{t^{\beta+1}}\right|\, dt \le c \int\limits_{1}^{+\infty} \frac{dt}{t^{\beta+1}} < +\infty \quad .$$

Somit existiert das uneigentliche Integral

$$\int\limits_{1}^{+\infty} \frac{f(t)}{t^\beta}\, dt = \lim_{x \to +\infty} \int\limits_{1}^{x} \frac{f(t)}{t^\beta}\, dt = \beta \int\limits_{1}^{+\infty} \frac{F(t)}{t^{\beta+1}}\, dt \quad \in \quad \mathbb{R}.$$

q.e.d.

Beispiel 3. Mit Satz 4 prüft man leicht die Existenz des uneigentlichen Integrals $\int\limits_{-\infty}^{+\infty} \frac{\sin(t)}{t}\, dt$ nach.

Erst im nachfolgenden § 6 beweisen wir den fundamentalen

Satz 5 (Transformationsformel für mehrfache Integrale).
Zu einer festen Dimension $n \in \mathbb{N}$ seien $\Omega, \Theta \subset \mathbb{R}^n$ offene Mengen und

$$y: \Omega \to \Theta \quad \text{vermöge} \quad \Omega \ni (x_1, \dots, x_n) \mapsto (y_1(x), \dots, y_n(x)) \in \Theta$$

eine bijektive Abbildung mit den Eigenschaften $y \in C^1(\Omega, \mathbb{R}^n)$ und

$$J_y(x) := \det \left(\frac{\partial y_i(x)}{\partial x_k}\right)_{i,k=1,2,\dots,n} \ne 0 \quad \text{für alle} \quad x \in \Omega \quad .$$

*Wenn für die stetige Funktion $f : \Theta \to \mathbb{C}$ das uneigentliche Integral $\int\limits_{\Theta} |f(y)|\, dy$
existiert, dann gilt die Transformationsformel*

$$\int\limits_{\Theta} f(y)\, dy = \int\limits_{\Omega} f(y(x)) \cdot |J_y(x)|\, dx. \tag{16}$$

Bemerkungen:

1. Die Abbildung $y = y(x) : \Omega \to \Theta$ aus Satz 5 besitzt nach dem Fundamentalsatz über die inverse Abbildung eine Umkehrfunktion $x = x(y) \in C^1(\Theta)$. Darum nennt diese Abbildung auch einen C^1-**Diffeomorphismus zwischen den offenen Mengen Ω und Θ.**

2. Wir werden im nächsten Paragraphen die Transformationsformel zunächst für sogenannte *Testfunktionen* beweisen, welche auf dem Komplement einer kompakten Menge verschwinden. Die sogenannte *Zerlegung der Eins* erlaubt es, die Transformationsformel nur zu zeigen für Testfunktionen mit kleinem *Träger*, in dessen Inneren die Funktion gerade nicht verschwindet. Durch Approximation erhalten wir dann den obigen Satz 5.

3. Als Anwendung der Transformationsformel in der Ebene präsentieren wir das folgende

Beispiel 4. Das **Gaußsche Fehlerintegral** $\displaystyle\int\limits_{-\infty}^{+\infty} \exp\left(-x^2\right) dx = \sqrt{\pi}$.

Dieses besitzt in der Wahrscheinlichkeitstheorie zentrale Bedeutung – und ist nicht mit Hilfe einer elementaren Stammfunktion zu integrieren. Wir berechnen das uneigentliche Doppelintegral $\displaystyle\iint\limits_{\mathbb{R}^2} \exp\left(-x^2 - y^2\right) dx\, dy < +\infty$ unter Verwendung von Polarkoordinaten: Mit Hilfe der offenen Mengen

$$\Theta := \left\{ (r, \varphi) \in \mathbb{R}^2 : 0 < r < \rho,\, 0 < \varphi < 2\pi \right\}$$

und

$$\Omega := \left\{ (x, y) \in \mathbb{R}^2 \setminus [0, \rho) : 0 < x^2 + y^2 < \rho^2 \right\}$$

erklären wir die bijektive Abbildung $f : \Theta \to \Omega \in C^1(\Theta)$ vermöge

$$(r, \varphi) \mapsto (x(r, \varphi), y(r, \varphi)) = (r \cdot \cos\varphi, r \cdot \sin\varphi) \quad .$$

Deren Funktionaldeterminate haben wir bereits in Beispiel 2 aus § 4 von Kapitel IV wie folgt ausgerechnet:

$$J_f(r, \varphi) = r > 0 \quad \text{für alle} \quad (r, \varphi) \in \Theta \quad .$$

Für festes $\rho > 0$ ermitteln wir mit Hilfe von Satz 5 die Identität

$$\iint\limits_{x^2+y^2<\rho^2} \exp\left(-x^2-y^2\right) dx\, dy = \int\limits_0^\rho \int\limits_0^{2\pi} \exp\left(-r^2\right) \cdot r\, dr\, d\varphi$$

$$= \left(\int\limits_0^{2\pi} 1\, d\varphi\right) \cdot \left(\int\limits_0^\rho r \cdot \exp\left(-r^2\right) dr\right) \tag{17}$$

$$= 2\pi \cdot \left[-\frac{1}{2}\exp\left(-r^2\right)\right]_{r=0}^\rho = \pi\left(1-\exp\left(-\rho^2\right)\right) \quad ,$$

woraus

$$\iint\limits_{\mathbb{R}^2} \exp\left(-x^2-y^2\right) dx\, dy = \lim\limits_{\rho\to+\infty} \iint\limits_{x^2+y^2<\rho^2} \exp\left(-x^2-y^2\right) dx\, dy$$

$$= \pi \cdot \lim\limits_{\rho\to+\infty}\left(1-\exp\left(-\rho^2\right)\right) = \pi \tag{18}$$

folgt. Damit erhalten wir

$$\pi = \iint\limits_{\mathbb{R}^2} \exp\left(-x^2\right) \cdot \exp\left(-y^2\right) dx\, dy$$

$$= \lim\limits_{\rho\to+\infty}\left\{\left(\int\limits_{-\rho}^\rho \exp\left(-x^2\right) dx\right) \cdot \left(\int\limits_{-\rho}^\rho \exp\left(-y^2\right) dy\right)\right\} \tag{19}$$

$$= \left(\int\limits_{-\infty}^\infty \exp\left(-x^2\right) dx\right)^2$$

und den o.a. Wert für das Gaußsche Fehlerintegral.

Wir wollen zum Abschluss die wichtigste eindimensionale Integrationsaufgabe besprechen, nämlich die Länge einer Kurve zu bestimmen. Hierzu vereinbaren wir zunächst die

Definition 5. *Die stetige Funktion*

$$f = f(t) = \left(f_1(t), f_2(t), \ldots, f_m(t)\right) : I \to \mathbb{R}^m \in C^k(I, \mathbb{R}^m)$$

auf dem offenen Intervall $I := (a,b)$ *mit* $-\infty \le a < b \le +\infty$ *definiert eine* C^k**-Kurve** $\mathcal{K} := \{x \in \mathbb{R}^m : x = f(t), t \in I\}$. *Dabei haben wir die Raumdimension* $m \in \mathbb{N}$ *und den Differenzierbarkeitsgrad* $k \in \mathbb{N}_0$ *fest gewählt. Im Falle* $k = 0$ *sprechen wir von einer* **stetigen Kurve**; *für* $k \ge 1$ *erhalten wir eine* **differenzierbare Kurve**. *Letztere nennen wir eine* **reguläre Kurve**, *falls die folgende* **geometrische Regularitätsbedingung** *erfüllt ist:*

$$f'(t) \ne 0 \quad \textit{für alle} \quad t \in I \quad . \tag{20}$$

Betrachten wir eine **beliebige Zerlegung** $\mathcal{Z}$ **in** I gemäß

$$\mathcal{Z} : a < t_0 < t_1 < \ldots < t_{N-1} < t_N < b \text{ in } N \in \mathbb{N} \text{ Teilintervalle}$$

$$[t_{k-1}, t_k] \text{ für } k = 1, \ldots, N \text{ mit } \bigcup_{k=1}^{N} [t_{k-1}, t_k] = [t_0, t_N] \subset\subset (a, b) \quad , \tag{21}$$

dann beschreibt $L(f, \mathcal{Z}) := \sum_{k=1}^{N} |f(t_k) - f(t_{k-1})|$ die **Länge des zugehöri-**

gen Polygonzuges durch die Punkte $f(t_0), f(t_1), \ldots, f(t_{N-1}), f(t_N)$. Wir vereinbaren nun die

Definition 6. *Unter der* **Länge der Kurve** $\mathcal{K}$ *verstehen wir die Größe*

$$L(\mathcal{K}) := \sup \{ L(f, \mathcal{Z}) : \mathcal{Z} \text{ ist eine Zerlegung in } I \}. \tag{22}$$

Falls $L(\mathcal{K}) < +\infty$ *ausfällt, sprechen wir von einer* **rektifizierbaren Kurve**.

Satz 6 (Bogenlänge). *Es sei durch* $f : I \to \mathbb{R}^m$ *eine rektifizierbare* C^1-*Kurve* $\mathcal{K}$ *gegeben. Dann können wir deren Länge durch das folgende uneigent-liche* **Integral der Bogenlänge** *berechnen:*

$$L(\mathcal{K}) = \int_a^b |f'(t)| \, dt = \int_a^b \sqrt{\sum_{\mu=1}^{m} \left(f'_\mu(t) \right)^2} \; dt. \tag{23}$$

Beweis:

1. Wir betrachten eine beliebige Zerlegung $\mathcal{Z}$ im Intervall I gemäß (21). Die Länge des zugehörigen Polygonzuges im $\mathbb{R}^m$ entnehmen wir der Identität

$$L(f, \mathcal{Z}) = \sum_{k=1}^{N} |f(t_k) - f(t_{k-1})|$$

$$= \sum_{k=1}^{N} \sqrt{\sum_{\mu=1}^{m} \left(f_\mu(t_k) - f_\mu(t_{k-1}) \right)^2} \tag{24}$$

$$= \sum_{k=1}^{N} (t_k - t_{k-1}) \cdot \sqrt{\sum_{\mu=1}^{m} \left(f'_\mu(\tau_{k\mu}) \right)^2}$$

mit gewissen Zwischenwerten $\tau_{k\mu} \in (t_{k-1}, t_k)$ für $k = 1, \ldots N$

unter Anwendung des Mittelwertsatzes der Differentialrechnung auf jede Komponente f_μ für $\mu = 1, \ldots, m$. Wir führen die Riemann-integrierbare Funktion

$$\Psi(t) := \begin{cases} \sqrt{\sum_{\mu=1}^{m} \left(f'_\mu(\tau_{k\mu})\right)^2} \text{ falls } t \in (t_{k-1}, t_k) \text{ für } k = 1, \ldots, N \\ \\ 0 \qquad \text{falls } t \in (a,b) \setminus \bigcup_{k=1}^{N}(t_{k-1}, t_k) \end{cases} \qquad (25)$$

ein und erhalten

$$L(f, \mathcal{Z}) = \int_a^b \Psi(t)\, dt \quad . \qquad (26)$$

2. Wählen wir nun eine Folge von Zerlegungen $\mathcal{Z}^{(l)}$, $l = 1, 2, \ldots$ in I mit den zugehörigen Funktionen $\Psi^{(l)}$, $l = 1, 2, \ldots$, so dass

$$L(\mathcal{K}) = \lim_{l \to \infty} L(f, \mathcal{Z}^{(l)}) = \lim_{l \to \infty} \int_a^b \Psi^{(l)}(t)\, dt \qquad (27)$$

erreicht wird. Wegen der gleichmäßigen Stetigkeit der Ableitungsfunktion $f' : I \to \mathbb{R}^n$ auf jedem kompakten Teilintervall von I konvergiert dort die Folge $\{\Psi^{(l)}\}_{l=1,2,\ldots}$ gleichmäßig gegen die stetige Funktion

$$\Psi(t) := \sqrt{\sum_{\mu=1}^{m} \left(f'_\mu(t)\right)^2} \quad , \quad t \in I \quad .$$

Zumal wir eine konvergente Majorante angeben können, liefert obiger Satz 3

$$L(\mathcal{K}) = \lim_{l \to \infty} \int_a^b \Psi^{(l)}(t)\, dt = \int_a^b \Psi(t)\, dt \quad , \qquad (28)$$

und die Identität (23) ist gezeigt. \hfill q.e.d.

Bemerkungen:

1. Es sei $F(\tau) := f\Big(t(\tau)\Big)$, $\tau \in (\alpha, \beta)$ eine äquivalente Darstellung der Kurve $\mathcal{K}$ mit der bijektiven Parametertransformation $t = t(\tau) : (\alpha, \beta) \to (a,b)$ der Klasse $C^1((\alpha, \beta), \mathbb{R})$ mit $t'(\tau) > 0$ für alle $\tau \in (\alpha, \beta)$. Dann liefert die eindimensionale Transformationsformel

$$\int_\alpha^\beta |F'(\tau)|\, d\tau = \int_\alpha^\beta |f'[t(\tau)]| \cdot t'(\tau)\, d\tau = \int_a^b |f'(t)|\, dt.$$

Folglich ist für reguläre Kurven die Länge invariant unter Parametertransformationen.

2. Beschreibt man einen Zylindermantel

$$\mathcal{M} := \{(x, x, z) \in \mathbb{R}^3 : x^2 + y^2 = 1, \, 0 \leq z \leq 1\}$$

Polyederfächen P ein und misst deren elementargeometrischen Flächeninhalt $|P|$, so wird das Supremum unendlich gemäß

$$\sup\{|P| : P \text{ ist in } \mathcal{M} \text{ einbeschrieben } \} = +\infty \quad . \tag{29}$$

Diese erstaunliche Beobachtung verdankt man H. A. Schwarz. Sie macht eine einfache Übertragung von Definition 6 auf die höherdimensionale Situation der Flächenmessung unmöglich.

§6 Integration mittels Testfunktionen

Wir beginnen mit der fundamentalen

Definition 1. *Es seien die Dimensionen $n, m \in \mathbb{N}$ gewählt, und die offene Menge $\Omega \subset \mathbb{R}^n$ gegeben. Dann wird für eine Funktion $f : \Omega \to \mathbb{R}^m \in C^0(\Omega, \mathbb{R}^m)$ ihr* **Träger** *oder auch englisch* **support** *durch*

$$supp\,(f) := \overline{\{x \in \Omega : f(x) \neq 0\}} \tag{1}$$

erklärt. Hierbei bezeichnet $\overline{\Theta}$ den topologischen Abschluss der Menge Θ im $\mathbb{R}^n$.

K. Friedrichs erkannte die Bedeutung der folgenden Funktionenklasse:

Definition 2. *Zum Differenzierbarkeitsgrad $k \in \{0, 1, 2, \ldots, \infty\}$ erklären wir die* **Menge der Testfunktionen** *durch*

$$C_0^k(\Omega, \mathbb{R}^m) = C_c^k(\Omega, \mathbb{R}^m) := \Big\{ f \in C^k(\Omega, \mathbb{R}^m) :$$

$$supp(f) \text{ ist kompakte Menge im } \mathbb{R}^n \text{ und erfüllt } supp(f) \subset \Omega \Big\} \quad .$$

Wie üblich vereinbaren wir für reellwertige Funktionen die Klassen

$$C_0^k(\Omega) = C_c^k(\Omega) := C_0^k(\Omega, \mathbb{R}) = C_c^k(\Omega, \mathbb{R})$$

und

$$C_0^k(\Omega, \mathbb{C}) = C_c^k(\Omega, \mathbb{C}) := C_0^k(\Omega, \mathbb{R}^2) = C_c^k(\Omega, \mathbb{R}^2) \quad .$$

Bemerkungen:

1. Auf einer offenen Menge $\Omega \subset \mathbb{R}^n$ kann jede Funktion $f \in C_0^k(\Omega, \mathbb{R}^m)$ zu einer Funktion

$$F(x) = \begin{cases} f(x) & \text{falls } x \in \Omega \\ 0 & \text{falls } x \in \mathbb{R}^n \setminus \Omega \end{cases} \tag{2}$$

der Regularitätsklasse $F \in C_0^k(\mathbb{R}^n, \mathbb{R}^m)$ fortgesetzt werden.

2. Sei $\Omega \subset \mathbb{R}^n$ eine offene Menge mit $\Omega \neq \mathbb{R}^n$. Eine Funktion $f \in C_0^0(\Omega, \mathbb{R}^m)$ erfüllt nach Hilfssatz 1 aus §5 die Aussage

$$\mathrm{dist}\left(\mathrm{supp}\,(f), \mathbb{R}^n \setminus \Omega\right) > 0 \quad .$$

Es ist nämlich $A := \mathbb{R}^n \setminus \Omega$ eine abgeschlossene und $K := \mathrm{supp}\,(f)$ eine kompakte Menge sowie die Bedingung $(\mathbb{R}^n \setminus \Omega) \cap \mathrm{supp}\,(f) = \emptyset$ erfüllt.

Wir wollen jetzt gewisse Glättungsfunktionen konstruieren, welche uns gute Dienste leisten werden. In Hilfssatz 3 von §1 in Kapitel III haben wir gezeigt, dass die Funktion

$$\psi(t) := \begin{cases} \exp\left(-\dfrac{1}{t}\right), & \text{falls } t > 0 \\ 0, & \text{falls } t \le 0 \end{cases} \tag{3}$$

zur Regularitätsklasse $C^\infty(\mathbb{R})$ gehört. Zu beliebigem $R > 0$ betrachten wir die Funktion

$$\omega_R(x) := \psi\left(|x|^2 - R^2\right), \quad x \in \mathbb{R}^n \tag{4}$$

der Regularitätsklasse $C^\infty(\mathbb{R}^n)$. Wir beobachten $\omega_R(x) > 0$ falls $|x| > R$ und $\omega_R(x) = 0$ falls $|x| \le R$ gilt, also folgt

$$\mathrm{supp}(\omega_R) = \left\{ x \in \mathbb{R}^n \;:\; |x| \ge R \right\}.$$

Weiter konstruieren wir die Funktion

$$\varrho = \varrho(t) : \mathbb{R} \to \mathbb{R} \in C^\infty(\mathbb{R}) \quad \text{vermöge} \quad t \mapsto \varrho(t) := \psi(1-t)\psi(1+t). \tag{5}$$

Diese Funktion ist gemäß $\varrho(-t) = \varrho(t)$ für alle $t \in \mathbb{R}$ symmetrisch, erfüllt $\varrho(t) > 0$ für alle $t \in (-1, 1)$ sowie $\varrho(t) = 0$ sonst, und wir erhalten

$$\mathrm{supp}(\varrho) = [-1, 1] \quad .$$

Schließlich erklären wir zum Mittelpunkt $\xi \in \mathbb{R}^n$ und Radius $\varepsilon > 0$ die kompakte Kugel

$$B_\varepsilon(\xi) := \left\{ x \in \mathbb{R}^n \;:\; |x - \xi| \le \varepsilon \right\}$$

mit der *assoziierten Glättungsfunktion* $\qquad\qquad\qquad\qquad\qquad\qquad$ (6)

$$\varphi_{\xi,\varepsilon}(x) := \varrho\left(\frac{|x - \xi|^2}{\varepsilon^2}\right), \quad x \in \mathbb{R}^n.$$

Wir bemerken $\varphi_{\xi,\varepsilon} \in C^\infty(\mathbb{R}^n, \mathbb{R})$ und ermitteln $\varphi_{\xi,\varepsilon}(x) > 0$ für alle $x \in \overset{\circ}{B}_\varepsilon(\xi)$ sowie $\varphi_{\xi,\varepsilon}(x) = 0$ für alle $x \in \mathbb{R}^n \setminus B_\varepsilon(\xi)$. Damit folgt

$$\mathrm{supp}(\varphi_{\xi,\varepsilon}) = B_\varepsilon(\xi).$$

Ein gutes Hilfsmittel, um globale Ausagen auf lokale zurückzuführen, liefert

Satz 1 (Zerlegung der Eins).
Es sei $K \subset \mathbb{R}^n$ eine kompakte Menge, und zu jedem Punkt $x \in K$ bezeichne $\mathcal{O}_x \subset \mathbb{R}^n$ eine offene Menge mit $x \in \mathcal{O}_x$. Wir können dann endlich – genauer $N \in \mathbb{N}$ – viele Punkte $x^{(1)}, \ldots, x^{(N)} \in K$ auswählen, so dass die Überdeckungseigenschaft $K \subset \bigcup\limits_{\nu=1}^{N} \mathcal{O}_{x^{(\nu)}}$ *gilt. Weiter finden wir Funktionen*

$$\chi_\nu = \chi_\nu(x) : \mathcal{O}_{x^{(\nu)}} \to [0, +\infty) \in C_0^\infty(\mathcal{O}_{x^{(\nu)}}) \quad \text{für} \quad \nu = 1, \ldots, N \quad,$$

so dass die Funktion $\chi(x) := \sum\limits_{\nu=1}^{N} \chi_\nu(x), \quad x \in \mathbb{R}^n$ *die folgenden Eigenschaften hat:*

(a) Wir haben $\chi \in C_0^\infty(\mathbb{R}^n)$;
(b) Für alle $x \in K$ gilt $\chi(x) = 1$;
(c) Für alle $x \in \mathbb{R}^n$ ist $0 \leq \chi(x) \leq 1$ richtig.

Beweis: 1.) Da $K \subset \mathbb{R}^n$ kompakt ist, gibt es ein $R > 0$ mit $K \subset B := B_R(0)$. Zu jedem $x \in B$ wählen wir nun eine offene Kugel $\mathring{B}_{\varepsilon(x)}(x)$ vom Radius $\varepsilon(x) > 0$ derart, dass

$$B_{\varepsilon(x)}(x) \subset \mathcal{O}_x \text{ für } x \in K \quad \text{und} \quad B_{\varepsilon(x)}(x) \subset \mathbb{R}^n \setminus K \text{ für } x \in B \setminus K \quad (7)$$

erfüllt ist. Das Mengensystem $\left\{ \mathring{B}_{\varepsilon(x)}(x) \right\}_{x \in B}$ liefert dann eine offene Überdeckung der kompakten Menge B. Nach dem Heine-Borelschen Überdeckungssatz genügen dafür endlich viele offene Mengen, sagen wir

$$\mathring{B}_{\varepsilon_1}(x^{(1)}), \ldots, \mathring{B}_{\varepsilon_N}(x^{(N)}), \mathring{B}_{\varepsilon_{N+1}}(x^{(N+1)}), \ldots, \mathring{B}_{\varepsilon_{N+M}}(x^{(N+M)}) \quad.$$

Hierbei haben wir $x^{(\nu)} \in K$ für $\nu = 1, 2, \ldots, N$ sowie $x^{(\nu)} \in B \setminus K$ für $\nu = N+1, \ldots, N+M$ gewählt und $\varepsilon_\nu := \varepsilon(x^{(\nu)})$ für $\nu = 1, \ldots, N+M$ gesetzt – mit gewissen natürlichen Zahlen N sowie M.
Mit den assoziierten Glättungsfunktionen aus (6) betrachten wir nun die nichtnegativen Funktionen

$$\varphi_\nu(x) := \varphi_{x^{(\nu)}, \varepsilon_\nu}(x), \quad x \in \mathbb{R}^n \tag{8}$$

der Regularitätsklasse $\varphi_\nu \in C_0^\infty(\mathcal{O}_{x^{(\nu)}})$ für $\nu = 1, \ldots, N$ beziehungsweise $\varphi_\nu \in C_0^\infty(\mathbb{R}^n \setminus K)$ für $\nu = N+1, \ldots, N+M$. Ferner erklären wir die Funktion $\varphi_{N+M+1}(x) := \omega_R(x)$, wobei ω_R in (4) definiert wurde. Offenbar erhalten wir dann die Positivität $\sum\limits_{\nu=1}^{N+M+1} \varphi_\nu(x) > 0 \quad \text{für alle} \quad x \in \mathbb{R}^n \quad.$

2.) Wir erklären nun die Funktionen χ_ν vermöge

$$\chi_\nu(x) := \left[\sum_{\nu=1}^{N+M+1} \varphi_\nu(x) \right]^{-1} \varphi_\nu(x), \quad x \in \mathbb{R}^n \text{ für } \nu = 1, \ldots, N+M+1. \tag{9}$$

Dabei gehören die Funktionen χ_ν und φ_ν für $\nu = 1, \ldots, N + M + 1$ jeweils der gleichen Regularitätsklasse an. Zusätzlich gilt

$$\sum_{\nu=1}^{N+M+1} \chi_\nu(x) = \left[\sum_{\nu=1}^{N+M+1} \varphi_\nu(x) \right]^{-1} \cdot \sum_{\nu=1}^{N+M+1} \varphi_\nu(x) \equiv 1 \text{ für alle } x \in \mathbb{R}^n.$$

Die Eigenschaften (a), (b) und (c) der Funktion $\chi(x) = \sum_{\nu=1}^{N} \chi_\nu(x)$ liest man direkt von der obigen Konstruktion ab.   q.e.d.

Definition 3. *Die Funktionen* $\chi_1, \ldots, \chi_N$ *aus Satz 1 nennen wir eine* **der offenen Überdeckung** $\{\mathcal{O}_x\}_{x \in K}$ **von** K **untergeordnete Zerlegung der Eins**.

Als Folgerung von Satz 1 notieren wir den nützlichen

Hilfssatz 1 (Ausschöpfung durch Testfunktionen).
Für jede offene Menge $\Omega \subset \mathbb{R}^n$ *gibt es eine Folge von Testfunktionen*

$$\omega_k : \Omega \to [0, 1] \in C_0^\infty(\Omega), \quad k = 1, 2, \ldots \quad,$$

die kompakt gleichmäßig in Ω *gegen die Funktion* $\omega(x) := 1$, $x \in \Omega$ *konvergiert. Genauer schöpfen die kompakten Mengen*

$$\Omega_k := \{x \in \Omega : \omega_k(x) = 1\}, \, k = 1, 2, \ldots$$

die offene Menge Ω *gemäß* $\Omega_k \to \Omega \, (k \to \infty)$ *aus.*

Beweis: Nach Hilfssatz 2 aus §5 gibt es eine Folge von Jordanbereichen $J_k \subset \Omega$ für $k = 1, 2, \ldots$ mit $J_k \to \Omega \, (k \to \infty)$. Für jedes feste $k \in \mathbb{N}$ gilt $\mathrm{dist}(J_k, \mathbb{R}_n \setminus \Omega) > 0$ gemäß Hilfssatz 1 in §5, und wir können folglich geeignete Radiien $\epsilon = \epsilon(x)$, $x \in J_k$ so finden, dass $\left\{ \overset{\circ}{B}_{\epsilon(x)}(x) \subset \Omega, \, x \in J_k \right\}$ ein offenes Überdeckungssystem von J_k bildet. Wir finden mit Satz 1 eine untergeordnete Zerlegung der Eins $\chi_1^{(k)}, \ldots, \chi_{N_k}^{(k)}$ und erklären die Funktionen

$$\omega_k := \sum_{l=1}^{N_k} \chi_l^{(k)}(x), \, x \in \Omega \quad \text{für } k = 1, 2, \ldots$$

Diese Funktionenfolge besitzt offenbar die gewünschten Eigenschaften. q.e.d.

Wir sind nun vorbereitet, den Beweis der Transformationsformel mehrfacher Integrale aus Satz 5 von §5 zu führen, und vereinbaren hierzu die

Voraussetzung (T): Zur fest gewählten Dimension $n \in \mathbb{N}$ seien $\Omega \subset \mathbb{R}^n$ eine offene Punktmenge und $y : \Omega \to \mathbb{R}^n$ vermöge

$$x = (x_1, \ldots, x_n) \mapsto y(x) = (y_1(x), \ldots, y_n(x))$$

eine injektive Abbildung mit den Eigenschaften $y \in C^1(\Omega, \mathbb{R}^n)$ und der Jacobischen

$$J_y(x) := \det\left(\frac{\partial y_i(x)}{\partial x_k}\right)_{i,k=1,\ldots,n} \neq 0 \text{ für alle } x \in \Omega.$$

Nach dem Fundamentalsatz über die inverse Abbildung (Satz 1 aus § 4 in Kapitel IV) ist die Bildmenge

$$\Theta := y(\Omega) = \{y \in \mathbb{R}^n : y = y(x),\, x \in \Omega\} \subset \mathbb{R}^n$$

offen. Die Abbildung $y = y(x) : \Omega \to \Theta$ ist bijektiv und besitzt die Umkehrabbbildung $x = x(y) : \Theta \to \Omega \in C^1(\Theta, \mathbb{R}^n)$.

Wir werden unter der Voraussetzung (T) die folgende Frage beantworten: Man bestimme sinnvolle Klassen von Funktionen $f : \Theta \to \mathbb{C}$, in welcher die *Transformationsformel* $\mathfrak{T}(f) = 0$ gilt mit dem **Transformationsfunktional**

$$\mathfrak{T}(f) := \int_\Theta f(y)\, dy - \int_\Omega f\big(y(x)\big) \cdot |J_y(x)|\, dx \quad . \tag{10}$$

Wir belassen dem Leser den Beweis der nachfolgenden Aussage als Übungsaufgabe.

Hilfssatz 2. *Unter der Voraussetzung (T) werde die offene Menge Θ durch die Kompakta Θ_k, $k = 1, 2, \ldots$ ausgeschöpft. Dann schöpfen deren kompakte Urbildmengen*

$$\Omega_k := \{x \in \Omega : y(x) \in \Theta_k\}, \, k = 1, 2, \ldots$$

die offene Menge Ω aus.

Mittels Zerlegung der Eins zeigen wir nun den

Hilfssatz 3. *Unter der Voraussetzung (T) sind folgende Aussagen äquivalent:*
(i) Für alle Testfunktionen $f \in C_0^0(\Theta)$ gilt $\mathfrak{T}(f) = 0$.
*(ii) Für jeden Punkt $\eta \in \Theta$ gibt es eine Zahl $\epsilon = \epsilon(\eta) > 0$, so dass die Kugel $B_\epsilon(\eta) := \{y \in \mathbb{R}^n : |y - \eta| \leq \epsilon\}$ die Inklusionsbedingung $\mathring{B}_\epsilon(\eta) \subset \Theta$ erfüllt und für alle **lokalen Testfunktionen** $f \in C_0^0\big(\mathring{B}_\epsilon(\eta)\big)$ die Identität $\mathfrak{T}(f) = 0$ gilt.*

Beweis: Da $(i) \Rightarrow (ii)$ selbstverständlich ist, zeigen wir nur $(ii) \Rightarrow (i)$: Für eine beliebige Funktion $f \in C_0^0(\Theta)$ ist die Menge $K := \operatorname{supp}(f) \subset \Theta$ kompakt, und wir betrachten deren offene Überdeckung $\big\{\mathring{B}_{\epsilon(\eta)}(\eta) : \eta \in K\big\}$. Mit Hilfe von Satz 1 konstruieren wir eine dem Mengensystem $\big\{\mathring{B}_{\epsilon(\eta)}(\eta) : \eta \in K\big\}$ untergeordnete Zerlegung der Eins von $\operatorname{supp}(f)$ mit den Funktionen

$$\chi_\nu \in C_0^\infty \left(\mathring{B}_{\epsilon_\nu}(\eta^{(\nu)}) \right) \ \text{mit } \eta^{(\nu)} \in K \ \text{und } \epsilon_\nu := \epsilon(\eta^{(\nu)}) \ \text{für } \nu = 1, \dots, N.$$
(11)

Dann erklären wir die Funktionen f_ν vermöge

$$f_\nu(y) := f(y) \cdot \chi_\nu(y) : \mathring{B}_{\epsilon_\nu}\left(\eta^{(\nu)}\right) \to \mathbb{R} \in C_0^0 \left(\mathring{B}_{\epsilon_\nu}(\eta^{(\nu)}) \right),$$
(12)

und die Voraussetzung (ii) liefert die Identität $\mathfrak{T}(f_\nu) = 0$ für $\nu = 1, \dots, N$.
Wir erhalten dann

$$
\begin{aligned}
\mathfrak{T}(f) &= \int_\Theta f(y)\, dy - \int_\Omega f\big(y(x)\big) \cdot |J_y(x)|\, dx \\
&= \int_\Theta \left\{ \sum_{\nu=1}^N f(y) \cdot \chi_\nu(y) \right\} dy - \int_\Omega \left\{ \sum_{\nu=1}^N f\big(y(x)\big) \cdot \chi_\nu\big(y(x)\big) \right\} \cdot |J_y(x)|\, dx \\
&= \int_\Theta \left\{ \sum_{\nu=1}^N f_\nu(y) \right\} dy - \int_\Omega \left\{ \sum_{\nu=1}^N f_\nu\big(y(x)\big) \right\} \cdot |J_y(x)|\, dx \\
&= \sum_{\nu=1}^N \left\{ \int_\Theta f_\nu(y)\, dy - \int_\Omega f_\nu\big(y(x)\big) \cdot |J_y(x)|\, dx \right\} = \sum_{\nu=1}^N \mathfrak{T}(f_\nu) = 0.
\end{aligned}
$$
(13)

q.e.d.

Mit dem Fundamentalsatz über die inverse Abbildung zeigen wir nun durch Induktion über die Raumdimension n den zentralen

Hilfssatz 4. *Unter der Voraussetzung (T) gilt die Identität*

$$\mathfrak{T}(f) = 0 \quad \text{für alle} \quad f \in C_0^0(\Theta) \ .$$

Beweis: 1.) Wir zeigen diese Aussage durch vollständige Induktion über die Raumdimension n, und sichern zunächst den Induktionsanfang $n = 1$. Gemäß Hilfssatz 3 haben wir nur die lokale Aussage zu beweisen. Zum beliebigen Punkt $\eta \in \Theta \subset \mathbb{R}^1$ wählen wir $\epsilon = \epsilon(\eta) > 0$ mit der Eigenschaft

$$B_\epsilon(\eta) = [\eta - \epsilon, \eta + \epsilon] \subset \Theta \ .$$

Dann definieren wir die Urbildpunkte x_1, x_2 gemäß $y(x_1) := \eta - \epsilon$ sowie $y(x_2) := \eta + \epsilon$ und ihr zugehöriges Intervall durch

$$I := \{ x \in \mathbb{R} : x = \lambda x_1 + (1 - \lambda) x_2, 0 \le \lambda \le 1 \}.$$

Nun liefert Satz 7 aus §5 in Kapitel II die Identität

$$\int\limits_{\Theta} f(y)\,dy = \int\limits_{\eta-\epsilon}^{\eta+\epsilon} f(y)\,dy =$$

$$= \int\limits_{x_1}^{x_2} f\big(y(x)\big) \cdot y'(x)\,dx = \operatorname{sign} y'(x) \cdot \int\limits_{x_1}^{x_2} f\big(y(x)\big) \cdot |J_y(x)|\,dx = \qquad (14)$$

$$= \int\limits_{I} f\big(y(x)\big) \cdot |J_y(x)|\,dx = \int\limits_{\Omega} f\big(y(x)\big) \cdot |J_y(x)|\,dx$$

für alle Funktionen $f \in C_0^0\left(\mathring{B}_\epsilon(\eta)\right)$. Dabei handelt es sich beim 2. – 4. Integral obiger Identität (14) um orientierte eindimensionale Integrale. Schließlich beachten wir, dass die Signumfunktion von $y'(x)$, $x \in I$ konstant ist.

2.) Im Induktionsschritt $n \to n+1$ verwenden wir eine **Feldeinbettung** und interpretieren das $(n+1)$-dimensionale Integral als iteriertes Integral gemäß Satz 12 aus §3. Letzteres ist insbesondere für Testfunktionen möglich.
Es sei der Punkt $(\eta,\zeta) = (\eta_1,\ldots,\eta_n,\zeta) \in \Theta \subset \mathbb{R}^{n+1}$ gewählt. Die $(n+1)$-dimensionale Abbildung

$$Y : \Omega \to \Theta \text{ vermöge } (x,t) = (x_1,\ldots,x_n,t) \mapsto Y(x,t) = Y(x_1,\ldots,x_n,t)$$

erfülle die Voraussetzung (T), und es gelte

$$Y(\xi,\tau) = Y(\xi_1,\ldots,\xi_n,\tau) = (\eta,\zeta) \quad .$$

Durch eine Drehung um den Punkt (η,ζ) können wir erreichen, dass die folgende Bedingung erreicht wird:

$$\frac{\partial Y(\xi,\tau)}{\partial t} = Y_t(\xi,\tau) = \lambda \cdot e_{n+1} \quad \text{mit einem} \quad \lambda > 0 \quad . \qquad (15)$$

Dabei ist der Einheitsvektor $e_{n+1} := (0,\ldots,0,1) \in \mathbb{R}^{n+1}$ wie üblich erklärt. Ohne es zu erwähnen, werden wir in den nachfolgenden Überlegungen den Parameter $\epsilon > 0$ mehrmals verkleinern. Zunächst definieren wir einen Quader

$$Q := (\xi_1 - \epsilon, \xi_1 + \epsilon) \times \ldots \times (\xi_n - \epsilon, \xi_n + \epsilon) \subset \mathbb{R}^n$$

und ein offenes Intervall $I := (\tau - \epsilon, \tau + \epsilon)$. Weiter betrachten wir die Flächenschar

$$\mathcal{F}_t := \big\{ Y(x,t) \in \mathbb{R}^{n+1} : x \in Q \big\}$$

$$= \{ Y(x_1,\ldots,x_n,t) : x_i \in (\xi_i - \epsilon, \xi_i + \epsilon) \text{ für } i = 1,\ldots,n \} \qquad (16)$$

in Abhängigkeit vom Parameter $t \in I$. Wir zerlegen nun die Abbildung Y gemäß

$$Y(x,t) = (f(x,t), z(x,t)) = (f_1(x,t),\ldots,f_n(x,t), z(x,t)), \ (x,t) \in Q \times I. \qquad (17)$$

Mit den Identitäten (15) bis (17) erhalten wir, durch Entwicklung nach der letzte Spalte, die folgenden Determinanten

$$0 \neq J_Y(\xi, \tau) = \begin{vmatrix} \dfrac{\partial f_1(\xi, \tau)}{\partial x_1} & \cdots & \dfrac{\partial f_1(\xi, \tau)}{\partial x_n} & \dfrac{\partial f_1(\xi, \tau)}{\partial t} \\ \vdots & \ddots & \vdots & \vdots \\ \dfrac{\partial f_n(\xi, \tau)}{\partial x_1} & \cdots & \dfrac{\partial f_n(\xi, \tau)}{\partial x_n} & \dfrac{\partial f_n(\xi, \tau)}{\partial t} \\ \dfrac{\partial z(\xi, \tau)}{\partial x_1} & \cdots & \dfrac{\partial z(\xi, \tau)}{\partial x_n} & \dfrac{\partial z(\xi, \tau)}{\partial t} \end{vmatrix} \tag{18}$$

$$= \det\left(Y_{x_1}(\xi, \tau)^*, \ldots, Y_{x_n}(\xi, \tau)^*, \lambda \cdot e_{n+1}^* \right)$$

$$= \lambda \cdot \det\left(\dfrac{\partial f_i(\xi, \tau)}{\partial x_k} \right)_{i,k=1,\ldots,n} =: \lambda \cdot J_f(\xi, \tau) \quad.$$

3.) Jetzt betrachten wir die Abbildung

$$F: Q \times I \to Z \in C^1(Q \times I, \mathbb{R}^{n+1}) \text{ vermöge } (x, t) \mapsto F(x, t) := (f(x, t), t) \tag{19}$$

mit der Jacobischen $J_F(\xi, \tau) \neq 0$. Nach dem Fundamentalsatz über die inverse Abbildung (siehe Satz 1 aus §4 in Kapitel IV) gibt es eine zu F inverse Abbildung

$$G: Z \to Q \times I \in C^1(Z, \mathbb{R}^{n+1}) \text{ vermöge } (y, t) \mapsto G(y, t) := (g(y, t), t) \tag{20}$$

mit der Variablen $y = (y_1, \ldots, y_n)$. Die Abbildung (19) stellt also einen C^1-Diffeomorphismus von $Q \times I$ auf Z dar, wobei wir $\epsilon > 0$ hinreichend klein zu wählen haben. Erklären wir die **Projektionsbereiche**

$$\Omega^{(t)} := \{ y \in \mathbb{R}^n : (y, t) \in Z \} \quad \text{für } t \in I,$$

so liefern (19) und (20) die Identität

$$f(g(y, t), t) = y \quad \text{für alle} \quad y \in \Omega^{(t)} \quad \text{und} \quad t \in I \quad.$$

Schließlich erklären wir für jedes $t \in I$ die Funktion

$$\chi(y, t) := z(g(y, t), t), \, y \in \Omega^{(t)}$$

und beachten

$$Y(G(y, t)) = \left(f(G(y, t)), z(G(y, t)) \right)$$

$$= (f(g(y, t), t), z(g(y, t), t)) = (y, \chi(y, t)) \quad \text{für alle} \quad (y, t) \in Z \tag{21}$$

sowie die Identität

$$J_G(y,t) = \det\left(\frac{\partial g_i(y,t)}{\partial y_k}\right)_{i,k=1,\ldots,n} = J_g(y,t), \quad (y,t) \in Z.$$

4.) Da nach Induktionsvoraussetzung und Hilfssatz 3 die Transformationsformel für ein festes $n \in \mathbb{N}$ bereits global gilt, ermitteln wir für beliebige Funktionen $f \in C_0^0\left(\mathring{B}_\epsilon(\eta,\zeta)\right)$, mit dem hinreichend kleinem Radius $\epsilon = \epsilon(\eta,\zeta) > 0$, die folgende Identität:

$$
\begin{aligned}
\int_\Omega f\big(Y(x,t)\big) \cdot |J_Y(x,t)|\, dx\, dt &= \int_{\tau-\epsilon}^{\tau+\epsilon} \left\{ \int_Q f\big(Y(x,t)\big) \cdot |J_Y(x,t)|\, dx \right\} dt \\
&= \int_{\tau-\epsilon}^{\tau+\epsilon} \left\{ \int_{\Omega^{(t)}} f\big(Y(g(y,t),t)\big) \cdot \big|J_Y\big(g(y,t),t\big)\big| \cdot |J_g(y,t)|\, dy \right\} dt \\
&= \int_{\tau-\epsilon}^{\tau+\epsilon} \left\{ \int_{\Omega^{(t)}} f\big(y,\chi(y,t)\big) \cdot \big|J_Y\big(G(y,t)\big)\big| \cdot |J_G(y,t)|\, dy \right\} dt = \\
&= \int_{\tau-\epsilon}^{\tau+\epsilon} \left\{ \int_{\Omega^{(t)}} f\big(y,\chi(y,t)\big) \cdot |J_{Y\circ G}(y,t)|\, dy \right\} dt \\
&= \int_{\tau-\epsilon}^{\tau+\epsilon} \left\{ \int_{\mathbb{R}^n} f\big(y,\chi(y,t)\big) \cdot \chi_t(y,t)\, dy \right\} dt \\
&= \int_{\mathbb{R}^n} \left\{ \int_{\tau-\epsilon}^{\tau+\epsilon} f\big(y,\chi(y,t)\big) \cdot \chi_t(y,t)\, dt \right\} dy = \int_\Theta f(y,t)\, dy\, dt.
\end{aligned}
\tag{22}
$$

Über Hilfssatz 3 erhalten wir die Gültigkeit von $\mathfrak{T}(f) = 0$ für alle $f \in C_0^0(\Theta)$ im Fall $n+1$. \hfill q.e.d.

Wir können jetzt die Transformationsformel für mehrfache Integrale aus Satz 5 in §5 beweisen mit dem

Satz 2. *Sei die Voraussetzung (T) erfüllt, und die stetige Funktion $f : \Theta \to \mathbb{C}$ besitze das konvergente uneigentliche Integral $\int_\Theta |f(y)|\, dy < +\infty$. Dann gilt die Transformationsformel*

$$\int_\Theta f(y)\, dy = \int_\Omega f\big(y(x)\big) \cdot |J_y(x)|\, dx. \tag{23}$$

Beweis: 1.) Sei die Funktion

$$f = f_1(y) + i f_2(y) : \Theta \to \mathbb{C} \quad \text{mit} \quad f_j \in C^0(\Theta) \quad \text{für} \quad j = 1, 2$$

gegeben. Dann ermitteln wir für $j = 1, 2$ die Abschätzung

$$\int_\Theta f_j^\pm(y)\, dy \le \int_\Theta |f_j(y)|\, dy \le \int_\Theta |f(y)|\, dy < +\infty \tag{24}$$

mit dem **Positivteil**

$$f_j^+(y) := \frac{1}{2}\left(|f_j(y)| + f_j(y)\right), \; y \in \Theta$$

und dem **Negativteil**

$$f_j^-(y) := \frac{1}{2}\left(|f_j(y)| - f_j(y)\right), \; y \in \Theta \quad .$$

Diese nichtnegativen, stetigen Funktionen erfüllen die Darstellung

$$f_j(y) = f_j^+(y) - f_j^-(y), \; y \in \Theta \quad \text{für} \quad j = 1, 2 \quad .$$

Wenn wir also die Identität (23) einzeln für die Funktionen $f_j^\pm$ mit $j = 1, 2$ gezeigt haben, so ist diese Identität auch für f bewiesen. Deshalb können wir ohne Einschränkung

$$f : \Theta \to [0, +\infty) \in C^0(\Theta) \quad \text{mit} \quad \int_\Theta f(y)\, dy < +\infty \tag{25}$$

für unsere weiteren Überlegungen annehmen.

2.) Mit Hilfssatz 1 konstruieren wir eine, die offene Menge Θ ausschöpfende, Funktionenfolge

$$\theta_k = \theta_k(y) : \Theta \to [0, 1] \in C_0^\infty(\Theta) \quad \text{für } k = 1, 2, \ldots \tag{26}$$

Dann bildet die Folge

$$\omega_k(x) := \theta_k\big(y(x)\big), \; x \in \Omega \quad \text{für } k = 1, 2, \ldots \tag{27}$$

eine ausschöpfende Funktionenfolge der offenen Urbildmenge Ω. Aufgrund der Hilfssätze 1 und 2 erhalten wir folgende Ausschöpfungen durch Kompakta:

$$\Theta_k := \{y \in \Theta : \theta_k(y) = 1\} \to \Theta \, (k \to \infty),$$
$$\Omega_k := \{y \in \Omega : \omega_k(y) = 1\} \to \Omega \, (k \to \infty). \tag{28}$$

Die Anwendung von Hilfssatz 4 auf die Funktion

$$f_k(y) := f(y) \cdot \theta_k(y) \in C_0^0(\Theta) \tag{29}$$

liefert für $k = 1, 2, \dots$ die Identitäten

$$\int\limits_{\Theta} f_k(y)\,dy = \int\limits_{\Omega} f_k\big(y(x)\big) \cdot |J_y(x)|\,dx$$
$$= \int\limits_{\Omega} \theta_k\big(y(x)\big) \cdot f\big(y(x)\big) \cdot |J_y(x)|\,dx = \int\limits_{\Omega} \omega_k(x) \cdot f\big(y(x)\big) \cdot |J_y(x)|\,dx \quad . \tag{30}$$

3.) Nach Satz 3 aus § 5 gilt

$$\lim_{k\to\infty} \int\limits_{\Theta} f_k(y)\,dy = \int\limits_{\Theta} f(y)\,dy \quad . \tag{31}$$

Wenn $K \subset \Omega$ ein beliebiger Jordan-Bereich ist, dann gibt es eine natürliche Zahl $k_0 = k_0(K)$ mit der Eigenschaft

$$\omega_k(x) = 1 \quad \text{für alle} \quad x \in K \text{ und alle } k \geq k_0 \quad .$$

Damit folgt die Abschätzung

$$\int\limits_{K} f\big(y(x)\big) \cdot |J_y(x)|\,dx \leq \int\limits_{\Omega} \omega_k(x) \cdot f\big(y(x)\big) \cdot |J_y(x)|\,dx$$
$$= \int\limits_{\Theta} f_k(y)\,dy \leq \int\limits_{\Theta} f(y)\,dy < +\infty \quad . \tag{32}$$

Alle Jordan-Bereiche $K \subset \Omega$ erfüllen (32), und Satz 1 aus § 5 ergibt die Existenz des uneigentlichen Integrals

$$\int\limits_{\Omega} f\big(y(x)\big) \cdot |J_y(x)|\,dx \quad .$$

Mit Satz 3 aus § 5 ermitteln wir die Identität

$$\lim_{k\to\infty} \int\limits_{\Omega} \omega_k(x) \cdot f\big(y(x)\big) \cdot |J_y(x)|\,dx = \int\limits_{\Omega} f\big(y(x)\big) \cdot |J_y(x)|\,dx. \tag{33}$$

Insgesamt erhalten wir durch Grenzübergang in (30) – mit Hilfe der Aussagen (31) und (33) – für alle stetigen Funktionen f aus (25) die Behauptung

$$\int\limits_{\Theta} f(y)\,dy = \lim_{k\to\infty} \int\limits_{\Theta} f_k(y)\,dy$$
$$= \lim_{k\to\infty} \int\limits_{\Omega} \omega_k(x) \cdot f\big(y(x)\big) \cdot |J_y(x)|\,dx = \int\limits_{\Omega} f\big(y(x)\big) \cdot |J_y(x)|\,dx. \tag{34}$$

q.e.d.

§7 Ergänzung und Approximation stetiger Funktionen

Wir beweisen zunächst den fundamentalen

Satz 1 (Tietzescher Ergänzungssatz).
Sei $K \subset \mathbb{R}^n$ eine kompakte Menge und $f(x) \in C^0(K, \mathbb{C})$ eine auf K stetige Funktion. Dann gibt es die folgende Ergänzung von f auf den ganzen $\mathbb{R}^n$, nämlich eine beschränkte Funktion $g(x) \in C^0(\mathbb{R}^n, \mathbb{C})$ mit der Eigenschaft $f(x) = g(x)$ für alle $x \in K$.

Beweis:

1. Für $x \in \mathbb{R}^n$ erklären wir die Funktion $d(x) := \min_{y \in K} |y - x|$, welche die Distanz eines Punktes x zur Menge K misst. Da K kompakt ist, gibt es zu jedem $x \in \mathbb{R}^n$ ein $\overline{y} \in K$ mit der Eigenschaft $|\overline{y} - x| = d(x)$. Sind nun $x_1, x_2 \in \mathbb{R}^n$ beliebig gewählt, so folgt für $\overline{y}_2 \in K$ mit $|\overline{y}_2 - x_2| = d(x_2)$ die Ungleichung

$$d(x_1) - d(x_2) = \inf_{y \in K} \left(|x_1 - y| - |x_2 - \overline{y}_2| \right) \le |x_1 - \overline{y}_2| - |x_2 - \overline{y}_2| \le |x_1 - x_2|. \tag{1}$$

Durch Vertauschen von x_1 und x_2 erhält man eine analoge Ungleichung und somit

$$|d(x_1) - d(x_2)| \le |x_1 - x_2| \quad \text{für alle} \quad x_1, x_2 \in \mathbb{R}^n \quad .$$

Insbesondere stellt $d : \mathbb{R}^n \to \mathbb{R}$ eine stetige Funktion dar.

2. Für $x \notin K$ und $a \in \mathbb{R}^n$ betrachten wir die Funktion

$$\varrho(x, a) := \max \left\{ 2 - \frac{|x - a|}{d(x)}, 0 \right\}. \tag{2}$$

Für festes a ist die Funktion $\varrho(x, a)$ auf der Menge $\mathbb{R}^n \setminus K$ nach obigen Betrachtungen stetig. Weiter haben wir die Aussagen

$$0 \le \varrho(x, a) \le 2,$$

$$\varrho(x, a) = 0 \quad \text{für alle} \quad |a - x| \ge 2d(x), \tag{3}$$

$$\varrho(x, a) \ge \frac{1}{2} \quad \text{für alle} \quad |a - x| \le \frac{3}{2} d(x).$$

3. Sei nun $\left\{ a^{(k)} : k = 1, 2, \ldots \right\} \subset K$ eine in K dichte Punktfolge. Da $f(x) : K \to \mathbb{C}$ beschränkt ist, konvergieren die Funktionenreihen

$$\sum_{k=1}^{\infty} 2^{-k} \varrho\left(x, a^{(k)}\right) f\left(a^{(k)}\right) \quad \text{und} \quad \sum_{k=1}^{\infty} 2^{-k} \varrho\left(x, a^{(k)}\right) \quad , \quad x \in \mathbb{R}^n \setminus K \tag{4}$$

kompakt gleichmäßig in $\mathbb{R}^n \setminus K$ und stellen dort stetige Funktionen dar. Ferner erhalten wir

$$\sum_{k=1}^{\infty} 2^{-k} \varrho\left(x, a^{(k)}\right) > 0 \quad \text{für alle} \quad x \in \mathbb{R}^n \setminus K \quad , \tag{5}$$

denn zu jedem $x \in \mathbb{R}^n \setminus K$ gibt es mindestens ein k mit $\varrho(x, a^{(k)}) > 0$. Somit ist die Funktion

$$h(x) := \frac{\displaystyle\sum_{k=1}^{\infty} 2^{-k} \varrho\left(x, a^{(k)}\right) f\left(a^{(k)}\right)}{\displaystyle\sum_{l=1}^{\infty} 2^{-l} \varrho\left(x, a^{(l)}\right)} = \sum_{k=1}^{\infty} \varrho_k(x) f\left(a^{(k)}\right), \quad x \in \mathbb{R}^n \setminus K \tag{6}$$

stetig. Hierbei haben wir die folgenden Koeffizientenfunktionen erklärt:

$$\varrho_k(x) := \frac{2^{-k} \varrho\left(x, a^{(k)}\right)}{\displaystyle\sum_{l=1}^{\infty} 2^{-l} \varrho\left(x, a^{(l)}\right)} \ (k = 1, 2, \ldots) \ \text{mit} \ \sum_{k=1}^{\infty} \varrho_k(x) \equiv 1 \, , \, x \in \mathbb{R}^n \setminus K.$$

$$\tag{7}$$

4. Wir erklären nun die Funktion

$$g(x) := \begin{cases} f(x), \, x \in K \\ h(x), \, x \in \mathbb{R}^n \setminus K \end{cases},$$

und wir haben nur noch die Stetigkeit von g auf ∂K zu zeigen. Für $z \in \partial K$ und $x \notin K$ gilt die Abschätzung

$$
\begin{aligned}
|h(x) - f(z)| &= \left| \sum_{k=1}^{\infty} \varrho_k(x) \left\{ f\left(a^{(k)}\right) - f(z) \right\} \right| \\
&\leq \sum_{k: |a^{(k)} - x| \leq 2d(x)} \varrho_k(x) \left| f\left(a^{(k)}\right) - f(z) \right| \\
&\leq \sup_{a \in K \,:\, |a - x| \leq 2d(x)} |f(a) - f(z)| \\
&\leq \sup_{a \in K \,:\, |a - z| \leq 2d(x) + |x - z|} |f(a) - f(z)| \\
&\leq \sup_{a \in K \,:\, |a - z| \leq 3|x - z|} |f(a) - f(z)|.
\end{aligned}
\tag{8}
$$

Da die Funktion $f : K \to \mathbb{C}$ gleichmäßig stetig ist, folgt

$$\lim_{x \to z, \, x \notin K} h(x) = f(z) \quad \text{für alle} \quad z \in \partial K \quad . \tag{9}$$

q.e.d.

Bemerkung: Die in diesem Satz geforderte Kompaktheit der Teilmenge K ist für die Aussage wesentlich. Die Funktion $f(x) := \sin(1/x)$, $x \in (0, 1]$ kann man nämlich nicht stetig in den Nullpunkt fortsetzen.

Wir verwenden nun eine Funktion, die als sogenannter *Kern der Wärmeleitungsgleichung* auftritt.

Satz 2 (Wärmeleitungskern).
Zu jedem $\varepsilon > 0$ betrachten wir die Funktion

$$\Theta_\varepsilon(z) := \frac{1}{\sqrt{\pi\varepsilon}^n} \exp\left(-\frac{|z|^2}{\varepsilon}\right) = \frac{1}{\sqrt{\pi\varepsilon}^n} \exp\left(-\frac{1}{\varepsilon}(z_1^2 + \ldots + z_n^2)\right), \quad z \in \mathbb{R}^n.$$

Dann besitzt $\Theta_\varepsilon = \Theta_\varepsilon(z)$ die folgenden Eigenschaften:

1. *Es gilt $\Theta_\varepsilon(z) > 0$ für alle $z \in \mathbb{R}^n$;*
2. *Wir haben $\displaystyle\int_{\mathbb{R}^n} \Theta_\varepsilon(z)\,dz = 1$;*
3. *Für jedes $\delta > 0$ ist $\displaystyle\lim_{\varepsilon\to 0+} \int_{|z|\geq\delta} \Theta_\varepsilon(z)\,dz = 0$ richtig.*

Beweis:

1. Die Exponentialfunktion ist positiv, die Behauptung ist also klar.
2. Wir substituieren $z = \sqrt{\varepsilon}x$ mit $dz = \sqrt{\varepsilon}^n\,dx$ und erhalten

$$\int_{\mathbb{R}^n} \Theta_\varepsilon(z)\,dz = \frac{1}{\sqrt{\pi\varepsilon}^n} \int_{\mathbb{R}^n} \exp\left(-\frac{|z|^2}{\varepsilon}\right)\,dz$$

$$= \frac{1}{\sqrt{\pi}^n} \int_{\mathbb{R}^n} \exp\left(-|x|^2\right)\,dx = \left(\frac{1}{\sqrt{\pi}} \int_{-\infty}^{+\infty} \exp\left(-t^2\right)\,dt\right)^n = 1. \tag{10}$$

3. Wir verwenden die Substitution aus Teil 2 und erhalten

$$\int_{|z|\geq\delta} \Theta_\varepsilon(z)\,dz = \frac{1}{\sqrt{\pi}^n} \int_{|x|\geq\delta/\sqrt{\varepsilon}} \exp\left(-|x|^2\right)\,dx \to 0 \quad \text{für} \quad \varepsilon \to 0+. \tag{11}$$

q.e.d.

Satz 1 und Satz 2 gemeinsam liefern uns den

Satz 3 (Polynomiale Approximation). *Sei $f(x) \in C^0(K, \mathbb{C})$ eine auf der kompakten Menge $K \subset \mathbb{R}^n$ stetige Funktion. Dann gibt es zu jedem $\rho > 0$ ein Polynom $p(x) = p_\rho(x)$ mit der Eigenschaft*

$$|p(x) - f(x)| \leq \rho \quad \text{für alle} \quad x \in K \quad .$$

Beweis: Zunächst ergänzen wir die Funktion f zu einer beschränkten, stetigen Funktion $g : \mathbb{R}^n \to \mathbb{C}$ gemäß Satz 1. Dann wählen wir einen Quader $Q \subset \mathbb{R}^n$, so dass $K \subset \mathring{Q}$ erfüllt ist und $Q \subset B_R$ für die abgeschlossene Kugel B_R um den Nullpunkt mit einem Radius $R > 0$ gilt. Nun betrachten wir die Funktion

$$g_\varepsilon(x) := \int_Q \Theta_\varepsilon(y - x) \cdot g(y)\, dy \quad , \quad x \in \mathbb{R}^n \tag{12}$$

für beliebiges $\varepsilon > 0$. Wir betrachten für beliebiges $x \in K$ und hinreichend kleines $\delta > 0$ die Identität

$$g(x) - g_\varepsilon(x) = \int_{y \in \mathbb{R}^n} \Theta_\varepsilon(y - x) \cdot g(x)\, dy - \int_Q \Theta_\varepsilon(y - x) \cdot g(y)\, dy$$

$$= \int_{y \in \mathbb{R}^n : |y-x| < \delta} \Theta_\varepsilon(y - x) \cdot \Big(g(x) - g(y) \Big)\, dy \tag{13}$$

$$+ \int_{y \in \mathbb{R}^n : |y-x| \geq \delta} \Theta_\varepsilon(y - x) \cdot g(x)\, dy - \int_{y \in Q : |y-x| \geq \delta} \Theta_\varepsilon(y - x) \cdot g(y)\, dy \quad ,$$

unter Berücksichtigung der Inklusion $K \subset \mathring{Q}$. Da $g : Q \to \mathbb{C}$ gleichmäßig stetig ist, zeigen wir mit (13) und Satz 2 leicht die folgende Aussage: Die Konvergenz

$$g_\varepsilon(x) \to g(x), \quad x \in K \quad (\varepsilon \to 0+)$$

findet gleichmäßig auf dem Kompaktum K statt. Zu vorgegebenem $\rho > 0$ wählen wir nun $\varepsilon > 0$ fest, so dass

$$|g_\varepsilon(x) - f(x)| \leq \rho \quad , \quad x \in K \tag{14}$$

erfüllt wird und betrachten die assoziierte Potenzreihe

$$\Theta_\varepsilon(z) = \frac{1}{\sqrt{\pi\varepsilon}^n} \exp\left(-\frac{|z|^2}{\varepsilon} \right) = \frac{1}{\sqrt{\pi\varepsilon}^n} \sum_{j=0}^{\infty} \frac{1}{j!} \left(-\frac{|z|^2}{\varepsilon} \right)^j \quad , \quad z \in \mathbb{R}^n.$$

Da diese auf jedem Kompaktum im $\mathbb{R}^n$ gleichmäßig konvergiert, finden wir eine natürliche Zahl $N_0(\rho) \in \mathbb{N}$, so dass folgendes Polynom

$$P_\rho(z) := \frac{1}{\sqrt{\pi\varepsilon}^n} \sum_{j=0}^{N_0(\rho)} \frac{1}{j!} \left(-\frac{z_1^2 + \ldots + z_n^2}{\varepsilon} \right)^j$$

die Ungleichung

$$\sup_{|z| \leq 2R} |\Theta_\varepsilon(z) - P_\rho(z)| \leq \rho \tag{15}$$

erfüllt. Mit

$$\widetilde{g}_\rho(x) := \int\limits_Q P_\rho(y-x) \cdot g(y)\, dy \tag{16}$$

erhalten wir ein Polynom in den Veränderlichen $x_1, \ldots, x_n$. Wegen (12), (15), (16) genügt dieses Polynom der Ungleichung

$$|\widetilde{g}_\rho(x) - g_\varepsilon(x)| \le \rho \cdot |Q| \cdot c \quad \text{für alle} \quad x \in Q \tag{17}$$

mit der Konstante $c := \sup\{|g(x)| : x \in Q\} \in [0, +\infty)$. Zusammen mit (14) erhalten wir die Abschätzung

$$|\widetilde{g}_\rho(x) - f(x)| \le |\widetilde{g}_\rho(x) - g_\varepsilon(x)| + |g_\varepsilon(x) - f(x)| \le \rho \cdot \Big(|Q| \cdot c + 1\Big), \quad x \in K. \tag{18}$$

Da $\rho > 0$ beliebig gewählt wurde, erhalten wir die Behauptung des Satzes. q.e.d.

§8 Flächeninhalt und Differentialformen

Wir wollen zunächst den Begriff einer m-dimensionalen Fläche im $\mathbb{R}^n$ erklären.

Definition 1. *Sei die offene Menge $T \subset \mathbb{R}^m$ mit $m \in \mathbb{N}$ als* **Parameterbereich** *gegeben. Weiter sei*

$$X(t) = \begin{pmatrix} x_1(t_1, \ldots, t_m) \\ \vdots \\ x_n(t_1, \ldots, t_m) \end{pmatrix} : T \longrightarrow \mathbb{R}^n \in C^k(T, \mathbb{R}^n)$$

mit $k, n \in \mathbb{N}$ und $m \le n$ eine Abbildung, deren Funktionalmatrix

$$\partial X(t) = \Big(X_{t_1}(t), \ldots, X_{t_m}(t)\Big), \quad t \in T$$

für alle $t \in T$ den Rang m hat. Dann nennen wir X eine **parametrisierte, reguläre Fläche** *mit der* **Parameterdarstellung** *$X(t) : T \to \mathbb{R}^n$.*
Sind $X : T \to \mathbb{R}^n$ und $\widetilde{X} : \widetilde{T} \to \mathbb{R}^n$ zwei Parameterdarstellungen, so nennen wir diese **äquivalent***, wenn es eine topologische Abbildung*

$$t = t(s) = \Big(t_1(s_1, \ldots, s_m), \ldots, t_m(s_1, \ldots, s_m)\Big) : \widetilde{T} \longrightarrow T \in C^k(\widetilde{T}, T)$$

gibt mit den folgenden Eigenschaften:

1. $\quad J(s) := \dfrac{\partial(t_1, \ldots, t_m)}{\partial(s_1, \ldots, s_m)}(s) = \begin{vmatrix} \frac{\partial t_1}{\partial s_1}(s) & \cdots & \frac{\partial t_1}{\partial s_m}(s) \\ \vdots & & \vdots \\ \frac{\partial t_m}{\partial s_1}(s) & \cdots & \frac{\partial t_m}{\partial s_m}(s) \end{vmatrix} > 0 \quad \text{für alle} \quad s \in \widetilde{T},$

2. $\quad \widetilde{X}(s) = X\Big(t(s)\Big)$ *für alle $s \in \widetilde{T}$.*

Man sagt, dass $\widetilde{X}$ aus X durch **orientierungstreues Umparametrisieren**
*entsteht. Die Äquivalenzklasse $[X]$ aller zu X äquivalenten Parameterdarstel-
lungen nennen wir eine* **offene, orientierte, m-dimensionale, reguläre
Fläche der Klasse C^k im $\mathbb{R}^n$.** *Wir nennen eine Fläche* **eingebettet in
den $\mathbb{R}^n$,** *falls zusätzlich $X : T \to \mathbb{R}^n$ injektiv ist.*

Seien $X(t) : T \to \mathbb{R}^n$ eine Fläche mit $T \subset \mathbb{R}^m$ als Parameterbereich und den
Dimensionen $1 \le m \le n$. Mit

$$g_{ij}(t) := X_{t_i}(t) \cdot X_{t_j}(t), \quad t \in T \quad \text{für} \quad i, j = 1, \dots, m$$

bezeichnen wir den **metrischen Tensor** oder **Maßtensor** der Fläche X.
Ferner heißt

$$g(t) := \det \Big(g_{ij}(t) \Big)_{i,j=1,\dots,m} \quad , \quad t \in T$$

ihre **Gramsche Determinante.** Ergänzen wir das System $\{X_{t_i}(t)\}_{i=1,\dots,m}$
für beliebiges $t \in T$ in jedem Punkt $X(t)$ durch Vektoren $\xi_j(t)$ im $\mathbb{R}^n$ für
$j = 1, \dots, n - m$ mit den Eigenschaften

(a) $\xi_j(t) \cdot \xi_k(t) = \delta_{jk}$ für $j, k = 1, \dots, n - m$,
(b) $X_{t_i}(t) \cdot \xi_j(t) = 0$ für $i = 1, \dots, m$ und $j = 1, \dots, n - m$,
(c) $\det \Big(X_{t_1}, \dots, X_{t_m}, \xi_1, \dots, \xi_{n-m} \Big) \Big|_t > 0 \quad ,$

so können wir das Oberflächenelement folgendermaßen berechnen:

$$d\sigma(t) = \det \Big(X_{t_1}, \dots, X_{t_m}, \xi_1, \dots, \xi_{n-m} \Big) dt_1 \dots dt_m$$

$$= \sqrt{\det \Big\{ (X_{t_1}, \dots, \xi_{n-m})^* \circ (X_{t_1}, \dots, \xi_{n-m}) \Big\}} \, dt_1 \dots dt_m \tag{1}$$

$$= \sqrt{\det \Big(g_{ij}(t) \Big)_{i,j=1,\dots,m}} \, dt_1 \dots dt_m = \sqrt{g(t)} \, dt_1 \dots dt_m \quad , \quad t \in T.$$

Um das Oberflächenelement mittels der Jacobi-Matrix $\partial X(t)$ anzugeben,
benötigen wir den folgenden

Hilfssatz 1. *Seien A, B zwei $n \times m$-Matrizen mit $m \le n$. Für $1 \le i_1 <
\dots < i_m \le n$ bezeichne $A_{i_1\dots i_m}$ die Matrix, welche aus den Zeilen $i_1, \dots, i_m$
der Matrix A besteht; entsprechend seien die Untermatrizen von B definiert.
Dann gilt*

$$\det(A^* \circ B) = \sum_{1 \le i_1 < \dots < i_m \le n} \det A_{i_1\dots i_m} \det B_{i_1\dots i_m}.$$

Beweis: Wir fixieren A und zeigen, dass die Identität für alle Matrizen B gilt.

1. Seien $e_1, \dots, e_n$ die Spalteneinheitsvektoren des $\mathbb{R}^n$, so gilt obige Formel
   zunächst für alle $B = (e_{j_1}, \dots, e_{j_m})$ mit $j_1, \dots, j_m \in \{1, \dots, n\}$.

2. Gilt obige Formel für die Matrix $B = (b_1, \ldots, b_m)$, so gilt sie auch für die Matrix $B' = (b_1, \ldots, \lambda b_i, \ldots, b_m)$.
3. Gilt die Formel für Matrizen $B' = (b_1, \ldots, b_i', \ldots, b_m)$ und $B'' = (b_1, \ldots, b_i'', \ldots, b_m)$, so auch für die Matrix $B = (b_1, \ldots, b_i' + b_i'', \ldots, b_m)$.   q.e.d.

Folgerung: Eine $n \times m$-Matrix A erfüllt

$$\det (A^* \circ A) = \sum_{1 \leq i_1 < \ldots < i_m \leq n} (\det A_{i_1 \ldots i_m})^2.$$

Schreiben wir nun den metrischen Tensor in der Form

$$\Big(g_{ij}(t) \Big)_{i,j=1,\ldots,m} = \partial X(t)^* \circ \partial X(t)$$

mit der Jacobi-Matrix $\partial X(t) = \Big(X_{t_1}(t) \ldots X_{t_m}(t) \Big)$, so folgt

$$g(t) = \det \Big(g_{ij}(t) \Big)_{i,j=1,\ldots,m} = \sum_{1 \leq i_1 < \ldots < i_m \leq n} \left(\frac{\partial(x_{i_1}, \ldots, x_{i_m})}{\partial(t_1, \ldots, t_m)}(t) \right)^2 . \quad (2)$$

Also ergibt sich für das **Oberflächenelement einer m-dimensionalen Fläche im $\mathbb{R}^n$**

$$d\sigma(t) = \sqrt{g(t)}\, dt_1 \ldots dt_m =$$

$$= \sqrt{\sum_{1 \leq i_1 < \ldots < i_m \leq n} \left(\frac{\partial(x_{i_1}, \ldots, x_{i_m})}{\partial(t_1, \ldots, t_m)}(t) \right)^2}\, dt_1 \ldots dt_m \quad . \qquad (3)$$

Definition 2. *Unter dem* **Flächeninhalt** *einer offenen, orientierten, m-dimensionalen, regulären C^1-Fläche im $\mathbb{R}^n$ mit einer Parameterdarstellung $X(t) : T \to \mathbb{R}^n$ verstehen wir das uneigentliche Riemannsche Integral*

$$A(X) := \int_T \sqrt{\sum_{1 \leq i_1 < \ldots < i_m \leq n} \left(\frac{\partial(x_{i_1}, \ldots, x_{i_m})}{\partial(t_1, \ldots, t_m)} \right)^2}\, dt_1 \ldots dt_m,$$

wobei $T \subset \mathbb{R}^m$ offen und $1 \leq m \leq n$ erfüllt ist. Falls $A(X) < +\infty$ ausfällt, hat die Fläche $[X]$ **endlichen Flächeninhalt.**

Bemerkungen:

1. Mit Hilfe der Transformationsformel für mehrfache Integrale stellt man fest, dass der Wert des Flächeninhalts unabhängig von der Auswahl der Parameterdarstellung ist.

2. Es treten häufig Integrale auf, die nur von der m-dimensionalen Fläche und nicht von ihrer Parameterdarstellung abhängen. Auf diese Weise werden wir zu Integralen über sogenannte Differentialformen geführt.

Definition 3. *Auf der offenen Menge $\mathcal{O} \subset \mathbb{R}^n$ seien die Funktionen $a_{i_1 \dots i_m} \in C^k(\mathcal{O})$, $k \in \mathbb{N}_0$ mit $i_1, \dots, i_m \in \{1, \dots, n\}$ für $1 \leq m \leq n$ gegeben. Wir erklären die Menge*

$$\mathcal{F} := \Big\{ X \mid X : T \to \mathbb{R}^n \text{ ist reguläre, orientierte, } m\text{- dimensionale}$$
$$\text{Fläche mit endlichem Flächeninhalt und } X(T) \subset\subset \mathcal{O} \Big\}.$$

Unter einer **Differentialform vom Grade m der Klasse $C^k(\mathcal{O})$**, *nämlich*

$$\omega := \sum_{i_1, \dots, i_m = 1}^{n} a_{i_1 \dots i_m}(x)\, dx_{i_1} \wedge \dots \wedge dx_{i_m} \quad,$$

*oder kurz einer m-***Form der Klasse $C^k(\mathcal{O})$*** *verstehen wir die Funktion*

$$\omega : \mathcal{F} \to \mathbb{R} \quad \text{erklärt durch}$$

$$\omega(X) := \int_T \sum_{i_1, \dots, i_m = 1}^{n} a_{i_1 \dots i_m}(X(t)) \frac{\partial(x_{i_1}, \dots, x_{i_m})}{\partial(t_1, \dots, t_m)}\, dt_1 \dots dt_m \quad, \qquad (4)$$
$$X \in \mathcal{F} \quad.$$

Bemerkungen:

1. Wir schreiben $A \subset\subset \mathcal{O}$, falls $\overline{A} \subset \mathbb{R}^n$ kompakt und $\overline{A} \subset \mathcal{O}$ erfüllt ist.
2. Da die Koeffizientenfunktionen $a_{i_1 \dots i_m}(X(t))$, $t \in T$ beschränkt sind, und die Fläche endlichen Flächeninhalt hat, konvergiert das auftretende Integral absolut.
3. Sind

$$\omega = \sum_{i_1, \dots, i_m = 1}^{n} a_{i_1 \dots i_m}(x)\, dx_{i_1} \wedge \dots \wedge dx_{i_m}$$

und

$$\widetilde{\omega} = \sum_{i_1, \dots, i_m = 1}^{n} \widetilde{a}_{i_1 \dots i_m}(x)\, dx_{i_1} \wedge \dots \wedge dx_{i_m}$$

zwei Differentialsymbole, so können wir unter diesen die Äquivalenzrelation

$$\omega \sim \widetilde{\omega} \quad \Longleftrightarrow \quad \omega(X) = \widetilde{\omega}(X) \quad \text{für alle} \quad X \in \mathcal{F}$$

erklären. Eine Differentialform kann somit als Äquivalenzklasse von Differentialsymbolen aufgefasst werden, wobei dann ein Repräsentant zu ihrer Kennzeichnung ausgewählt wird.

4. Sind $X, \widetilde{X} \in \mathcal{F}$ zwei äquivalente Darstellungen der Fläche $[X]$, so gilt

$$\omega(\widetilde{X}) = \int\limits_{\widetilde{T}} \sum_{i_1,\ldots,i_m=1}^{n} a_{i_1\ldots i_m}\left(\widetilde{X}(s)\right) \frac{\partial(\widetilde{x}_{i_1},\ldots,\widetilde{x}_{i_m})}{\partial(s_1,\ldots,s_m)}\, ds_1\ldots ds_m$$

$$= \int\limits_{\widetilde{T}} \sum_{i_1,\ldots,i_m=1}^{n} a_{i_1\ldots i_m}\left(X(t(s))\right) \frac{\partial(x_{i_1},\ldots,x_{i_m})}{\partial(t_1,\ldots,t_m)} \frac{\partial(t_1,\ldots,t_m)}{\partial(s_1,\ldots,s_m)}\, ds_1\ldots ds_m$$

$$= \int\limits_{T} \sum_{i_1,\ldots,i_m=1}^{n} a_{i_1\ldots i_m}\left(X(t)\right) \frac{\partial(x_{i_1},\ldots,x_{i_m})}{\partial(t_1,\ldots,t_m)}\, dt_1\ldots dt_m = \omega(X)\quad.$$

Somit stellt ω eine Abbildung dar, die auf den Äquivalenzklassen der orientierten Flächen $[X]$ mit $X \in \mathcal{F}$ erklärt ist.

5. Bei einer orientierungsumkehrenden Parametertransformation $t = t(s)$ mit $J(s) < 0,\quad s \in \widetilde{T}$ ändert sich das Vorzeichen gemäß $\omega(\widetilde{X}) = -\omega(X)$.

Definition 4. *Unter einer* 0**-Form** *der Klasse* $C^k(\mathcal{O})$ *verstehen wir eine Funktion* $f(x) \in C^k(\mathcal{O})$ *also* $\omega = f(x),\quad x \in \mathcal{O}.$ *Zu* $1 \le m \le n$ *nennen wir*

$$\beta^m := dx_{i_1} \wedge \ldots \wedge dx_{i_m}, \quad 1 \le i_1,\ldots,i_m \le n$$

eine **Basis-m-Form.**

Definition 5. *Seien die* m-*Formen* $\omega, \omega_1, \omega_2$ *der Klasse* $C^0(\mathcal{O})$ *und der Skalar* $c \in \mathbb{R}$ *gegeben. Dann erklären wir die Differentialformen* $c\omega$ *und* $\omega_1 + \omega_2$ *durch*

$$(c\omega)(X) := c\omega(X) \quad \text{für alle} \quad X \in \mathcal{F}$$

bzw.

$$(\omega_1 + \omega_2)(X) := \omega_1(X) + \omega_2(X) \quad \text{für alle} \quad X \in \mathcal{F}.$$

Die m-dimensionalen Differentialformen bilden einen Vektorraum mit dem Nullelement

$$o(X) = 0 \quad \text{für alle} \quad X \in \mathcal{F}.$$

Wir erklären nun das äußere Produkt von Differentialformen.

Definition 6. *Seien die Differentialformen*

$$\omega_1 = \sum_{1 \le i_1,\ldots,i_l \le n} a_{i_1\ldots i_l}(x)\, dx_{i_1} \wedge \ldots \wedge dx_{i_l}$$

vom Grade l sowie

$$\omega_2 = \sum_{1 \le j_1,\ldots,j_m \le n} b_{j_1\ldots j_m}(x)\, dx_{j_1} \wedge \ldots \wedge dx_{j_m}$$

vom Grade m der Klasse $C^k(\mathcal{O})$ mit $k \in \mathbb{N}_0$ gegeben. Dann erklären wir das **äußere Produkt von** ω_1 *und* ω_2 *als die $(l+m)$-Form*

$$\omega = \omega_1 \wedge \omega_2 := \sum_{1 \le i_1,\ldots,i_l,j_1,\ldots,j_m \le n} a_{i_1\ldots i_l}(x) b_{j_1\ldots j_m}(x)\, dx_{i_1} \wedge \ldots \wedge dx_{i_l} \wedge dx_{j_1} \wedge \ldots \wedge dx_{j_m}$$

der Klasse $C^k(\mathcal{O})$.

Bemerkungen:

1. Für beliebige Differentialformen $\omega_1, \omega_2, \omega_3$ gilt das **Assoziativgesetz**

$$(\omega_1 \wedge \omega_2) \wedge \omega_3 = \omega_1 \wedge (\omega_2 \wedge \omega_3).$$

2. Seien ω_1, ω_2 zwei l-Formen und ω_3 eine m-Form, so gilt das **Distributivgesetz**

$$(\omega_1 + \omega_2) \wedge \omega_3 = \omega_1 \wedge \omega_3 + \omega_2 \wedge \omega_3.$$

3. Wegen des alternierenden Charakters der Determinante ergibt sich das **Permutationsgesetz**

$$dx_{i_1} \wedge \ldots \wedge dx_{i_l} = \operatorname{sign}(\pi)\, dx_{i_{\pi(1)}} \wedge \ldots \wedge dx_{i_{\pi(l)}}.$$

Dabei bezeichnet $\pi : \{1,\ldots,l\} \to \{1,\ldots,l\}$ eine Permutation mit dem Vorzeichen $\operatorname{sign}(\pi)$.

4. Stimmen zwei Indizes i_{j_1} und i_{j_2} überein, so folgt

$$dx_{i_1} \wedge \ldots \wedge dx_{i_l} = 0.$$

Daher verschwindet jede m-Form im $\mathbb{R}^n$ der Dimension $m > n$ identisch.

5. Für eine l-Form ω_1 und eine m-Form ω_2 gilt die **Vertauschungsregel**

$$\omega_1 \wedge \omega_2 = (-1)^{lm} \omega_2 \wedge \omega_1.$$

Das äußere Produkt ist also nicht kommutativ.

6. Wir können jede m-Form in der folgenden Weise darstellen:

$$\omega = \sum_{1 \le i_1 < \ldots < i_m \le n} a_{i_1\ldots i_m}(x)\, dx_{i_1} \wedge \ldots \wedge dx_{i_m}.$$

Die Basis-m-Formen

$$dx_{i_1} \wedge \ldots \wedge dx_{i_m} \quad \text{für} \quad 1 \le i_1 < \ldots < i_m \le n$$

bilden eine Basis des Raumes der Differentialformen mit Koeffizienten-funktionen der Klasse $C^k(\mathcal{O})$ und $k \in \mathbb{N}_0$.

Definition 7. *Sei eine stetige Differentialform*

$$\omega = \sum_{1 \le i_1 < \ldots < i_m \le n} a_{i_1 \ldots i_m}(x)\, dx_{i_1} \wedge \ldots \wedge dx_{i_m}, \quad x \in \mathcal{O}$$

auf der offenen Menge $\mathcal{O} \subset \mathbb{R}^n$ *mit* $1 \le m \le n$ *erklärt. Dann definieren wir das* **uneigentliche Riemannsche Integral der Differentialform** ω **über die Fläche** $[X] \subset \mathcal{O}$ *vermöge*

$$\int_{[X]} \omega := \int_T \sum_{1 \le i_1 < \ldots < i_m \le n} a_{i_1 \ldots i_m}\left(X(t)\right) \frac{\partial(x_{i_1}, \ldots, x_{i_m})}{\partial(t_1, \ldots, t_m)}\, dt_1 \ldots dt_m \quad,$$

falls ω **absolut integrierbar über** X *im folgenden Sinne ist:*

$$\int_{[X]} |\omega| := \int_T \left| \sum_{1 \le i_1 < \ldots < i_m \le n} a_{i_1 \ldots i_m}\left(X(t)\right) \frac{\partial(x_{i_1}, \ldots, x_{i_m})}{\partial(t_1, \ldots, t_m)} \right| dt_1 \ldots dt_m < +\infty.$$

$$(5)$$

Bemerkung: Mit Hilfe der Transformationsformel zeigt man leicht, dass diese Integrale von der Auswahl des Repräsentanten der Fläche unabhängig sind. Wir können also

$$\int_{[X]} |\omega| = \int_X |\omega|, \quad \int_{[X]} \omega = \int_X \omega$$

schreiben.

Definition 8. *Für eine* 0-*Form* $f(x)$ *der Klasse* $C^1(\mathcal{O})$ *erklären wir ihre* **äußere Ableitung** *als das Differential*

$$df(x) = \sum_{i=1}^{n} f_{x_i}(x)\, dx_i, \quad x \in \mathcal{O}.$$

Bezeichnet

$$\omega = \sum_{1 \le i_1 < \ldots < i_m \le n} a_{i_1 \ldots i_m}(x)\, dx_{i_1} \wedge \ldots \wedge dx_{i_m}$$

eine m-*Form der Klasse* $C^1(\mathcal{O})$, *so erklären wir ihre* **äußere Ableitung** *als die* (m + 1)-*Form*

$$d\omega := \sum_{1 \le i_1 < \ldots < i_m \le n} \left(da_{i_1 \ldots i_m}(x)\right) \wedge dx_{i_1} \wedge \ldots \wedge dx_{i_m}.$$

Bemerkungen:

1. Sind ω_1 und ω_2 zwei m-Formen im $\mathbb{R}^n$ und $\alpha_1, \alpha_2 \in \mathbb{R}$, so gilt

$$d(\alpha_1\omega_1 + \alpha_2\omega_2) = \alpha_1 d\omega_1 + \alpha_2 d\omega_2.$$

Der Differentiator d stellt also einen linearen Operator dar.

2. Ist λ eine l-Form und ω eine m-Form der Klasse $C^1(\mathcal{O})$, so folgt

$$d(\omega \wedge \lambda) = (d\omega) \wedge \lambda + (-1)^m \omega \wedge d\lambda.$$

Wir wollen die letzte Behauptung beweisen: Offenbar reicht es aus, den folgenden Fall zu betrachten:

$$\omega = f(x)\beta^m, \quad \lambda = g(x)\beta^l.$$

Dabei sind β^m und β^l Basisformen der Ordnung m bzw. l. Nun erhalten wir

$$\omega \wedge \lambda = f(x)g(x)\beta^m \wedge \beta^l,$$

und somit

$$
\begin{aligned}
d(\omega \wedge \lambda) = d\Big(f(x)g(x)\Big) \wedge \beta^m \wedge \beta^l = \\
\Big(g(x)df(x) + f(x)dg(x)\Big) \wedge \beta^m \wedge \beta^l = d\omega \wedge \lambda + (-1)^m \omega \wedge d\lambda.
\end{aligned}
\tag{6}
$$

Wir betrachten nun die folgende $(n-1)$-Form im $\mathbb{R}^n$ der Klasse $C^1(\mathcal{O})$

$$\omega = \sum_{i=1}^{n} a_i(x)(-1)^{i+1} \, dx_1 \wedge \ldots \wedge dx_{i-1} \wedge dx_{i+1} \wedge \ldots \wedge dx_n, \quad x \in \mathcal{O} \subset \mathbb{R}^n, \tag{7}$$

welche wir **Gaußsche Differentialform** nennen wollen. Ihre äußere Ableitung berechnet sich wie folgt:

$$
\begin{aligned}
d\omega &= \sum_{i=1}^{n}(-1)^{i+1}\Big(da_i(x)\Big) \wedge dx_1 \wedge \ldots \wedge dx_{i-1} \wedge dx_{i+1} \wedge \ldots \wedge dx_n \\
&= \sum_{i,j=1}^{n}(-1)^{i+1}\frac{\partial a_i}{\partial x_j}(x) \, dx_j \wedge dx_1 \wedge \ldots \wedge dx_{i-1} \wedge dx_{i+1} \wedge \ldots \wedge dx_n \\
&= \sum_{i=1}^{n}(-1)^{i+1}\frac{\partial a_i}{\partial x_i}(x) \, dx_i \wedge dx_1 \wedge \ldots \wedge dx_{i-1} \wedge dx_{i+1} \wedge \ldots \wedge dx_n \\
&= \left(\sum_{i=1}^{n}\frac{\partial a_i}{\partial x_i}(x)\right) dx_1 \wedge \ldots \wedge dx_n = \Big(\operatorname{div} a(x)\Big) dx_1 \wedge \ldots \wedge dx_n.
\end{aligned}
\tag{8}
$$

Definition 9. *Für ein Vektorfeld* $a(x) = \big(a_1(x), \ldots, a_n(x)\big) \in C^1(\mathcal{O}, \mathbb{R}^n)$ *auf der offenen Menge* $\mathcal{O} \subset \mathbb{R}^n$ *erklären wir dessen* **Divergenz** *oder auch* **Quelldichte** *als*

$$\operatorname{div} a(x) := \sum_{i=1}^{n} \frac{\partial a_i}{\partial x_i}(x) \quad, \quad x \in \mathcal{O} \quad.$$

Wir können nun die n-Form

$$d\omega = (\operatorname{div} a(x)) \, dx_1 \wedge \ldots \wedge dx_n$$

über einen n-dimensionalen Quader integrieren. Diese Differentialform kann man auch über große Klassen von nicht-eben berandeten Gebieten im $\mathbb{R}^n$ mit Hilfe des **Gaußschen Integralsatzes** integrieren, eines der wichtigsten Sätze der Vektoranalysis. Darum erlauben wir uns, die Differentialform (7) auch als Gaußsche Differentialform zu bezeichnen.

Beispiel 1. Wir integrieren $d\omega$ zunächst über den **Halbwürfel**

$$H := \Big\{ x = (x_1, \ldots, x_n) \in \mathbb{R}^n \, \big| \, x_1 \in (-r, 0), x_i \in (-r, +r) \text{ für } i = 2, \ldots, n \Big\} \tag{9}$$

mit der oberen begrenzenden Seite

$$S := \Big\{ x = (0, x_2, \ldots, x_n) \, \big| \, |x_i| < r \text{ für } i = 2, \ldots, n \Big\} \tag{10}$$

für ein gegebenes $r > 0$. Der äußere Normalenvektor an S ist

$$e_1 = (1, 0, \ldots, 0) \in \mathbb{R}^n.$$

Wir fassen H und S als Flächen im $\mathbb{R}^n$ auf:

$$H \; : \; X(t_1, \ldots, t_n) = (t_1, \ldots, t_n), \qquad (t_1, \ldots, t_n) \in H, \tag{11}$$

bzw.

$$S \; : \; Y(\widetilde{t}_1, \ldots, \widetilde{t}_{n-1}) = (0, \widetilde{t}_1, \ldots, \widetilde{t}_{n-1}), \quad |\widetilde{t}_i| < r \text{ für } i = 1, \ldots, n-1. \tag{12}$$

Wir setzen nun von der Differentialform $\omega \in C_0^1(H \cup S)$ voraus, was sich auf die Qualität ihrer Koeffizienten bezieht. Dann erhalten wir

$$\int_H d\omega = \int_X d\omega = \int_{-r}^{0} \int_{-r}^{+r} \ldots \int_{-r}^{+r} \left(\frac{\partial a_1}{\partial x_1} + \ldots + \frac{\partial a_n}{\partial x_n} \right) dx_1 \ldots dx_n$$

$$= \int_{-r}^{+r} \ldots \int_{-r}^{+r} a_1(0, x_2, \ldots, x_n) \, dx_2 \ldots dx_n \; = \int_S \omega \quad. \tag{13}$$

Wir wollen nun untersuchen, wie sich Differentialformen unter Abbildungen im Raum verhalten.

Definition 10. *In einer offenen Menge $\mathcal{O} \subset \mathbb{R}^n$ sei*

$$\omega = \sum_{1 \le i_1 < \ldots < i_m \le n} a_{i_1 \ldots i_m}(x)\, dx_{i_1} \wedge \ldots \wedge dx_{i_m}$$

eine stetige m-Form. Sei weiter $T \subset \mathbb{R}^l$ mit $l \in \mathbb{N}$ eine offene Menge, und die Abbildung

$$x = (x_1, \ldots, x_n) = \Phi(y) = \Big(\varphi_1(y_1, \ldots, y_l), \ldots, \varphi_n(y_1, \ldots, y_l)\Big) : T \to \mathcal{O}$$
(14)

der Klasse $C^1(T, \mathbb{R}^n)$ sei gegeben. Mit

$$d\varphi_i = \sum_{j=1}^{l} \frac{\partial \varphi_i}{\partial y_j}(y)\, dy_j \quad \text{für} \quad i = 1, \ldots, n$$

und

$$\omega_\Phi := \sum_{1 \le i_1 < \ldots < i_m \le n} a_{i_1 \ldots i_m}\Big(\Phi(y)\Big) d\varphi_{i_1} \wedge \ldots \wedge d\varphi_{i_m}$$

erhalten wir die **unter der Abbildung Φ transformierte m-Form ω_Φ.**

Bemerkungen:

1. Sind ω_1, ω_2 zwei m-Formen und $\alpha_1, \alpha_2 \in \mathbb{R}$, so folgt

$$(\alpha_1 \omega_1 + \alpha_2 \omega_2)_\Phi = \alpha_1 (\omega_1)_\Phi + \alpha_2 (\omega_2)_\Phi.$$

2. Sind λ eine l-Form und ω eine m-Form, so gilt

$$(\omega \wedge \lambda)_\Phi = \omega_\Phi \wedge \lambda_\Phi.$$

Beim Auswerten der Integrale von Differentialformen über Flächen ist der folgende Satz wichtig.

Satz 1. (Zurückziehen der Differentialform)
Sei ω eine stetige m-Form in der offenen Menge $\mathcal{O} \subset \mathbb{R}^n$. Weiter sei auf der offenen Menge $T \subset \mathbb{R}^m$ eine Fläche X durch die Parameterdarstellung

$$x = \Phi(y) : T \longrightarrow \mathcal{O} \in C^1(T)$$

mit $\Phi(T) \subset\subset \mathcal{O}$ gegeben. Schließlich erklären wir die Fläche

$$Y(t) = (t_1, \ldots, t_m), \qquad t \in T$$

und beachten

$$X(t) = \Phi \circ Y(t), \qquad t \in T.$$

Dann gilt die folgende Identität:

$$\int_X \omega = \int_Y \omega_\Phi.$$

Beweis: Wir berechnen

$$d\varphi_{i_1} \wedge \ldots \wedge d\varphi_{i_m} = \left(\sum_{j_1=1}^{m} \frac{\partial \varphi_{i_1}}{\partial y_{j_1}} \, dy_{j_1} \right) \wedge \ldots \wedge \left(\sum_{j_m=1}^{m} \frac{\partial \varphi_{i_m}}{\partial y_{j_m}} \, dy_{j_m} \right)$$

$$= \frac{\partial(\varphi_{i_1}, \ldots, \varphi_{i_m})}{\partial(y_1, \ldots, y_m)} \, dy_1 \wedge \ldots \wedge dy_m$$

sowie

$$\omega_\Phi = \sum_{1 \le i_1 < \ldots < i_m \le n} a_{i_1 \ldots i_m}(\Phi(y)) \frac{\partial(\varphi_{i_1}, \ldots, \varphi_{i_m})}{\partial(y_1, \ldots, y_m)} \, dy_1 \wedge \ldots \wedge dy_m.$$

Es folgt somit

$$\int_Y \omega_\Phi = \int_T \sum_{1 \le i_1 < \ldots < i_m \le n} a_{i_1 \ldots i_m}(X(t)) \frac{\partial(x_{i_1}, \ldots, x_{i_m})}{\partial(t_1, \ldots, t_m)} \, dt_1 \ldots dt_m = \int_X \omega,$$

und der Satz ist bewiesen. $\hspace{6cm}$ q.e.d.

Fundamental zur Integration ist der folgende

Satz 2. *Sei ω eine m-Form in der offenen Menge $\mathcal{O} \subset \mathbb{R}^n$ der Regularitäts-klasse $C^1(\mathcal{O})$. Auf der offenen Menge $T \subset \mathbb{R}^l$ mit $l \in \mathbb{N}$ sei die Abbildung*

$$x = \Phi(y) : T \longrightarrow \mathcal{O} \in C^2(T)$$

gegeben. Dann gilt

$$d(\omega_\Phi) = (d\omega)_\Phi.$$

Beweis: Zunächst gilt für eine beliebige Funktion $\Psi(y) \in C^2(\mathcal{O})$ die Identität

$$d^2\Psi = d(d\Psi) = d\left(\sum_{i=1}^{n} \Psi_{y_i} \, dy_i \right) = \sum_{i,j=1}^{n} \Psi_{y_i y_j} \, dy_j \wedge dy_i = 0.$$

Wir beachten nun

$$\omega_\Phi = \sum_{1 \le i_1 < \ldots < i_m \le n} a_{i_1 \ldots i_m}\left(\Phi(y)\right) d\varphi_{i_1} \wedge \ldots \wedge d\varphi_{i_m}$$

und erhalten

$$d\omega_\Phi = \sum_{1 \leq i_1 < \ldots < i_m \leq n} da_{i_1 \ldots i_m}\Big(\Phi(y)\Big) \wedge d\varphi_{i_1} \wedge \ldots \wedge d\varphi_{i_m}$$

$$= \sum_{1 \leq i_1 < \ldots < i_m \leq n} \sum_{j=1}^{n} \sum_{k=1}^{l} \frac{\partial a_{i_1 \ldots i_m}}{\partial x_j}\Big(\Phi(y)\Big) \frac{\partial \varphi_j}{\partial y_k} \, dy_k \wedge d\varphi_{i_1} \wedge \ldots \wedge d\varphi_{i_m}$$

$$= \sum_{1 \leq i_1 < \ldots < i_m \leq n} \sum_{j=1}^{n} \frac{\partial a_{i_1 \ldots i_m}}{\partial x_j}\Big(\Phi(y)\Big) \, d\varphi_j \wedge d\varphi_{i_1} \wedge \ldots \wedge d\varphi_{i_m} \, ,$$

also

$$d\omega_\Phi = (d\omega)_\Phi.$$

q.e.d.

Satz 3. (Kettenregel für Differentialformen)

Sei ω eine stetige m-Form in einer offenen Menge $\mathcal{O} \subset \mathbb{R}^n$. Auf den offenen Mengen $T' \subset \mathbb{R}^{l'}$ und $T'' \subset \mathbb{R}^{l''}$ der Dimensionen $l', l'' \in \mathbb{N}$ seien die C^1-Funktionen Φ, Ψ gemäß

$$\Psi : T'' \to T', \quad \Phi : T' \to \mathcal{O} \quad mit \quad z \overset{\Psi}{\longmapsto} y \overset{\Phi}{\longmapsto} x$$

gegeben. Dann gilt

$$(\omega_\Phi)_\Psi = \omega_{\Phi \circ \Psi}.$$

Beweis: Wir berechnen

$$\omega_{\Phi \circ \Psi} = \sum_{i_1, \ldots, i_m} a_{i_1 \ldots i_m}\Big(\Phi \circ \Psi(z)\Big) \, d(\varphi_{i_1} \circ \Psi) \wedge \ldots \wedge d(\varphi_{i_m} \circ \Psi)$$

$$= \sum_{\substack{i_1, \ldots, i_m \\ j_1, \ldots, j_m \\ k_1, \ldots, k_m}} a_{i_1 \ldots i_m}\Big(\Phi \circ \Psi(z)\Big) \left(\frac{\partial \varphi_{i_1}}{\partial y_{j_1}} \frac{\partial \psi_{j_1}}{\partial z_{k_1}} \, dz_{k_1} \right) \wedge \ldots \wedge \left(\frac{\partial \varphi_{i_m}}{\partial y_{j_m}} \frac{\partial \psi_{j_m}}{\partial z_{k_m}} \, dz_{k_m} \right)$$

$$= \sum_{\substack{i_1, \ldots, i_m \\ j_1, \ldots, j_m}} a_{i_1 \ldots i_m}\Big(\Phi \circ \Psi(z)\Big) \left(\frac{\partial \varphi_{i_1}}{\partial y_{j_1}} \, d\psi_{j_1} \right) \wedge \ldots \wedge \left(\frac{\partial \varphi_{i_m}}{\partial y_{j_m}} \, d\psi_{j_m} \right)$$

$$= \left(\sum_{i_1, \ldots, i_m} a_{i_1 \ldots i_m}\Big(\Phi(y)\Big) \, d\varphi_{i_1} \wedge \ldots \wedge d\varphi_{i_m} \right)_{y = \Psi(z)} ,$$

also

$$\omega_{\Phi \circ \Psi} = (\omega_\Phi)_\Psi \, ,$$

wobei über $i_1, \ldots, i_m \in \{1, \ldots, n\}$, $j_1, \ldots, j_m \in \{1, \ldots, l'\}$ und $k_1, \ldots, k_m \in \{1, \ldots, l''\}$ summiert wird.

q.e.d.

§9 Der Stokessche Integralsatz für glatt berandete C^2-Mannigfaltigkeiten

Wir wählen $m \in \mathbb{N}$ und betrachten die m-dimensionale Ebene

$$\mathbb{E}^m := \Big\{ (0, y_1, \ldots, y_m) \in \mathbb{R}^{m+1} : (y_1, \ldots, y_m) \in \mathbb{R}^m \Big\}. \tag{1}$$

Ähnlich wie im Beispiel 1 aus §8 erklären wir zu vorgegebenem $\eta \in \mathbb{R}^{m+1}$ und $r > 0$ den **Halbwürfel**

$$H_r(\eta) := \Big\{ y \in \mathbb{R}^{m+1} : y_1 \in (\eta_1 - r, \eta_1),\ y_j \in (\eta_j - r, \eta_j + r) \text{ für } j = 2, \ldots, m+1 \Big\}$$

der Kantenlänge $2r$. Dieser hat die obere begrenzende Seite

$$S_r(\eta) := \Big\{ y \in \mathbb{R}^{m+1} : y_1 = \eta_1, y_j \in (\eta_j - r, \eta_j + r) \text{ für } j = 2, \ldots, m+1 \Big\}.$$

Die Symbole $H_r(\eta)$ und $S_r(\eta)$ fassen wir als Flächen im $\mathbb{R}^{m+1}$ wie folgt auf:

$$H_r(\eta) : Y(t_1, \ldots, t_{m+1}) = (\eta_1 + t_1, \ldots, \eta_{m+1} + t_{m+1})$$
$$\text{mit} \quad -r < t_1 < 0, \quad |t_j| < r \quad \text{für} \quad j = 2, \ldots, m+1 \tag{2}$$

sowie

$$S_r(\eta) : Y(t_1, \ldots, t_m) := (\eta_1, \eta_2 + t_1, \ldots, \eta_{m+1} + t_m)$$
$$\text{mit} \quad |t_j| < r \quad \text{für} \quad j = 1, \ldots, m. \tag{3}$$

Seien nun $\eta \in \mathbb{E}^m$ und $r > 0$ fest gewählt, so setzen wir $H := H_r(\eta)$ bzw. $S := S_r(\eta)$. Mit der Bedingung $n > m$ stelle

$$\Phi = \Phi(y_1, \ldots, y_{m+1}) : \overline{H} \longrightarrow \mathbb{R}^n \in C^2(\overline{H}, \mathbb{R}^n) \tag{4}$$

eine Fläche dar, welche auf eine $\overline{H}$ enthaltende offene Menge im $\mathbb{R}^{m+1}$ als reguäre C^2-Fläche fortsetzbar ist. Definieren wir

$$X(t_1, \ldots, t_{m+1}) := \Phi(t_1, \ldots, t_{m+1}), \quad (t_1, \ldots, t_{m+1}) \in \overline{H} \quad, \tag{5}$$

so erhalten wir die folgende $(m+1)$-dimensionale Fläche im $\mathbb{R}^n$

$$\mathcal{F} := \Big\{ X(t) \in \mathbb{R}^n : t \in H \Big\},$$

deren Rand die m-dimensionale Fläche

$$\mathcal{S} := \Big\{ X(t) \in \mathbb{R}^n : t \in S \Big\}$$

enthält. Sei nun eine m-Form

$$\omega = \sum_{i_1, \ldots, i_m = 1}^{n} a_{i_1 \ldots i_m}(x)\, dx_{i_1} \wedge \ldots \wedge dx_{i_m}, \quad x \in \overline{\mathcal{F}} \tag{6}$$

der Regularitätsklasse $\omega \in C_0^1(\mathcal{F} \cup \mathcal{S})$. Dieses bedeutet, dass auf einer offenen Menge $\mathcal{F} \cup \mathcal{S} \subset \mathcal{O} \subset \mathbb{R}^n$ die Regularitätsforderung $\omega \in C_0^1(\mathcal{O})$ erfüllt ist. Wir beweisen den folgenden

Hilfssatz 1. *Seien die Fläche $\mathcal{F}$ mit dem Randstück $\mathcal{S}$ sowie eine m-dimensionale Differentialform ω wie oben gegeben. Dann gilt*

$$\int_{\mathcal{F}} d\omega = \int_{\mathcal{S}} \omega.$$

Beweis: Unter Verwendung der Sätze sowie dem Beispiel 1 aus §8 erhalten wir

$$\int_{\mathcal{F}} d\omega = \int_{X} d\omega = \int_{H} (d\omega)_{\Phi} = \int_{H} d(\omega_{\Phi}) = \int_{\mathcal{S}} \omega_{\Phi} = \int_{\mathcal{S}} \omega. \tag{7}$$

q.e.d.

Wir führen nun den grundlegenden Begriff der differenzierbaren Mannigfaltigkeit ein.

Definition 1. *Seien $1 \leq m \leq n$ sowie die Menge $\mathcal{M} \subset \mathbb{R}^n$ gegeben. Wir nennen $\mathcal{M}$ eine m-**dimensionale** C^k-**Mannigfaltigkeit**, falls es zu jedem $\xi \in \mathcal{M}$ ein $\eta \in \mathbb{R}^m$ und offene Umgebungen $U \subset \mathbb{R}^n$ von $\xi \in U$ und $V \subset \mathbb{R}^m$ von $\eta \in V$ sowie eine reguläre, eingebettete Fläche*

$$x = \Phi(y) : V \longrightarrow U \in C^k(V, \mathbb{R}^n)$$

gibt, so dass

$$\xi = \Phi(\eta) \quad und \quad \Phi(V) = \mathcal{M} \cap U$$

*richtig ist; dabei ist $k \in \mathbb{N}$ gewählt worden. Hier nennen wir (Φ, V) eine **Karte der Mannigfaltigkeit**. Die Gesamtheit aller Karten*

$$\mathcal{A} := \left\{ (\Phi_{\iota}, V_{\iota}) : \iota \in J \right\}$$

*bildet einen **Atlas der Mannigfaltigkeit**. Sind $\Phi_j : V_j \to U_j \cap \mathcal{M}$ mit $j = 1, 2$ zwei Karten von $\mathcal{A}$, so dass $W_{1,2} := \mathcal{M} \cap U_1 \cap U_2 \neq \emptyset$ richtig ist, dann betrachten wir die Parametertransformation $\Phi_{2,1} := \Phi_2^{-1} \circ \Phi_1$. Falls für solche beliebige Karten aus dem Atlas jeweils deren Funktionaldeterminante die Bedingung*

$$J_{\Phi_{2,1}}(x) > 0, \quad x \in \Phi_1^{-1}(W_{1,2}) \tag{8}$$

*erfüllt, so wird die Mannigfaltigkeit durch den Atlas **orientiert**.*

Definition 2. *Sei $\mathcal{M}$ eine beschränkte, $(m+1)$-dimensionale, orientierte C^k-Mannigfaltigkeit im $\mathbb{R}^n$ der Dimensionen $n > m$ vom Differentiationsgrad $k \in \mathbb{N}$. Den topologischen Abschluss der Punktmenge $\mathcal{M}$ bezeichnen wir mit $\overline{\mathcal{M}}$ und die Menge der Randpunkte mit $\partial \mathcal{M} := \overline{\mathcal{M}} \setminus \mathcal{M}$. Wir sprechen von einer **glatt berandeten** C^k-**Mannigfaltigkeit**, wenn für jeden Randpunkt $\xi \in \partial \mathcal{M}$ das Folgende gilt:*

Es gibt einen Halbwürfel $H_r(\eta)$ im $\mathbb{R}^{m+1}$ mit $\eta \in \mathbb{E}^m$ zu einem $r > 0$ sowie eine reguläre eingebettete Fläche

$$\Phi(y) : \overline{H_r(\eta)} \to \mathbb{R}^n \in C^k(\overline{H_r(\eta)}), \tag{9}$$

so dass $\Phi|_{H_r(\eta)}$ zum orientierten Atlas $\mathcal{A}$ von $\mathcal{M}$ gehört, und eine offene Umgebung $U \subset \mathbb{R}^n$ von $\xi \in U$ mit den folgenden Eigenschaften:

$$\Phi(\eta) = \xi, \quad \Phi\big(S_r(\eta)\big) = \partial\mathcal{M} \cap U, \quad \Phi\big(H_r(\eta)\big) = \mathcal{M} \cap U. \tag{10}$$

Falls $\partial\mathcal{M} = \emptyset$ erfüllt ist, so sprechen wir von einer **geschlossenen** C^k-**Mannigfaltigkeit** $\mathcal{M}$.

Bemerkungen: In §6 von Kapitel IV haben wir im Satz 1 ein System von Karten für eingebettete C^2-Mannigfaltigkeiten $\mathcal{M}$ konstruiert. Diese Karten Φ kann man jeweils auf den umgebenden $\mathbb{R}^n$ als C^1-Abbildungen mit positiver Funktionaldeterminante erweitern, und sie bilden gemäß dem Satz 2 aus §6 von Kapitel IV einen orientierten Atlas $\mathcal{A}$ für $\mathcal{M}$. Schränken wir diese Karten auf den Rand gemäß dem Satz 3 aus §6 von Kapitel IV ein, so bildet

$$\partial\mathcal{A} := \Big\{ \Phi\big|_{S_r(\eta)} : \Phi\big|_{H_r(\eta)} \text{ aus (9), (10) gehört zum orientierten Atlas } \mathcal{A} \text{ von } \mathcal{M} \Big\}$$

einen orientierten Atlas von dem glatten Rand $\partial\mathcal{M}$. Also wird $\partial\mathcal{M}$ zu einer orientierten, m-dimensionalen, geschlossenen C^2-Mannigfaltigkeit.

Sei $\mathcal{M} \subset \mathbb{R}^n$ eine $(m+1)$-dimensionale, beschränkte, orientierte, glatt berandete C^2-Mannigfaltigkeit mit dem glatten Rand $\partial\mathcal{M}$. Sei weiter

$$\lambda = \sum_{1 \le i_1 < \ldots < i_{m+1} \le n} b_{i_1 \ldots i_{m+1}}(x) \, dx_{i_1} \wedge \ldots \wedge dx_{i_{m+1}}, \quad x \in \mathcal{M} \tag{11}$$

eine auf dem Abschluss $\overline{\mathcal{M}}$ stetige Differentialform. Wir wollen nun das Integral $\int_{\mathcal{M}} \lambda$ der Differentialform λ über die Mannigfaltigkeit $\mathcal{M}$ erklären. Wir betrachten den kompakten Träger von λ, nämlich

$$\operatorname{supp} \lambda := \overline{\{x \in \mathcal{M} : \lambda(x) \ne 0\}} \subset \mathcal{M} \cup \partial\mathcal{M} = \overline{\mathcal{M}} \quad . \tag{12}$$

Dann existieren offene Mengen $V_\iota \subset \mathbb{R}^{m+1}$ und $U_\iota \subset \mathbb{R}^n$ mit $\iota \in J$ sowie Karten $\Phi_\iota : V_\iota \to U_\iota \cap \mathcal{M}$, so dass die offenen Mengen $\{U_\iota\}_{\iota \in J}$ die kompakte Menge $\operatorname{supp} \lambda$ überdecken. Wir wählen nun im $\mathbb{R}^n$ eine dem Mengensystem $\{U_\iota\}_{\iota \in J}$ untergeordnete Zerlegung der Eins und erhalten das Funktionensystem

$$\alpha_k(x) : \overline{\mathcal{M}} \longrightarrow [0,1] \in C^1(\overline{\mathcal{M}}) \quad \text{mit} \quad \operatorname{supp} \alpha_k \subset U_{\iota_k} \cap \overline{\mathcal{M}}$$

$$\text{für} \quad k = 1, \ldots, k_0 \quad \text{und} \quad \sum_{k=1}^{k_0} \alpha_k(x) = 1 \quad \text{für alle} \quad x \in \operatorname{supp} \lambda. \tag{13}$$

Definition 3. *Das* **Integral der Differentialform** λ **über die Mannig-**
faltigkeit $\mathcal{M}$ *erklären wir durch*

$$\int_{\mathcal{M}} \lambda := \sum_{k=1}^{k_0} \int_{\mathcal{M}} \alpha_k \lambda = \sum_{k=1}^{k_0} \int_{V_k} (\alpha_k \lambda)_{\Phi_k} . \tag{14}$$

Wir wollen nun zeigen, dass in Gleichung (14) das Integral unabhängig von
der Überdeckung des Trägers von λ und von der verwendeten Zerlegung der
Eins ist: Stellt nämlich

$$\widetilde{\Phi}_\iota : \widetilde{V}_\iota \to \widetilde{U}_\iota \cap \mathcal{M} \quad \text{mit} \quad \iota \in \widetilde{J}$$

ein weiteres $\operatorname{supp} \lambda$ überdeckendes System von Karten dar, so wählen wir
wiederum eine dem System $\{\widetilde{U}_\iota\}_\iota$ untergeordnete Teilung der Eins von $\operatorname{supp} \lambda$.
Wir erhalten

$$\widetilde{\alpha}_l : \overline{\mathcal{M}} \to [0,1] \in C^1(\overline{\mathcal{M}}) \quad \text{mit} \quad \operatorname{supp} \widetilde{\alpha}_l \subset \widetilde{U}_{\iota_l} \cap \overline{\mathcal{M}} \text{ für } l = 1, \ldots, l_0$$

$$\text{sowie} \quad \sum_{l=1}^{l_0} \widetilde{\alpha}_l(x) = 1 \quad \text{für alle} \quad x \in \operatorname{supp} \lambda \quad . \tag{15}$$

Wir beachten die Inklusionen

$$\operatorname{supp}(\alpha_k \widetilde{\alpha}_l) \subset U_k \cap U_l \cap \overline{\mathcal{M}} \quad \text{für} \quad k = 1, \ldots, k_0 \quad \text{und} \quad l = 1, \ldots, l_0 \quad . \tag{16}$$

Unter der positiv-orientierten Abbildung $\Phi_k^{-1} \circ \widetilde{\Phi}_l$ transformieren sich die Integrale gemäß

$$\int_{V_k} (\alpha_k \widetilde{\alpha}_l \lambda)_{\Phi_k} = \int_{\widetilde{V}_l} (\alpha_k \widetilde{\alpha}_l \lambda)_{\widetilde{\Phi}_l} \tag{17}$$

für $k = 1, \ldots, k_0$ und $l = 1, \ldots, l_0$. Ihre Summation ergibt

$$\sum_{k=1}^{k_0} \int_{V_k} (\alpha_k \lambda)_{\Phi_k} = \sum_{k=1}^{k_0} \sum_{l=1}^{l_0} \int_{V_k} (\alpha_k \widetilde{\alpha}_l \lambda)_{\Phi_k}$$

$$= \sum_{k=1}^{k_0} \sum_{l=1}^{l_0} \int_{\widetilde{V}_l} (\alpha_k \widetilde{\alpha}_l \lambda)_{\widetilde{\Phi}_l} = \sum_{l=1}^{l_0} \int_{\widetilde{V}_l} (\widetilde{\alpha}_l \lambda)_{\widetilde{\Phi}_l} . \tag{18}$$

Somit ist das in (14) aufgeschriebene Integral unabhängig von der Auswahl
der Karten und der Zerlegung der Eins. Entsprechend erklären wir Integrale
über die geschlossene Mannigfaltigkeit $\partial \mathcal{M}$.

Wir sind jetzt in der Lage, die folgende Aussage zu beweisen:

Satz 1. (Stokesscher Integralsatz für glatt berandete C^2-Mannigfaltigkeiten) *Voraussetzungen:*

1. Sei $\mathbb{N} \ni m < n \in \mathbb{N}$ und $\mathcal{M}$ eine beschränkte, orientierte, $(m + 1)$-dimensionale, glatt berandete C^2-Mannigfaltigkeit, welche in den $\mathbb{R}^n$ eingebettet ist gemäß den Definitionen 2, 3, 5 aus § 6 von Kapitel IV. Sie besitzt einen Atlas $\mathcal{A}$ und durch den induzierten Atlas $\partial \mathcal{A}$ wird der glatte Rand $\partial \mathcal{M}$ zu einer beschränkten, orientierten, m-dimensionalen, geschlossenen C^2-Mannigfaltigkeit, die in den $\mathbb{R}^n$ eingebettet ist.

2. Weiter sei

$$\omega = \sum_{1 \leq i_1 < \ldots < i_m \leq n} a_{i_1 \ldots i_m}(x)\, dx_{i_1} \wedge \ldots \wedge dx_{i_m}, \quad x \in \overline{\mathcal{M}}$$

eine m-dimensionale Differentialform der Klasse $C^1(\mathcal{O})$ auf einer offenen Menge $\overline{\mathcal{M}} \subset \mathcal{O} \subset \mathbb{R}^n$.

Behauptung: Dann gilt die Identität

$$\int_{\mathcal{M}} d\omega = \int_{\partial \mathcal{M}} \omega \quad .$$

Beweis: Wie oben wählen wir eine Zerlegung der Eins $\{\alpha_k\}$ mit $k = 1, \ldots, k_0$ auf $\operatorname{supp} \omega \subset \mathcal{M} \cup \partial \mathcal{M}$, welche dem überdeckenden Kartensystem untergeordnet ist. Nun folgt unter Verwendung von Hilfssatz 1 die Identität

$$\int_{\partial \mathcal{M}} \omega = \sum_{k=1}^{k_0} \int_{\partial \mathcal{M}} \alpha_k \omega = \sum_{k=1}^{k_0} \int_{\mathcal{M}} d(\alpha_k \omega) = \int_{\mathcal{M}} d\omega \quad . \tag{19}$$

q.e.d.

Wir betrachten jetzt den Spezialfall $m = n - 1$ im obigen Stokesschen Integralsatz. Dann stellt $\mathcal{M}$ eine beschränkte, offene Punktmenge im $\mathbb{R}^n$ dar, dessen regulärer C^2-Rand $\partial \mathcal{M}$ wie folgt charakterisiert wird: Für jedes $\xi \in \partial \mathcal{M}$ gibt es eine Funktion $f_0 = f_0(x) : U(\xi) \to \mathbb{R} \in C^2(U(\xi), \mathbb{R})$ auf einer offenen Umgebung $U(\xi)$ von ξ mit $\nabla f_0(x) \neq 0$, $x \in U(\xi)$, so dass

$$f_0(x) < 0, \quad x \in \mathcal{M} \cap U(\xi) \quad \text{und} \quad f_0(x) = 0, \quad x \in \partial \mathcal{M} \cap U(\xi) \tag{20}$$

erfüllt ist. Mit

$$\mathcal{N}_\xi = N_0(\xi) := \frac{\nabla f_0(\xi)}{|\nabla f_0(\xi)|}, \quad \xi \in \partial \mathcal{M} \cap U(\xi) \tag{21}$$

haben wir die stetige **äußere Normale** $\mathcal{N} : \partial \mathcal{M} \to S^{n-1}$ an das Gebiet $\mathcal{M}$ eindeutig erklärt.

Wir wenden nun den Satz 3 aus § 6 in Kapitel IV für den Spezialfall $m = n$ wie folgt an: Zu einem beliebigen Randpunkt $\xi \in \partial \mathcal{M}$ gibt es ein $\eta \in \mathbb{E}^{n-1}$

und eine Funktion $X = X(t_1, t_2 \ldots, t_n) : \overline{H_r(\eta)} \to \overline{\mathcal{M}} \in C^2(\overline{H_r(\eta)})$ zu einem hinreichend kleinen $r > 0$, so dass ihre Einschränkung auf die Ebene $\mathbb{E}^{n-1}$ eine Karte $\Phi : S_r(\eta) \to \partial\mathcal{M}$ gemäß

$$\Phi = (\phi_1(t_2, \ldots, t_n), \ldots, \phi_n(t_2, \ldots, t_n))^* := X(0, t_2 \ldots, t_n) \tag{22}$$

$$\text{für alle} \quad (t_2, \ldots, t_n) \in S_r(\eta)$$

um den Punkt ξ auf $\partial\mathcal{M}$ liefert. Nun betrachten wir den Spaltenvektor

$$\nu(t_2, \ldots, t_n) := \left((-1)^{1+i} \frac{\partial(\phi_1, \ldots, \phi_{i-1}, \phi_{i+1}, \ldots, \phi_n)}{\partial(t_2, \ldots, t_n)} \right)_{i=1,\ldots,n} \tag{23}$$

Mit dem Laplaceschen Entwicklungssatz erhalten wir die Identität

$$\det\left(\Lambda, \Phi_{t_2}(t_2, \ldots, t_n), \ldots, \Phi_{t_n}(t_2, \ldots, t_n) \right) = \Lambda \cdot \nu(t_2, \ldots, t_n) \tag{24}$$

$$\text{für alle Spaltenvektoren} \quad \Lambda = (\lambda_1, \ldots, \lambda_n)^* \in \mathbb{R}^n$$

durch Entwicklung der Determinante nach der ersten Spalte. Setzen wir $\Lambda = \Phi_{t_j}(t_2, \ldots, t_n)$ in (24) ein, so folgt

$$0 = \det\left(\Phi_{t_j}(t_2, \ldots, t_n), \Phi_{t_2}(t_2, \ldots, t_n), \ldots, \Phi_{t_n}(t_2, \ldots, t_n) \right)$$

$$= \Phi_{t_j}(t_2, \ldots, t_n) \cdot \nu(t_2, \ldots, t_n) \quad \text{für} \quad j = 2, \ldots, n. \tag{25}$$

Somit steht der Vektor $\nu(t_2, \ldots, t_n)$ senkrecht auf den Tangentialvektoren $\Phi_{t_2}(t_2, \ldots, t_n), \ldots, \Phi_{t_n}(t_2, \ldots, t_n)$ und ist von $\nabla f_0\left(\Phi(t_2, \ldots, t_{n-1})\right)$ linear abhängig. Wegen der Rand-Orientierungs-Bedingung (42) in Satz 3 aus § 6 von Kapitel IV zeigt das Vektorfeld $\nu(t_2, \ldots, t_n)$ in Richtung $\nabla f_0\left(\Phi(t_2, \ldots, t_n)\right)$ und somit in Richtung $\mathcal{N}(\Phi(t_2, \ldots, t_n))$. Wir erhalten also die Identität

$$|\nu(t_2, \ldots, t_n)|^{-1} \nu(t_2, \ldots, t_n) = \mathcal{N}(\Phi(t_2, \ldots, t_n)), \ (t_2, \ldots, t_n) \in S_r(\eta). \tag{26}$$

Nun wählen wir endlich viele Karten (22) aus dem orientierten Atlas $\partial\mathcal{A}$

$$\Phi^{(k)}(t_2, \ldots, t_n) = \left(\phi_1^{(k)}(t), \ldots, \phi_n^{(k)}(t) \right) : V_k \to \partial\mathcal{M} \text{ für } k = 1, \ldots, k_0, \tag{27}$$

so dass die Mengen $\Phi^{(k)}(V_k)$ den Rand $\partial\mathcal{M}$ überdecken. Dann verwenden wir eine diesem Mengensystem untergeordnete Zerlegung der Eins

$$\alpha_k : \partial\mathcal{M} \to [0, 1] \quad \text{für} \quad k = 1, \ldots, k_0.$$

Zu einem beliebigen Vektorfeld

$$A(x) = \left(a_1(x), \ldots, a_n(x) \right) \in C^1(\overline{\mathcal{M}}, \mathbb{R}^n)$$

betrachten wir die zugehörige **Gaußsche Differentialform**

$$\omega = \sum_{i=1}^{n} a_i(x)(-1)^{1+i} \, dx_1 \wedge \ldots \wedge dx_{i-1} \wedge dx_{i+1} \wedge \ldots \wedge dx_n, \quad x \in \overline{\mathcal{M}}. \quad (28)$$

Mit Hilfe der Karte $\Phi^{(k)}$ integrieren die lokalisierte $(n-1)$-Form $\alpha_k \, \omega$ wie folgt

$$\int_{\partial \mathcal{M}} \alpha_k \, \omega =$$

$$\int_{V_k} \sum_{i=1}^{n} \{\alpha_k \, a_i\} \Big|_{\Phi^{(k)}(t)} (-1)^{i+1} \, d\phi_1^{(k)} \wedge \ldots \wedge d\phi_{i-1}^{(k)} \wedge d\phi_{i+1}^{(k)} \wedge \ldots \wedge d\phi_n^{(k)} =$$

$$\int_{V_k} \sum_{i=1}^{n} \{\alpha_k a_i\} \Big|_{\Phi^{(k)}(t)} (-1)^{i+1} \frac{\partial(\phi_1^{(k)}, \ldots, \phi_{i-1}^{(k)}, \phi_{i+1}^{(k)}, \ldots, \phi_n^{(k)})}{\partial(t_2, \ldots, t_n)} dt_2 \ldots dt_n$$

$$= \int_{V_k} \alpha_k \Big(\Phi^{(k)}(t)\Big) \Big\{ A\Big(\Phi^{(k)}(t)\Big) \cdot \mathcal{N}\Big(\Phi^{(k)}(t)\Big) \Big\} \, d\sigma(t_2, \ldots, t_n)$$

für $k = 1, \ldots, k_0$.

$$(29)$$

Dabei verwenden wir die Identitäten (23) sowie (26) und das **Oberflächen-element**

$$d\sigma(t_2, \ldots, t_n) := \sqrt{\sum_{i=1}^{n} \left(\frac{\partial(\phi_1^{(k)}, \ldots, \phi_{i-1}^{(k)}, \phi_{i+1}^{(k)}, \ldots, \phi_n^{(k)})}{\partial(t_2, \ldots, t_n)} \right)^2} \, dt_2 \ldots dt_n \quad (30)$$

für alle $t = (t_2, \ldots, t_n) \in V_k$ und $k = 1, \ldots, k_0$.

Definition 4. *Zum Vektorfeld* $A(x) = \Big(a_1(x), \ldots, a_n(x)\Big)^* \in C^1(\overline{\mathcal{M}}, \mathbb{R}^n)$ *erklären wir mit*

$$\int_{\partial \mathcal{M}} \Big(A(x) \cdot \mathcal{N}(x)\Big) \, d\sigma(x) := \sum_{k=1}^{k_0} \int_{\partial \mathcal{M}} \alpha_k \, \omega$$

$$= \sum_{k=1}^{k_0} \int_{V_k} \alpha_k \Big(\Phi^{(k)}(t)\Big) \Big\{ A\Big(\Phi^{(k)}(t)\Big) \cdot \mathcal{N}\Big(\Phi^{(k)}(t)\Big) \Big\} \, d\sigma(t_2, \ldots, t_n) \quad (31)$$

den **Fluss von** A **durch den Rand** $\partial \mathcal{M}$.

Dem Stokesschen Integralsatz entnehmen wir nun die folgende Aussage:

Satz 2. (Gaußscher Integralsatz für C^2-Gebiete)
Sei $\mathcal{M} \subset \mathbb{R}^n$ *ein beschränktes Gebiet wie oben mit dem C^2-Rand $\partial \mathcal{M}$ und der äußeren Normale* $\mathcal{N} : \partial \mathcal{M} \to S^{n-1}$. *Dann gilt für jedes Vektorfeld*

$$A(x) = \Big(a_1(x), \ldots, a_n(x)\Big)^* \in C^1(\overline{\mathcal{M}}, \mathbb{R}^n)$$

die **Gaußsche Identität**

$$\int_{\mathcal{M}} div\, A(x)\, dx = \int_{\partial \mathcal{M}} \Big(A(x) \cdot \mathcal{N}(x)\Big)\, d\sigma(x)\,. \tag{32}$$

Beweis: Wir verwenden die Formel (8) sowie die Definition 9 aus § 8, und wir berechnen mit Hilfe von Satz 1 die Identität

$$\int_{\mathcal{M}} div\, A(x)dx = \int_{\mathcal{M}} d\omega = \int_{\partial \mathcal{M}} \omega$$

$$= \sum_{k=1}^{k_0} \int_{\partial \mathcal{M}} \alpha_k \omega = \int_{\partial \mathcal{M}} \Big(A(x) \cdot \mathcal{N}(x)\Big) d\sigma(x),$$

wobei wir die Definition 4 benutzen.   q.e.d.

§10 Cauchy's Integralformel und die Entwicklung holomorpher Funktionen

Wir können nun unsere Überlegungen zu den holomorphen Funktionen aus dem zweiten Teil von § 3 in Kapitel II fortsetzen, die dort mit der Definition 4 beginnen. Auf einem beliebigen Gebiet $\Omega \subset \mathbb{C}$ betrachten wir die holomorphe Funktion

$$w = u + iv = f(z) = u(x,y) + iv(x,y)\,, \quad z = (x,y) = x + iy \in \Omega\,.$$

Nach Satz 6 aus § 1 in Kapitel IV folgt $u, v \in C^1(\Omega, \mathbb{R})$ für den Realteil u und den Imaginärteil v der Funktion f, und es gelten die Cauchy-Riemannschen Differentialgleichungen

$$u_x(x,y) = v_y(x,y) \quad , \quad u_y(x,y) = -v_x(x,y) \quad \text{in} \quad \Omega\,. \tag{1}$$

Wir betrachten nun ein C^2-Gebiet $G \subset\subset \Omega$ vom **topologischen Typ der Kreisscheibe**, d.h. es existiert eine topologische Abbildung $\gamma : S^1 \to \partial G$ von der Einheitskreislinie $S^1 := \{\zeta \in \mathbb{C} : |\zeta| = 1\}$ auf den Rand ∂G. Wir können den Rand von G parametrisieren durch eine surjektive Funktion

$$\zeta = \zeta(t) : [a,b] \to \partial G \in C^2([a,b], \mathbb{C}) \quad \text{mit} \quad \zeta'(t) \neq 0,\ a \le t \le b$$

und den Grenzen $-\infty < a < b < +\infty$, so dass $\tau(t) := |\zeta'(t)|^{-1}\zeta'(t)$, $a \le t \le b$ das *Einheitstangentenfeld* und $\nu(t) := -i\tau(t)$, $a \le t \le b$ das *äußere Normalenfeld* an unser Gebiet G darstellt; also *bleibt das Gebiet G beim Durchlaufen der Kurve $\zeta(t)$, $a \le t \le b$ zur Linken.* Wir definieren als **positiv-orientiertes Integral über ∂G** das folgende Riemannsche Integral

$$\oint_{\partial G} f(z)\, dz := \int_a^b f(\zeta(t))\zeta'(t)\, dt\,.$$

Jetzt berechnen wir das positiv-orientierte Integral über die geschlossene Randkurve ∂G zu

$$
\begin{aligned}
\oint_{\partial G} f(z)\,dz &= \oint_{\partial G} \left\{ u(x,y) + iv(x,y) \right\}(dx + i\,dy) \\
&= \oint_{\partial G} (u\,dx - v\,dy) + i \oint_{\partial G} (v\,dx + u\,dy) = \oint_{\partial G} \omega_1 + i \oint_{\partial G} \omega_2
\end{aligned}
\tag{2}
$$

mit den reellen Differentialformen

$$
\omega_1 := u\,dx - v\,dy \quad \text{und} \quad \omega_2 := v\,dx + u\,dy\,.
\tag{3}
$$

Nun sind die Formen ω_1 und ω_2 geschlossen, weil

$$
\begin{aligned}
d\omega_1 &= -\left(\frac{\partial u}{\partial y} + \frac{\partial v}{\partial x} \right) dx \wedge dy = 0 \quad \text{in} \quad \Omega \quad \text{und} \\
d\omega_2 &= \left(\frac{\partial u}{\partial x} - \frac{\partial v}{\partial y} \right) dx \wedge dy = 0 \quad \text{in} \quad \Omega
\end{aligned}
\tag{4}
$$

mit den Cauchy-Riemannschen Gleichungen (1) erfüllt sind.

Satz 1. (Cauchyscher Integralsatz)

Auf dem Gebiet $\Omega \subset \mathbb{C}$ sei die holomorphe Funktion $f : \Omega \to \mathbb{C}$ gegeben. Dann verschwindet für jedes C^2-Gebiet $G \subset\subset \Omega$ vom topologischen Typ der Kreisscheibe das Integral

$$
\oint_{\partial G} f(z)\,dz = 0
\tag{5}
$$

über den positiv-orientierten Rand ∂G.

Beweis: Wir verwenden die Identitäten (2) – (4), und der Stokessche Integralsatz – siehe den Satz 1 in § 9 – liefert die Behauptung

$$
\oint_{\partial G} f(z)\,dz = \oint_{\partial G} \omega_1 + i \oint_{\partial G} \omega_2 = \oint_{G} d\omega_1 + i \oint_{G} d\omega_2 = 0\,.
\tag{6}
$$

q.e.d.

Satz 2. (Cauchysche Integralformel)

Seien auf dem Gebiet $\Omega \subset \mathbb{C}$ die holomorphe Funktion $f : \Omega \to \mathbb{C}$ gegeben und beliebig das C^2-Gebiet $G \subset\subset \Omega$ vom topologischen Typ der Kreisscheibe gewählt. Dann gilt die Darstellung

$$
f(z) = \frac{1}{2\pi i} \oint_{\partial G} \frac{f(\zeta)}{\zeta - z}\,d\zeta
$$

für alle $z \in G$ mit $\zeta = \xi + i\eta$, wobei das Integral über den positiv-orientierten Rand ∂G zu verstehen ist.

Beweis: Für einen festen Punkt $z \in \Omega$ ist die Funktion

$$F(\zeta) := \frac{f(\zeta)}{\zeta - z}, \quad \zeta \in G_\epsilon := \{\zeta \in G : |\zeta - z| > \epsilon\} \tag{7}$$

holomorph bis auf den Abschluss des Gebiets G_ϵ mit $0 < \epsilon < \text{dist}(z, \mathbb{C} \setminus \Omega)$. Wir verwenden nun den Cauchyschen Integralsatz für das Gebiet G_ϵ, dessen Beweis auf diese Situation sofort übertragbar ist. Dann erhalten wir

$$0 = \oint_{\partial G_\epsilon} F(\zeta)\, d\zeta = \oint_{\partial G} F(\zeta)d\zeta - \oint_{\partial K_\epsilon} F(\zeta)d\zeta \tag{8}$$

wobei $\partial K_\epsilon := \{\zeta \in \mathbb{C} : |\zeta - z| = \epsilon\}$ die positiv durchlaufenen Kreislinie um den Mittelpunkt z vom Radius ϵ darstellt. Dieses Integral berechnen wir nun mit der Parametrisierung $\zeta = z + \epsilon e^{it}, 0 \le t \le 2\pi$ und dem Differential $d\zeta = i\epsilon e^{it}\, dt$ wie folgt:

$$\oint_{\partial K_\epsilon} F(\zeta)d\zeta = \int_0^{2\pi} F(z + \epsilon e^{it})\, i\epsilon e^{it}\, dt$$

$$= \int_0^{2\pi} \frac{f(z + \epsilon e^{it})}{\epsilon e^{it}}\, i\epsilon e^{it}\, dt = i \int_0^{2\pi} f(z + \epsilon e^{it})\, dt \quad . \tag{9}$$

Der Grenzübergang $\epsilon \to 0+$ in (9) liefert

$$\lim_{\epsilon \to 0+} \oint_{\partial K_\epsilon} F(\zeta)d\zeta = i \lim_{\epsilon \to 0+} \int_0^{2\pi} f(z + \epsilon e^{it})\, dt = 2\pi i f(z). \tag{10}$$

Nun ergibt der Grenzübergang $\epsilon \to 0+$ in (8) mit Hilfe von (10) die Identität

$$0 = \oint_{\partial G} \frac{f(\zeta)}{\zeta - z} d\zeta - 2\pi i f(z) \quad , \tag{11}$$

und damit erhalten wir die Cauchysche Integralformel.   q.e.d.

Satz 3. (Entwicklungssatz von Weierstraß) *Sei die holomorphe Funktion* $f : \Omega \to \mathbb{C}$ *auf dem Gebiet* $\Omega \subset \mathbb{C}$ *gegeben. Wir betrachten zum beliebigen festen Punkt* $z_0 \in \Omega$ *eine Kreisscheibe* $K := \{z \in \mathbb{C} : |z - z_0| < r\}$ *vom Radius* $r > 0$, *so dass die Inklusion* $K \subset\subset \Omega$ *erfüllt ist. Dann ist* f *durch ihre komplexe Taylorreihe*

$$f(z) = \sum_{k=0}^{\infty} a_k (z - z_0)^k \quad , \quad z \in K$$

mit den Koeffizienten

$$a_k := \frac{1}{k!} f^{(k)}(z_0)\,, \quad k = 0, 1, 2, \ldots$$

darstellbar. Jede holomorphe Funktionen $f : \Omega \to \mathbb{C}$ ist somit im Gebiet Ω beliebig oft komplex differenzierbar.

Beweis: Für alle $z \in K$, $\zeta \in \partial K$ gilt

$$\frac{1}{\zeta - z} = \frac{1}{(\zeta - z_0) - (z - z_0)} = \frac{1}{\zeta - z_0} \frac{1}{1 - \dfrac{z - z_0}{\zeta - z_0}}.$$

Nun ist

$$\left| \frac{z - z_0}{\zeta - z_0} \right| < 1,$$

so dass wir den Bruch in die gleichmäßig konvergente geometrische Reihe

$$\frac{1}{\zeta - z_0} \sum_{k=0}^{\infty} \left(\frac{z - z_0}{\zeta - z_0} \right)^k = \sum_{k=0}^{\infty} \frac{1}{(\zeta - z_0)^{k+1}} (z - z_0)^k$$

entwickeln können. Daraus folgt mit der Cauchyschen Integralformel

$$f(z) = \frac{1}{2\pi i} \oint_{\partial K} \frac{f(\zeta)}{\zeta - z} \, d\zeta$$

$$= \frac{1}{2\pi i} \sum_{k=0}^{\infty} \left(\oint_{\partial K} \frac{f(\zeta)}{(\zeta - z_0)^{k+1}} \, d\zeta \right) (z - z_0)^k$$

$$= \sum_{k=0}^{\infty} a_k (z - z_0)^k$$

mit den Koeffizienten

$$a_k := \frac{1}{2\pi i} \oint_{\partial K} \frac{f(\zeta)}{(\zeta - z_0)^{k+1}} \, d\zeta = \frac{f^{(k)}(z_0)}{k!}\,, \quad k = 0, 1, 2, \ldots \qquad (12)$$

Nach dem Satz 15 aus §3 in Kapitel II ist die Funktion f beliebig oft komplex differenzierbar.   q.e.d.

Bemerkung: (12) werden als **Cauchysche Ableitungsformeln** bezeichnet.

§11 Der Weierstraßsche Approximationssatz für C^k-Funktionen

Wir wollen nun reelle C^k-Funktionen durch Polynome so approximieren, dass letztere zusammen mit ihren Ableitungen bis zur Ordnung k im Innern gegen diese konvergieren. Hierzu sei die offene Menge $\Omega \subset \mathbb{R}^n$ der Dimension

$n \in \mathbb{N}$ gegeben, und $f(x) \in C^k(\Omega)$ stelle eine k-mal stetig differenzierbare Funktion des Differentiationsgrads $k \in \mathbb{N}_0$ dar. Wir verwenden jetzt den **Wärmeleitungskern** aus Satz 2 in § 7, nämlich für jedes $\varepsilon > 0$ die Funktion

$$\Theta_\varepsilon(z) := \frac{1}{\sqrt{\pi\varepsilon}^n} \exp\left(-\frac{|z|^2}{\varepsilon}\right) = \frac{1}{\sqrt{\pi\varepsilon}^n} \exp\left(-\frac{1}{\varepsilon}(z_1^2 + \ldots + z_n^2)\right), \ z \in \mathbb{R}^n.$$

Hilfssatz 1. *Sei die Funktion $f(x) \in C_0^0(\mathbb{R}^n)$ mit kompaktem Träger gegeben, so erklären wir für jedes $\varepsilon > 0$ die Funktion*

$$f_\varepsilon(x) := \int\limits_{\mathbb{R}^n} \Theta_\varepsilon(y - x)f(y)\, dy\,, \quad x \in \mathbb{R}^n\,.$$

Dann gilt

$$\sup_{x \in \mathbb{R}^n} |f_\varepsilon(x) - f(x)| \longrightarrow 0 \quad \textit{für} \quad \varepsilon \to 0+\,;$$

also konvergiert $f_\varepsilon(x)$ gleichmäßig auf dem $\mathbb{R}^n$ gegen die Funktion $f(x)$.

Beweis: Wegen ihres kompakten Trägers ist die Funktion $f(x)$ gleichmäßig stetig auf dem $\mathbb{R}^n$. Zu vorgegebenem $\eta > 0$ gibt es also ein $\delta = \delta(\eta) > 0$, so dass Folgendes gilt:

$$x, y \in \mathbb{R}^n, \ |x - y| \leq \delta \implies |f(x) - f(y)| \leq \eta.$$

Da f beschränkt ist, gibt es weiterhin ein $\varepsilon_0 = \varepsilon_0(\eta) > 0$ mit

$$2 \sup_{y \in \mathbb{R}^n} |f(y)| \int\limits_{|y-x| \geq \delta} \Theta_\varepsilon(y - x)\, dy \leq \eta \quad \text{für alle} \quad 0 < \varepsilon < \varepsilon_0.$$

Beachten wir noch

$$|f_\varepsilon(x) - f(x)| = \left| \int\limits_{\mathbb{R}^n} \Theta_\varepsilon(y - x)\, f(y)\, dy - f(x) \int\limits_{\mathbb{R}^n} \Theta_\varepsilon(y - x)\, dy \right|$$

$$\leq \left| \int\limits_{|y-x| \leq \delta} \Theta_\varepsilon(y - x)\, \{f(y) - f(x)\}\, dy \right|$$

$$+ \left| \int\limits_{|y-x| \geq \delta} \Theta_\varepsilon(y - x)\, \{f(y) - f(x)\}\, dy \right|,$$

so erhalten wir für alle $x \in \mathbb{R}^n$ und alle $0 < \varepsilon < \varepsilon_0$ die Abschätzung

$$|f_\varepsilon(x) - f(x)| \le \int\limits_{|y-x| \le \delta} \Theta_\varepsilon(y-x)\,|f(y) - f(x)|\,dy$$

$$+ \int\limits_{|y-x| \ge \delta} \Theta_\varepsilon(y-x)\,\{|f(y)| + |f(x)|\}\,dy$$

$$\le \eta + 2 \sup_{y \in \mathbb{R}^n} |f(y)| \int\limits_{|y-x| \ge \delta} \Theta_\varepsilon(y-x)\,dy \le 2\eta.$$

Insgesamt folgt

$$\sup_{x \in \mathbb{R}^n} |f_\varepsilon(x) - f(x)| \longrightarrow 0 \quad \text{für} \quad \varepsilon \to 0+\,.$$

q.e.d.

Hilfssatz 2. (Partielle Integration im $\mathbb{R}^n$)
Seien die Funktionen $f(x) \in C_0^1(\mathbb{R}^n)$ und $g(x) \in C^1(\mathbb{R}^n)$ gegeben, so gilt

$$\int\limits_{\mathbb{R}^n} g(x)\frac{\partial}{\partial x_i} f(x)\,dx = - \int\limits_{\mathbb{R}^n} f(x)\frac{\partial}{\partial x_i} g(x)\,dx \quad \text{für} \quad i = 1, \ldots, n.$$

Beweis: Wegen $f(x) \in C_0^1(\mathbb{R}^n)$ gibt es ein $r > 0$, so dass $f(x) = 0$ sowie $f(x)g(x) = 0$ richtig ist für alle $x \in \mathbb{R}^n$ mit $|x_j| \ge r$ für mindestens ein $j \in \{1, \ldots, n\}$. Nach dem Fundamentalsatz der Differential- und Integralrechnung folgt dann

$$\int\limits_{\mathbb{R}^n} \frac{\partial}{\partial x_i} \left\{ f(x)g(x) \right\} dx$$

$$= \int\limits_{-r}^{+r} \ldots \int\limits_{-r}^{+r} \left(\int\limits_{-r}^{+r} \frac{\partial}{\partial x_i} \left\{ f(x)g(x) \right\} dx_i \right) dx_1 \ldots dx_{i-1}dx_{i+1} \ldots dx_n = 0\,.$$

Somit erhalten wir

$$0 = \int\limits_{\mathbb{R}^n} \frac{\partial}{\partial x_i} \left\{ f(x)g(x) \right\} dx = \int\limits_{\mathbb{R}^n} g(x)\frac{\partial}{\partial x_i} f(x)\,dx + \int\limits_{\mathbb{R}^n} f(x)\frac{\partial}{\partial x_i} g(x)\,dx\,.$$

q.e.d.

Hilfssatz 3. *Sei die Funktion $f(x) \in C_0^k(\mathbb{R}^n)$ mit $k \in \mathbb{N}_0$ gegeben. Dann gibt es eine Folge von Polynomen*

$$p_m(x) = \sum_{j_1, \ldots, j_n = 0}^{N(m)} c_{j_1 \ldots j_n}^{(m)} x_1^{j_1} \ldots x_n^{j_n}\,, \quad m = 1, 2, \ldots$$

derart, dass die Relationen

$$D^\alpha p_m(x) \longrightarrow D^\alpha f(x) \qquad \text{für} \quad m \to \infty, \quad |\alpha| \le k$$

gleichmäßig in jeder Kugel $B_R := \{x \in \mathbb{R}^n : |x| \le R\}$ *mit* $0 < R < +\infty$
erfüllt sind. Dabei wird der Differentialoperator D^α *mit* $\alpha = (\alpha_1, \ldots, \alpha_n)$
erklärt durch

$$D^\alpha := \frac{\partial^{|\alpha|}}{\partial x_1^{\alpha_1} \ldots \partial x_n^{\alpha_n}}, \quad |\alpha| := \alpha_1 + \ldots + \alpha_n$$

mit ganzzahligen $\alpha_1, \ldots, \alpha_n \ge 0$.

Beweis: Wir differenzieren die Funktion $f_\varepsilon(x)$ nach der Variablen x_i und erhalten mit Hilfssatz 2 für $i = 1, \ldots, n$ die Identität

$$\frac{\partial}{\partial x_i} f_\varepsilon(x) = \int\limits_{\mathbb{R}}^{n} \left\{ \frac{\partial}{\partial x_i} \Theta_\varepsilon(y - x) \right\} f(y) \, dy$$

$$= - \int\limits_{\mathbb{R}^n} \left\{ \frac{\partial}{\partial y_i} \Theta_\varepsilon(y - x) \right\} f(y) \, dy$$

$$= \int\limits_{\mathbb{R}^n} \Theta_\varepsilon(y - x) \frac{\partial}{\partial y_i} f(y) \, dy.$$

Durch wiederholte Anwendung dieses Verfahrens ermitteln wir

$$D^\alpha f_\varepsilon(x) = \int\limits_{\mathbb{R}^n} \Theta_\varepsilon(y - x) D^\alpha f(y) \, dy, \quad |\alpha| \le k,$$

wobei wir $D^\alpha f(y) \in C_0^0(\mathbb{R}^n)$ beachten. Nach Hilfssatz 1 konvergiert für alle $|\alpha| \le k$ die Funktionenschar $D^\alpha f_\varepsilon(x)$ gleichmäßig auf dem $\mathbb{R}^n$ gegen $D^\alpha f(x)$ für $\varepsilon \to 0+$. Wir wählen nun ein $R > 0$ so, dass $\text{supp}\, f \subset B_R$ gilt. Zu festem $\varepsilon > 0$ betrachten wir die Potenzreihe

$$\Theta_\varepsilon(z) = \frac{1}{\sqrt{\pi\varepsilon}^n} \exp\left(-\frac{|z|^2}{\varepsilon} \right) = \frac{1}{\sqrt{\pi\varepsilon}^n} \sum_{j=0}^{\infty} \frac{1}{j!} \left(-\frac{|z|^2}{\varepsilon} \right)^j,$$

welche in B_{2R} gleichmäßig konvergiert. Darum gibt es zu jedem $\varepsilon > 0$ ein $N_0 = N_0(\varepsilon, R)$, so dass für das Polynom

$$P_{\varepsilon,R}(z) := \frac{1}{\sqrt{\pi\varepsilon}^n} \sum_{j=0}^{N_0(\varepsilon,R)} \frac{1}{j!} \left(-\frac{z_1^2 + \ldots + z_n^2}{\varepsilon} \right)^j$$

die Ungleichung

$$\sup_{|z| \leq 2R} |\Theta_\varepsilon(z) - P_{\varepsilon,R}(z)| \leq \varepsilon$$

erfüllt ist. Mit dem Integral

$$\widetilde{f}_{\varepsilon,R}(x) := \int\limits_{\mathbb{R}^n} P_{\varepsilon,R}(y - x)f(y)\,dy$$

erhalten wir für jedes $\varepsilon > 0$ ein Polynom in den Veränderlichen $x_1, \ldots, x_n$ und sehen wie oben

$$D^\alpha \widetilde{f}_{\varepsilon,R}(x) = \int\limits_{\mathbb{R}^n} P_{\varepsilon,R}(y - x)D^\alpha f(y)\,dy \quad \text{für alle} \quad x \in \mathbb{R}^n, \quad |\alpha| \leq k.$$

Nun gilt für alle $|\alpha| \leq k$ und $|x| \leq R$ die Abschätzung

$$|D^\alpha f_\varepsilon(x) - D^\alpha \widetilde{f}_{\varepsilon,R}(x)| = \left| \int\limits_{|y| \leq R} \left\{ \Theta_\varepsilon(y - x) - P_{\varepsilon,R}(y - x) \right\} D^\alpha f(y)\,dy \right|$$

$$\leq \int\limits_{|y| \leq R} |\Theta_\varepsilon(y - x) - P_{\varepsilon,R}(y - x)| |D^\alpha f(y)|\,dy$$

$$\leq \varepsilon \int\limits_{|y| \leq R} |D^\alpha f(y)|\,dy.$$

Somit konvergieren die Polynome $D^\alpha \widetilde{f}_{\varepsilon,R}(x)$ gleichmäßig auf B_R gegen die Ableitungen $D^\alpha f(x)$. Wählen wir nun die Nullfolge $\varepsilon = \frac{1}{m}$ mit $m = 1, 2, \ldots$ so erhalten wir in

$$p_{m,R}(x) := \widetilde{f}_{\frac{1}{m},R}(x)$$

eine in B_R approximierende Polynomfolge, die noch vom Radius R abhängt. Wir setzen $r = 1, 2, \ldots$ und finden Polynome $p_r = p_{m_r,r}$ mit

$$\sup_{x \in B_r} |D^\alpha p_r(x) - D^\alpha f(x)| \leq \frac{1}{r} \quad \text{für alle} \quad |\alpha| \leq k.$$

Die Folge $\{p_r\}_{r=1,2,\ldots}$ genügt der Behauptung.   q.e.d.

Satz 1. (Approximationssatz von Weierstraß-Friedrichs-Heinz)
Seien die offene Menge $\Omega \subset \mathbb{R}^n$ und die Funktion $f(x) \in C^k(\Omega)$ mit $k \in \mathbb{N}_0$ gegeben. Dann gibt es eine Folge von Polynomen vom Grad $N(m) \in \mathbb{N}_0$ der Form

$$f_m(x) = \sum_{j_1,\ldots,j_n=0}^{N(m)} c_{j_1 \ldots j_n}^{(m)} x_1^{j_1} \cdot \ldots \cdot x_n^{j_n}, \qquad x \in \mathbb{R}^n, \quad m = 1, 2, \ldots$$

derart, dass die Relationen

$$D^\alpha f_m(x) \longrightarrow D^\alpha f(x) \quad \textit{für} \quad m \to \infty, \quad |\alpha| \le k$$

gleichmäßig auf jeder kompakten Menge $K \subset \Omega$ erfüllt sind.

Beweis: Wir betrachten eine Folge $\Omega_1 \subset \Omega_2 \subset \ldots \subset \Omega$ beschränkter, offener Mengen, die Ω ausschöpft. Dabei gelte $\overline{\Omega_j} \subset \Omega_{j+1}$ für alle $j \in \mathbb{N}$. Mit Hilfe der Zerlegung der Eins (vgl. den Satz 1 in § 6) konstruieren wir eine Folge von Funktionen $\phi_j(x) \in C_0^\infty(\Omega)$ mit $0 \le \phi_j(x) \le 1$, $x \in \Omega$ und $\phi_j(x) = 1$ auf $\overline{\Omega_j}$ für $j = 1, 2, \ldots$. Wir betrachten dann die Funktionenfolge

$$f_j(x) := \begin{cases} f(x)\phi_j(x), & x \in \Omega \\ 0, & x \in \mathbb{R}^n \setminus \Omega \end{cases}$$

der Form

$$f_j(x) \in C_0^k(\mathbb{R}^n) \quad \text{und} \quad D^\alpha f_j(x) = D^\alpha f(x), \qquad x \in \Omega_j, \quad |\alpha| \le k.$$

Da Ω_j beschränkt ist, gibt es nach Hilfssatz 3 zu jedem $f_j(x)$ ein Polynom $p_j(x)$ mit der Eigenschaft

$$\sup_{x \in \Omega_j} |D^\alpha p_j(x) - D^\alpha f_j(x)| = \sup_{x \in \Omega_j} |D^\alpha p_j(x) - D^\alpha f(x)| \le \frac{1}{j}, \qquad |\alpha| \le k.$$

Für eine beliebige kompakte Menge $K \subset \Omega$ gibt es ein $j_0 = j_0(K) \in \mathbb{N}$, so dass $K \subset \Omega_j$ für alle $j \ge j_0(K)$ richtig ist. Somit folgt

$$\sup_{x \in K} |D^\alpha p_j(x) - D^\alpha f(x)| \le \frac{1}{j}, \quad j \ge j_0(K), \quad |\alpha| \le k.$$

Im Grenzübergang $j \to \infty$ erhalten wir

$$\sup_{x \in K} |D^\alpha p_j(x) - D^\alpha f(x)| \longrightarrow 0$$

für alle $|\alpha| \le k$ und alle kompakten Teilmengen $K \subset \Omega$. \hfill q.e.d.

Bemerkungen zum Satz 1:

a) Von K. Weierstraß wurde obiger Satz im Spezialfall $k = 0$ bewiesen unter Benutzung des Wärmeleitungskerns. So sind wir auch im § 7 vorgegangen, wo wir den Weierstraßschen Approximationssatz für stetige Funktionen mit dem Tietzeschen Ergänzungssatz verknüpft haben.

b) Der allgemeine Fall $k \in \mathbb{N}$ stetig differenzierbarer Funktionen erfordert einen Einsatz der Glättungsfunktionen von K. Friedrichs. Den obigen allgemeinen Satz hat E. Heinz [H3] in seinen Vorlesungen zur Differential- und Integralrechnung präsentiert. Wir werden aber traditionell den Satz 1 als *Approximationssatz von Weierstraß* ansprechen.

§12 Aufgaben zum Kapitel V

1. Mit der Halbwinkelmethode berechnen Sie das Integral $\displaystyle\int \frac{1}{5+4\cos x}\,dx$, indem Sie $t = \tan\frac{x}{2}$ substituieren.

2. Für alle $x \in (0,1)$ berechne man die Integrale: $\displaystyle\int \frac{2x^2 - x - 1}{\sqrt{1 + x - 2x^2}}\,dx$,

   $$\int \frac{\sqrt{1+x^2}+1}{\sqrt{1+x^2}-1}\,dx\,, \qquad \int (x+2)\sqrt{x^2+1}\,dx\,, \qquad \int \frac{dx}{\sqrt{1-x^2}+1-x}\,.$$

3. Zum festen Parameter $a > 0$ berechne man die Bogenlänge der folgenden Kurven und skizziere diese:
   die Zykloide: $x = a(t - \sin t)$, $y = a(1 - \cos t)$, $0 \le t \le 2\pi$;
   die Kreisevolvente: $x = a(t\sin t + \cos t)$, $y = a(\sin t - t\cos t)$, $0 \le t \le 2\pi$;
   und die Astroide: $x = a\cos^3 t$, $y = a\sin^3 t$, $0 \le t \le 2\pi$.

4. Zeigen Sie mit dem Riemannschen Integrabilitätskriterium die Aussage: Eine stückweise stetige Funktion $f : [a,b] \to \mathbb{R}^m$ ist über das angegebene Intervall mit den Grenzen $-\infty < a < b < +\infty$ integrierbar.

5. Sei $J \subset \mathbb{R}^n$ ein Jordanbereich, auf dem die stetige Funktion $f : J \to \mathbb{R}$ gegeben ist. Zeigen Sie, dass dann ihr Graph

   $$\mathcal{G}(f) := \{(x, f(x)) \in \mathbb{R}^{n+1} : x \in J\}$$

   eine Jordansche Nullmenge im $\mathbb{R}^{n+1}$ bildet.

6. Zeigen Sie die Stabilität von Jordanbereichen bezüglich endlicher Vereinigungen und Durchschnitte.

7. Sei $a > 0$ eine positive Zahl. Dann bestimme man das Volumen des Körpers K im (x,y,z)-Raum, der vom Rotationsparaboloid $x^2 + y^2 = a(a - z)$ sowie der Ebene $z = 0$ begrenzt und vom Zylinder $(x^2 + y^2)^2 = a^2(x^2 - y^2)$ eingeschlossen wird.

8. Für die Kugel $K := \{(x,y,z) : x^2 + y^2 + z^2 < R^2\}$ vom Radius $R > 0$ mit der konstanten Dichte $\varrho > 0$ berechne man das Trägheitsmoment T_z bezüglich der z-Achse, also das Integral

   $$T_z := \int_K (x^2 + y^2)\varrho\,dxdydz\ .$$

   Hinweis: Man verwende die Kugelkoordinaten

   $$x = r\cos\phi\sin\psi,\ y = r\sin\phi\sin\psi,\ z = r\cos\psi\,.$$

9. Mit den Parametern $0 < \alpha < \beta < \frac{\pi}{2}$ berechne man das Volumen des Körpers K, der von den Flächen $x^2 + y^2 = 2z$, $x^2 + y^2 = z^2\tan^2\alpha$, $x^2 + y^2 = z^2\tan^2\beta$ begrenzt wird.

10. Führen Sie den Beweis von Hilfssatz 2 in §6 aus!

11. Konstruieren Sie eine Testfunktion $\varphi \in C_0^\infty(\mathbb{R}^n, [0,1])$ mit dem Träger

$$supp\,\varphi = [-1,-1] \times \ldots \times [-1,-1] \subset \mathbb{R}^n$$

und der Integralbedingung $\displaystyle\int_{\mathbb{R}^n} \varphi(x)dx = 1$.

12. Sei $g(x) = (g_1(x), \ldots, g_n(x)) : (a,b) \to \mathbb{R}^n$ eine stetige Funktion auf dem offenen Intervall (a,b) mit den Grenzen $-\infty \le a < b \le +\infty$. Erfüllt nun g die Integralbedingung $\displaystyle\int_a^b \Big(\sum_{j=1}^n g_j(x)\phi_j(x)\Big)dx = 0$ für alle Testfunktionen $\Phi(x) = (\phi_1(x), \ldots, \phi_n(x)) \in C_0^\infty((a,b), \mathbb{R}^n)$, so folgt $g_1 \equiv 0, \ldots, g_n \equiv 0$ auf dem Intervall (a,b).

13. Sei der Parameter $a > 0$ gegeben. Welchen Flächeninhalt hat das ebene Gebiet Ω, das von der Kurve $(x^2 + y^2)^2 = a^2(x^2 - y^2)$, $x > 0$ begrenzt wird? *Hinweis:* Man verwende Polarkoordinaten.

14. Durch die Abbildung

$$X(u,v) = \Big(x(u,v), y(u,v), z(u,v)\Big) : B \to \mathbb{R}^3 \in C^2(B)$$

auf der abgeschlossenen Einheitskreisscheibe B sei die Mannigfaltigkeit $\mathcal{M}$ definiert. Auf die Pfaffsche Form

$$\omega = a(x,y,z)\,dx + b(x,y,z)\,dy + c(x,y,z)\,dz$$

der Klasse C^1 und $\mathcal{M}$ wenden Sie den Stokesschen Integralsatz aus §9 an; vergleichen Sie das Ergebnis mit Satz 4 in §5 des Lehrbuchs [S3], Kapitel I.

VI

Gewöhnliche Differentialgleichungen

Erinnern wir zunächst an eine Einsicht von

Galileo GALILEI: *Wer naturwissenschaftliche Fragen ohne Hilfe der Mathematik behandeln will, unternimmt etwas Unausführbares.*

Wir beginnen mit der Behandlung von Differentialgleichungen erster Ordnung, die wir mit der *Eulerschen Multiplikatormethode* lösen. Dann betrachten wir systematisch Systeme gewöhnlicher Differentialgleichungen erster Ordnung, wobei wir Existenz-, Eindeutigkeits- und Stabilitätsfragen beantworten. Dann überführen wir Anfangswertprobleme für Differentialgleichungen n-ter Ordnung äquivalent in solche für Systeme mit n Differentialgleichungen erster Ordnung. Bei linearen Differentialgleichungen n-ter Ordnung – insbesondere mit konstanten Koeffizienten – können wir spezielle Lösungsansätze präsentieren.

§1 Verschiedene Typen von Differentialgleichungen

Eine Differentialgleichung ist eine Gleichung zwischen einer gesuchten Funktion $y = y(x)$ in den $n \in \mathbb{N}$ Variablen $x_1, \ldots, x_n$ und ihren Ableitungen sowie den Variablen $x_1, \ldots, x_n$. Ist nun $n \geq 2$ und enthält die Gleichung partielle Ableitungen, so sprechen wir von einer *partiellen Differentialgleichung*. Ist dagegen $n = 1$, so treten nur gewöhnliche Ableitungen auf, und wir haben es mit einer *gewöhnlichen Differentialgleichung* zu tun. Die Ordnung der höchsten vorkommenden Ableitung bestimmt die *Ordnung der Differentialgleichung*. Endlich viele Differentialgleichungen gemeinsam bilden ein *Differentialgleichungssystem*. Ist die Differentialgleichung (oder das System) nach der höchsten vorkommenden Ableitung aufgelöst, so nennen wir sie *explizit* - ansonsten heißt sie *implizit*. Wir werden in diesem Kapitel zunächst systematisch explizite Systeme von Differentialgleichungen erster Ordnung behandeln.

F. Sauvigny, *Analysis*, Springer-Lehrbuch, DOI: 10.1007/978-3-642-41507-4_6,
@ Springer-Verlag Berlin Heidelberg 2014

Beispiel 1. **Anfangswertproblem für Differentialgleichungssysteme erster Ordnung:** Seien die Punkte $a, b \in \mathbb{R}$ mit $a < b$ gegeben. Wir wählen den Anfangspunkt $x_0 \in I$ im Intervall $I := (a, b)$ sowie den Anfangswert $\eta = (\eta_1, \ldots, \eta_m) \in \mathbb{R}^m$. Gesucht ist eine Funktion

$$y = y(x) = (y_1(x), \ldots, y_m(x)), \quad a < x < b$$

der Klasse $C^1(I, \mathbb{R}^m)$, welche das Differentialgleichungssystem erster Ordnung

$$y'(x) = f(x, y(x)), \quad x \in I \tag{1}$$

unter der *Anfangsbedingung*

$$y(x_0) = \eta \tag{2}$$

erfüllt. Hierbei ist $f = f(x, y) = (f_1(x, y), \ldots, f_m(x, y))$ die stetige *rechte Seite* des Differentialgleichungssystems.

Wir können nun mit Hilfe des Fundamentalsatzes der Differential- und Integralrechnung das Anfangswertproblem (1) und (2) äquivalent überführen in das folgende *Integralgleichungsproblem*:

$$y(x) = \eta + \int_{x_0}^{x} f(t, y(t)) dt, \quad x \in I \qquad \text{mit der Funktion} \quad y \in C^0(I, \mathbb{R}^m). \tag{3}$$

Diese Integralgleichung werden wir später mittels *sukzessiver Approximation* lösen. Nach der Behandlung der Systeme erster Ordnung werden darauf aufbauend gewöhnliche Differentialgleichungen beliebiger Ordnung $m \in \mathbb{N}$ gelöst. Während eine Gleichung der Form

$$F(x, y(x), y'(x), \ldots, y^{(m)}(x)) = 0, \quad x \in I \tag{4}$$

implizit ist, erhalten wir mit

$$y^{(m)}(x) = f(x, y(x), y'(x), \ldots, y^{(m-1)}(x)), \quad x \in I \tag{5}$$

eine *explizite Differentialgleichung m-ter Ordnung*. Besonders einfach lässt sich die Theorie *linearer Differentialgleichungen* behandeln, welche in jedem Summanden höchstens eine der unbekannten Funktionen $y(x), y'(x), \ldots, y^{(m-1)}(x)$ als Faktor enthält. Die Differentialgleichung

$$y'(x) + a(x)y(x) + b(x) = 0$$

zum Beispiel ist linear, während etwa

$$y'(x) = [y(x)]^2$$

eine nichtlineare Differentialgleichung darstellt. Die in der Physik oder der Geometrie vorkommenden Differentialgleichungen sind im Allgemeinen nichtlinear. Die Lösungen solcher Gleichungen können wir zunächst nur lokal konstruieren, während sich beim globalen Verhalten der Lösungen interessante und schwierige Fragen stellen.

§2 Exakte Differentialgleichungen

Wir wollen in diesem Abschnitt geometrische, gewöhnliche Differentialgleichungen lösen und beginnen mit der folgenden

Definition 1. *In einer offenen Umgebung U eines Punktes $(x_0, y_0) \in \mathbb{R}^2$ seien die Funktionen $P(x, y)$ und $Q(x, y)$ der Klasse $C^1(U, \mathbb{R})$ mit der Eigenschaft*

$$P(x,y)^2 + Q(x,y)^2 > 0 \quad \textit{für alle Punkte} \quad (x, y) \in U \tag{1}$$

gegeben. Unter der Lösung einer **regulären Differentialgleichung**

$$P(x,y)dx + Q(x,y)dy = 0 \quad \textit{für alle Punkte} \quad (x, y) \in U \tag{2}$$

verstehen wir eine reguläre Kurve

$$X(t) = (x(t), y(t)) : I \to U$$

auf dem Intervall $I := [t^-, t^+]$ der Klasse $C^1(I, \mathbb{R}^2)$, welche die Gleichung

$$P(x(t), y(t))x'(t) + Q(x(t), y(t))y'(t) = 0 \quad \textit{für alle Parameter} \quad t \in I \tag{3}$$

erfüllt; dabei ist $-\infty < t^- < t^+ < +\infty$ richtig.

Definition 2. *Ist in einem Punkt $(x_0, y_0) \in U$ die Gleichung*

$$\big(P(x_0, y_0), Q(x_0, y_0)\big) = (0, 0)$$

erfüllt, so nennen wir (x_0, y_0) einen **singulären Punkt** *der Differentialgleichung (2).*

Bemerkungen zu Definition 1:

1. Das Lösen der Differentialgleichung (2) bedeutet also, reguläre Kurven

$$X(t) = (x(t), y(t)) : I \to U$$

so zu finden, dass ihr Tangentialvektor

$$X'(t) = (x'(t), y'(t)) : I \to U$$

orthogonal zum vorgegebenen Vektorfeld $\big(P(x, y), Q(x, y)\big)$ im Punkt $X(t) = (x(t), y(t))$ steht.
2. Nach eventueller Drehung der x, y-Ebene können wir die Lösungskurve lokal in der Form

$$X(x) = (x, y(x)), \quad x \in [x^-, x^+] =: I$$

darstellen. Wir erhalten dann die Differentialgleichung

$$P(x, y(x)) + Q(x, y(x))y'(x) = 0 \quad \text{für alle} \quad x \in I.$$

Falls $Q \neq 0$ erfüllt ist, erscheint letztere äquivalent zur folgenden expliziten Differentialgleichung erster Ordnung

$$y'(x) = -\frac{P(x, y(x))}{Q(x, y(x))} =: f(x, y(x)), \quad x \in I. \tag{4}$$

3. Auch wenn die Lösungskurve nicht als Graph über der x, y-Ebene darstellbar ist, behält die Differentialgleichung (2) ihre Bedeutung.

Definition 3. *Die reguläre* **Differentialgleichung** *(2)*

$$P(x, y)dx + Q(x, y)dy = 0 \quad in \quad U$$

heißt **exakt***, wenn das Vektorfeld*

$$V(x, y) := \big(P(x, y), Q(x, y)\big) : U \to \mathbb{R}^2$$

auf der offenen Menge U eine **Stammfunktion** $F : U \to \mathbb{R}$ *der Klasse $C^2(U)$ mit der Eigenschaft*

$$V = grad \quad F \quad in \quad U$$

besitzt. Dann gilt also

$$F_x(x, y) = P(x, y) \quad und \quad F_y(x, y) = Q(x, y) \quad für alle \quad (x, y) \in U. \tag{5}$$

Satz 1. *Sei die reguläre, exakte Differentialgleichung (2) in der offenen Menge $U \subset \mathbb{R}^2$ mit der Stammfunktion $F = F(x, y) \in C^2(U)$ gegeben. Dann ist die reguläre Kurve*

$$X(t) = (x(t), y(t)) : I \to U$$

auf dem Intervall $I := [t^-, t^+]$ der Klasse $C^1(I, \mathbb{R}^2)$ eine Lösung der Differentialgleichung genau dann, wenn

$$F(x(t), y(t)) = const \quad für alle \quad t \in I$$

gilt.

Beweis:

1. Sei $X(t) = (x(t), y(t)) : I \to U$ auf dem Intervall $I := [t^-, t^+]$ eine Lösung der Differentialgleichung (2). Dann folgt

$$0 = P(x(t), y(t))x'(t) + Q(x(t), y(t))y'(t) =$$

$$= F_x(x(t), y(t))x'(t) + F_y(x(t), y(t))y'(t) = \frac{d}{dt}F(x(t), y(t)).$$

Also folgt

$$F(x(t), y(t)) = const \quad für alle \quad t \in I.$$

2. Sei

$$F(x(t), y(t)) = const \quad \text{für alle} \quad t \in I$$

erfüllt. Dann erhalten wir durch Differentiation

$$0 = F_x(x(t), y(t))x'(t) + F_y(x(t), y(t))y'(t) =$$

$$= P(x(t), y(t))x'(t) + Q(x(t), y(t))y'(t).$$

Somit löst $X(t)$ die Differentialgleichung (2).   q.e.d.

Bemerkung: Wir erhalten also die Lösung der regulären exakten Differentialgleichung (2) als die *Niveaulinien*

$$F(x, y) = const \quad \text{in} \quad U.$$

Dabei geht nach dem Satz über implizite Funktionen durch jeden Punkt $(x_0, y_0) \in U$ genau eine Niveaulinie.

Satz 2. (Integrablitätsbedingung)
Seien der Punkt $(x_0, y_0) \in \mathbb{R}^2$ und das Rechteck

$$U := \{(x, y) \in \mathbb{R}^2 : x \in (x_0 - \alpha, x_0 + \alpha), y \in (y_0 - \beta, y_0 + \beta)\}$$

mit den halben Seitenlängen $\alpha > 0$ und $\beta > 0$ gegeben. Weiter sei die reguläre Differentialgleichung

$$P(x, y)dx + Q(x, y)dy = 0 \quad \text{für alle} \quad (x, y) \in U$$

auf diesem Rechteck erklärt. Dann ist diese Differentialgleichung genau dann exakt, wenn die **Integrabilitätsbedingung**

$$Q_x(x, y) = P_y(x, y) \quad in \quad U \tag{6}$$

erfüllt ist.

Beweis:

1. Sei die Differentialgleichung (2) exakt in U. Gemäß Definition 3 existiert dann eine Stammfunktion $F : U \to \mathbb{R}$ der Klasse $C^2(U)$ mit der Eigenschaft

$$F_x(x, y) = P(x, y) \quad \text{und} \quad F_y(x, y) = Q(x, y) \quad \text{für alle} \quad (x, y) \in U.$$

Wir erhalten die Identität

$$Q_x(x, y) = F_{yx}(x, y) = F_{xy}(x, y) = P_y(x, y)$$

und somit

$$Q_x(x, y) = P_y(x, y) \quad \text{für alle} \quad (x, y) \in U.$$

2. Sei $Q_x(x, y) = P_y(x, y)$ in U erfüllt. Wir erklären nun die Funktion

$$F(x, y) := \int_{x_0}^x P(t, y_0)dt + \int_{y_0}^y Q(x, t)dt \quad \text{für alle} \quad (x, y) \in U.$$

Wir differenzieren dann nach der oberen Grenze und erhalten

$$F_x(x, y) = P(x, y_0) + \int_{y_0}^y Q_x(x, t)dt = P(x, y_0) + \int_{y_0}^y P_y(x, t)dt =$$

$$= P(x, y_0) + \big(P(x, y) - P(x, y_0)\big) = P(x, y) \quad \text{in} \quad U.$$

Weiter gilt

$$F_y(x, y) = Q(x, y) \quad \text{in} \quad U.$$

Damit folgt $F(x, y) \in C^2(U)$ und

$$\nabla F(x, y) = (P(x, y), Q(x, y)) \quad \text{in} \quad U.$$

3. Wir berechnen nun noch

$$\frac{d}{dx} \int_{y_0}^y Q(x, t)dt = \lim_{\epsilon \to 0} \frac{1}{\epsilon} \left\{ \int_{y_0}^y Q(x + \epsilon, t)dt - \int_{y_0}^y Q(x, t)dt \right\} =$$

$$= \lim_{\epsilon \to 0} \left\{ \frac{1}{\epsilon} \int_{y_0}^y [Q(x + \epsilon, t) - Q(x, t)]dt \right\}.$$

Unter Beachtung des Mittelwertsatzes der Differentialrechnung folgt mit einem Zwischenwert $\epsilon_t \in (0, \epsilon)$ für jedes $t \in [y_0, y]$ die Identität

$$\frac{d}{dx} \int_{y_0}^y Q(x, t)dt = \lim_{\epsilon \to 0} \left\{ \frac{1}{\epsilon} \int_{y_0}^y \epsilon Q_x(x + \epsilon_t, t)dt \right\} =$$

$$= \lim_{\epsilon \to 0} \left\{ \int_{y_0}^y Q_x(x + \epsilon_t, t)dt \right\} = \int_{y_0}^y Q_x(x, t)dt.$$

Da $Q_x(x + \epsilon_t, t)$ gleichmäßig auf dem Intervall $[y_0, y]$ für $\epsilon \to 0$ gegen die Funktion $Q_x(x, t)$ konvergiert, kann nach Satz 2 aus Kapitel V, § 5 die Integration mit dem Limes vertauscht werden.

$$\text{q.e.d.}$$

Bemerkungen zu Satz 2:

1. Wir haben die Stammfunktion F durch Integration über einen bestimmten rechteckigen Weg erhalten. Wir erhalten auch eine Stammfunktion durch die folgende Integration:

$$F(x, y) = \int_{y_0}^y Q(x_0, t)dt + \int_{x_0}^x P(t, y)dt.$$

Wenn wir die Theorie der Kurvenintegrale zur Hilfe nehmen, kann man die Stammfunktion auch durch Integration über einen beliebigen Weg in U vom Punkt (x_0, y_0) zum Punkt (x, y) berechnen. Dann kann man Satz 2 auch auf beliebige einfach zusammenhängende Gebiete verallgemeinern. Wir können die nichtlinearen Gleichungen aber nur lokal lösen, und somit reichen Rechtecke hier aus!

2. Die Stammfunktion $F(x, y)$ ist bis auf eine Konstante bestimmt.

3. Man berechnet die Stammfunktion durch *unbestimmte Integration* wie folgt: Wir integrieren die erste Gleichung in (5) und erhalten

$$F(x, y) = \int P(t, y)dt + \phi(y).$$

Dann bestimmen wir mit der zweiten Gleichung die Funktion $\phi(y)$ aus der Identität

$$\phi'(y) = F_y(x, y) - \frac{d}{dy}\left\{ \int P(t, y)dt \right\} = Q(x, y) - \frac{d}{dy}\left\{ \int P(t, y)dt \right\}.$$

Entsprechend können wir zunächst die zweite Gleichung in (5) integrieren und dann die erste heranziehen.

Wir betrachten nun auf dem Rechteck $U \subset \mathbb{R}^2$ beliebige reguläre Differentialgleichungen der Gestalt

$$P(x, y)dx + Q(x, y)dy = 0 \quad \text{für alle} \quad (x, y) \in U. \qquad (7)$$

Auch wenn diese Differentialgleichung nicht exakt ist erwarten wir anschaulich, dass sie in einem hinreichen kleinen Rechteck um den Punkt (x_0, y_0) eine Lösung besitzt. Wir multiplizieren (7) mit einer nullstellenfreien Funktion

$$M(x, y) : U \to \mathbb{R} \quad \text{der Klasse} \quad C^1(U)$$

und erhalten die Differentialgleichung

$$M(x, y)P(x, y)dx + M(x, y)Q(x, y)dy = 0 \quad \text{für alle} \quad (x, y) \in U. \qquad (8)$$

Offensichtlich haben die Probleme (7) und (8) die gleichen Lösungskurven. Falls (7) keine exakte Differentialgleichung darstellt, wollen wir nun den Multiplikator so wählen, dass die Differentialgleichung (8) exakt wird.

Definition 4. *Die Funktion*

$$M(x, y) : U \to \mathbb{R} \in C^1(U) \quad \textit{mit} \quad M(x, y) \neq 0 \quad \textit{für alle} \quad (x, y) \in U$$

heißt **Eulerscher Multiplikator** *oder* **integrierender Faktor** *der Differentialgleichung (7), falls die Differentialgleichung (8) exakt ist. Auf dem Rechteck U gilt dann die Beziehung*

$$0 = [M(x,y)P(x,y)]_y - [M(x,y)Q(x,y)]_x = M_yP - M_xQ + M(P_y - Q_x) \quad (9)$$

beziehungsweise

$$0 = \frac{M_x}{M}Q - \frac{M_y}{M}P + (Q_x - P_y) = [logM(x,y)]_xQ - [logM(x,y)]_yP + (Q_x - P_y).$$
$$(10)$$

Die letzte Gleichung ist eine partielle Differentialgleichung für die Funktion $\mu(x,y) := logM(x,y)$. Hierbei setzen wir $M > 0$ voraus, was wir ggf. durch Multiplikation der Differentialgleichung mit dem Faktor -1 erreichen können.

Die Lösung der Differentialgleichung (7):

1. Man bestimme einen Eulerschen Multiplikator M, so dass die Gleichung (8) eine exakte Differentialgleichung wird.
2. Mittels unbestimmter Integration berechnet man eine Stammfunktion $F(x,y)$ für die exakte Differentialgleichung (8).
3. Man erhält mit den *Niveaulinien* $F(x,y) = const$ alle Lösungen der ursprünglichen Differentialgleichung (7).

Um den Multiplikator zu konstruieren, müssen wir eine partielle Differentialgleichung erster Ordnung (10) lösen. Hierfür steht uns die Theorie erst in § 6 zur Verfügung: Wir werden dort in Satz 3 für jede reguläre Differentialgleichung die Existenz eines Multiplikators nachweisen. Im Spezialfall, dass der Multiplikator nur von einer Variablen abhängt, können wir das Problem schon jetzt lösen. Wir konzentrieren uns auf das

Beispiel 1. **Multiplikator der Form** $M = M(x)$**:** In diesem Spezialfall wird aus (9) die homogene, lineare, gewöhnliche Differentialgleichung

$$M_xQ + M(Q_x - P_y) = 0,$$

die folgendermaßen gelöst werden kann: Wir integrieren die Identität

$$[logM(x)]_x = \frac{M_x}{M} = \frac{P_y - Q_x}{Q}$$

und erhalten

$$logM(x) = \int \frac{P_y - Q_x}{Q}dx$$

beziehungsweise

$$M(x) = exp\Big(\int \frac{P_y - Q_x}{Q}dx \Big) \quad .$$

Entsprechend finden wir einen Multiplikator der Form $M = M(y)$, falls dieser existiert.

§3 Elementar integrierbare Differentialgleichungen erster Ordnung

In diesem Abschnitt geben wir explizit Eulersche Multiplikatoren an, um dann die jeweilige Differentialgleichung zu integrieren. Die Integration verschiedener Gleichungsklassen erscheint dann als eine Sammlung von Beispielen. Wir beginnen mit dem

Beispiel 1. **Differentialgleichungen mit getrennten Variablen:** Wir betrachten die Differentialgleichung

$$A_1(x)A_2(y)dx + B_1(x)B_2(y)dy = 0 \quad \text{mit} \quad A_2(y) \neq 0 \quad \text{und} \quad B_1(x) \neq 0 \quad (1)$$

mit den stetigen Koeffizientenfunktionen $A_1(x), A_2(y), B_1(x), B_2(y)$. Mit Hilfe des integrierenden Faktors

$$M(x,y) := \frac{1}{A_2(y)B_1(x)}$$

erhalten wir die exakte Differentialgleichung

$$\frac{A_1(x)}{B_1(x)}dx + \frac{B_2(y)}{A_2(y)}dy = 0. \qquad (2)$$

Die Stammfunktion erhalten wir dann durch Integration, nämlich

$$F(x,y) := \int \frac{A_1(x)}{B_1(x)}dx + \int \frac{B_2(y)}{A_2(y)}dy. \qquad (3)$$

Die implizite Form der Lösung wird durch die Niveaulinien

$$F(x,y) = const$$

dargestellt.

Beispiel 2. **Ähnlichkeitsdifferentialgleichungen:** Wir betrachten Differentialgleichungen des Typs

$$y'(x) = f\left(\frac{y(x)}{x}\right) \qquad (4)$$

mit der stetigen Funktion f. Diese bringen wir in die Form

$$dy - f\left(\frac{y}{x}\right)dx = 0. \qquad (5)$$

Wir verwenden die Substitution

$$u(x) := \frac{y(x)}{x}, \quad x > 0,$$

und wir erhalten die Differentialgleichung

$$u(x) + xu'(x) = y'(x) = f(u(x)) \tag{6}$$

beziehungsweise

$$(u - f(u))dx + xdu = 0. \tag{7}$$

Nun ist

$$M(x, u) := \frac{1}{x(u - f(u))}$$

ein integrierender Faktor, und die Differentialgleichung

$$\frac{dx}{x} + \frac{du}{u - f(u)} = 0. \tag{8}$$

wird exakt. Letztere können wir gemäß Beispiel 1 lösen. Schließlich ist

$$M(x, y) := \frac{1}{xf(\frac{y}{x}) - y} \tag{9}$$

ein integrierender Faktor der ursprünglichen Differentialgleichung (5).

Beispiel 3. **Homogene Differentialgleichungen:** Wir beginnen mit der folgenden

Definition 1. *Eine Funktion* $f = f(x, y) : \mathbb{R}^2 \mapsto \mathbb{R}$ *heißt* **homogen vom Grade** $k \in \mathbb{R}$, *wenn für alle* $\lambda > 0$ *und alle Punkte* $(x, y) \in \mathbb{R}^2$ *die Beziehung*

$$f(\lambda x, \lambda y) = \lambda^k f(x, y)$$

erfüllt ist.

Sei nun die Differentialgleichung

$$P(x, y)dx + Q(x, y)dy = 0 \quad \text{mit den vom gleichen Grade}$$
$$k \in \mathbb{R} \quad \text{homogenen Funktionen} \quad P(x, y) \quad \text{und} \quad Q(x, y) \tag{10}$$

gegeben. Falls $Q \neq 0$ und $x > 0$ gilt, ist diese Differentialgleichung äquivalent zu

$$\frac{dy}{dx} = -\frac{P(x, y)}{Q(x, y)} = -\frac{x^k P(1, \frac{y}{x})}{x^k Q(1, \frac{y}{x})} = -\frac{P(1, \frac{y}{x})}{Q(1, \frac{y}{x})} =: f(\frac{y}{x})$$

beziehungsweise

$$dy - f(\frac{y}{x})dx = 0.$$

Gemäß Beispiel 2 haben wir den integrierenden Faktor

$$\tilde{M}(x, y) = \frac{1}{xf(\frac{y}{x}) - y} = \frac{1}{-x\frac{P(x,y)}{Q(x,y)} - y} = \frac{-Q(x, y)}{xP(x, y) + yQ(x, y)}$$

für unsere Differentialgleichung

$$0 = dy - f(\frac{y}{x})dx = dy + \frac{P(x,y)}{Q(x,y)}dx.$$

Folglich ist die Differentialgleichung

$$\frac{-Q(x,y)}{xP(x,y)+yQ(x,y)}dy + \frac{-P(x,y)}{xP(x,y)+yQ(x,y)}dx = 0$$

exakt. Wir erhalten mit

$$M(x,y) := \frac{1}{xP(x,y)+yQ(x,y)} \tag{11}$$

einen integrierenden Faktor der homogenen Differentialgleichung (10).

Beispiel 4. **Differentialgleichungen der Form** $y'(x) = f\left(\dfrac{a_1x + b_1y + c_1}{a_2x + b_2y + c_2}\right)$:

Dabei sind $a_1, b_1, c_1, a_2, b_2, c_2$ reelle Koeffizienten. Wir betrachten die folgenden beiden Möglichkeiten.

1.Fall:

$$\begin{vmatrix} a_1 & b_1 \\ a_2 & b_2 \end{vmatrix} = a_1b_2 - a_2b_1 \neq 0. \tag{12}$$

Es existiert nun ein Punkt $(\xi, \eta) \in \mathbb{R}^2$, der das eindeutig lösbare Gleichungssytem

$$a_1\xi + b_1\eta + c_1 = 0$$
$$a_2\xi + b_2\eta + c_2 = 0 \tag{13}$$

löst. Aus (13) folgt mit den neuen Variablen $u := x - \xi, v := y - \eta$ das System

$$a_1u + b_1v = a_1x + b_1y + c_1$$
$$a_2u + b_2v = a_2x + b_2y + c_2. \tag{14}$$

Wir erhalten die Differentialgleichung

$$\frac{dv}{du} = f\left(\frac{a_1u + b_1v}{a_2u + b_2v}\right) = f\left(\frac{a_1 + b_1\frac{v}{u}}{a_2 + b_2\frac{v}{u}}\right) =: g\left(\frac{v}{u}\right), \tag{15}$$

welche sich gemäß Beispiel 2 lösen lässt. Wir untersuchen nun den

2.Fall:

$$\begin{vmatrix} a_1 & b_1 \\ a_2 & b_2 \end{vmatrix} = a_1b_2 - a_2b_1 = 0. \tag{16}$$

Insofern $b_1 = b_2 = 0$ erfüllt ist, erhalten wir die sofort integrierbare Differentialgleichung

$$y'(x) = f\left(\frac{a_1x + c_1}{a_2x + c_2}\right).$$

Sei anderenfalls o.B.d.A. $b_1 \neq 0$ richtig, und wir erhalten $a_2 = a_1 b_2 \dfrac{1}{b_1}$. Dieses liefert die Identitäten

$$a_1 x + b_1 y + c_1 = b_1 \Big(\frac{a_1}{b_1} x + y\Big) + c_1$$
$$a_2 x + b_2 y + c_2 = b_2 \Big(\frac{a_1}{b_1} x + y\Big) + c_2. \tag{17}$$

Mit der Substitution $\omega = \dfrac{a_1}{b_1} x + y$ erhalten wir die Differentialgleichung

$$\frac{d\omega}{dx} = \frac{a_1}{b_1} + f\Big(\frac{b_1 \omega + c_1}{b_2 \omega + c_2}\Big) =: g(\omega). \tag{18}$$

Wir erhalten die Gleichung $dx = \dfrac{d\omega}{g(\omega)}$, die wir gemäß $x = \displaystyle\int \frac{d\omega}{g(\omega)}$ integrieren.

Beispiel 5. **Lineare Differentialgleichungen erster Ordnung:** Wir betrachten die Differentialgleichung

$$y'(x) + a(x)y(x) + b(x) = 0 \quad \text{mit stetigen Koeffizienten} \quad a(x) \quad \text{und} \quad b(x). \tag{19}$$

Wir geben zwei Methoden zu ihrer Lösung an.

1.Methode: Integrierender Faktor.
Wir schreiben die Differentialgleichung in die Form

$$P(x,y)dx + Q(x,y)dy = 0 \quad \text{mit} \quad P(x,y) := a(x)y + b(x) \quad \text{und} \quad Q(x,y) := 1. \tag{20}$$

Mit dem integrierenden Faktor

$$M(x) = exp(\phi(x))$$

wollen wir die Differentialgleichung (20) exakt machen. Somit erfüllt M die Bedingung

$$0 = \frac{M_x}{M} Q - \frac{M_y}{M} P + (Q_x - P_y) = [log M]_x Q - a(x) = \phi_x - a(x),$$

und wir erhalten

$$\phi(x) = \int a(x)dx \quad \text{sowie} \quad M(x) = exp\Big[\int a(x)dx\Big].$$

Die Differentialgleichung

$$[a(x)y + b(x)]exp\Big[\int a(x)dx\Big]dx + exp\Big[\int a(x)dx\Big]dy = 0 \tag{21}$$

ist dann exakt. Wir suchen nun eine Stammfunktion $F(x,y)$, welche folgende Gleichungen erfüllt:

$$F_x(x,y) = [a(x)y + b(x)]exp\left[\int a(x)dx\right] \quad \text{und} \quad F_y(x,y) = exp\left[\int a(x)dx\right].$$
$$(22)$$

Hier integrieren wir zunächst die zweite Gleichung und erhalten

$$F(x,y) = y \cdot exp\left[\int a(x)dx\right] + f(x)$$

mit der unbestimmten Funktion $f(x)$. Mit Hilfe der ersten Gleichung in (22) ermitteln wir

$$f'(x) = F_x(x,y) - y \cdot a(x)exp\left[\int a(x)dx\right] = b(x)exp\left[\int a(x)dx\right]$$

und schließlich

$$f(x) = \int \left\{b(x)exp\left[\int a(x)dx\right]\right\}dx.$$

Wir erhalten mit

$$F(x,y) = y \cdot exp\left[\int a(x)dx\right] + \int \left\{b(x)exp\left[\int a(x)dx\right]\right\}dx \qquad (23)$$

eine Stammfunktion der Differentialgleichung (21). Die Gesamtheit der Lösungen erhalten wir als Niveaulinien $F(x,y) = c$ wie folgt

$$y = c \cdot exp\left[-\int a(x)dx\right] - exp\left[-\int a(x)dx\right] \cdot \int \left\{b(x)exp\left[\int a(x)dx\right]\right\}dx,$$
$$(24)$$

mit einer Konstante $c \in \mathbb{R}$. Dabei stellt der erste Summand auf der rechten Seite die *allgemeine Lösung der homogenen Differentialgleichung*

$$y'(x) + a(x)y(x) = 0$$

dar, während der zweite Summand eine *partikuläre Lösung der inhomogenen Differentialgleichung*

$$y'(x) + a(x)y(x) + b(x) = 0$$

angibt.

2.Methode: Variation der Konstanten.

Wir betrachten zunächst die homogene Differentialgleichung

$$y'(x) + a(x)y(x) = 0, \qquad (25)$$

die wir in

$$[log \quad y(x)]' = \frac{y'(x)}{y(x)} = -a(x)$$

umformen und gemäß

$$log \quad y(x) = - \int a(x)dx$$

integrieren. Wir erhalten die *allgemeine Lösung der homogenen Differential-gleichung* (25) wie oben in der Gestalt

$$y(x) = c \cdot y_0(x) \quad \text{mit} \quad y_0(x) := exp\left[-\int a(x)dx\right] \quad \text{und beliebigem} \quad c \in \mathbb{R}.$$

(26)

Zur Lösung der inhomogenen Gleichung

$$y'(x) + a(x)y(x) + b(x) = 0 \tag{27}$$

machen wir den *Ansatz der Variation der Konstanten*

$$y(x) = c(x) \cdot y_0(x) \quad \text{mit der Funktion} \quad c = c(x).$$

Wir ermitteln

$$0 = [c(x) \cdot y_0(x)]' + a(x)c(x) \cdot y_0(x) + b(x)$$

$$= c'(x) \cdot y_0(x) + c(x) \cdot y_0'(x) + a(x)c(x) \cdot y_0(x) + b(x)$$

$$= c'(x) \cdot y_0(x) + c(x)\left[y_0'(x) + a(x) \cdot y_0(x)\right] + b(x) = c'(x) \cdot y_0(x) + b(x)$$

(28)

beziehungsweise

$$c'(x) = -b(x) \cdot exp\left[\int a(x)dx\right]$$

und schließlich

$$c(x) = -\int \left\{b(x) \cdot exp\left[\int a(x)dx\right]\right\}dx.$$

Mit

$$y_1(x) := -exp\left[-\int a(x)dx\right] \cdot \int \left\{b(x) \cdot exp\left[\int a(x)dx\right]\right\}dx \tag{29}$$

erhalten wir eine *partikuläre Lösung der inhomogenen Differentialgleichung* (27). Nun stellt

$$\mathcal{L}(y) := y'(x) + a(x)y(x)$$

einen linearen Differentialoperator erster Ordnung dar, d.h.

$$\mathcal{L}(\alpha y + \beta z) = \alpha \mathcal{L}(y) + \beta \mathcal{L}(z) \quad \text{für alle} \quad y(x), z(x) \in C^1(I) \quad \text{und} \quad \alpha, \beta \in \mathbb{R}.$$

Die allgemeine Lösung der inhomogenen Gleichung (27) erhalten wir durch *Superposition* wie folgt

$$y(x) := y_1(x) + cy_0(x), \quad \text{mit beliebigem} \quad c \in \mathbb{R}. \tag{30}$$

Abschließend notieren wir noch den folgenden

Satz 1. (Einfachverhältnis) *Sind $z_j(x)$ - mit $j=1,2,3$ - drei Lösungen der inhomogenen Differentialgleichung (27), so ist das* Einfachverhältnis

$$\frac{z_3(x) - z_1(x)}{z_2(x) - z_1(x)} = const, \quad x \in I$$

in diesem Sinne konstant.

Beweis: Für die drei Lösungen gilt die Darstellung

$$z_j(x) = y_1(x) + c_j \cdot y_0(x) \quad \text{mit den Konstanten} \quad c_j \in \mathbb{R}, \quad j = 1, 2, 3.$$

Somit folgt

$$\frac{z_3(x) - z_1(x)}{z_2(x) - z_1(x)} = \frac{(c_3 - c_1) \cdot y_0(x)}{(c_2 - c_1) \cdot y_0(x)} = \frac{(c_3 - c_1)}{(c_2 - c_1)} =: const.$$

q.e.d.

Die allgemeine lineare Differentialgleichung m-ter Ordnung wollen wir in §9 behandeln, und wir werden dort auch Anfangswertprobleme lösen.

Beispiel 6. **Die Bernoullische Differentialgleichung.** Wir betrachten nun die Bernoullische Differentialgleichung

$$y'(x) + a(x)y(x) + b(x)y(x)^n = 0 \quad \text{mit dem Exponenten} \quad n \in \mathbb{Z}. \tag{31}$$

Im Falle $n = 0$ stellt dies eine inhomogene lineare Differentialgleichung dar, während im Falle $n = 1$ wir eine homogene lineare Differentialgleichung erhalten. Ist nun $n \in \mathbb{Z} \setminus \{0, 1\}$ erfüllt, so können wir die Differentialgleichung (31) mittels einer nichtlinearen Transformation auf eine lineare Differentialgleichung zurückführen. Hierzu multiplizieren wir (31) mit der Funktion $y(x)^{-n}$ und erhalten

$$y(x)^{-n} \cdot y'(x) + a(x)y(x)^{1-n} + b(x) = 0. \tag{32}$$

Wir verwenden nun die Substitution

$$z(x) := \frac{1}{1 - n} y(x)^{1-n}$$

und erhalten mit

$$z'(x) + (1 - n)a(x)z(x) + b(x) = 0 \tag{33}$$

eine lineare Differentialgleichung für $z = z(x)$. Deren Lösung können wir gemäß Beispiel 5 ermitteln, und wir führen schließlich eine Resubstitution durch.

Beispiel 7. **Die Riccatische Differentialgleichung.** Zum Abschluss dieses Paragraphen betrachten wir die folgende Differentialgleichung

$$y'(x) + a(x)y(x)^2 + b(x)y(x) + c(x) = 0 \quad \text{mit stetigen} \quad a(x), b(x), c(x). \ (34)$$

Diese *Riccatische Differentialgleichung* reduziert sich für $a = 0$ auf eine lineare und für $c = 0$ auf eine Bernoullische Differentialgleichung, welche über die Substitution

$$z(x) = \frac{-1}{y(x)}$$

wiederum auf eine lineare Differentialgleichung führt. Haben wir bereits eine partikuläre Lösung $y_0(x)$ der Riccatischen Differentialgleichung (34) gefunden, so ermitteln wir alle weiteren Lösungen mit dem folgenden Ansatz

$$y(x) = y_0(x) + u(x).$$

Wir berechnen

$$0 = y'(x) + a(x)y(x)^2 + b(x)y(x) + c(x)$$

$$= y_0'(x) + u'(x) + a(x)y_0(x)^2 + 2a(x)y_0(x)u(x) + a(x)u(x)^2$$

$$+ b(x)y_0(x) + b(x)u(x) + c(x) \tag{35}$$

$$= u'(x) + 2a(x)y_0(x)u(x) + a(x)u(x)^2 + b(x)u(x)$$

$$= u'(x) + \Big[2a(x)y_0(x) + b(x)\Big]u(x) + a(x)u(x)^2.$$

Somit genügt $u(x)$ einer Bernoullischen Differentialgleichung; die Riccatische Differentialgleichung (34) wird also lösbar, sofern wir bereits eine partikuläre Lösung $y_0(x)$ kennen.

Satz 2. (Doppelverhältnis) *Sind $z_j(x)$ - mit j=1,2,3,4 - vier paarweise verschiedene Lösungen der Riccatischen Differentialgleichung (34), so ist das* Doppelverhältnis

$$\frac{z_4(x) - z_2(x)}{z_4(x) - z_1(x)} : \frac{z_3(x) - z_2(x)}{z_3(x) - z_1(x)} = const, \quad x \in I$$

in diesem Sinne konstant.

Beweis: Wir erhalten mit den Funktionen

$$\frac{-1}{z_4 - z_1}, \frac{-1}{z_2 - z_1}, \frac{-1}{z_3 - z_1}$$

drei paarweise verschiedene Lösungen der zugehörigen linearen Differentialgleichung. Satz 1 liefert die gesuchte Identität

$$const = \frac{\frac{1}{z_4 - z_1} - \frac{1}{z_2 - z_1}}{\frac{1}{z_3 - z_1} - \frac{1}{z_2 - z_1}}$$

$$= \frac{z_2 - z_4}{(z_4 - z_1)(z_2 - z_1)} : \frac{z_2 - z_3}{(z_3 - z_1)(z_2 - z_1)} \tag{36}$$

$$= \frac{z_2(x) - z_4(x)}{z_4(x) - z_1(x)} : \frac{z_2(x) - z_3(x)}{z_3(x) - z_1(x)}, \quad x \in I.$$

q.e.d.

§4 Der Existenzsatz von Peano

Wir wollen nun einen Existenzsatz für ein Anfangswertproblem gewöhnlicher Differentialgleichungen herleiten, der unabhängig von der Eindeutigkeitsfrage ist. Zunächst vereinbaren wir die

Voraussetzung (a): Seien die Zahl $\xi \in \mathbb{R}$ und der Vektor $\eta = (\eta_1, \ldots, \eta_m) \in \mathbb{R}^m$ mit $m \in \mathbb{N}$ vorgegeben. Zu den festen positiven Konstanten $a, b_1, \ldots, b_m \in (0, +\infty)$ betrachten wir das Rechteck

$$R := \{(x,y) = (x, y_1, \ldots, y_m) \in \mathbb{R}^{1+m} : |x - \xi| \le a, |y_i - \eta_i| \le b_i, i = 1, \ldots, m\}.$$

Hierauf sind die beschränkten, stetigen Funktionen

$$f_i = f_i(x, y_1, \ldots, y_m) : R \to \mathbb{R} \in C^0(R) \quad \text{mit} \quad |f_i| \le M \quad \text{in} \quad R$$

für $i = 1, \ldots, m$ mit der Schranke $M > 0$ gegeben.

Wir behandeln im Folgenden das **Anfangswertproblem:** Gibt es eine Größe $h \in (0, a]$ und einmal stetig differenzierbare Funktionen

$$y_i = y_i(x) : [\xi - h, \xi + h] \to [\eta_i - b_i, \eta_i + b_i] \quad \text{für} \quad i = 1, \cdots, m, \tag{1}$$

die das folgende *Differentialgleichungssystem*

$$y_i'(x) = f_i(x, y_1(x), \ldots, y_m(x)), \quad x \in [\xi - h, \xi + h] \quad \text{für} \quad i = 1 \cdots, m \tag{2}$$

mit den *Anfangsbedingungen*

$$y_i(\xi) = \eta_i \quad \text{für} \quad i = 1, \cdots, m \tag{3}$$

lösen? Dieses Anfangswertproblem können wir mit den Setzungen

$$y(x) := \begin{pmatrix} y_1(x) \\ \vdots \\ y_m(x) \end{pmatrix}, \eta := \begin{pmatrix} \eta_1 \\ \vdots \\ \eta_m \end{pmatrix}; f(x,y) := \begin{pmatrix} f_1(x, y_1, \cdots, y_m) \\ \vdots \\ f_m(x, y_1, \cdots, y_m) \end{pmatrix} \tag{4}$$

wie folgt zusammenfassen:

$$y'(x) = f(x, y(x)), \quad x \in [\xi - h, \xi + h]; \quad y(\xi) = \eta. \tag{5}$$

Nun stellen sich die folgenden drei Fragen:

1. Existenz: Gibt es eine Lösung des Anfangswertproblems (1)-(3)?
2. Eindeutigkeit: Ist diese Lösung eindeutig bestimmt?
3. Stabilität: Bleibt die Lösung in der Umgebung der ursprünglichen Lösung, falls man die Anfangswerte η_i und die rechten Seiten f_i etwas stört? Hängt die Lösung sogar differenzierbar von den Anfangswerten ab?

Für alle Fragen ist die Äquivalenz von dem Differentialgleichungssystem und dem zugehörigen Integralgleichungssystem fundamental.

Satz 1. (Gewöhnliche Regularität) *Unter der Voraussetzung (a) sind die folgenden beiden Aussagen äquivalent:*

I. Es gibt Funktionen $y_i = y_i(x) \in C^1([\xi - h, \xi + h])$ für $i = 1 \cdots, m$, die das Anfangswertproblem (1)-(3) lösen;

II. Es gibt Funktionen $y_i = y_i(x) \in C^0([\xi - h, \xi + h])$ für $i = 1 \cdots, m$, die (1) erfüllen und das Integralgleichungssystem

$$y_i(x) = \eta_i + \int_\xi^x f_i(t, y_1(t), \cdots, y_m(t))dt, \quad x \in [\xi - h, \xi + h], \quad i = 1, \ldots, m$$

(6)

lösen.

Beweis:
1.$\Longrightarrow$ 2.: Die Funktionen $y_i = y_i(x) \in C^1([\xi - h, \xi + h])$ für $i = 1 \cdots, m$ lösen das Anfangswertproblem (1)-(3); somit erhalten wir durch Integration

$$y_i(x) = \eta_i + \int_\xi^x f_i(t, y_1(t), \cdots, y_m(t))dt, x \in [\xi - h, \xi + h] \quad \text{für} \quad i = 1, \ldots, m.$$

2.$\Longrightarrow$ 1.: Die Funktionen $y_i(x)$ lösen (6) für $i = 1 \ldots, m$. Somit folgt $y_i(x) \in C^1([\xi - h, \xi + h])$ sowie $y_i(\xi) = \eta_i$, und Differentiation liefert

$$y_i'(x) = f_i(x, y_1(x), \ldots, y_m(x)), \quad x \in [\xi - h, \xi + h] \quad \text{für} \quad i = 1, \cdots, m.$$

q.e.d.

Bemerkungen: Wir fassen (6) zusammen zu der Identität

$$y(x) = \eta + \int_\xi^x f(t, y(t))dt.$$

Wir werden eine Lösung dieser Integralgleichung konstruieren, indem wir diese durch eine Folge von Polygonzügen approximieren. Hierzu benötigen wir den fundamentalen Auswahlsatz von Arzelà-Ascoli, den wir für Funktionen in mehreren Veränderlichen bereitstellen. Ein Indizierung der Komponenten ist hierbei überflüssig, so dass wir jeweils die Folgen eindeutig mit den Indizes kennzeichnen können.

Satz 2. (Auswahlsatz von Arzelà-Ascoli) *Seien die Zahlen* $m, n \in \mathbb{N}$ *fest und die Menge* $K \subset \mathbb{R}^n$ *kompakt. Die Funktionenfamilie*

$$\mathcal{F} := \left\{ f_\iota : K \to \mathbb{R}^m \; \middle| \; \iota \in J \right\} \quad \text{mit der Indexmenge} \quad J$$

sei mit den nachfolgenden Eigenschaften gegeben:

I. *Die Menge* $\mathcal{F}$ *ist* **gleichmäßig beschränkt***, d.h. es gibt eine Konstante* $N > 0$, *so dass*

$$|f_\iota(x)| \le N \quad \text{für alle} \quad x \in K \quad \text{und alle} \quad \iota \in J$$

erfüllt ist;

II. *Die Menge* $\mathcal{F}$ *ist* **gleichgradig stetig***, d. h. zu jedem* $\epsilon > 0$ *gibt es ein* $\delta = \delta(\epsilon) > 0$ *mit der Eigenschaft:*

$$x, y \in K, \quad |x - y| < \delta, \quad \iota \in J \quad \Longrightarrow \quad |f_\iota(x) - f_\iota(y)| < \epsilon.$$

Behauptung: Dann enthält $\mathcal{F}$ *eine auf der Menge* K *gleichmäßig konvergente Teilfolge*

$$\overset{k}{g}(x) \in \mathcal{F}, \quad k = 1, 2 \ldots,$$

welche gleichmäßig gegen die stetige Funktion

$$g(x) : K \to \mathbb{R}^m \in C^0(K, \mathbb{R}^m)$$

konvergiert.

Beweis:

1. Wir zählen die rationalen Gitterpunkte in der kompakten Menge K wie folgt ab:

$$K \cap \mathbb{Q}^n = \{q_1, q_2, q_3, \ldots\}. \tag{7}$$

Da die Menge

$$\{f_\iota(q_1) \in \mathbb{R}^m : \iota \in J\}$$

beschränkt ist, gibt es eine Teilfolge

$$f_{11}, f_{12}, f_{13}, \ldots \subset \mathcal{F},$$

so dass

$$g(q_1) := \lim_{k \to \infty} f_{1k}(q_1)$$

existiert. Da wiederum die Menge

$$\{f_\iota(q_2) \in \mathbb{R}^m : \iota \in J\}$$

beschränkt ist, gibt es eine weitere Teilfolge

$$\{f_{2k}\}_{k=1,2,3,\dots} \subset \{f_{1k}\}_{k=1,2,3,\dots},$$

so dass

$$g(q_2) := \lim_{k\to\infty} f_{2k}(q_2)$$

existiert. Offenbar gilt weiter

$$g(q_1) = \lim_{k\to\infty} f_{2k}(q_1).$$

Wir konstruieren so eine Folge von Teilfolgen

$$\{f_{1k}\}_{k=1,2,3,\dots} \supset \{f_{2k}\}_{k=1,2,3,\dots} \supset \cdots,$$

so dass

$$g(q_l) := \lim_{k\to\infty} f_{lk}(q_l) \quad \text{für alle} \quad l \in \mathbb{N}$$

existiert. Durch den Übergang zur Diagonalfolge

$$\overset{k}{g}(x) := f_{kk}(x) \in \mathcal{F}, \quad k = 1,2,3,\dots$$

erhalten wir eine Folge mit der Eigenschaft

$$g(q_l) = \lim_{k\to\infty} \overset{k}{g}(q_l) \quad \text{für alle} \quad l \in \mathbb{N}.$$

2. Wir zeigen nun die gleichmäßige Konvergenz der Funktionenfolge

$$\overset{k}{g}(x) : K \to \mathbb{R}^m \in C^0(K, \mathbb{R}^m), \quad k = 1,2,3,\dots.$$

Zu vorgegebenem $\epsilon > 0$ reichen nach dem *Heine-Borel* schen Überdeckungssatz endlich viele der offenen Mengen

$$U_\delta(q_l) := \{y \in \mathbb{R}^n : \ |y - q_l| < \delta\}, \quad l \in \mathbb{N} \quad \text{mit} \quad \delta = \delta(\epsilon)$$

zur Überdeckung der kompakten Menge K aus, also etwa die offenen Kugeln

$$U_\delta(q) \quad \text{mit} \quad q \in \{q_{l_1}, \dots, q_{l_p}\} =: Q.$$

Da Q eine endliche Menge ist, gibt es eine Zahl $k_* = k_*(\epsilon) \in \mathbb{N}$, so dass

$$|\overset{k}{g}(q) - g(q)| < \epsilon \quad \text{für alle} \quad k \geq k_*(\epsilon) \quad \text{und alle} \quad q \in Q$$

gilt. Nun folgt für alle $x \in K$ und alle $k, l \geq k_*(\epsilon)$ die Ungleichung

$$|\overset{k}{g}(x) - \overset{l}{g}(x)| \leq |\overset{k}{g}(x) - \overset{k}{g}(q)| + |\overset{k}{g}(q) - \overset{l}{g}(q)| + |\overset{l}{g}(q) - \overset{l}{g}(x)| \tag{8}$$

$$\leq \epsilon + \epsilon + \epsilon = 3\epsilon.$$

Hierbei haben wir zu $x \in K$ einen Punkt $q \in Q$ mit $|x - q| < \delta$ ausgewählt, was wegen der obigen Überdeckungseigenschaft möglich ist. Folglich existiert

$$g(x) := \lim_{k \to \infty} \overset{k}{g}(x), \quad x \in K,$$

und es gilt

$$|g(x) - \overset{l}{g}(x)| \leq 3\epsilon \quad \text{für alle} \quad x \in K, \quad l \geq k_*(\epsilon).$$

Somit konvergiert $\{\overset{l}{g}\}_{l=1,2,3,\ldots}$ gleichmäßig gegen die stetige Funktion

$$g(x), \quad x \in K. \qquad\qquad \text{q.e.d.}$$

Wir zeigen nun den zentralen

Satz 3. (Existenzsatz von Peano) *Sei die Voraussetzung (a) erfüllt und die Größe*

$$h := min\{a, \frac{b_1}{M}, \ldots, \frac{b_m}{M}\}$$

erklärt. Dann gibt es Funktionen

$$y_i = y_i(x) \in C^1([\xi - h, \xi + h]) \quad \text{für} \quad i = 1, \ldots, m,$$

die das Anfangswertproblem (1),(2),(3) lösen.

Beweis: Offenbar reicht es aus, eine Lösung auf dem Intervall $[\xi, \xi + h]$ zu konstruieren.

1. Sei $\mathcal{Z} : \xi =: x_0 < x_1 < \ldots < x_n := \xi + h$ eine beliebige Zerlegung des Intervalls $[\xi, \xi + h]$ in $n \in \mathbb{N}$ Teilintervalle mit dem Feinheitsmaß

$$|\mathcal{Z}| := \max_{k=1,\ldots,n} |x_k - x_{k-1}|.$$

Zu dieser Zerlegung $\mathcal{Z}$ konstruieren wir nun den **Euler-Cauchyschen Polygonzug**

$$\mathbf{z}(x) = (z_1(x), \ldots, z_m(x)) = \mathbf{z}^{\mathcal{Z}}(x) : [\xi, \xi + h] \to \mathbb{R}^m$$

wie folgt: Auf dem Intervall $[\xi, x_1]$ definieren wir

$$\mathbf{z}(x) := \eta + (x - \xi)f(\xi, \eta), \quad \xi \leq x \leq x_1,$$

und wir berechnen

$$\mathbf{z}'(x) = f(\xi, \eta), \quad \xi \leq x \leq x_1.$$

Somit folgt

$$|z_i(x) - \eta_i| \le |x - \xi||f_i(\xi, \eta)| \le h \cdot M$$

$$\le b_i, \quad x \in [\xi, x_1] \quad \text{für} \quad i = 1, \dots, m. \tag{9}$$

Auf dem Intervall $(x_1, x_2]$ definieren wir

$$\mathbf{z}(x) := \mathbf{z}(x_1) + (x - x_1)f(x_1, \mathbf{z}(x_1)), \quad x_1 \le x \le x_2,$$

und wir berechnen

$$\mathbf{z}'(x) = f(x_1, \mathbf{z}(x_1)), \quad x_1 \le x \le x_2.$$

Wir schätzen nun wie folgt ab

$$|z_i(x) - \eta_i| \le \int_\xi^x |z_i'(t)| dt =$$

$$\int_\xi^{x_1} |f_i(\xi, \eta)| dt + \int_{x_1}^x |f_i(x_1, \mathbf{z}(x_1))| dt \tag{10}$$

$$\le M \cdot |x - \xi| \le M \cdot h \le b_i, \quad x \in [x_1, x_2] \quad \text{für} \quad i = 1, \dots, m.$$

Wir führen nun das Verfahren fort und enden mit

$$\mathbf{z}(x) := \mathbf{z}(x_{n-1}) + (x - x_{n-1})f(x_{n-1}, \mathbf{z}(x_{n-1})), \quad x_{n-1} \le x \le x_n.$$

Wir berechnen

$$\mathbf{z}'(x) = f(x_{n-1}, \mathbf{z}(x_{n-1})), \quad x_{n-1} \le x \le x_n$$

und schätzen nun wie folgt ab:

$$|z_i(x) - \eta_i| \le \int_\xi^x |z_i'(t)| dt =$$

$$\int_\xi^{x_1} |f_i(\xi, \eta)| dt + \dots + \int_{x_{n-1}}^x |f_i(x_{n-1}, \mathbf{z}(x_{n-1}))| dt \tag{11}$$

$$\le M \cdot |x - \xi| \le M \cdot h \le b_i, \quad x \in [x_{n-1}, x_n] \quad \text{für} \quad i = 1, \dots, m.$$

Schließlich erklären wir noch die stückweise konstante Funktion

$$\zeta(x) := \begin{cases} \mathbf{z}(x_0), & x_0 \le x \le x_1 \\ \mathbf{z}(x_1), & x_1 < x \le x_2 \\ \quad \vdots \\ \mathbf{z}(x_{n-1}), & x_{n-1} < x \le x_n \end{cases}. \tag{12}$$

2. Wir betrachten nun die Funktionenfamilie

$$\mathcal{F} := \{\mathbf{z}(x) = \mathbf{z}^{\mathcal{Z}}(x) : [\xi, \xi + h] \to \mathbb{R}^m | \quad \mathcal{Z} \text{ ist Zerlegung von } [\xi, \xi + h]\}. \tag{13}$$

Wie in Teil 1. zeigt man, dass für jedes $\mathbf{z}(x) = (z_1(x), \dots, z_m(x)) \in \mathcal{F}$ die Abschätzung

$$|z_i(x) - z_i(y)| \le M|x - y| \quad \text{für alle} \quad x, y \in [\xi, \xi + h] \quad \text{mit} \quad i = 1, \dots, m \tag{14}$$

richtig ist. Somit ist $\mathcal{F}$ eine gleichmäßig beschränkte, gleichgradig stetige Funktionenklasse. Aufgrund von Satz 2 können wir nun eine Zerlegungsfolge $\overset{k}{\mathcal{Z}}$ vom Intervall $[\xi, \xi + h]$ mit dem Feinheitsmaß

$$|\overset{k}{\mathcal{Z}}| \to 0 \quad \text{für} \quad k \to \infty \tag{15}$$

finden, so dass für die zugehörigen Euler-Cauchyschen Polygonzüge

$$\overset{k}{\mathbf{z}}(x) := \mathbf{z}^{\overset{k}{\mathcal{Z}}}, \quad x \in [\xi, \xi + h], \quad k = 1, 2, 3, \dots \tag{16}$$

folgendes gilt: Die Funktionenfolge $\{\overset{k}{\mathbf{z}}(x)\}_{k=1,2,3,\dots}$ konvergiert auf dem Intervall $[\xi, \xi + h]$ gleichmäßig gegen die stetige Funktion

$$y(x) := \lim_{k \to \infty} \overset{k}{\mathbf{z}}(x), \quad x \in [\xi, \xi + h].$$

Die zugehörigen Treppenfunktionen bezeichnen wir mit

$$\overset{m}{\zeta}(x) : [\xi, \xi + h] \to \mathbb{R}^m, \quad k = 1, 2, 3, \dots.$$

3. Beachten wir nun die Eigenschaften (14) und (15), so konvergiert die Folge von Treppenfunktionen

$$\overset{k}{\zeta}(x) \to y(x) \quad \text{gleichmäßig auf dem Intervall} \quad [\xi, \xi + h] \quad \text{für} \quad k \to \infty. \tag{17}$$

Aufgrund der gleichmäßigen Stetigkeit der Funktionen $f_i : R \to \mathbb{R}$ für $i = 1, \dots, m$ folgt die gleichmäßige Konvergenz von

$$\lim_{k \to \infty} f\left(t, \overset{k}{\zeta}(t)\right) = f(t, y(t)), \quad t \in [\xi, \xi + h]. \tag{18}$$

Mit einem Konvergenzsatz für Riemannsche Integrale (siehe Satz 2 aus §5 in Kapitel V) erhalten wir die Identität

$$y(x) - \eta = \lim_{k \to \infty} \left(\overset{k}{\mathbf{z}}(x) - \eta \right) = \lim_{k \to \infty} \int_\xi^x f\left(t, \overset{k}{\zeta}(t)\right) dt$$
$$= \int_\xi^x \lim_{k \to \infty} f\left(t, \overset{k}{\zeta}(t)\right) dt = \int_\xi^x f(t, y(t)) dt \tag{19}$$

für alle $x \in [\xi, \xi + h]$. Der Satz 1 liefert nun die Behauptung.

q.e.d.

Bemerkungen: Im Allgemeinen wird es mehrere Lösungen zu einem Differentialgleichungssystem mit stetiger rechter Seite geben, wie es das nachfolgende

Beispiel zeigt. Erst wenn wir eine *Lipschitz*-Bedingung an die rechte Seite wie im nächsten Abschnitt fordern, können wir die Eindeutigkeitsfrage klären. Somit ist im Peanoschen Existenzsatz der Auswahlsatz von Arzelà-Ascoli unverzichtbar!

Beispiel 1. **Mehrdeutigkeit beim Anfangswertproblem.** Das Anfangswertproblem

$$y'(x) = n|y|^{1-\frac{1}{n}}, \quad y(0) = 0 \tag{20}$$

hat für $n = 1, 2, 3, \ldots$ die Lösungen

$$y_1(x) := 0, \quad x \in \mathbb{R} \tag{21}$$

und

$$y_2(x) := \begin{cases} x^n, & 0 \le x \\ 0, & x \le 0 \end{cases}. \tag{22}$$

§5 Eindeutigkeit und sukzessive Approximation

Wir wollen nun die eindeutige Lösbarkeit von Anfangswertproblemen und ihre stetige Abhängigkeit von den Anfangswerten studieren. Hierzu treffen wir die folgende

Voraussetzung (b): Seien die Zahl $\xi \in \mathbb{R}$ und der Vektor $\eta = (\eta_1, \ldots, \eta_m) \in \mathbb{R}^m$ mit $m \subset \mathbb{N}$ vorgegeben. Zu den festen positiven Konstanten $a, b_1, \ldots, b_m \in (0, +\infty)$ betrachten wir wiederum das Rechteck

$$R := \{(x, y) = (x, y_1, \ldots, y_m) \in \mathbb{R}^{1+m} : |x - \xi| \le a, |y_i - \eta_i| \le b_i, i = 1, \ldots, m\}.$$

Hierauf sind die beschränkten, stetigen Funktionen

$$f_i = f_i(x, y_1, \ldots, y_m) : R \to \mathbb{R} \in C^0(R) \quad \text{mit} \quad |f_i| \le M \quad \text{in} \quad R$$

für $i = 1, \ldots, m$ mit der Schranke $M > 0$ gegeben. Weiter gebe es eine *Lipschitz-Konstante* $L > 0$, so dass die Ungleichung

$$|f_i(x, y_1, \ldots, y_m) - f_i(x, \overline{y}_1, \ldots, \overline{y}_m)| \le L \cdot \sum_{k=1}^{m} |y_k - \overline{y}_k| \tag{1}$$

$$\text{für alle } (x, y_1, \ldots, y_m), (x, \overline{y}_1, \ldots, \overline{y}_m) \in R \quad \text{und} \quad i = 1, \ldots, m$$

erfüllt ist. Wir fordern also, dass die Funktionen f_i in den Variablen $y_1, \ldots, y_m$ einer *Lipschitz-Bedingung* genügen.

Auf dem Existenzintervall $[\xi - h, \xi + h]$ mit hinreichend kleinem $0 < h \le a$ betrachten wir die Lösungen der Anfangswertprobleme

$$y_i = y_i(x) : [\xi - h, \xi + h] \to [\eta_i - b_i, \eta_i + b_i],$$

$$y_i'(x) = f_i(x, y_1(x), \ldots, y_m(x)), \quad x \in [\xi - h, \xi + h], \tag{2}$$

$$y_i(\xi) = \eta_i \quad \text{für} \quad i = 1, \cdots, m$$

sowie

$$\overline{y}_i = \overline{y}_i(x) : [\xi - h, \xi + h] \to [\eta_i - b_i, \eta_i + b_i],$$

$$\overline{y}_i'(x) = f_i(x, \overline{y}_1(x), \dots, \overline{y}_m(x)), \quad x \in [\xi - h, \xi + h], \tag{3}$$

$$\overline{y}_i(\xi) = \overline{\eta}_i \quad \text{für} \quad i = 1, \cdots, m$$

zu den Anfangswerten η beziehungsweise $\overline{\eta}$. Um diese beiden Lösungen $y(x) = (y_1(x), \dots, y_m(x))$ und $\overline{y}(x) = (\overline{y}_1(x), \dots, \overline{y}_m(x))$ miteinander zu vergleichen, betrachten wir die äquivalenten Integralgleichungssysteme

$$y_i(x) = \eta_i + \int_\xi^x f_i(t, y_1(t), \cdots, y_m(t)) dt, \quad x \in [\xi - h, \xi + h], \quad i = 1, \dots, m \tag{4}$$

beziehungsweise

$$\overline{y}_i(x) = \overline{\eta}_i + \int_\xi^x f_i(t, \overline{y}_1(t), \cdots, \overline{y}_m(t)) dt, \quad x \in [\xi - h, \xi + h], \quad i = 1, \dots, m. \tag{5}$$

Wir ziehen nun diese beiden Gleichungen voneinander ab und erhalten

$$[y_i(x) - \eta_i] - [\overline{y}_i(x) - \overline{\eta}_i]$$

$$= \int_\xi^x \{f_i(t, y_1(t), \cdots, y_m(t)) - f_i(t, \overline{y}_1(t), \cdots, \overline{y}_m(t))\} dt \quad , \tag{6}$$

$$x \in [\xi - h, \xi + h], \quad i = 1, \dots, m.$$

Die Lipschitz-Bedingung liefert

$$|[y_i(x) - \eta_i] - [\overline{y}_i(x) - \overline{\eta}_i]| \le$$

$$\le \int_\xi^x |f_i(t, y_1(t), \cdots, y_m(t)) - f_i(t, \overline{y}_1(t), \cdots, \overline{y}_m(t))| |dt|$$

$$\le \int_\xi^x L \cdot \sum_{k=1}^m |y_k(t) - \overline{y}_k(t)| |dt| \tag{7}$$

$$\text{für alle} \quad x \in [\xi - h, \xi + h], \quad i = 1, \dots, m.$$

Wir führen nun die Hilfsfunktion

$$\Phi(x) := \sum_{i=1}^m |[y_i(x) - \eta_i] - [\overline{y}_i(x) - \overline{\eta}_i]|, \quad x \in [\xi - h, \xi + h] \tag{8}$$

sowie die Hilfsgröße

$$\epsilon(\eta, \overline{\eta}) := \sum_{k=1}^m |\eta_k - \overline{\eta}_k| \tag{9}$$

ein. Wir entnehmen dann (7) die Abschätzung

$$\left|[y_i(x) - \eta_i] - [\overline{y}_i(x) - \overline{\eta}_i]\right| \le \left|\int_\xi^x L \cdot \{\Phi(t) + \epsilon(\eta, \overline{\eta})\}|dt|\right|$$

$$\text{für alle} \quad x \in [\xi - h, \xi + h], \quad i = 1, \ldots, m. \tag{10}$$

Summation von $1, \ldots, m$ liefert schließlich die Ungleichung

$$\Phi(x) \le (m \cdot L) \int_\xi^x \{\Phi(t) + \epsilon(\eta, \overline{\eta})\}|dt| \quad \text{für alle} \quad x \in [\xi - h, \xi + h]. \tag{11}$$

Wir benötigen nun den folgenden Vergleichssatz:

Satz 1. (Gronwallsches Lemma)
Die stetige Funktion $f : [\xi - h, \xi + h] \to [0, +\infty)$ genüge der Integralungleichung

$$f(x) \le A \int_\xi^x \big(f(t) + \varepsilon\big)\,|dt| \qquad \text{für alle} \quad x \in [\xi - h, \xi + h]$$

mit Konstanten $A > 0$ und $\varepsilon \ge 0$. Dann gilt für alle $x \in [\xi - h, \xi + h]$ die Abschätzung

$$0 \le f(x) \le \varepsilon\big(e^{A|x-\xi|} - 1\big) = \varepsilon \sum_{k=1}^\infty \frac{A^k}{k!}|x - \xi|^k.$$

Beweis: Wir setzen $M := \max\{f(x) : \xi - h \le x \le \xi + h\}$ und zeigen durch vollständige Induktion

$$f(x) \le \varepsilon \sum_{k=1}^n \frac{A^k}{k!}|x - \xi|^k + M\frac{A^n}{n!}|x - \xi|^n, \qquad x \in [\xi - h, \xi + h].$$

Aus der Integralungleichung erhalten wir nämlich

$$f(x) \le MA|x - \xi| + \varepsilon A|x - \xi| \qquad \text{für alle} \quad x \in [\xi - h, \xi + h],$$

so dass der Fall $n = 1$ gesichert ist. Gilt nun obige Abschätzung für ein $n \in \mathbb{N}$, so finden wir

$$f(x) \le \varepsilon A|x - \xi| + A\int_\xi^x f(t)\,|dt|$$

$$\le \varepsilon A|x - \xi| + A\int_\xi^x \left\{\varepsilon \sum_{k=1}^n \frac{A^k}{k!}|x - \xi|^k + M\frac{A^n}{n!}|x - \xi|^n\right\}|dt|$$

$$= \varepsilon A|x - \xi| + \varepsilon \sum_{k=1}^n \frac{A^{k+1}}{(k+1)!}|x - \xi|^{k+1} + M\frac{A^{n+1}}{(n+1)!}|x - \xi|^{n+1}$$

$$= \varepsilon \sum_{k=1}^{n+1} \frac{A^k}{k!}|x - \xi|^k + M\frac{A^{n+1}}{(n+1)!}|x - \xi|^{n+1}.$$

Da nun

$$\lim_{n \to \infty} \frac{(A|x - \xi|)^{n+1}}{(n+1)!} = 0$$

richtig ist, folgt durch Grenzübergang in obiger Abschätzung

$$f(x) \leq \varepsilon \sum_{k=1}^{\infty} \frac{A^k}{k!} |x - \xi|^k = \varepsilon \left(e^{A|x-\xi|} - 1 \right).$$

q.e.d.

Wir wenden nun diesen Vergleichssatz auf die Ungleichung (11) an und erhalten den

Satz 2. (Eindeutigkeit und Stabilität)
Unter der Voraussetzung (b) lösen die Funktionen $y_i(x)$ und $\overline{y}_i(x)$ für $i = 1, \ldots, m$ die Anfangswertprobleme (2) beziehungsweise (3). Dann gilt für die assoziierten Funktionen aus (8) und (9) die Ungleichung

$$0 \leq \Phi(x) \leq \epsilon(\eta, \overline{\eta}) \cdot \{ exp(mL|x - \xi|) - 1 \} \quad \text{für alle} \quad x \in [\xi - h, \xi + h].$$

Somit stimmen die Lösungen bei gleichen Anfangswerten überein, und sie hängen überdies stetig von diesen Anfangswerten ab.

Unter der Voraussetzung (b) erklären wir die Größe

$$h := min \left\{ a, \frac{b_1}{M}, \ldots, \frac{b_m}{M} \right\}$$

und erhalten nach dem Peanoschen Existenzsatz genau eine Lösung des Anfangswertproblems (2). Unter Verwendung der Lipschitzbedingung werden wir diese mit dem Verfahren der *sukzessiven Approximation* von Picard und Lindelöf auf ganz anderem Wege konstruieren. Wir setzen

$$f(x, y) := \begin{pmatrix} f_1(x, y_1, \cdots, y_m) \\ \vdots \\ f_m(x, y_1, \cdots, y_m) \end{pmatrix} \quad \text{für} \quad (x, y) \in R \tag{12}$$

und konstruieren die Funktionenfolge

$$\overset{k}{y}(x) := \begin{pmatrix} \overset{k}{y_1}(x) \\ \vdots \\ \overset{k}{y_m}(x) \end{pmatrix}, \quad x \in [\xi - h, \xi + h] =: I, \quad k = 0, 1, 2, \ldots \tag{13}$$

wie folgt:

$$\overset{0}{y}(x) := \eta = \begin{pmatrix} \eta_1 \\ \vdots \\ \eta_m \end{pmatrix} \quad \text{und} \quad \overset{k}{y}(x) := \eta + \int_\xi^x f\left(t, \overset{k-1}{y}(t)\right) dt \quad \text{für} \quad k = 1, 2, \dots$$

(14)

Wir benötigen nun den

Hilfssatz 1. *Es gilt* $(x, \overset{k}{y}(x)) \in R$ *für alle* $x \in I$ *und* $k = 0, 1, 2, \dots$

Beweis: **k=0:** $\overset{0}{y} = \eta$. **k-1 → k:**

$$\left| \overset{k}{y_i}(x) - \eta_i \right| = \left| \int_\xi^x f_i\left(t, \overset{k-1}{y}(t)\right) dt \right| \le \int_\xi^x \left| f_i\left(t, \overset{k-1}{y}(t)\right) \right| |dt|$$

$$\le M|x - \xi| \le Mh \le b_i \quad \text{für alle} \quad x \in I \quad \text{und} \quad i = 1, \dots, m.$$

Somit folgt die Behauptung.   q.e.d.

Wir betrachten nun die Funktionenfolge

$$\overset{k}{\psi}(x) := \sum_{i=1}^m \left| \overset{k+1}{y_i}(x) - \overset{k}{y_i}(x) \right|, \quad x \in I \quad \text{für} \quad k = 0, 1, 2, \dots$$

Notwendig bei der Konvergenzbetrachtung ist der folgende

Hilfssatz 2. *Es gilt*

$$\overset{k}{\psi}(x) \le mM \frac{(mL)^k |x - \xi|^{k+1}}{(k+1)!}$$

für alle $x \in I$ *und* $k = 0, 1, 2, \dots$

Beweis: **k=0:** Wir sehen $\left| \overset{1}{y_i}(x) - \overset{0}{y_i}(x) \right| = \left| \int_\xi^x f_i(t, \eta) dt \right| \le M|x - \xi|$ für $i = 1, \dots, m$ ein und erhalten $\overset{0}{\psi}(x) \le mM|x - \xi|$ für alle $x \in I$.
k → k+1: Wir ermitteln

$$\left| \overset{k+2}{y_i}(x) - \overset{k+1}{y_i}(x) \right| = \left| \int_\xi^x \left(f_i(t, \overset{k+1}{y}(t)) - f_i(t, \overset{k}{y}(t)) \right) dt \right|$$

$$\le L \int_\xi^x \overset{k}{\psi}(t) |dt| \le (mM)(mL)^k L \frac{1}{(k+1)!} \int_\xi^x |t - \xi|^{k+1} |dt|$$

$$= (mM)(mL)^k L \frac{1}{(k+2)!} |x - \xi|^{k+2}$$

für $i = 1, \dots, m$. Wir erhalten dann

$$\overset{k+1}{\psi}(x) \le (mM) \frac{(mL)^{k+1} |x - \xi|^{k+2}}{(k+2)!} \quad \text{für alle} \quad x \in I. \quad \text{q.e.d.}$$

Die Funktionenreihe

$$\sum_{k=0}^{\infty} \Big(\overset{k+1}{y}(x) - \overset{k}{y}(x) \Big), \quad x \in I$$

hat somit die konvergente Majorante

$$\frac{M}{L} \sum_{k=1}^{\infty} \frac{(mL)^k |x-\xi|^k}{k!} = \frac{M}{L} \Big(exp(mL|x-\xi|) - 1 \Big).$$

Wir zeigen nun den folgenden

Satz 3. (Sukzessive Approximation nach Picard und Lindelöf)
Unter der Voraussetzung (b) konvergiert die in (14) definierte Funktionenfolge

$$\overset{k}{y}(x) : I \to \mathbb{R}^m \text{ für } k = 0,1,2,\dots$$

gleichmäßig auf dem Intervall $I = [\xi - h, \xi + h]$ gegen eine Lösung

$$y(x) = \Big(y_1(x), \dots, y_m(x) \Big)^* \in C^1(I, \mathbb{R}^m)$$

des Anfangswertproblems (2).

Beweis: Es gilt

$$y(x) := \lim_{k \to \infty} \overset{k+1}{y}(x) = \eta + \lim_{k \to \infty} \sum_{l=0}^{k} \Big(\overset{l+1}{y}(x) - \overset{l}{y}(x) \Big), \quad x \in I.$$

Wir vollziehen den Grenzübergang in der Integralgleichung (14) und erhalten

$$y(x) = \eta + \int_{\xi}^{x} f(t, y(t)) dt, \quad x \in I.$$

q.e.d.

§6 Differenzierbare Abhängigkeit von den Anfangswerten

Wir wollen nun die differenzierbare Abhängigkeit der Lösung von den Anfangswerten studieren und verschärfen die Voraussetzung (b) zur
Voraussetzung (c): Seien die stetigen Funktionen

$$f_i = f_i(x, y_1, \dots, y_m) : R \to \mathbb{R} \in C^0(R) \quad \text{mit} \quad |f_i| \le M \quad \text{in} \quad R$$

für $i = 1, \dots, m$ auf dem Rechteck R gegeben. Deren folgende partielle Ableitungen

$$\frac{\partial f_i}{\partial y_k} \in C^0(R) \quad \text{für} \quad i, k = 1, \dots, m$$

existieren und sind dort stetig.

Bemerkung: Die Menge R ist kompakt und konvex, und somit liefert der Mittelwertsatz der Differentialrechnung eine Lipschitzbedingung gemäß Voraussetzung (b) mit

$$L := \sup\left\{\left|\frac{\partial f_i}{\partial y_k}(x, y)\right| : (x, y) \in R \text{ und } i, k = 1, \dots m\right\} \in [0, +\infty)$$

als Lipschitz-Konstante.

Wir wählen nun die Anfangswerte

$$\eta = (\eta_1, \dots, \eta_m) \quad \text{und zu festem Index } j \in \{1, \dots m\}$$

$$\overline{\eta} = (\overline{\eta}_1, \dots, \overline{\eta}_m) := (\eta_1, \dots, \eta_j + \lambda, \dots, \eta_m) = \Big(\eta_k + \lambda \cdot \delta_{kj}\Big)_{k=1,\dots,m} \tag{1}$$

mit dem Parameter $\lambda \in [-\varepsilon, 0) \cup (0, \varepsilon]$ für ein gegebenes $\varepsilon > 0$.

Wir betrachten die zugehörigen Lösungen (2) und (3) der Anfangswertprobleme aus § 5, und wir untersuchen die Differenzenquotienten

$$z_{ij}(x, \lambda) := \frac{\overline{y}_i(x) - y_i(x)}{\lambda}, \quad x \in [\xi - h, \xi + h] \tag{2}$$

$$\text{für} \quad \lambda \in [-\varepsilon, 0) \cup (0, \varepsilon] \quad \text{und} \quad i, j = 1, \dots, m.$$

Wir verwenden die äquivalenten Integralgleichungssysteme (4) sowie (5) aus § 5, und wir erhalten die folgende Integralgleichung für die Differenzenquotienten

$$z_{ij}(x, \lambda) = \frac{\overline{y}_i(x) - y_i(x)}{\lambda}$$

$$= \delta_{ij} + \int_\xi^x \frac{1}{\lambda}\Big\{f_i(t, \overline{y}_1(t), \cdots, \overline{y}_m(t)) - f_i(t, y_1(t), \cdots, y_m(t))\Big\}dt$$

$$= \delta_{ij} + \int_\xi^x \left\{\sum_{k=1}^m \frac{\partial f_i}{\partial y_k}\Big(t, y(t) + \tau_i(t)(\overline{y}(t) - y(t))\Big)z_{kj}(t, \lambda)\right\}dt \tag{3}$$

$$= \delta_{ij} + \int_\xi^x \left\{\sum_{k=1}^m p_{ik}(t, \lambda) \cdot z_{kj}(t, \lambda)\right\}dt$$

$$\text{für} \quad x \in [\xi - h, \xi + h], \quad \lambda \in [-\varepsilon, 0) \cup (0, \varepsilon] \quad \text{und} \quad i, j = 1, \dots, m.$$

Hierbei erfüllen die Zwischenwerte die Bedingung $\tau_i(t) \in (0, 1)$ für $i = 1, \dots, m$. Die Koeffizienten

$$p_{ik}(x, \lambda) := \frac{\partial f_i}{\partial y_k}\Big(x, y(x) + \tau_i(x)(\overline{y}(x) - y(x))\Big),$$

$$x \in [\xi - h, \xi + h], \quad \lambda \in [-\varepsilon, 0) \cup (0, \varepsilon] \tag{4}$$

besitzen den Grenzwert

$$\lim_{\lambda \to 0, \lambda \neq 0} p_{ik}(x, \lambda) = \frac{\partial f_i}{\partial y_k}\left(x, y(x)\right) \quad , \quad x \in [\xi - h, \xi + h] \tag{5}$$

für $i, k = 1, \ldots, m$. Wir haben also das lineare, parameterabhängige System

$$z_{ij}(x, \lambda) = \delta_{ij} + \int_{\xi}^{x}\left\{\sum_{k=1}^{m} p_{ik}(t, \lambda) \cdot z_{kj}(t, \lambda)\right\}dt \tag{6}$$

für $x \in [\xi - h, \xi + h], \quad \lambda \in [-\varepsilon, 0) \cup (0, \varepsilon] \quad$ und $\quad i, j = 1, \ldots, m$

mit den Koeffizientenfunktionen (4) unter der asymptotischen Bedingung (5) zu studieren.

Zunächst zeigen wir, dass die Lösungen der Integralgleichung (6) gleichmäßig beschränkt sind. Hierzu formen wir diese um in die Gestalt

$$z_{ij}(x, \lambda) - \delta_{ij} = \int_{\xi}^{x}\left\{\sum_{k=1}^{m} p_{ik}(t, \lambda) \cdot \left(z_{kj}(t, \lambda) - \delta_{kj}\right) + p_{ij}(t, \lambda)\right\}dt \tag{7}$$

für $x \in [\xi - h, \xi + h], \quad \lambda \in [-\varepsilon, 0) \cup (0, \varepsilon] \quad$ und $\quad i, j = 1, \ldots, m$.

Dann betrachten wir für $j = 1, \ldots, m$ die Hilfsfunktionen

$$\Psi_j(x) := \sum_{i=1}^{m} |z_{ij}(x, \lambda) - \delta_{ij}|, \ x \in [\xi - h, \xi + h], \ \lambda \in [-\varepsilon, 0) \cup (0, \varepsilon] \tag{8}$$

und entnehmen (7) die folgenden Integralungleichungen:

$$\Psi_j(x) \leq (m \cdot L)\int_{\xi}^{x}\{\Psi_j(t) + 1\}|dt| \text{ für alle } x \in [\xi - h, \xi + h]. \tag{9}$$

Das Gronwallsche Lemma impliziert die Abschätzung

$$\Psi_j(x) \leq e^{mL|x-\xi|} - 1 \text{ für alle } x \in [\xi - h, \xi + h] \text{ und } j = 1, \ldots, m. \tag{10}$$

Somit sind die Lösungen von (6) gleichmäßig beschränkt.

Wir vergleichen jetzt die Lösungen von (6) zu zwei verschiedenen Parametern $\lambda, \mu \in [-\varepsilon, 0) \cup (0, \varepsilon]$ und erhalten für $i, j = 1, \ldots, m$ die Identität

$$z_{ij}(x, \lambda) - z_{ij}(x, \mu) = \int_{\xi}^{x}\left\{\sum_{k=1}^{m} p_{ik}(t, \lambda) \cdot \left((z_{kj}(t, \lambda) - (z_{kj}(t, \mu)\right)+ \right.$$
$$\left. + \sum_{k=1}^{m}\left(p_{ik}(t, \lambda) - p_{ik}(t, \mu)\right)z_{kj}(t, \mu)\right\}dt \quad x \in [\xi - h, \xi + h]. \tag{11}$$

Nun genügen für $j = 1, \ldots, m$ die Funktionen

$$\Phi_j(x) := \sum_{i=1}^{m} |z_{ij}(x,\lambda) - z_{ij}(x,\mu)|, \quad x \in [\xi - h, \xi + h] \tag{12}$$

wegen (11) Integralungleichungen der Form

$$\Phi_j(x) \le (m \cdot L) \int_{\xi}^{x} \{\Phi_j(t) + \epsilon(\lambda,\mu)\} |dt|, \quad x \in [\xi - h, \xi + h]. \tag{13}$$

Nach (10) sind nämlich die Funktionen $z_{kj}(t,\mu)$ gleichmäßig beschränkt, und zusammen mit der asymptotischen Bedingung (5) erhalten wir

$$\lim_{\lambda,\mu \to 0} \epsilon(\lambda,\mu) = 0. \tag{14}$$

Wenden wir nun das Gronwallsche Lemma auf die Ungleichung (13) an, so existieren für $i,j = 1,\ldots,m$ die Limites

$$\lim_{\lambda \to 0, \lambda \neq 0} z_{ij}(x,\lambda) = \frac{\partial y_i(x,\eta)}{\partial \eta_j} =: y_{ij}(x,\eta) \quad, \quad x \in [\xi - h, \xi + h]. \tag{15}$$

Hierbei fassen wir $y = y(x,\eta)$ als Funktion ihrer Anfangswerte auf. Wir erklären nun die Matrix

$$Q(x,\eta) = \Big(q_{ik}(x,\eta)\Big)_{i,k=1,\ldots,m} := \Big(\frac{\partial f_i}{\partial y_k}(x, y(x,\eta))\Big)_{i,k=1,\ldots,m}. \tag{16}$$

Dann erhalten wir beim Grenzübergang $\lambda \to 0$ in (6) das folgende Integralgleichungssystem

$$y_{ij}(x,\eta) = \delta_{ij} + \int_{\xi}^{x} \Big\{ \sum_{k=1}^{m} q_{ik}(t,\eta) \cdot y_{kj}(t,\eta) \Big\} dt$$
$$\text{für} \quad x \in [\xi - h, \xi + h] \quad \text{und} \quad i,j = 1,\ldots,m \quad, \tag{17}$$

worin der Anfangswert η als Parameter auftritt. Da nach Satz 2 aus § 5 die Lösung $y(x,\eta)$ bereits stetig von den Anfangswerten η abhängt, sind die Koeffizienten $Q = Q(x,\eta)$ in (16) und (17) stetig von diesen Daten abhängig. Wie wir oben für den Differenzenquotienten gezeigt haben, so beweisen wir genauso für die Funktionen $y_{ij}(x,\eta)$ als Lösungen der Integralgleichung (17) mit dem Gronwallschen Lemma, dass sie gleichmäßig beschränkt auf ihrem Definitionsintervall sind und stetig von den Anfangswerten abhängen. Damit erhalten wir den wichtigen

Satz 1 (Differenzierbare Abhängigkeit von den Anfangswerten).
Unter der Voraussetzung (c) hängt die Lösung $y(x,\eta)$ des Differentialgleichungssystems (2) aus § 5 einmal stetig differenzierbar von den Anfangswerten η ab.

Wir verschärfen nun die Voraussetzung (c) zur
Voraussetzung (d): Seien die stetigen Funktionen

$$f_i = f_i(x, y_1, \ldots, y_m) : R \to \mathbb{R} \in C^0(R) \quad \text{mit} \quad |f_i| \leq M \quad \text{in} \quad R$$

für $i = 1, \ldots, m$ auf dem Rechteck R gegeben. Deren folgende zweite partielle Ableitungen

$$\frac{\partial^2 f_i}{\partial y_k \partial y_l} \in C^0(R) \quad \text{für} \quad i, k, l = 1, \ldots, m$$

existieren und sind dort stetig.

Wir vergleichen jetzt die Lösung des Systems (17) zum Parameter η mit derjenigen zum verschobenen Parametervektor

$$\overline{\eta} := (\eta_i + \lambda \cdot \delta_{il})_{i=1,\ldots,m} \quad \text{und} \quad \lambda \in [-\varepsilon, 0) \cup (0, \varepsilon] \tag{18}$$

für ein beliebiges $l \in \{1, \ldots, m\}$. Dann definieren wir – parallel zu (2) – für $i, j, l = 1, \ldots, m$ die Differenzenquotienten

$$z_{ijl}(x, \lambda) := \frac{y_{ij}(x, \overline{\eta}) - y_{ij}(x, \eta)}{\lambda} \quad , \quad x \in [\xi - h, \xi + h] \text{ mit } \lambda \in [-\varepsilon, 0) \cup (0, \varepsilon]. \tag{19}$$

Aus (17) erhalten wir für $i, j, l = 1, \ldots, m$ die Integralgleichungen

$$z_{ijl}(x, \lambda) = \int_\xi^x \left\{ \sum_{k=1}^m q_{ik}(t, \eta) \cdot z_{kjl}(t, \lambda) + \right.$$
$$\left. + \sum_{k=1}^m \frac{q_{ik}(t, \overline{\eta}) - q_{ik}(t, \eta)}{\lambda} \cdot y_{kj}(t, \overline{\eta}) \right\} dt, \quad x \in [\xi - h, \xi + h] \tag{20}$$

mit dem Parameter $\lambda \in [-\varepsilon, 0) \cup (0, \varepsilon]$. Wegen der Voraussetzung (d) und der Setzung (16) können wir die in (20) auftretenden Differenzenquotienten über die Kettenregel mit gewissen Zwischenwerten $\tau_{ik}(x) \in (0, 1)$ wie folgt angeben:

$$\frac{q_{ik}(x, \overline{\eta}) - q_{ik}(x, \eta)}{\lambda} = \frac{1}{\lambda} \cdot \left(\frac{\partial f_i}{\partial y_k}(x, y(x, \overline{\eta})) - \frac{\partial f_i}{\partial y_k}(x, y(x, \eta)) \right)$$
$$= \sum_{n=1}^m \frac{\partial^2 f_i}{\partial y_k \partial y_n}(x, y(x, \eta) + \tau_{ik}(x) \cdot [y(x, \overline{\eta}) - y(x, \eta)]) \cdot z_{nl}(x, \lambda) \quad , \tag{21}$$
$$x \in [\xi - h, \xi + h].$$

Somit sind diese Differenzenquotienten beschränkt auf ihrem Definitionsintervall, und wir berechnen für alle $x \in [\xi - h, \xi + h]$ ihre Grenzwerte

$$\lim_{\lambda \to 0, \lambda \neq 0} \frac{q_{ik}(x, \overline{\eta}) - q_{ik}(x, \eta)}{\lambda} = \sum_{n=1}^m \frac{\partial^2 f_i}{\partial y_k \partial y_n}(x, y(x, \eta)) \cdot y_{nl}(x, \eta) \quad . \tag{22}$$

Wir definieren nun für $i, j, l = 1, \ldots, m$ die beschränkten Funktionen

$$r_{ijl}(x, \lambda) := \sum_{k=1}^{m} \frac{q_{ik}(x, \overline{\eta}) - q_{ik}(x, \eta)}{\lambda} \cdot y_{kj}(x, \overline{\eta}), \quad x \in [\xi - h, \xi + h], \quad (23)$$

und die Integralgleichungen (20) verwandeln sich in

$$z_{ijl}(x, \lambda) = \int_{\xi}^{x} \left\{ \sum_{k=1}^{m} q_{ik}(t, \eta) \cdot z_{kjl}(t, \lambda) + r_{ijl}(t, \lambda) \right\} dt, \ x \in [\xi - h, \xi + h]. \ (24)$$

Wie oben sehen wir mit dem Gronwallschen Lemma leicht ein, dass die Lösungen der Integralgleichungen (24) gleichmäßig beschränkt sind und für $i, j, l = 1, \ldots, m$ die folgenden Grenzwerte existieren:

$$\lim_{\lambda \to 0, \lambda \neq 0} z_{ijl}(x, \lambda) = \frac{\partial y_i(x, \eta)}{\partial \eta_j \partial \eta_l} =: y_{ijl}(x, \eta), \quad x \in [\xi - h, \xi + h]. \quad (25)$$

Wir können jetzt in den Integralgleichungen (24) mit Hilfe von (22) sowie (23) den Grenzübergang $\lambda \to 0$ vollziehen. Mit $i, j, l = 1, \ldots, m$ erhalten wir die **Integralgleichungen des Tensors der zweiten Ableitungen**

$$y_{ijl}(x, \eta) = \int_{\xi}^{x} \left\{ \sum_{k=1}^{m} q_{ik}(t, \eta) \cdot y_{kjl}(t, \eta) + s_{ijl}(t, \eta) \right\} dt$$

für alle $x \in [\xi - h, \xi + h]$ mit den Funktionen

$$s_{ijl}(x, \eta) := \sum_{k,n=1}^{m} \frac{\partial^2 f_i}{\partial y_k \partial y_n} \Big(x, y(x, \eta) \Big) \cdot y_{nl}(x, \eta) y_{kj}(x, \eta). \quad (26)$$

Wir haben in (26) ein inhomogenes, lineares System mit 0-Anfangsbedingungen vor uns, worin die rechte Seite stetig vom Parameter η abhängt. Wir ziehen die Integralgleichungen für einen festen Anfangswert $\mathring{\eta}$ ab von derjenigen für einen benachbarten Anfangswert η und erhalten

$$y_{ijl}(x, \eta) - y_{ijl}(x, \mathring{\eta}) = \int_{\xi}^{x} \left\{ \sum_{k=1}^{m} q_{ik}(t, \eta) \cdot \Big(y_{kjl}(t, \eta) - y_{kjl}(t, \mathring{\eta}) \Big) \right\} dt +$$

$$+ \int_{\xi}^{x} \left\{ \sum_{k=1}^{m} \Big(q_{ik}(t, \eta) - q_{ik}(t, \mathring{\eta}) \Big) \cdot y_{kjl}(t, \mathring{\eta}) + \Big(s_{ijl}(t, \eta) - s_{ijl}(t, \mathring{\eta}) \Big) \right\} dt$$

für alle $x \in [\xi - h, \xi + h]$.

$$(27)$$

Für $j, l = 1, \ldots, m$ betrachten wir die Hilfsfunktionen

$$\Theta_{jl}(x) := \sum_{k=1}^{m} \Big| y_{kjl}(x, \eta) - y_{kjl}(x, \mathring{\eta}) \Big|, \quad x \in [\xi - h, \xi + h]. \quad (28)$$

Dann leiten wir aus (27) eine Differentialungleichung der Form

$$\Theta_{jl}(x) \leq mL \cdot \int_{\xi}^{x} \left\{ \Theta_{jl}(t) + \epsilon(\eta, \mathring{\eta}) \right\} dt \quad , \quad x \in [\xi - h, \xi + h] \qquad (29)$$

her; dabei besitzt die Größe $\epsilon(\eta, \mathring{\eta}) \in [0, +\infty)$ die asymptotischen Eigenschaft $\epsilon(\eta, \mathring{\eta}) \to 0$ für $\eta \to \mathring{\eta}$. Mit dem Gronwallschen Lemma zeigen wir nun, dass $\Theta_{jl} \to 0$ gleichmäßig auf dem Intervall $[\xi - h, \xi + h]$ für $\eta \to \mathring{\eta}$ erfüllt ist. Somit ist der Tensor der zweiten Ableitungen $\{y_{ijl}(x, \eta)\}_{i,j,l=1,\ldots,m}$ stetig von den Anfangswerten η abhängig.

Zusammenfassend erhalten wir den

Satz 2 (C^2-Abhängigkeit von den Anfangswerten).
Unter der Voraussetzung (d) hängt die Lösung $y(x, \eta)$ des Differentialglei-chungssystems (2) aus § 5 zweimal stetig differenzierbar von den Anfangswer-ten η ab.

Wir wollen nun die Theorie der ebenen, regulären Differentialgleichungen er-ster Ordnung aus § 2 vervollständigen mit dem

Satz 3 (Existenz des integrierenden Faktors).
Auf der Umgebung $\mathcal{U} \subset \mathbb{R}^2$ des Punktes $(x_0, y_0) \in \mathbb{R}^2$ schreiben wir die Funk-tionen $p = p(x, y)$ und $q = q(x, y)$ der Klasse $C^2(\mathcal{U})$ mit der Eigenschaft

$$p(x, y)^2 + q(x, y)^2 > 0, \quad (x, y) \in \mathcal{U}$$

vor. Dann gibt es eine Umgebung $\mathcal{V} \subset \mathcal{U}$ von (x_0, y_0) und Funktionen

$$F = F(x, y) \in C^2(\mathcal{V})$$

sowie

$$M = M(x, y) : \mathcal{V} \to \mathbb{R} \setminus \{0\} \in C^1(\mathcal{V}),$$

so dass Folgendes gilt:

$$F_x(x, y) = M(x, y) \cdot p(x, y) \quad und \quad F_y(x, y) = M(x, y) \cdot q(x, y) \quad in \quad \mathcal{V}. \tag{30}$$

Wir erhalten also mit M einen Eulerschen Multiplikator der regulären, ebenen Differentialgleichung

$$p(x, y)dx + q(x, y)dy = 0 \quad in \quad \mathcal{V}.$$

Beweis: Wir können ohne Einschränkung $q(x, y) \neq 0$ in $\mathcal{V}$ annehmen. Dann transformieren wir

$$p(x, y)dx + q(x, y)dy = 0, \quad (x, y) \in \mathcal{V}$$

in die explizite Differentialgleichung

$$y'(x) = \frac{dy}{dx} = -\frac{p(x, y)}{q(x, y)} =: f(x, y). \tag{31}$$

Nun gehören p, q, f zur Klasse C^2, und f erfüllt insbesondere eine Lipschitz-bedingung. Für ein hinreichend klein gewähltes $\varepsilon > 0$ lösen wir für alle Parameter $|v| < \varepsilon$ das parameterabhängige Anfangswertproblem

$$y(u) = y(u; v) \quad \text{mit} \quad y'(u) = f(x_0 + u, y(u)), \quad u \in (-\varepsilon, +\varepsilon), \quad y(0) = y_0 + v. \tag{32}$$

Auf dem Rechteck

$$\mathcal{R} := \{(u, v) \in \mathbb{R}^2 : |u| < \varepsilon, \quad |v| < \varepsilon\}$$

betrachten wir die Transformation

$$x(u, v) := u + x_0, \quad y(u, v) := y(u; v) : \mathcal{R} \to \mathcal{V}. \tag{33}$$

Wegen der Eigenschaft $f \in C^2$ gehört sie zur Klasse C^2 und erfüllt die Bedingung

$$\frac{\partial(x, y)}{\partial(u, v)}(0, 0) = x_u(0, 0) \cdot y_v(0, 0) - x_v(0, 0) \cdot y_u(0, 0) = 1 \cdot 1 - y_u(0; 0) \cdot 0 = 1. \tag{34}$$

Nach dem Fundamentalsatz über die inverse Abbildung existiert die Umkehr-abbildung auf einer gewissen Umgebung $\mathcal{V}$ von (x_0, y_0), nämlich

$$u = u(x, y), \quad v = v(x, y) : \mathcal{V} \to \mathcal{R} \in C^2.$$

Wir setzen

$$F(x, y) := v(x, y) : \mathcal{V} \to \mathbb{R} \in C^2(\mathcal{V}) \quad \text{mit} \quad \nabla F \neq 0, \quad (x, y) \in \mathcal{V}. \tag{35}$$

Nach Konstruktion ist klar, dass die Niveaulinien $F = const$ die Differential-gleichung $p(x, y)dx + q(x, y)dy = 0$ lösen. Da ∇F senkrecht auf den Niveauli-nien steht, folgt die Identität

$$\nabla F(x, y) = M(x, y) \cdot \Big(p(x, y), q(x, y)\Big) \quad \text{in} \quad \mathcal{V} \tag{36}$$

mit einer Funktion

$$M : \mathcal{V} \to \mathbb{R} \setminus \{0\} \in C^1(\mathcal{V}).$$

Damit ist die Theorie der exakten Differentialgleichungen vollständig.   q.e.d.

§7 Lineare Differentialgleichungssysteme

Beginnen wir mit dem instruktiven
Beispiel 1: Zum Parameter $c > 0$ hat das nachfolgende Anfangswertproblem

$$y'(x) = y^2(x) \quad , \quad x \in \left(-\frac{1}{c}, \frac{1}{c}\right) \quad , \quad y(0) = c$$

im angegebenen Intervall die eindeutig bestimmte Lösung

$$y(x) := \frac{c}{1 - cx} \quad , \quad x \in \left(-\frac{1}{c}, \frac{1}{c} \right).$$

Obwohl die Koeffizienten dieser Differentialgleichung in ganz $\mathbb{R}$ stetig sind, wird die Lösung im Punkt $\dfrac{1}{c}$ unbeschränkt und besitzt einen sogenannten *blow up* ! Dieses Phänomen liegt am nichtlinearen Charakter der Differentialgleichung und ist bei linearen Differentialgleichungen ausgeschlossen!

Wir fordern nun, dass die rechte Seite des Differentialgleichungssystems affinlinear von der Lösung abhängt.

Voraussetzung (e): Seien die Zahl $\xi \in \mathbb{R}$ und die Dimension $m \in \mathbb{N}$ vorgegeben. Zur festen positiven Konstante $a \in (0, +\infty)$ betrachten wir das kompakte Intervall $I := \{x \in \mathbb{R} : |x - \xi| \le a\}$ und schreiben die Funktionen

$$p_{ij}(x), \quad q_i(x) \in C^0(I) \quad \text{für} \quad i, j = 1, \ldots, m$$

vor. Dann erklären wir die rechten Seiten unseres linearen Systems

$$f_i(x, y) := \sum_{j=1}^{m} p_{ij}(x) y_j + q_i(x), \quad x \in I \quad \text{für} \quad i = 1, \ldots, m.$$

Satz 1 (Lineare Systeme).
Unter der Voraussetzung (e) gibt es zu jedem Anfangswert $\eta = (\eta_1, \ldots, \eta_m)^* \in \mathbb{R}^m$ genau eine Lösung

$$y = y(x) = (y_1(x), \ldots, y_m(x))^* : I \to \mathbb{R}^m \in C^1(I, \mathbb{R}^m)$$

des Anfangswertproblems

$$y_j'(x) = f_j(x, y_1(x), \ldots, y_m(x)), \, x \in I \text{ und } y_j(\xi) = \eta_j \text{ für } j = 1, \ldots m. \quad (1)$$

Beweis: Wir erklären den folgenden **Streifen über** I durch

$$S := \{(x, y) = (x, y_1, \ldots, y_m) \in \mathbb{R}^{1+m} : |x - \xi| \le a\} \quad .$$

Mit der Lipschitz-Konstante

$$L := \sup\{|p_{ij}(x)| : x \in I \text{ und } i, j = 1, \ldots, m\} < +\infty$$

erhalten wir für die rechten Seiten unserer Differentialgleichung die folgende **globale Lipschitzbedingung**

$$|f_i(x, y_1, \ldots, y_m) - f_i(x, \overline{y}_1, \ldots, \overline{y}_m)| \le L \cdot \sum_{k=1}^{m} |y_k - \overline{y}_k|$$

$$(2)$$

für alle $(x, y_1, \ldots, y_m), (x, \overline{y}_1, \ldots, \overline{y}_m) \in S$ und $i = 1, \ldots, m$.

Wir können nun die Ergebnisse aus § 5 verwenden, und entnehmen dort dem Satz 2 sofort die Aussage, dass unser Anfangswertproblem (1) höchstens eine Lösung hat. Mittels *sukzessiver Approximation* konstruieren wir dann wie in § 5 eine Lösung von (1). Hierzu setzen wir als *rechte Seite des Systems*

$$f(x, y) := \begin{pmatrix} f_1(x, y_1, \cdots, y_m) \\ \vdots \\ f_m(x, y_1, \cdots, y_m) \end{pmatrix} \quad \text{für} \quad (x, y) \in S \quad , \tag{3}$$

und konstruieren die Funktionenfolge

$$\overset{k}{y}(x) := \begin{pmatrix} \overset{k}{y_1}(x) \\ \vdots \\ \overset{k}{y_m}(x) \end{pmatrix}, \quad x \in I \quad \text{für } k = 0, 1, 2, \ldots \tag{4}$$

wie folgt:

$$\overset{0}{y}(x) := \eta = \begin{pmatrix} \eta_1 \\ \vdots \\ \eta_m \end{pmatrix} \quad \text{und} \quad \overset{k}{y}(x) := \eta + \int_\xi^x f\left(t, \overset{k-1}{y}(t)\right) dt \text{ für } \quad k = 1, 2, \ldots$$
$$\tag{5}$$

Eine Durchsicht der Hilfssätze 1 und 2 aus § 5 zeigt, dass die obigen Folgen gleichmäßig auf dem ganzen Intervall I konvergieren. Somit erhalten wir nach dem Grenzübergang in der Integralgleichung von (5) eine Lösung $y(x) \in C^1(I, \mathbb{R}^m)$ der folgenden Integralgleichung

$$y(x) = \eta + \int_\xi^x f\left(t, y(t)\right) dt \quad , \quad x \in I \quad , \tag{6}$$

welche offenbar das Anfangswertproblem (1) löst.   q.e.d.

Bemerkungen:

1. Die Lösung existiert also auf dem gesamten Intervall, wo die stetigen Koeffizientenfunktionen gegeben sind.
2. Mit den Methoden aus § 6 könnte man die stetige und die differenzierbare Abhängigkeit der Lösungen von vorgegebenen Parametern in den Koeffizientenfunktionen studieren.
3. Wir wollen im Folgenden die Struktur der Lösungsmenge genauer untersuchen, und möglichst explizite Lösungsformeln herleiten.

Wir erklären die stetige Matrix-Funktion

$$P(x) := \left(p_{ij}(x) \right)_{i,j=1,\ldots,m} = \begin{pmatrix} p_{11}(x) & \cdots & p_{1m}(x) \\ \vdots & \ddots & \vdots \\ p_{m1}(x) & \cdots & p_{mm}(x) \end{pmatrix} \quad , \quad x \in I \quad (7)$$

sowie die Vektor-Funktion

$$q(x) := (q_1(x), \ldots, q_m(x))^* \quad , \quad x \in I. \tag{8}$$

Das Differentialgleichungssystem aus (1) erscheint dann in der übersichtlichen Form

$$y'(x) = P(x) \circ y(x) + q(x), \, x \in I \text{ mit } y(x) = (y_1(x), \ldots, y_m(x))^* \in C^1(I, \mathbb{R}^m). \tag{9}$$

Wir konzentrieren uns zunächst auf das **homogene System** von (9), welches durch die Gleichung $q(x) \equiv 0, \, x \in I$ gekennzeichnet wird und den **homogenen Lösungsraum**

$$\mathcal{V} := \{ y(x) \in C^1(I, \mathbb{R}^m) : y'(x) = P(x) \circ y(x), \, x \in I \}$$

besitzt. Jetzt lösen wir zu den Einheitsvektoren $\overset{j}{e} := (\delta_{1j}, \ldots, \delta_{mj})^* \in \mathbb{R}^m$ für $j = 1, \ldots, m$ die folgenden Anfangswertprobleme

$$\overset{j}{y}(x) \in C^1(I, \mathbb{R}^m) \text{ mit } \overset{j}{y'}(x) = P(x) \circ \overset{j}{y}(x), \, x \in I \text{ und } \overset{j}{y}(\xi) = \overset{j}{e} \tag{10}$$

mit Hilfe von Satz 1. Wir fassen dann diese Lösungen zu einer Matrixfunktion zusammen, welche das folgende Anfangswertproblem löst:

$$Y(x) := \left(\overset{1}{y}(x), \ldots, \overset{m}{y}(x) \right) \in C^1(I, \mathbb{R}^{m \times m})$$

$$\text{mit } Y'(x) = P(x) \circ Y(x), \, x \in I \text{ und } Y(\xi) = E := \left(\delta_{ij} \right)_{i,j=1,\ldots,m}. \tag{11}$$

Wir nennen $Y(x), \, x \in I$ aus (11) die **Fundamentallösung von** (9).

Satz 2 (Fundamentallösung).

1. *Die Fundamentallösung* (11) *erfüllt die Bedingung* $\det Y(x) \neq 0$ *für alle* $x \in I$.
2. *Der homogene Lösungsraum besitzt die folgende Darstellung*

$$\mathcal{V} = \{ y(x) = Y(x) \circ c = c_1 \overset{1}{y}(x) + \ldots + c_m \overset{m}{y}(x) \big| c = (c_1, \ldots, c_m)^* \in \mathbb{R}^m \}$$

als m-*dimensionaler Vektorraum.*

Beweis:

1. Nehmen wir einmal an, es gäbe einen Punkt $x_0 \in I$ mit $\det Y(x_0) = 0$. Dann finden wir einen Vektor $c = (c_1, \ldots, c_m)^* \in \mathbb{R}^m \setminus \{0\}$, so dass die Funktion $y(x) := Y(x) \circ c, \, x \in I$ gemäß $y(x_0) = 0$ verschwindet. Dann hat das eindeutig lösbare Anfangswertproblem

$$z(x) \in C^1(I, \mathbb{R}^m) \quad , \quad z'(x) = P(x) \circ z(x), x \in I \quad , \quad z(x_0) = 0 \quad (12)$$

neben $y(x)$ auch die triviale Lösung $z(x) = 0, x \in I$. Damit folgt die Identität $\quad 0 = y(x) = c_1 \overset{1}{y}(x) + \ldots + c_m \overset{m}{y}(x), x \in I \quad$. Somit erhalten wir $0 = \det Y(\xi) = \det E = 1$, also einen Widerspruch! Folglich darf die Determinante von $Y(x)$ in keinem Punkt $x \in I$ verschwinden.

2. Sei $y(x) \in \mathcal{V}$ beliebig gewählt, so erklären wir den Vektor

$$c = (c_1, \ldots, c_m)^* := y(\xi) \in \mathbb{R}^m \quad .$$

Nun löst die Funktion

$$z(x) := y(x) - \left(c_1 \overset{1}{y}(x) + \ldots + c_m \overset{m}{y}(x) \right), \, x \in I$$

das Anfangswertproblem (12) für $x_0 = \xi$. Der Eindeutigkeitssatz für Differentialgleichungssysteme liefert $\quad z(x) = 0, x \in I \quad$, und es folgt die Darstellung

$$y(x) = c_1 \overset{1}{y}(x) + \ldots + c_m \overset{m}{y}(x) \quad , \quad x \in I \quad .$$

q.e.d.

Im Allgemeinen sprechen wir bei der Identität (9) vom **inhomogenen** linearen **Differentialgleichungssystem** mit dem **inhomogenen Lösungsraum**

$$\mathcal{W} := \{ y(x) \in C^1(I, \mathbb{R}^m) : y'(x) = P(x) \circ y(x) + q(x), x \in I \} \quad .$$

Wir präsentieren nun den wichtigen

Satz 3 (Inhomogenes Differentialgleichungssystem).
Mit der Fundamentallösung $Y(x)$, $x \in I$ aus (11) erscheint die Lösungsgesamtheit von (9) in der Form

$$\mathcal{W} = \left\{ y(x) = Y(x) \circ c + Y(x) \circ \left(\int Y(x)^{-1} \circ q(x) \, dx \right), x \in I \middle| c \in \mathbb{R}^m \right\} \quad (13)$$

als m-dimensionaler, affin-linearer Raum.

Beweis: Wir haben nur eine Lösung der inhomogenen Gleichung zu konstruieren. Mit dem Ansatz der **Variation der Konstanten**

$$y(x) = Y(x) \circ c(x) \quad , \quad x \in I \quad \text{mit der Funktion} \quad c(x) \in C^1(I, \mathbb{R}^m) \quad (14)$$

gehen wir in die Gleichung (9) ein. Wir erhalten

$$P(x) \circ y(x) + q(x) = y'(x) = \big(Y(x) \circ c(x)\big)' = Y'(x) \circ c(x) + Y(x) \circ c'(x)$$

$$= P(x) \circ Y(x) \circ c(x) + Y(x) \circ c'(x) = P(x) \circ y(x) + Y(x) \circ c'(x), \ x \in I \tag{15}$$

und äquivalent hierzu

$$q(x) = Y(x) \circ c'(x), \ x \in I \text{ beziehungsweise } c'(x) = Y(x)^{-1} \circ q(x), \ x \in I$$

$$\text{beziehungsweise } c(x) = \int Y(x)^{-1} \circ q(x)\, dx \ , \quad x \in I \ . \tag{16}$$

Dabei bezeichnet $Y(x)^{-1}$ die inverse Matrix zu $Y(x)$ wie üblich. Somit ergibt sich die o.a. Funktion

$$y(x) = Y(x) \circ \left(\int Y(x)^{-1} \circ q(x)\, dx \right) \ , \quad x \in I \tag{17}$$

als Lösung der inhomogenen Gleichung (9). q.e.d.

Bemerkungen:

1. Wir nennen (17) eine **partikuläre Lösung** der inhomogenen Gleichung.
2. Wir können in W die Konstante $c \in \mathbb{R}^m$ so eindeutig angeben, dass ein vorgegebener Anfangswert $y(\xi) = \eta \in \mathbb{R}^m$ erfüllt wird.
3. Wir wollen nun die Fundamentallösung des Systems (9) mit einer konstanten Koeffizientenmatrix durch die Matrix-Exponentialfunktion explizit angeben.

Zu einer komplexen Matrix $A = \Big(a_{jk}\Big)_{j,k=1,\dots,m} \in \mathbb{C}^{m \times m}$ erklären wir ihre **Matrixnorm** gemäß

$$\|A\| := m \sup\{|a_{jk}| : j, k = 1, \dots, m\} \in [0, +\infty)\,. \tag{18}$$

Man prüft leicht die folgenden **Rechenregeln** für beliebige Matrizen $A, B \in \mathbb{C}^{m \times m}$, Skalare $c \in \mathbb{C}$ und Zahlen $n \in \mathbb{N}$ nach:

$$\|A+B\| \le \|A\| + \|B\|, \ \|c \cdot A\| = |c| \cdot \|A\|, \ \|A \circ B\| \le \|A\| \cdot \|B\|, \ \|A^n\| \le \|A\|^n. \tag{19}$$

Zur Bequemlichkeit des Lesers notieren wir

$$\|A \circ B\| = m \cdot \sup_{j,l} \left| \sum_{k=1}^m a_{jk} b_{kl} \right| \le m^2 \cdot \left(\sup_{jk} |a_{jk}| \right) \left(\sup_{kl} |b_{kl}| \right) = \|A\| \cdot \|B\|\,.$$

Mit diesen Rechenregeln zeigt man sofort die Konvergenz der Folge von Matrizen

$$\Sigma_l(A) := \sum_{k=0}^{l} \frac{1}{k!} A^k \quad , \quad l = 0, 1, 2, , \ldots \tag{20}$$

als Cauchyfolge in $\mathbb{C}^{m \times m}$. Also ist die folgende Setzung sinvoll:

Definition 1. *Für eine komplexe Matrix* $A = \left(a_{jk} \right)_{j,k=1,\ldots,m} \in \mathbb{C}^{m \times m}$ *er-klären wir durch die Reihe*

$$Exp\,(A) := \sum_{k=0}^{\infty} \frac{1}{k!} A^k \quad \in \mathbb{C}^{m \times m}$$

die **Exponential-Matrix.**

Satz 4 (Exponential-Fundamentallösung).
Für die vorgegebene reelle Matrix $A = \left(a_{jk} \right)_{j,k=1,\ldots m} \in \mathbb{R}^{m \times m}$ *bildet die Matrix-Funktion* $Y(x) := Exp\,(Ax), x \in \mathbb{R}$ *eine Fundamentallösung des homogenen Differentialgleichungssytems* $y'(x) = A \circ y(x), x \in \mathbb{R}$ *mit den folgenden Eigenschaften*

$$Y'(x) = A \circ Y(x), x \in \mathbb{R} \quad und \quad Y(0) = E \quad .$$

Beweis: Die Reihe von Matrizen

$$\Sigma(x) := Exp\,(Ax) = \sum_{k=0}^{\infty} \frac{1}{k!} A^k \cdot x^k \quad , \quad x \in \mathbb{R} \tag{21}$$

können wir nach dem Parameter x differenzieren mit dem folgenden Ergebnis:

$$\Sigma'(x) = \sum_{k=1}^{\infty} \frac{1}{k!} k \cdot A^k \cdot x^{k-1} = A \circ \sum_{k=0}^{\infty} \frac{1}{k!} A^k \cdot x^k = A \circ \Sigma(x) \quad , \quad x \in \mathbb{R}. \tag{22}$$

Weiter ist die Anfangsbedingung

$$\Sigma(0) = \lim_{x \to 0,\, x \neq 0} \Sigma(x) = E$$

erfüllt, und die Matrix-Funktion

$$Y(x) := \Sigma(x) = Exp\,(Ax) \quad , \quad x \in \mathbb{R}$$

besitzt die oben angegebenen Eigenschaften.   q.e.d.

Zur weiteren Auswertung dieser Exponential-Fundamentallösung benötigen wir den

Satz 5 (Funktionalgleichung der Exponential-Matrix).
Seien die beiden Matrizen $A, B \in \mathbb{C}^{m \times m}$ *gemäß* $A \circ B = B \circ A$ *vertauschbar. Dann gilt die Funktionalgleichung* $Exp\,(A + B) = Exp\,(A) \circ Exp\,(B).$

Beweis: Wir betrachten die Matrix-Funktionen $\Phi(x) := \mathrm{Exp}\,\{(A+B)x\}, x \in \mathbb{R}$ und $\Psi(x) := \mathrm{Exp}\,(Ax) \circ \mathrm{Exp}\,(Bx)$, $x \in \mathbb{R}$ mit den gemeinsamen Anfangswerten $\Phi(0) = E = \Psi(0)$. Nun genügen sie auch dem gleichen linearen Differentialgleichungssystem

$$\Phi'(x) = (A+B) \circ \mathrm{Exp}\,\{(A+B)x\} = (A+B) \circ \Phi(x) \quad , \quad x \in \mathbb{R} \quad \text{und}$$

$$\Psi'(x) = A \circ \mathrm{Exp}\,(Ax) \circ \mathrm{Exp}\,(Bx) + \mathrm{Exp}\,(Ax) \circ B \circ \mathrm{Exp}\,(Bx)$$

$$= (A+B) \circ \Psi(x) \quad , \quad x \in \mathbb{R} \quad .$$
(23)

Hierbei haben wir die Differentiation mittels Satz 4 (dieser bleibt auch für komplexe Matrizen gültig) sowie der Produktregel für Matrix-Funktionen ausgeführt, und die Vertauschbarkeit unserer Matrizen wurde benutzt. Nach dem Eindeutigkeitssatz – insbesondere für lineare Differentialgleichungssysteme – folgt $\quad \Phi(x) = \Psi(x), x \in \mathbb{R}\quad$, und die obige Funktionalgleichung ist gezeigt. q.e.d.

Wir wollen nun die Exponential-Fundamentallösung aus Satz 4 genauer bestimmen. Darin besitze die reelle $m \times m$-Matrix $A = \big(a_{jk}\big)_{j,k=1,\ldots,m} \in \mathbb{R}^{m \times m}$ das **charakteristische Polynom**

$$p(\zeta) := \det\,(A - \zeta E) = (\zeta - \lambda_1)^{m_1} \cdot \ldots \cdot (\zeta - \lambda_n)^{m_n} \quad , \quad \zeta \in \mathbb{C} \quad , \quad (24)$$

welches wir mit dem Fundamentalsatz der Algebra bereits in Linearfaktoren zerlegt haben. Hierbei bezeichnen $\lambda_1, \ldots, \lambda_n \in \mathbb{C}$ die $n \in \mathbb{N}$ paarweise verschiedenen Eigenwerte der Matrix A als Nullstellen des charakteristischen Polynoms mit den jeweiligen Vielfachheiten $m_1, \ldots, m_n \in \mathbb{N}$ und der Summe $m_1 + \ldots + m_n = m$. Für symmetrische Matrizen A sind alle Eigenwerte reell – im allgemeinen Fall müssen wir jedoch auch mit komplexen Eigenwerten rechnen!

In der Linearen Algebra überführt man diese beliebige reelle Matrix A in die **Jordansche Normalform**, die bereits Weierstraß bekannt war: Danach gibt es eine invertierbare, komplexe Matrix $C = \big(c_{jk}\big)_{j,k=1,\ldots,m} \in \mathbb{C}^{m \times m}$ und sogenannte **Jordankästchen**

$$J_\nu = \lambda_\nu \cdot E_\nu + F_\nu \quad \in \mathbb{C}^{m_\nu \times m_\nu} \quad \text{für} \quad \nu = 1, \ldots, n \quad (25)$$

mit den Einheitsmatrizen $\quad E_\nu := \big(\delta_{jk}\big)_{j,k=1,\ldots,m_\nu} \quad \in \mathbb{R}^{m_\nu \times m_\nu} \quad$ und den Matrizen $\quad F_\nu \in \mathbb{R}^{m_\nu \times m_\nu}\quad$, wo in der oberen Nebendiagonale ausschließlich Nullen oder Einsen vorkommen, und ansonsten enthält diese Matrix nur Nullen – insbesondere auf sowie unterhalb der Diagonalen. Darum sind diese Matrizen F_ν **nilpotent** im folgenden Sinne:

$$F_\nu^{m_\nu} = 0 \quad \text{für} \quad \nu = 1, \ldots, n. \quad (26)$$

Wir setzen nun die Jordankästchen folgendermaßen zusammen zur komplexen $m \times m$-Matrix

$$\left(J_1, \ldots, J_n\right) := \begin{pmatrix} J_1 & 0 & 0 & \ldots & 0 \\ 0 & J_2 & 0 & \ldots & 0 \\ 0 & 0 & J_3 & & \vdots \\ \vdots & & & \ddots & 0 \\ 0 & \ldots & 0 & 0 & J_n \end{pmatrix}. \tag{27}$$

Nach dem oben angekündigten tiefliegenden Resultat der Linearen Algebra haben wir die **Darstellung**

$$\widetilde{A} = C^{-1} \circ A \circ C = \left(J_1, \ldots, J_n\right) \tag{28}$$

in der Jordanschen Normalform. Wir berechnen nun mit der Exponentialreihe und Satz 5 sowie der Zerlegung (25), (27), (28) in Jordankästchen die folgenden Matrix-Funktionen

$$C^{-1} \circ \mathrm{Exp}\,(Ax) \circ C = \mathrm{Exp}\,(\widetilde{A}x) = \left(\mathrm{Exp}\,(J_1 x), \ldots, \mathrm{Exp}\,(J_n x)\right)$$

$$= \left(\mathrm{Exp}\,(\lambda_1 E_1 x + F_1 x), \ldots, \mathrm{Exp}\,(\lambda_n E_n x + F_n x)\right)$$

$$= \left(\mathrm{Exp}\,(\lambda_1 E_1 x) \circ \mathrm{Exp}\,(F_1 x), \ldots, \mathrm{Exp}\,(\lambda_n E_n x) \circ \mathrm{Exp}\,(F_n x)\right) \tag{29}$$

$$= \left(e^{\lambda_1 x} \cdot \mathrm{Exp}\,(F_1 x), \ldots, e^{\lambda_n x} \cdot \mathrm{Exp}\,(F_n x)\right)$$

$$= \left(e^{\lambda_1 x} \cdot Q_1(x), \ldots, e^{\lambda_n x} \cdot Q_n(x)\right) \quad .$$

Hier verwenden wir – unter Berücksichtigung von (26) – die **Polynom-Matrix-Funktionen**

$$Q_\nu(x) := \mathrm{Exp}\,(F_\nu x) = \sum_{k=0}^{\infty} F_\nu^k \cdot x^k = \sum_{k=0}^{m_\nu - 1} F_\nu^k \cdot x^k$$

$$= E_\nu + F_\nu \cdot x + \ldots + F_\nu^{m_\nu - 1} \cdot x^{m_\nu - 1}$$

$$= \begin{pmatrix} 1 & \overset{\nu}{q}_{12}(x) & \ldots & \ldots & \overset{\nu}{q}_{1 m_\nu}(x) \\ 0 & 1 & \overset{\nu}{q}_{23}(x) & \ldots & \overset{\nu}{q}_{2 m_\nu}(x) \\ \vdots & \ddots & \ddots & \ddots & \vdots \\ \vdots & & \ddots & \ddots & \overset{\nu}{q}_{m_\nu - 1, m_\nu}(x) \\ 0 & \ldots & & 0 & 1 \end{pmatrix}, \quad x \in \mathbb{R} \tag{30}$$

mit gewissen Polynomen

$$\overset{\nu}{q}_{kl}(x) \quad \text{vom Grad} \quad \leq l - k \leq m_\nu - 1 \quad \text{für} \quad \nu = 1, \ldots, n. \tag{31}$$

Also haben wir die Darstellung

$$\mathrm{Exp}\,(Ax) \circ C = C \circ \left(e^{\lambda_1 x} \cdot Q_1(x), \ldots, e^{\lambda_n x} \cdot Q_n(x) \right) \quad , \quad x \in \mathbb{R}. \tag{32}$$

Wir verallgemeinern den Begriff der Fundamentallösung aus (11) geeignet:

Definition 2. *Sei ein System von Lösungen*

$$\overset{j}{z}(x) \in C^1(I, \mathbb{C}^m) \text{ von } \overset{j}{z}{}'(x) = P(x) \circ \overset{j}{z}(x), x \in I \text{ für } j = 1, \ldots, m$$

linear unabhängig im folgenden Sinne: Für alle Zahlen $c_1, \ldots, c_m \in \mathbb{C}$ *mit* $c_1 \cdot \overset{1}{z}(x) + \ldots + c_m \cdot \overset{m}{z}(x) = 0, x \in I$ *folgt* $c_1 = \ldots = c_m = 0$. *Dann nennen wir* $Z(x) := \left(\overset{1}{z}(x), \ldots, \overset{m}{z}(x) \right), x \in I$ *eine* **komplexe Fundamentallösung** *von* (9).

Nun entnehmen wir der Darstellung (31) die folgende Aussage:

Satz 6. *Die reelle Matrix* $A \in \mathbb{R}^{m \times m}$ *habe wie oben die paarweise verschiedenen Eigenwerte* $\lambda_1, \ldots, \lambda_n \in \mathbb{C}$ *mit den jeweiligen Vielfachheiten* $m_1, \ldots, m_n \in \mathbb{N}$. *Dann gibt es eine komplexe Fundamentallösung des homogenen Systems gemäß Definition 2, in der für* $\nu = 1, \ldots, n$ *jeweils* m_ν *Spalten-Funktionen von der Form* $e^{\lambda_\nu x} \cdot \overset{\nu}{q}(x), x \in \mathbb{R}$ *existieren mit den vektorwertigen Funktionen* $\overset{\nu}{q}(x) : \mathbb{R} \to \mathbb{R}^m$, *welche in jeder Komponente Polynome höchstens vom Grad* $m_\nu - 1$ *enthalten.*

Bemerkungen:

1. Zur Berechnung des komplexen Fundamentalsystems kann man die auftretenden Polynome mit unbestimmten Koeffizienten ansetzen und dann durch Koeffizientenvergleich bestimmen.
2. Gehen wir von der komplexen Fundamentallösung zu beliebigen komplexen Linearkombinationen der Spalten-Funktionen über und bilden dann den Realteil, so erhalten wir m linear unabhängige reelle Lösungen des reellen homogenen Systems $y'(x) = A \circ y(x), x \in \mathbb{R}$.

§8 Differentialgleichungen höherer Ordnung

Wir werden nun die explizite Differentialgleichung m-ter Ordnung $(m \in \mathbb{N})$

$$y^{(m)}(x) = f\left(x, y(x), y'(x), \ldots, y^{(m-1)}(x) \right) \tag{1}$$

auf ein Differentialgleichungssystem erster Ordnung zurückführen.
Sei also $y(x)$ eine Lösung von (1). Dann erklären wir die Funktionen

$$y_1(x) := y(x),\ y_2(x) := y'(x),\ y_3(x) := y''(x),\ \ldots,\ y_m(x) := y^{(m-1)}(x),$$

und wir erhalten folgendes Differentialgleichungssystem

$$\begin{aligned}
y_1'(x) &= y_2(x) \\
y_2'(x) &= y_3(x) \\
&\ \vdots \\
y_m'(x) &= y^{(m)}(x) = f(x, y_1, \ldots, y_m).
\end{aligned} \tag{2}$$

Haben wir nun umgekehrt eine Lösung des Systems (2), so erhalten wir mit
der Funktion $y(x) := y_1(x)$ eine Lösung von (1) wie folgt:

$$y_2(x) = y'(x),\ y_3(x) = y_2'(x) = y''(x),\ \ldots,\ y_m(x) = y^{(m-1)}(x),$$
$$y^{(m)}(x) = f\left(x, y(x), y'(x), \ldots, y^{(m-1)}(x)\right).$$

Dem Anfangswertproblem für das System (2) mit den Anfangswerten

$$y_i(\xi) = \eta_i \in \mathbb{R} \quad \text{für} \quad i = 1, \ldots, m$$

entspricht das folgende **Anfangswertproblem für die Differentialgleichung m-ter Ordnung**

$$\begin{aligned}
y^{(m)}(x) &= f\left(x, y(x), y'(x), \ldots, y^{(m-1)}(x)\right), \\
y^{(i-1)}(\xi) &= \eta_i \quad \text{für} \quad i = 1, \ldots, m.
\end{aligned} \tag{3}$$

**Satz 1 (Existenz- und Eindeutigkeitssatz für Differentialgleichungen
höherer Ordnung).**
Voraussetzungen: *Die Funktion* $f = f(x, y_1, \ldots, y_m) : R \to \mathbb{R}$ *ist auf dem
Rechtflach*

$$R := \left\{ (x, y_1, \ldots, y_m) \in \mathbb{R}^{1+m} : |x - \xi| \le a,\ |y_i - \eta_i| \le b_i \text{ für } i = 1, \ldots, m \right\}$$

stetig und erfüllt $|f(x, y)| \le M$ *für alle* $(x, y) \in R$. *Dabei sind* $\xi \in \mathbb{R}$,
$\eta = (\eta_1, \ldots, \eta_m)^* \in \mathbb{R}^m$ *und* $a, b_1, \ldots, b_m \in (0, +\infty)$ *sowie* $M \in (0, +\infty)$
gewählt worden. Weiter erklären wir die Größen

$$M^* := \max\{M, b_2 + |\eta_2|, \ldots, b_m + |\eta_m|\} \text{ und } h := \min\left\{a, \frac{b_1}{M^*}, \ldots, \frac{b_m}{M^*}\right\}.$$

Behauptung: *Dann gibt es eine Funktion* $y = y(x) \in C^m\left((\xi - h, \xi + h)\right)$
mit der Eigenschaft

$$\left(x, y(x), y'(x), \ldots, y^{(m-1)}(x)\right) \in R \quad \textit{für alle} \quad x \in (\xi - h, \xi + h) \quad,$$

welche das Anfangswertproblem

$$y^{(m)}(x) = f\left(x, y(x), y'(x), \ldots, y^{(m-1)}(x)\right), \quad x \in (\xi - h, \xi + h)$$
$$y^{(i-1)}(\xi) = \eta_i, \quad i = 1, \ldots, m \tag{4}$$

für die Differentialgleichung m-ter Ordnung zu den Anfangswerten $\eta_1, \ldots, \eta_m$ löst.

Zusatz: *Genügt zusätzlich die rechte Seite f der Lipschitzbedingung*

$$|f(x, \tilde{y}_1, \ldots, \tilde{y}_m) - f(x, y_1, \ldots, y_m)| \le L \sum_{k=1}^{m} |\tilde{y}_k - y_k|$$
$$\textit{für alle Punkte} \quad (x, y_1, \ldots, y_m), (x, \tilde{y}_1, \ldots, \tilde{y}_m) \in R \tag{5}$$

mit einer Lipschitzkonstante $L \in (0, +\infty)$, so ist die Lösung des Anfangswertproblems (4) eindeutig bestimmt.

Beweis: Wir betrachten das dem AWP (4) zugehörige System

$$y_i'(x) = g_i(x, y_1, \ldots, y_m), \quad y_i(\xi) = \eta_i \quad \textit{für} \quad i = 1, \ldots, m$$

mit den rechten Seiten $g_i(\ldots) := y_{i+1}$ für $i = 1, \ldots, m - 1$ und $g_m := f(x, y_1, \ldots, y_m)$. Die Funktionen g_i sind in R stetig, und es gilt auf R die Ungleichung

$$|g_i| \le \max\left\{b_2 + |\eta_2|, \ldots, b_m + |\eta_m|, M\right\} = M^* \quad \textit{für} \quad i = 1, \ldots, m.$$

Somit liefert der Peanosche Existenzsatz eine Lösung des Systems auf dem Intervall $(\xi - h, \xi + h)$. Mit den obigen Vorbetrachtungen erhalten wir dann eine Lösung des AWP (4). Erfüllt nun f zusätzlich die Lipschitzbedingung (5), so folgt

$$|g_i(x, \tilde{y}_1, \ldots, \tilde{y}_m) - g_i(x, y_1, \ldots, y_m)| \le (L + 1) \sum_{k=1}^{m} |\tilde{y}_k - y_k|$$

für alle $(x, \tilde{y}_1, \ldots, \tilde{y}_m), (x, y_1, \ldots, y_m) \in R$ und $i = 1, \ldots, m$. Nach dem Eindeutigkeitssatz für Systeme erhalten wir dann auch Eindeutigkeit für das Anfangswertproblem höherer Ordnung. q.e.d.

Reduktion der Ordnung bei Differentialgleichungen

$$F\left(y, \frac{dy}{dx}, \ldots, \frac{d^m y}{dx^m}\right) = 0.$$

Ist $y'(x) \ne 0$ erfüllt, so können wir gemäß $x = x(y)$ auflösen. Wir erhalten dann

$$\frac{dy}{dx}\bigg|_{x(y)} = y'|_{x(y)} = p(y) \Rightarrow \frac{d^2y}{dx^2} = \frac{dp}{dy}\frac{dy}{dx} = \frac{dp}{dy}p \Rightarrow \ldots \Rightarrow$$

$$\frac{d^m y}{dx^m} = \Pi\left(p, \frac{dp}{dy}, \ldots, \frac{d^{m-1}p}{dy^{m-1}}\right) \quad \text{mit einem gewissen Polynom } \Pi$$

$$\Rightarrow 0 = \tilde{F}\left(y, p(y), \ldots, \frac{d^{m-1}p}{dy^{m-1}}\right).$$

In dieser Gleichung ist die Ordnung um eins reduziert. Haben wir $p = p(y)$ ermittelt, lösen wir dann $\dfrac{dy}{dx} = p(y)$ durch Trennung der Variablen. Man nennt diese **Differentialgleichungen** auch **autonom**, da sie die Variable x nicht explizit enthalten.

§9 Lineare Differentialgleichungen m-ter Ordnung

Auf dem kompakten Intervall $I := \{x \in \mathbb{R} : |x - \xi| \leq a\}$ um den Punkt $\xi \in \mathbb{R}$ von der halben Länge $a \in (0, +\infty)$ wählen die reellwertigen, stetigen Koeffizientenfunktionen

$$p_k(x) \in C^0(I, \mathbb{R}) \quad \text{für} \quad k = 0, 1, \ldots, m.$$

Dabei setzen wir $p_m(x) \neq 0$ für alle $x \in I$ voraus. Dann betrachten wir den reellen Vektorraum $C^m(I) := C^m(I, \mathbb{R})$ mit den Verknüpfungen

$$c \in \mathbb{R}, \, u, v \in C^m(I) \Rightarrow cu, \, u + v \in C^m(I).$$

Wir erklären nun den **linearen Differentialoperator m-ter Ordnung**

$$\mathcal{L} : C^m(I) \to C^0(I) \quad \text{vermöge}$$

$$\mathcal{L}(y)|_x := p_m(x)y^{(m)}(x) + p_{m-1}(x)y^{(m-1)}(x) + \ldots + p_0(x)y(x), \, x \in I. \tag{1}$$

Offenbar gilt die **Linearitätsregel**

$$\mathcal{L}(c \cdot u + d \cdot v) = c \cdot \mathcal{L}(u) + d \cdot \mathcal{L}(v) \quad \text{für alle } c, d \in \mathbb{R} \text{ und } u, v \in C^m(I). \tag{2}$$

Zu einer gegebenen rechten Seite $f(x) \in C^0(I)$ wollen wir nun alle Lösungen $y(x) \in C^m(I)$ von $\mathcal{L}(y) = f$ bestimmen. Zunächst berechnen wir alle Lösungen der **homogenen Gleichung** $\mathcal{L}(y) = 0$. Diese bilden – gemäß unserer nachfolgenden Untersuchungen – einen m-dimensionalen Vektorraum

$$\mathcal{U} := \{y \in C^m(I) : \mathcal{L}(y) = 0\}.$$

Wir bestimmen dann eine Lösung $y_0(x) \in C^m(I)$ der **inhomogenen Gleichung** $\mathcal{L}(y) = f$ mittels **Variation der Konstanten**. Wir erhalten schließlich die **Lösungsgesamtheit der inhomogenen Gleichung** in der Form $y_0(x) + y(x)$ mit $y(x) \in \mathcal{U}$.

Satz 1. *Sei der Vektor $\eta = (\eta_1, \ldots, \eta_m)^* \in \mathbb{R}^m$ gewählt, so sind die folgenden Aussagen äquivalent:*

1. Die Funktion $y(x) \in C^m(I)$ genügt dem Anfangswertproblem

$$\mathcal{L}(y) = f(x), \, x \in I \quad , \quad y^{(k-1)}(\xi) = \eta_k \text{ für } k = 1, \ldots, m.$$

2. Die Funktion $\hat{y}(x) = \left(y(x), y'(x), \ldots, y^{(m-1)}(x) \right)^* \in C^1\left(I, \mathbb{R}^m\right)$ genügt dem System

$$\hat{y}'(x) = P(x) \circ \hat{y}(x) + q(x) \quad , \quad \hat{y}(\xi) = \eta$$

mit der Matrix-Funktion

$$P(x) = \Big(p_{jk}(x) \Big)_{j,k=1,\ldots,m} = \begin{pmatrix} 0 & 1 & 0 & \cdots & & 0 \\ \vdots & \ddots & \ddots & \ddots & & \vdots \\ \vdots & & & \ddots & \ddots & 0 \\ 0 & \cdots & \cdots & 0 & & 1 \\ \dfrac{-p_0(x)}{p_m(x)} & \cdots & \cdots & \cdots & & \dfrac{-p_{m-1}(x)}{p_m(x)} \end{pmatrix} \quad (3)$$

und der Vektor-Funktion

$$q(x) := \left(0, \ldots, 0, \frac{f(x)}{p_m(x)} \right)^* \quad , \quad x \in I. \tag{4}$$

Beweis: Wir beachten zunächst

$$\mathcal{L}(y) = f(x) \quad \Leftrightarrow \quad p_m(x) y^{(m)}(x) + \ldots + p_0(x) y(x) = f(x) \quad \Leftrightarrow$$

$$y^{(m)}(x) = \frac{f(x)}{p_m(x)} - \frac{p_0(x)}{p_m(x)} y(x) - \ldots - \frac{p_{m-1}(x)}{p_m(x)} y^{(m-1)}(x) \tag{5}$$
$$=: f(x, y, \ldots, y^{(m-1)}).$$

Mit den Überlegungen zu Beginn von §8 erhalten wir für $\hat{y}(x)$ das folgende System

$$\begin{pmatrix} y(x) \\ y'(x) \\ \vdots \\ y^{(m-1)}(x) \end{pmatrix}' = \begin{pmatrix} 0 & 1 & 0 & \cdots & & 0 \\ \vdots & \ddots & \ddots & \ddots & & \vdots \\ \vdots & & & \ddots & \ddots & 0 \\ 0 & \cdots & \cdots & 0 & & 1 \\ \frac{-p_0}{p_m} & \cdots & \cdots & \cdots & & \frac{-p_{m-1}}{p_m} \end{pmatrix} \circ \begin{pmatrix} y(x) \\ y'(x) \\ \vdots \\ \vdots \\ y^{(m-1)}(x) \end{pmatrix} + \begin{pmatrix} 0 \\ \vdots \\ \vdots \\ 0 \\ \frac{f(x)}{p_m} \end{pmatrix}.$$
$$\tag{6}$$

Hieraus ersehen wir sofort die Behauptung Satzes.   q.e.d.

Definition 1. *Ein System von m Lösungen $\{y_1, \dots, y_m\}$ der Differentialglei-chung $\mathcal{L}(y) = 0$ heißt* **Fundamentalsystem von** $\mathcal{L}(y) = 0$, *wenn die Funk-tionen $y_1(x), \dots, y_m(x)$ im Intervall I linear unabhängig sind. Letzteres be-deutet, dass aus der Identität*

$$c_1 y_1(x) + \dots + c_m y_m(x) \equiv 0 \text{ in } I \quad \text{mit Konstanten} \quad c_1, \dots, c_m \in \mathbb{R}$$

die Aussage $c_1 = 0, \dots, c_m = 0$ folgt.

Definition 2. *Wir erklären die* **Wronskische Determinante** *des Systems $\{y_1, \dots, y_m\}$ durch*

$$W(x) = W(y_1, \dots, y_m)|_x := \begin{vmatrix} y_1(x) & \cdots & y_m(x) \\ y_1'(x) & \cdots & y_m'(x) \\ \vdots & & \vdots \\ y_1^{(m-1)}(x) & \cdots & y_m^{(m-1)}(x) \end{vmatrix}, \quad x \in I. \quad (7)$$

Bemerkung: Ist $\{y_1, \dots, y_m\}$ ein System von Lösungen von $\mathcal{L}(y) = 0$ im In-tervall I mit der Wronskischen Determinante $W(x) = W(y_1, \dots, y_m)\Big|_x$. Dann genügt diese der Differentialgleichung

$$\frac{d}{dx} W(x) = \begin{vmatrix} y_1(x) & \cdots & y_m(x) \\ y_1'(x) & \cdots & y_m'(x) \\ \vdots & & \vdots \\ y_1^{(m-2)}(x) & \cdots & y_m^{(m-2)}(x) \\ y_1^{(m)}(x) & \cdots & y_m^{(m)}(x) \end{vmatrix} = -\frac{p_{m-1}(x)}{p_m(x)} \cdot W(x), \quad x \in I. \quad (8)$$

Somit ist $W(x) \equiv 0$ in I genau dann erfüllt, wenn in einem Punkt $x_0 \in I$ die Aussage $W(x_0) = 0$ richtig ist.

Satz 2 (Wronskische Determinante).

Die Funktionen $y_1, \dots, y_m$ der Klasse $C^m(I)$ seien Lösungen der Differenti-algleichung $\mathcal{L}(y) = 0$ in I, und sei $x_0 \in I$ beliebig gewählt.
Dann ist $\{y_1, \dots, y_m\}$ ein Fundamentalsystem von $\mathcal{L}(y) = 0$ genau dann, wenn $W(y_1, \dots, y_m)|_{x=x_0} \neq 0$ gilt.

Beweis:
„$\Rightarrow$" Wäre $W(x_0) = 0$ erfüllt, so existiert ein Vektor

$$c = (c_1, \dots, c_m)^* \in \mathbb{R}^m \setminus \{0\} \quad \text{mit der Eigenschaft} \quad Y(x_0) \circ c = 0.$$

Dabei haben wir die Matrix-Funktion

$$Y(x) := \left(y_k^{(j-1)}(x) \right)_{j,k=1,\dots,m}, \quad x \in I \quad (9)$$

erklärt. Also löst $\Phi(x) := Y(x) \circ c : I \to \mathbb{R}^m$ das lineare Anfangswertproblem

$$\Phi'(x) = Y'(x) \circ c = P(x) \circ Y(x) \circ c = P(x) \circ \Phi(x) \quad , \quad x \in I$$
$$\Phi(x_0) = Y(x_0) \circ c = 0. \tag{10}$$

Somit liefert der Eindeutigkeitssatz für Differentialgleichungssysteme

$$\Phi(x) = 0 \quad \text{bzw.} \quad c_1 y_1(x) + \ldots + c_m y_m(x) = 0 \quad \text{für alle} \quad x \in I.$$

Also ist $\{y_1, \ldots, y_m\}$ kein Fundamentalsystem – im Widerspruch zur Voraussetzung!

„$\Leftarrow$" Wäre $\{y_1, \ldots, y_m\}$ kein Fundamentalsystem, dann existiert ein Vektor $c = (c_1, \ldots, c_m)^* \in \mathbb{R}^m \setminus \{0\}$ mit der Eigenschaft

$$0 = c_1 y_1(x) + \ldots + c_m y_m(x) \quad , \quad x \in I.$$

Eine $(m-1)$-fache Differentiation liefert für alle $x \in I$ die $m-1$ Gleichungen

$$0 = c_1 y_1'(x) + \ldots + c_m y_m'(x), \ldots, 0 = c_1 y_1^{(m-1)}(x) + \ldots + c_m y_m^{(m-1)}(x).$$

Wir erhalten die Matrix-Identität $Y(x_0) \circ c = 0$ mit einem Vektor $c \in \mathbb{R}^m \setminus \{0\}$, und es folgt $W(x_0) = \det Y(x_0) = 0$ – im Widerspruch zur Voraussetzung! q.e.d.

Satz 3 (Fundamentalsystem).

1. *Es gibt ein Fundamentalsystem $\{y_1, \ldots, y_m\}$ der homogenen, linearen Differentialgleichung m-ter Ordnung $\mathcal{L}(y) = 0$.*
2. *Jede Lösung $y = y(x) \in C^m(I)$ von $\mathcal{L}(y) = 0$ lässt sich in der Form*

$$y(x) = c_1 y_1(x) + \ldots + c_m y_m(x) \quad , \quad x \in I$$

mit gewissen Konstanten $c_1, \ldots, c_m \in \mathbb{R}$ darstellen. Somit folgt

$$\mathcal{U} = \{y(x) = c_1 y_1(x) + \ldots + c_m y_m(x) : \ c_1, \ldots, c_m \in \mathbb{R}\}.$$

Beweis:

1. Mit der Matrix-Funktion (3) lösen wir zu den Einheitsvektoren

$$\overset{j}{e} := (\delta_{1j}, \ldots, \delta_{mj})^* \in \mathbb{R}^m \quad \text{für} \quad j = 1, \ldots, m$$

die folgenden Anfangswertprobleme

$$\overset{j}{y}(x) \in C^1(I, \mathbb{R}^m) \text{ mit } \overset{j}{y}'(x) = P(x) \circ \overset{j}{y}(x), x \in I \text{ und } \overset{j}{y}(\xi) = \overset{j}{e} \tag{11}$$

über den Satz 1 aus § 7. Wir fassen dann diese Lösungen zu einer Matrix-Funktion zusammen, welche das folgende Anfangswertproblem löst:

$$Y(x) := \left(\overset{1}{y}(x), \ldots, \overset{m}{y}(x) \right) \in C^1(I, \mathbb{R}^{m \times m})$$

$$\text{mit } Y'(x) = P(x) \circ Y(x), \ x \in I \text{ und } Y(\xi) = E := \left(\delta_{ij} \right)_{i,j=1,\ldots,m}.$$

(12)

Wir definieren die ersten Komponentenfunktionen

$$y_j(x) := \overset{j}{y}_1(x), \ x \in I \quad \text{für} \quad j = 1, \ldots, m \quad , \tag{13}$$

welche gemäß Satz 1 die homogene Differentialgleichung lösen. Weiter bilden $\{y_1, \ldots, y_m\}$ ein Fundamentalsystem von $\mathcal{L}(y) = 0$ wegen Satz 2 und $W(\xi) = \det Y(\xi) = \det E = 1$.

2. Wir hatten $Y(x)$, $x \in I$ aus (12) die Fundamentallösung des homogenen Differentialgleichungssystems genannt, welches den Lösungsraum

$$\mathcal{V} := \{\tilde{y}(x) \in C^1(I, \mathbb{R}^m) : \tilde{y}'(x) = P(x) \circ \tilde{y}(x), \ x \in I\}$$

besitzt. Ist nun $y(x)$ eine beliebige Lösung von $\mathcal{L}(y) = 0$, so liegt die Funktion $\hat{y}(x) := \left(y(x), y'(x), \ldots, y^{(m-1)}(x) \right)^*$ im Lösungsraum $\mathcal{V}$. Also gibt es nach Satz 2 aus § 7 einen Vektor $(c_1, \ldots, c_m) \in \mathbb{R}^m$, so dass

$$\hat{y}(x) = c_1 \overset{1}{y}(x) + \ldots + c_m \overset{m}{y}(x) \quad , \quad x \in I \tag{14}$$

und folglich

$$y(x) = c_1 y_1(x) + \ldots + c_m y_m(x) \quad , \quad x \in I \tag{15}$$

richtig ist.   q.e.d.

Satz 4 (Variation der Konstanten).
Sei $\{y_1, \ldots, y_m\}$ ein Fundamentalsystem der Differentialgleichung $\mathcal{L}(y) = 0$. Dann lässt sich die allgemeine Lösung der Differentialgleichung $\mathcal{L}(y) = f(x)$ in der Form

$$y(x) = \sum_{k=1}^{m} c_k y_k(x) + \sum_{k=1}^{m} \left[y_k(x) \left(\int_{\xi}^{x} \left\{ \frac{z_k(t)}{W(t)} \frac{f(t)}{p_m(t)} \right\} dt \right) \right], \ x \in I \tag{16}$$

mit Konstanten $c_1, \ldots, c_m \in \mathbb{R}$ darstellen. Dabei ist der Faktor

$$z_k(t) := (-1)^{m+k} W(y_1, \ldots, y_{k-1}, y_{k+1}, \ldots, y_m)|_t \ \text{für } k = 1, \ldots, m \tag{17}$$

durch die reduzierte Wronski-Determinante erklärt. Der erste Summand in (16) stellt die **allgemeine Lösung der homogenen Gleichung** *dar, und der zweite gibt eine* **partikuläre Lösung der inhomogenen Gleichung** *an.*

Beweis: Aus dem Fundamentalsystem bilden wir die Fundamentallösung

$$Y(x) := \left(y_k^{(j-1)}(x) \right)_{j,k=1,\ldots,m} \quad \text{mit } Y'(x) = P(x) \circ Y(x), \ x \in I. \tag{18}$$

Gemäß Satz 1 gilt $\mathcal{L}(y) = f(x)$ genau dann, wenn die Funktion $\Phi(x) = \left(y(x), y'(x), \ldots, y^{(m-1)}(x) \right)^*$ das System $\Phi'(x) = P(x) \circ \Phi(x) + q(x), \ x \in I$ löst. Letzeres können wir vollständig mittels Satz 3 aus §7 über inhomogene Differentialgleichungssysteme lösen. Wir ermitteln jedoch direkt eine Lösung der inhomogenen Gleichung durch den **Ansatz der Variation der Konstanten**

$$\Phi(x) = Y(x) \circ c(x) \quad \text{mit} \quad c(x) = (c_1(x), \ldots, c_m(x))^*, \ x \in I. \tag{19}$$

Damit erhalten wir

$$P(x) \circ \Phi(x) + q(x) = \Phi'(x) = (Y(x) \circ c(x))'$$

$$= Y'(x) \circ c(x) + Y(x) \circ c'(x) = P(x) \circ Y(x) \circ c(x) + Y(x) \circ c'(x) \tag{20}$$

$$\text{beziehungsweise} \quad Y(x) \circ c'(x) = q(x) \quad \text{für alle} \quad x \in I.$$

Dieses lineare Gleichungssystem lösen wir mit der Cramerschen Regel und erhalten

$$c_k'(x) = (-1)^{k+m} \frac{f(x)}{p_m(x)} \frac{W(y_1, \ldots, y_{k-1}, y_{k+1}, \ldots, y_m)}{W(y_1, \ldots, y_m)} \quad \text{in} \quad I \tag{21}$$

für $k = 1, \ldots, m$. Hieraus folgt durch Integration die Behauptung.   q.e.d.

Bemerkungen:

1. **Das d'Alembertsche Verfahren der Reduktion der Ordnung**
   Haben wir bereits eine nullstellenfreie Lösung $u = u(x) \in C^m(I)$ der homogenen Differentialgleichung $\mathcal{L}(u) = 0$ mit $u(x) \neq 0, \ x \in I$ gefunden, so leiten wir mit einem **Produktansatz** $y(x) = u(x)v(x), \ x \in I$ eine Differentialgleichung $(m-1)$-ter Ordnung für deren Ableitung $v'(x)$ her. Hierzu berechnen wir zunächst

$$y^{(k)}(x) = \sum_{l=0}^{k} \binom{k}{l} v^{(l)}(x) u^{(k-l)}(x) \quad \text{für} \quad k = 0, \ldots, m$$

und ermitteln dann

$$0 = \mathcal{L}(y) = \sum_{k=0}^{m} p_k(x) y^{(k)}(x) = \sum_{k=0}^{m} p_k(x) \left(\sum_{l=0}^{k} \binom{k}{l} v^{(l)}(x) u^{(k-l)}(x) \right)$$

$$= \sum_{k=0}^{m} p_k(x) \left(\sum_{l=1}^{k} \binom{k}{l} u^{(k-l)}(x) v^{(l)}(x) \right) =: \tilde{\mathcal{L}}(v'(x)). \tag{22}$$

Hierbei stellt $\tilde{\mathcal{L}}$ einen linearen Differentialoperator $(m-1)$-ter Ordnung angewandt auf die Funktion $v'(x)$ dar.

2. Wenn die Koeffizienten der Differentialgleichung lokal in Potenzreihen ent-
    wickelbar sind, ist auch die Lösung der Differentialgleichung als Potenzrei-
    he darstellbar. Wir haben dann nur die Koeffizienten dieser Potenzreihe
    zu bestimmen, wenn wir einen **Potenzreihenansatz** machen.

Wir behandeln hierzu das folgende *Beispiel:* **Die Besselsche Differentialgleichung**

Die Untersuchung der Eigenschwingungen einer kreisförmigen Membran führt
für die radiale Komponente der Schwingung auf die folgende Differentialgleichung

$$x^2 y''(x) + x y'(x) + (x^2 - n^2) y(x) = 0, \quad 0 < x < +\infty \tag{23}$$

mit $n \in \{0, 1, 2, \ldots\}$. Wir wollen eine Lösung für diese Differentialgleichung ermitteln. Hierzu setzen wir die Potenzreihe $y(x) = \sum\limits_{\nu=0}^{\infty} a_\nu x^\nu$ mit unbestimmten

$a_\nu \in \mathbb{R}$ in (23) ein und erhalten

$$0 = \sum_{\nu=2}^{\infty} \nu(\nu-1) a_\nu x^\nu + \sum_{\nu=1}^{\infty} \nu a_\nu x^\nu - n^2 \sum_{\nu=0}^{\infty} a_\nu x^\nu + \sum_{\nu=2}^{\infty} a_{\nu-2} x^\nu. \tag{24}$$

Mittels Koeffizientenvergleich ist diese Gleichung äquivalent zu

$$-n^2 a_0 = 0, \quad (1 - n^2) a_1 = 0,$$

$$(\nu^2 - n^2) a_\nu + a_{\nu-2} = 0 \quad \text{für} \quad \nu = 2, 3, 4, \ldots \tag{25}$$

Wir erhalten die Rekursionsformel

$$a_\nu = -\frac{1}{\nu^2 - n^2} a_{\nu-2} \quad \text{für} \quad \nu = 2, 3, 4, \ldots, n-1, n+1, n+2, \ldots. \tag{26}$$

Setzen wir $a_n = a \in \mathbb{R}$, so folgt

$$a_{n+2\mu} = \frac{(-1)^\mu a}{\prod\limits_{h=1}^{\mu} \left((n+2h)^2 - n^2\right)} = \frac{(-1)^\mu a}{2^{2\mu} \mu! \prod\limits_{h=1}^{\mu} (n+h)} \quad \text{für} \quad \mu = 0, 1, 2, \ldots,$$

$$\tag{27}$$

während alle übrigen Koeffizienten der Potenzreihe verschwinden. Somit
genügt die Funktion

$$y(x) = a x^n \sum_{\mu=0}^{\infty} \frac{(-1)^\mu x^{2\mu}}{2^{2\mu} \mu! (n+1) \cdot (n+2) \cdot \ldots \cdot (n+\mu)} \tag{28}$$

der Besselschen Differentialgleichung (23), wobei $a \in \mathbb{R}$ beliebig ist.

§10 Lineare Differentialgleichungen mit konstanten Koeffizienten

Wir wollen zum Abschluss dieses Kapitels *lineare Differentialgleichungen m-ter Ordnung mit konstanten Koeffizienten* behandeln. Seien hierzu die Koeffizienten $p_k \in \mathbb{R}$ für $0, 1, \ldots, m$ mit $p_m \neq 0$ sowie $m \in \mathbb{N}$ gewählt und der lineare Differentialoperator wie folgt gegeben:

$$\mathcal{L} : C^m(\mathbb{R}, \mathbb{C}) \to C^0(\mathbb{R}, \mathbb{C}) \text{ vermöge}$$

$$\mathcal{L}(y)|_x := p_m y^{(m)}(x) + p_{m-1} y^{(m-1)}(x) + \ldots + p_1 y'(x) + p_0 y(x), x \in \mathbb{R}. \tag{1}$$

Definition 1. *Wir nennen*

$$p(\zeta) := p_m \zeta^m + p_{m-1} \zeta^{m-1} + \ldots + p_1 \zeta + p_0 \,, \quad \zeta \in \mathbb{C}$$

das zu $\mathcal{L}$ gehörige **charakteristische Polynom**.

Offenbar gilt die Aussage

$$\mathcal{L}\left(e^{\zeta x}\right) = p(\zeta) e^{\zeta x} \quad , \quad x \in \mathbb{R} \quad \text{und} \quad \zeta \in \mathbb{C}. \tag{2}$$

Sind also $\lambda_1, \ldots, \lambda_n \in \mathbb{C}$ die $1 \leq n \leq m$ paarweise verschiedenen Nullstellen des Polynoms $p(\zeta)$, so erhalten wir mit den Funktionen

$$e^{\lambda_1 x}, \ldots, e^{\lambda_n x}$$

dann n verschiedene Lösungen der Differentialgleichung $\mathcal{L}(y) = 0$. Nun seien $k_1, \ldots, k_n \in \mathbb{N}$ die Vielfachheiten der Nullstellen $\lambda_1, \ldots, \lambda_n$ mit $k_1 + \ldots + k_n = m$, also gelte

$$p(\zeta) = p_m (\zeta - \lambda_1)^{k_1} \cdot \ldots \cdot (\zeta - \lambda_n)^{k_n}, \, \zeta \in \mathbb{C}. \tag{3}$$

Für $\zeta \in \mathbb{C}$ und $q = 0, 1, 2, \ldots$ berechnen wir für alle $x \in \mathbb{R}$ die Gleichung

$$\mathcal{L}\left(x^q e^{\zeta x}\right) = \mathcal{L}\left(\left(\frac{\partial}{\partial \zeta}\right)^q e^{\zeta x}\right) = \sum_{j=0}^m p_j \left(\frac{\partial}{\partial x}\right)^j \left(\left(\frac{\partial}{\partial \zeta}\right)^q e^{\zeta x}\right)$$

$$= \left(\frac{\partial}{\partial \zeta}\right)^q \sum_{j=0}^m p_j \left(\frac{\partial}{\partial x}\right)^j e^{\zeta x} = \left(\frac{\partial}{\partial \zeta}\right)^q \mathcal{L}\left(e^{\zeta x}\right) = \left(\frac{\partial}{\partial \zeta}\right)^q \left\{p(\zeta) e^{\zeta x}\right\}. \tag{4}$$

Für $j = 1, \ldots, n$ enthält $p(\zeta) e^{\zeta x}$ den Faktor $(\zeta - \lambda_j)^{k_j}$ und die Produktregel liefert

$$\mathcal{L}(x^q e^{\lambda_j x}) = \left(\frac{\partial}{\partial \zeta}\right)^q \left\{p(\zeta) e^{\zeta x}\right\}\bigg|_{\zeta = \lambda_j} = 0 \quad \text{für} \quad q = 0, 1, \ldots, k_j - 1. \tag{5}$$

Mit den Funktionen

$$y_{11}(x) = e^{\lambda_1 x} \, , \, y_{12}(x) = x e^{\lambda_1 x} \, , \, \ldots \, , \, y_{1k_1}(x) = x^{k_1 - 1} e^{\lambda_1 x} \, , \, x \in \mathbb{R}$$

$$\vdots \qquad\qquad\qquad\qquad\qquad\qquad\qquad\qquad\qquad \vdots \qquad (6)$$

$$y_{n1}(x) = e^{\lambda_n x} \, , \, y_{n2}(x) = x e^{\lambda_n x} \, , \, \ldots \, , \, y_{nk_n}(x) = x^{k_n - 1} e^{\lambda_n x} \, , \, x \in \mathbb{R}$$

erhalten wir m Lösungen der homogenen Differentialgleichung $\mathcal{L}(y) = 0$.

Satz 1 (Komplexes Fundamentalsystem).

Die in (6) erklärten Lösungen $\{y_{11}, \ldots, y_{1k_1}, \ldots, y_{n1}, \ldots, y_{nk_n}\}$ der Differentialgleichung $\mathcal{L}(y) = 0$ sind komplex linear unabhängig.

Beweis: 1.) Wir zeigen zunächst, dass es zu den paarweise verschiedenen Zahlen $\lambda_1, \ldots, \lambda_n \in \mathbb{C}$ einen Index $k \in \{1, \ldots, n\}$ und eine Zahl $\xi \in \mathbb{C} \setminus \{0\}$ gibt, so dass $\mathrm{Re}\,[(\lambda_j - \lambda_k)\xi] > 0$ für alle $j \neq k$ erfüllt ist. Hierzu betrachten wir die ebene, konvexe Menge

$$K := \left\{ z \in \mathbb{C} : z = \sum_{k=1}^{n} \mu_k \lambda_k \text{ mit } \mu_k \in [0,1] \text{ und } \sum_{k=1}^{n} \mu_k = 1 \right\}.$$

Offenbar gibt es ein $k \in \{1, \ldots, n\}$ und eine Halbebene

$$H := \{ z \in \mathbb{C} : \mathrm{Re}\,[(z - \lambda_k)\xi] > 0 \}$$

oberhalb einer Gerade durch den Punkt λ_k senkrecht zum Vektor $\overline{\xi} \in \mathbb{R}^2 \setminus \{0\}$, so dass $K \cap \{\mathbb{C} \setminus H\} = \{\lambda_k\}$ erfüllt ist. Somit folgt $\lambda_j \in H$ für alle $j \neq k$ und schließlich $\mathrm{Re}\,[(\lambda_j - \lambda_k)\xi] > 0$ für $j = 1, \ldots, k-1, k+1, \ldots, n$.
2.) Wir zeigen nun indirekt, dass die Funktionen $\{y_{11}, \ldots, y_{nk_n}\}$ linear unabhängig sind. Wären sie nämlich linear abhängig, so gäbe es Polynome $P_1(x), \ldots, P_n(x)$, die nicht alle identisch verschwinden und

$$P_1(x) e^{\lambda_1 x} + \ldots + P_n(x) e^{\lambda_n x} = 0 \quad \text{für alle} \quad x \in \mathbb{R}$$

erfüllen. Wir können o.B.d.A. davon ausgehen, dass alle Polynome nicht identisch verschwinden und beachten

$$P_1(z) e^{\lambda_1 z} + \ldots + P_n(z) e^{\lambda_n z} \equiv 0 \quad \text{für alle} \quad z \in \mathbb{C}. \qquad (7)$$

Wählen wir nun gemäß dem Teil 1.) einen Index $k \in \{1, \ldots, n\}$ und eine Zahl $\xi \in \mathbb{C} \setminus \{0\}$, so betrachten wir die Identität

$$0 = P_1(\xi t) e^{(\lambda_1 - \lambda_k)\xi t} + \ldots + P_k(\xi t) + \ldots + P_n(\xi t) e^{(\lambda_n - \lambda_k)\xi t}, \, t \in \mathbb{R}. \quad (8)$$

Wegen $\mathrm{Re}\,[(\lambda_j - \lambda_k)\xi] > 0$ für $j = 1, \ldots, k-1, k+1, \ldots, n$ erhalten wir aus (8) für $t \to -\infty$ die Beziehung $\lim\limits_{t \to -\infty} P_k(\xi t) = 0$. Somit folgt die Aussage $P_k \equiv 0$ – im Widerspruch zur obigen Annahme. q.e.d.

Bemerkungen:

1. Als Realteile von den komplexen Linearkombinationen der Funktionen (6) erhalten wir ein Fundamentalsystem der homogenen Gleichung $\mathcal{L}(y) = 0$.
2. Betrachten wir zur konstanten Matrix P aus (3) in §9 die Fundamentallösung $Y(x) := \mathrm{Exp}\,(Px)$, $x \in \mathbb{R}$ des homogenen Systems

$$Y'(x) = P \circ Y(x) \quad , \quad x \in \mathbb{R} \quad ,$$

so werden wir zum Funktionensystem (6) über die Jordansche Normalform wie in §7 hingeführt.
3. Nachdem wir ein Fundamentalsystem für die lineare Differentialgleichung mit konstanten Koeffizienten gefunden haben, können wir gemäß Satz 4 in §9 mittels Variation der Konstanten eine Lösung der inhomogenen Gleichung ermitteln.
4. Wenn die rechte Seite der Gleichung eine spezielle Gestalt hat, kann man mit einem Ansatz vom Typ der rechten Seite eine partikuläre Lösung der inhomogenen Differentialgleichung finden.

Satz 2 (Ansatz vom Typ der rechten Seite).
Sei wie oben ein linearer Differentialoperator m-ter Ordnung $\mathcal{L}$ mit konstanten Koeffizienten gegeben. Weiter habe die rechte Seite die Form $f(x) = \varphi(x)e^{\mu x}$. Dabei ist φ ein Polynom vom Grade $M \in \mathbb{N} \cup \{0\}$ und $\mu \in \mathbb{C}$ eine Nullstelle der Ordnung $k \in \mathbb{N} \cup \{0\}$ des charakteristischen Polynoms $p(\zeta)$. Dann besitzt die inhomogene Differentialgleichung $\mathcal{L}(y) = f(x)$ eine spezielle Lösung der Gestalt

$$y(x) = x^k(a_0 + a_1 x + \ldots + a_M x^M)e^{\mu x}, \; x \in \mathbb{R}$$

mit geeigneten Koeffizienten $a_0, a_1, \ldots, a_M \in \mathbb{C}$.

Beweis: Mit Hilfe von Formel (5) berechnen wir für $q = k, \ldots, M + k$:

$$\mathcal{L}\left(x^q e^{\mu x}\right) = \left(\frac{\partial}{\partial \zeta}\right)^q \left\{p(\zeta)e^{\zeta x}\right\}\bigg|_{\zeta = \mu} = \sum_{l=0}^{q} \binom{q}{l} p^{(l)}(\mu)e^{\mu x} x^{q-l}$$

$$= \sum_{l=k}^{q} \binom{q}{l} p^{(l)}(\mu)e^{\mu x} x^{q-l} = \binom{q}{k} p^{(k)}(\mu)e^{\mu x} x^{q-k} + \ldots.$$

Da $p^{(k)}(\mu) \neq 0$ erfüllt ist, können wir Koeffizienten $a_0, a_1, \ldots, a_M \in \mathbb{C}$ so finden, dass

$$\mathcal{L}\left(x^k \left(a_0 + a_1 x + \ldots + a_M x^M\right) e^{\mu x}\right) = e^{\mu x}\varphi(x), \; x \in \mathbb{R}$$

erfüllt ist.   q.e.d.

Bemerkungen:

1. Die Koeffizienten $a_0, a_1, \ldots, a_M \in \mathbb{C}$ werden durch Einsetzen in die inhomogene Differentialgleichung und Koeffizientenvergleich bestimmt.

2. Für die lineare Differentialgleichung $\mathcal{L}(y) = f$ mit einer reellen rechten Seite ist mit einer Lösung $y(x)$ auch $\overline{y(x)}$ eine Lösung dieser Differentialgleichung. Somit lösen auch die Funktionen $\operatorname{Re} y(x)$ und $\operatorname{Im} y(x)$ die Differentialgleichung. Mit einer komplexwertigen Lösung erhalten wir also zwei reellwertige Lösungen $\operatorname{Re} y(x)$ und $\operatorname{Im} y(x)$.

§11 Aufgaben zum Kapitel VI

1. Die Differentialgleichung

$$\sinh(x^2+y)+2x^2\cosh(x^2+y)+x\cosh(x^2+y)\cdot y'(x) = 0, \ (x,y) \in \mathbb{R}^2, \ x > 0$$

ist im angegebenen Gebiet exakt. Geben Sie explizit die Gesamtheit ihrer Lösungen an!

2. Gegeben sei die Differentialgleichung

$$y \cdot (\log y + x + 2x\log x) + xy' = 0, \ x > 0, \ y > 0.$$

Mit Hilfe eines Multiplikators der Form $M = M(y)$ bestimme man die Lösungsgesamtheit.

3. Weisen Sie nach, dass die Differentialgleichung

$$1 + 2x(x + y) + 2x(x + y)y' = 0, \ 0 < x \le e$$

einen Multiplikator der Form $M = M(x+y)$ besitzt. Bestimmen Sie dann diejenige Lösung der Differentialgleichung, welche die Anfangsbedingung $y(1) = 0$ erfüllt.

4. Man bestimme die Lösungsgesamtheit der Differentialgleichung

$$y' + \frac{1}{x\log x}y - \frac{1}{\log x} = 0, \ x > 1.$$

5. Bestimmen Sie alle Lösungen der Bernoullischen Differentialgleichung

$$xy'\log x + y \cdot (xy - 1) = 0, \ x > 1.$$

6. Man zeige, dass die Funktion $y_1(x) := \frac{1}{x^2}$, $x > 1$ eine Lösung der homogenen linearen Differentialgleichung

$$x^2(1 - x)y'' + 2x(2 - x)y' + 2(1 + x)y = 0, \ x > 1$$

ist; bestimmen Sie dann alle Lösungen dieser Differentialgleichung. Ferner gebe man diejenige ihrer Lösungen an, welche die Anfangsbedingungen $y(2) = 0$, $y'(2) = 1$ erfüllt.

7. Von folgender Differentialgleichung bestimme man die Lösungsgesamtheit

$$y'' - 6y' + 9y = 54\cos(3x) + 6\exp(3x).$$

8. Man bestimme die Lösungsgesamtheit der inhomogenen linearen Differentialgleichung

$$y'' - y = \frac{2\exp x}{\exp x - 1}, \ x \neq 0.$$

VII

Eindimensionale Variationsrechnung

Beginnen wir mit einem Zitat eines Mathematikers, dessen inspirierende Vorlesungen über Algebra und Differentialgeometrie in den 1970er Jahren an der Universität Göttingen dem Autor dieses Lehrbuchs immer in dankbarer Erinnerung bleiben werden, nämlich von

Martin KNESER: *Wenn wir in der Mathematik alles in seiner historischen Reihenfolge behandeln wollten, so kämen wir nie zum Ziel*.

In diesem Sinne wollen wir die Theorie der gewöhnlichen Differentialgleichungen aus Kapitel VI nutzen, um unseren Lesern schon früh eine Vorstellung vom n-dimensionalen Riemannschen Raum zu vermitteln; dieser ist für unser modernes Weltbild unverzichtbar. Wir überspringen in der Differentialgeometrie die Theorie von Flächen im Euklidischen Raum und widmen uns *direkt* dem Studium der Geodätischen bezüglich einer vorgegebenen Riemannschen Metrik – also ihrer kürzesten Verbindungen.

Zunächst leiten wir in § 1 die Euler-Lagrange-Gleichungen und das Hamiltonsche System eines Variationsfunktionals her. Dann lösen wir letzteres im Rahmen der sogenannten *indirekten Variationsmethoden* als parameterabhängiges Anfangswertproblem von Systemen gewöhnlicher Differentialgleichungen in § 3. Darauf gründet sich die Weierstraßsche Feldtheorie und Hilberts invariantes Integral in § 2 – § 4 zur Beantwortung der zentralen Frage, ob eine Geodätische ein Minimum des Riemannschen Längenfunktionals und des assoziierten Energiefunktionals liefert oder nicht?

Den Begriff der Krümmung einer Kurve und der Schnittkrümmung des Riemannschen Raumes erklären wir in § 5 mittels kovarianter Ableitung. Diesen fundamentalen Begriff im Riemannschen Raum behandeln wir explizit in § 5. Schließlich präsentieren wir in § 6 und § 7 die Jacobische Theorie konjugierter Punkte auf einer Geodätischen, die über den minimierenden Charakter ihrer Bögen entscheidet. Wir werden dabei auf ein kleinstes Eigenwertproblem von J.C.F. Sturm geführt, das angemessen mit sogenannten *direkten Variationsmethoden* behandelt wird.

F. Sauvigny, *Analysis*, Springer-Lehrbuch, DOI: 10.1007/978-3-642-41507-4_7,
@ Springer-Verlag Berlin Heidelberg 2014

§1 Eulersche Gleichungen und Hamiltonsches System

Wir werden in den ersten beiden Abschnitten den Phasenraum auf dem ganzen $\mathbb{R}^n$ erklären; und unseren Lesern wird es nicht schwer fallen, ab dem §3 den Phasenraum auf offene Teilmengen des $\mathbb{R}^n$ einzuschränken. Somit betrachten wir zu fester Dimension $n \in \mathbb{N}$ den **erweiterten Phasenraum**

$$\widehat{\mathbb{P}} := \mathbb{R}^{1+2n} := \left\{ (t,x,p) = (t,x_1,\ldots,x_n,p_1,\ldots,p_n) \,\middle|\, t \in \mathbb{R},\ x \in \mathbb{R}^n,\ p \in \mathbb{R}^n \right\},$$

auf dem wir die **Lagrangefunktion**

$$F = F(t,x,p) : \widehat{\mathbb{P}} \to \mathbb{R} \in C^2(\widehat{\mathbb{P}})$$

erklären. Für beliebige Kurven

$$X = X(t) := \left(x_1(t),\ldots,x_n(t) \right) : \overline{I} \to \mathbb{R}^n \in C^2(\overline{I},\mathbb{R}^n)$$

auf dem Abschluss des Intervalls $I = (a,b)$ mit $-\infty < a < b < +\infty$ als Grenzen definieren wir das **Integralfunktional**

$$\mathcal{F}(X) := \int_a^b F(t,X(t),X'(t))\,dt \quad .$$

Definition 1. *Die Kurve $X \in C^2(I,\mathbb{R}^n)$ besitzt die **lokale Minimaleigenschaft bzgl. des Funktionals** $\mathcal{F}$, falls für alle Testfunktionen*

$$\Phi = \left(\varphi_1(t),\ldots,\varphi_n(t) \right) : \overline{I} \to \mathbb{R}^n \in C_0^\infty(I,\mathbb{R}^n) \tag{1}$$

ein $\omega = \omega(\Phi) > 0$ existiert, so dass die folgende Ungleichung erfüllt ist:

$$\mathcal{F}(X) \le \mathcal{F}(X + \epsilon\Phi) \quad \textit{für alle} \quad -\omega(\Phi) \le \epsilon \le +\omega(\Phi) \quad . \tag{2}$$

*Wir sprechen X dann auch als **lokalen $\mathcal{F}$-Minimierer** an.*

Ein lokaler $\mathcal{F}$-Minimierer X erfüllt nach partieller Integration die folgende Bedingung:

$$\begin{aligned}
0 &= \frac{d}{d\epsilon}\mathcal{F}(X + \epsilon\Phi)\Big|_{\epsilon=0} \\
&= \frac{d}{d\epsilon}\int_a^b F(t,x_1(t)+\epsilon\varphi_1(t),\ldots,x_n+\epsilon\varphi_n,x_1'+\epsilon\varphi_1',\ldots,x_n'+\epsilon\varphi_n')\,dt\Big|_{\epsilon=0} \\
&= \int_a^b \left(\sum_{i=1}^n F_{x_i}(t,X(t),X'(t))\varphi_i(t) + \sum_{i=1}^n F_{p_i}(t,X(t),X'(t))\varphi_i'(t) \right) dt \\
&= \int_a^b \sum_{i=1}^n \left(F_{x_i}(t,X(t),X'(t)) - \frac{d}{dt}F_{p_i}(t,X(t),X'(t)) \right)\varphi_i(t)\,dt
\end{aligned}$$

für alle Testfunktionen $\Phi = \left(\varphi_1,\ldots,\varphi_n \right) \in C_0^\infty(I,\mathbb{R}^n)$.

$$\tag{3}$$

Hilfssatz 1. (Fundamentallemma der Variationsrechnung) *Auf dem offenen Intervall* $I = (a, b)$ *mit* $-\infty < a < b < +\infty$ *sei die stetige Funktion* $g = (g_1(t), \dots, g_n(t)) : I \to \mathbb{R}^n$ *gegeben, welche die folgende Integralrelation erfülle:*

$$\int_a^b \left(\sum_{i=1}^n g_i(t)\varphi_i(t) \right) dt = 0 \quad \text{für alle} \quad \Phi = \left(\varphi_1(t), \dots, \varphi_n(t) \right) \in C_0^\infty(I, \mathbb{R}^n).$$
(4)

Dann gilt $g_1 \equiv 0, \dots, g_n \equiv 0$ *in* I.

Beweis: Wie zu Beginn von §6 aus Kapitel V in (5) und (6) beschrieben, können wir eine nichtnegative Testfunktion $\varrho = \varrho(t) \in C_0^\infty(\mathbb{R})$ mit dem Träger $supp(\varrho) = [-1, 1]$ konstruieren, welche gemäß $\int_{-1}^{+1} \varrho(t)dt = 1$ normiert sei. Wir wählen nun einen beliebigen Punkt $\tau \in I$ und erklären für hinreichend kleine $\epsilon > 0$ die Testfunktionen $\rho_\epsilon(t) \in C_0^\infty(I, \mathbb{R})$ durch

$$\rho_\epsilon(t) := \epsilon^{-1} \varrho\left(\frac{t - \tau}{\epsilon} \right), \, t \in I.$$
(5)

Für beliebige Vektoren $\gamma = (\gamma_1, \dots, \gamma_n) \in \mathbb{R}^n$ erhalten wir zulässige Testfunktionen der Klasse $C_0^\infty(I, \mathbb{R}^n)$ mit

$$\Phi_\epsilon(t) = \left(\varphi_1^\epsilon(t), \dots, \varphi_n^\epsilon(t) \right) := \rho_\epsilon(t)\left(\gamma_1, \dots, \gamma_n \right), \, t \in I.$$
(6)

Diese setzen wir jetzt in (4) ein und erhalten über den Mittelwertsatz der Integralrechnung aus Satz 8 in §3 von Kapitel V die folgende Identität:

$$
\begin{aligned}
0 &= \int_a^b \left(\sum_{i=1}^n g_i(t)\varphi_i^\epsilon(t) \right) dt = \sum_{i=1}^n \left(\gamma_i \int_a^b g_i(t)\rho_\epsilon(t)\,dt \right) \\
&= \sum_{i=1}^n \left(\gamma_i\, g_i(t^{(i)}) \int_a^b \rho_\epsilon(t)\,dt \right) = \sum_{i=1}^n \left(\gamma_i\, g_i(t^{(i)}) \right).
\end{aligned}
$$
(7)

Die auftretenden Zwischenpunkte $t^{(i)} \in I$ erfüllen dabei für $i = 1, \dots, m$ die Ungleichungen $|t^{(i)} - \tau| \le \epsilon$. Wegen der Stetigkeit unserer Funktion $g : I \to \mathbb{R}^n$ liefert der Grenzübergang $\epsilon \to 0+$ in (7) die folgende Identität:

$$0 = \sum_{i=1}^n \left(\gamma_i\, g_i(\tau) \right) \quad \text{für alle} \quad \gamma = (\gamma_1, \dots, \gamma_n) \in \mathbb{R}^n \quad \text{und alle} \quad \tau \in I. \quad (8)$$

Somit verschwinden die Funktionen $g_1, \dots, g_n$ im Intervall I identisch. q.e.d.

Wenden wir nun das Fundamentallemma der Variationsrechnung auf die obige Identität (3) an, so erhalten wir

Satz 1. *Ein lokaler $\mathcal{F}$-Minimierer X erfüllt die Euler-Lagrangeschen Differentialgleichungen*

$$\sum_{j=1}^{n} F_{p_i p_j}\left(t, X(t), X'(t)\right) x_j''(t)$$

$$+ \sum_{j=1}^{n} F_{p_i x_j}\left(t, X(t), X'(t)\right) x_j'(t) + F_{t p_i}\left(t, X(t), X'(t)\right) \tag{9}$$

$$= \frac{d}{dt} F_{p_i}\left(t, X(t), X'(t)\right) = F_{x_i}\left(t, X(t), X'(t)\right) \quad \text{für} \quad i = 1, \dots, n.$$

Definition 2. *Die Lagrangefunktion $F = F(t, x, p)$ erfüllt eine* **Legendre-Bedingung,** *falls*

$$\det \left(F_{p_i p_j}(t, x, p) \right)_{i,j=1,\dots,n} \neq 0 \quad \text{für alle} \quad (t, x, p) \in \widehat{\mathbb{P}}$$

gilt; wir sprechen dann von einem **regulären Integralfunktional** $\mathcal{F}$.

Unter dieser Legendre-Bedingung können wir das System (9) lokal auflösen zu einem expliziten Differentialgleichungssystem zweiter Ordnung der Form $X''(t) = \mathbf{F}(t, X(t), X'(t))$. Dabei wird die i. a. nichtlineare rechte Seite $\mathbf{F}$ natürlich durch unsere Lagrangefunktion F gegeben. Hier sprechen wir dann von den **Eulerschen Differentialgleichungen**. Wie in Kapitel VI könnten wir versuchen, dieses in ein System erster Ordnung zu überführen und unter entsprechenden Bedingungen lokal mittels sukzessiver Approximation zu lösen. Wir wollen aber hier zunächst *kanonische Variable* einführen und die Euler-Lagrangeschen Gleichungen äquivalent in das *Hamiltonsche System –* erster Ordnung – im Phasenraum transformieren.

Wir ersetzen die Variablen $t, x_1, \dots, x_n, p_1, \dots, p_n$ im erweiterten Phasenraum durch die **kanonischen Variablen** $t, x_1, \dots, x_n, y_1, \dots, y_n$ mit Hilfe folgender Transformation:

$$y_i = y_i(t, x_1, \dots, x_n, p_1, \dots, p_n) := F_{p_i}(t, x_1, \dots, x_n, p_1, \dots, p_n), \ i = 1, \dots, n; \tag{10}$$

dabei sprechen wir $y_1, \dots, y_n$ als **kanonische Impulse** an. Die Legendre-Bedingung liefert

$$\frac{\partial(y_1, \dots, y_n)}{\partial(p_1, \dots, p_n)} = \det \left(F_{p_i p_j} \right)_{i,j=1,\dots,n} \neq 0 \quad \text{in} \quad \widehat{\mathbb{P}}, \tag{11}$$

welches die lokale Invertierbarkeit der Abbildung (10) sichert. Damit erhalten wir als inverse Abbildung

$$p_i = p_i(t, x_1, \dots, x_n, y_1, \dots, y_n) \quad \text{für} \quad i = 1, \dots, n. \tag{12}$$

Wir führen die **Hamiltonfunktion** wie folgt ein

$$H = H(t, x_1, \ldots, x_n, y_1, \ldots, y_n)$$

$$:= -F(t, x_1, \ldots, x_n, p_1(t, x, y), \ldots, p_n(t, x, y)) + \sum_{j=1}^{n} p_j(t, x, y) \, y_j \qquad (13)$$

Mit Hilfe von (10) berechnen wir

$$H_t = -F_t - \sum_{j=1}^{n} F_{p_j} \frac{\partial p_j}{\partial t} + \sum_{j=1}^{n} \frac{\partial p_j}{\partial t} \, y_j \qquad (14)$$

$$= -F_t(t, x_1, \ldots, x_n, p_1(t, x, y), \ldots, p_n(t, x, y)) \, .$$

Ebenso ermitteln wir für $i = 1, \ldots, n$ die Identitäten

$$H_{x_i} = -F_{x_i} - \sum_{j=1}^{n} F_{p_j} \frac{\partial p_j}{\partial x_i} + \sum_{j=1}^{n} \frac{\partial p_j}{\partial x_i} \, y_j \qquad (15)$$

$$= -F_{x_i}(t, x_1, \ldots, x_n, p_1(t, x, y), \ldots, p_n(t, x, y)) \, .$$

Für $i = 1, \ldots, n$ folgt

$$H_{y_i} = -\sum_{j=1}^{n} F_{p_j} \frac{\partial p_j}{\partial y_i} + \sum_{j=1}^{n} \frac{\partial p_j}{\partial y_i} \, y_j + p_i = p_i(t, x, y) \, . \qquad (16)$$

Satz 2 (Hamiltonsches System). *Die Kurve $X = X(t)$ erfüllt die Euler-Lagrangeschen Differentialgleichungen (9) genau dann wenn im Phasenraum die Bahnkurve $X(t), Y(t)$ dem Hamiltonschen System*

$$x_i'(t) = H_{y_i}(t, X(t), Y(t)) \, , \quad y_i'(t) = -H_{x_i}(t, X(t), Y(t)) \, , \, i = 1, \ldots, n \qquad (17)$$

genügt.

Beweis: Die linken Identitäten des Hamilton-Systems (17) entnehmen wir (16), während (15) zusammen mit den Euler-Lagrange-Gleichungen (9) die rechten Identitäten von (17) ergeben.   q.e.d.

§2 Die Carathéodoryschen Ableitungsgleichungen

Nun nehmen wir an, dass die Lagrangefunktion nicht explizit von der Zeit t abhängt, also $F = F(x_1, \ldots, x_n, p_1, \ldots, p_n)$ gilt. Dann ist auch die kanonische Transformation (10) aus §1 zeitunabhängig auf dem **Phasenraum**

$$\mathbb{P} := \mathbb{R}^{2n} := \{(x, p) = (x_1, \ldots, x_n, p_1, \ldots, p_n) \big| \, x \in \mathbb{R}^n, \, p \in \mathbb{R}^n\}$$

erklärt. Weiter entnehmen wir der Identität (14) in § 1, dass die Hamiltonfunktion $H = H(x_1, \ldots, x_n, y_1, \ldots, y_n)$ nicht explizit von der Variablen t abhängt. Wir erhalten für Lösungen

$$(X(t), Y(t)) = (x_1(t), \ldots, x_n(t), y_1(t), \ldots, y_n(t))$$

des Hamilton-Systems (17) in § 1 die Aussage

$$\frac{d}{dt} H(X(t), Y(t)) = \sum_{j=1}^{n} \left(H_{x_j} x_j'(t) + H_{y_j} y_j'(t) \right) = \sum_{j=1}^{n} \left(H_{x_j} H_{y_j} - H_{y_j} H_{x_j} \right) = 0,$$

(1)

und die Hamiltonfunktion ist folglich konstant längs einer Bahnkurve.

Im nächsten Abschnitt werden wir speziell für Energiefunktionale im Riemannschen Raum das zeitunabhängige Hamiltonsystem (17) aus § 1 zu gegebenen Anfangswerten $x_1, \ldots, x_n$ und Anfangsimpulsen $y_1, \ldots, y_n$ lösen. Wir erhalten so ein **Feld von Extremalen**, welche die Euler-Lagrange-Gleichungen (9) in § 1 lösen und in einer wohldefinierten Umgebung der Anfangswerte eine schlichte Überdeckung liefern. Jede Kurve in dieser Umgebung hat eine größere Energie als die eindeutige Verbindung ihrer Endpunkte längs der Extremalen, wie uns die **Feldtheorie von Weierstraß** lehren wird. Zu ihrer Begründung benötigen wir den unten angegebenen Satz 1, welchen wir mit der nachfolgenden Definition vorbereiten.

Definition 1. *Die Kurve $X \in C^2(I, \mathbb{R}^n)$ nennen wir eine* **Extremale bzgl. des Funktionals** *$\mathcal{F}$, falls die zur Lagrangefunktion $F = F(x, p)$ gehörige Linearform*

$$L_F[\Phi] := \int_a^b \left(\sum_{i=1}^{n} F_{x_i}(X(t), X'(t)) \varphi_i(t) + \sum_{i=1}^{n} F_{p_i}(X(t), X'(t)) \varphi_i'(t) \right) dt \quad (2)$$

verschwindet gemäß

$$L_F[\Phi] = 0 \quad \text{für alle Testfunktionen} \quad \Phi = \left(\varphi_1, \ldots, \varphi_n \right) \in C_0^\infty(I, \mathbb{R}^n). \quad (3)$$

Wir sprechen kurz von einer $\mathcal{F}$-Extremalen.

Satz 1 (Carathéodorysche Ableitungsgleichungen).
Zu vorgegebenem $\epsilon_0 > 0$ stelle die Kurvenschar

$$X = X(t, \epsilon) = (x_1(t, \epsilon), \ldots, x_n(t, \epsilon)) \in C^1\left(\overline{I} \times (-\epsilon_0, +\epsilon_0), \mathbb{R}^n \right) \quad (4)$$

für jedes $-\epsilon_0 < \epsilon < +\epsilon_0$ eine $\mathcal{F}$-Extremale dar. Bei festem $i \in \{1, \ldots, n\}$ erfüllen die Extremalen die Randbedingungen

$$X(a, \epsilon) = X(a, 0)\,,\ X(b, \epsilon) = X(b, 0) + \epsilon\, e_i \quad \textit{für alle} \quad \epsilon \in (-\epsilon_0, +\epsilon_0)\,, \quad (5)$$

mit dem Einheitsvektor $e_i = (\delta_{1i}, \ldots, \delta_{ni})$. *Dann gelten für die i-ten Wirkungsfunktionen*

$$S_i(\epsilon) := \int_a^b F\Big(X(t, \epsilon), X_t(t, \epsilon)\Big)\, dt \quad,\quad \epsilon \in (-\epsilon_0, +\epsilon_0) \qquad (6)$$

die folgenden Ableitungsgleichungen

$$\dot{S}_i(0) := \frac{d}{d\epsilon} S_i(\epsilon)\Big|_{\epsilon=0} = F_{p_i}\Big(X(b, 0), X_t(b, 0)\Big) \quad \textit{für} \quad i = 1, \ldots, n. \quad (7)$$

Beweis: Wir verwenden für $k = k_0, k_0 + 1, \ldots$ die Glättungsfunktionen

$$\chi^{(k)} = \chi^{(k)}(t) : [a, b] \to [0, 1] \in C^\infty([a, b], \mathbb{R}) \text{ mit } \frac{d}{dt}\chi^{(k)}(t) \geq 0,\, t \in [a, b]$$

$$\text{und} \quad \chi^{(k)}(t) = 0,\, t \in [a, b - k^{-1}] \quad \text{sowie} \quad \chi^{(k)}(b) = 1\,. \tag{8}$$

Nun betrachten wir die skalaren Funktionen

$$z^{(k)}(t, \epsilon) := \chi^{(k)}(t)\, x_i(t, \epsilon),\, (t, \epsilon) \in [a, b] \times (-\epsilon_0, +\epsilon_0) \qquad (9)$$

sowie die vektorwertigen Funktionen

$$X^{(k)}(t, \epsilon) := X(t, \epsilon) - z^{(k)}(t, \epsilon)\, e_i\,,\, (t, \epsilon) \in [a, b] \times (-\epsilon_0, +\epsilon_0)$$

$$\text{mit} \quad \dot{X}^{(k)}(a, 0) = 0 = \dot{X}^{(k)}(b, 0). \tag{10}$$

Setzen wir die Funktion $X(t, \epsilon)$ aus (10) in (6) ein, so erhalten wir

$$S_i(\epsilon) = \int_a^b F\Big(X^{(k)}(t, \epsilon) + z^{(k)}(t, \epsilon)\, e_i\,,\, X_t^{(k)}(t, \epsilon) + z_t^{(k)}(t, \epsilon)\, e_i\Big)\, dt$$

$$\text{für} \quad \epsilon \in (-\epsilon_0, +\epsilon_0) \quad \text{und} \quad k = k_0, k_0 + 1, k_0 + 2, \ldots \tag{11}$$

Zur Kurve $X(t) := X(t, 0) \in C^1(\overline{I}, \mathbb{R}^n) \cap C^2(I, \mathbb{R}^n)$ betrachten wir die Linearform $L_F[\Phi]$ aus (2), welche gemäß (3) anulliert wird. Durch eine Approximation stellt man nun fest, dass die Aussage

$$L_F[\Phi] = 0 \text{ für alle } \Phi = \Big(\varphi_1, \ldots, \varphi_n\Big) \in C^1(\overline{I}, \mathbb{R}^n) \text{ mit } \Phi(a) = 0 = \Phi(b) \quad (12)$$

richtig ist. Jetzt differenzieren wir die Identität (11) nach ϵ und erhalten

$$\dot{S}_i(0) = L_F[\dot{X}^{(k)}(t,0)]$$

$$+ \int_a^b \left[F_{x_i}\Big(X(t), X'(t)\Big)\, \dot{z}^{(k)}(t,0) + F_{p_i}\Big(X(t), X'(t)\Big)\, \dot{z}^{(k)}_t(t,0) \right] dt$$

$$= \int_a^b \left[F_{x_i}\Big(X(t), X'(t)\Big)\, \dot{x}_i(t,0) + F_{p_i}\Big(X(t), X'(t)\Big)\, \frac{d}{dt}\dot{x}_i(t,0) \right] \chi^{(k)}(t)\, dt$$

$$+ \int_a^b F_{p_i}\Big(X(t), X'(t)\Big)\, \dot{x}_i(t,0) \left[\frac{d}{dt}\chi^{(k)}(t) \right] dt$$

$$= \int_a^b \left[F_{x_i}\Big(X(t), X'(t)\Big)\, \dot{x}_i(t,0) + F_{p_i}\Big(X(t), X'(t)\Big)\, \frac{d}{dt}\dot{x}_i(t,0) \right] \chi^{(k)}(t)\, dt$$

$$+ F_{p_i}\Big(X(t^{(k)}), X'(t^{(k)})\Big)\, \dot{x}_i(t^{(k}, 0)$$

mit einem $\quad t^{(k)} \in [b - k^{-1}, b] \quad$ für $\quad k = k_0, k_0 + 1, k_0 + 2, \dots$

$$(13)$$

Dabei haben wir in der zweiten Identität die Randbedingungen aus (10) verwandt, während wir in der dritten den Mittelwertsatz der Integralrechnung benutzt haben. Der Grenzübergang $k \to \infty$ in (13) liefert nun das Ergebnis

$$\dot{S}_i(0) = F_{p_i}\Big(X(b), X'(b)\Big)\, \dot{x}_i(b,0) = F_{p_i}\Big(X(b), X'(b)\Big). \tag{14}$$

q.e.d.

Mit der Methode von Satz 1 zeigt man auch

Satz 2 (Freie Randbedingungen). *Zu vorgegebenem $\epsilon_0 > 0$ stelle die Kurvenschar*

$$X = X(t, \epsilon) = (x_1(t, \epsilon), \dots, x_n(t, \epsilon)) \in C^1\Big(\overline{I} \times (-\epsilon_0, +\epsilon_0), \mathbb{R}^n\Big) \tag{15}$$

für jedes $-\epsilon_0 < \epsilon < +\epsilon_0$ eine $\mathcal{F}$-Extremale dar. Die Extremalen erfüllen die Randbedingungen

$$X(a, \epsilon) = X(a, 0),\, X(b, \epsilon) = X(b, 0) + Y(\epsilon) \quad \text{für alle} \quad \epsilon \in (-\epsilon_0, +\epsilon_0), \tag{16}$$

mit einer Funktion $Y = Y(\epsilon) \in C^1\Big((-\epsilon_0, +\epsilon_0)\Big)$, deren Ableitung wir durch

$$\dot{Y}(0) := \frac{d}{d\epsilon}Y(\epsilon)\Big|_{\epsilon=0} = \Big(\dot{y}_1(0), \dots, \dot{y}_n(0)\Big)$$

kennzeichnen. Dann gilt für die Wirkungsfunktion

$$S(\epsilon) := \int_a^b F\Big(X(t, \epsilon), X_t(t, \epsilon)\Big)\, dt \quad , \quad \epsilon \in (-\epsilon_0, +\epsilon_0) \tag{17}$$

die folgende Ableitungsgleichung

$$\dot{S}(0) := \frac{d}{d\epsilon}S(\epsilon)\Big|_{\epsilon=0} = \sum_{i=1}^n \dot{y}_i(0)\, F_{p_i}\Big(X(b, 0), X_t(b, 0)\Big). \tag{18}$$

§3 Das Energiefunktional und Geodätische

Wir schreiben auf einer offenen Teilmenge $\Omega \subset \mathbb{R}^n$ die Elementfunktionen $g_{ij}(x) \in C^1(\Omega, \mathbb{R})$ für $i, j = 1, \ldots, n$ einer Matrixfunktion so vor, dass die zugehörigen Matrizen $\left(g_{ij}(x) \right)_{i,j=1,\ldots,n}$ und deren Inverse $\left(g^{jk}(x) \right)_{j,k=1,\ldots,n}$ für alle $x \in \Omega$ die folgenden Bedingungen erfüllen:

$$g_{ij}(x) = g_{ji}(x) \quad , \quad x \in \Omega \quad \text{und} \quad i, j = 1, \ldots n \quad \text{(Symmetrie)},$$

$$\sum_{j=1}^{n} g^{ij}(x) g_{jk}(x) = \delta_k^i \, , \, x \in \Omega \, \text{und} \, i, k = 1, \ldots, n \quad \text{(Umkehrrelation)}, \tag{1}$$

$$\sum_{i,j=1}^{n} g_{ij}(x) \xi_i \, \xi_j > 0 \, , \, \xi = (\xi_1, \ldots, \xi_n) \in \mathbb{R}^n \, , \, x \in \Omega \quad \text{(Elliptizität)}.$$

Dabei meint $\delta_k^i \equiv \delta_{ik}$ das Kroneckersymbol gemäß der Formel (19) in §3 aus Kapitel IV. Mit dieser Matrixfunktion assoziieren wir folgende **Riemannsche Metrik**

$$ds^2 = \sum_{i,j=1}^{n} g_{ij}(x) dx_i \, dx_j \quad , \quad x \in \Omega \, .$$

Dann erklären wir die **Energiedichte**

$$F(x,p) := \frac{1}{2} \sum_{i,j=1}^{n} g_{ij}(x) p_i p_j \, , \tag{2}$$

deren Ableitungen wir gemäß der Formel (20) in §3 von Kapitel IV (siehe den Beweis von Satz 6) ermitteln:

$$F_{p_i}(x,p) = \sum_{j=1}^{n} g_{ij}(x) p_j \quad \text{und} \quad F_{p_i p_j}(x,p) = g_{ij}(x) \, . \tag{3}$$

Mit dieser Energiedichte F als Lagrangefunktion, welche wegen (1) und (3) die Legendre-Bedingung erfüllt, erhalten wir das reguläre Integralfunktional

$$\mathcal{F}(X) = \frac{1}{2} \int_a^b \left(\sum_{i,j=1}^{n} g_{ij}(X(t)) x_i'(t) x_j'(t) \right) dt \, , \tag{4}$$

das wir **Energiefunktional** nennen wollen. Aus (3) ermitteln wir nun die kanonischen Impulse

$$y_i = F_{p_i}(x_1, \ldots, x_n, p_1, \ldots, p_n) = \sum_{j=1}^{n} g_{ij}(x) p_j \, , \, i = 1, \ldots, n. \tag{5}$$

Wir können diese Gleichung global invertieren und erhalten

$$\sum_{i=1}^{n} g^{ki}(x)y_i = \sum_{i,j=1}^{n} g^{ki}(x)g_{ij}(x)p_j = \sum_{j=1}^{n} \delta_j^k p_j = p_k \,, \ k = 1, \ldots, n. \quad (6)$$

Wir berechnen mittels (13) aus §1, (6) und (2) die Hamiltonfunktion

$$H(x, y) = \frac{1}{2} \sum_{i,j=1}^{n} g^{ij}(x)y_i y_j \quad . \quad (7)$$

Wir erhalten aus (17) in §1 das zugehörige Hamiltonsche System

$$x_i'(t) = \sum_{j=1}^{n} g^{ij}(X(t))y_j(t) \quad, \quad y_i'(t) = -\frac{1}{2} \sum_{j,k=1}^{n} \frac{\partial g^{jk}(X(t))}{\partial x_i} y_j(t)y_k(t) \quad (8)$$

$$\text{für} \quad i = 1, \ldots, n \,.$$

Schließlich berechnen wir die Eulerschen Gleichungen des Energiefunktionals, indem wir die Identitäten (3) in die Differentialgleichung (9) aus §1 einsetzen und die Energiedichte (2) berücksichtigen:

$$\sum_{j=1}^{n} g_{ij}(X(t))\, x_j''(t) + \sum_{j,k=1}^{n} \frac{\partial g_{ik}(X(t))}{\partial x_j} x_k'(t)x_j'(t)$$

$$= \frac{1}{2} \sum_{j,k=1}^{n} \frac{\partial g_{jk}(X(t))}{\partial x_i} x_j'(t)x_k'(t) \quad \text{für} \quad i = 1, \ldots, n \,. \quad (9)$$

Führen wir nun **die Christoffelsymbole erster Art** mit

$$\gamma_{ijk}(x) := \frac{1}{2}\left(\frac{\partial g_{ij}(x)}{\partial x_k} + \frac{\partial g_{ki}(x)}{\partial x_j} - \frac{\partial g_{jk}(x)}{\partial x_i} \right) \quad \text{für} \quad i, j, k = 1, \ldots, n \quad (10)$$

ein, so erhalten wir aus (9) die Identitäten

$$\sum_{j=1}^{n} g_{ij}(X(t))\, x_j''(t) + \sum_{j,k=1}^{n} \gamma_{ijk}(X(t))\, x_j'(t)x_k'(t) = 0 \quad \text{für} \quad i = 1, \ldots, n \,. \quad (11)$$

Weiter führen wir die **Christoffelsymbole zweiter Art**

$$\Gamma_{jk}^{l}(x) := \sum_{i=1}^{n} g^{li}(x)\gamma_{ijk}(x) \quad \text{für} \quad j, k, l = 1, \ldots, n \quad (12)$$

ein und notieren die fundamentalen

Vertauschungsrelationen für die Christoffelsymbole: Die *Christoffelsymbole erster Art* sind *symmetrisch in den letzten beiden Indizes* gemäß

$$\gamma_{ijk}(x) = \gamma_{ikj}(x), \quad x \in \Omega \quad \text{für} \quad i, j, k = 1, \ldots, n.$$

Somit sind die *Christoffelsymbole zweiter Art symmetrisch in den unteren beiden Indizes* gemäß

$$\Gamma^l_{jk}(x) = \Gamma^l_{kj}(x), \quad x \in \Omega \quad \text{für} \quad j, k, l = 1, \ldots, n.$$

Bezüglich des *Vertauschens der Christoffelsymbole erster Art in den ersten beiden Indizes* gilt das **Additionstheorem für die Christoffelsymbole**

$$\gamma_{ijk}(x) + \gamma_{jik}(x) = \frac{\partial g_{ij}(x)}{\partial x_k}, \quad x \in \Omega \quad \text{für} \quad i, j, k = 1, \ldots, n.$$

Beziehung der Christoffelsymbole zur Multilinearen Algebra: Wir können die Christoffelsymbole erster Art als Werte einer 3-fach linearen Abbildung auf dem $\mathbb{R}^n \times \mathbb{R}^n \times \mathbb{R}^n$ in ihren Basisvektoren auffassen. Dabei ist diese Linearform symmetrisch in der zweiten und dritten Komponente – und wir sprechen von einem 3-*fach kovarianten Tensor*. Durch Übergang zu den Christoffelsymbolen zweiter Art wird die Symmetrie in den beiden letzten Komponenten erhalten, jedoch wird dieser Tensor zu einer 3-fach linearen Abbildung auf dem $\mathbb{R}^{n*} \times \mathbb{R}^n \times \mathbb{R}^n$; dabei bezeichnet $\mathbb{R}^{n*}$ den Dualraum des $\mathbb{R}^n$. Man verwandelt also den 3-fach kovarianten Tensor in einen 1-*fach kontravarianten und 2-fach kovarianten Tensor*, was man durch **Hochziehen der Indizes** beim Übergang von den Christoffelsymbolen erster Art zu denjenigen zweiter Art andeutet. Mit unserem vorliegenden Kapitel wollen wir auch zum Studium der Tensorrechnung – in den Grundvorlesungen zur Linearen Algebra – motivieren. Aufbauend auf die Abhandlung [G1] über *Lineare Algebra und analytische Geometrie* wird im Vorlesungsskriptum [G2] in bewundernswerter Vision und Perfektion von H. Grauert die *Multilineare Algebra* vollständig behandelt.

Schließlich erhalten wir aus (11) durch Multiplikation mit $g^{li}(x)$ und Summation über i unter Berücksichtigung von (12) die Gleichungen

$$x_l''(t) + \sum_{j,k=1}^n \Gamma^l_{jk}(X(t))\, x_j'(t) x_k'(t) = 0 \quad, \quad t \in [a, b] \quad \text{für} \quad l = 1, \ldots, n. \quad (13)$$

Dieses sind die Eulerschen Gleichungen des Energiefunktionals (4).

Definition 1. *Eine Lösung* $X(t) = (x_1(t), \ldots, x_n(t)) \in C^2([a, b], \Omega)$ *des Differentialgleichungssystems* (13) *nennen wir eine* **Geodätische** *bzgl. der Metrik* (1). *Dabei erklären wir im Funktionenraum wie üblich die offene Teilmenge*

$$C^2([a, b], \Omega) := \left\{ X = X(t) \in C^2([a, b], \mathbb{R}^n) \,\middle|\, X([a, b]) \subset \Omega \right\}$$

des Vektorraums $C^2([a, b], \mathbb{R}^n)$.

Bemerkungen: Eine Lösung von (13) genügt dem äquivalenten Hamiltonschen System (8) mit der zeitunabhängigen Hamiltonfunktion (7). Aufgrund von (1) in §2 ist die Hamiltonfunktion längs einer Bahnkurve im Phasenraum konstant; es folgt mittels (5) die Identität

$$const = \sum_{i,j=1}^{n} g^{ij}(X(t))y_i(t)y_j(t) = \sum_{i,j=1}^{n} g_{ij}(X(t))x'_i(t)x'_j(t), \; t \in [a,b]. \quad (14)$$

Somit ist längs einer Geodätischen die Geschwindigkeit konstant. Das Differentialgleichungssystem (13) ist invariant unter den positiv-orientierten, linearen Parametertransformationen $\tau(t) := \alpha\, t + \beta$, $t \in \mathbb{R}$ mit $\alpha > 0$ und $\beta \in \mathbb{R}$. Somit können wir mit entsprechendem Wechsel des Parameterintervalls die **Geodätischen mit Einheitsgeschwindigkeit** parametrisieren gemäß

$$\sum_{i,j=1}^{n} g_{ij}(X(t))x'_i(t)x'_j(t) = 1 \quad \text{für alle} \quad t \in [a,b] \quad \text{gilt.} \quad (15)$$

Beispiel 1. **Isotherme Riemannsche Metrik:** Wir wählen eine Funktion $\lambda = \lambda(x) : \Omega \to (0, +\infty) \in C^1(\Omega)$ und erklären die isotherme Riemannsche Metrik

$$ds^2 := \frac{dx_1^2 + \ldots + dx_n^2}{\lambda(x)^2} \quad , \quad x \in \Omega \,.$$

Diese besitzt die Elemente $g_{ij}(x) = \lambda(x)^{-2}\delta_{ij}$ und $g^{ij}(x) = \lambda(x)^2\delta_{ij}$ sowie $\dfrac{\partial g^{ij}(x)}{\partial x_k}(x) = 2\lambda(x) \cdot \dfrac{\partial \lambda(x)}{\partial x_k} \cdot \delta_{ij}$ für alle $x \in \Omega$ und $i,j,k = 1,\ldots,n$.

Wird nun die Geodätische $X(t) = \big(x_1(t),\ldots,x_n(t)\big)$ mit Einheitsgeschwindigkeit (15) durchlaufen, so erscheint das Hamiltonsche System (8) unter Beachtung von (14) in der Form

$$x'_i(t) = \lambda(X(t))^2\, y_i(t) \quad , \quad y'_i(t) = -\frac{1}{\lambda}\frac{\partial \lambda}{\partial x_i}\Big(X(t)\Big) \quad \text{für} \quad i = 1,\ldots,n. \quad (16)$$

Nach den linken Gleichungen (16) ist das Vektorfeld $Y(t) = \big(y_1(t),\ldots,y_n(t)\big)$ tangential ebenso wie das normierte Vektorfeld $\lambda(X(t))\, Y(t)$, $t \in [a,b]$. Wir ermitteln nun aus den rechten Gleichungen (16) die Krümmungsgleichung

$$\Big(\lambda(X(t))\, Y(t)\Big)' = \lambda(X(t))\, Y'(t) + \Big(\nabla\lambda(X(t)) \cdot X'(t)\Big) Y(t)$$
$$= -\nabla\lambda(X(t)) + \lambda(X(t))^2 \Big(\nabla\lambda(X(t)) \cdot Y(t)\Big) Y(t)\,. \quad (17)$$

In der unteren Zeile von (17) befindet sich gerade derjenige Anteil vom Vektorfeld $\nabla\lambda(X(t))$, welcher senkrecht zum Tangentialfeld $Y(t)$ steht.

Wollen wir nun die Krümmung der Kurve $X(t)$ ermitteln, so verwenden wir eine monoton steigende Parametertransformation $t = t(s)$, $c \leq s \leq d$, so dass $X(t(s))$ wie folgt normiert wird

$$1 = \left| \frac{d}{ds} X(t(s)) \right| = |X'(t(s))||t'(s)| = \lambda(X(t(s))) \cdot t'(s)$$

$$\text{b.z.w.} \quad t'(s) = \frac{1}{\lambda(X(t(s)))} \quad , \quad c \leq s \leq d. \tag{18}$$

Bezeichnen wir den **Krümmungsvektor Z der Kurve** $X(t)$ mit

$$Z(X(t(s))) := \frac{d^2}{ds^2} X(t(s)) \quad , \quad c \leq s \leq d,$$

so ermitteln wir aus (17) und (18) die Identität

$$Z(X(t(s))) = \frac{d}{ds}\left(\lambda(X(t(s))) \, Y(t(s)) \right) = \left(\lambda(X(t)) \, Y(t) \right)'\Big|_{t(s)} \cdot t'(s)$$

$$= \frac{1}{\lambda(X(t(s)))} \left(-\nabla\lambda(X(t)) + \lambda(X(t))^2 \left(\nabla\lambda(X(t)) \cdot Y(t) \right) Y(t) \right)\Big|_{t(s)} \tag{19}$$

und erhalten die **isotherme Krümmungsgleichung**

$$Z(X(t)) = \frac{1}{\lambda(X(t))} \left(-\nabla\lambda(X(t)) + \lambda(X(t))^2 \left(\nabla\lambda(X(t)) \cdot Y(t) \right) Y(t) \right). \tag{20}$$

Zum Krümmungsbegriff für Kurven im Euklidischen Raum verweisen wir auf den § 7 in Kapitel II.

Beispiel 2. **Geodätische auf der Sphäre:** Nehmen wir aus der Einheitssphäre den Nordpol $(0, 0, 1)$ heraus, so erhalten wir die *punktierte Sphäre*

$$\dot{S}^2 := \left\{ \xi = (\xi_1, \xi_2, \xi_3) \in \mathbb{R}^3 \,\Big|\, |\xi| = 1, \ \xi \neq (0, 0, 1) \right\}$$

$$= \left\{ (\sin\vartheta \cos\varphi, \sin\vartheta \sin\varphi, \cos\vartheta) \ : \ 0 < \vartheta \leq \pi, \ 0 \leq \varphi < 2\pi \right\} \quad .$$

Dann erklären wir die **stereographische Projektion** $\Pi : \dot{S}^2 \longrightarrow \mathbb{R}^2$ in die Ebene gemäß

$$\dot{S}^2 \ni (\xi_1, \xi_2, \xi_3) \mapsto (x_1, x_2) = \Pi(\xi_1, \xi_2, \xi_3) = \left(\frac{\xi_1}{1 - \xi_3}, \frac{\xi_2}{1 - \xi_3} \right) \in \mathbb{R}^2. \tag{21}$$

Diese Abbildung ist bijektiv und bildet die Großkreise in $\dot{S}^2$ durch den Südpol $(0, 0, -1)$ zum Nordpol $(0, 0, +1)$ auf die Geraden im $\mathbb{R}^2$ durch den Nullpunkt ab. Gehen wir zur Umkehrabbildung $\mathbf{X}(x_1, x_2) : \mathbb{R}^2 \to \dot{S}^2$ von $\Pi : \dot{S}^2 \longrightarrow \mathbb{R}^2$ über, so berechnet man deren erste Fundamentalform zu

$$ds^2 := \mathbf{X}_{x_1} \cdot \mathbf{X}_{x_1}(x_1, x_2)\, dx_1^2 + \mathbf{X}_{x_1} \cdot \mathbf{X}_{x_2}\, dx_1\, dx_2 + \mathbf{X}_{x_2} \cdot \mathbf{X}_{x_2}\, dx_2^2$$
$$= \frac{4}{(1 + x_1^2 + x_2^2)^2}\, (dx_1^2 + dx_2^2) \quad , \quad (x_1, x_2) \in \mathbb{R}^2 . \tag{22}$$

Hierzu verweisen wir auf § 94 des Lehrbuchs [BL] von W. Blaschke und K. Leichtweiß über *Elementare Differentialgeometrie*.
Betrachten wir

$$\lambda(x_1, x_2) := \frac{1 + x_1^2 + x_2^2}{2}, \ (x_1, x_2) \in \mathbb{R}^2 \quad \text{mit} \quad \nabla\lambda(x_1, x_2) = (x_1, x_2),$$

so erhalten wir eine zugehörige isotherme Metrik im Sinne von Beispiel 1. Für Strahlen $X(t) : [0, +\infty) \to \mathbb{R}^2$ mit $X(0) = 0$ in Einheitsgeschwindigkeit (15) mit dem zugehörigen tangentialen Feld $Y(t)$, $0 \le t < +\infty$ verschwindet einerseits der Krümmungsvektor $Z(X(t)) = 0$, $0 \le t < +\infty$. Andererseits berechnen wir die rechte Seite von (20) zu

$$-\nabla\lambda(X(t)) + \lambda(X(t))^2\Big(\nabla\lambda(X(t)) \cdot Y(t)\Big)Y(t) = 0, \ 0 \le t < +\infty,$$

denn der Vektor $\nabla\lambda(X(t)) = X(t)$ zeigt in Richtung des normierten, tangentialen Vektorfelds $\lambda(X(t))\, Y(t)$, $0 \le t < +\infty$. Also ist die isotherme Krümmungsgleichung (20) für den Strahl $X(t)$, $0 \le t < +\infty$ erfüllt, und dieser liefert somit eine Geodätische. Schließlich stellt der vom Südpol ausgehende Großkreisbogen – als Bild unter der inversen stereographischen Projektion – eine Geodätische auf der punktierten Sphäre $\dot{S}^2$ dar.

Bemerkung: Allgemeiner kann man für eine 2-dimensionale Riemannsche Metrik, die durch eine Fläche im $\mathbb{R}^3$ realisiert wird, die *erste* und weiter die *zweite Fundamentalform* betrachten (siehe die Aufgabe 1.) von § 8). Die obigen Christoffelsymbole $\Gamma_{ij}^k(x)$ erscheinen dann auch in den *Gaußschen Ableitungsgleichungen* der Fläche, und wir können *direkt* auf der Fläche die Geodätischen im Raum bestimmen.

Beispiel 3. **Geodätische in der Poincaréschen Halbebene:** Auf dem Parameterbereich $\mathbb{H} := \{(x_1, x_2) \in \mathbb{R}^2 : x_2 > 0\}$ schreiben wir die folgende **hyperbolische Metrik** vor:

$$ds^2 = \frac{dx_1^2 + dx_2^2}{x_2^2} \quad , \quad (x_1, x_2) \in \mathbb{H}.$$

Wir erklären die Funktion $\lambda(x_1, x_2) := x_2$, $(x_1, x_2) \in \mathbb{H}$ mit dem Gradienten $\nabla\lambda(x_1, x_2) = (0, 1)$ und erhalten im Sinne von Beispiel 1 eine isotherme Riemannsche Metrik. Zu beliebigen reellen Mittelpunkten $\xi \in \mathbb{R}$ und Radien $r > 0$ betrachten wir in der oberen Halbebene $\mathbb{H}$ die Halbkreise

$$X(\varphi) = \Big(x_1(\varphi), x_2(\varphi)\Big) \text{ mit } x_1(\varphi) := \xi + r\cos\varphi,\ x_2(\varphi) = r\sin\varphi,\ \varphi \in (0, \pi).$$
$$(23)$$

Diese treffen die reelle Achse senkrecht und besitzen die Einheitstangenten

$$T(\varphi) = \Big(-\sin\varphi, \cos\varphi\Big)\ ,\quad 0 < \varphi < \pi.$$

Nun berechnen wir

$$\nabla\lambda - \Big(\nabla\lambda \cdot T(\varphi)\Big)T(\varphi) = (0,1) - \cos\varphi\Big(-\sin\varphi, \cos\varphi\Big)$$
$$= \Big(\sin\varphi\cos\varphi, 1 - \cos^2\varphi\Big) = \sin\varphi\Big(\cos\varphi, \sin\varphi\Big),\quad 0 < \varphi < \pi$$

und ermitteln

$$\frac{1}{\lambda(X(\varphi))}\Big(-\nabla\lambda + \Big(\nabla\lambda \cdot T(\varphi)\Big)T(\varphi)\Big) = -\frac{1}{r}\Big(\cos\varphi, \sin\varphi\Big),\ \varphi \in (0, \pi).$$
$$(24)$$

Auf der rechten Seite von (24) erscheint der Krümmungsvektor des Halbkreisbogens (23) (vergleiche hierzu den Satz 1 in §7 von Kapitel II), und somit ist die isotherme Krümmungsgleichung (20) erfüllt. Die Halbkreisbögen (23) stellen also Geodätische in der Poincaréschen Halbebene dar.

Zu einer Geodätischen Γ durch einen Punkt $(x_1, x_2) \in \mathbb{H}$ und einem weiteren Punkt $(y_1, y_2) \in \mathbb{H} \setminus \Gamma$ können wir offenbar mehrere verschiedene Geodätische finden, die durch (y_1, y_2) gehen und Γ nicht treffen. Interpretieren wir die Geodätischen als Geraden in der Poincaréschen Halbebene, so ist das Euklidische Parallelenaxiom verletzt, und wir erhalten hier eine *nichteuklidische Geometrie*.

Wir kehren nun zu den elliptischen Riemannschen Metriken aus (1) zurück und fordern zusätzlich, dass für jedes Gebiet $\Omega' \subset\subset \Omega$ gewisse Konstante $M_0 = M_0(\Omega') \in (0, 1]$ und $M_1 = M_1(\Omega') \in [0, +\infty)$ existieren mit den folgenden Eigenschaften:

Gleichmäßige Elliptizität der Metrik in Ω':

$$M_0|\xi|^2 \le \sum_{i,j=1}^{n} g_{ij}(x)\xi_i\,\xi_j \le \frac{1}{M_0}|\xi|^2,\quad \xi = (\xi_1, \ldots, \xi_n) \in \mathbb{R}^n,\ x \in \Omega';$$
$$(25)$$

C^1-Schranke an die Metrik in Ω':

$$\left|\frac{\partial g_{ij}}{\partial x_k}(x)\right| \le M_1\ ,\quad x \in \Omega'\ \text{ und }\ i, j, k = 1, \ldots, n.$$

Wie wir schon oben gesehen haben, ist das Differentialgleichungssystem (13) der Geodätischen invariant unter den positiv-orientierten, linearen Parametertransformationen $\tau(t) := \alpha\,t + \beta, t \in \mathbb{R}$ mit $\alpha > 0$ und $\beta \in \mathbb{R}$. Das Energiefunktional (4) ändert sich unter diesen linearen Transformationen nur um den konstanten Faktor $\alpha^2 > 0$, was offenbar hier keinen Einfluss ausübt. Folglich beschränken wir unsere Betrachtungen jetzt auf das Einheitsintervall mit den Grenzen $a = 0$ und $b = 1$ und integrieren im Energiefunktional über das Intervall $[0,1]$.

Zu einer fest gewählten, nichtleeren, kompakten Menge $\Omega_0 \subset \Omega$ erklären wir zu beliebigen Radien $0 < R < +\infty$ das **Bündel von Ellipsoiden** im Phasenraum

$$
\mathbb{P}(\Omega_0, R) := \left\{ (x,y) \in \mathbb{R}^n \times \mathbb{R}^n \,\middle|\, x \in \Omega_0,\, y \in \mathbb{R}^n \text{ mit } \sum_{i,j=1}^n g^{ij}(x) y_i y_j < R^2 \right\}.
$$

Bei hinreichend klein gewähltem Radius $R > 0$ können wir für beliebige Anfangswerte $(x,y) = (x_1 \ldots, x_n, y_1, \ldots, y_n) \in \mathbb{P}(\Omega_0, R)$ das folgende Anfangswertproblem lösen:

$$
x_i'(t) = \sum_{j=1}^n g^{ij}(X(t)) y_j(t)\,,\; y_i'(t) = -\frac{1}{2} \sum_{j,k=1}^n \frac{\partial g^{jk}(X(t))}{\partial x_i} y_j(t) y_k(t),\; 0 \leq t \leq 1,
$$
$$
x_i(0) = x_i,\; y_i(0) = y_i \quad \text{für} \quad i = 1, \ldots, n\,.
$$
$$\tag{26}$$

Dieses ist mit sukzessiver Approximation aus § 5 in Kapitel VI möglich auf dem ganzen Einheitsintervall, da für hinreichend kleine $R > 0$ die Kurve $X = X(t) : [0,1] \to \Omega'$ innerhalb eines Gebiets $\Omega' \subset\subset \Omega$ verläuft und dort (25) erfüllt ist. Wegen (14) bleiben die Impulse $y_1(t), \ldots, y_n(t)$ für alle $0 \leq t \leq 1$ beschränkt, und die rechten Seiten unseres Hamiltonsystems (26) genügen dort einer Lipschitz-Bedingung. Die Lösungen sind eindeutig bestimmt, und sie hängen gemäß § 6 aus Kapitel VI differenzierbar von den Anfangswerten ab.

Äquivalent zum Anfangswertproblem des Systems erster Ordnung (26) betrachten wir dasjenige zum System zweiter Ordnung

$$
x_l''(t) + \sum_{j,k=1}^n \Gamma_{jk}^l(X(t))\, x_j'(t) x_k'(t),\; 0 \leq t \leq 1,
$$
$$
x_i(0) = x_i,\; x_i'(0) = p_i \quad \text{für} \quad l = 1, \ldots, n
$$
$$\tag{27}$$

mit den Anfangsgeschwindigkeiten

$$
p_k = \sum_{i=1}^n g^{ki}(x) y_i \quad,\; k = 1, \ldots, n. \tag{28}
$$

Definition 2. *Die **geodätische Transformation** $T : \mathbb{P}(\Omega_0, R) \to \Omega_0 \times \Omega$ ordnet jedem Punkt $(x,y) \in \mathbb{P}(\Omega_0, R)$ den Punkt $(x,z) \in \Omega_0 \times \Omega$ mit $z := X(1)$ zu; dabei ist $(X(t), Y(t))$, $0 \leq t \leq 1$ die eindeutig erklärte Lösung des Hamiltonschen Systems (26) zu den Anfangswerten $(x,y) \in \mathbb{P}(\Omega_0, R)$.*

Satz 1 (Geodätischer Fluss).

a) *Für beliebiges $(x,y) \in \mathbb{P}(\Omega_0, R)$ stellt $X(s) := \widehat{T(x,sy)}, 0 \leq s \leq 1$ eine Geodätische mit dem Anfangspunkt $X(0) = x$ und dem Endpunkt $X(1) = z$ dar, wobei $(x,z) = T(x,y)$ erfüllt ist; sie besitzt die Anfangsgeschwindigkeit $X'(0) = (p_1, \ldots, p_n)$ aus (28). Dabei bezeichnet $\widehat{\ldots}$ die Projektion auf den zweiten Faktor im $\mathbb{R}^n \times \mathbb{R}^n$.*

b) *Die geodätische Transformation T der Klasse $C^1 \Big(\mathbb{P}(\Omega_0, R), \, \Omega_0 \times \Omega \Big)$ besitzt die folgende Funktionaldeterminante:*

$$J_T(x,y)\Big|_{y=0} = \det \Big(g^{ij}(x) \Big)_{i,j=1,\ldots,n} > 0 \quad \text{für alle} \quad x \in \Omega_0 \,. \tag{29}$$

Beweis: a) Für einen beliebigen Punkt $(x,y) \in \mathbb{P}(\Omega_0, R)$ im Bündel von Ellipsoiden betrachten wir die zugehörige Lösung $(X(t), Y(t)), 0 \leq t \leq 1$ des Hamiltonsystems (26). Somit genügt die Kurve im Ortsraum $X(t), 0 \leq t \leq 1$ dem Anfangswertproblem (27) zweiter Ordnung. Für alle $0 \leq s \leq 1$ betrachten wir die Funktionen $X^{(s)}(t) := X(st), 0 \leq t \leq 1$, welche das Anfangswertproblem zweiter Ordnung (27) mit den Anfangsgeschwindigkeiten $(s\,p_1, \ldots, s\,p_n)$ lösen. Dieses ist äquivalent zum Anfangswertproblem (26) erster Ordnung mit den Anfangsimpulsen $(s\,y_1, \ldots, s\,y_n)$, wie die Transformation (28) lehrt. Die Bahnkurve $(X^{(s)}(t), Y^{(s)}(t)), 0 \leq t \leq 1$ von letzterem Anfangswertproblem liefert uns die Funktionswerte

$$\widehat{T(x,s\,y)} := X^{(s)}(1) = X(s\,t)\Big|_{t=1} = X(s), 0 \leq s \leq 1\,,$$

und wir erhalten insbesondere den Endpunkt $\widehat{T(x,y)} = X(1) = z$.

b) Die Regularität der Transformation T folgt aus der bereits oben angegebenen differenzierbaren Abhängigkeit der Lösungen des Hamilton-Systems (26) von den Anfangswerten. Die Anfangsimpulse $y_1, \ldots, y_n$ werden durch (28) linear transformiert in die Anfangsgeschwindigkeiten $p_1, \ldots, p_n$. Verwenden wir nun Teil a) dieses Beweises, so erhalten wir für die Funktionaldeterminante auf der Menge Ω_0 die Bedingung (29). q.e.d.

Zur Verwendung in §6 und §7 wollen wir schon jetzt 1-parametrige Scharen geodätischer Strahlen konstruieren, die an der festen Spitze $\mathbf{x}_1 \in \Omega_0$ ein vorgeschriebenes asymptotisches Verhalten aufweisen.

Definition 3. *Verläuft das reguläre Kurvenstück*

$$\Theta = \Theta(s) = \Big(\theta_1(s), \ldots, \theta_n(s) \Big) \in C^1 \Big([c,d], \mathbb{R}^n \Big) \tag{30}$$

zu den Intervallgrenzen $-\infty < c < d < +\infty$ innerhalb des Ellipsoids

$$\sum_{i,j=1}^{n} g_{ij}(\mathbf{x}_1) \theta_i(s)\, \theta_j(s) = 1 \quad , \quad c \leq s \leq d \tag{31}$$

mit der **elliptischen Geschwindigkeit**

$$\theta(s) := \sqrt{\sum_{i,j=1}^{n} g_{ij}(\mathbf{x}_1)\theta_i'(s)\,\theta_j'(s)} \quad > \quad 0 \quad , \quad c \le s \le d, \tag{32}$$

so sprechen wir von einem **elliptischen Bogen** Θ. *Wir bezeichnen den ellip-tischen Bogen als* **eben**, *falls es einen 2-dimensionalen Unterraum* $\mathcal{U}_\Theta \subset \mathbb{R}^n$ *gibt, so dass die Inklusion*

$$\Theta\big([c,d]\big) \subset \mathcal{U}_\Theta \tag{33}$$

erfüllt ist.

Wegen (5) gehen wir vom *elliptischen Anfangsbogen für die Geschwindigkeits-vektoren* $\Theta(s)$, $c \le s \le d$ über zum *Anfangsbogen für die Impulsvektoren*

$$Y(s) = \Big(\eta_1(s),\dots,\eta_n(s)\Big) \,\text{mit}\, \eta_i(s) = \sum_{j=1}^{n} g_{ij}(\mathbf{x}_1)\theta_j(s), c \le s \le d;\, i = 1,\dots,n. \tag{34}$$

Wir betrachten dann die Funktionen

$$\mathbf{X}(t,s) = \Big(x_1(t,s),\dots,x_n(t,s)\Big) := T\Big(\mathbf{x}_1,,\widehat{tY(s)}\Big),\, (t,s) \in [0,R) \times [c,d]. \tag{35}$$

Bemerkungen: Für jedes $c \le s \le d$ stellt $\mathbf{X}(t,s)$, $t \in [0,R)$ einen **geodäti-schen Strahl** mit dem Anfangspunkt $\mathbf{X}(0,s) = \mathbf{x}_1$ in Einheitsgeschwindigkeit

$$\sum_{i,j=1}^{n} g_{ij}\Big(\mathbf{X}(t,s)\Big)\frac{\partial x_i(t,s)}{\partial t}\frac{\partial x_j(t,s)}{\partial t} = 1 \quad \text{für alle } (t,s) \in [0,R) \times [c,d] \tag{36}$$

dar. Weiter sind die Anfangsbedingungen

$$\mathbf{X}_t(0,s) = \Theta(s) \quad , \quad c \le s \le d \tag{37}$$

erfüllt. Wir erhalten also eine **Schar von geodätischen Strahlen**

$$\mathbf{X}(t,s),\, 0 \le t < R$$

unter dem Scharparameter $c \le s \le d$. Die Schar geodätischer Strahlen be-sitzt an der Spitze $\mathbf{x}_1$ das asymptotischen Verhalten (37), welches durch die Funktion Θ vorgeschrieben wird. Für einen beliebigen Parameter $c < s_0 < d$ wird der geodätische Strahl $X(t) := \mathbf{X}(t,s_0)$, $0 \le t < R$ **eingebettet** in die o. a. Schar geodätischer Strahlen. Die Strahlen $X^{(c)}(t) := \mathbf{X}(t,c)$, $0 \le t < R$ und $X^{(d)}(t) := \mathbf{X}(t,d)$, $0 \le t < R$ werden durch die Schar $\mathbf{X}(.,s)$, $c \le s \le d$ miteinander verbunden. Schreiben wir einen ebenen zulässigen Bogen Θ vor, so wird die Schar der Geodätischen sich **asymptotisch eben** an der Spitze verhalten.

Definition 4. *Die Funktion*

$$\mathbf{X} = \mathbf{X}(t,s) = \mathbf{X}(t,s\,;\mathbf{x}_1,\Theta) = \mathbf{X}^{\Theta}(t,s) : [0,R) \times [c,d] \to \mathbb{R}^n \qquad (38)$$

aus (35) *nennen wir die* **geodätische Strahlenschar** *mit der Spitze* $\mathbf{x}_1$ *zum elliptischen Bogen* $\Theta = \Theta(s)$, $c \le s \le d$.

Satz 2 (Gauß-Riemann-Lemma). *Für elliptische Bögen* Θ *erfüllt die geodätische Strahlenschar* $\mathbf{X}(t,s) = \mathbf{X}(t,s\,;\mathbf{x}_1,\Theta)$ *folgende Orthogonalitäts-bedingung*

$$\sum_{i,j=1}^n g_{ij}\Big(\mathbf{X}(t,s)\Big)\frac{\partial x_i(t,s)}{\partial t}\,\frac{\partial x_j(t,s)}{\partial s} = 0 \,\textit{für alle}\,(t,s) \in (0,R) \times [c,d]. \quad (39)$$

Beweis: Wegen (36) haben wir bei festem $a < t_0 < R$ die Identität

$$\begin{aligned}
\frac{t_0}{2} &= \frac{1}{2}\int_a^{t_0} \sum_{i,j=1}^n g_{ij}\Big(\mathbf{X}(t,s)\Big)\frac{\partial x_i(t,s)}{\partial t}\,\frac{\partial x_j(t,s)}{\partial t}\,dt \\
&= \int_a^{t_0} F\Big(\mathbf{X}(t,s),\mathbf{X}_t(t,s)\Big)\,dt \quad \text{für alle}\quad c \le s \le d\,.
\end{aligned} \qquad (40)$$

Differenzieren wir nun das untere Integral mit Hilfe von Satz 2 aus §2 nach dem Parameter s, so erhalten wir

$$0 = \sum_{i=1}^n \Big\{ F_{p_i}\Big(\mathbf{X}(t_0,s_0),\mathbf{X}_t(t_0,s_0)\Big) \cdot \frac{\partial x_i(t_0,s_0)}{\partial s}\Big\} \text{ für alle } c < s_0 < d\,. \quad (41)$$

Zusammen mit der Gleichung (3) folgt

$$0 = \sum_{i,j=1}^n g_{ij}\Big(\mathbf{X}(t_0,s_0)\Big)\frac{\partial x_j(t_0,s_0)}{\partial t} \cdot \frac{\partial x_i(t_0,s_0)}{\partial s} \qquad (42)$$

für alle $a < t_0 < R$ und $c < s_0 < d$.   q.e.d.

§4 Weierstraß-Felder und Hilbert's invariantes Integral

Für die geodätische Transformation T aus Definition 2 in §3 beachten wir dort die Aussage (29) in Satz 1. Nach dem Fundamentalsatz über die inverse Abbildung finden wir ein $R > 0$, so dass die Abbildung $T : \mathbb{P}(\Omega_0,R) \to \mathbb{K}(\Omega_0,R)$ einen C^1-Diffeomorphismus auf ihr Bild $\mathbb{K}(\Omega_0,R)$ liefert. Dieses begründet die

Definition 1. *Sei $0 < R \leq +\infty$ so gewählt, dass die Teilmenge des $\mathbb{R}^{2n}$*

$$\mathbb{K}(\Omega_0, R) := \Big\{(x, z) \in \mathbb{R}^n \times \mathbb{R}^n \,\Big|\, (x, z) = T(x, y), \, (x, y) \in \mathbb{P}(\Omega_0, R)\Big\}$$

*ein C^1-diffeomorphes Bild von $\mathbb{P}(\Omega_0, R)$ unter der geodätischen Transformation T darstelle. Dann nennen wir $\mathbb{K}(\Omega_0, R)$ ein **Bündel geodätischer Kugeln** mit den Mittelpunkten $x \in \Omega_0$ vom Radius R.*

Bemerkungen:

a) Es kann auch $\Omega_0 = \{x\}$ aus nur einem Punkt bestehen, und wir erhalten mit $\mathbb{K}(\Omega_0, R)$ eine geodätische Kugel um diesen Punkt x vom Radius R.

b) In Beispiel 2 von § 3 erhalten wir auf der Einheitssphäre um den Südpol eine geodätische Kreisscheibe vom Radius $R = \pi$, während im Beispiel 3 des § 3 in jedem Punkt der Poincaréschen Halbebene geodätische Kreisscheiben zu beliebigen Radien $0 < R < +\infty$ existieren.

c) Im Satz 1 des § 7 werden wir ein Kriterium an die Riemannsche Metrik angeben, so dass für alle Radien $0 < R < +\infty$ geodätische Kugeln existieren.

Zum Punktepaar $(x, z) \in \mathbb{K}(\Omega_0, R)$ gibt es genau eine verbindende Geodätische $X(t) = X(t; x, z) : [0, 1] \to \Omega$ mit $X(0; x, z) = x$, $X(1; x, z) = z$ und $(x, X(t; x, z)) \in \mathbb{K}(\Omega_0, R)$ für alle $t \in [0, 1]$. Wir erklären das **Weierstraß-Feld**

$$Q(x, z) = \Big(q_1(x, z), \ldots, q_n(x, z)\Big) := \frac{X'(1; x, z)}{\sqrt{2\, F(z, X'(1; x, z))}} \, , \quad (x, z) \in \mathbb{K}(\Omega_0, R);$$
$$\tag{1}$$

dabei stellt F die Energiedichte aus (2) aus § 3 dar. Dieses Vektorfeld ist bzgl. der Riemannschen Metrik im folgenden Sinne normiert:

$$\sum_{i,j=1}^n g_{ij}(z) q_i(x, z) q_j(x, z) = 1 \quad , \quad (x, z) \in \mathbb{K}(\Omega_0, R) \,. \tag{2}$$

Definition 2. *Die nichtnegative **Funktion der geodätischen Wirkung** $S : \mathbb{K}(\Omega_0, R) \to \mathbb{R}$ ordnet jedem Punktepaar $(x, z) \in \mathbb{K}(\Omega_0, R)$ den Wert*

$$S(x, z) := \int_0^1 F\Big(X(t; x, z), X'(t; x, z)\Big)\, dt$$

bzgl. der verbindenden Geodätischen $X(t; x, z)$ von x nach z zu.

Mit den Carathéodoryschen Ableitungsgleichungen aus Satz 1 in § 2 können wir nun die Wirkungsfunktion für $i = 1, \ldots, n$ wie folgt partiell differenzieren:

$$\begin{aligned}
\frac{\partial}{\partial z_i} S(x, z) &= F_{p_i}\Big(X(1; x, z), X'(1; x, z)\Big) \\
&= \sqrt{2F(z, X'(1; x, z))} \cdot F_{p_i}\Big(z, Q(x, z)\Big).
\end{aligned} \tag{3}$$

Hierbei haben wir (1) und (3) aus §3 in der zweiten Gleichung benutzt.

Da die Geschwindigkeit einer Geodätischen gemäß (14) aus §3 konstant ist, können wir leicht aus der Wirkungsfunktion die Quadratwurzel ziehen:

Definition 3. *Die nichtnegative* **Funktion der geodätischen Distanz** $D : \mathbb{K}(\Omega_0, R) \to \mathbb{R}$ *ordnet jedem Punktepaar* $(x, z) \in \mathbb{K}(\Omega_0, R)$ *den Wert*

$$D(x,z) := \sqrt{2\,S(x,z)} = \sqrt{2\,F\left(X(\tau; x, y), X'(\tau; x, z)\right)}$$

$$= \int_0^1 \sqrt{2\,F\left(X(t; x, y), X'(t; x, z)\right)}\, dt$$

bzgl. der verbindenden Geodätischen $X(t; x, z)$ *von* x *nach* z *zu; dabei ist der Wert* $\tau \in [0, 1]$ *beliebig gewählt worden.*

Definition 4. *Dem Weierstraß-Feld* $Q = Q(x,z) : \mathbb{K}(\Omega_0, R) \to \mathbb{R}^n$ *ordnen wir nun das* **Hilbertsche invariante Integral**

$$I_Q(Z) := \int_0^1 \left(\sum_{i,j=1}^n g_{ij}\left(Z(t)\right) z_i'(t) \cdot q_j\left(x, Z(t)\right) \right) dt$$

für beliebige **zulässige Kurven** Z **von** x **nach** z *zu. Dabei genügen diese Kurven* $Z(t) = (z_1(t), \ldots, z_n(t)) \in C^1([0,1], \Omega)$ *den Bedingungen* $Z(0) = x$, $Z(1) = z$ *und* $(x, Z(t)) \in \mathbb{K}(\Omega_0, R)$ *für alle* $t \in [0, 1]$.

Satz 1. *Das invariante Hilbertsche Integral erfüllt die Identität*

$$I_Q(Z) = D(x, z) \quad , \quad (x, z) \in \mathbb{K}(\Omega_0, R) \tag{4}$$

für alle zulässigen Kurven Z *von* x *nach* z.

Beweis: Wir differenzieren die Gleichung $\frac{1}{2} D(x, y)^2 = S(x, z)$ partiell nach z_i, und wir erhalten mittels (3) für $i = 1, \ldots, n$ die Identitäten

$$D(x,z) \cdot D_{z_i}(x, z) = S_{z_i}(x, z) = \sqrt{2F(z, X'(1; x, z))} \cdot F_{p_i}\left(z, Q(x, z)\right). \tag{5}$$

Beachten wir obige Definition 3, so folgen die **Carathéodory-Gleichungen**

$$D_{z_i}(x, z) = F_{p_i}\left(z, Q(x, z)\right), \ (x, z) \in \mathbb{K}(\Omega_0, R) \quad \text{für} \quad i = 1, \ldots, n. \tag{6}$$

Mit Hilfe von (6) und (3) aus §3 ermitteln wir für alle zulässigen Kurven Z von x nach z die Identität

$$I_Q(Z) = \int_0^1 \left(\sum_{i,j=1}^n g_{ij}\Big(Z(t)\Big) z_i'(t) \cdot q_j\Big(x, Z(t)\Big) \right) dt$$

$$= \int_0^1 \left(\sum_{i=1}^n F_{p_i}\Big(Z(t), Q(x, Z(t))\Big) \cdot z_i'(t) \right) dt$$

$$= \int_0^1 \left(\sum_{i=1}^n D_{z_i}\Big(x, Z(t)\Big) \cdot z_i'(t) \right) dt$$ (7)

$$= \int_0^1 \left(\frac{d}{dt} D\Big(x, Z(t)\Big) \right) dt = D(x, z), \ (x, z) \in \mathbb{K}(\Omega_0, R). \quad \text{q.e.d.}$$

Neben dem Energiefunktional $\mathcal{F}$ aus (4) in §3 mit den Grenzen $a = 0$ und $b = 1$ betrachten wir das Längenfunktional $\mathcal{L}$ in der nachfolgenden

Definition 5. *Für beliebige Funktionen* $X(t) = (x_1(t), \ldots, x_n(t))$ *der Klasse* $C^1([0,1], \Omega)$ *definieren wir das Riemannsche* **Längenfunktional**

$$\mathcal{L}(X) = \int_0^1 L\Big(X(t), X'(t)\Big) dt = \int_0^1 \sqrt{\sum_{i,j=1}^n g_{ij}(X(t))x_i'(t)x_j'(t)} \ \ dt \quad (8)$$

mit der Riemannschen **Lagrangefunktion**

$$L(x, p) := \sqrt{\sum_{i,j=1}^n g_{ij}(x)p_i p_j} = \sqrt{2F(x, p)} \quad . \quad (9)$$

Bemerkungen: Dieses Längenfunktional $\mathcal{L}$ ist invariant unter Parametertransformationen der Klasse C^1, und wir sprechen von einem *parametrischen Funktional.* Daher ist die Legendre-Bedingung aus Definition 2 in §1 für die Lagrangefunktion (9) nicht erfüllt, und das Längenfunktional stellt somit kein reguläres Funktional dar! Aus diesem Grund haben wir das reguläre Energiefunktional betrachtet! Mit dem Hilbertschen invarianten Integral können wir jetzt eine Minimaleigenschaft für das Längenfunktional nachweisen, welche eine Minimaleigenschaft für das Energiefunktional impliziert.

Satz 2. *Zum beliebigen Punktepaar* $(x, z) \in \mathbb{K}(\Omega_0, R)$ *sei* $X(t) = X(t; x, z)$: $[0, 1] \to \Omega$ *die eindeutig bestimmte Geodätische, die* x *mit* z *verbindet. Dann erfüllt das Längenfunktional für alle zulässigen Kurven* Z *von* x *nach* z *die Abschätzung*

$$\mathcal{L}(Z) \geq \mathcal{L}(X) = D(x, z) \quad . \quad (10)$$

Tritt in (10) Gleichheit ein, so gibt es eine monotone Parametertransformation

$$\tau = \tau(t) : [0, 1] \to [0, 1] \in C^1 \ mit\, \tau(0) = 0, \tau(1) = 1, \tau'(t) \geq 0 \,\forall t \in [0, 1], \quad (11)$$

so dass Z *aus* X *durch die Umparametrisierung* $Z(t) = X(\tau(t)), t \in [0, 1]$ *hervorgeht.*

Beweis: Mit Hilfe von Satz 1 und der Formel (1) stellen wir zunächst fest:

$$
\begin{aligned}
D(x,z) = I_Q(X) &= \int_0^1 \left(\sum_{i,j=1}^n g_{ij}\Big(X(t)\Big)\, x_i'(t) \cdot q_j\Big(x, X(t)\Big) \right) dt \\
&= \int_0^1 \frac{1}{\sqrt{2\,F(X(t), X'(t))}} \left(\sum_{i,j=1}^n g_{ij}\Big(X(t)\Big)\, x_i'(t) \cdot x_j'(t) \right) dt \qquad (12) \\
&= \int_0^1 \sqrt{2\,F(X(t), X'(t))}\, dt = \mathcal{L}(X) \quad .
\end{aligned}
$$

Unter Benutzung von (2) schätzen wir Hilberts invariantes Integral aus Definition 4 mit der *Cauchy-Schwarz-Ungleichung in Euklidischen Vektorräumen* punktweise ab: Für beliebige zulässige Funktionen Z von x nach y gilt

$$
\begin{aligned}
\mathcal{L}(X) = D(x,z) = I_Q(Z) &= \int_0^1 \left(\sum_{i,j=1}^n g_{ij}\Big(Z(t)\Big)\, z_i'(t) \cdot q_j\Big(x, Z(t)\Big) \right) dt \\
&\leq \int_0^1 \sqrt{\sum_{i,j=1}^n g_{ij}\Big(Z(t)\Big)\, z_i'(t) z_j'(t)}\, \sqrt{\sum_{i,j=1}^n g_{ij}\Big(Z(t)\Big)\, q_i\Big|_{(x,Z(t))}\, q_j\Big|_{(x,Z(t))}}\; dt \\
&= \int_0^1 \sqrt{\sum_{i,j=1}^n g_{ij}\Big(Z(t)\Big)\, z_i'(t) z_j'(t)}\, dt = \mathcal{L}(Z) \quad .
\end{aligned}
$$
$$(13)$$

Tritt nun in (13) Gleichheit ein, so müssen für alle $0 \leq t \leq 1$ die Vektoren $Z'(t)$ und $Q(x, Z(t))$ in der Form $Z'(t) = \lambda(t) \cdot Q(x, Z(t))$ mit einem Faktor $\lambda(t) \geq 0$ darstellbar sein. Somit geht Z aus X durch die o. a. Umparametrisierung hervor.   q.e.d.

Satz 3. *Zum beliebigen Punktepaar* $(x, z) \in \mathbb{K}(\Omega_0, R)$ *stelle die Funktion* $X(t) = X(t; x, z) : [0,1] \to \Omega$ *die eindeutig bestimmte Geodätische dar, welche* x *mit* z *verbindet. Dann erfüllt das Energiefunktional für alle zulässigen Kurven* Z *von* x *nach* z*, welche sich von* X *unterscheiden, die Ungleichung*

$$
\mathcal{F}(Z) > \mathcal{F}(X) = S(x,z) \quad . \tag{14}
$$

Beweis: a) Wir benötigen die folgende **Zwischenbehauptung:** *Für beliebige stetige Funktionen* $f(t) : [0,1] \to \mathbb{R}$ *gilt* $\int_0^1 |f(t)|\, dt \leq \sqrt{\int_0^1 |f(t)|^2\, dt}$; *im Falle der Gleichheit ist* $f(t) \equiv const, t \in [0,1]$ *erfüllt.*

Zum Beweis dieser Zwischenbehauptung wählen wir eine äquidistante Zerlegung $\mathcal{Z} : 0 = x_0 < x_1 < \ldots < x_N = 1$ des Intervalls $[0,1]$ mit den Stützstellen $x_j := \frac{j}{N}$ für $j = 0, 1, \ldots, N$. Sind nun $\xi_j \in [x_j, x_{j+1}]$ beliebige Zwischenwerte, so liefert die Cauchy-Schwarz-Ungleichung

$$\sum_{j=0}^{N-1} |f(\xi_j)|(x_{j+1} - x_j) \leq \sqrt{\sum_{j=0}^{N-1} |f(\xi_j)|^2 (x_{j+1} - x_j)} \sqrt{\sum_{j=0}^{N-1} (x_{j+1} - x_j)}$$

$$= \sqrt{\sum_{j=0}^{N-1} |f(\xi_j)|^2 (x_{j+1} - x_j)} \, .$$

Mit dem Grenzübergang $N \to \infty$ erhalten wir die gesuchte Ungleichung; die Diskussion des Gleichheitszeichens überlassen wir dem Leser.

b) Wenden wir nun diese Zwischenbehauptung auf das Längenfunktional (8) an, so erhalten wir für alle zulässigen Kurven Z von x nach z die Ungleichung

$$\mathcal{L}(Z) \leq \sqrt{\int_0^1 \sum_{i,j=1}^n g_{ij}(Z(t)) z_i'(t) z_j'(t) \, dt} = \sqrt{2\,\mathcal{F}(Z)} \quad ; \tag{15}$$

Gleichheit tritt nur im Falle einer Kurve ein, welche mit konstanter Geschwindigkeit durchlaufen wird. Die Kombination mit (10) liefert die folgende Abschätzung

$$\sqrt{2\,\mathcal{F}(X)} = \sqrt{2S(x,z)} = D(x,z) = \mathcal{L}(X) \leq \mathcal{L}(Z) \leq \sqrt{2\,\mathcal{F}(Z)} \tag{16}$$

für alle zulässigen Kurven Z von x nach z. Würde nun in (16) die Gleichheit eintreten, so müsste die Kurve Z mit konstanter Geschwindigkeit durchlaufen werden und bis auf eine monotone Parametertransformation mit der Kurve X übereinstimmen. Dann besitzt aber auch die Parametertransformation (11) konstante Geschwindigkeit und ist notwendig die Identität. Also müssen dann die Funktionen Z und X übereinstimmen.   q.e.d.

§5   Kovariante Ableitungen und Krümmungen

Wir beginnen mit der fundamentalen

Definition 1. *Zu den Grenzen* $-\infty < a < b < +\infty$ *sei die Funktion* $X(t) = (x_1(t), \ldots, x_n(t))$ *der Klasse*

$$C^1((a,b), \Omega) := \Big\{ X = X(t) \in C^1((a,b), \mathbb{R}^n) \,\Big|\, X((a,b)) \subset \Omega \Big\}$$

und die Funktion $Y(t) = (y_1(t), \ldots, y_n(t))$ *der Klasse* $C^1((a,b), \mathbb{R}^n)$ *gegeben. Dann definieren wir die* **kovariante Ableitung des Vektorfelds** $Y(t)$ **längs der Kurve** $X(t)$ *durch das Vektorfeld*

$$\frac{\nabla Y(t)}{dt} := \Big(z_1(t), \ldots, z_n(t) \Big), \quad a < t < b \tag{1}$$

mit den folgenden Komponentenfunktionen

$$z_l(t) := y'_l(t) + \sum_{j,k=1}^{n} \Gamma^l_{jk}(X(t))\, y_j(t) x'_k(t)\,, \ t \in (a,b) \quad \text{für} \quad l = 1, \ldots, n\,. \quad (2)$$

Dabei erscheinen die Christoffelsymbole $\Gamma^l_{jk}(x)$ *zweiter Art* (12) *aus* § 3 *in obiger Formel.*

Bemerkungen:

a) Die geometrische Deutung der kovarianten Ableitung für Metriken, die durch Flächen im $\mathbb{R}^3$ realisiert werden, erfolgt in Aufgabe 2.) von § 8.

b) Multiplizieren wir das obige Vektorfeld $Y(t)$ mit dem skalaren Faktor $\varrho = \varrho(t) \in C^1\big((a,b), \mathbb{R}\big)$, so erkennen wir die **skalare Produktregel**:

$$\frac{\nabla\big(\varrho(t) Y(t)\big)}{dt} = \varrho'(t) Y(t) + \varrho(t)\frac{\nabla Y(t)}{dt}\,, \quad a < t < b\,. \quad (3)$$

Wir vereinbaren zunächst das Riemannsche innere Produkt und zeigen dann in Satz 1 eine fundamentale Darstellungsformel.

Definition 2. *Seien die Funktion* $X(t) = (x_1(t), \ldots, x_n(t)) \in C^1((a,b), \Omega)$ *und die Funktionen* $Y(t) = (y_1(t), \ldots, y_n(t))$ *sowie* $Z(t) = (z_1(t), \ldots, z_n(t))$ *der Klasse* $C^1((a,b), \mathbb{R}^n)$ *mit den Grenzen* $-\infty < a < b < +\infty$ *gegeben. Dann definieren wir das* **Riemannsche innere Produkt** *der Vektorfelder* $Y(t)$ *und* $Z(t)$ *längs der Kurve* $X(t)$ *wie folgt:*

$$\Big[Y(t), Z(t)\Big]_X := \sum_{j,k=1}^{n} g_{jk}(X(t))\, y_j(t)\, z_k(t)\,, \quad a < t < b\,. \quad (4)$$

Satz 1 (Kovariante Darstellungsformel). *Mit den Funktionen* $X(t)$, $Y(t)$, $Z(t)$ *aus Definition 2 gilt für die kovariante Ableitung bezüglich der Kurve* $X(t)$ *die folgende Darstellung:*

$$\left[\frac{\nabla Y(t)}{dt}, Z(t)\right]_X = \sum_{l,m=1}^{n} g_{lm}(X(t))\, y'_l(t)\, z_m(t)$$

$$+ \sum_{j,k,m=1}^{n} \gamma_{mjk}(X(t))\, y_j(t)\, x'_k(t)\, z_m(t)\,.$$

Dabei bezeichnen $\gamma_{mjk}(x)$ *die Christoffelsymbole erster Art aus der Formel* (10) *in* § 3.

Beweis: Mit Hilfe von (4) und (1) sowie (2) berechnen wir die folgende Identität, indem wir die Christoffelsymbole (12) und (10) zweiter beziehungsweise erster Art aus § 3 einbeziehen:

$$\left[\frac{\nabla Y(t)}{dt}, Z(t)\right]_X = \sum_{l,m=1}^{n} g_{l\,m}(X(t)) \left(y_l'(t) + \sum_{j,k=1}^{n} \Gamma_{jk}^l(X(t))\, y_j(t) x_k'(t)\right) z_m(t)$$

$$= \sum_{l,m=1}^{n} g_{l\,m}(X(t)) \left(y_l'(t) + \sum_{j,k=1}^{n} \sum_{i=1}^{n} g^{li}(X(t)) \gamma_{ijk}(X(t)) y_j(t) x_k'(t)\right) z_m(t)$$

$$= \sum_{l,m=1}^{n} g_{l\,m}(X(t))\, y_l'(t)\, z_m(t)$$

$$+ \sum_{i,j,k,l,m=1}^{n} g_{l\,m}(X(t)) g^{li}(X(t)) \gamma_{ijk}(X(t))\, y_j(t) x_k'(t) z_m(t)$$

$$= \sum_{l,m=1}^{n} g_{l\,m}(X(t))\, y_l'(t)\, z_m(t) + \sum_{i,j,k,m=1}^{n} \delta_m^i\, \gamma_{ijk}(X(t))\, y_j(t) x_k'(t) z_m(t)$$

$$= \sum_{l,m=1}^{n} g_{l\,m}(X(t))\, y_l'(t)\, z_m(t) + \sum_{j,k,m=1}^{n} \gamma_{mjk}(X(t))\, y_j(t) x_k'(t) z_m(t)\,.$$

$$\text{q.e.d.}$$

Wir zeigen nun eine Produktregel für das Riemannsche innere Produkt zweier Vektorfelder, welche das Riemannsche Skalarprodukt unverändert lässt!

Satz 2 (Kovariante Produktregel). *Mit den Funktionen $X(t)$, $Y(t)$, $Z(t)$ aus Definition 2 gilt die Identität*

$$\frac{d}{dt}\Big[Y(t), Z(t)\Big]_X = \left[\frac{\nabla Y(t)}{dt}, Z(t)\right]_X + \left[Y(t), \frac{\nabla Z(t)}{dt}\right]_X \quad a < t < b\,.$$

Dabei sind auf der rechten Seite die kovarianten Ableitungen bzgl. der Kurve $X(t)$ gemeint.

Beweis: Wir verwenden die Darstellungsformel aus Satz 1 und vertauschen die Rollen von $Y(t)$ und $Z(t)$. Dann addieren wir und erhalten folgende Gleichung

$$\left[\frac{\nabla Y(t)}{dt}, Z(t)\right]_X + \left[\frac{\nabla Z(t)}{dt}, Y(t)\right]_X$$

$$= \sum_{l,m=1}^{n} g_{lm}(X(t))\, y_l'(t)\, z_m(t) + \sum_{l,m=1}^{n} g_{lm}(X(t))\, z_l'(t)\, y_m(t)$$

$$+ \sum_{j,k,m=1}^{n} \gamma_{mjk}(X(t)) y_j(t) x_k'(t) z_m(t)$$

$$+ \sum_{j,k,m=1}^{n} \gamma_{mjk}(X(t)) z_j(t) x_k'(t) y_m(t) \tag{5}$$

$$= \sum_{l,m=1}^{n} g_{lm}(X(t))\, y_l'(t)\, z_m(t) + \sum_{l,m=1}^{n} g_{lm}(X(t))\, y_l(t)\, z_m'(t)$$

$$+ \sum_{j,k,m=1}^{n} \{\gamma_{mjk}(X(t)) + \gamma_{jmk}(X(t))\} y_j(t)\, x_k'(t)\, z_m(t)\,.$$

Wir erinnern an das Additionstheorem für die Christoffelsymbole aus §3

$$\gamma_{mjk}(x) + \gamma_{jmk}(x) = \frac{\partial g_{mj}(x)}{\partial x_k}, \, x \in \Omega \quad \text{für} \quad m, j, k = 1, \ldots, n. \quad (6)$$

Dann setzen wir (6) in (5) ein und berechnen:

$$\left[\frac{\nabla Y(t)}{dt}, Z(t)\right]_X + \left[Y(t), \frac{\nabla Z(t)}{dt}\right]_X$$

$$= \sum_{l,m=1}^{n} g_{lm}(X(t)) \, y_l'(t) \, z_m(t) + \sum_{l,m=1}^{n} g_{lm}(X(t)) \, y_l(t) \, z_m'(t)$$

$$+ \sum_{j,k,m=1}^{n} \frac{\partial g_{mj}(X(t))}{\partial x_k} \, y_j(t) \, x_k'(t) \, z_m(t)$$

$$= \sum_{j,m=1}^{n} g_{jm}(X(t)) \, y_j'(t) \, z_m(t) + \sum_{j,m=1}^{n} g_{jm}(X(t)) \, y_j(t) \, z_m'(t)$$

$$+ \sum_{j,m=1}^{n} \frac{d}{dt}\Big\{g_{mj}(X(t))\Big\} \, y_j(t) \, z_m(t)$$

$$= \frac{d}{dt}\Big\{ \sum_{j,m=1}^{n} g_{mj}(X(t)) \, y_j(t) \, z_m(t) \Big\} = \frac{d}{dt}\Big[Y(t), Z(t)\Big]_X.$$

Dieses stellt gerade die behauptete Identität dar.   q.e.d.

Entwickeln wir die Gedanken in §7 aus Kapitel II weiter, so kommt der folgende Begriff unserer Anschauung entgegen:

Definition 3. *Eine beliebige Kurve* $X(t) = (x_1(t), \ldots, x_n(t)) \in C^2((a,b), \Omega)$ *mit Einheitsgeschwindigkeit*

$$\Big[X'(t), X'(t)\Big]_X = 1, \quad a < t < b \quad (7)$$

sei gegeben. Dann erklären wir den **Riemannschen Krümmungsvektor**

$$Y(t) := \frac{\nabla X'(t)}{dt}, \, a < t < b$$

durch kovariante Differentiation längs der Kurve $X(t)$*. Weiter definieren wir* *die* **Riemannsche Absolutkrümmung**

$$\kappa(t) := \sqrt{\Big[Y(t), Y(t)\Big]_X} \geq 0, \, a < t < b.$$

Bemerkungen:

a) Differenzieren wir (7) gemäß Satz 2 nach t, so erhalten wir die Identität

$$0 = \left[\frac{\nabla X'(t)}{dt}, X'(t)\right]_X = \left[Y(t), X'(t)\right]_X, \quad a < t < b. \tag{8}$$

Folglich steht der Krümmungsvektor $Y(t)$ senkrecht auf dem Tangentenvektor $X'(t)$ im Riemannschen Skalarprodukt.

b) Die Absolutkrümmung $\kappa(t)$ verschwindet genau dann, wenn sich der Krümmungsvektor $Y(t)$ längs der Kurve auf den Nullvektor reduziert. Beachten wir obige Definition 1, so besitzt der Krümmungsvektor $Y(t)$ gerade die Komponenten aus der Formel (13) in § 3. Verwenden wir noch die Definition 1 aus § 3, so erhalten wir das folgende Resultat: *Die Absolutkrümmung $\kappa(t)$, $a < t < b$ veschwindet genau dann, wenn die Kurve $X(t)$, $a < t < b$ eine Geodätische darstellt.*

Sehr hilfreich bei der Riemannschen Schnittkrümmung ist die folgende

Definition 4. *Wir erklären zur regulären Kurve $X(t) = (x_1(t), \ldots, x_n(t))$ der Klasse $C^k((a,b), \Omega) := \{X = X(t) \in C^k((a,b), \mathbb{R}^n) | X((a,b)) \subset \Omega\}$ einen* **einbettenden C^k-Streifen** *wie folgt:*

$$\mathbf{X}(t,s) = \left(x_1(t,s), \ldots, x_n(t,s)\right) : (a,b) \times (c,d) \to \Omega \in C^k$$

erfülle $\quad \mathbf{X}(t, s_0) = X(t), \quad a < t < b$

$$und \quad \left\{\mathbf{X}_t^2 \mathbf{X}_s^2 - (\mathbf{X}_s \cdot \mathbf{X}_t)^2\right\}\Big|_{(t,s)} > 0, \quad (t,s) \in (a,b) \times (c,d) \tag{9}$$

für geeignet gewählte reelle Zahlen $\quad c < s_0 < d$.

Für den Punkt $\mathbf{x}_0 = X(t_0) \in \mathbb{R}^n$ mit einem Parameter $a < t_0 < b$ sprechen wir von einem **den Punkt $\mathbf{x}_0$ umgebenden Streifen $\mathbf{X}$**. *Dabei können die Differentiationsstufen $k = 1, 2, 3$ auftreten.*

In dieser Situation können wir das normierte Tangentenvektorfeld

$$\mathbf{T}(t,s) := [\mathbf{X}_t(t,s), \mathbf{X}_t(t,s)]_{\mathbf{X}}^{-\frac{1}{2}} \mathbf{X}_t(t,s), \quad a < t < b \tag{10}$$

an die Kurve $\mathbf{X}(.,s)$ für festes $c < s < d$ erklären. Mit geeigneten Winkeln $0 < \varphi(t,s) < \pi$ finden wir über den Ansatz

$$\mathbf{U}(t,s) := \frac{d}{dr}\mathbf{X}\left(t + r\cos\varphi(t,s), s + r\sin\varphi(t,s)\right)\Big|_{r=0}, \, a < t < b \tag{11}$$

ein Vektorfeld senkrecht zum Tangentenfeld $\mathbf{T}(t,s)$, so dass $\{\mathbf{T}(t,s), \mathbf{U}(t,s)\}$ und $\{\mathbf{X}_t(t,s), \mathbf{X}_s(t,s)\}$ die gleiche Orientierung haben. Normieren wir dieses Vektorfeld zu

$$\mathbf{V}(t,s) := \left[\mathbf{U}(t,s), \mathbf{U}(t,s)\right]_{\mathbf{X}}^{-\frac{1}{2}} \mathbf{U}(t,s)\,, \, a < t < b,\, c < s < d\,, \qquad (12)$$

so erhalten wir in $\{\mathbf{T}(t,s), \mathbf{V}(t,s)\}$ ein orthonormiertes System bzgl. dem Riemannschen Skalarprodukt. Dieses spannt den Tangentialraum an den Streifen auf und besitzt dieselbe Orientierung wie das System $\{\mathbf{X}_t(t,s)\,, \mathbf{X}_s(t,s)\}$ für alle $a < t < b$ und $c < s < d$.

Definition 5. *Für festes* $c < s < d$ *nennen wir* $\mathbf{T}(.,s)$ *in* (10) *das* **Tangentenfeld** *und* $\mathbf{V}(t,s), a < t < b$ *in* (12) *das* **Binormalenfeld** *der Kurve* $\mathbf{X}(.,s)$ *bezüglich ihres einbettenden Streifens* $\mathbf{X}(t,s)$ *aus Definition 4.*
Mittels kovarianter Ableitung längs $\mathbf{X}(.,s)$ *erklären wir* **die geodätische Krümmung** *der Kurve* $\mathbf{X}(.,s)$ *in Bezug auf den einbettenden Streifen* $\mathbf{X}(t,s)$ *für festes* $c < s < d$ *wie folgt:*

$$\kappa_{\mathbf{X}}(t,s) := \left[\frac{\nabla \mathbf{T}(t,s)}{dt}, \mathbf{V}(t,s)\right]_{\mathbf{X}}\,, \quad a < t < b\,. \qquad (13)$$

Bemerkung: Für die Kurve $X(t)$ mit der Riemannschen Absolutkrümmung $\kappa(t)$ aus Definition 3 gilt offenbar die Abschätzung

$$-\kappa(t) \le \kappa_{\mathbf{X}}(t,s_0) \le +\kappa(t)\,, \quad a < t < b \qquad (14)$$

für alle C^2-Streifen $\mathbf{X}$, welche die Kurve $X(.) = \mathbf{X}(.,s_0)$ gemäß Definition 4 einbetten.

Wir wollen nun eine Vertauschungsrelation bezüglich der kovarianten Differentiation von Streifen beweisen, welche in §6 verwendet wird.

Satz 3 (Kovariante Vertauschungsrelation). *Für* C^2-*Streifen* $\mathbf{X}(t,s)$ *aus Definition 4 gilt die folgende Identität*

$$\left[\frac{\nabla \mathbf{X}_t(t,s)}{ds}, \mathbf{X}_s(t,s)\right]_{\mathbf{X}(t,s)} = \left[\frac{\nabla \mathbf{X}_s(t,s)}{dt}, \mathbf{X}_s(s,t)\right]_{\mathbf{X}(t,s)}, \, (t,s) \in (a,b) \times (c,d). \qquad (15)$$

Dabei werden die kovariante Ableitung $\dfrac{\nabla}{dt}$ *längs der Kurve* $s = const$ *und die kovariante Ableitung* $\dfrac{\nabla}{ds}$ *längs der Kurve* $t = const$ *ausgeführt.*

Beweis: Mit Hilfe der kovarianten Darstellungsformel aus Satz 1 berechnen wir längs der Kurve $t = const$ die linke Seite der behaupteten Gleichung:

$$\left[\frac{\nabla \mathbf{X}_t(t,s)}{ds}, \mathbf{X}_s(t,s)\right]_{\mathbf{X}(t,s)} = \sum_{l,m=1}^{n} g_{lm}(\mathbf{X}(t,s)) \frac{\partial^2 x_l(t,s)}{\partial s\, \partial t} \frac{\partial x_m(t,s)}{\partial s}$$

$$+ \sum_{j,k,m=1}^{n} \gamma_{mjk}(\mathbf{X}(t,s)) \frac{\partial x_j(t,s)}{\partial t} \frac{\partial x_k(t,s)}{\partial s} \frac{\partial x_m(t,s)}{\partial s}\,. \qquad (16)$$

Ebenso berechnen wir längs $s = const$ die rechte Seite:

$$
\left[\frac{\nabla \mathbf{X}_s(t,s)}{dt}, \mathbf{X}_s(s,t)\right]_{\mathbf{X}(t,s)} = \sum_{l,m=1}^{n} g_{lm}(\mathbf{X}(t,s)) \frac{\partial^2 x_l(t,s)}{\partial t\, \partial s} \frac{\partial x_m(t,s)}{\partial s}
$$

$$
+ \sum_{j,k,m=1}^{n} \gamma_{mjk}(\mathbf{X}(t,s)) \frac{\partial x_j(t,s)}{\partial s} \frac{\partial x_k(t,s)}{\partial t} \frac{\partial x_m(t,s)}{\partial s}. \tag{17}
$$

Beachten wir, dass die Christoffelsymbole erster Art (10) aus §3 symmetrisch in den letzten beiden Indizes sind, so erhalten wir aus (16) und (17) die behauptete Vertauschungsrelation (15).   q.e.d.

Differenzieren wir die tangentialen Vektorfelder $\mathbf{X}_t(t,s)$ und $\mathbf{X}_s(t,s)$ kovariant nach t oder s in dem umgebenden n-dimensionalen Riemannschen Raum, so sind die entstehenden Vektorfelder

$$
\frac{\nabla \mathbf{X}_t(t,s)}{dt}, \quad \frac{\nabla \mathbf{X}_t(t,s)}{ds}, \quad \frac{\nabla \mathbf{X}_s(t,s)}{dt}, \quad \frac{\nabla \mathbf{X}_s(t,s)}{ds} \tag{18}
$$

nicht notwendig tangential an den C^2-Streifen $\mathbf{X}(t,s)$. Um letzteres zu erreichen, benötigen wir die

Definition 6. *Zu einem Vektorfeld* $\mathbf{W}(t,s) = \left(w_1(t,s), \ldots, w_n(t,s)\right)$ *der Klasse* $C^0((a,b) \times (c,d), \mathbb{R}^n)$ *erklären wir seine* **Projektion auf den Streifen** $\mathbf{X}(t,s)$ *gemäß*

$$
\mathbf{W}^*(t,s) := \alpha(t,s)\mathbf{T}(t,s) + \beta(t,s)\mathbf{V}(t,s) \quad , \quad (t,s) \in (a,b) \times (c,d) \tag{19}
$$

mit den Koeffizienten

$$
\alpha(t,s) := \left[\mathbf{W}(t,s), \mathbf{T}(t,s)\right]_{\mathbf{X}} \quad und \quad \beta(t,s) := \left[\mathbf{W}(t,s), \mathbf{V}(t,s)\right]_{\mathbf{X}}. \tag{20}
$$

Die nun tangentialen Vektorfelder

$$
\left(\frac{\nabla \mathbf{X}_t(t,s)}{dt}\right)^*, \left(\frac{\nabla \mathbf{X}_t(t,s)}{ds}\right)^*, \left(\frac{\nabla \mathbf{X}_s(t,s)}{dt}\right)^*, \left(\frac{\nabla \mathbf{X}_s(t,s)}{ds}\right)^* \tag{21}
$$

stellen gerade diejenigen kovarianten Ableitungen dar, welche innerhalb des Streifens $\mathbf{X}(t,s)$ gebildet werden, der in den in den n-dimensionalen Riemannschen Raum eingebettet ist. Wir werden konsequent mit der kovarianten Ableitung ∇ im umgebenden Riemannschen Raum und der Projektion auf den Streifen $*$ unsere Berechnungen ausführen! Von den mittleren beiden Vektorfeldern in (21) wissen wir nur, dass deren Komponenten in Richtung $\mathbf{X}_s(t,s)$ gemäß Satz 3 übereinstimmen!

Der nun folgende Begriff wurde von C.F. Gauß entdeckt mit seiner Theorie der *Inneren Geometrie der Flächen*. Über die bis dahin übliche Behandlung geometrischer Eigenschaften von Flächen im umgebenden Raum hinausgehend, hat er diejenigen invarianten Größen von Flächen untersucht, welche nur von der Metrik (1) in § 3 abhängen. Da diese Metrik die Längenmessung charakterisiert, erscheint es uns für den *Princeps Mathematicorum* natürlich, diese Theorie bei einer *Vermessungsaktion* des Königreichs Hannover zu finden. Diese 2-dimensionale Theorie inspirierte dann B. Riemann in seinem Göttinger Habilitationsvortrag *Über die Hypothesen, welche der Geometrie zugrunde liegen*, die *n*-dimensionale Theorie mit ihrer Schnittkrümmung zu entwickeln. Diese Begriffe bilden die Grundlage für A. Einsteins *Allgemeine Relativitätstheorie*, welche unser modernes Raum-Zeit-Verständnis prägt.

Definition 7. *Betrachten wir den Riemannschen Raum*

$$\mathcal{R}\Big(g_{ij}(x)\Big| x \in \Omega \quad und \quad i,j = 1, \dots, n\Big),$$

modelliert auf einer offenen Teilmenge $\Omega \subset \mathbb{R}^n$ mit der Metrik (1) in § 3. Zum Punkt $\mathbf{x}_0 \in \Omega$ wählen wir einen umgebenden C^3-Streifen $\mathbf{X}(t,s)$ gemäß der Definition 4. Dann besitzt der Punkt $\mathbf{x}_0$ die **Schnittkrümmung $K_{\mathbf{X}}(\mathbf{x}_0) \in \mathbb{R}$ bzgl. dem umgebenden Streifen $\mathbf{X}$**, *falls die folgende* **Identität von Gauß und Riemann** *erfüllt ist:*

$$\left[\frac{\nabla}{ds}\left(\frac{\nabla\mathbf{X}_t(t,s)}{dt}\right)^* - \frac{\nabla}{dt}\left(\frac{\nabla\mathbf{X}_t(t,s)}{ds}\right)^*, \mathbf{X}_s(t,s)\right]_{\mathbf{X}(t,s)}\Bigg|_{t=t_0, s=s_0}$$

$$= K_{\mathbf{X}}(\mathbf{x}_0)\left(\Big[\mathbf{X}_t(t,s), \mathbf{X}_t(t,s)\Big]_{\mathbf{X}(t,s)} \cdot \Big[\mathbf{X}_s(t,s), \mathbf{X}_s(t,s)\Big]_{\mathbf{X}(t,s)}\right. \tag{22}$$

$$\left. - \Big[\mathbf{X}_t(t,s), \mathbf{X}_s(t,s)\Big]_{\mathbf{X}(t,s)}^2\right)\Bigg|_{t=t_0, s=s_0}$$

Dabei werden die kovariante Ableitung $\dfrac{\nabla}{dt}$ längs der Kurve $s = const$ und die kovariante Ableitung $\dfrac{\nabla}{ds}$ längs der Kurve $t = const$ ausgeführt.

Bemerkungen:

a) Auf der linken Seite von (22) kann man eine lineare Form auf dem 4-fachen kartesischen Produkt des Tangentialraums vom $\mathbb{R}^n$ erkennen, nämlich den fundamentalen **Riemannschen Krümmungstensor**. Hierzu verweisen wir unsere Leser auf die Abschnitte 3.8, 4.1 und 5.1 im schönen Lehrbuch [K] von W. Klingenberg. Da auch die rechte Seite von (22) eine Linearform auf dem 4-fachen Tangentialraum vom $\mathbb{R}^n$ darstellt, ist diese Tensor-Identität erfüllt, sobald sie auf einer Basis des $4n$-dimensionalen Vektorraums richtig ist. Somit reicht es aus, für endlich viele C^3-Streifen um den Punkt $\mathbf{x}_0$ die Identität (22) nachzuprüfen. Dabei müssen die auftretenden Tangentialvektoren eine Basis der n-dimensionalen Vektorräume in den 4 Komponenten bilden.

b) Im Falle $n = 2$ reduziert sich die Bedingung (22) auf die **Gaußsche Krümmung** $K = K(\mathbf{x}_0) = K_{\mathbf{X}}(\mathbf{x}_0)$, die nun unabhängig von dem umgebenden Streifen $\mathbf{X}$ des Punktes $\mathbf{x}_0$ wird! Es reicht nämlich aus, einen einzigen Streifen dort einzusetzen, dessen Tangentialvektoren die 2-dimensionalen Vektorräume bereits aufspannen! Wir empfehlen hierzu wiederum das Studium der o.g. Abschnitte in der Vorlesung [K] von W. Klingenberg. Die Identität (22) wurde als *Theorema egregium* von Gauß bezeichnet, was bis heute so üblich ist.

c) In Aufgabe 3.) aus § 8 geben wir mit der Sphäre eine Fläche an, deren erste Fundamentalform eine 2-dimensionale Metrik konstanter positiver Gaußscher Krümmung darstellt. Mit der Poincaréschen Halbebene in Aufgabe 4.) aus § 8 präsentieren wir eine Metrik konstanter negativer Gaußscher Krümmung.

§6   Riemannsche Räume beschränkter Schnittkrümmung

Wir beginnen mit der wichtigen

Definition 1. *Sei $K_0 \in \mathbb{R}$ eine beliebige reelle Konstante.*

a) Falls die Ungleichung

$$K_{\mathbf{X}}(\mathbf{x}_0) \le K_0 \, \text{für alle} \, \mathbf{x}_0 \in \Omega \, \text{und seine umgebenden} \, C^3 - \text{Streifen} \, \mathbf{X} \quad (1)$$

für die Schnittkrümmung $K_{\mathbf{X}}$ aus Definition 6 in § 5 erfüllt ist, so sprechen wir von einer **Riemannschen Mannigfaltigkeit mit einer nach oben durch die Konstante K_0 beschränkten Schnittkrümmung.**

b) Falls die Ungleichung

$$K_{\mathbf{X}}(\mathbf{x}_0) \ge K_0 \, \text{für alle} \, \mathbf{x}_0 \in \Omega \, \text{und seine umgebenden} \, C^3 - \text{Streifen} \, \mathbf{X} \quad (2)$$

für die Schnittkrümmung $K_{\mathbf{X}}$ erfüllt ist, so sprechen wir von einer **Riemannschen Mannigfaltigkeit mit einer nach unten durch die Konstante K_0 beschränkten Schnittkrümmung.**

c) Haben wir die Gleichheit

$$K_{\mathbf{X}}(\mathbf{x}_0) = K_0 \, \text{für alle} \, \mathbf{x}_0 \in \Omega \, \text{und seine umgebenden} \, C^3 - \text{Streifen} \, \mathbf{X}, \quad (3)$$

so liegt uns eine **Riemannsche Mannigfaltigkeit konstanter Schnittkrümmung K_0** *vor.*

Bemerkungen: Für eine Behandlung der n-dimensionalen Riemannschen Räume konstanter Krümmung empfehlen wir unseren Lesern das Kapitel XXI in der beeindruckenden Monographie [B] von Luigi Bianci. Dieser Mathematiker an der *Scuola Normale Superiore di Pisa* hat Wilhelm Blaschke in der Differentialgeometrie beeinflusst; ebenso wie Elie Cartan hat W. Blaschke den chinesisch-amerikanischen Mathematiker Shiing-shen Chern inspiriert;

schließlich trug Cherns wissenschaftlicher Einfluss auf Wilhelm Klingenberg ganz wesentlich zu einer *Renaissance der Differentialgeometrie* ab den 1970er Jahren bei.

Die Gauß-Riemann-Identität kann man für folgende Streifen leicht auswerten:

Definition 2. *Der C^3-Streifen aus Definition 4 in § 5 besitze zusätzlich die folgenden Eigenschaften:*

a) *Für jeden Parameter $c < s < d$ stelle die Kurve $\mathbf{X}(t, s)$, $a < t < b$ eine Geodätische mit Einheitsgeschwindigkeit dar.*

b) *Es gelte die* **Gaußsche Orthogonalitätsrelation**

$$\Big[\mathbf{X}_t(t, s), \mathbf{X}_s(t, s)\Big]_{\mathbf{X}(t,s)} = 0 \quad \textit{für alle} \quad (t, s) \in (a, b) \times (c, d). \quad (4)$$

Dann sprechen wir von einem **geodätischen Streifen** *um den Punkt* $\mathbf{x}_0$, *in welchen die Geodätische $X(t) = \mathbf{X}(t, s_0)$, $a < t < b$ eingebettet ist. Wir erklären noch den* **Gaußschen Fundamentalkoeffizienten**

$$G(t, s) := \Big[\mathbf{X}_s(t, s), \mathbf{X}_s(t, s)\Big]_{\mathbf{X}(t,s)} > 0 \quad \textit{für alle} \quad (t, s) \in (a, b) \times (c, d) \quad (5)$$

und führen die assoziierte **Gaußsche Metrik** *ein:*

$$d\sigma_{\mathbf{X}}^2(t, s) := \Big[\mathbf{X}_t(t, s), \mathbf{X}_t(t, s)\Big]_{\mathbf{X}(t,s)} dt^2 + \Big[\mathbf{X}_t(t, s), \mathbf{X}_s(t, s)\Big]_{\mathbf{X}(t,s)} dt ds$$

$$+ \Big[\mathbf{X}_s(t, s), \mathbf{X}_s(t, s)\Big]_{\mathbf{X}(t,s)} ds^2 = dt^2 + G(t, s) ds^2, \quad (t, s) \in (a, b) \times (c, d). \quad (6)$$

Jetzt setzen wir den geodätischen Streifen $\mathbf{X}(s, t)$ in die Identität (22) aus § 5 ein, und wir erhalten

$$-\Big[\frac{\nabla}{dt}\Big(\frac{\nabla \mathbf{X}_t(t, s)}{ds}\Big)^*, \mathbf{X}_s(t, s)\Big]_{\mathbf{X}(t,s)}\Big|_{t=t_0, s=s_0} = K_{\mathbf{X}}(\mathbf{x}_0) G(t_0, s_0) \quad (7)$$

beziehungsweise

$$K_{\mathbf{X}}(\mathbf{x}_0) \sqrt{G(t_0, s_0)} = \Big[\frac{\nabla}{dt}\Big(\frac{\nabla \mathbf{X}_t(t, s)}{ds}\Big)^*, \frac{-\mathbf{X}_s(t, s)}{\sqrt{G(t, s)}}\Big]_{\mathbf{X}(t,s)}\Big|_{t=t_0, s=s_0}. \quad (8)$$

Dabei bezeichnet $*$ die Projektion des gegebenen Vektorfelds auf den Tangentialraum gemäß Definition 6 aus § 5. Wir multiplizieren die Gaußsche Orthogonalitätsrelation (4) mit dem Faktor $G(t, s)^{-\frac{1}{2}}$ und erhalten

$$0 = \Big[\mathbf{X}_t(t, s), \frac{\mathbf{X}_s(t, s)}{\sqrt{G(t, s)}}\Big]_{\mathbf{X}(t,s)} = \Big[\mathbf{X}_t(t, s), \mathbf{V}(t, s)\Big]_{\mathbf{X}(t,s)}, (t, s) \in (a, b) \times (c, d).$$

$$(9)$$

Dabei haben wir mit der Funktion

$$\mathbf{V}(t,s) := \frac{\mathbf{X}_s(t,s)}{\sqrt{G(t,s)}} \quad , \quad (t,s) \in (a,b) \times (c,d) \tag{10}$$

das **Binormalenfeld** an die Kurve $\mathbf{X}(t,s)$, $a < t < b$ bzgl. des Streifens $\mathbf{X}$ für jedes feste $c < s < d$. Die Gauß-Riemann-Identität (8) erscheint nun in der Form

$$K_{\mathbf{X}}(\mathbf{x}_0)\sqrt{G(t_0,s_0)} = -\left[\frac{\nabla}{dt}\left(\frac{\nabla \mathbf{X}_t(t,s)}{ds}\right)^*, \mathbf{V}(t,s)\right]_{\mathbf{X}(t,s)}\Bigg|_{t=t_0,\, s=s_0} . \tag{11}$$

Differenzieren wir die Identität (9) nach t, so erhalten wir

$$0 = \left[\mathbf{X}_t(t,s), \frac{\nabla \mathbf{V}(t,s)}{dt}\right]_{\mathbf{X}(t,s)} \quad , \quad (t,s) \in (a,b) \times (c,d). \tag{12}$$

Nun sind $\mathbf{X}_t(t,s)$ und $\mathbf{V}(t,s)$ positiv-orientierte Einheitsvektorfelder, welche eine orthonormale Basis des 2-dimensionalen Tangentialraums an $\mathbf{X}$ im Punkt $\mathbf{X}(s,t)$ bilden. Da $\dfrac{\nabla \mathbf{V}(t,s)}{dt}$ senkrecht auf $\mathbf{V}(t,s)$ steht, und seine Komponente (12) verschwindet, so erhalten wir

$$\left(\frac{\nabla \mathbf{V}(t,s)}{dt}\right)^* = 0 \quad , \quad (t,s) \in (a,b) \times (c,d) . \tag{13}$$

Differenzieren wir (9) nach s, so folgt

$$\left[\frac{\nabla \mathbf{X}_t(t,s)}{ds}, \mathbf{V}(s,t)\right]_{\mathbf{X}(t,s)} = -\left[\mathbf{X}_t(t,s), \frac{\nabla \mathbf{V}(t,s)}{ds}\right]_{\mathbf{X}(t,s)}$$

$$= \left[-\mathbf{X}_t(t,s), \frac{\nabla \mathbf{V}(t,s)}{ds}\right]_{\mathbf{X}(t,s)} =: \widetilde{\kappa_{\mathbf{X}}}(t,s). \tag{14}$$

Auf der rechten Seite in (14) erscheint in der **geodätischen Krümmungsfunktion**

$$\widetilde{\kappa_{\mathbf{X}}}(t,s) \quad , \quad (t,s) \in (a,b) \times (c,d) \tag{15}$$

die geodätische Krümmung der Kurve $\mathbf{X}(t,s)$, $c < s < d$ mit dem Tangentenfeld $\mathbf{V}(t,s)$, $c < s < d$ und dem Binormalenfeld $-\mathbf{X}_t(t,s)$, $c < s < d$ für jedes feste $a < t < b$. Dann differenzieren wir (14) nach t und erhalten mit (11) und (13) die **geodätische Divergenzgleichung**

$$\frac{d}{dt}\widetilde{\kappa_{\mathbf{X}}}(t,s) = \frac{d}{dt}\left[\left(\frac{\nabla \mathbf{X}_t(t,s)}{ds}\right)^*, \mathbf{V}(t,s)\right]_{\mathbf{X}(t,s)}$$

$$= \left[\frac{\nabla}{dt}\left(\frac{\nabla \mathbf{X}_t(t,s)}{ds}\right)^*, \mathbf{V}(t,s)\right]_{\mathbf{X}(t,s)} + \left[\left(\frac{\nabla \mathbf{X}_t(t,s)}{ds}\right)^*, \frac{\nabla \mathbf{V}(t,s)}{dt}\right]_{\mathbf{X}(t,s)}$$

$$= \left[\frac{\nabla}{dt}\left(\frac{\nabla \mathbf{X}_t(t,s)}{ds}\right)^*, \mathbf{V}(t,s)\right]_{\mathbf{X}(t,s)} + \left[\left(\frac{\nabla \mathbf{X}_t(t,s)}{ds}\right)^*, \left(\frac{\nabla \mathbf{V}(t,s)}{dt}\right)^*\right]_{\mathbf{X}(t,s)}$$

$$= -K_{\mathbf{X}}(\mathbf{X}(t,s))\sqrt{G(t,s)} \quad , \quad (t,s) \in (a,b) \times (c,d) . \tag{16}$$

Jetzt differenzieren wir für $(t,s) \in (a,b) \times (c,d)$ das **Oberflächenelement**

$$\sqrt{G(t,s)} := \sqrt{\Big[\mathbf{X}_s(t,s), \mathbf{X}_s(t,s)\Big]_{\mathbf{X}(t,s)}} = \Big[\mathbf{X}_s(t,s), \mathbf{X}_s(t,s)\Big]_{\mathbf{X}(t,s)}^{\frac{1}{2}} \qquad (17)$$

nach dem Parameter t. Mit der kovarianten Vertauschungsrelation aus Satz 3 in §5 und der obigen Identität (14) erhalten wir

$$\frac{d}{dt}\sqrt{G(t,s)} = \frac{1}{\sqrt{G(t,s)}}\left[\mathbf{X}_s(t,s), \frac{\nabla \mathbf{X}_s(t,s)}{dt}\right]_{\mathbf{X}(t,s)}$$

$$= \frac{1}{\sqrt{G(t,s)}}\left[\mathbf{X}_s(t,s), \frac{\nabla \mathbf{X}_t(t,s)}{ds}\right]_{\mathbf{X}(t,s)} = \left[\mathbf{V}(t,s), \frac{\nabla \mathbf{X}_t(t,s)}{ds}\right]_{\mathbf{X}(t,s)} \qquad (18)$$

$$= \left[\frac{\nabla \mathbf{V}(t,s)}{ds}, -\mathbf{X}_t(t,s)\right]_{\mathbf{X}(t,s)} = \widetilde{\kappa}_{\mathbf{X}}(t,s)\,, \quad (t,s) \in (a,b) \times (c,d)\,.$$

Differenzieren wir die Identität (18) nach t, so folgt mit der geodätischen Divergenzgleichung (16) die **Gauß-Jacobi-Gleichung**

$$\frac{d^2}{dt^2}\sqrt{G(t,s)} + K_{\mathbf{X}}(\mathbf{X}(t,s))\sqrt{G(t,s)} = 0 \quad, \quad (t,s) \in (a,b) \times (c,d)\,. \qquad (19)$$

Wir fassen unsere bisherigen Ergebnisse über geodätische Streifen zusammen:

Satz 1 (Geodätische Streifen). *Für einen geodätischen Streifen* $\mathbf{X}$ *erfüllt die geodätische Krümmung die geodätische Divergenzgleichung*

$$\frac{d}{dt}\widetilde{\kappa}_{\mathbf{X}}(t,s) = -K_{\mathbf{X}}(\mathbf{X}(t,s))\sqrt{G(t,s)} \quad, \quad (t,s) \in (a,b) \times (c,d)\,, \qquad (20)$$

und das Oberflächenelement genügt der Gauß-Jacobi-Gleichung (19).

Wir verwenden nun die Überlegungen am Ende von §3, wo wir in Definition 4 mit der Funktion

$$\mathbf{X}(t,s\,;\mathbf{x}_1,\Theta)\,, \quad (t,s) \in [0,R) \times [c,d] \qquad (21)$$

eine geodätische Strahlenschar mit der Spitze $\mathbf{x}_1$ konstruiert haben für den elliptischen Bogen $\Theta(s)$, $c \le s \le d$ gemäß der Definition 3. Diese geodätische Strahlenschar mit Einheitsgeschwindigkeit besitzt an ihrer Spitze $\mathbf{x}_1$ ein asymptotisches Verhalten, welches durch Θ vorgeschrieben wird.

Definition 3. *Wir betrachten das Gebiet*

$$\Delta_R := \Big\{(t,s) \in \mathbb{R} \times \mathbb{R} \,\Big|\, 0 < t < R\,, c < s < d\Big\}$$

und nennen

$$\mathbf{X}(t,s) := \mathbf{X}(t,s\,;\,\mathbf{x}_1, \Theta) \quad , \quad (t,s) \in \Delta_R \tag{22}$$

einen **geodätischen Sektor mit der Spitze** $\mathbf{x}_1$ *zum elliptischen Bogen* $\Theta(.)$*, falls die differentialgeometrische Regularitätsbedingung*

$$\left\{ \mathbf{X}_t^2 \mathbf{X}_s^2 - (\mathbf{X}_s \cdot \mathbf{X}_t)^2 \right\} \Big|_{(t,s)} > 0 \quad \text{für alle} \quad (t,s) \in \Delta_R \tag{23}$$

erfüllt ist.

Bemerkungen: Wegen dem Gauß-Riemann-Lemma in Satz 2 aus §3 und der Regularitätsbedingung (23) stellt die Funktion

$$\mathbf{X}(.,.\,;\,\mathbf{x}_1, \Theta) : \Delta_R \to \Omega$$

im Sinne von Definition 2 einen geodätischen Streifen dar. Darum gilt die Gaußsche Orthogonalitätsrelation (4) auf Δ_R, und das Oberflächenelement erfüllt die Bedingung

$$G(t,s) := \Big[\mathbf{X}_s(t,s), \mathbf{X}_s(t,s) \Big]_{\mathbf{X}(t,s)} > 0 \quad \text{für alle} \quad (t,s) \in \Delta_R. \tag{24}$$

Für $c < s_0 < d$ ist dann die Geodätische $X(t) = \mathbf{X}(t,s_0), 0 < t < R$ **eingebettet** in den geodätischen Sektor $\mathbf{X}(t,s\,;\,\mathbf{x}_1, \Theta), (t,s) \in \Delta_R$.

Definition 4. *Schließlich erklären wir den positiven* **geodätischen Winkel an der Spitze** $\mathbf{x}_1 = \mathbf{X}(0,s), c \le s \le d$ *des Sektors* $\mathbf{X}(t,s\,;\,\mathbf{x}_1, \Theta), (t,s) \in \Delta_R$ *durch den Grenzübergang*

$$\delta(\mathbf{X}, \mathbf{x}_1) := \lim_{\varepsilon \to 0+} \int_c^d \widetilde{\kappa_{\mathbf{X}}}(\varepsilon, s)\, ds \quad . \tag{25}$$

Satz 2 (Geodätische Sektoren). *Bei beliebigem* $0 < \epsilon < R$ *gilt für einen geodätischen Sektor* $\mathbf{X}(t,s\,;\,\mathbf{x}_1, \Theta), (t,s) \in \Delta_R$ *die folgende Integralformel*

$$\int_c^d \left(\int_0^{R-\epsilon} K_{\mathbf{X}}(\mathbf{X}(t,s)) \sqrt{G(t,s)}\, dt \right) ds = - \int_c^d \widetilde{\kappa_{\mathbf{X}}}(R-\epsilon, s)\, ds + \delta(\mathbf{X}, \mathbf{x}_1). \tag{26}$$

Beweis: Für hinreichend kleine $\varepsilon > 0$ integrieren wir die geodätische Divergenzgleichung (20) über das Rechteck $\varepsilon < t < R - \epsilon, s \in (c,d)$. Mit dem Fundamentalsatz der Differential- und Integralrechnung erhalten wir die folgende Identität

$$\int_c^d \left(\int_\varepsilon^{R-\epsilon} K_{\mathbf{X}}(\mathbf{X}(t,s)) \sqrt{G(t,s)} dt \right) ds = \int_c^d \left(\int_\varepsilon^{R-\epsilon} -\frac{d}{dt} \widetilde{\kappa_{\mathbf{X}}}(t,s)\, dt \right) ds$$

$$\int_c^d \left[-\widetilde{\kappa_{\mathbf{X}}}(t,s) \right]_\varepsilon^{R-\epsilon} ds = - \int_c^d \widetilde{\kappa_{\mathbf{X}}}(R-\epsilon, s)\, ds + \int_c^d \widetilde{\kappa_{\mathbf{X}}}(\varepsilon, s)\, ds \quad .$$

Der Grenzübergang $\varepsilon \to 0+$ liefert zusammen mit dem Grenzwert (25) die behauptete Identität (26).   q.e.d.

Wir vereinbaren nun die

Definition 5. *Der geodätische Streifen* $\mathbf{X}(t,s)$, $(t,s) \in (a,b) \times (c,d)$ *aus Definition 2 besitze die folgenden Eigenschaften:*

a) Es existieren die beiden Grenzpunkte

$$\mathbf{x}_1 := \lim_{t \to a+, \, c < s < d} \mathbf{X}(t,s) \in \mathbb{R}^n \quad \text{sowie} \quad \mathbf{x}_2 := \lim_{t \to b-, \, c < s < d} \mathbf{X}(t,s) \in \mathbb{R}^n \, .$$
$$(27)$$

b) Weiter gebe es zu den Funktionen $\mathbf{X}^{(1)}(t,s) := \mathbf{X}(a+t,s)$, $(t,s) \in \Delta_R$ *und* $\mathbf{X}^{(2)}(t,s) := \mathbf{X}(b-t,s)$, $(t,s) \in \Delta_R$ *elliptische Bögen* $\Theta_j(s)$, $c \le s \le d$, *so dass die Darstellung*

$$\mathbf{X}^{(j)}(t,s) = \mathbf{X}(t,s;\mathbf{x}_j,\Theta_j) \, , \quad (t,s) \in \Delta_R \tag{28}$$

für $j = 1, 2$ *erfüllt ist. Also stellt* $\mathbf{X}(s,t)$ *an den Spitzen* $\mathbf{x}_j$ *jeweils einen geodätischen Sektor vom Radius* $R := b - a \in (0, +\infty)$ *im Sinne obiger Definition 3 dar.*

Dann sprechen wir von einem **geodätischen Zweieck** *mit dem Anfangspunkt* $\mathbf{x}_1$ *und dem Endpunkt* $\mathbf{x}_2$.

Bemerkungen: Wir erklären gemäß Definition 4 die geodätischen Winkel

$$\delta(\mathbf{X},\mathbf{x}_j) := \delta(\mathbf{X}^{(j)},\mathbf{x}_j) \quad \text{für} \quad j = 1, 2 \tag{29}$$

am Anfangspunkt $\mathbf{x}_1$ und Endpunkt $\mathbf{x}_2$ des geodätischen Zweiecks. Weiter notieren wir

$$\delta(\mathbf{X},\mathbf{x}_2) = \lim_{\epsilon \to 0+} \int_c^d -\widetilde{\kappa_{\mathbf{X}^{(1)}}}(R-\epsilon,s)\,ds \quad > 0 \tag{30}$$

für den geodätischen Winkel am Endpunkt $\mathbf{x}_2$.

Durch den Grenzübergang $\epsilon \to 0+$ in der Formel (26) erhalten wir zusammen mit der Identität (30) den

Satz 3 (Geodätische Zweiecke). *Für ein geodätisches Zweieck* $\mathbf{X}$ *gilt die folgende Integralformel*

$$\int_c^d \left(\int_a^b K_{\mathbf{X}}(\mathbf{X}(t,s))\sqrt{G(t,s)}\,dt \right) ds = \delta(\mathbf{X},\mathbf{x}_1) + \delta(\mathbf{X},\mathbf{x}_2) > 0. \tag{31}$$

Bemerkungen:

a) Im **Riemannschen Raum nichtpositiver Schnittkrümmung**, wo die
   Schnittkrümmung nach oben durch die Konstante $K_0 = 0$ beschränkt ist,
   gibt es keine geodätischen Zweiecke. Wenn nämlich ein solches existieren
   würde, wäre die linke Seite in (31) ≤ 0 während die rechte Seite > 0 ist.
   Wie im Euklidischen Raum $\mathbb{R}^n$ können sich auch in diesem Raum zwei
   von einem Punkt ausgehende Geodätische nicht schneiden.
b) Auf der Sphäre ist die Gaußsche Krümmung positiv und zwei Großkreise,
   welche nach Aufgabe 3.) in § 8 Geodätische darstellen, schneiden sich in
   antipodischen Punkten. Auf der Poincaréschen Halbebene, welche nach
   Aufgabe 4.) in § 8 eine negative Gaußsche Krümmung besitzt, schneiden
   sich die Geodätischen offenbar nicht.
c) Im Falle $n = 2$ hat schon C.F. Gauß mit obiger Integralformel (31) geodätische Zweiecke bei nichtpositiv gekrümmten Metriken ausgeschlossen. Obige Sätze 2 und 3 werden in der Differentialgeomerie zur **Gauß-Bonnet-
   Formel** weiterentwickelt.

§7 Konjugierte Punkte und Sturmscher Vergleichssatz

Wir betten nun einen beliebigen geodätischen Strahl $X(t) : [0, R) \to \Omega$ mit
Einheitsgeschwindigkeit der Länge $0 < R \leq +\infty$ in eine Schar von geodätischen Strahlen ein, die am Anfangspunkt $\mathbf{x}_1 = X(0)$ eine Spitze bilden – aber
im Gaußschen Fundamentalkoeffizienten $G(t, s)$ Nullstellen besitzen können.

Definition 1. *Betrachten wir den geodätischen Strahl*

$$X(t) = (x_1(t), \dots, x_n(t)) \in C^3([0, R), \Omega)$$

mit Einheitsgeschwindigkeit und der Tangente $\mathbf{t} = (t_1, \dots, x_n) := X'(0)$ *im
Anfangspunkt* $\mathbf{x}_1 = X(0)$ *sowie einen hierzu orthogonalen* **Richtungsvektor**

$$\mathbf{v} = (v_1, \dots, v_n) \in \mathbb{R}^n \quad mit \quad \sum_{i,j=1}^{n} g_{ij}(\mathbf{x}_1)t_i\, v_j = 0 \,. \tag{1}$$

Gemäß Definition 3 aus § 3 verwenden wir einen ebenen elliptischen Bogen

$$\Theta = \Theta(t) : [c, d] \to \mathbb{R}^n \quad mit \quad \Theta(s_0) = \mathbf{t} \quad , \quad \Theta'(s_0) = \mathbf{v} \tag{2}$$

für ein gewisses $c < s_0 < d$ *mit* $\theta(s) \equiv 1, c \leq s \leq d$ *als elliptischer Geschwindigkeit. Dann konstruieren wir nach Definition 4 aus § 3 die geodätische
Strahlenschar mit der Spitze* $\mathbf{x}_1$ *zum elliptischen Bogen* Θ *in*

$$\mathbf{X}(t, s) = \mathbf{X}(t, s\,;\, \mathbf{v}) := \mathbf{X}(t, s\,;\, \mathbf{x}_1, \Theta), \quad (t, s) \in [0, R) \times (c, d) \,. \tag{3}$$

Wir nennen $\mathbf{X}(t, s\,;\, \mathbf{v})$ *das* **Jacobifeld zu** X **in Richtung** $\mathbf{v}$.

Bemerkungen:

a) Für jeden Parameter $c \leq s \leq d$ stellt die Kurve $\mathbf{X}(t,s)$, $0 \leq t < R$ einen geodätischen Strahl mit Einheitsgeschwindigkeit dar. Nach Konstruktion ist für das gewählte $c < s_0 < d$ die Identität $\mathbf{X}(t,s_0) = X(t)$, $0 \leq t < R$ erfüllt. Darum sprechen wir von einem **Jacobifeld X, in welches der geodätische Strahl** $X(t) = \mathbf{X}(t,s_0)$, $0 \leq t < R$ **eingebettet** ist.

b) Es gilt die **Gaußsche Orthogonalitätsrelation**

$$\Big[\mathbf{X}_t(t,s), \mathbf{X}_s(t,s)\Big]_{\mathbf{X}(t,s)} = 0 \quad \text{für alle} \quad (t,s) \in [0,R) \times (c,d). \quad (4)$$

c) Für den Gaußschen Fundamentalkoeffizienten gelte nur

$$G(t,s) := \Big[\mathbf{X}_s(t,s), \mathbf{X}_s(t,s)\Big]_{\mathbf{X}(t,s)} \geq 0, \quad (t,s) \in [0,R) \times (c,d); \quad (5)$$

die assoziierte **Gaußsche Metrik** (6) aus §6 kann genau in den Nullstellen von $G(s,t)$ degenerieren.

d) Für ein hinreichend kleines $b \in (0,R]$ bildet – im Sinne von Definition 3 aus §6 – die Einschränkung $\mathbf{X} : (0,b) \times (c,d) \to \Omega$ einen geodätischen Sektor mit der Spitze $\mathbf{x}_1 := X(0) \equiv \mathbf{X}(0,s)$, $c \leq s \leq d$.

Wir kommen nun zu einem zentralen Begriff, nämlich

Definition 2. *Wir nennen* $\mathbf{x}_2 = X(b)$ *mit* $0 < b < R$ *einen* **konjugierten Punkt** *auf dem geodätischen Strahl* $X : [0,R) \to \Omega$ *zum Punkt* $\mathbf{x}_1 = X(0)$ *in Bezug auf das einbettende Jacobifeld* $\mathbf{X}$*, falls*

$$G(0,s_0) = 0 = G(b,s_0) \quad \text{sowie} \quad G(t,s_0) > 0 \text{ für alle } 0 < t < b \quad \text{gilt.} \quad (6)$$

Mit $D(\mathbf{x}_1, \mathbf{x}_2) := b > 0$ *bezeichnen wir die* **Entfernung** *zwischen den konjugierten Punkten* $\mathbf{x}_1$ *und* $\mathbf{x}_2$.

Bemerkungen:

a) Wenn sich zwischen zwei Punkten $\mathbf{x}_1$ und $\mathbf{x}_2$ ein geodätisches Zweieck bildet, so sind die Punkte zueinander konjugiert. Sollte ein geodätischer Strahl frei von konjugierten Punkten sein, so können auf diesen auch nicht der Anfangs- und Endpunkt eines geodätischen Zweiecks fallen.

b) Die Untersuchung der konjugierten Punkte ist äquivalent zu der Bestimmung derjenigen Parameter $0 < b < R$, welche das folgende **Randwertproblem für die Gauß-Jacobi-Gleichung** lösen:

$$\frac{d^2}{dt^2}\sqrt{G(t,s_0)} + K_{\mathbf{X}}(\mathbf{X}(t,s_0))\sqrt{G(t,s_0)} = 0, \quad 0 < t < b$$

$$\text{und} \quad \sqrt{G(0,s_0)} = 0 = \sqrt{G(b,s_0)}. \tag{7}$$

c) Wenn ein geodätischer Bogen keinen konjugierten Punkt enthält, so können
wir diesen einbetten in geodätische Sektoren beliebiger Stellung im Raum,
die dann zusammen einen *geodätischen Kegel* bilden. Die Methoden aus § 4
liefern die folgende **lokale Minimaleigenschaft:** *Jede Kurve in diesem
geodätischen Kegel – von der Spitze bis zu einem Punkt auf der eingebetteten Geodätischen – hat eine größere Energie (und eine nicht kleinere
Länge) als die direkte Verbindung der beiden Punkte durch die Geodätische
– es sei denn, die Kurve stimmt bereits mit letzterer Verbindung überein.*

Wir betrachten Riemannsche Metriken, die auf einfach-zusammenhängenden
Gebieten gegeben sind. Dabei nennen wir das Gebiet $\Omega \subset \mathbb{R}^n$ **einfach-
zusammenhängend**, wenn wir in eine beliebige stückweise reguläre Kurve
innerhalb von Ω eine reguläre Fläche einspannen können, welche diese Kurve
berandet. Diese Eigenschaft des Gebiets Ω bedeutet im Falle $n = 2$ gerade,
dass wir jede geschlossene Kurve in diesem Gebiet Ω auf einen Punkt zusam-
menziehen können.

Diese Mannigfaltigkeit nennen wir **geodätisch vollständig**, wenn jede von
einem beliebigen Punkt $\mathbf{x}_1 \in \Omega$ ausgehende Geodätische von unendlicher
Länge in der Menge Ω verläuft. Für solche Riemannschen Mannigfaltigkeiten
mit nichtpositiver Schnittkrümmung können wir konjugierte Punkte längs der
geodätischen Strahlen ausschließen.

Satz 1 (J. Hadamard, E. Cartan).   *Wir betrachten eine Riemannsche
Metrik* (1) *aus § 3 nichtpositiver Schnittkrümmung und den zugehörigen Rie-
mannscher Raum* $\mathcal{R}\Big(g_{ij}(x)\Big| x \in \Omega$ *und* $i, j = 1, \dots, n\Big)$ *auf einem einfach-
zusammenhängenden Gebiet* $\Omega \subset \mathbb{R}^n$. *Es existiere die geodätische Transformation* $(x, z) = T(x, y)$ *aus Satz 1 in § 3 auf dem Bündel von Ellipsoiden*
$\mathbb{P}(\Omega, R)$ *für alle Radien* $0 < R < +\infty$. *Nun wählen wir einen festen Punkt*
$\mathbf{x}_1 \in \Omega$ *und definieren die ein-elementige Teilmenge* $\Omega_0 := \{\mathbf{x}_1\} \subset \Omega$. *Jetzt
untersuchen wir die Abbildung*

$$z = \mathbf{T}(y) := \widehat{T(\mathbf{x}_1, y)} \quad , \quad y \in \mathbb{P}(\widehat{\Omega_0, R}), \tag{8}$$

wobei wir mit $\widehat{...}$ *die Projektion auf den zweiten Faktor im* $\mathbb{R}^n \times \mathbb{R}^n$ *bezeichnen.
Dann gelten die folgenden Aussagen:*

a) *Für einen beliebigen Impuls*

$$y = (y_1, \dots, y_n) \in \mathbb{R}^n \quad mit \quad \sum_{i,j=1}^{n} g^{ij}(\mathbf{x}_1) y_i y_j = 1 \tag{9}$$

stellt $X = X(t) := \mathbf{T}(t\,y),\, 0 \leq t < +\infty$ *einen geodätischen Strahl
mit Einheitsgeschwindigkeit dar, welcher von* $\mathbf{x}_1 = X(0)$ *ausgeht und
$X : [0, +\infty) \to \Omega$ erfüllt. Dieser geodätische Strahl ist bezüglich jedem
einbettenden Jacobifeld* $\mathbf{X}(s, t; \mathbf{v})$ *aus Definition 1 der Länge* $R = +\infty$ *für
alle zulässigen Richtungen* $\mathbf{v}$ *frei von konjugierten Punkten.*

b) *Zu verschiedenen Impulsen $y^{(1)} \neq y^{(2)}$ aus (9) schneiden sich die zugehörigen geodätischen Strahlen $X^{(j)}(t) := \mathbf{T}(t\,y^{(j)})$, $0 \leq t < +\infty$ mit $j = 1, 2$ nur im Anfangspunkt $\mathbf{x}_1$ gemäß $X^{(1)}(0) = \mathbf{x}_1 = X^{(2)}(0)$.*

c) *Jeder geodätische Strahl aus a) besitzt das **asymptotische Verhalten**: Für jede Menge $\Omega' \subset\subset \Omega$ ist*

$$X(t) \in \Omega \setminus \Omega' \quad \text{für alle} \quad t \geq \tau(\Omega') \tag{10}$$

mit einer Zahl $\tau(\Omega') \in [0, +\infty)$ erfüllt.

d) *Die Abbildung $\mathbf{T} : \mathbb{R}^n \to \Omega$ stellt einen C^1-Diffeomorphismus dar, d.h. sie besitzt global eine Umkehrabbildung der Klasse $C^1(\Omega, \mathbb{R}^n)$.*

Beweis:

a) Die erste Aussage wurde bereits im Teil a) des Satzes 1 aus §3 bewiesen; dabei transformiert sich der Anfangs-Impulsvektor $y = (y_1, \ldots, y_n)$ gemäß

$$t_k = \sum_{i=1}^{n} g^{ki}(\mathbf{x}_1) y_i \quad, k = 1, \ldots, n \tag{11}$$

linear in den Anfangs-Geschwindigkeitsvektor $\mathbf{t} = (t_1, \ldots, t_n) := X'(0)$. Wählen wir nun ein beliebiges einbettendes Jacobifeld $\mathbf{X}(t, s; \mathbf{v})$ zu diesem geodätischen Strahl $X(t) : [0, +\infty) \to \Omega$ gemäß Definition 1, so erfüllt das zugehörige Gaußsche Oberflächenelement die folgenden Bedingungen:

$$\frac{d^2}{dt^2} \sqrt{G(t, s_0)} = -K_{\mathbf{X}}(\mathbf{X}(t, s_0)) \sqrt{G(t, s_0)} \geq 0, \quad 0 < t < +\infty$$

$$\text{und} \quad \sqrt{G(0, s_0)} = 0 \quad \text{sowie} \quad \left. \frac{d}{dt} \sqrt{G(t, s_0)} \right|_{t=0} > 0. \tag{12}$$

Also stellt das Oberflächenelement eine konvexe Funktion dar, welche bei $t = 0$ mit positiver Steigung beginnt. Es folgt $\sqrt{G(t, s_0)} > 0$, $0 < t < +\infty$, und der geodätische Strahl besitzt keinen einzigen konjugierten Punkt.

b) Würden sich zwei solche Strahlen in einem Punkt $\mathbf{x}_2 \neq \mathbf{x}_1$ schneiden, so betten wir die entstehenden Segmente in ein geodätisches Zweieck aus Definition 5 in §6 mit dem Anfangspunkt $\mathbf{x}_1$ und dem Endpunkt $\mathbf{x}_2$ ein. Hierbei benötigen wir die Eigenschaft des Gebiets $\Omega \subset \mathbb{R}^n$, dass wir in eine beliebige stückweise reguläre Kurve innerhalb von Ω eine reguläre Fläche einspannen können, welche diese berandet. Wenden wir auf dieses geodätische Zweieck die Integralformel aus Satz 3 mit der sich anschließenden Bemerkung a) im §6 an, so erhalten wir einen Widerspruch. Also können sich zwei geodätische Strahlen in verschiedene Richtungen nicht miteinander schneiden.

c) Wegen der gleichmäßigen Elliptizitätsbedingung (25) aus §3 auf der Menge Ω' an die Riemannsche Metrik besitzt jeder geodätische Strahl aus a) das in (10) beschriebene aymptotische Verhalten.

d) Da die Strahlen aus a) frei von konjugierten Punkten in *alle* zulässigen
Richtungen sind, genügt die Funktionaldeterminante der Transformation
folgender Bedingung

$$J_{\mathbf{T}}(y) \neq 0 \quad \text{für alle} \quad y \in \mathbb{R}^n . \tag{13}$$

Wir betrachten nun die *nichtleere Menge* $\Delta := \{z = \mathbf{T}(y) \in \Omega \,|\, y \in \mathbb{R}^n\}$.
Nach dem Fundamentalsatz über die inverse Abbildung handelt es sich
hier um eine *offene Menge* in Ω.

Wir zeigen nun die *Abgeschlossenheit* der Menge Δ in der Menge Ω: Ist
$z^{(k)} = \mathbf{T}(y^{(k)})$ für $k = 1, 2, 3, \ldots$ eine Punktfolge in Δ mit der Eigenschaft
$\lim_{k \to \infty} z^{(k)} = z_0 \in \Omega$. Die Urbildfolge $y^{(k)}$ ist wegen des asymptotischen
Verhaltens (10) beschränkt, und wir können ohne Umbezeichnung zu ei-
ner konvergenten Teilfolge mit der Eigenschaft $\lim_{k \to \infty} y^{(k)} = y_0 \in \mathbb{R}^n$
übergehen. Die Stetigkeit der Transformation $\mathbf{T}$ liefert

$$z_0 = \lim_{k \to \infty} z^{(k)} = \lim_{k \to \infty} \mathbf{T}\Big(y^{(k)}\Big) = \mathbf{T}\Big(\lim_{k \to \infty} y^{(k)}\Big) = \mathbf{T}(y_0) \in \Delta .$$

Also besitzt auch der Grenzpunkt z_0 ein Urbild, und die Menge Δ ist
abgeschlossen in Ω.

Durch Fortsetzung längs stetigen Wegen stellt man leicht fest, dass Δ
mit dem Gebiet Ω übereinstimmt. Die Abbildung $\mathbf{T} : \mathbb{R}^n \to \Omega$ ist somit
surjektiv; die Injektivität dieser Abbildung wurde bereits in b) gezeigt.
q.e.d.

Bemerkungen zum Satz 1: Man kann das Konzept der Mannigfaltigkeit
aus Definition 1 in §9 von Kapitel V mit der Riemannschen Metrik ver-
knüpfen, welche dann jeweils lokal gegeben wird. Bei Kartenwechseln muß
dann natürlich die Riemannsche Metrik erhalten werden, was man als *Isome-
trie* bezeichnet. Hierzu empfehlen wir den Abschnitt 5.5 sowie den Satz 6.6.4
des Buchs [K] von W. Klingenberg im Falle $n = 2$. Für beliebiges $n \geq 2$ verweisen wir auf die Abhandlung [GKM] von W. Klingenberg, D. Gromoll und
W. Meyer zum Beweis des Theorems von Hadamard-Cartan. Diese allgemeineren Begriffe und Aussagen sind aber einer Vorlesung zur Differentialgeometrie
vorbehalten.

Um Aussagen über konjugierte Punkte für Riemannsche Metriken positiver
Schnittkrümmung zu gewinnen, ziehen wir jetzt die Spektraltheorie gewöhnlicher Differentialoperatoren heran. Diese wird in §7 und §8 von Kapitel VIII
des Lehrbuchs [S4] über *Partielle Differentialgleichungen* behandelt, und wir
können die hier notwendigen Aussagen schon bereitstellen:

Zum **Parameter** $0 < b < +\infty$ und zur stetigen **Belegfunktion** $q =
q(t) : [0, +\infty) \to (0, +\infty)$ betrachten wir das folgende **Eigenwertproblem
gewöhnlicher Differentialoperatoren**:

Die nicht identisch verschwindende Funktion $u = u(t) \in C^2([0,b], \mathbb{R})$

genüge $- u''(t) = \lambda\, q(t)\, u(t)\,, \quad 0 \le t \le b$ unter den   (14)

Randbedingungen $u(0) = 0 = u(b)$ mit dem Eigenwert $\lambda \in \mathbb{R}$.

Der **kleinste Eigenwert** des **Rand-Eigenwert-Problems** (14)

$$\lambda_1\Big(q(.), b\Big) := \inf\Big\{ \lambda \in \mathbb{R} : \lambda \text{ besitzt eine Eigenfunktion } (14)\Big\} \quad (15)$$

hängt natürlich von der Belegfunktion $q(.)$ und der Intervallgrenze b ab.

Haben wir eine Eigenfunktion $u_* = u_*(t)$ aus (14) mit

$$u_*(t) \neq 0 \quad \text{für alle} \quad 0 < t < b$$

zum Eigenwert λ_* vor uns, so können wir den kleinsten Eigenwert mit folgender Identität berechnen:

$$\lambda_1\Big(q(.), b\Big) = \lambda_* \,. \quad (16)$$

Betrachten wir speziell die Belegfunktion $q(t) := k, 0 \le t \le b$ mit der Konstanten $k \in (0, +\infty)$, so haben wir in

$$u_*(t) := \sin\Big(\frac{\pi}{b}\, t\Big), \, 0 \le t \le b$$

eine Eigenfunktion zum Eigenwert

$$\lambda(k, b) := \frac{\pi^2}{k\, b^2} \quad, \quad (17)$$

welche im Innern des Intervalls $[0,b]$ keine Nullstelle besitzt. *Somit stellt $\lambda(k, b)$ gerade den kleinsten Eigenwert zur konstanten Belegfunktion k über das Intervall $[0,b]$ dar.*

Wir können den kleinsten Eigenwert auch über eine **direkte Variationsmethode** gewinnen und führen den **Raum der zulässigen Funktionen** zur Grenze b wie folgt ein:

$$\Gamma(b) := \Big\{ u = u(t) \in C^0([0,b], \mathbb{R}) \Big| u \text{ ist stückweise } C^1 \text{ mit } u(0) = 0 = u(b) \Big\}.$$

Dann existiert für alle Funktionen $u = u(t) \in \Gamma(b)$, welche nicht identisch auf $[0,b]$ verschwinden, der **Raleighquotient** $\dfrac{\int_0^b u'(t)^2\, dt}{\int_0^b q(t)u(t)^2\, dt}$.

Es gilt die folgende Variationscharakterisierung des kleinsten Eigenwerts:

$$\lambda_1\Big(q(.), b)\Big) = \inf\left\{ \frac{\int_0^b u'(t)^2\, dt}{\int_0^b q(t)u(t)^2\, dt} \;\Bigg|\; u \in \Gamma(b) \right\}. \quad (18)$$

Aus dieser Charakterisierung kann man folgende **Monotonie-Eigenschaften** des kleinsten Eigenwerts ablesen:

a) Der kleinste Eigenwert $\lambda_1\big(q(t), b\big)$, $0 < b < \infty$ ist eine strikt monoton fallende, stetige Funktion in der oberen Grenze $b > 0$, wobei die Belegfunktion $q(t)$ gegeben ist.

b) Haben wir zwei Belegfunktionen mit $0 < q_1(t) \leq q_2(t)$, $t \in [0, +\infty)$, so folgt $\lambda_1\big(q_1(.), b\big) \geq \lambda_1\big(q_2(.), b\big)$ für jede feste obere Grenze $b > 0$.

Mit diesen tiefliegenden Aussagen zeigen wir den folgenden

Satz 2 (J.C.F. Sturm). *Die Belegfunktion $q = q(t) \in C^0\big([0, +\infty), \mathbb{R}\big)$ besitze die Konstanten $0 < k_1 \leq k_2$ als Minorante bzw. Majorante im folgenden Sinne:*

$$k_1 \leq q(t) \leq k_2 \quad \text{für alle} \quad 0 \leq t < +\infty. \tag{19}$$

Weiter genüge die Funktion $u = u(t) \in C^2([0, b_0], \mathbb{R})$ mit einem Wert $b_0 > 0$ den folgenden Bedingungen:

$$u''(t) + 2q(t)u(t) = 0, \, 0 \leq t \leq b; \, u(0) = 0 = u(b_0); \, u(t) \neq 0, \, 0 < t < b_0. \tag{20}$$

Dann folgt die Abschätzung $\dfrac{\pi}{\sqrt{2\,k_2}} \leq b_0 \leq \dfrac{\pi}{\sqrt{2\,k_1}}$ für die erste positive Nullstelle b_0 von $u(.)$.

Beweis: Wir betrachten den kleinsten Eigenwert $\lambda_1\big(q(.), b\big)$, $0 < b < +\infty$ als strikt monoton fallende, stetige Funktion der oberen Intervallgrenze b. Wegen der Ungleichungen (19) und der obigen Monotonie-Eigenschaft b) erhalten wir für die konstanten, positiven Funktionen k_1, $0 \leq t < +\infty$ und k_2, $0 \leq t < +\infty$ die folgende Einschließung:

$$\lambda_1\big(k_2, b\big) \leq \lambda_1\big(q(.), b\big) \leq \lambda_1\big(k_1, b\big) \quad , \quad 0 < b < +\infty. \tag{21}$$

Aus der expliziten Darstellung (17) ersehen wir das asymptotische Verhalten

$$+\infty = \lim_{b \to 0+} \lambda_1\big(k_2, b\big) \leq \lim_{b \to 0+} \lambda_1\big(q(.), b\big)$$

und

$$0 = \lim_{b \to +\infty} \lambda_1\big(k_1, b\big) \geq \lim_{b \to +\infty} \lambda_1\big(q(.), b\big).$$

Also besitzt die eingeschlossene Funktion in (21) genau eine Lösung der Gleichung

$$\lambda_1\big(q(.), b\big) = 2 \quad , \quad 0 < b < +\infty, \tag{22}$$

welche nach (20) mit dem dortigen b_0 übereinstimmt. Wählen wir für $j = 1, 2$ die eindeutig bestimmten Lösungen $0 < b_j < +\infty$ von $\lambda_1\big(k_j, b_j\big) = 2$, so liefert die Einschließung (21) die folgende Abschätzung:

$$b_2 \leq b_0 \leq b_1 \,. \tag{23}$$

Aus (17) erhalten wir die Identität

$$2 = \lambda_1(k_j, b_j) = \frac{\pi^2}{k_j\, b_j^2} \quad \text{für} \quad j = 1, 2 \tag{24}$$

beziehungsweise

$$b_j = \frac{\pi}{\sqrt{2\, k_j}} \quad \text{für} \quad j = 1, 2 \,. \tag{25}$$

Setzen wir die Werte (25) in die Ungleichung (23) ein, so erhalten wir die behauptete Abschätzung.   q.e.d.

Anwendung des Sturmschen Vergleichssatzes auf die Gauß-Jacobi-Gleichung liefert uns den

Satz 3 (Geodätischer Vergleichssatz). *Mit der Konstanten $K_1 > 0$ sei die Riemannsche Metrik (1) aus § 3 nach unten und mit der Konstanten $K_2 \geq K_1$ sei sie nach oben in ihrer Schnittkrümmung beschränkt. Dann hat ein geodätischer Strahl $X(t) : [0, +\infty) \to \Omega$, der vom Punkt $\mathbf{x}_1 = X(0)$ ausgeht und in ein Jacobifeld $\mathbf{X}$ gemäß Definition 1 eingebettet ist, keine konjugierten Punkte für alle $0 < t < \dfrac{\pi}{\sqrt{K_2}}$ und wenigstens einen konjugierten Punkt für $\dfrac{\pi}{\sqrt{K_2}} \leq t \leq \dfrac{\pi}{\sqrt{K_1}}$ in Bezug auf $\mathbf{X}$.*

Beweis: Wir beachten Definition 2 mit ihrer anschließenden Bemerkung b) und erklären die Belegfunktion

$$q(t) := \frac{1}{2}\, K_{\mathbf{X}}(\mathbf{X}(t, s_0)) \,, \quad 0 \leq t < +\infty \,. \tag{26}$$

Wegen der unteren und oberen Schranke an die Schnittkrümmung der Riemannschen Metrik erhalten wir die Einschließung

$$k_1 := \frac{K_1}{2} \leq q(t) \leq \frac{K_2}{2} =: k_2 \,, \quad 0 \leq t < +\infty \tag{27}$$

für jedes einbettende Jacobifeld $\mathbf{X}$. Nach (7) erfüllt die Funktion

$$u(t) := \sqrt{G(t, s_0)} \,, \quad 0 \leq t < +\infty$$

die folgenden Bedingungen:

$$u''(t) + 2q(t)u(t) = 0, \, 0 \leq t \leq b_0 \,; \, u(t) \neq 0, \, 0 < t < b_0 \,; \, u(0) = 0 = u(b_0) \,; \tag{28}$$

dabei ist $\mathbf{x}_2 := X(b_0)$ der konjugierte Punkt zu $\mathbf{x}_1 = X(0)$. Wegen (27) liefert der Sturmsche Vergleichssatz die folgende Ungleichung

$$\frac{\pi}{\sqrt{K_2}} = \frac{\pi}{\sqrt{2\,k_2}} \le b_0 \le \frac{\pi}{\sqrt{2\,k_1}} = \frac{\pi}{\sqrt{K_1}}\,. \tag{29}$$

Dieser Abschätzung entnehmen wir sofort die behaupteten Aussagen.   q.e.d.

Bemerkungen zur den Sätzen 2 und 3:

a) Ohne die o. a. Variationscharakterisierung (18) wird Satz 3 in [K] 6.5.5 und 6.5.7 im Falle $n = 2$ gezeigt.

b) Wie es im Kapitel VIII des Lehrbuchs [S4] dargestellt ist, kann man die Spektraltheorie für gewöhnliche Differentialoperatoren in die *Theorie Linearer Operatoren im Hilbertraum* einbetten. Diese Spektraltheorie wurde von R. Courant und F. Rellich entwickelt als **direkte Variationsmethode**, wo die Extremalprobleme *ohne vorheriges Lösen der Euler-Lagrange-Gleichungen* behandelt werden. Solche Methoden können aber erst in einer weiterführenden Vorlesung zur Analysis vorgestellt werden.

§8   Aufgaben und Ergänzungen zum Kapitel VII

1. Haben wir eine Fläche $\mathbf{f} = \mathbf{f}(x_1, x_2) : \Omega \to \mathbb{R}^3 \in C^3(\Omega, \mathbb{R}^3)$ auf einer offenen Menge $\Omega \subset \mathbb{R}^2$ gegeben, so nennen wir $ds^2 := \displaystyle\sum_{i,j=1,2} g_{ij}(x)dx_i\,dx_j$ mit den Koeffizienten

$$g_{ij}(x) := \mathbf{f}_{x_i}(x) \cdot \mathbf{f}_{x_j}(x) \quad , \quad x \in \Omega \quad , \quad i,j = 1,2 \tag{1}$$

deren **erste Fundamentalform**; dabei sprechen wir von einer durch die Fläche **f** realisierten Metrik ds^2. Wir erklären **die Normale**

$$\mathbf{n}(x) := \mathbf{n}(x_1, x_2) := |f_{x_1} \wedge f_{x_2}|^{-1} f_{x_1} \wedge f_{x_2}(x) \quad , \quad x \in \Omega \tag{2}$$

und die **zweite Fundamentalform** $d\sigma^2 := \displaystyle\sum_{i,j=1,2} h_{ij}(x)dx_i\,dx_j$ **von f** mit den Koeffizienten

$$h_{ij}(x) := \mathbf{f}_{x_i x_j}(x) \cdot \mathbf{n}(x) \quad , \quad x \in \Omega \quad \text{für} \quad i,j = 1,2\,. \tag{3}$$

Mittels [K] 3.8.1 zeigen Sie die **Gaußschen Ableitungsgleichungen**

$$f_{x_i x_k}(x) = \sum_{l=1,2} \Gamma_{ik}^l(x)\mathbf{f}_{x_l}(x) + h_{ik}(x)\mathbf{n}(x)\,, x \in \Omega \quad \text{für} \quad i,k = 1,2\,. \tag{4}$$

Dabei sind die Christoffelsymbole aus der Formel (12) in §3 zu bilden mit den Koeffizienten der obigen Metrik ds^2, welche durch die Fläche **f** realisiert wird.

2. Mit dem ebenen Vektorfeld $Y(t) = (y_1(t), y_2(t))$ der Klasse $C^1((a, b), \mathbb{R}^2)$ betrachten wir seine **Liftung auf der Fläche f längs der Kurve** $X(t) = (x_1(t), x_2(t)) \in C^1((a, b), \mathbb{R}^2)$ wie folgt:

$$\mathbf{Y}(t) = \sum_{i=1,2} y_i(t) \mathbf{f}_{x_i}(X(t)) \quad , \quad a < t < b. \tag{5}$$

Während das tangentiale Vektorfeld $\mathbf{Y}(t)$, $a < t < b$ diese Eigenschaft bei der gewöhnlichen Differentiation nach t zum Feld $\mathbf{Y}'(t)$, $a < t < b$ nicht notwendig erhält, wird **das projizierte Vektorfeld**

$$\widehat{\mathbf{Y}'(t)} := \mathbf{Y}'(t) - \left(\mathbf{Y}'(t) \cdot \mathbf{n}(X(t)) \right) \mathbf{n}(X(t)) \quad , \quad a < t < b \tag{6}$$

wieder tangential. Prüfen Sie mit den Gaußschen Ableitungsgleichungen, dass die Identität

$$\widehat{\mathbf{Y}'(t)} = \sum_{i=1,2} z_i(t) \mathbf{f}_{x_i}(X(t)) \quad , \quad a < t < b \tag{7}$$

mit dem ebenen Vektorfeld

$$Z(t) = (z_1(t), z_2(t)) = \frac{\nabla Y(t)}{dt} \quad , \quad a < t < b \tag{8}$$

erfüllt ist, welches durch kovariante Ableitung längs der Kurve $X(t)$ aus dem Vektorfeld $Y(t)$ gemäß Definition 1 aus § 5 entsteht. Man siehe hierzu die Abschnitte 4.1.1 und 4.1.2 im Buch [K] von W. Klingenberg. Somit kann man für realisierte Metriken die **kovariante Ableitung** als eine geordnete Hintereinanderausführung von Differentiation und Projektion **deuten**.

3. Zum Radius $r > 0$ betrachten wir **die Sphäre**

$$\mathbf{f}(x_1, x_2) := r \Big(\cos x_1 \cos x_2, \cos x_1 \sin x_2, \sin x_1 \Big), \ (x_1, x_2) \in \Omega$$

auf der offenen Menge

$$\Omega := \Big\{ (x_1, x_2) \Big| x_1 \in \Big(-\frac{\pi}{2}, \frac{\pi}{2} \Big), x_2 \in (0, 2\pi) \Big\}.$$

Berechnen Sie die erste und zweite Fundamentalform von $\mathbf{f}$ sowie deren Normale. Mittels Aufgabe 2.) bestimmen Sie die Geodätischen auf der Sphäre: Dieses sind gerade ihre Großkreise. Mit der Gauß-Jacobi-Gleichung berechnen Sie gemäß $K(x_1, x_2) \equiv \dfrac{1}{r^2}$ deren Gaußsche Krümmung als konstant positiv.

4. Beschreiben Sie nach [K] 5.1.3 und 5.1.7 **die Poincarésche Halbebene**. Mit einem festen Parameter $r > 0$ betrachte man hierzu die Riemannsche Metrik

$$ds^2 = \frac{r^2\, dx_1^2 + r^2\, dx_2^2}{x_2^2} \quad , \quad (x_1, x_2) \in \Omega$$

auf der offenen Menge $\Omega := \{(x_1, x_2) \in \mathbb{R}^2 \,|\, x_2 > 0\}$. Nach einem Satz von D. Hilbert kann diese Metrik *nicht* durch eine Fläche $\mathbf{f}(x_1, x_2) : \mathbb{R}^2 \to \mathbb{R}^3$ mit $d\mathbf{f} \cdot d\mathbf{f} = ds^2$ realisiert werden. Man berechne die Christoffelsymbole für ds^2 sowie ihre kovariante Ableitung. Zeigen Sie, dass die Geodätischen gerade die auf der Geraden $x_2 = 0$ senkrecht aufsitzenden Kreise und Geraden sind. Ermitteln Sie, dass die Gaußsche Krümmung von ds^2 konstant negativ gemäß $K(x_1, x_2) \equiv -\dfrac{1}{r^2}$, $(x_1, x_2) \in \Omega$ ist.

VIII

Maß- und Integrationstheorie

Wir wollen dieses Kapitel mit einem Ausspruch des Schöpfers der unendlich-dimensionalen Räume beginnen, nämlich von DAVID HILBERT:

Es gibt kein Ignorabimus oder *Wir müssen wissen – wir werden wissen!*

Das Studium dieser Räume von D.Hilbert und S. Banach wird vorbereitet durch das Integral von H. Lebesgue. Aus seiner Beschäftigung mit sogenannten *Minmalflächen*, den Flächen kleinsten Inhalts, und dem damit verbundenen gründlichen Studium des Flächeninhalts hat Lebesgue seinen Maß- und Integralbegriff entwickelt, der auch für die Wahrscheinlichkeitstheorie fundamental ist.

Wir gehen hier folgendermaßen vor: Das uneigentliche Riemannsche Integral aus Kapitel V lässt sich durch einen Fortsetzungsprozeß auf die größere Klasse der Lebesgue-integrierbaren Funktionen erweitern. Das so entstehende Lebesgue-Integral zeichnet sich durch Konvergenzsätze für *punktweise konvergente* Funktionenfolgen aus. Den Fortsetzungsprozeß vom Riemann-Integral zum Lebesgue-Integral werden wir in § 2 mit dem allgemeineren Daniell-Integral durchführen.

Die Maßtheorie wird sich dann in § 3 als Integrationstheorie der charakteristischen Funktionen ergeben, und die Lebesgue-messbaren Funktionen mit den p-fach integrierbaren Funktionen wollen wir in § 6 vorstellen. Zuvor vergleichen wir in § 5 das Riemann- und Lebesgue-Integral. Dann werden wir in § 7 die Sätze von Fubini und Tonelli zur iterierten Integration messbarer Funktionen beweisen. Schließlich lernen wir in § 8 die Banachräume $\mathcal{L}^p(X)$ der p-fach Lebesgue-integrablen Funktionen kennen zu den Exponenten $1 \leq p < +\infty$. Mit dem Banachschen Fixpunktsatz in § 9 beenden wir dieses Kapitel.

F. Sauvigny, *Analysis*, Springer-Lehrbuch, DOI: 10.1007/978-3-642-41507-4_8,
@ Springer-Verlag Berlin Heidelberg 2014

§1 Das Daniellsche Integral und der Satz von U. Dini

Ausgangspunkt unserer Untersuchungen ist die folgende

Definition 1. *Seien X eine beliebige Menge und $M = M(X)$ ein Raum von Funktionen $f : X \to \mathbb{R}$ mit den folgenden Eigenschaften:*

- *M ist ein linearer Raum, d.h.*

$$\text{für alle } f, g \in M \text{ und alle } \alpha, \beta \in \mathbb{R} \text{ gilt} \quad \alpha f + \beta g \in M. \tag{1}$$

- *M ist abgeschlossen hinsichtlich der Betragsbildung, d.h.*

$$\text{für alle } f \in M \text{ gilt} \quad |f| \in M. \tag{2}$$

Weiter sei $I : M \to \mathbb{R}$ ein Funktional auf M, welches die folgenden Bedingungen erfüllt:

- *I ist linear, d.h.*

$$\text{für alle } f, g \in M \text{ und alle } \alpha, \beta \in \mathbb{R} \text{ gilt} \quad I(\alpha f + \beta g) = \alpha I(f) + \beta I(g). \tag{3}$$

- *I ist nicht negativ, d.h.*

$$\text{für alle } f \in M \text{ mit } f \geq 0 \text{ gilt} \quad I(f) \geq 0. \tag{4}$$

- *I ist stetig bezüglich monotoner Konvergenz in M, d.h.*

$$\text{jede Folge } \{f_k\}_{k=1,2,\dots} \subset M \quad \text{mit} \quad f_k \downarrow 0 \quad \text{erfüllt } \lim_{k \to \infty} I(f_k) = I(0) = 0. \tag{5}$$

*Dann heißt I ein auf M erklärtes **Daniellsches Integral**.*

Bemerkungen:

1. Aus der Linearität (1) und der Eigenschaft (2) folgen für $f, g \in M$

$$\max(f, g) = \frac{1}{2}\Big(f + g + |f - g|\Big) \in M$$

und

$$\min(f, g) = \frac{1}{2}\Big(f + g - |f - g|\Big) \in M.$$

Insbesondere gelten für $f \in M$

$$f^+(x) := \max\Big(f(x), 0\Big) = \frac{1}{2}\Big(f(x) + |f(x)|\Big) \in M$$

sowie

$$f^-(x) := \max\Big(-f(x), 0\Big) = (-f)^+(x) \in M.$$

Wir nennen f^+ den *positiven Teil von f* und f^- den *negativen Teil von f*. Aus der Definition von f^+ und f^- erkennt man sofort

$$f = f^+ - f^- \quad \text{und} \quad |f| = f^+ + f^- = f^+ + (-f)^+.$$

Somit ist die Bedingung (2) äquivalent zu

$$f \in M \quad \Longrightarrow \quad f^+ \in M. \tag{2'}$$

Allgemeiner sieht man, dass mit $f_1, \ldots, f_m \in M$ und $m \in \mathbb{N}$ auch

$$\max(f_1, \ldots, f_m) \in M \quad \text{und} \quad \min(f_1, \ldots, f_m) \in M$$

gilt.

2. Die Bedingung (4) ist äquivalent zur Monotonie des Integrals, nämlich

$$I(f) \geq I(g) \quad \text{für alle} \quad f, g \in M \text{ mit } f \geq g. \tag{4'}$$

3. Die Bedingung (5) ist äquivalent zur Bedingung:

> Für alle Folgen $\{f_k\}_{k=1,2,\ldots} \subset M$ mit $f_k \uparrow f$ und $f, g \in M$ mit $g \leq f$ gilt
> $$I(g) \leq \lim_{k \to \infty} I(f_k). \tag{5'}$$

Beweis: Wir zeigen zunächst die Richtung $(5') \Rightarrow (5)$.
Sei die Funktionenfolge $\{f_k\}_{k=1,2,\ldots} \subset M$ mit $f_k \downarrow 0$ gegeben. Dann folgt $(-f_k) \uparrow 0$. Wir setzen $f(x) \equiv 0 \equiv g(x)$. Aus der Linearität von I folgt dann $I(g) = 0$. Insgesamt erhält man mit $(5')$ und (4)

$$0 = I(g) \leq \lim_{k \to \infty} I(-f_k) = -\lim_{k \to \infty} \underbrace{I(f_k)}_{\geq 0} \leq 0,$$

woraus sich direkt ablesen lässt, dass $\lim_{k \to \infty} I(f_k) = I(0) = 0$ gilt.

Wir zeigen nun $(5) \Rightarrow (5')$.
Für $\{f_k\}_{k=1,2,\ldots}$ gelte nun $f_k \uparrow f$ mit einem $f \in M$, woraus sich sofort $(f - f_k) \downarrow 0$ ergibt. Aus (5) folgt dann

$$0 = \lim_{k \to \infty} I(f - f_k),$$

und die Linearität von I liefert

$$0 = I(f) - \lim_{k \to \infty} I(f_k).$$

Mit $g \leq f$ und $(4')$ erhält man

$$\lim_{k \to \infty} I(f_k) = I(f) \geq I(g),$$

womit alles bewiesen ist.   q.e.d.

Um unser grundlegendes Daniell-Integral anzugeben, benötigen wir den

Satz 1. (U. Dini)
*Auf der kompakten Menge $K \subset \mathbb{R}^n$ seien die stetigen Funktionen $f_1, f_2, \ldots,$
$f \in C^0(K, \mathbb{R})$ gegeben. Es gelte $f_l \uparrow f$, d.h. für alle $x \in K$ ist die Folge
$\{f_l(x)\} \subset \mathbb{R}$ schwach monoton steigend, und es gilt*

$$\lim_{l \to \infty} f_l(x) = f(x).$$

Dann konvergiert die Folge $\{f_l\}_{l=1,2,\ldots}$ gleichmäßig auf K gegen f.

Bemerkung: Durch Übergang zu den Funktionen $g_l := f - f_l$ sieht man, dass
obige Aussage äquivalent ist zu:

*Für eine Funktionenfolge $\{g_l\}_{l=1,2,\ldots} \subset C^0(K, \mathbb{R})$ mit $g_l \downarrow 0$ folgt, dass
$\{g_l\}_{l=1,2,\ldots}$ gleichmäßig auf K gegen 0 konvergiert.*

Beweis von Satz 1: Sei $\{g_l\}_{l=1,2,\ldots} \subset C^0(K, \mathbb{R})$ eine Folge mit $g_l \downarrow 0$. Zu zeigen
ist, dass

$$\sup_{x \in K} |g_l(x)| \longrightarrow 0$$

richtig ist. Wäre diese Aussage falsch, dann gäbe es Indizes $\{l_i\}$ mit $l_i < l_{i+1}$
und Punkte $\xi_i \in K$, so dass

$$g_{l_i}(\xi_i) \geq \varepsilon > 0 \qquad \text{für alle} \quad i \in \mathbb{N}$$

mit einem festen $\varepsilon > 0$ gilt. Nach dem Weierstraßschen Häufungsstellensatz
können wir o.B.d.A. annehmen, dass $\xi_i \to \xi$ für $i \to \infty$ mit $\xi \in K$ richtig ist.
Zu festem l_* wählen wir nun ein $i_* = i(l_*) \in \mathbb{N}$, so dass $l_i \geq l_*$ für alle $i \geq i_*$
gilt. Die Monotonieeigenschaft der Funktionenfolge $\{g_l\}$ liefert dann

$$g_{l_*}(\xi_i) \geq g_{l_i}(\xi_i) \geq \varepsilon \qquad \text{für alle} \quad i \geq i_*.$$

Da g_{l_*} nach Voraussetzung stetig ist, folgt

$$g_{l_*}(\xi) = \lim_{i \to \infty} g_{l_*}(\xi_i) \geq \varepsilon \qquad \text{für alle} \quad l_* \in \mathbb{N}.$$

Somit ist $\{g_l(\xi)\}$ keine Nullfolge, im Widerspruch zur Voraussetzung.   q.e.d.

Das grundlegende Daniell-Integral: Seien $X = \Omega$ mit der offenen Menge
$\Omega \subset \mathbb{R}^n$ der Dimension $n \in \mathbb{N}$ und der lineare Raum

$$M = M(X) := \left\{ f(x) \in C^0(\Omega, \mathbb{R}) : \int_\Omega |f(x)| \, dx < +\infty \right\} \tag{6}$$

gegeben; dabei bedeutet $\int_\Omega |f(x)| \, dx$ das uneigentliche Riemannsche Integral
über die Menge Ω. Dann erfüllt $M(X)$ die Bedingungen (1) und (2). Wir
wählen nun als Funktional

$$I(f) := \int\limits_{\Omega} f(x)\, dx, \qquad f \in M(X), \tag{7}$$

wobei auf der rechten Seite wieder das uneigentliche Riemannsche Integral über Ω gemeint ist. Da das Riemannsche Integral linear und nicht negativ ist, sind die Bedingungen (3) und (4) erfüllt. Dabei bedeutet $f \geq 0$, dass $f(x) \geq 0$ für alle $x \in X$ richtig ist. Zu zeigen bleibt noch die Stetigkeit bezüglich monotoner Konvergenz (5). Hierbei bedeutet $f_k \downarrow 0$, dass für alle $x \in X$ die Folge $\{f_k(x)\}_{k=1,2,\ldots} \subset \mathbb{R}$ schwach monoton fallend ist und $\lim\limits_{k\to\infty} f_k(x) = 0$ gilt.

Der Nachweis von (5): Sei $\{f_k\}_{k=1,2,\ldots} \subset M(X)$ eine Funktionenfolge mit $f_k \downarrow 0$. Ist $K \subset \Omega$ eine kompakte Teilmenge, so liefert der Dinische Satz, dass $\{f_k\}$ gleichmäßig auf K gegen 0 konvergiert. Da weiter

$$0 \leq f_k(x) \leq f_1(x) \quad \text{für alle} \quad k \in \mathbb{N}, x \in \Omega \quad \text{und} \quad \int\limits_{\Omega} |f_1(x)|\, dx < +\infty$$

richtig sind, liefert der Konvergenzsatz für uneigentliche Riemann-Integrale aus §5 in Kapitel V die folgende Aussage

$$\lim_{k\to\infty} I(f_k) = \lim_{k\to\infty} \int\limits_{\Omega} f_k(x)\, dx = \int\limits_{\Omega} \Big(\underbrace{\lim_{k\to\infty} f_k(x)}_{=0} \Big)\, dx = 0.$$

Somit stellt I ein Daniellsches Integral auf der Menge $M(X)$ dar.

Bemerkung: Die Menge $M(X)$ enthält nicht alle Funktionen, deren uneigentliches Riemannsches Integral existiert. Das Daniellsche Integral benötigt nämlich zusätzlich die Abgeschlossenheit des Funktionenraums bezüglich der Betrags-Bildung, d.h. die Eigenschaft (2). So ist zum Beispiel das Integral

$$\int\limits_{1}^{\infty} \frac{\sin x}{x^\alpha}\, dx \qquad \text{für} \quad \alpha \in (0,1)$$

nicht absolut konvergent, es existiert aber als uneigentliches Integral. Es gilt nämlich

$$\int\limits_{1}^{\infty} \frac{\sin x}{x^\alpha}\, dx = \lim_{R\to\infty} \int\limits_{1}^{R} \frac{\sin x}{x^\alpha}\, dx$$

$$= \lim_{R\to\infty} \left(\left[-\frac{\cos x}{x^\alpha} \right]_{1}^{R} - \alpha \int\limits_{1}^{R} \frac{\cos x}{x^{\alpha+1}}\, dx \right) = \cos 1 - \alpha \underbrace{\int\limits_{1}^{\infty} \frac{\cos x}{x^{\alpha+1}}\, dx}_{\text{absolut konvergent}}.$$

§2 Die Fortsetzung des Daniell- zum Lebesgue-Integral

Wir betrachten nun ein beliebiges Daniellsches Integral $I : M \to \mathbb{R}$ gemäß der Definition 1 aus §1. Wir wollen dieses Integral auf einen größeren linearen Raum $L(X) \supset M(X)$ fortsetzen, um dann die Konvergenzeigenschaften des entstandenen Integrals auf dem Raum $L(X)$ zu studieren. Dieser Fortsetzungsprozeß beruht wesentlich auf der Monotonieeigenschaft (4) und der Stetigkeitseigenschaft (5) des Integrals aus §1. Das hier vorgestellte Fortsetzungsverfahren wurde von Carathéodory initiiert, von Daniell für das Funktional I durchgeführt, und von Stone wurde die Verbindung zur Maßtheorie hergestellt.

Zur Vorbereitung betrachten wir zunächst die Funktion

$$\Phi(t) := \begin{cases} 0,\, t \le 0 \\ t,\, t \ge 0 \end{cases},$$

welche stetig und schwach monoton steigend ist, und ferner sei

$$f^+(x) := \Phi(f(x)) = \max\left(f(x), 0\right), \qquad x \in X.$$

Hieraus erhalten wir die folgenden Eigenschaften der Zuordnung $f \mapsto f^+$:

i.) $f(x) \le f^+(x)$ für alle $x \in X$;

ii.) $f_1(x) \le f_2(x) \qquad \Longrightarrow \qquad f_1^+(x) \le f_2^+(x)$ für alle $x \in X$;

iii.) $f_k(x) \to f(x) \qquad \Longrightarrow \qquad f_k^+(x) \to f^+(x)$ für alle $x \in X$;

iv.) $f_k(x) \downarrow f(x) \qquad \Longrightarrow \qquad f_k^+(x) \downarrow f^+(x)$ für alle $x \in X$;

v.) $f_k(x) \uparrow f(x) \qquad \Longrightarrow \qquad f_k^+(x) \uparrow f^+(x)$ für alle $x \in X$.

Hilfssatz 1. *Seien $\{g_k\} \subset M$ und $\{g_k'\} \subset M$, $k = 1, 2, \ldots$, zwei Folgen mit $g_k(x) \uparrow g(x)$ und $g_k'(x) \uparrow g'(x)$ in X. Dabei seien $g, g' : X \longrightarrow \mathbb{R} \cup \{+\infty\}$ zwei Funktionen mit der Eigenschaft $g'(x) \ge g(x)$. Dann gilt*

$$\lim_{k \to \infty} I(g_k') \ge \lim_{k \to \infty} I(g_k).$$

Beweis: Da $\{I(g_k)\}_{k=1,2,\ldots}$ und $\{I(g_k')\}_{k=1,2,\ldots}$ monoton nichtfallende Folgen sind, existieren ihre Limites für $k \to \infty$ in $\mathbb{R} \cup \{+\infty\}$. Für den Fall $\lim\limits_{k \to \infty} I(g_k') = +\infty$ ist obige Ungleichung offensichtlich erfüllt. Sei also ohne Einschränkung $\lim\limits_{k \to \infty} I(g_k') < +\infty$. Mit einem festen Index l gilt wegen

$$(g_l - g_k')^+ \downarrow (g_l - g')^+ = 0 \qquad \text{für} \quad k \to \infty$$

und der Eigenschaften des Daniellschen Integrals I

$$I(g_l) - \lim_{k \to \infty} I(g_k') = \lim_{k \to \infty} \left(I(g_l) - I(g_k') \right) = \lim_{k \to \infty} I(g_l - g_k')$$

$$\leq \lim_{k \to \infty} I\left((g_l - g_k')^+ \right) = 0.$$

Es folgt also

$$I(g_l) \leq \lim_{k \to \infty} I(g_k') \qquad \text{für alle} \quad l \in \mathbb{N},$$

so dass wir letztlich

$$\lim_{l \to \infty} I(g_l) \leq \lim_{k \to \infty} I(g_k')$$

erhalten.   q.e.d.

Gilt nun im obigen Hilfssatz $g = g'$ auf X, so folgt die Gleichheit der beiden Grenzwerte. Das rechtfertigt die folgende Definition.

Definition 1. *Es sei $V(X)$ die Menge aller Funktionen $f : X \to \mathbb{R} \cup \{+\infty\}$, die schwach monoton steigend aus $M(X)$ approximiert werden können, d.h. zu f gibt es eine Folge $\{f_k\}_{k=1,2,\dots}$ aus $M(X)$ mit der Eigenschaft*

$$f_k(x) \uparrow f(x) \qquad \text{für} \quad k \to \infty \quad \text{und für alle} \quad x \in X.$$

Für $f \in V$ setzen wir dann

$$I(f) := \lim_{k \to \infty} I(f_k),$$

womit $I(f) \in \mathbb{R} \cup \{+\infty\}$ gilt.

Definition 2. *Wir setzen*

$$-V := \left\{ f : X \to \mathbb{R} \cup \{-\infty\} \; : \; -f \in V \right\}$$

und definieren

$$I(f) := -I(-f) \in \mathbb{R} \cup \{-\infty\} \qquad \text{für alle} \quad f \in -V.$$

Bemerkungen:

1. Die Menge $-V$ ist die Menge aller Funktionen f, die schwach monoton fallend aus M approximiert werden können, d.h. es gibt eine Folge $\{f_k\}_{k=1,2,\dots} \subset M$, für die $f_k \downarrow f$ gilt. Wir erhalten

$$I(f) = \lim_{k \to \infty} I(f_k).$$

2. Ist $f \in V \cap (-V)$, so gibt es Folgen $\{f_k'\}_{k=1,2,\dots}$ und $\{f_k''\}_{k=1,2,\dots}$ aus M, für welche $f_k' \uparrow f$ und $f_k'' \downarrow f$ erfüllt sind. Nun folgt $f_k'' - f_k' \downarrow 0$, und mit (5)

$$0 = \lim_{k \to \infty} I(f_k'' - f_k') = \lim_{k \to \infty} I(f_k'') - \lim_{k \to \infty} I(f_k'),$$

bzw.

$$\lim_{k\to\infty} I(f_k'') = \lim_{k\to\infty} I(f_k').$$

Somit ist I auf $V \cup (-V) \supset V \cap (-V) \supset M$ eindeutig definiert.

3. Zu V gehört $f(x) \equiv +\infty$ als monoton steigender Limes von $f_k(x) = k$, jedoch nicht $g(x) \equiv -\infty$. V ist also kein linearer Raum.

Nach Hilfssatz 1 ist das Funktional I auf V monoton, d.h. für zwei Elemente $f, g \in V$ mit $f \leq g$ folgt

$$I(f) \leq I(g).$$

Weiter ist mit $\alpha \geq 0$ und $\beta \geq 0$ auch die Linearkombination $\alpha f + \beta g$ aus V, und es gilt

$$I(\alpha f + \beta g) = \alpha I(f) + \beta I(g).$$

Hilfssatz 2. *Für eine Funktion $f : X \to [0, +\infty]$ gilt*

$$f \in V \quad \Longleftrightarrow \quad f(x) = \sum_{l=1}^{\infty} \varphi_l(x),$$

wobei $\varphi_l \in M(X)$ und $\varphi_l \geq 0$ für alle $l \in \mathbb{N}$ gelten.

Beweis: Die Richtung „$\Longleftarrow$" ergibt sich aus der Definition des Raumes V von selbst: f wird aus den Funktionen $\varphi_l \in M$ entwickelt, und das ist die Behauptung.

Es bleibt die Richtung „$\Longrightarrow$" zu beweisen. Für $f \in V$ gibt es eine Folge $\{f_k\}_{k=1,2,\ldots} \subset M$ mit $f_k \uparrow f$, und somit gilt $f_k^+ \uparrow f^+ = f$. Setzen wir

$$f_0(x) \equiv 0 \quad \text{und} \quad \varphi_l(x) := f_l^+(x) - f_{l-1}^+(x),$$

so folgt

$$f_k^+(x) = \sum_{l=1}^{k} \varphi_l(x) \uparrow f(x)$$

bzw.

$$\sum_{l=1}^{\infty} \varphi_l(x) = f(x).$$

Offenbar sind $\varphi_l(x) \in M$ und $\varphi_l(x) \geq 0$ für alle $l \in \mathbb{N}$ erfüllt.   q.e.d.

Hilfssatz 3. *Sei $f_i \in V$, $f_i \geq 0$, $i = 1, 2, \ldots$ Dann gehört die Funktion*

$$f(x) := \sum_{i=1}^{\infty} f_i(x)$$

zu der Menge V, und es gilt

$$I(f) = \sum_{i=1}^{\infty} I(f_i).$$

Beweis: Sei $c_{ij} \in \mathbb{R}$ mit $c_{ij} \geq 0$, so gilt

$$\sum_{i,j=1}^{\infty} c_{ij} = \sum_{i=1}^{\infty} \left(\sum_{j=1}^{\infty} c_{ij} \right) = \lim_{k \to \infty} \sum_{i,j=1}^{k} c_{ij}. \tag{1}$$

Diese Aussage gilt sowohl für konvergente als auch bestimmt divergente Doppelreihen. Wegen $f_i \in V$ gibt es Funktionen $\varphi_{ij} \in M$, $\varphi_{ij} \geq 0$, so dass

$$f_i(x) = \sum_{j=1}^{\infty} \varphi_{ij}(x) \qquad \text{für alle} \quad x \in X \quad \text{und alle} \quad i \in \mathbb{N}$$

richtig ist. Nach Definition 1 gilt nun

$$I(f_i) = \lim_{k \to \infty} I\left(\sum_{j=1}^{k} \varphi_{ij} \right) = \lim_{k \to \infty} \left\{ \sum_{j=1}^{k} I(\varphi_{ij}) \right\} = \sum_{j=1}^{\infty} I(\varphi_{ij}).$$

Ferner gilt für alle $x \in X$

$$f(x) = \sum_{i=1}^{\infty} f_i(x) = \sum_{i=1}^{\infty} \left(\sum_{j=1}^{\infty} \varphi_{ij}(x) \right) = \sum_{i,j=1}^{\infty} \varphi_{ij}(x) = \lim_{k \to \infty} \left(\sum_{i,j=1}^{k} \varphi_{ij}(x) \right).$$

Somit folgt also $f \in V$, und Definition 1 liefert

$$I(f) = \lim_{k \to \infty} I\left(\sum_{i,j=1}^{k} \varphi_{ij} \right) = \lim_{k \to \infty} \sum_{i,j=1}^{k} I(\varphi_{ij})$$

$$= \sum_{i,j=1}^{\infty} I(\varphi_{ij}) = \sum_{i=1}^{\infty} \left(\sum_{j=1}^{\infty} I(\varphi_{ij}) \right) = \sum_{i=1}^{\infty} I(f_i).$$

q.e.d.

Definition 3. *Für eine beliebige Funktion $f : X \to \overline{\mathbb{R}} = \mathbb{R} \cup \{\pm\infty\}$ setzen wir*

$$I^+(f) := \inf \left\{ I(h) : h \in V, h \geq f \right\}, \quad I^-(f) := \sup \left\{ I(g) : g \in -V, g \leq f \right\}.$$

Wir nennen $I^+(f)$ das obere und $I^-(f)$ das untere Daniellsche Integral von f.

Hilfssatz 4. *Seien* $f : X \to \overline{\mathbb{R}}$ *eine beliebige Funktion und* (g, h) *ein Funktionenpaar mit* $g \in -V$, $h \in V$ *und* $g(x) \le f(x) \le h(x)$ *für alle* $x \in X$. *Dann gilt*

$$I(g) \le I^-(f) \le I^+(f) \le I(h).$$

Beweis: Aus Definition 3 folgen $I(h) \ge I^+(f)$ und $I(g) \le I^-(f)$. Weiter gibt es Folgen $\{g_k\}_{k=1,2,\dots} \subset -V$ und $\{h_k\}_{k=1,2,\dots} \subset V$ mit $g_k \le f \le h_k$, $k \in \mathbb{N}$, so dass

$$\lim_{k \to \infty} I(g_k) = I^-(f) \quad \text{und} \quad \lim_{k \to \infty} I(h_k) = I^+(f)$$

gelten. Für beliebiges $k \in \mathbb{N}$ folgt dann wegen $0 \le h_k + (-g_k) \in V$

$$0 \le I\Big(h_k + (-g_k)\Big) = I(h_k) + I(-g_k),$$

bzw.

$$I(g_k) \le I(h_k),$$

und somit

$$I^-(f) = \lim_{k \to \infty} I(g_k) \le \lim_{k \to \infty} I(h_k) = I^+(f).$$

q.e.d.

Da wir im Folgenden im erweiterten reellen Zahlensystem $\overline{\mathbb{R}} = \mathbb{R} \cup \{-\infty\} \cup \{+\infty\}$ arbeiten werden, müssen wir zuvor Vereinbarungen über Verknüpfungen in $\overline{\mathbb{R}}$ treffen.

– *Addition:*

$$a + (+\infty) = \quad (+\infty) + a \quad = +\infty \text{ für alle } a \in \mathbb{R} \cup \{+\infty\}$$

$$a + (-\infty) = \quad (-\infty) + a \quad = -\infty \text{ für alle } a \in \mathbb{R} \cup \{-\infty\}$$

$$(-\infty) + (+\infty) = (+\infty) + (-\infty) = \quad 0$$

– *Multiplikation:*

$$\left. \begin{array}{ccccc} a\,(+\infty) & = & (+\infty)\,a & = & +\infty \\ a\,(-\infty) & = & (-\infty)\,a & = & -\infty \end{array} \right\} \text{ für alle } 0 < a \le +\infty$$

$$0\,(+\infty) = (+\infty)\,0 = +\infty$$

$$0\,(-\infty) = (-\infty)\,0 = -\infty$$

$$\left. \begin{array}{ccccc} a\,(+\infty) & = & (+\infty)\,a & = & -\infty \\ a\,(-\infty) & = & (-\infty)\,a & = & +\infty \end{array} \right\} \text{ für alle } -\infty \le a < 0$$

– *Subtraktion:* Für $a, b \in \overline{\mathbb{R}}$ definieren wir

$$a - b := a + (-b),$$

wobei

$$-(+\infty) = -\infty \quad \text{und} \quad -(-\infty) = +\infty$$

zu setzen sind.

– *Anordnung:* Es gilt

$$-\infty \le a \le +\infty \qquad \text{für alle} \quad a \in \overline{\mathbb{R}}.$$

Bemerkung: $\overline{\mathbb{R}}$ ist kein Körper, denn z.B. die Addition ist nicht assoziativ:

$$(-\infty) + \Big((+\infty) + (+\infty)\Big) = (-\infty) + (+\infty) = 0,$$

$$\Big((-\infty) + (+\infty)\Big) + (+\infty) = 0 + (+\infty) = +\infty.$$

Mit den so erklärten Rechenoperationen in $\overline{\mathbb{R}}$ werden für zwei Funktionen $f : X \to \overline{\mathbb{R}}$ und $g : X \to \overline{\mathbb{R}}$ und für beliebiges $c \in \mathbb{R}$ die Funktionen $f + g$, $f - g$, cf eindeutig erklärt, und es ist $f \le g$ genau dann, wenn $g - f \ge 0$ gilt.

Definition 4. *Eine Funktion $f : X \to \overline{\mathbb{R}}$ gehört zur Klasse $L = L(X) = L(X, I)$ genau dann, wenn*

$$-\infty < I^-(f) = I^+(f) < +\infty$$

gilt. Wir setzen dann

$$I(f) := I^-(f) = I^+(f)$$

und sagen, f ist Lebesgue-integrierbar bezüglich I.

Hilfssatz 5. *Die Funktion $f : X \to \overline{\mathbb{R}}$ gehört genau dann zu $L(X)$, wenn es zu jedem $\varepsilon > 0$ eine Funktion $g \in -V$ und eine Funktion $h \in V$ gibt mit*

$$g(x) \le f(x) \le h(x), \qquad x \in X,$$

sowie

$$I(h) - I(g) < \varepsilon.$$

Insbesondere sind $I(g)$ und $I(h)$ endlich.

Beweis:

„$\Longrightarrow$" Sei $f \in L(X)$. Dann gilt $I^-(f) = I^+(f) \in \mathbb{R}$. Nach Definition 3 gibt es dann Funktionen $g \in -V$ und $h \in V$ mit $g \le f \le h$ und

$$I(h) - I(g) < \varepsilon.$$

„$\Longleftarrow$" Zu jedem $\varepsilon > 0$ gibt es Funktionen $g \in -V$ und $h \in V$ mit $g \le f \le h$ und $I(h) - I(g) < \varepsilon$. Damit gilt wegen $I(h) \in (-\infty, +\infty]$ und $I(g) \in [-\infty, +\infty)$, dass $I(h), I(g) \in \mathbb{R}$. Aus Hilfssatz 4 erhalten wir für beliebiges $\varepsilon > 0$

$$0 \le I^+(f) - I^-(f) \le I(h) - I(g) < \varepsilon$$

und somit $I^+(f) = I^-(f) \in \mathbb{R}$, also $f \in L(X)$.   q.e.d.

Satz 1. (Rechenregeln für Lebesgue-integrierbare Funktionen)
Für die Menge $L(X)$ der Lebesgue-integrierbaren Funktionen gelten folgende Aussagen:

a) Es ist

$$f \in L(X) \qquad \text{für jedes} \quad f \in V(X) \quad \text{mit} \quad I(f) < +\infty$$

richtig, und die in den Definitionen 1 und 4 erklärten Integrale stimmen überein. Somit ist $I : M(X) \to \mathbb{R}$ auf $L(X) \supset M(X)$ fortgesetzt. Weiter gilt
$$I(f) \ge 0 \qquad \text{für alle} \quad f \in L(X) \quad \text{mit} \quad f \ge 0.$$

b) Der Raum $L(X)$ ist linear, d.h. es gilt

$$c_1 f_1 + c_2 f_2 \in L(X) \qquad \text{für alle} \quad f_1, f_2 \in L(X) \quad \text{und} \quad c_1, c_2 \in \mathbb{R}.$$

Ferner ist $I : L(X) \to \mathbb{R}$ ein lineares Funktional. Es ist also

$$I(c_1 f_1 + c_2 f_2) = c_1 I(f_1) + c_2 I(f_2) \qquad \text{für alle} \quad f_1, f_2 \in L(X), \quad c_1, c_2 \in \mathbb{R}$$

erfüllt.
c) Mit $f \in L(X)$ ist auch $|f| \in L(X)$, und es gilt $|I(f)| \le I(|f|)$.

Beweis:

a) Sei $f \in V(X)$ mit $I(f) < +\infty$. Dann gibt es eine Folge $\{f_k\}_{k=1,2,\ldots} \subset M(X)$ mit $f_k \uparrow f$. Setzen wir $g_k := f_k$ und $h_k := f$ für alle $k \in \mathbb{N}$, so gelten $g_k \le f \le h_k$, mit $g_k \in -V$, $h_k \in V$, sowie $I(h_k) - I(g_k) = I(f) - I(f_k) \to 0$. Hilfssatz 5 liefert somit $f \in L(X)$, und nach Definition 4 gilt
$$-\infty < I(f) := I^+(f) = I^-(f) = \lim_{k \to \infty} I(f_k) < +\infty.$$

Ist $0 \le f \in L(X)$, so ist mit $0 \in -V$ offensichtlich $0 \le I^-(f) = I(f)$ erfüllt.

b) Wir zeigen zunächst: Ist $f \in L(X)$, so gelten $-f \in L(X)$ sowie $I(-f) = -I(f)$.

Sei $f \in L(X)$, so gibt es zu jedem $\varepsilon > 0$ Funktionen $g \in -V$ und $h \in V$

mit $g \le f \le h$ und $I(h) - I(g) < \varepsilon$. Daraus lassen sich $-h \le -f \le -g$, $-h \in -V$ sowie $-g \in V$ ablesen, und mit $I(-g) = -I(g)$ bzw. $I(-h) = -I(h)$ erhalten wir

$$I(-g) - I(-h) = -I(g) + I(h) < \varepsilon \qquad \text{für alle} \quad \varepsilon > 0,$$

somit also $-f \in L(X)$ und $I(-f) = -I(f)$.

Wir zeigen nun: Mit $f \in L(X)$ und $c > 0$ gelten $cf \in L(X)$ sowie $I(cf) = cI(f)$.

Seien also $f \in L(X)$, $c > 0$, so gibt es zu jedem $\varepsilon > 0$ Funktionen $g \in -V$ und $h \in V$ mit $g \le f \le h$, $I(h) - I(g) < \varepsilon$, woraus $cg \le cf \le ch$, $cg \in -V$, $ch \in V$ und schließlich auch

$$I(ch) - I(cg) = c\Big(I(h) - I(g)\Big) < c\varepsilon$$

folgen. Es gelten also $cf \in L(X)$ sowie $I(cf) = cI(f)$.

Schließlich zeigen wir noch: Aus $f_1, f_2 \in L(X)$ folgen $f_1 + f_2 \in L(X)$ und $I(f_1 + f_2) = I(f_1) + I(f_2)$.

Für $f_1, f_2 \in L(X)$ gibt es zu jedem $\varepsilon > 0$ Funktionen $g_1, g_2 \in -V$ und $h_1, h_2 \in V$ mit $g_i \le f_i \le h_i$ und $I(h_i) - I(g_i) < \varepsilon$, $i = 1, 2$. Daraus folgen sofort $h_1 + h_2 \in V$, $g_1 + g_2 \in -V$, $g_1 + g_2 \le f_1 + f_2 \le h_1 + h_2$ und

$$I(h_1 + h_2) - I(g_1 + g_2) < 2\varepsilon.$$

Also ist $f_1 + f_2 \in L(X)$, und es gilt $I(f_1 + f_2) = I(f_1) + I(f_2)$.

Insgesamt erhalten wir also, dass $I : L(X) \to \mathbb{R}$ ein lineares Funktional auf dem linearen Raum $L(X)$ ist.

c) Sei $f \in L(X)$, so gibt es zu jedem $\varepsilon > 0$ Funktionen $g \in -V$ und $h \in V$ mit $g \le f \le h$, $I(h) - I(g) < \varepsilon$, und somit $g^+ \le f^+ \le h^+$. Weiter gibt es Folgen $g_k \downarrow g$ und $h_k \uparrow h$ in $M(X)$, woraus wir $g_k^+ \downarrow g^+$ und $h_k^+ \uparrow h^+$ erhalten. Somit sind $h^+ \in V$, $g^+ \in -V$, also $h^+ - g^+ \in V$. Wegen $h \ge g$ folgt $h^+ - g^+ \le h - g$, und es gilt

$$I(h^+) - I(g^+) = I(h^+) + I(-g^+) = I(h^+ - g^+)$$
$$\le I(h - g) = I(h) - I(g) < \varepsilon.$$

Wir haben also $f^+ \in L(X)$ und $|f| = f^+ + (-f)^+ \in L(X)$. Nun gehören mit $f \in L(X)$ auch $-f$ und $|f|$ zu $L(X)$, und mit $f \le |f|$ und $-f \le |f|$ folgen $I(f) \le I(|f|)$, $-I(f) = I(-f) \le I(|f|)$ bzw. $|I(f)| \le I(|f|)$. q.e.d.

Wir wollen nun Konvergenzsätze für das Lebesguesche Integral herleiten. Grundlegend dafür ist der nachfolgende

Hilfssatz 6. *Sei eine Folge $\{f_k\}_{k=1,2,\dots} \subset L(X)$ mit $f_k \ge 0$, $k \in \mathbb{N}$, und $\sum\limits_{k=1}^{\infty} I(f_k) < +\infty$ gegeben. Dann ist*

$$f(x) := \sum_{k=1}^{\infty} f_k(x) \in L(X),$$

und es gilt

$$I(f) = \sum_{k=1}^{\infty} I(f_k).$$

Beweis: Zu vorgegebenem $\varepsilon > 0$ gibt es wegen $f_k \in L(X)$ Funktionen $g_k \in -V$ und $h_k \in V$ mit $0 \le g_k \le f_k \le h_k$ und $I(h_k) - I(g_k) < \varepsilon\, 2^{-k}$, $k \in \mathbb{N}$. Somit gelten

$$I(g_k) > I(h_k) - \frac{\varepsilon}{2^k} \ge I(f_k) - \frac{\varepsilon}{2^k} \quad \text{und} \quad I(h_k) < I(g_k) + \frac{\varepsilon}{2^k} \le I(f_k) + \frac{\varepsilon}{2^k}\ .$$

Wir wählen nun l so groß, dass $\sum\limits_{k=l+1}^{\infty} I(f_k) \le \varepsilon$ richtig ist. Setzen wir

$$g := \sum_{k=1}^{l} g_k, \qquad h := \sum_{k=1}^{\infty} h_k,$$

so haben wir $g \in -V$ und $h \in V$ nach Hilfssatz 3, und es gilt $g \le f \le h$. Weiter folgen

$$I(g) = \sum_{k=1}^{l} I(g_k) > \sum_{k=1}^{l} \left(I(f_k) - \frac{\varepsilon}{2^k} \right) \ge \sum_{k=1}^{\infty} I(f_k) - 2\varepsilon$$

sowie

$$I(h) = \sum_{k=1}^{\infty} I(h_k) < \sum_{k=1}^{\infty} \left(I(f_k) + \frac{\varepsilon}{2^k} \right) = \sum_{k=1}^{\infty} I(f_k) + \varepsilon.$$

Wir erhalten also $I(h) - I(g) < 3\varepsilon$ und somit $f \in L(X)$. Schließlich können wir noch

$$I(f) = \sum_{k=1}^{\infty} I(f_k)$$

ablesen.   q.e.d.

Satz 2. (Satz über monotone Konvergenz von B.Levi)
Sei $\{f_l\}_{l=1,2,\ldots} \subset L(X)$ eine Folge mit

$$f_l(x) \ne \pm\infty \qquad \text{für alle} \quad x \in X \quad \text{und alle} \quad l \in \mathbb{N}.$$

Weiter seien

$$f_l(x) \uparrow f(x), \quad x \in X, \qquad \text{und} \quad I(f_l) \le C, \quad l \in \mathbb{N},$$

mit einem $C \in \mathbb{R}$ richtig. Dann gelten $f \in L(X)$ und

$$\lim_{l \to \infty} I(f_l) = I(f).$$

Beweis: Wegen $f_k(x) \in \mathbb{R}$ ist das Assoziativgesetz für die Addition gültig. Setzen wir

$$\varphi_k(x) := (f_k(x) - f_{k-1}(x)) \in L(X), \qquad k = 2, 3, \ldots,$$

so folgen $\varphi_k \geq 0$ als auch

$$\sum_{k=2}^{l} \varphi_k(x) = f_l(x) - f_1(x), \qquad x \in X.$$

Nun ergibt sich

$$C - I(f_1) \geq I(f_l) - I(f_1) = \sum_{k=2}^{l} I(\varphi_k) \qquad \text{für alle} \quad l \geq 2.$$

Hilfssatz 6 liefert nun

$$f - f_1 = \sum_{k=2}^{\infty} \varphi_k \in L(X)$$

sowie

$$\lim_{l \to \infty} I(f_l) - I(f_1) = \sum_{k=2}^{\infty} I(\varphi_k) = I\left(\sum_{k=2}^{\infty} \varphi_k\right) = I(f - f_1) = I(f) - I(f_1).$$

Somit folgt $f \in L(X)$, und es gilt

$$\lim_{l \to \infty} I(f_l) = I(f).$$

q.e.d.

Bemerkung: Die einschränkende Voraussetzung $f_l(x) \neq \pm\infty$ werden wir in § 4 eliminieren.

Satz 3. (Konvergenzsatz von Fatou)
Sei $\{f_l\}_{l=1,2,\ldots} \subset L(X)$ eine Folge von Funktionen mit

$$0 \leq f_l(x) < +\infty \qquad \text{für alle} \quad x \in X \quad \text{und alle} \quad l \in \mathbb{N}.$$

Ferner sei

$$\liminf_{l \to \infty} I(f_l) < +\infty.$$

Dann gehört die Funktion $g(x) := \liminf_{l \to \infty} f_l(x)$ zu $L(X)$, und es gilt

$$I(g) \leq \liminf_{l \to \infty} I(f_l).$$

Beweis: Wir beachten

$$g(x) = \liminf_{l \to \infty} f_l(x) = \lim_{l \to \infty} \left(\inf_{m \geq l} f_m(x) \right) = \lim_{l \to \infty} \left(\lim_{k \to \infty} g_{l,k}(x) \right)$$

mit

$$g_{l,k}(x) := \min \left(f_l(x), f_{l+1}(x), \ldots, f_{l+k}(x) \right) \in L(X).$$

Definieren wir

$$g_l(x) := \inf_{m \geq l} f_m(x),$$

so gelten $g_{l,k} \downarrow g_l$ sowie $-g_{l,k} \uparrow -g_l$ für $k \to \infty$. Weiter erhalten wir $I(-g_{l,k}) \leq 0$ wegen $f_l(x) \geq 0$. Nach Satz 2 folgen $-g_l \in L(X)$ und somit auch $g_l \in L(X)$ für alle $l \in \mathbb{N}$.

Weiter gilt $g_l(x) \leq f_m(x)$, $x \in X$ für alle $m \geq l$, und deshalb ist

$$I(g_l) \leq \inf_{m \geq l} I(f_m) \leq \lim_{l \to \infty} \left(\inf_{m \geq l} I(f_m) \right) = \liminf_{l \to \infty} I(f_l) < +\infty$$

für alle $l \in \mathbb{N}$ richtig. Wegen $g_l \uparrow g$ und mit Hilfe von Satz 2 erhalten wir $g \in L(X)$ sowie

$$I(g) = \lim_{l \to \infty} I(g_l) \leq \liminf_{l \to \infty} I(f_l).$$

q.e.d.

Satz 4. *Sei* $\{f_k\}_{k=1,2,\ldots} \subset L(X)$ *eine Folge mit*

$$|f_k(x)| \leq F(x) < +\infty, \qquad k \in \mathbb{N}, \quad x \in X,$$

wobei $F(x) \in L(X)$ *richtig ist. Ferner seien*

$$g(x) := \liminf_{k \to \infty} f_k(x) \quad und \quad h(x) := \limsup_{k \to \infty} f_k(x)$$

gesetzt. Dann gehören g *und* h *zu* $L(X)$, *und es gelten die Ungleichungen*

$$I(g) \leq \liminf_{k \to \infty} I(f_k), \quad I(h) \geq \limsup_{k \to \infty} I(f_k).$$

Beweis: Wir wenden Satz 3 auf die beiden Folgen $\{F + f_k\}$ und $\{F - f_k\}$ nichtnegativer, endlichwertiger Funktionen aus $L(X)$ an. Es gilt

$$I(F \pm f_k) \leq I(F + F) \leq 2I(F) < +\infty \qquad \text{für alle} \quad k \in \mathbb{N}.$$

Somit folgt

$$L(X) \ni \liminf_{k \to \infty}(F + f_k) = F + \liminf_{k \to \infty} f_k = F + g,$$

also $g \in L(X)$, und Satz 3 liefert

$$I(F) + I(g) = I(F + g) \leq \liminf_{k \to \infty} I(F + f_k) = I(F) + \liminf_{k \to \infty} I(f_k)$$

bzw.

$$I(g) \leq \liminf_{k \to \infty} I(f_k).$$

Ebenso sieht man

$$L(X) \ni \liminf_{k \to \infty}(F - f_k) = F - \limsup_{k \to \infty} f_k = F - h,$$

also $h \in L(X)$ und

$$I(F) - I(h) = I(F - h) \leq \liminf_{k \to \infty} I(F - f_k) = I(F) - \limsup_{k \to \infty} I(f_k)$$

bzw.

$$I(h) \geq \limsup_{k \to \infty} I(f_k).$$

q.e.d.

Satz 5. (Satz über majorisierte Konvergenz von H.Lebesgue)
Sei $\{f_k\}_{k=1,2,\ldots} \subset L(X)$ eine Folge mit

$$f_k(x) \to f(x) \qquad \text{für} \quad k \to \infty, \quad x \in X.$$

Weiter gelten

$$|f_k(x)| \leq F(x) < +\infty, \qquad k \in \mathbb{N}, \quad x \in X,$$

wobei $F \in L(X)$ richtig ist. Dann folgen $f \in L(X)$ sowie

$$\lim_{k \to \infty} I(f_k) = I(f).$$

Beweis: Wegen

$$\lim_{k \to \infty} f_k(x) = f(x), \qquad x \in X$$

folgt

$$\liminf_{k \to \infty} f_k(x) = f(x) = \limsup_{k \to \infty} f_k(x).$$

Nach Satz 4 gelten $f \in L(X)$ sowie

$$\limsup_{k \to \infty} I(f_k) \leq I(f) \leq \liminf_{k \to \infty} I(f_k).$$

Somit existiert der Grenzwert

$$\lim_{k \to \infty} I(f_k),$$

und es gilt

$$I(f) = \lim_{k \to \infty} I(f_k).$$

q.e.d.

Aus der Konstruktion des Raumes $L(X)$ ergibt sich noch die folgende Aussage:

Satz 6. (Approximation bzgl. dem Integral)
Sei $f \in L(X)$. Dann gibt es zu jedem $\varepsilon > 0$ eine Funktion $f_\varepsilon \in M(X)$ mit der Eigenschaft $I(|f - f_\varepsilon|) < \varepsilon$.

Beweis: Da $f \in L(X)$, gibt es nach Hilfssatz 5 zwei Funktionen $g \in -V$ und $h \in V$ mit

$$g(x) \le f(x) \le h(x), \quad x \in X, \quad \text{und} \quad I(h) - I(g) < \frac{\varepsilon}{2}.$$

Nach Definition des Raumes $V(X)$ existiert eine Funktion $h'(x) \in M(X)$ mit

$$h'(x) \le h(x), \quad x \in X, \quad \text{und} \quad I(h) - I(h') < \frac{\varepsilon}{2}.$$

Es folgt
$$|f - h'| \le |f - h| + |h - h'| \le (h - g) + (h - h'),$$

und Monotonie und Linearität des Integrals liefern

$$I(|f - h'|) \le (I(h) - I(g)) + (I(h) - I(h')) < \frac{\varepsilon}{2} + \frac{\varepsilon}{2} = \varepsilon.$$

Mit $f_\varepsilon := h'$ erhalten wir die gesuchte Funktion.   q.e.d.

§3 Lebesgue-messbare Mengen

Wir betrachten unser grundlegendes Daniell-Integral $\{X = \Omega, M(X), I\}$ aus §1 mit der offenen Menge $\Omega \subset \mathbb{R}^n$, welches wir uns gemäß §2 zum Lebesgue-Integral $\{X, L(X), I\}$ fortgesetzt denken. Als **Gesamtmaß der Menge** X erklären wir

$$\mu(X) := \int_\Omega 1 \, dx \quad \in \quad [0, +\infty]. \tag{1}$$

Hierbei erscheint das uneigentliche Riemannsche Integral auf der rechten Seite von (1), welches auch unendlich werden kann. Wenn $\mu(X) < +\infty$ erfüllt ist, sprechen wir von dem **endlichen Maßraum** X. In diesem Falle gehört die Funktion $f_0 \equiv 1, x \in X$ zur Klasse $M(X) \subset L(X)$. Wir spezialisieren nun unsere Integrationstheorie aus §2 auf die charakteristischen Funktionen und erhalten die Lebesguesche Maßtheorie.

Für eine beliebige Menge $A \subset X$ erklären wir ihre *charakteristische Funktion* durch

$$\chi_A(x) := \begin{cases} 1, \, x \in A \\ 0, \, x \in X \setminus A \end{cases}.$$

Definition 1. *Eine Teilmenge $A \subset X$ nennen wir* **endlich messbar** *oder auch* **integrierbar**, *falls ihre charakteristische Funktion $\chi_A \in L(X)$ erfüllt. Wir nennen $\mu(A) := I(\chi_A)$ das* **Maß** *der Menge A. Die* **Gesamtheit aller endlich messbaren Mengen** *in X bezeichnen wir mit $\mathcal{E}(X)$.*

Zunächst zeigen wir den

Satz 1. *Jede offene, beschränkte Menge $A \subset X$ ist integrierbar bzw. endlich messbar.*

Beweis: Gemäß Hilfssatz 1 aus § 6 in Kapitel V gibt es eine Folge von Testfunktionen

$$\omega_k : A \to [0,1] \in C_0^\infty(A), \quad k = 1, 2, 3, \dots,$$

welche kompakt gleichmäßig gegen die charakteristische Funktion χ_A der offenen Menge A konvergiert. Gehen wir nun über zur Folge stetiger Funktionen

$$\theta_k(x) := \max\Big(\omega_1(x), \dots, \omega_k(x)\Big) : A \to [0,1] \in C_0^0(A), \quad k = 1, 2, 3, \dots,$$

so konvergiert diese Folge schwach monoton steigend gegen die charakteristische Funktion von A gemäß

$$\theta_k(x) \uparrow \chi_A(x), \; x \in X \quad \text{für} \quad k \to \infty.$$

Da die Menge A beschränkt und die Funktionenfolge θ_k, $k = 1, 2, \dots$ gleichmäßig beschränkt ist, so sehen wir die Existenz einer Schranke $C = C(A) \in [0, +\infty)$ mit der Eigenschaft

$$I(\theta_k) \le C, \quad k = 1, 2, \dots$$

sofort ein. Der Satz 2 aus § 2 von B. Levi über die monotone Konvergenz liefert nun die Regularität $\chi_A \in L(X)$ bzw. $A \in \mathcal{E}(X)$.   q.e.d.

Hilfssatz 1. *Sei $\{A_i\}_{i=1,2,\dots} \subset \mathcal{E}(X)$ eine Folge paarweise disjunkter Mengen, so dass $\sum\limits_{i=1}^\infty \mu(A_i) < +\infty$ ausfällt. Dann gehört auch die Menge*

$$A := \bigcup_{i=1}^\infty A_i$$

zu $\mathcal{E}(X)$, und es gilt

$$\mu(A) = \sum_{i=1}^\infty \mu(A_i) \,. \tag{2}$$

Beweis: Wir betrachten die Funktionenfolge

$$f_k := \sum_{l=1}^k \chi_{A_l} \uparrow \chi_A \quad \text{für} \quad k \to \infty.$$

Nun gilt $f_k \in L(X)$ und $I(f_k) \le \sum\limits_{i=1}^\infty \mu(A_i)$ für alle $k \in \mathbb{N}$. Nach Satz 2 aus § 2 über die monotone Konvergenz folgt $\chi_A \in L(X)$ und $A \in \mathcal{E}(X)$. Wir berechnen

$$\mu(A) = I(\chi_A) = \lim_{k \to \infty} I(f_k) = \lim_{k \to \infty} I(\chi_{A_1} + \ldots + \chi_{A_k})$$

$$= \lim_{k \to \infty} \left(\mu(A_1) + \ldots + \mu(A_k) \right) = \sum_{l=1}^{\infty} \mu(A_l). \tag{3}$$

q.e.d.

In den folgenden Überlegungen gehen wir zunächst von einem endlichen Maßraum X aus.

Hilfssatz 2. σ-Additivität *Sei $\{A_i\}_{i=1,2,\ldots} \subset \mathcal{E}(X)$ eine Folge paarweise disjunkter Mengen auf dem endlichen Maßraum X. Dann gehört auch die Menge $A := \bigcup_{i=1}^{\infty} A_i$ zu $\mathcal{E}(X)$, und es gilt*

$$\mu(A) = \sum_{i=1}^{\infty} \mu(A_i). \tag{4}$$

Beweis: Wir betrachten die Funktionenfolge

$$f_k := \sum_{l=1}^{k} \chi_{A_l} \uparrow \chi_A \leq \chi_X \in L(X).$$

Nun gilt $f_k \in L(X)$ für alle $k \in \mathbb{N}$, und der Satz 5 aus § 2 von Lebesgue über die majorisierte Konvergenz liefert $\chi_A \in L(X)$ bzw. $A \in \mathcal{E}(X)$. Ebenso wie in (3) berechnen wir die Identität (4).   q.e.d.

Wir wollen nun zeigen, dass mit $A, B \in \mathcal{E}(X)$ auch $A \cap B$ zu $\mathcal{E}(X)$ gehört. Wegen $\chi_{A \cap B} = \chi_A \chi_B$ müssen wir nachweisen, dass mit $\chi_A, \chi_B \in L(X)$ auch $\chi_A \chi_B \in L(X)$ gilt. Im Allgemeinen muß das Produkt zweier Funktionen aus $L(X)$ nicht zu $L(X)$ gehören, wegen dem folgenden

Beispiel: Auf dem Intervall $X = (0, 1)$ betrachten wir die Funktion

$$f(x) := \frac{1}{\sqrt{x}} \in L(X),$$

deren Quadrat

$$f^2(x) = \frac{1}{x} \notin L(X)$$

nicht in $L(X)$ liegt. Es gilt aber der

Satz 2. (Stetige Kombination beschränkter L-Funktionen)
Seien $f_k(x) \in L(X)$, $k = 1, \ldots, \kappa$, endlich viele beschränkte Funktionen auf dem endlichen Maßraum X; es gibt also eine Konstante $c \in (0, +\infty)$, so dass die Abschätzung

$$|f_k(x)| \leq c \qquad \text{für alle} \quad x \in X \quad \text{und alle} \quad k \in \{1, \ldots, \kappa\}$$

gilt. Weiter sei die stetige Funktion $\Phi = \Phi(y_1, \ldots, y_\kappa) : \mathbb{R}^\kappa \to \mathbb{R} \in C^0(\mathbb{R}^\kappa, \mathbb{R})$ *gegeben. Dann gehört die Funktion*

$$g(x) := \Phi\Big(f_1(x), \ldots, f_\kappa(x)\Big), \qquad x \in X,$$

zur Klasse $L(X)$ und ist beschränkt.

Beweis:

1. Sei $f : X \to \mathbb{R} \in L(X)$ eine beschränkte Funktion. Wir zeigen zunächst, dass dann auch $f^2 \in L(X)$ gilt. Wegen $f^2(x) = \{f(x) - \lambda\}^2 + 2\lambda f(x) - \lambda^2$ folgt

$$f^2(x) \geq 2\lambda f(x) - \lambda^2 \qquad \text{für alle} \quad \lambda \in \mathbb{R},$$

   und die Gleichheit gilt nur für $\lambda = f(x)$. Wir können dafür

$$f^2(x) = \sup_{\lambda \in \mathbb{R}} \left(2\lambda f(x) - \lambda^2 \right)$$

   schreiben. Da die Funktion $\lambda \mapsto (2\lambda f(x) - \lambda^2)$ für jedes feste $x \in X$ stetig bezüglich λ ist, genügt es, das Supremum über die rationalen Zahlen zu bilden. Weiter gilt $\mathbb{Q} = \{\lambda_l\}_{l=1,2,\ldots}$, und es folgt

$$f^2(x) = \sup_{l \in \mathbb{N}} \left(2\lambda_l f(x) - \lambda_l^2 \right) = \lim_{m \to \infty} \left(\max_{1 \leq l \leq m} \left(2\lambda_l f(x) - \lambda_l^2 \right) \right).$$

   Mit

$$\varphi_m(x) := \max_{1 \leq l \leq m} \left(2\lambda_l f(x) - \lambda_l^2 \right)$$

   erhalten wir

$$f^2(x) = \lim_{m \to \infty} \varphi_m(x) = \lim_{m \to \infty} \varphi_m^+(x),$$

   wobei die letzte Gleichheit aus der Positivität von $f^2(x)$ folgt. Da $f \in L(X)$, sind wegen der Linearität und der Abgeschlossenheit bezüglich der Maximumsbildung von $L(X)$ auch die φ_m, und somit auch die φ_m^+ aus $L(X)$. Weiter gilt für alle $x \in X$ und alle $m \in \mathbb{N}$ die Abschätzung

$$0 \leq \varphi_m^+(x) \leq f^2(x) \leq c$$

   mit einer Konstante $c \in (0, +\infty)$. Da wegen $f_0(x) \equiv 1 \in L(X)$ auch $f_c(x) \equiv c \in L(X)$ gilt, haben die Funktionen φ_m^+ eine integrable Majorante, und der Lebesguesche Konvergenzsatz liefert

$$f^2(x) = \lim_{m \to \infty} \varphi_m^+(x) \in L(X).$$

2. Sind $f, g \in L(X)$ beschränkte Funktionen, so ist auch $f \cdot g$ eine beschränkte Funktion. Wegen Teil 1 sowie

$$fg = \frac{1}{4}(f + g)^2 - \frac{1}{4}(f - g)^2$$

   gilt dann auch $fg \in L(X)$.

3. Auf dem Quader

$$Q := \left\{ y = (y_1, \ldots, y_\kappa) \in \mathbb{R}^\kappa \ : \ |y_k| \leq c, \ k = 1, \ldots, \kappa \right\}$$

können wir die stetige Funktion Φ gleichmäßig durch Polynome

$$\Phi_l = \Phi_l(y_1, \ldots, y_\kappa), \qquad l = 1, 2, \ldots,$$

approximieren. Wegen Teil 2 sind die Funktionen

$$g_l(x) := \Phi_l\Big(f_1(x), \ldots, f_\kappa(x) \Big), \qquad x \in X,$$

beschränkt und aus der Klasse $L(X)$. Es gilt

$$|g_l(x)| \leq C \qquad \text{für alle} \quad x \in X \quad \text{und alle} \quad l \in \mathbb{N}$$

mit einer festen Konstante $C \in (0, +\infty)$. Da die Funktion $\varphi(x) \equiv C \in L(X)$ ist, liefert der Lebesguesche Konvergenzsatz

$$g(x) = \Phi\Big(f_1(x), \ldots, f_\kappa(x) \Big) = \lim_{l \to \infty} g_l(x) \in L(X).$$

q.e.d.

Hilfssatz 3. *Auf dem endlichen Maßraum X gehören mit den Mengen $A, B \in \mathcal{E}(X)$ auch die Mengen $A \cap B$, $A \cup B$, $A \setminus B$ und $A^c := X \setminus A$ zu $\mathcal{E}(X)$.*

Beweis: Seien also $A, B \in \mathcal{E}(X)$. Dann sind χ_A, χ_B beschränkt und aus der Klasse $L(X)$. Mit Satz 2 folgen

$$\chi_{A \cap B} = \chi_A \chi_B \in L(X) \quad \text{bzw.} \quad A \cap B \in \mathcal{E}(X).$$

Nun gilt $A \cup B \in \mathcal{E}(X)$ wegen $\chi_{A \cup B} = \chi_A + \chi_B - \chi_{A \cap B} \in L(X)$. Weiter ist

$$\chi_{A \setminus B} = \chi_{A \setminus (A \cap B)} = \chi_A - \chi_{A \cap B} \in L(X) \quad \text{bzw.} \quad A \setminus B \in \mathcal{E}(X).$$

Wegen $X \in \mathcal{E}(X)$ ist schließlich $A^c = (X \setminus A) \in \mathcal{E}(X)$ erfüllt.   q.e.d.

Hilfssatz 4. (σ-Subadditivität)
Auf dem endlichen Maßraum X sei $\{A_i\}_{i=1,2,\ldots} \subset \mathcal{E}(X)$ eine Folge von Mengen. Dann gehört auch die Vereinigung $A := \bigcup_{i=1}^{\infty} A_i$ zu $\mathcal{E}(X)$, und es gilt

$$\mu(A) \leq \sum_{i=1}^{\infty} \mu(A_i) \ \in [0, +\infty].$$

Beweis: Von der Folge $\{A_i\}_{i=1,2,\ldots}$ gehen wir zu einer Folge $\{B_i\}_{i=1,2,\ldots}$ paarweise disjunkter Mengen über:

$$B_1 := A_1, \ B_2 := A_2 \setminus B_1, \ldots, \ B_k := A_k \setminus (B_1 \cup \cdots \cup B_{k-1}), \ldots$$

Nach Hilfssatz 3 gilt $\{B_i\}_{i=1,2,\ldots} \subset \mathcal{E}(X)$. Weiter ist offensichtlich $B_i \subset A_i$ für alle $i \in \mathbb{N}$, und es gilt $A = \bigcup_{i=1}^{\infty} B_i$. Aus Hilfssatz 2 folgt $A \in \mathcal{E}(X)$ sowie

$$\mu(A) = \sum_{i=1}^{\infty} \mu(B_i) \le \sum_{i=1}^{\infty} \mu(A_i).$$

q.e.d.

Definition 2. *Ein System $\mathcal{A}$ von Teilmengen einer Menge X heißt eine σ-Algebra, wenn das Folgende gilt:*

1. *$X \in \mathcal{A}$.*
2. *Mit $B \in \mathcal{A}$ ist auch $B^c = (X \setminus B) \in \mathcal{A}$.*
3. *Für jede Folge von Mengen $\{B_i\}_{i=1,2,\ldots}$ aus $\mathcal{A}$ liegt auch $\bigcup_{i=1}^{\infty} B_i$ in $\mathcal{A}$.*

Bemerkung: Aus den angegebenen Bedingungen folgt $\emptyset \in \mathcal{A}$. Weiter ist mit $\{B_i\}_{i=1,2,\ldots} \subset \mathcal{A}$ auch $\bigcap_{i=1}^{\infty} B_i \in \mathcal{A}$ erfüllt.

Definition 3. *Eine Funktion $\mu : \mathcal{A} \to [0, +\infty]$ auf einer σ-Algebra $\mathcal{A}$ heißt ein* **Maß** *, wenn die Bedingung $\mu(\emptyset) = 0$ und die σ-**Additivität***

$$\mu\left(\bigcup_{i=1}^{\infty} B_i\right) = \sum_{i=1}^{\infty} \mu(B_i) \text{ für paarweise disjunkte Mengen} \{B_i\}_{i=1,2,\ldots} \subset \mathcal{A}$$

erfüllt ist. Wir nennen das **Maß endlich***, falls $\mu(X) < +\infty$ gilt.*

Aus den Hilfssätzen 2 bis 4 folgt sofort der

Satz 3. *Auf dem endlichen Maßraum X bildet die Gesamtheit $\mathcal{E}(X)$ der endlich messbaren Teilmengen von X eine σ-Algebra. Die Vorschrift*

$$\mu(A) := I(\chi_A), \quad A \in \mathcal{E}(X) \tag{5}$$

liefert ein endliches Maß auf der σ-Algebra $\mathcal{E}(X)$.

Bemerkung: Von Carathéodory wurde zunächst eine Maßtheorie aufgebaut, die dann in eine Integrationstheorie weiterentwickelt werden kann. Wir sind hier jedoch den umgekehrten Weg gegangen. Die axiomatische Maßtheorie beginnt mit den obigen Definitionen 2 und 3.

Wir kehren nun zu den allgemeinen Maßräumen $X = \Omega$ mit $\mu(X) \in [0, +\infty]$ zurück. Hier gehen wir über zu den beschränkten offenen Mengen

$$\Omega_r := \{x \in \Omega : |x| < r\} \quad \text{für alle Radien} \quad 0 < r < +\infty, \tag{6}$$

welche nach Satz 1 zur Klasse $\mathcal{E}(X)$ gehören. Auf dem endlichen Maßraum $X_r := \Omega_r$ erhalten wir die σ-Algebra $\mathcal{E}(X_r)$ der integrierbaren Teilmengen und das endliche Maß $\mu : \mathcal{E}(X_r) \to [0, +\infty)$ für jedes $0 < r < +\infty$.

Definition 4. *Die **Menge** $A \subset X$ heißt **messbar in** X, falls die Bedingung*

$$A \cap \Omega_r \in \mathcal{E}(X_r) \quad \text{für jedes} \quad 0 < r < +\infty \tag{7}$$

erfüllt ist. Die Gesamtheit aller messbaren Mengen bezeichnen wir mit $\mathcal{A}(X)$.

Satz 4. *Auf dem Maßraum X bildet die Gesamtheit $\mathcal{A}(X)$ der messbaren Teilmengen von X eine σ-Algebra.*

Beweis:

1. Zunächst ist der Gesamtraum $X = \Omega$ messbar, da nach Satz 1 für alle $0 < r < +\infty$ die Mengen $X \cap \Omega_r = \Omega_r$ als beschränkte, offene Mengen endlich messbar sind.
2. Mit $B \in \mathcal{A}(X)$ folgt

$$B \cap \Omega_r \in \mathcal{E}(X_r) \quad \text{für jedes} \quad 0 < r < +\infty.$$

Hilfssatz 3 liefert nun

$$(X \setminus B) \cap \Omega_r = (X_r \setminus B) \cap \Omega_r \in \mathcal{E}(X_r) \quad \text{für jedes} \quad 0 < r < +\infty.$$

Somit ist auch $B^c = (X \setminus B) \in \mathcal{A}(X)$ erfüllt.
3. Sei eine Folge von Mengen $\{B_i\}_{i=1,2,\ldots}$ aus $\mathcal{A}(X)$ gegeben, so liegt nach Hilfssatz 4 für alle $0 < r < +\infty$ auch

$$\bigcup_{i=1}^{\infty}(B_i \cap \Omega_r) = \Big(\bigcup_{i=1}^{\infty} B_i\Big) \cap \Omega_r \tag{8}$$

in $\mathcal{E}(X_r)$. Damit folgt $\bigcup_{i=1}^{\infty} B_i \in \mathcal{A}(X)$.   q.e.d.

Definition 5. *Wir erklären das **Maß** einer beliebigen **messbaren Menge** A durch*

$$\mu(A) := \lim_{r \to +\infty} \mu(A \cap \Omega_r) = \sup\{\mu(A \cap \Omega_r) : 0 < r < +\infty\} \in [0, +\infty]. \tag{9}$$

Satz 5. *Auf der σ-Algebra $\mathcal{A}(X)$ der messbaren Teilmengen von X bildet die Vorschrift (9) ein – nicht notwendig endliches – Maß. Es gilt $\mathcal{E}(X) \subset \mathcal{A}(X)$ und eine messbare Menge A gehört genau dann zu $\mathcal{E}(X)$, falls $\mu(A) < +\infty$ für das Maß μ aus (9) erfüllt ist.*

Beweis: Zum Nachweis der σ-Additivität betrachten wir die Folge von disjunkten Mengen $\{B_i\}_{i=1,2,\ldots}$ aus $\mathcal{A}(X)$. Da die σ-Additivität in $\mathcal{E}(X_r)$ schon bewiesen ist, können wir die Funktion μ auf die Identität (8) anwenden und erhalten

$$\mu\left(\left(\bigcup_{i=1}^{\infty} B_i\right) \cap \Omega_r\right) = \sum_{i=1}^{\infty} \mu(B_i \cap \Omega_r) \quad , 0 < r < +\infty. \tag{10}$$

Im Grenzübergang $r \to +\infty$ sehen wir $\mu\left(\bigcup_{i=1}^{\infty} B_i\right) = \sum_{i=1}^{\infty} \mu(B_i)$ ein.

Die zweite Aussage zeigt man leicht mit dem Satz von B. Levi über monotone Konvergenz. q.e.d.

Satz 6. *Jede offene und jede abgeschlossene Menge $A \subset X$ ist messbar.*

Beweis: Jede offene Menge $A \subset X$ sehen wir als abzählbare Vereinigung $A = \bigcup_{i=1}^{\infty} (A \cap \Omega_i)$ der offenen, beschränkten Mengen $A \cap \Omega_i$ an, welche nach Satz 1 messbar sind. Nach Satz 4 ist dann auch die Vereinigung A messbar. Auch die abgeschlossenen Teilmengen von X sind als Komplemente der offenen Teilmengen messbar. q.e.d.

§4 Nullmengen und allgemeine Konvergenzsätze

Beginnen wir mit der zentralen

Definition 1. *Eine Menge $N \subset X$ heißt* **Lebesguesche Nullmenge** *oder kurz* **Nullmenge***, falls $N \in \mathcal{E}(X)$ und $\mu(N) = 0$ gilt.*

Bemerkung: Für das Maß μ aus Definition 1 in §3 gilt, dass jede Teilmenge einer Nullmenge wieder eine Nullmenge ist. Für $B \subset A$ und $A \in \mathcal{E}(X)$ mit $\mu(A) = 0$ haben wir die Abschätzung

$$0 = I^+(\chi_A) \geq I^+(\chi_B) \geq I^-(\chi_B) \geq 0 \,.$$

Somit folgt

$$I^+(\chi_B) = I^-(\chi_B) = 0$$

beziehungsweise $\chi_B \in L(X)$, und wir erhalten $B \in \mathcal{E}(X)$ mit $\mu(B) = 0$.

Satz 1. *Die abzählbare Vereinigung von Nullmengen liefert wieder eine Nullmenge.*

Beweis: Von der Folge $\{A_i\}_{i=1,2,\ldots}$ aus Nullmengen mit $A := \bigcup\limits_{i=1}^{\infty} A_i$ gehen wir zu einer Folge $\{B_i\}_{i=1,2,\ldots}$ paarweise disjunkter Mengen über gemäß

$$B_1 := A_1, \; B_2 := A_2 \setminus B_1, \ldots, \; B_k := A_k \setminus (B_1 \cup \cdots \cup B_{k-1}), \ldots,$$

welche wegen $B_i \subset A_i$ wiederum Nullmengen darstellen. Es gilt $A = \bigcup\limits_{i=1}^{\infty} B_i$,

und die σ-Additivität des Maßes liefert $\mu(A) = \sum\limits_{i=1}^{\infty} \mu(B_i) = 0$.   q.e.d.

Hilfssatz 1. *Eine Menge $N \subset X$ ist genau dann Nullmenge, wenn es eine Funktion $h \in V(X)$ gibt, die $h(x) \geq 0$ für alle $x \in X$ und $h(x) = +\infty$ für alle $x \in N$ sowie $I(h) < +\infty$ erfüllt.*

Beweis:

„$\Longrightarrow$" Sei $N \subset X$ eine Nullmenge. Dann ist $\chi_N \in L(X)$, und es gilt $I(\chi_N) = 0$. Nach Hilfssatz 5 aus § 2 gibt es zu jedem $k \in \mathbb{N}$ eine Funktion $h_k \in V(X)$ mit $0 \leq \chi_N \leq h_k$ in X und $I(h_k) \leq 2^{-k}$. Nach Hilfssatz 3 in § 2 gehört die Funktion $h(x) := \sum\limits_{k=1}^{\infty} h_k(x)$ zu $V(X)$, und es gilt

$$I(h) = \sum_{k=1}^{\infty} I(h_k) \leq 1.$$

Andererseits folgt wegen $h_k(x) \geq 1$ in N für alle $k \in \mathbb{N}$, dass $h(x) = +\infty$ für alle $x \in N$ richtig ist, und wegen $h_k(x) \geq 0$ in X ist auch $h(x) \geq 0$ für alle $x \in X$ erfüllt.

„$\Longleftarrow$" Seien $h \in V(X)$, $h(x) \geq 0$ für alle $x \in X$, $h(x) = +\infty$ für alle $x \in N$ und $I(h) < +\infty$ erfüllt. Setzen wir

$$h_\varepsilon(x) := \frac{\varepsilon}{1 + I(h)} \, h(x),$$

so gilt $h_\varepsilon \in V(X)$, $h_\varepsilon(x) \geq 0$ für alle $x \in X$ und $I(h_\varepsilon) < \varepsilon$ für alle $\varepsilon > 0$. Wegen $h(x) = +\infty$ für alle $x \in N$ folgt

$$0 \leq \chi_N(x) \leq h_\varepsilon(x) \quad \text{in} \quad X \quad \text{für alle} \quad \varepsilon > 0.$$

Nach Hilfssatz 5 aus § 2 folgt $I(\chi_N) = 0$, das heißt N ist eine Nullmenge.

q.e.d.

Definition 2. *Eine Eigenschaft gilt* **fast überall** *in X, in Zeichen* **f.ü.**, *wenn es eine Nullmenge $N \subset X$ gibt, so dass diese Eigenschaft für alle $x \in X \setminus N$ richtig ist. Wir sprechen dann auch davon, dass diese Eigenschaft* **für fast alle** *$x \in X$ gilt.*

Satz 2. (f.ü.-Endlichkeit von L-Funktionen)
Sei die Funktion $f \in L(X)$ gegeben. Dann ist die Menge

$$N := \left\{ x \in X \ : \ |f(x)| = +\infty \right\}$$

eine Nullmenge.

Beweis: Sei $f \in L(X)$. Dann ist auch $|f| \in L(X)$, und es gibt eine Funktion $h \in V(X)$ mit $0 \le |f(x)| \le h(x)$ in X sowie $I(h) < +\infty$. Weiter ist

$$h(x) = +\infty \quad \text{in} \quad N,$$

und nach Hilfssatz 1 ist N eine Nullmenge. $\hfill$ q.e.d.

Satz 3. *Sei die Funktion $f \in L(X)$ gegeben, und es gelte $I(|f|) = 0$. Dann ist die Menge*

$$N := \left\{ x \in X \ : \ f(x) \ne 0 \right\}$$

eine Nullmenge.

Beweis: Sei $f \in L(X)$, so ist auch $|f| \in L(X)$ erfüllt. Setzen wir

$$f_k(x) := |f(x)|, \qquad k \in \mathbb{N},$$

so gilt

$$\sum_{k=1}^{\infty} I(f_k) = 0\,.$$

Nach Hilfssatz 6 in §2 ist dann

$$g(x) := \sum_{k=1}^{\infty} f_k(x)$$

Lebesgue-integrierbar. Nun gilt

$$N = \{x \in X \ : \ g(x) = +\infty\}\,,$$

und nach Satz 2 liefert N eine Nullmenge. $\hfill$ q.e.d.

Wir wollen nun noch zeigen, dass wir eine L-Funktion auf einer Nullmenge beliebig abändern können, ohne den Wert des Integrals zu ändern. Auf diese

Weise können wir uns später auf die Betrachtung **endlichwertiger Funktionen** $f \in L(X)$ beschränken, das heißt Funktionen mit

$$f(x) \in \mathbb{R} \quad \text{für alle} \quad x \in X.$$

Eine beschränkte Funktion ist endlichwertig, jedoch ist eine endlichwertige Funktion nicht notwendig beschränkt. Hierzu betrachte man etwa die Funktion $f(x) := \dfrac{1}{x}, \, x \in (0,1)$.

Hilfssatz 2. *Sei $N \subset X$ eine Nullmenge. Weiter sei $f : X \to \overline{\mathbb{R}}$ eine Funktion mit $f(x) = 0$ für alle $x \in X \setminus N$. Dann folgt $f \in L(X)$, und es gilt $I(f) = 0$.*

Beweis: Nach Hilfssatz 1 gibt es eine Funktion $h \in V(X)$ mit $h(x) \geq 0$ für alle $x \in X$, $h(x) = +\infty$ für alle $x \in N$ und $I(h) < +\infty$. Für alle $\varepsilon > 0$ sind dann $\varepsilon h \in V$ und $-\varepsilon h \in -V$, und es gilt

$$-\varepsilon h(x) \leq f(x) \leq \varepsilon h(x) \quad \text{für alle} \quad x \in X.$$

Weiter ist
$$I(\varepsilon h) - I(-\varepsilon h) = 2\varepsilon I(h) \quad \text{für alle} \quad \varepsilon > 0$$

richtig. Nach Hilfssatz 5 aus §2 ist dann $f \in L(X)$, und es gilt $I(f) = 0$. q.e.d.

Satz 4. *Seien $f \in L(X)$ und $N \subset X$ eine Nullmenge. Weiter sei die Funktion $\widetilde{f} : X \to \overline{\mathbb{R}}$ mit der Eigenschaft $\widetilde{f}(x) = f(x)$ für alle $x \in X \setminus N$ gegeben. Dann folgen $\widetilde{f} \in L(X)$ sowie $I(|f - \widetilde{f}|) = 0$, und somit*

$$I(f) = I(\widetilde{f}).$$

Beweis: Wegen $f \in L(X)$ ist nach Satz 2 die Menge

$$N_1 := \Big\{ x \in X \ : \ |f(x)| = +\infty \Big\}$$

eine Nullmenge. Nun gibt es eine Funktion $\varphi(x) : X \to \overline{\mathbb{R}}$, so dass

$$\widetilde{f}(x) = f(x) + \varphi(x) \quad \text{für alle} \quad x \in X$$

gilt. Offenbar ist $\varphi(x) = 0$ außerhalb der Nullmenge $N \cup N_1$. Der Hilfssatz 2 liefert $\varphi \in L(X)$ und $I(\varphi) = 0$. Somit folgt $\widetilde{f} \in L(X)$, und es gilt

$$I(\widetilde{f}) = I(f + \varphi) = I(f) + I(\varphi) = I(f).$$

Wenden wir diese Argumentation auf die Funktion

$$\psi(x) := |f(x) - \widetilde{f}(x)|, \qquad x \in X$$

an, so liefert Hilfssatz 2 nun $\psi \in L(X)$ und

$$0 = I(\psi) = I(|f - \tilde{f}|).$$

q.e.d.

Bemerkung: Stimmt also eine Funktion $\tilde{f}$ f.ü. mit einer L-Funktion f überein, so ist auch $\tilde{f} \in L(X)$, und die Integrale stimmen überein.

Wir können nun die allgemeinen Konvergenzsätze der Integrationstheorie beweisen.

Satz 5. (Allgemeiner Konvergenzsatz von B.Levi)
Sei $\{f_k\}_{k=1,2,\ldots} \subset L(X)$ eine Folge mit $f_k \uparrow f$ f.ü. in X. Weiter gelte $I(f_k) \leq c$ für alle $k \in \mathbb{N}$ mit einer Konstanten $c \in \mathbb{R}$. Dann folgen $f \in L(X)$ und

$$\lim_{k \to \infty} I(f_k) = I(f).$$

Beweis: Wir betrachten die Nullmengen

$$N_k := \left\{ x \in X \,:\, |f_k(x)| = +\infty \right\} \qquad \text{für} \quad k \in \mathbb{N}$$

sowie

$$N_0 := \left\{ x \in X \,:\, f_k(x) \uparrow f(x) \text{ ist nicht erfüllt} \right\}.$$

Sei die Nullmenge

$$N := \bigcup_{k=0}^{\infty} N_k$$

erklärt, so ändern wir f, f_k auf N zu 0 ab, und erhalten Funktionen $\tilde{f}_k \in L(X)$ mit

$$I(\tilde{f}_k) = I(f_k) \leq c \qquad \text{für alle} \quad k \in \mathbb{N}$$

und $\tilde{f}$ mit $\tilde{f}_k \uparrow \tilde{f}$. Nach Satz 2 aus §2 folgt $\tilde{f} \in L(X)$, und es gilt

$$\lim_{k \to \infty} I(\tilde{f}_k) = I(\tilde{f}).$$

Satz 4 liefert nun $f \in L(X)$ und

$$I(f) = I(\tilde{f}) = \lim_{k \to \infty} I(\tilde{f}_k) = \lim_{k \to \infty} I(f_k).$$

q.e.d.

Ebenso durch Abändern der Funktionen zu 0 auf den jeweiligen Nullmengen beweist man die folgenden Sätze 6 und 7 mit Hilfe von Satz 3 bzw. 5 aus §2.

Satz 6. (Allgemeiner Konvergenzsatz von Fatou)
Sei $\{f_k\}_{k=1,2,...} \subset L(X)$ *eine Funktionenfolge mit* $f_k(x) \geq 0$ *f.ü. in* X *für alle* $k \in \mathbb{N}$, *und es gelte*

$$\liminf_{k \to \infty} I(f_k) < +\infty.$$

Dann gehört auch die Funktion

$$g(x) := \liminf_{k \to \infty} f_k(x)$$

zu $L(X)$, *und es gilt*

$$I(g) \leq \liminf_{k \to \infty} I(f_k).$$

Satz 7. (Allgemeiner Konvergenzsatz von Lebesgue)
Sei $\{f_k\}_{k=1,2,...} \subset L(X)$ *eine Folge mit* $f_k \to f$ *f.ü. auf* X *und* $|f_k(x)| \leq F(x)$ *f.ü. in* X *für alle* $k \in \mathbb{N}$, *wobei* $F \in L(X)$ *gilt. Dann folgt* $f \in L(X)$, *und es gilt*

$$\lim_{k \to \infty} I(f_k) = I(f).$$

Wir notieren noch den

Satz 8. *Das Lebesguesche Integral* $I : L(X) \to \mathbb{R}$ *ist ein Daniellsches Integral.*

Beweis: Nach Satz 1 aus § 2 ist $L(X)$ ein linearer und bezüglich der Betragsbildung abgeschlossener Raum. Der Raum $L(X)$ erfüllt also die Eigenschaften (1) und (2) in § 1. Weiter ist das Lebesguesche Integral I nichtnegativ, linear und nach Satz 5 auch abgeschlossen bezüglich monotoner f.ü.-Konvergenz. I erfüllt somit die Eigenschaften (3)–(5) in § 1. Das Lebesguesche Integral $I : L(X) \to \mathbb{R}$ ist also gemäß Definition 1 aus § 1 ein Daniellsches Integral. q.e.d.

Wir wollen nun einen Auswahlsatz bezüglich der f.ü.-Konvergenz kennenlernen. Genauer können wir aus einer Cauchy-Folge bez. dem Integral I eine f.ü. konvergente Teilfolge auswählen.

Satz 9. (Lebesguescher Auswahlsatz)
Sei $\{f_k\}_{k=1,2,...}$ *eine Folge aus* $L(X)$ *mit der Eigenschaft*

$$\lim_{k,l \to \infty} I(|f_k - f_l|) = 0.$$

Dann gibt es eine Nullmenge $N \subset X$ *und eine monoton wachsende Teilfolge* $\{k_m\}_{m=1,2,...}$, *so dass die Funktionenfolge* $\{f_{k_m}(x)\}_{m=1,2,...}$ *für alle* $x \in X \setminus N$ *konvergiert. Diese Teilfolge besitzt die u.a. integrable Majorante aus (1) sowie (2), und für den Grenzwert gilt*

$$\lim_{m \to \infty} f_{k_m}(x) =: f(x) \in L(X).$$

Beweis: Auf der Nullmenge

$$N_1 := \bigcup_{k=1}^{\infty} \left\{ x \in X \ : \ |f_k(x)| = +\infty \right\}$$

ändern wir die Funktionen f_k wie folgt ab:

$$\widetilde{f_k}(x) := \begin{cases} f_k(x), & x \in X \setminus N_1 \\ 0 & , \quad x \in N_1 \end{cases}.$$

So können wir o.E. die Funktionen $\{f_k\}_{k=1,2,\dots}$ als endlichwertig annehmen. Wegen

$$\lim_{p,l \to \infty} I(|\, f_p - f_l|) = 0$$

gibt es eine Teilfolge $k_1 < k_2 < \cdots$ mit der Eigenschaft

$$I(|\, f_p - f_l|) \le \frac{1}{2^m} \qquad \text{für alle} \quad p,l \ge k_m, \quad m = 1,2,\dots$$

Insbesondere folgen nun

$$I(|\, f_{k_{m+1}} - f_{k_m}|) \le \frac{1}{2^m}, \qquad m = 1,2,\dots$$

und

$$\sum_{m=1}^{\infty} I(|\, f_{k_{m+1}} - f_{k_m}|) \le 1.$$

Nach dem Satz von B. Levi gehört die Funktion

$$g(x) := \sum_{m=1}^{\infty} |\, f_{k_{m+1}}(x) - f_{k_m}(x)|, \qquad x \in X \tag{1}$$

zu $L(X)$, und $N_2 := \{x \in X \setminus N_1 \ : \ |g(x)| = +\infty\}$ ist eine Nullmenge. Also konvergiert die Reihe

$$\sum_{m=1}^{\infty} |\, f_{k_{m+1}}(x) - f_{k_m}(x)| \qquad \text{für alle} \quad x \in X \setminus N \quad \text{mit} \quad N := N_1 \cup N_2 \,,$$

und folglich auch die Reihe

$$\sum_{m=1}^{\infty} \Big(f_{k_{m+1}}(x) - f_{k_m}(x) \Big), \qquad x \in X \setminus N\,.$$

Der Grenzwert $\displaystyle \lim_{m \to \infty} \Big(f_{k_m}(x) - f_{k_1}(x) \Big) =: f(x) - f_{k_1}(x)$ existiert also für alle $x \in X \setminus N$, und somit ist die Folge $\{f_{k_m}\}_{m=1,2,\dots}$ auf $X \setminus N$ konvergent gegen f. Wegen $g \in L(X)$ und

$$| f_{k_m}(x) - f_{k_1}(x) | \leq | g(x) |, \quad x \in X \setminus N \tag{2}$$

ist der allgemeine Lebesguesche Konvergenzsatz anwendbar. Es folgen

$$f \in L(X) \quad \text{und} \quad I(f) = \lim_{m \to \infty} I(f_{k_m}).$$

q.e.d.

§5   Vergleich von Riemann- und Lebesgue-Integral

Eine Verbindung zu den topologischen Eigenschaften liefert der folgende

Satz 1. *Sei $f \in V(X)$. Dann ist die Menge*

$$\mathcal{O}(f, a) := \Big\{ x \in X \, : \, f(x) > a \Big\} \subset X$$

für alle $a \in \mathbb{R}$ offen.

Beweis: Wegen $f \in V(X)$ gibt es eine Folge

$$\{ f_k \}_{k=1,2,\ldots} \subset M(X) \subset C^0(X, \mathbb{R})$$

mit $f_k \uparrow f$ auf X. Sei nun $\xi \in \mathcal{O}(f, a)$, das heißt $f(\xi) > a$. Dann gibt es ein $k_0 \in \mathbb{N}$ mit $f_{k_0}(\xi) > a$. Da $f_{k_0} : X \to \mathbb{R}$ stetig ist, gibt es eine offene Umgebung $U \subset X$ von ξ, so dass $f_{k_0}(x) > a$ für alle $x \in U$ gilt. Wegen $f_{k_0} \leq f$ auf X folgt $f(x) > a$ für alle $x \in U$, das heißt $U \subset \mathcal{O}(f, a)$. Somit ist $\mathcal{O}(f, a)$ offen.   q.e.d.

Wir charakterisieren nun die Lebesgueschen Nullmengen durch eine Überdeckungseigenschaft.

Satz 2. *Für eine Menge $N \subset \Omega$ sind die folgenden Aussagen äquivalent:*

(1) N ist eine Nullmenge.
(2) Zu jedem $\varepsilon > 0$ gibt es abzählbar viele Quader $\{Q_k\}_{k=1,2,\ldots} \subset \Omega$ mit

$$N \subset \bigcup_{k=1}^{\infty} Q_k \quad \text{und} \quad \sum_{k=1}^{\infty} |Q_k| < \varepsilon.$$

Beweis:

(1)$\Longrightarrow$(2): Da N eine Nullmenge ist, gibt es nach Hilfssatz 1 in §4 eine Funktion $h \in V(X)$ mit $h \geq 0$ auf X, $h = +\infty$ auf N und $I(h) < +\infty$. Für alle $c \in [1, +\infty)$ betrachten wir die offene und somit messbare Menge

$$N_c := \Big\{ x \in \Omega \, : \, h(x) > c \Big\} \supset N \, ;$$

wir sehen

$$\mu(N_c) = I(\chi_{N_c}) = \frac{1}{c} I(c\chi_{N_c}) \le \frac{1}{c} I(h) < \varepsilon$$

für alle $c > \frac{I(h)}{\varepsilon}$ leicht ein. Die offene Menge N_c kann als Vereinigung von abzählbar vielen abgeschlossenen Quadern Q_k dargestellt werden, die höchstens Randpunkte gemeinsam haben. Hierzu verweisen wir auf die Ausschöpfung durch Jordanbereiche in Hilfssatz 2 von § 5 in Kapitel V. Es gilt also

$$N \subset N_c = \bigcup_{k=1}^{\infty} Q_k.$$

Da die Menge der Randpunkte eines Quaders eine Nullmenge bildet, folgt

$$\sum_{k=1}^{\infty} |Q_k| = \mu(N_c) < \varepsilon.$$

$(2) \Longrightarrow (1)$: Für jedes $k \in \mathbb{N}$ gibt es eine Funktion $h_k \in C_0^0(\Omega)$ mit

$$h_k(x) = \begin{cases} 1 & , \ x \in Q_k \\ \in [0,1] & , \ x \in \mathbb{R}^n \setminus Q_k \end{cases} \quad \text{und} \quad I(h_k) \le 2|Q_k|.$$

Da die Folge

$$\{g_l(x)\}_{l=1,2,\dots} \quad \text{mit} \quad g_l(x) := \sum_{k=1}^{l} h_k(x), \ l = 1, 2, \dots$$

monoton konvergiert und in $M(X)$ liegt, so erhalten wir

$$h(x) := \sum_{k=1}^{\infty} h_k(x) \in V(X).$$

Weiter gilt $\chi_N(x) \le h(x)$, $x \in \mathbb{R}^n$. Somit folgt

$$0 \le I^-(\chi_N) \le I^+(\chi_N) \le I(h) = \sum_{k=1}^{\infty} I(h_k) \le 2 \sum_{k=1}^{\infty} |Q_k| < 2\varepsilon$$

für alle $\varepsilon > 0$. Damit ist N eine Nullmenge.   q.e.d.

Wir wollen nun das Lebesgue-Integral mit dem Riemann-Integral aus § 2 in Kapitel V vergleichen. Wie dort in Definition 1 verwenden wir einen kompakten Quader $Q \subset \mathbb{R}^n$, für den wir eine umfassende offene Menge $Q \subset \Omega$ im $\mathbb{R}^n$ auswählen. Auf dem Maßraum $X = \Omega$ betrachten wir das Lebesgue-Integral I und erklären die *Menge der Lebesgue-integrablen Funktionen auf dem Quader Q* durch

$$L(Q) := \{f : Q \to \overline{\mathbb{R}} : \text{Es gibt ein } g \in L(X) \text{ mit } f(x) = g(x) \text{ für alle } x \in Q\}. \tag{1}$$

Eine Funktion $f \in L(Q)$ setzen wir zu 0 auf die Menge X fort gemäß

$$\hat{f}(x) := \begin{cases} f(x), & x \in Q \\ 0, & x \in X \setminus Q \end{cases}. \tag{2}$$

Dann definieren wir das *Lebesgueintegral über den Quader Q* durch die Setzung

$$\hat{I}(f) := I(\hat{f}) \quad \text{für alle} \quad f \in L(Q). \tag{3}$$

Wir zeigen nun den instruktiven

Satz 3. *Eine beschränkte Funktion $f : Q \to \mathbb{R}$ ist genau dann Riemann-integrierbar, wenn die Menge K aller Unstetigkeitsstellen eine Lebesgue-Nullmenge ist. In diesem Fall gehört f zu $L(Q)$, und es gilt*

$$\hat{I}(f) = \int_Q f(x)\,dx,$$

d.h. das Riemann-Integral von f stimmt mit dem Lebesgue-Integral von f über den Quader Q überein.

Beweis: Wir betrachten die Funktionen

$$m^+(x) := \lim_{\varepsilon \to 0+} \sup_{y \in Q:\, |y-x| < \varepsilon} f(y) \quad \text{und}$$

$$m^-(x) := \lim_{\varepsilon \to 0+} \inf_{y \in Q:\, |y-x| < \varepsilon} f(y),\ x \in Q. \tag{4}$$

Es gilt $m^+(x) = m^-(x)$ genau dann, wenn f im Punkt $x \in Q$ stetig ist. Sei

$$\mathcal{Z} \ : \ Q = \bigcup_{k=1}^{k_0} Q_k$$

eine kanonische Zerlegung von Q in $k_0 \in \mathbb{N}$ abgeschlossene Quader Q_k. Wir setzen

$$m_k^+ := \sup_{Q_k} f(y), \quad m_k^- := \inf_{Q_k} f(y) \quad \text{und} \quad f_{\mathcal{Z}}^{\pm}(x) := \sum_{k=1}^{k_0} m_k^{\pm} \chi_{Q_k}(x) \in L(Q).$$

Offenbar gilt

$$\hat{I}(f_{\mathcal{Z}}^{\pm}) = \sum_{k=1}^{k_0} m_k^{\pm} |Q_k|,$$

und das Lebesgue-Integral der Funktionen $f_{\mathcal{Z}}^{\pm}$ stimmt mit den Riemannschen Ober- bzw. Untersummen von f zur Zerlegung $\mathcal{Z}$ überein. Bezeichnen wir mit

$$\partial \mathcal{Z} := \bigcup_{k=1}^{k_0} \partial Q_k$$

die Menge der Randpunkte der Zerlegung $\mathcal{Z}$, so ist $\partial\mathcal{Z}$ eine Nullmenge im $\mathbb{R}^n$. Für eine beliebige ausgezeichnete Zerlegungsfolge $\{\mathcal{Z}_l\}_{l=1,2,\ldots}$ von Q gilt

$$\lim_{l\to\infty} f_{\mathcal{Z}_l}^{\pm}(x) = m^{\pm}(x) \qquad \text{für alle} \quad x \in Q \setminus N,$$

wobei

$$N := \bigcup_{l=1}^{\infty} \partial\mathcal{Z}_l \subset Q$$

eine Nullmenge ist. Wir wählen nun eine geeignete ausgezeichnete Zerlegungsfolge, so dass

$$\underline{\int_Q} f(x)\,dx = \lim_{l\to\infty} \hat{I}(f_{\mathcal{Z}_l}^{-}) \quad \text{und} \quad \overline{\int_Q} f(x)\,dx = \lim_{l\to\infty} \hat{I}(f_{\mathcal{Z}_l}^{+}).$$

Nach dem Lebesgueschen Konvergenzsatz folgt dann

$$\underline{\int_Q} f(x)\,dx = \hat{I}(m^{-}) \quad \text{und} \quad \overline{\int_Q} f(x)\,dx = \hat{I}(m^{+}).$$

Wir beachten nun, dass $f : Q \to \mathbb{R}$ genau dann Riemann-integrierbar ist, wenn

$$\hat{I}(m^{+}) = \overline{\int_Q} f(x)\,dx = \underline{\int_Q} f(x)\,dx = \hat{I}(m^{-}) \quad \text{bzw.} \quad \hat{I}(m^{+} - m^{-}) = 0$$

gilt. Wegen $m^{+} \geq m^{-}$ ist das genau dann der Fall, wenn $m^{+} = m^{-}$ f.ü. in Q gilt, also wenn f f.ü. auf Q stetig ist.   q.e.d.

§6 Lebesgue-messbare und p-fach integrable Funktionen

Mit Hilfe von Satz 2 in §3 wollen wir nun Potenzen sogenannter *messbarer Funktionen* definieren und ihre Integrabilität studieren. Daraufhin können wir nichtlineare, stetige Kombinationen dieser Funktionen bilden.

Zunächst erklären wir für alle $a, b \in \overline{\mathbb{R}}$ mit $a \leq b$ die stetige, schwach monoton steigende *Abschneidefunktion*

$$\phi_{a,b}(t) := \begin{cases} a\,, & -\infty \leq t \leq a \\ t\,, & a \leq t \leq b \\ b\,, & b \leq t \leq +\infty \end{cases} \,. \tag{1}$$

Zu einer beliebigen Funktion $f : X \to \overline{\mathbb{R}}$ erklären ihre zugehörige *abgeschnittene Funktion*

$$f_{a,b}(x) = \phi_{a,b}(f(x)) := \begin{cases} a\,, & -\infty \le f(x) \le a \\ f(x)\,, & a \le f(x) \le b \\ b\,, & b \le f(x) \le +\infty \end{cases} \qquad (2)$$

für die Parameter $a, b \in \overline{\mathbb{R}}$ mit $a \le b$. Wir ersehen sofort

$$f^+(x) = f_{0,+\infty}(x) \ge 0 \quad \text{und} \quad f^-(x) = -f_{-\infty,0}(x) \ge 0, \quad x \in X \qquad (3)$$

und notieren

$$f(x) = f^+(x) - f^-(x), x \in X \quad \text{und} \quad |f|(x) = f^+(x) + f^-(x), x \in X\,. \qquad (4)$$

Für alle endlichen $a, b \in \mathbb{R}$ mit $a \le b$ gilt offenbar die Abschätzung

$$|\,f_{a,b}(x)| \le \max(|\,a|, |\,b|) < +\infty \qquad \text{für alle} \quad x \in X\,. \qquad (5)$$

Wir lernen jetzt eine Aussage zur f.ü.-Approximation beschränkter Lebesgue-integrabler Funktionen kennen.

Satz 1. (f.ü.-Approximation)
Sei $f \in L(X)$ eine Funktion mit $|f(x)| \le c$, $x \in X$, $c \in (0, +\infty)$. Dann gibt es eine Folge $\{f_k\}_{k=1,2,\ldots} \subset M(X)$ mit $|f_k(x)| \le c$, $x \in X$, $k \in \mathbb{N}$, so dass $f_k(x) \to f(x)$ für $k \to \infty$ f.ü. in X gilt.

Beweis: Nach Satz 6 aus §2 gibt es eine Folge $\{g_k(x)\}_{k=1,2,\ldots} \subset M(X)$ mit $I(|f - g_k|) \to 0$ für $k \to \infty$. Wir setzen

$$h_k(x) := (g_k)_{-c,c}(x)$$

und beachten

$$h_k \in M(X), \quad |h_k(x)| \le c \quad \text{für alle} \quad x \in X \quad \text{und alle} \quad k \in \mathbb{N}\,.$$

Wegen

$$|h_k - f| = |(g_k)_{-c,c} - f_{-c,c}| = |(g_k - f)_{-c,c}| \le |g_k - f|$$

folgt

$$\lim_{k \to \infty} I(|h_k - f|) \le \lim_{k \to \infty} I(|g_k - f|) = 0\,.$$

Beachten wir

$$I(|\,h_k - h_l|) \le I(|h_k - f|) + I(|f - h_l|) \longrightarrow 0 \qquad \text{für} \quad k, l \to \infty,$$

so liefert der Lebesguesche Auswahlsatz (siehe Satz 9 in §4) eine Nullmenge $N_1 \subset X$ und eine monoton wachsende Teilfolge $\{k_m\}_{m=1,2,\ldots}$, so dass

$$h(x) := \lim_{m \to \infty} h_{k_m}(x) \quad \text{für alle} \quad x \in X \setminus N_1$$

existiert. Wir setzen h auf die Nullmenge fort durch

$$h(x) := 0 \quad \text{für alle} \quad x \in N_1 \,.$$

Nun gilt

$$\lim_{m \to \infty} |h_{k_m}(x) - f(x)| = |h(x) - f(x)| \quad \text{in} \quad X \setminus N_1 \,.$$

Der Satz von Fatou liefert

$$I(|h - f|) \leq \lim_{m \to \infty} I(|h_{k_m} - f|) = 0 \,.$$

Somit gibt es eine Nullmenge $N_2 \subset X$, so dass

$$f(x) = h(x) \quad \text{für alle} \quad x \in X \setminus N_2$$

richtig ist. Setzen wir $N := N_1 \cup N_2$ und $f_m(x) := h_{k_m}(x)$, so ist offensichtlich $f_m(x) \in M(X)$ sowie

$$|f_m(x)| \leq c \quad \text{für alle} \quad x \in X \quad \text{und alle} \quad m \in \mathbb{N}$$

erfüllt, und es gilt

$$\lim_{m \to \infty} f_m(x) = \lim_{m \to \infty} h_{k_m} \stackrel{x \notin N_1}{=} h(x) \stackrel{x \notin N_2}{=} f(x) \quad \text{für alle} \quad x \in X \setminus N \,.$$

Somit folgt

$$f_m(x) \to f(x) \quad \text{für alle} \quad x \in X \setminus N \,.$$

q.e.d.

Fundamental ist die folgende

Definition 1. *Eine* **Funktion** *$f : X \to \overline{\mathbb{R}}$ nennen wir* **messbar**, *wenn für alle $a, b \in \mathbb{R}$ mit $a < b$ und alle $r > 0$ die abgeschnittene Funktion $f_{a,b} \cdot \chi_{\Omega_r}$ zur Klasse $L(X)$ gehört:*

$$f_{a,b} \cdot \chi_{\Omega_r} \quad \in \quad L(X) \quad . \tag{6}$$

Bemerkungen:

1. Jede Funktion $f \in L(X)$ ist messbar, denn die abgeschnittenen Funktionen sind wieder Lebesgue-integrierbar.
2. Die Menge $A \subset X$ ist genau dann messbar, wenn die charakteristische Funktion χ_A eine messbare Funktion darstellt. Hierzu vergleiche man die Definitionen 1 und 4 aus §3 mit der obigen Definition.
3. Eine mengentheoretische Charakterisierung der messbaren Funktionen wird in den Aufgaben 6 und 7 aus §9 vorgenommen.

Satz 2. *Es gelten die folgenden Aussagen:*

a) *Seien f und g messbare Funktionen und $\alpha, \beta \in \mathbb{R}$, so sind auch die Linear-kombinationen $\alpha f + \beta g$ messbar.*

b) *Die Funktion f ist genau dann messbar, wenn f^+ und f^- messbare Funktionen darstellen.*

Beweis: a) Hier beachten wir, dass

$$(\alpha f + \beta g)_{a,b} \cdot \chi_{\Omega_r} = \alpha f_{a,b} \cdot \chi_{\Omega_r} + \beta g_{a,b} \cdot \chi_{\Omega_r} \quad \in \quad L(X)$$

für alle $a, b \in \mathbb{R}$ mit $a < b$ und alle $r > 0$ erfüllt ist.

b) Die Implikation „$\Longrightarrow$"entnehmen wir den Identitäten (3). Die Implikation „$\Longleftarrow$"ergibt sich aus (4) und der Aussage a).   q.e.d.

Für messbare Funktionen der angemessene Konvergenzbegriff erscheint in

Satz 3. (f.ü.-Konvergenz)
Sei $\{f_k\}_{k=1,2,\ldots}$ eine Folge messbarer Funktionen mit der Eigenschaft

$$f_k(x) \to f(x) \quad f.\ddot{u}. \text{ in } \quad X \quad f\ddot{u}r \quad k \to \infty .$$

Dann ist f messbar.

Beweis: Seien $a, b \in \mathbb{R}$ mit $a < b$ und $r > 0$ beliebig vorgegeben. Dann gehören die Funktionen $(f_k)_{a,b} \cdot \chi_{\Omega_r}$ zu $L(X)$ für alle $k \in \mathbb{N}$, und es gilt

$$|(f_k)_{a,b}(x) \cdot \chi_{\Omega_r}(x)| \leq \max(|a|, |b|) \cdot \chi_{\Omega_r}(x) \quad \text{für alle} \quad x \in X, k \in \mathbb{N}$$

$$\tag{7}$$

sowie $\quad (f_k)_{a,b}(x) \cdot \chi_{\Omega_r}(x) \to f_{a,b}(x) \cdot \chi_{\Omega_r}(x) \quad$ f.ü. in $X \quad$ für $k \to \infty$.

Da die Funktion $F(x) := \max(|a|, |b|) \cdot \chi_{\Omega_r}(x)$, $x \in X$ eine Majorante in $L(X)$ darstellt, liefert der allgemeine Lebesguesche Konvergenzsatz

$$f_{a,b} \cdot \chi_{\Omega_r} \in L(X) \quad \text{für alle} \quad a, b \in \mathbb{R} \quad \text{mit} \quad a < b \quad \text{und alle} \quad r > 0. \tag{8}$$

Somit ist die Funktion f messbar.   q.e.d.

Wir werden später p-fach integrierbare Funktionen betrachten, die sich wie die $L(X)$-Funktionen f.ü. als endlichwertig herausstellen. Insbesondere auf diese Funktionen trifft die nachfolgende tiefliegende Aussage zu.

Satz 4. (Nichtlineare Kombinationen)
Mit $\kappa \in \mathbb{N}$ seien $f_1, \ldots, f_\kappa$ f.ü. endlichwertige, messbare Funktionen sowie eine stetige Funktion $\phi = \phi(y_1, \ldots, y_\kappa) \in C^0(\mathbb{R}^\kappa, \mathbb{R})$ gegeben.
Dann ist auch die Funktion

$$g(x) := \phi\Big(f_1(x), \ldots, f_\kappa(x)\Big), \quad x \in X \quad f.\ddot{u}.$$

messbar.

Beweis: Für alle $a, b \in \mathbb{R}$ mit $a < b$ und $r > 0$ sowie $k = 1, \ldots, \kappa$ sind $(f_k)_{a,b} \cdot \chi_{\Omega_r} \in L(X)$ beschränkte Funktionen auf dem endlichen Maßraum X_r. Nach Satz 2 aus §3 gehört dann die Funktion

$$\phi\Big((f_1)_{a,b}(x) \cdot \chi_{\Omega_r}(x), \ldots, (f_\kappa)_{a,b}(x) \cdot \chi_{\Omega_r}(x)\Big) \quad, \quad x \in X \tag{9}$$

zur Klasse $L(X)$ für alle $a, b \in \mathbb{R}$ mit $a < b$ und alle $r > 0$. Wir beachten

$$g(x) = \lim_{\substack{a \to -\infty, b \to +\infty \\ r \to +\infty}} \phi\Big((f_1)_{a,b}(x) \cdot \chi_{\Omega_r}(x), \ldots, (f_\kappa)_{a,b}(x) \cdot \chi_{\Omega_r}(x)\Big) \tag{10}$$

für fast alle $x \in X$. Der obige Satz 3 liefert die Meßbarkeit von g.   q.e.d.

Wir orientieren uns an der Definition 5 aus §3 und vereinbaren die

Definition 2. *Zum beliebigen Exponenten $p > 0$ erklären wir für eine messbare Funktion f* **das p-fache Lebesguesche Integral**

$$I_p(f) := \lim_{\substack{a \to -\infty, b \to +\infty \\ r \to +\infty}} I(|f_{a,b}|^p \cdot \chi_{\Omega_r}) = \sup_{\substack{-\infty < a < 0 < b < +\infty \\ 0 < r < +\infty}} I(|f_{a,b}|^p \cdot \chi_{\Omega_r}). \tag{11}$$

Bemerkungen zur Definition 2:

1. Die Funktion $|f_{a,b}(x)| \cdot \chi_{\Omega_r}(x)$, $x \in X$ stellt eine beschränkte, Lebesgue-integrable Funktion auf dem endlichen Maßraum X_r dar. Gemäß Satz 2 aus §3 bleibt dann auch deren p-te Potenz $|f_{a,b}(x)|^p \cdot \chi_{\Omega_r}(x)$, $x \in X$ Lebesgue-integrierbar.

2. Weiter verhält sich der Integrand von (11) monoton in den Parametern a, b und r im folgenden Sinne:

    Für alle Parameter $a'' < a' < 0 < b' < b''$ und $0 < r' < r''$ gilt:
    $$\tag{12}$$
    $$|f_{a',b'}(x)|^p \cdot \chi_{\Omega_{r'}}(x) \le |f_{a'',b''}(x)|^p \cdot \chi_{\Omega_{r''}}(x) \quad, \quad x \in X.$$

3. Da das Lebesgueintegral I ein monotones Funktional darstellt, existiert somit der in Definition 2 angegebene Limes und stimmt mit dem Supremum überein. Allerdings können beide Terme in (11) gemeinsam auch den Wert $+\infty$ annehmen!

Hilfssatz 1. *Sei $p > 0$ beliebig vorgegeben. Dann gilt*

a) *die Identität $I_p(f) = I_p(f^+) + I_p(f^-)$ für alle messbaren Funktionen f;*
b) *die Ungleichung $I_p(f) \le I_p(g)$ für je zwei messbare Funktionen f und g mit der Eigenschaft $0 \le f \le g$ f.ü. in X.*

Beweis: a) Hierzu ermitteln wir für die Funktionen $f^\pm$ aus (3) die Aussage

$$I_p(f) = \lim_{\substack{a \to -\infty, b \to +\infty \\ r \to +\infty}} I([f_{0,b} - f_{a,0}]^p \cdot \chi_{\Omega_r})$$

$$= \lim_{\substack{a \to -\infty \\ r \to +\infty}} I([f^-]_{0,-a}^p \cdot \chi_{\Omega_r}) + \lim_{\substack{b \to +\infty \\ r \to +\infty}} I([f^+]_{0,b}^p \cdot \chi_{\Omega_r}) = I_p(f^+) + I_p(f^-).$$

b) Diese Ungleichung entnimmt man sofort der Identität (11), weil für nichtnegative Funktionen dessen Integrand eine entsprechende Monotonie aufweist. q.e.d.

Satz 5. *Sei f eine messbare Funktion. Es gehört genau dann ihre p-te Potenz $|f|^p$ zu $L(X)$, wenn das p-fache Lebesguesche Integral $I_p(f) < +\infty$ erfüllt. In diesem Falle gilt $I_p(f) = I(|f|^p) \in [0, +\infty)$.*

Beweis: „$\Longrightarrow$": Sei zunächst $|f|^p \in L(X)$ erfüllt. Dann bildet

$$N := \{x \in X : |f(x)| = +\infty\} = \{x \in X : |f(x)|^p = +\infty\}$$

eine Nullmenge, und es gilt

$$\lim_{\substack{b \to +\infty \\ r \to +\infty}} \left([f^\pm]_{0,b}^p \cdot \chi_{\Omega_r}\right)(x) = [f^\pm(x)]^p, \quad x \in X \setminus N. \tag{13}$$

Weiter ist $|f|^p$ eine $L(X)$-Majorante des Integranden im nachfolgenden Integral, und der Satz 7 aus §4 über die majorisierte Konvergenz liefert

$$I_p(f^\pm) = \lim_{\substack{b \to +\infty \\ r \to +\infty}} I([f^\pm]_{0,b}^p \cdot \chi_{\Omega_r}) = I([f^\pm]^p) \in [0, +\infty). \tag{14}$$

Damit ist $[f^\pm]^p \in L(X)$ erfüllt, und zusammen mit obigem Hilfssatz 1 a) erhalten wir

$$I_p(f) = I_p(f^+) + I_p(f^-) = I([f^+]^p) + I([f^-]^p) = I(|f|^p) \in [0, +\infty). \tag{15}$$

„$\Longleftarrow$": Sei nun $I_p(f) < +\infty$ erfüllt. Nach Hifssatz 1 a) existieren die endlichen Suprema auf der rechten Seite in (16), nämlich

$$\lim_{\substack{b \to +\infty \\ r \to +\infty}} I([f^\pm]_{0,b}^p \cdot \chi_{\Omega_r}) = \sup_{\substack{0 < b < +\infty \\ 0 < r < +\infty}} I([f^\pm]_{0,b}^p \cdot \chi_{\Omega_r}) = I_p(f^\pm) \leq I_p(f) < +\infty. \tag{16}$$

Der Satz 5 aus §4 über die monotone Konvergenz erlaubt den Grenzübergang auf der linken Seite von (16). Somit existieren die f.ü. endlichwertigen Grenzfunktionen

$$\lim_{\substack{b \to +\infty \\ r \to +\infty}} [f^\pm]_{0,b}^p \cdot \chi_{\Omega_r}(x) = [f^\pm(x)]^p \quad \text{f.ü. in } X \tag{17}$$

in der Klasse $L(X)$. Weiter haben wir die Identitäten

$$I_p(f^{\pm}) = \lim_{\substack{b \to +\infty \\ r \to +\infty}} I([f^{\pm}]^p_{0,b} \cdot \chi_{\Omega_r}) = I([f^{\pm}]^p) \tag{18}$$

Folglich liegt auch die Funktion $|f|^p = [f^+]^p + [f^-]^p$ im Raum $L(X)$, und es folgt

$$I_p(f) = I_p(f^+) + I_p(f^-) = I([f^+]^p) + I([f^-]^p) = I(|f|^p). $$

$$\text{q.e.d.}$$

Definition 3. *Zum Exponenten $p > 0$ nennen wir eine messbare Funktion f p-fach integrierbar, falls $I_p(f) < +\infty$ ausfällt. Mit*

$$L^p(X) := \{f : X \to \overline{\mathbb{R}} : f \text{ ist messbar und erfüllt } I_p(f) < +\infty\} \tag{19}$$

erhalten wir den **Raum der p-fach integrablen Funktionen**.

Bemerkungen:

1. Zum Exponenten $p = 1$ erhalten wir nach obigem Satz 5 die Lebesgue-integrablen Funktionen $L^1(x) = L(X)$. Wir werden in § 8 die Räume $L^p(X)$ für alle $p \geq 1$ – nach einer Äquivalenzklassenbildung – als lineare normierte Räume erkennen, welche abgeschlossen bezüglich der Konvergenz in dieser Norm sind.
2. Eine p-fach integrable Funktion f ist f.ü. endlichwertig, denn $|f|^p \in L(X)$ besitzt diese Eigenschaft. Wir können eine Funktion $f \in L^p(X)$ mit $g \in L^q(X)$ nach Satz 4 multiplizieren zu beliebigen Exponenten $p, q \in (0, +\infty)$ und erhalten eine messbare, f.ü endlichwertige Funktion $f \cdot g$.
3. Mit der *Hölderschen Ungleichung* werden wir in § 8 sehen, dass für **konjugierte Exponenten** $p, q \in (1, +\infty)$ mit $\dfrac{1}{p} + \dfrac{1}{q} = 1$ sogar $f \cdot g \in L^1(X)$ richtig ist.

Satz 6. *Sei $f : X \to \overline{\mathbb{R}}$ eine messbare Funktion, die*

$$|f(x)| \leq F(x) \qquad \text{für fast alle} \quad x \in X \tag{20}$$

mit $F \in L(X)$ erfüllt. Dann folgen

$$f \in L(X) \quad \text{und} \quad I(|f|) \leq I(F).$$

Beweis: Nach Satz 2 b) sind die Funktionen f^+ und f^- messbar, und es gilt $0 \leq f^{\pm} \leq F$. Die Monotonieeigenschaft aus Hilfssatz 1 b) liefert

$$I_1(f^{\pm}) \leq I_1(F) = I(F) < +\infty.$$

Der obige Satz 5 impliziert $f^{\pm} \in L(X)$ und somit $f = f^+ - f^- \in L(X)$. Wegen der Monotonie des Lebesgue-Integrals folgt $I(|f|) \leq I(F)$ aus (20). q.e.d.

Satz 7. (Erweiterter Satz zur monotonen Konvergenz)
Sei $\{f_l\}_{l=1,2,\dots}$ eine Folge nichtnegativer, messbarer Funktionen mit

$$f_l(x) \uparrow f(x) \quad f.\ddot{u}.\ in \quad X \quad f\ddot{u}r \quad l \to \infty\,.$$

Dann ist f messbar, und es gilt

$$I_1(f) = \lim_{l \to \infty} I_1(f_l) \in [0, +\infty]\,.$$

Beweis: Nach Satz 3 ist f messbar. Wegen Hilfssatz 1 b) bildet

$$\{I_1(f_l)\}_{l=1,2,\dots} \quad \subset \quad [0, +\infty]$$

eine monoton nicht fallende Folge mit

$$I_1(f) \geq I_1(f_l) \quad \text{für alle} \quad l \in \mathbb{N}\,.$$

Wir unterscheiden die beiden Fälle:

a) Sei $\lim\limits_{l \to \infty} I_1(f_l) \leq c < +\infty$. Dann gilt $I_1(f_l) \leq c$, woraus $f_l \in L(X)$ nach
   obigem Satz 6 folgt. Der Satz 5 von B. Levi aus §4 über die monotone
   Konvergenz liefert $f \in L(X)$ und $I_1(f) = \lim\limits_{l \to \infty} I_1(f_l)$.

b) Sei $\lim\limits_{l \to \infty} I_1(f_l) = +\infty$. Dann haben wir wegen

$$I_1(f) \geq I_1(f_l) \quad \text{für alle} \quad l \in \mathbb{N}$$

sofort $I_1(f) = +\infty = \lim\limits_{l \to \infty} I_1(f_l)$.   q.e.d.

§7 Die Sätze von Fubini und Tonelli

Seien nun $X := \mathbb{R}^n$ und $Y := \mathbb{R}^m$ zwei unendliche Maßräume der Dimensionen
$n, m \in \mathbb{N}$, die den Produktraum $X \times Y = \mathbb{R}^{n+m} =: \Omega$ der Dimension $n + m$
bilden. In Weiterentwicklung von Satz 12 in §3 aus Kapitel V wollen wir auch
für Lebesgue-messbare Funktionen eine iterierte Integration durchführen. Für
eine Funktion $f(x,y) : X \times Y \to \overline{\mathbb{R}}$ bilden wir das entsprechende Integral
über die Maßräume $X \times Y$, X oder Y, wenn wir beziehungsweise die Symbole

$$\iint\limits_{X \times Y} f(x,y)\,dxdy\,, \quad \int\limits_{X} f(x,y)\,dx \quad \text{oder} \quad \int\limits_{Y} f(x,y)\,dy \text{ verwenden.}$$

Hilfssatz 1. *Sei $f = f(x,y) : X \times Y \to \overline{\mathbb{R}} \in V(X \times Y)$. Dann gehört für
jedes $x \in X$ die Funktion $f(x,y)$, $y \in Y$ zu $V(Y)$ und*

$$\varphi(x) := \int\limits_{Y} f(x,y)\,dy \quad , \quad x \in X$$

gehört zur Klasse $V(X)$. Ferner gilt

$$\iint\limits_{X \times Y} f(x,y)\, dxdy = \int\limits_X \varphi(x)\, dx\,.$$

Beweis: Man konstruiert eine Folge von Funktionen $\theta_k \in C_0^0(X \times Y, [0,1])$, welche $\theta_k(x,y) \uparrow \chi_{X \times Y}(x,y)$ für $k \to \infty$ erfüllt. Da $f \in V(X \times Y)$ gilt, so gibt es eine Folge

$$\{g_k(x,y)\}_{k=1,2,\dots} \subset M(X \times Y) \quad \text{mit} \quad g_k(x,y) \uparrow f(x,y).$$

Durch den Übergang zu $f_k(x,y) := g_k(x,y)\,\theta_k(x,y)$, $(x,y) \in X \times Y$ erhalten wir Funktionen der Klasse $C_0^0(X \times Y)$ mit

$$f_k(x,y) \uparrow f(x,y),\, (x,y) \in X \times Y \quad \text{für} \quad k \to \infty\,.$$

Für jedes $x \in X$ gehören die Funktionen $f_k(x,y)\,, y \in Y$, zur Klasse $C_0^0(Y)$ und damit $f(x,y),\, y \in Y$ zu $V(Y)$. Setzen wir

$$\varphi_k(x) := \int\limits_Y f_k(x,y)\, dy, \qquad x \in X.$$

Dann erhalten wir $\varphi_k \in C_0^0(X)$ und $\varphi_k(x) \uparrow \varphi(x)$ in X. Satz 12 in §3 aus Kapitel V – zur iterierten Integration stetiger Funktionen auf Quadern – liefert

$$\iint\limits_{X \times Y} f(x,y)\, dxdy := \lim_{k \to \infty} \iint\limits_{X \times Y} f_k(x,y)\, dxdy = \lim_{k \to \infty} \int\limits_X \varphi_k(x)\, dx = \int\limits_X \varphi(x)\, dx.$$

q.e.d.

Hilfssatz 2. *Seien N eine Nullmenge in $X \times Y$ und*

$$N_x := \Big\{ y \in Y \,:\, (x,y) \in N \Big\} \quad,\quad x \in X\,.$$

Dann gibt es eine Nullmenge $E \subset X$, so dass für alle $x \in X \setminus E$ die Menge N_x eine Nullmenge in Y ist.

Beweis: Da N eine Nullmenge in $X \times Y$ ist, gibt es nach Hilfssatz 1 aus §4 eine Funktion $h(x,y) \in V(X \times Y)$ mit $h \geq 0$ auf $X \times Y$ und $h(x,y) = +\infty$ für alle $(x,y) \in N$, so dass wegen Hilfssatz 1

$$+\infty > \iint\limits_{X \times Y} h(x,y)\, dxdy = \int\limits_X \varphi(x)\, dx \quad \text{mit} \quad \varphi(x) := \int\limits_Y h(x,y)\, dy \geq 0.$$

gilt. Wegen $\varphi \in V(X)$ und $\displaystyle\int\limits_X \varphi(x)\, dx < +\infty$ folgt $\varphi \in L(X)$, und es gibt eine Nullmenge $E \subset X$ mit $\varphi(x) < +\infty$ für alle $x \in X \setminus E$. Somit ist für alle $x \in X \setminus E$ wegen $h = +\infty$ auf N die Menge N_x eine Nullmenge.   q.e.d.

Für nichtnegative messbare Funktionen verwenden wir das 1-fache Integral $I_1(\cdot)$ aus Definition 2 in §6, welches dort nach Satz 5 genau für Lebesgue-integrable Funktionen endlich bleibt.

Satz 1. (Iterierte Integration messbarer Funktionen)
Sei $f(x,y) : X \times Y \to [0,+\infty]$ eine messbare Funktion. Dann gibt es eine Nullmenge $E \subset X$, so dass für alle $x \in X \setminus E$ die Funktion $f(x,y)$, $y \in Y$ messbar ist. Setzen wir nun

$$\varphi(x) := \begin{cases} \int\limits_Y f(x,y)\,dy\,, & x \in X \setminus E \\ 0\,, & x \in E \end{cases},$$

so stellt φ eine nichtnegative, messbare Funktion dar, und es gilt

$$\iint\limits_{X \times Y} f(x,y)\,dxdy = \int\limits_X \varphi(x)\,dx.$$

Beweis: Für $k = 1, 2, 3, \ldots$ erklären wir im $\mathbb{R}^{n+m}$ die Würfel um den Nullpunkt der Kantenlänge $2k$ wie folgt:

$$\Theta_k := \Big\{ (x_1, \ldots, x_n; y_1, \ldots, y_m) \in \Omega : |x_\nu| \leq k \quad \text{für} \quad \nu = 1, \ldots, n$$

$$\text{und} \quad |y_\mu| \leq k \quad \text{für} \quad \mu = 1, \ldots, m \Big\}.$$

Für $k = 1, 2, \ldots$ betrachten wir die – auf der Höhe k abgeschnittenen und auf die Würfel Θ_k eingeschränkten – Funktionen

$$f_k(x,y) := f_{0,k}(x,y) \cdot \chi_{\Theta_k}(x,y) \quad , \quad (x,y) \in X \times Y \,,$$

welche der Klasse $f_k \in L(X \times Y)$ angehören. Zu jedem $k \in \mathbb{N}$ gibt es nach Satz 1 aus §6 eine Nullmenge $N_k \subset X \times Y$ und eine Funktionenfolge

$$g_{k,l}(x,y) \in C^0(X \times Y) \text{ mit } |g_{k,l}(x,y)| \leq k, \quad (x,y) \in X \times Y \text{ und } l \in \mathbb{N}, \quad (1)$$

so dass

$$\lim_{l \to \infty} g_{k,l}(x,y) = f_k(x,y) \qquad \text{für alle} \quad (x,y) \in (X \times Y) \setminus N_k \qquad (2)$$

richtig ist. Wir gehen nun über zur Folge

$$f_{k,l}(x,y) := g_{k,l}(x,y) \cdot \chi_{\Theta_k}(x,y), \quad (x,y) \in X \times Y \,, \quad l = 1, 2, \ldots \qquad (3)$$

der Klasse $L(X,Y)$ mit einer integrablen Majorante

$$|f_{k,l}(x,y)| \leq k \cdot \chi_{\Theta_k}(x,y) \quad \text{für alle} \quad (x,y) \in X \times Y \,, \quad l = 1, 2, \ldots \qquad (4)$$

und der Eigenschaft

$$\lim_{l \to \infty} f_{k,l}(x,y) = f_k(x,y) \qquad \text{für alle} \quad (x,y) \in (X \times Y) \setminus N_k. \tag{5}$$

Für festes $k \in \mathbb{N}$ gibt es nach Hilfssatz 2 eine Nullmenge $E_k \subset X$, so dass für alle $x \in X \setminus E_k$ die Menge $\{y \in Y : (x,y) \in N_k\} \subset Y$ eine Nullmenge bildet. Auf die Funktionen $f_{k,l}$, welche stetige Funktionen auf dem Würfel Θ_k darstellen, kann der Satz 12 von §3 aus Kapitel V über die iterierte Integration angewandt werden. Zusammen mit dem Lebesgueschen Konvergenzsatz erhalten wir

$$\iint_{X \times Y} f_k(x,y)\,dxdy = \lim_{l \to \infty} \iint_{X \times Y} f_{k,l}(x,y)\,dxdy$$

$$= \lim_{l \to \infty} \int_X \left(\int_Y f_{k,l}(x,y)\,dy \right) dx = \lim_{l \to \infty} \int_{X \setminus E_k} \left(\int_Y f_{k,l}(x,y)\,dy \right) dx$$

$$= \int_{X \setminus E_k} \left(\int_Y \underbrace{f_k(x,y)}_{\in L(Y)}\,dy \right) dx.$$

Nun ist auch $E := \bigcup_{k=1}^{\infty} E_k \subset X$ eine Nullmenge, und es gilt

$$\iint_{X \times Y} f_k(x,y)\,dxdy = \int_{X \setminus E} \left(\int_Y f_k(x,y)\,dy \right) dx.$$

Der Satz 7 zur erweiterten monotonen Konvergenz aus §6 liefert

$$\iint_{X \times Y} f(x,y)\,dxdy = \lim_{k \to \infty} \left(\iint_{X \times Y} f_k(x,y)\,dxdy \right)$$

$$= \lim_{k \to \infty} \int_{X \setminus E} \left(\int_Y f_k(x,y)\,dy \right) dx = \int_{X \setminus E} \left(\int_Y f(x,y)\,dy \right) dx = \int_X \varphi(x)\,dx.$$

Insbesondere haben wir die Funktion $f(x,y)$, $y \in Y$ für alle $x \in X \setminus E$ als messbar erkannt.   q.e.d.

Satz 2. (Fubini)
Sei $f(x,y) \in L(X,Y)$ eine Lebesgue-integrable Funktion. Dann gehört für fast alle $x \in X$ die Funktion $f(x,y)$, $y \in Y$ zur Klasse $L(Y)$, und für fast alle $y \in Y$ liegt die Funktion $f(x,y)$, $x \in X$ im Raum $L(X)$. Weiter erfüllen die angegebenen Lebesgue-Integrale die nachfolgende Identität

$$\iint_{X \times Y} f(x,y)\,dxdy = \int_X \left(\int_Y f(x,y)\,dy \right) dx = \int_X \left(\int_Y f(x,y)\,dx \right) dy. \quad (6)$$

Beweis: Sei $f(x,y) \in L(X,Y)$ gewählt, so erhalten wir in $f^\pm(x,y) \in L(X,Y)$ nichtnegative, messbare Funkionen. Hierauf wenden wir den obigen Satz 1 an, und wir erhalten nach Vertauschen von x und y die Identität (6) getrennt für die Funktionen f^+ und f^-. Hierbei haben wir die Funktionen auf Nullmengen in X bzw. Y zu 0 entsprechend abzuändern, was die relevanten Integrabilitäten und die auftretenden Integrale nicht verändert; auch beachten wir den Satz 5 aus §6 für $p = 1$. Subtraktion der Identitäten (6) für f^+ und f^- liefert schließlich die gesuchte Identität für die Funktion $f = f^+ - f^-$.   q.e.d.

Satz 3. (Tonelli)
Sei $f(x,y) : X \times Y \to \overline{\mathbb{R}}$ eine Lebesgue-messbare Funktion mit den folgenden Eigenschaften:

a) Für fast alle $x \in X$ gehöre die Funktion $f(x,y)$, $y \in Y$ zur Klasse $L(Y)$;
b) Es liege die Funktion

$$\varphi(x) := \int_Y f(x,y)dy\,, \quad x \in X \quad f.\ddot{u}.$$

in der Klasse $L(X)$.

Dann folgt $f(x,y) \in L(X,Y)$ ist Lebesgue-integrabel, und es gilt die Identität (6) der iterierten Integration für die angegebenen Lebesgue-Integrale.

Beweis: Die nichtnegativen, messbaren Funktionen

$$\varphi^\pm(x) := \int_Y f^\pm(x,y)dy\,, \quad x \in X \quad \text{f.ü.}$$

liegen in der Klasse $L(X)$. Integration mittels Satz 1 liefert

$$0 \le \iint_{X \times Y} f^\pm(x,y)\,dxdy = \int_X \varphi^\pm(x)\,dx < +\infty\,.$$

Hieraus folgen $f^\pm \in L(X \times Y)$ sowie $f = f^+ - f^- \in L(X,Y)$ und die linke Identität in (6); dann ist dort auch die rechte Identität gültig.   q.e.d.

§8   Normierte Vektorräume und der Banachraum $\mathcal{L}^p(X)$

Wir beginnen mit fundamentalen Begriffsbildungen, die durch D. Hilbert und S. Banach geschaffen wurden.

Definition 1. *Sei $\mathcal{B}$ ein reeller linearer Raum, d.h.*

$$f, g \in \mathcal{B}, \ \alpha, \beta \in \mathbb{R} \implies \alpha f + \beta g \in \mathcal{B}.$$

Dann nennen wir $\mathcal{B}$ einen **normierten linearen Raum** *oder* **normierten Vektorraum**, *wenn eine Funktion*

$$\|\cdot\| : \mathcal{B} \longrightarrow [0, +\infty)$$

existiert mit den folgenden Eigenschaften:

(N1) $\|f\| = 0 \iff f = 0$,
(N2) Dreiecksungleichung: $\|f + g\| \le \|f\| + \|g\|$ *für alle $f, g \in \mathcal{B}$,*
(N3) Homogenität: $\|\lambda f\| = |\lambda| \|f\|$ *für alle $f \in \mathcal{B}, \lambda \in \mathbb{R}$.*

Die Funktion $\|\cdot\|$ nennen wir die **Norm** *auf $\mathcal{B}$.*

Bemerkungen:

a) Aus den Axiomen (N1), (N2) und (N3) folgt unmittelbar die Ungleichung

$$\|f - g\| \ge \Big| \|f\| - \|g\| \Big| \qquad \text{für alle} \quad f, g \in \mathcal{B},$$

denn es gilt

$$\|f\| - \|g\| = \|f - g + g\| - \|g\| \le \|f - g\| + \|g\| - \|g\| = \|f - g\|,$$

und nach Vertauschen von f und g erhält man die Behauptung.
a) Der normierte Vektorraum $\mathcal{B}$ wird durch die Abstandsfunktion

$$d(f, g) := \|f - g\|, \quad f, g \in \mathcal{B}$$

zu einem metrischen Raum. Dieses prüft man mit den Normaxiomen sofort nach.

Definition 2. *Der normierte Vektorraum $\mathcal{B}$ heißt* **vollständig**, *falls jede Cauchy-Folge in $\mathcal{B}$ konvergiert, d.h. ist $\{f_k\}_{k=1,2,\dots}$ eine Folge in $\mathcal{B}$ mit*

$$\lim_{k,l \to \infty} \|f_k - f_l\| = 0,$$

so gibt es ein $f \in \mathcal{B}$ mit

$$\lim_{k \to \infty} \|f - f_k\| = 0.$$

Definition 3. *Ein vollständiger normierter Vektorraum $\mathcal{B}$ heißt* **Banachraum**.

In der klassischen Analysis, die hauptsächlich in der Klasse der stetigen Funktionen durchgeführt wird, verwendet man ausschließlich die C^0-Norm, welche die gleichmäßige Konvergenz der Funktionenfolgen impliziert. Hierzu erwähnen wir das

Beispiel zur klassischen Analyis: Sei $K \subset \mathbb{R}^n$ eine kompakte Teilmenge; dann wird $\mathcal{B} := C^0(K, \mathbb{R})$ zu einem Banachraum durch die Norm

$$\|f\| := \sup_{x \in K} |f(x)| = \max_{x \in K} |f(x)|, \qquad f \in \mathcal{B}.$$

Hierzu vergleiche man auch den § 2 in Kapitel II.

Wir kehren nun zum Raum der p-fach Lebesgue-integrablen Funktionen $L(X)$ aus § 6 zurück, wo wir dort insbesondere auf den Satz 5 hinweisen.

Definition 4. *Sei* $1 \leq p < +\infty$. *Auf dem Raum der p-fach integrierbaren Funktionen*

$$L^p(X) := \{f : X \to \overline{\mathbb{R}} : |f|^p \in L(X)\} = \{f : X \to \overline{\mathbb{R}} \, messbar : I_p(f) < +\infty\}$$

*erklären wir die L^p-**Norm** durch*

$$\|f\|_p := \|f\|_{L^p(X)} := \left(I(|f|^p) \right)^{\frac{1}{p}} = \left(I_p(f) \right)^{\frac{1}{p}} \in [0, +\infty)$$

für die Funktion $f \in L^p(X)$.

Satz 1. (Höldersche Ungleichung)
Seien $p, q \in (1, +\infty)$ *konjugierte Exponenten, d.h. es gelte* $p^{-1} + q^{-1} = 1$. *Weiter seien* $f \in L^p(X)$ *und* $g \in L^q(X)$ *gegeben. Dann folgt* $fg \in L^1(X)$, *und es gilt*

$$\|fg\|_{L^1(X)} \leq \|f\|_{L^p(X)} \|g\|_{L^q(X)}.$$

Beweis: Wir brauchen nur den Fall $\|f\|_p > 0$ und $\|g\|_q > 0$ zu untersuchen. Sei anderenfalls $\|f\|_p = 0$, so folgt $f = 0$ f.ü. auf X und somit $f \cdot g = 0$ f.ü.; analog behandeln wir den Fall $\|g\|_q = 0$.
Wir wenden jetzt die *Youngsche Ungleichung*

$$ab \leq \frac{a^p}{p} + \frac{b^q}{q}$$

auf die f.ü. endlichwertigen Funktionen

$$\varphi(x) = \frac{1}{\|f\|_p} |f(x)|, \quad \psi(x) = \frac{1}{\|g\|_q} |g(x)|, \quad x \in X \quad \text{f.ü.}$$

an. Dann erhalten wir die Abschätzung

$$\frac{1}{\|f\|_p\|g\|_q}\,|f(x)g(x)| = \varphi(x)\psi(x) \le \frac{1}{p}\,\frac{|f(x)|^p}{\|f\|_p^p} + \frac{1}{q}\,\frac{|g(x)|^q}{\|g\|_q^q}, \quad x \in X \quad \text{f.ü.}.$$

Nach Satz 6 in §6 folgt $fg \in L(X) = L^1(X)$ und Integration liefert

$$\frac{1}{\|f\|_p\|g\|_q}I(|fg|) \le \frac{1}{p}\,\frac{1}{\|f\|_p^p}\,I(|f|^p) + \frac{1}{q}\,\frac{1}{\|g\|_q^q}\,I(|g|^q) = 1\,.$$

Schließlich erhalten wir die Ungleichung $I(|fg|) \le \|f\|_p\|g\|_q\,.$ q.e.d.

Satz 2. (Minkowskische Ungleichung)

Seien $p \in [1, +\infty)$ und $f, g \in L^p(X)$. Dann folgt $f + g \in L^p(X)$, und es gilt

$$\|f + g\|_{L^p(X)} \le \|f\|_{L^p(X)} + \|g\|_{L^p(X)}.$$

Beweis: Im Fall $p = 1$ ist der Raum $L^1(X) = L(X)$ linear, und wir ermitteln sofort

$$\|f + g\|_{L^1(X)} = I(|f + g|) \le I(|f|) + I(|g|) = \|f\|_{L^1(X)} + \|g\|_{L^1(X)}\,.$$

Seien also $p, q \in (1, +\infty)$ mit $p^{-1} + q^{-1} = 1$ gewählt. Zunächst gilt aus Konvexitätsgründen

$$|f(x) + g(x)|^p \le 2^{p-1}\left(|f(x)|^p + |g(x)|^p\right) \quad \text{f.ü. in} \quad X$$

und somit folgt $f + g \in L^p$ bzw. $I(|f + g|^p) < +\infty$. Nun gilt f.ü. in X die Ungleichung

$$\begin{aligned}
|f(x) + g(x)|^p &= |f(x) + g(x)|^{p-1}|f(x) + g(x)| \\
&\le |f(x) + g(x)|^{p-1}|f(x)| + |f(x) + g(x)|^{p-1}|g(x)| \\
&= |f(x) + g(x)|^{\frac{p}{q}}|f(x)| + |f(x) + g(x)|^{\frac{p}{q}}|g(x)|.
\end{aligned}$$

Die Faktoren der Summanden der rechten Seite sind nun L^q- bzw. L^p-Funktionen. Damit erhalten wir

$$I(|f + g|^p) \le I(|f + g|^p)^{\frac{1}{q}}(\|f\|_p + \|g\|_p).$$

Schließlich folgt

$$(I(|f + g|^p)^{\frac{1}{p}} \le \|f\|_p + \|g\|_p,$$

also die gewünschte Behauptung

$$\|f + g\|_p \le \|f\|_p + \|g\|_p\,.$$

q.e.d.

Während die Minkowski-Ungleichung gerade die Dreiecksungleichung für die Norm $\|\cdot\|_p$ im Raum $L^p(X)$ darstellt, wird der folgende Satz die Vollständigkeit der L^p-Räume garantieren.

Satz 3. (Fischer-Riesz)
*Zu gegebenem Exponenten $p \in [1, +\infty)$ sei $\{f_k\}_{k=1,2,\ldots} \subset L^p(X)$ eine Folge
mit*

$$\lim_{k,l \to \infty} \|f_k - f_l\|_{L^p(X)} = 0.$$

Dann gibt es eine Funktion $f \in L^p(X)$ mit der Eigenschaft

$$\lim_{k \to \infty} \|f_k - f\|_{L^p(X)} = 0.$$

Beweis: 1.) Für beliebige $0 < r < +\infty$ zeigt man die Identität

$$\lim_{k,l \to \infty} I(|f_k - f_l| \cdot \chi_{\Omega_r}) = 0.$$

Im Fall $p > 1$ schätzt man dazu mit dem konjugierten Exponenten q über die
Höldersche Ungleichung wie folgt ab:

$$I(|f_k - f_l| \cdot \chi_{\Omega_r}) \leq \|f_k - f_l\|_p \|\chi_{\Omega_r}\|_q = \|f_k - f_l\|_p \, \mu(\Omega_r) \longrightarrow 0 \text{ für } k, l \to \infty.$$
$$(1)$$

Nach dem Lebesgueschen Auswahlsatz auf dem endlichen Maßraum X_r (siehe
den Satz 9 in § 4) gibt es für jedes $r > 0$ eine Teilfolge $k_1^{(r)} < k_2^{(r)} < k_3^{(r)} < \ldots$
und eine Nullmenge $N^{(r)} \subset X$, so dass

$$\lim_{m \to \infty} f_{k_m}(x) = f(x), \quad x \in X_r \setminus N^{(r)} \tag{2}$$

erfüllt ist. Wir lassen nun $r = 1, 2, 3, \ldots$ die natürlichen Zahlen durchlaufen
und gehen geeignet zur einer Diagonalfolge über. Damit erhalten wir eine Teilfolge $k_1^* < k_2^* < k_3^* < \ldots$, welche f.ü. in X gegen eine messbare Grenzfunktion
$f : X \to \overline{\mathbb{R}}$ konvergiert gemäß

$$\lim_{m \to \infty} f_{k_m^*}(x) = f(x), \qquad x \in X \quad \text{f.ü.} \,. \tag{3}$$

2.)Zu vorgegebenem $\varepsilon > 0$ wählen wir nun einen Index $M(\varepsilon) \in \mathbb{N}$, so dass

$$\|f_k - f_l\|_p \leq \varepsilon \quad \text{für alle} \quad k, l \geq M(\varepsilon)$$

gilt. Dann folgt

$$I(|f_{k_m^*} - f_l|^p) = \|f_{k_m^*} - f_l\|_{L^p(X)}^p \leq \varepsilon^p \quad \text{für alle} \quad l \geq M(\varepsilon) \text{ und } k_m^* \geq M(\varepsilon)\,. \tag{4}$$

Mit dem Fatouschen Satz erhalten wir aus (4) für $m \to \infty$ die Abschätzung

$$I(|f - f_l|^p) \leq \varepsilon^p \qquad \text{für alle} \quad l \geq M(\varepsilon) \tag{5}$$

beziehungsweise

$$\|f - f_l\|_{L^p(X)} \leq \varepsilon \qquad \text{für alle} \quad l \geq M(\varepsilon). \tag{6}$$

Da $L^p(X)$ linear ist und f_l sowie $(f - f_l)$ Elemente dieses Raumes sind, so
folgt $f \in L^p(X)$. Ferner haben wir $\lim_{l \to \infty} \|f - f_l\|_p = 0$ gezeigt.   q.e.d.

Definition 5. *Sei* $1 \leq p < +\infty$, *so führen wir auf dem Raum* $L^p(X)$ *wie folgt eine Äquivalenzrelation ein:*

$$f \sim g \quad \Longleftrightarrow \quad f(x) = g(x) \;\; f.\ddot{u}. \; in \; X.$$

Mit $[f]$ *bezeichnen wir die zu* $f \in L^p(X)$ *gehörige Äquivalenzklasse. Wir nennen*

$$\mathcal{L}^p(X) := \Big\{ [f] \; : \; f \in L^p(X) \Big\}$$

den Lebesgueschen Raum der Ordnung $1 \leq p < +\infty$.

Wir fassen unsere Überlegungen zu folgendem Satz zusammen:

Satz 4. *Für jedes feste* p *mit* $1 \leq p < +\infty$ *ist der Lebesguesche Raum* $\mathcal{L}^p(X)$ *ein reeller Banachraum mit der angegebenen* L^p-*Norm.*

Beweis: Wir zeigen zunächst, dass die $\mathcal{L}^p(X)$ normierte Räume sind:
Sei $[f] \in \mathcal{L}^p(X)$, so gilt $\|[f]\|_p = 0$ genau dann wenn $\|f\|_p = 0$ also $f = 0$ f.ü. in X erfüllt ist. Daher ist $[f] = 0$, und das ist die Normeigenschaft (N1).
Die Minkowskische Ungleichung aus Satz 2 sichert die Normeigenschaft (N2).
Die Homogenitätseigenschaft, die Normeigenschaft (N3), ist offensichtlich erfüllt. Dem Satz von Fischer-Riesz 3 entnehmen wir die Vollständigkeit der Räume $\mathcal{L}^p(X)$ für $1 \leq p < +\infty$.   q.e.d.

Bemerkung: Wenn wir die Äquivalenzklassenbildung stillschweigend durchführen, so können wir $\mathcal{L}^p(X)$ und $L^p(X)$ identifizieren.

§9 Der Banachsche Fixpunktsatz

Wir wollen nun das Verfahren der sukzessiven Approximation aus dem zweiten Teil von §5 in Kapitel V in einen beliebigen Banachraum übertragen. Damit erhalten wir im *Banachschen Fixpunktsatz* eine zentrale Aussage, die viele Anwendungen besitzt.

Die Punkte in unserem Banachraum $\mathcal{B}$ bezeichnen wir mit $\mathbf{x}, \mathbf{y}, \ldots$ und

$$\mathcal{B}_r := \{\mathbf{x} \in \mathcal{B} : \|x\| \leq r\}$$

stellt die abgeschlossene Kugel in $\mathcal{B}$ mit dem Radius $0 < r < +\infty$ dar. Weil wir Potenzen im Banachraum nicht bilden können, sind Folgen im Banachraum etwa mit dem Symbol $\mathbf{y}^k, k = 1, 2, \ldots$ eindeutig erklärt. Wie üblich bezeichnen wir Abbildungen zwischen Banachräumen als **Operatoren**. Fundamental ist die folgende

Definition 1. *Der Operator* $T : \mathcal{B} \to \mathcal{B}$ *heißt* **kontrahierend**, *falls es eine* **Kontraktionskonstante** $\theta \in [0,1)$ *so gibt, dass*

$$\|T(\mathbf{x}) - T(\mathbf{y})\| \leq \theta \|\mathbf{x} - \mathbf{y}\| \qquad \textit{für alle} \quad \mathbf{x}, \mathbf{y} \in \mathcal{B} \tag{1}$$

erfüllt ist.

Bemerkung: Der kontrahierende Operator $T : \mathcal{B} \to \mathcal{B}$ ist auf dem Banachraum stetig im folgenden Sinne: Für jede Folge $y^k \in \mathcal{B}$, $k = 1, 2, \ldots$ und den Punkt $\mathbf{y} \in \mathcal{B}$, welche

$$\|y^k - y\| \to 0,\, k \to \infty$$

erfüllen, haben wir Aussage

$$\|T(\mathbf{y}^k) - T(\mathbf{y})\| \le \theta \|\mathbf{y}^k - \mathbf{y}\| \to 0,\, k \to \infty .$$

Satz 1. (Banachscher Fixpunktsatz)
Sei der Operator $T : \mathcal{B} \to \mathcal{B}$ auf dem Banachraum $\mathcal{B}$ kontrahierend. Dann gibt es genau ein $\mathbf{y} \in \mathcal{B}$ mit der Eigenschaft

$$T(\mathbf{y}) = \mathbf{y} \quad . \tag{2}$$

Definition 2. *Wir nennen $\mathbf{y} \in \mathcal{B}$ mit der Eigenschaft (2) einen* **Fixpunkt des Operators** T.

Beweis von Satz 1:

1. Falls $T(0) = 0$ gilt, haben wir bereits den Fixpunkt 0 gefunden. Sei also bei der Existenzfrage nun $T(0) \ne 0$ vorausgesetzt. Wir erklären zunächst $\mathbf{x} := T(0) \in \mathcal{B}$ und setzen $\varrho := \|\mathbf{x}\| \in (0, +\infty)$. Auf der Kugel $\mathcal{B}$ mit dem Radius $r := \dfrac{\varrho}{1 - \theta} \in (0, +\infty)$ im Banachraum $\mathcal{B}$ betrachten wir die Abbildung

$$T : \mathcal{B}_r \to \mathcal{B}_r \quad . \tag{3}$$

   Es gilt nämlich für alle $\mathbf{y} \in \mathcal{B}_r$ die Abschätzung

$$\|T(\mathbf{y})\| \le \|T(\mathbf{y}) - T(0)\| + \|T(0)\|$$

$$\le \theta \|\mathbf{y}\| + \|\mathbf{x}\| \le \theta r + \varrho \le \theta \frac{\varrho}{1 - \theta} + \varrho = r.$$

2. Für $k = 0, 1, 2, \ldots$ betrachten wir die *Iterierten*

$$\mathbf{y}^k := T^k(0) = \underbrace{T \circ \ldots \circ T}_{k \text{ mal}}(0) . \tag{4}$$

   Offenbar ist $\mathbf{y}^0 = 0$ und $\mathbf{y}^1 = \mathbf{x}$ erfüllt, und es gilt

$$\mathbf{y}^{l+1} = \mathbf{y}^{l+1} - \mathbf{y}^0 = \sum_{k=0}^{l} \left(\mathbf{y}^{k+1} - \mathbf{y}^k \right) = \sum_{k=0}^{l} \left(T^{k+1}(0) - T^k(0) \right) .$$

   Wir können nun abschätzen

$$\|T^{k+1}(0) - T^k(0)\| \leq \theta \|T^k(0) - T^{k-1}(0)\| \leq \ldots$$

$$\ldots \leq \theta^k \|T(0) - T^0(0)\| = \theta^k \|\mathbf{x}\|, \quad k = 0, 1, 2, \ldots$$

Somit hat die Reihe

$$\sum_{k=0}^{\infty} \left(T^{k+1}(0) - T^k(0) \right)$$

die konvergente Majorante $\displaystyle\sum_{k=0}^{\infty} \theta^k \|\mathbf{x}\|$. Im Banachraum $\mathcal{B}$ existiert

$$\mathbf{y} := \lim_{l \to \infty} \mathbf{y}^{l+1} = \sum_{k=0}^{\infty} \left(T^{k+1}(0) - T^k(0) \right) \in \mathcal{B}_r \, ;$$

dieser Grenzpunkt liegt wegen (3) in der angegebenen Kugel.

3. Wir zeigen zum Schluss noch die Eindeutigkeit des Fixpunktes. Dazu betrachten wir zwei Elemente $\mathbf{y}, \widetilde{\mathbf{y}} \in \mathcal{B}$ mit

$$\mathbf{y} = T(\mathbf{y}), \qquad \widetilde{\mathbf{y}} = T(\widetilde{\mathbf{y}}).$$

Dann folgt aus der Kontraktionsbedingung die Ungleichung

$$\|\mathbf{y} - \widetilde{\mathbf{y}}\| = \|T(\mathbf{y}) - T(\widetilde{\mathbf{y}})\| \leq \theta \|\mathbf{y} - \widetilde{\mathbf{y}}\| \quad .$$

Wegen $\theta \in [0, 1)$ erhalten wir $\|\mathbf{y} - \widetilde{\mathbf{y}}\| = 0$ bzw. $\mathbf{y} = \widetilde{\mathbf{y}}$.   q.e.d.

Bemerkung: In der Formel (14) von §5 aus Kapitel VI haben wir eine Iteration direkt mit dem entsprechenden Integraloperator angegeben. Man kann auch auf diesen Integraloperator den Banachschen Fixpunktsatz zur Lösung des Anfangswertproblems aus Satz 3 anwenden; hierzu verweisen wir auf die Aufgabe 8 im §10. Das direkte Studium der Integralgleichung in §5 von Kapitel VI erlaubt aber eine Kontrolle der Regularität der Lösung bei der Iteration.

§10 Aufgaben und Ergänzungen zum Kapitel VIII

Die hier gestellten Aufgaben und Lehrsätze können mit Hilfe von Kapitel II *Grundlagen der Funktionalanalysis* des Lehrbuchs [S3] über *Partielle Differentialgleichungen* erarbeitet werden. Zeigen Sie die nachfolgenden Aussagen, wobei Sie sich ggf. auf einem endlichen Maßraum X mit $\mu(X) < +\infty$ einschränken müssen.

1. Die messbare Menge A gehört genau dann zu $\mathcal{E}(X)$, falls $\mu(A) < +\infty$ für das Maß aus (8) in §3 erfüllt ist.
2. Eine Menge $B \subset X$ gehört genau dann zu $\mathcal{E}(X)$, wenn es für alle $\delta > 0$ eine abgeschlossene Menge $A \subset X$ und eine offene Menge $O \subset X$ gibt, für die $A \subset B \subset O$ und $\mu(O \setminus A) < \delta$ gilt.

3. Parallel zu den Setzungen (1) – (3) in §5 erklären Sie das Lebesgue-Integral auf einer beliebigen messbaren Teilmenge $A \subset X$. Prüfen Sie dann, dass dieses ein Daniell-Integral liefert.

4. *Satz von Egorov:* Seien die messbare Menge $B \subset X$ und die messbaren f.ü. endlichwertigen Funktionen $f : B \to \overline{\mathbb{R}}$ und $f_k : B \to \overline{\mathbb{R}}$, $k \in \mathbb{N}$ mit der Eigenschaft $f_k(x) \to f(x)$ f.ü. in B gegeben. Dann gibt es zu jedem $\delta > 0$ eine abgeschlossene Menge $A \subset B$ mit $\mu(B \setminus A) < \delta$, so dass $f_k(x) \to f(x)$ gleichmäßig auf A gilt.

5. *Satz von Lusin:* Sei $f : B \to \mathbb{R}$ eine messbare Funktion auf der messbaren Menge $B \subset X$. Dann gibt es zu jedem $\delta > 0$ eine abgeschlossene Menge $A \subset X$ mit $\mu(B \setminus A) < \delta$, so dass $f|_A : A \to \mathbb{R}$ stetig ist.

6. Eine Funktion $f : X \to \overline{\mathbb{R}}$ ist messbar, wenn für alle $a \in \mathbb{R}$ die oberhalb dem Niveau a gelegene Punktmenge

$$\mathcal{O}(f, a) := \left\{ x \in X \ : \ f(x) > a \right\}$$

messbar ist.

7. Sei $f : X \to \overline{\mathbb{R}}$ eine messbare Funktion. Weiter seien $a, b \in \overline{\mathbb{R}}$ mit $a \leq b$ sowie das Intervall $I = [\,a, b\,]$ oder für $a < b$ auch die Intervalle $I = (\,a, b\,]$, $I = [\,a, b)$, $I = (\,a, b)$ gegeben. Dann sind die nachfolgenden Mengen $A := \left\{ x \in X \ : \ f(x) \in I \right\}$ meßbar.

8. Mit dem Banachschen Fixpunktsatz zeige man den Satz 3 in §5 von Kapitel VI über das Anfangswertproblem gewöhnlicher Differentialgleichungen.

Literaturverzeichnis

[AE]   H. Amann und J. Escher: *Analysis I, II.* Birkhäuser-Verlag, Basel 1998, 1999.

[B]   L. Bianci: *Vorlesungen über Differentialgeometrie. Dt. Übersetzung von Max Lukat.* Verlag B.G. Teubner, Leipzig, 1899.

[BL]   W. Blaschke und K. Leichtweiß: *Elementare Differentialgeometrie.* Grundlehren der mathematischen Wissenschaften **1**. Springer-Verlag, Berlin . . . , 1973.

[C]   R. Courant: *Vorlesungen über Differential- und Integralrechnung 1 und 2.* Springer-Verlag, Berlin . . . , 1927, 1930.

[E]   F. Erwe: *Differential-und Integralrechnung I und II.* Bibliographisches Institut, Mannheim, 1962.

[FK]   H. Fischer und H. Kaul: *Mathematik für Physiker 1 - 3*, Teubner-Verlag , Stuttgart, 1990.

[F]   O. Forster: *Analysis 1-3.* Vieweg-Verlag, Braunschweig, 1976 - 1981.

[Fr1]   K. Fritzsche: *Grundkurs Analysis 1.* Elsevier-Spektrum, München, 2005.

[Fr2]   K. Fritzsche: *Grundkurs Analysis 2.* Elsevier-Spektrum, München, 2006.

[GH1]   M. Giaquinta and S. Hildebrandt: *Calculus of Variations I.* Grundlehren der mathematischen Wissenschaften **310**, Springer-Verlag, Berlin . . . , 1996.

[GH2]   M. Giaquinta and S. Hildebrandt: *Calculus of Variations II.* Grundlehren der mathematischen Wissenschaften **311**, Springer-Verlag, Berlin . . . , 1996.

[G1]   H. Grauert: *Analytische Geometrie und Lineare Algebra I.* Vorlesungsskriptum ausgearbeitet von Heinz Spindler am Mathematischen Institut der Georg-August-Universität Göttingen im Wintersemester 1972/73.

[G2]   H. Grauert: *Analytische Geometrie und Lineare Algebra II.* Vorlesungsskriptum ausgearbeitet von Heinz Spindler am Mathematischen Institut der Georg-August-Universität Göttingen im Sommersemester 1973.

[GL1]   H. Grauert und I. Lieb: *Differential- und Integralrechnung I.* Heidelberger Taschenbücher, Springer-Verlag, Berlin . . . , 1967.

[GF]   H. Grauert und W. Fischer: *Differential- und Integralrechnung II.* Heidelberger Taschenbücher, Springer-Verlag, Berlin . . . , 1968.

F. Sauvigny, *Analysis*, Springer-Lehrbuch, DOI: 10.1007/978-3-642-41507-4,
@ Springer-Verlag Berlin Heidelberg 2014

[GL2]   H. Grauert und I. Lieb: *Differential- und Integralrechnung III.* Heidelberger Taschenbücher, Springer-Verlag, Berlin ..., 1968.

[GKM]   D. Gromoll, W. Klingenberg, W. Meyer: *Riemannsche Geometrie im Grossen.* Lecture Notes in Mathematics, Springer-Verlag, Berlin ..., 1968.

[H1]   E. Heinz: *Differential- und Integralrechnung I.* Vorlesungsskriptum am Mathematischen Institut der Georg-August-Universität Göttingen im Wintersemester 1971/72 sowie 1985/86.

[H2]   E. Heinz: *Differential- und Integralrechnung II.* Vorlesungsskriptum am Mathematischen Institut der Georg-August-Universität Göttingen im Sommersemester 1972 sowie 1986.

[H3]   E. Heinz: *Differential- und Integralrechnung III.* Vorlesungsskriptum am Mathematischen Institut der Georg-August-Universität Göttingen im Wintersemester 1972/73 sowie 1986/87.

[He]   G. Hellwig: *Höhere Mathematik I - IV.* Vorlesungsmitschrift am Institut für Mathematik der Rheinisch-Westfälischen Technischen Hochschule Aachen, Wintersemester 1978/79 bis Sommersemester 1980.

[Hr]   H. Heuser *Lehrbuch der Analysis 1 und 2.* Teubner-Verlag, Stuttgart, 1980, 1981.

[Hi1]   S. Hildebrandt: *Analysis 1.* Springer-Verlag, Berlin ..., 2002.

[Hi2]   S. Hildebrandt: *Analysis 2.* Springer-Verlag, Berlin ..., 2003.

[J]   J. Jost: *Postmodern Analysis.* Springer-Verlag, Berlin ..., 1998.

[K]   W. Klingenberg: *Eine Vorlesung über Differentialgeometrie.* Springer-Verlag, Heidelberger Taschenbücher **107**, Berlin ..., 1973.

[MK]   H. von Mangoldt und K. Knopp: *Höhere Mathematik 1 - 4.* Hirzel-Verlag, Stuttgart, 1931.

[Koe]   K. Königsberger: *Analysis 1, 2.* Springer-Verlag, Berlin ..., 1990, 1993.

[R]   W. Rudin: *Principles of Mathematical Analysis 1, 2.* Mc Graw-Hill, New York ..., 1964.

[S1]   F. Sauvigny: *Analysis I.* Vorlesungsskriptum ausgearbeitet von Jörg Endemann und Klaus-Dieter Heiter an der BTU Cottbus im Wintersemester 1994/95.

[S2]   F. Sauvigny: *Analysis II.* Vorlesungsskriptum ausgearbeitet von Jörg Endemann und Klaus-Dieter Heiter an der BTU Cottbus im Sommersemester 1995.

[S3]   F. Sauvigny: *Partielle Differentialgleichungen der Geometrie und der Physik 1 - Grundlagen und Integraldarstellungen. Unter Berücksichtigung der Vorlesungen von E. Heinz.* Springer-Verlag, Berlin ..., 2004.

[S4]   F. Sauvigny: *Partielle Differentialgleichungen der Geometrie und der Physik 2 - Funktionalanalytische Lösungmethoden. Unter Berücksichtigung der Vorlesungen von E. Heinz.* Springer-Verlag, Berlin ..., 2005.

[S5]   F. Sauvigny: *Partial Differential Equations 1 - Foundations and Integral Representations. With Consideration of Lectures by E. Heinz.* Second revised and enlarged edition; Springer-London, 2012.

[S6]   F. Sauvigny: *Partial Differential Equations 2 - Functional Analytic Methods. With Consideration of Lectures by E. Heinz.* Second revised and enlarged edition; Springer-London, 2012.

[Sc1]   F. Schulz: *Analysis I.* 2. Auflage, Oldenbourg-Verlag, München, 2011.

[Sc2]   F. Schulz: *Analysis II.* Oldenbourg-Verlag, München, 2013.

[So]   T. Sonar: *3000 Jahre Analysis.* Springer-Verlag, Berlin, Heidelberg, 2011.

[W]   W. Walter: *Analysis I und II.* Springer-Verlag, Berlin ..., 1985, 1990.

Sachverzeichnis

Abbildung 86
Abelscher Stetigkeitssatz 102
Abgeschlossene Menge 47
Ableitung 104
  Kovariante 424
  Partielle 198
  Gewöhnliche höherer Ordnung 130
  Komplexe 111
  Richtungs- 201
Ableitungsgleichungen
  Carathéodorysche 406
  von Gauß 446
Abschluss einer Menge 47
Abstand von Mengen 286
Abzählbare Menge 27
Additionstheorem 152
  für tan und cot 155
  für die Arcusfunktionen 204
  für die Christoffelsymbole 411
  für die Hyperbelfunktionen 159
Additivität, $\sigma\ldots$ 471
Aequivalenz
  -klasse 17
  -relation 17
Algebra
  $\sigma\ldots$ 471
Anfangsbedingungen 359
Anfangswertproblem 359
Anordnungsaxiome 4
Approximationssatz von Weierstraß-
  Friedrichs-Heinz 339
Argumentfunktion 170
  Universelle 170

Assoziativgesetz 2
Ausgezeichnete Zerlegungsfolge 117,
  264
Ausschöpfung
  durch Jordanbereiche 287
  durch Testfunktionen 301
Auswahlsatz
  von Arzelà-Ascoli 361
  von Lebesgue 478

Bälle und Kugeln 46
Banachraum 495
Beschränkte Menge im $\mathbb{R}^n$ 47
Binomialkoeffizienten 12
Binomialreihe 181
Binomischer Lehrsatz 12

Cantorscher Durchschnittssatz 50
Cauchyfolge
  im $\mathbb{R}^n$ 44
  Reelle 28
Cauchysche Integralformel 333
Cauchyscher Produktsatz 77
  Allgemeiner 103
Cauchysches Konvergenzkriterium
  im C^0-Raum 98
  für Doppelfolgen 78
  für reelle Punktfolgen 45
  für Reihen 63
Charakteristisches Polynom
  des Differentialoperators 397
  einer Matrix 385
Christoffelsymbole
  erster Art 410

F. Sauvigny, *Analysis*, Springer-Lehrbuch, DOI: 10.1007/978-3-642-41507-4,
@ Springer-Verlag Berlin Heidelberg 2014

zweiter Art   410

Darstellungsformel
  Kovariante   425
Dichtheit von $\mathbb{Q}$ in $\mathbb{R}$ 30
Differential einer Funktion   211
Differentialform
  Äußere Ableitung   319
  Äußeres Produkt   318
  0-Form   317
  Basis-m-Form   317
  Integration über eine Fläche   319
  Kettenregel   324
  transformierte   322
  Vertauschungsregel   318
  vom Grade m der Klasse C^k 316
  Zurückziehen der   322
Differentialgleichung
  -ssystem   359
  -ssystem von Cauchy und Riemann
    202
  Aehnlichkeits-   351
  Ansatz vom Typ der rechten Seite
    399
  Besselsche   396
  Euler-Lagrangesche   403
  Exakte   346
  für geodätische Streifen   435
  Homogene   352
  Integrablitätsbedingung einer   347
  Lineare erster Ordnung   354
  mit getrennten Variablen   351
  Reguläre   345
  Singulärer Punkt   345
  Stammfunktion einer   346
  von Bernoulli   357
  von Gauß und Jacobi   435
Differentiationsregeln   105
  für holomorphe Funktionen   112
Dirichletsche Sprungfunktion   87
Distanzlemma   286
Distributivgesetz   3
Divergenz eines Vektorfeldes   321
Doppelfolge
  Konvergenz   78
Doppelreihe
  Absolut konvergente   75
Doppelverhältnis   358
Dreiecksungleichung   5

im $\mathbb{R}^n$ 43
Duplikationsformeln   153

Eigenvektor   219
Eigenwert einer Matrix   219
Einbettung von $\mathbb{R}$ in $\mathbb{C}$ 58
Element
  Eins-   2
  Inverses   2
  Negatives   2
  Null-   2
Elliptischer Bogen   417
Entwicklungssatz von Weierstraß   334
Erweitertes reelles Zahlensystem   37
Eulersche Formel   147
Eulersche Zahl   142
Eulerscher Multiplikator   349
Existenzsatz von Peano   363
Exponential-Matrix   384
Exponentialfunktion
  Geliftete   172
  Komplexe   140
  Reelle   142
Extremum
  Hinreichende Bedingung zweiter
    Ordnung   215
  Notwendige Bedingung
    erster Ordnung   214
    zweiter Ordnung   214

Fast überall, f.ü.   475
Fast alle   475
Feinheitsmaß der Zerlegung
  eines Intervalls   115
  eines Quaders im $\mathbb{R}^n$ 259
Fixpunkt   500
  -satz von Banach   500
Fläche
  Orientierte   314
  Parameterbereich einer   313
  Parametrisierte   313
  Reguläre   314
  Parameterdarstellung einer   313
Flächeninhalt
  einer m-dimensionalen Fläche im $\mathbb{R}^n$
    315
Fluss eines Vektorfelds   331
Folge
  Häufungswert einer   37

in M 26
Monoton steigende und fallende   33
Rationale Cauchy-   16
Rationale Null-   17
Rationale-   16
Reelle   26
Fundamentallösung   381
Exponential-   384
Komplexe   387
Fundamentallemma
der Variationsrechnung   403
Fundamentalsatz der
Differential- und Integralrechnung
Allgemeiner   275
Algebra   189
Differential- und Integralrechnung
121
Funktion
p-fach integrierbare   489
Abgeschnittene   483
Messbare   485
Beschränkte und unbeschränkte   86
Charakteristische   270
Definitionsbereich   86
Lebesgue-integrable . . . auf einem
Quader   481
Lebesgue-integrierbare   459
Limes einer   87
Monoton steigende oder fallende   95
Oszillation   268
Rationale . . . in mehreren Veränderli-
chen   254
Schwankung einer   268
Stückweise stetige   275
Stetigkeit einer   89
Träger einer   298
Wertebereich   86
Funktionaldeterminante   222
bei Polarkoordinaten   222
Funktionalgleichung der
Exponential-Matrix   384
gelifteten Exponentialfunktion   173
komplexen Exponentialfunktion   140
komplexen Logarithmusfunktion
176
natürlichen Logarithmusfunktion
146
universellen Logarithmusfunktion
173

Funktionalmatrix   202
Funktionenklasse
Gleichgradig stetige   361
Gleichmäßig beschränkte   361
Funktionenraum
$C^0(\Omega)$ 201
$C^1(\Omega, \mathbb{R}^m)$ 198
$C^k(\Omega, \mathbb{R}^m)$ 210
$C^k(\overline{\Omega}, \mathbb{R}^m)$ 212
$C^\infty(\overline{\Omega}, \mathbb{R}^m)$ 212
$L(X)$ 459
$L^p(X)$ 499
$M(X)$ 452
$V(X)$ 455
$C^0(D, \mathbb{R}^m)$ 91
$C^1(I, \mathbb{R}^m)$ 106
$C^k(\overline{I}, \mathbb{R}^m)$ 130
$C^k(I, \mathbb{R}^m)$ 130
$C^\infty(I, \mathbb{R}^m)$ 130

Gauß
-Jacobi-Gleichung   435
-Riemann-Identität   431
-Riemann-Lemma   419
-sche Ableitungsgleichungen   446
-sche Krümmung   432
-sche Metrik   433
-sche Orthogonalitätsrelation   433
-scher Fundamentalkoeffizient   433
-scher Integralsatz für C^2-Gebiete
331
-sches Fehlerintegral   294
Gebiet
im $\mathbb{R}^n$ 204
in $\mathbb{C}$ 124
Gebrochen rationale Funktion   191
Geodätische   411
-r Winkel   436
-s Zweieck   437
Distanz   421
Divergenzgleichung   434
Kreisscheibe   420
Strahlenschar   419
Transformation   416
Wirkung   420
Geometrische Reihe   65
Geometrische Summenformel   14
Gleichmäßige Stetigkeit   93
Gradient einer Funktion   200

Gramsche Determinante   314
Gronwallsches Lemma   368
Grundintegrale für rationale Funktionen
    in x und $\sqrt{\pm 1 \pm x^2}$ 256

Häufungsstellensatz von Weierstraß
    im $\mathbb{R}^n$ 45
    in $\mathbb{C}$ 60
    in $\mathbb{R}$ 32
Halbwinkelmethode   255
Hessesche Matrix und quadratische
    Form   216
Hilbert's invariantes Integral   421
Hyperbelfunktionen   157

Identitätssatz für Doppelreihen   152
Imaginäre Einheit   59
Immersion   250
Indirekter Beweis   15
Infimum   36
Integral
    p-faches   487
    Daniellsches   450
    Unteres und oberes Daniellsches ...
        457
Integralformel
    für geodätische Sektoren   436
    für geodätische Zweiecke   437
Integralsatz
    von Cauchy   333
    von Gauß   331
    von Stokes für C^2-Mannigfaltigkeiten
        329
Integrierender Faktor   349
Inverse Abbildung   225
Iterierte Integration
    über Normalbereiche   284
    messbarer Funktionen   492
    stetiger Funktionen   278
Iterierter Limes von Doppelfolgen   78

Jacobifeld   438
Jacobische Determinante   222
Jensensche Ungleichung   134
Jordan
    -Bereich   281
    -sche Normalform   385
    -sche Nullmenge   278
    -scher Inhalt   283

Körper   2
    -axiome   2
Kartenwechsel
    orientierter   238
Kettenregel   108
    für holomorphe Funktionen   113
    in mehreren Veränderlichen   198
    Komplexe   113
Kommutativgesetz   2
Kompakte Menge im $\mathbb{R}^n$ 54
Komplexe Substitutionsregel   126
Komplexe Zahlen   54
Konjugiert komplexe Zahl   58
Konjugierte Punkte   439
Konvergenz
    Fast überall   486
    Kompakt gleichmäßige   291
    reeller Folgen   28
    von Folgen im $\mathbb{R}^n$ 43
Konvergenz von Funktionenfolgen
    Gleichmäßige   97
    Punktweise   96
Konvergenz von Funktionenreihen
    Gleichmäßige   99
Konvergenzkriterium
    von Cauchy für reelle Folgen   31
Konvergenzsatz
    Allgemeiner ... von B. Levi   477
    Allgemeiner ... von Fatou   477
    Allgemeiner ... von Lebesgue   478
    für uneigentliche Integrale   291
    von B. Levi   462
    von Fatou   463
    von Lebesgue   465
Konvergenzsatz von Weierstraß   97
Krümmung
    Geodätische   429
    Riemannsche Schnitt-   431
    Gaußsche   432
Kreisscheiben   46
Kritischer Punkt einer Funktion   214
Kronecker-Symbol   220
Kugel im $\mathbb{R}^n$ 46
Kurve
    Differenzierbare und reguläre   295
    Länge einer   296
    Stetige   295

Lagrangesche Multiplikatoren   235

Legendre-Bedingung   404

Leibnizsches Konvergenzkriterium   72

Limes inferior   38

Limes superior   38

Linearer Differentialoperator m-ter
    Ordnung   390

Linearfaktorzerlegung
    von komplexen Polynomen   190
    von reellen Polynomen   191

Lipschitz
    -Bedingung   366
    -Konstante   366

Logarithmusfunktion
    Komplexe   176
    Natürliche   145
    Universelle   173

Logarithmusreihe   174

Majorantentest bzw. M-Test von
    Weierstraß   100

Mannigfaltigkeit
    Atlas einer . . .   326
    Berandete   242
    Differenzierbare C^k-. . .   326
    Eingebettete   236
    Geschlossene   242
    Glatt berandete C^k-   326
    Integral über eine orientierte . . .
        327
    Karte einer . . .   326
    Karte einer eingebetteten . . .   236
    Orientierte   326
    Orientierte und eingebettete . . .   238
    Regulärer Rand   243

Maximum
    einer endlichen Menge   34
    einer Funktion   213

Maß
    auf einer σ-Algebra   471
    einer beliebigen messbaren Menge
        472
    einer integrierbaren Menge   466
    endliches   466, 471
    Gesamt. . .   466

Mehrdeutigkeit beim Anfangswertpro-
    blem   366

Menge   1
    Endlich messbare   466
    Messbare   472

der ganzen Zahlen $\mathbb{Z}$ 2

der natürlichen Zahlen $\mathbb{N}$ 1

der nichtnegativen ganzen Zahlen $\mathbb{N}_0$
    1

der rationalen Zahlen $\mathbb{Q}$ 2

Durchmesser einer   51

Häufungspunkt einer   46

Innerer Punkt einer   47

Isolierter Punkt einer   47

Komplement einer   46

Leere   2

Offener Kern einer   47

Randpunkt einer   47

Metrischer Raum   246
    Konvergenz   247
    Offene Mengen im . . .   246
    Produktraum   250
    Stetigkeit   249
    Vollständiger   247

Metrischer Tensor bzw. Maßtensor
    314

Minimaleigenschaft
    des Energiefunktionals   423
    des Längenfunktionals   422
    schwache lokale   402

Minimum
    einer endlichen Menge   34
    einer Funktion   213

Mittelwertsatz
    der Differentialrechnung
        einer Veränderlichen   111
        mehrerer Veränderlicher   199
    der Integralrechnung   274

Multiplikationssatz für Reihen   76

Nichteuklidische Geometrie   414

Norm   98
    L^p-   496
    -axiome   98
    Supremums- oder C^0-   99

Normalbahn   240

Normierter Raum   495

Normierter Vektorraum   495
    Vollständiger   495

Nullfolge
    Reelle   28

Nullmenge
    Lebesguesche   473

Oberflächenelement
  einer Hyperfläche   331
  einer m-dimensionalen Fläche im $\mathbb{R}^n$
    314, 315
Obersummen   260
Offene Menge   47
Operator
  Kontrahierender   499
Orbitraum   247
Orientiertes Integral   120
Orthogonale Vektoren   43
Oszillierende Integrale   292

Partialbruchzerlegung
  im Komplexen   192
  im Reellen   194
Partielle Integration   121
  im $\mathbb{R}^n$ 337
Partielle Summation   70
Poincarésche Halbebene   414
Polarkoordinaten   166
  Universelle   167
Polynom vom Grade N 69
Polynome
  Komplexe und reelle   187
Potenzfunktion
  Allgemeine   179
  Allgemeine komplexe   180
  Allgemeine reelle   184
  Universelle   178
Potenzreihe   68
Produktregel   107
  Kovariante   426
Projektion
  auf den Streifen   430

Quader
  -Zerlegung   51, 259
  im $\mathbb{R}^n$ 50, 258
Quadratische Ergänzung   8
Quadratische Form
  Positiv- und negativ-definit   216
Quotientenkriterium   67
Quotientenregel   107

Rand einer Menge   47
Reduktion der Ordnung   389
  nach d'Alembert   395
Reelle Achse von $\mathbb{C}$ 57

Reelle Zahlen   18
Reihe
  Absolute Konvergenz einer   70
  Bedingte Konvergenz   72
  Beschränkte   62
  Divergente   62
  Harmonische   63
  Konvergente   62
  Majorantenkriterium für   64
  Minorantenkriterium für   65
  Umordnung einer   72
  Vergleichskriterium für   66
Relativtopologie
  des $\mathbb{R}^n$ 235
  im metrischen Raum   247
Riccatische Differentialgleichung   357
Riemann
  -Integrierbarkeit   265
  -sche Metrik   409
  -sche Zwischensumme im $\mathbb{R}^n$ 266
  -sche Zwischensumme in $\mathbb{R}$ 115
  -scher Krümmungsvektor   427
  -scher Raum beschränkter Schnitt-
    krümmung   432
  -sches Integrabilitätskriterium   269
  -sches Längenfunktional   422
  -sches inneres Produkt   425
Riemannsches Integral
  über Jordan-Bereiche   282
  für stetige Funktionen auf kompakten
    Intervallen   118
  Uneigentliches   287
  Unteres und oberes   265

Sattelpunkte   217
Satz
  über Eindeutigkeit und Stabilität bei
    Anfangswertproblemen   369
  über Existenz und Eindeutigkeit bei
    Dgln höherer Ordnung   388
  über Extrema mit Nebenbedingungen
    233
  über Hilbert's invariantes Integral
    421
  über Integrationskonstanten   123
  über Polynomiale Approximation
    311
  über das Fundamentalsystem   393

über das komplexe Fundamentalsystem   398

über das unbestimmte Integral   123

über den Körper der komplexen Zahlen   57

über den größten Eigenwert   219

über die C^2-Abhängigkeit von den Anfangswerten   377

über die Bogenlänge   296

über die Differentiation der Umkehrfunktion   109

über die Differentiation von Potenzreihen   114

über die Existenz des integrierenden Faktors   377

über die Glättungsfunktion   145

über die Integrabilität stetiger Funktionen auf kompakten Intervallen   116

über die Integration stetiger Funktionen auf kompakten Intervallen   118

über die Integration von Potenzreihen   129

über die Komposition stetiger Abbildungen   90

über die Leibnizsche Potenzreihe   101

über die Linearität der Differentiation   106

über die Periodizität der Exponentialfunktion   154

über die Riemann-integrierbaren Funktionen   271

über die Stetigkeit der Umkehrfunktion   92

über die Stetigkeit von Potenzreihen   100

über die Topologie des $\mathbb{R}^n$ 48

über die Wronskische Determinante   392

über die absolute Konvergenz von Potenzreihen   70

über die differenzierbare Abhängigkeit von den Anfangswerten   374

über die gewöhnliche Regularität   360

über die holomorphe Umkehrfunktion   113

über die inverse Abbildung   228

über die iterierte Integration   276

über die iterierte Summation von Reihen   80

über die monotone Umkehrfunktion   96

über die natürliche Logarithmusfunktion   145

über freie Randbedingungen   408

über implizite Funktionen   231

über inhomogene Differentialgleichungssysteme   382

über lineare Systeme   379

über reelle Stammfunktionen   128

von Cauchy-Hadamard   69

von Dini   452

von Fischer-Riesz   498

von Fubini   493

von Hadamard-Cartan   440

von M. Rolle   110

von Picard und Lindelöf   371

von Tonelli   494

von Weierstraß über Maxima und Minima   94

zum geodätischen Fluss   417

zur f.ü-Approximation   484

Sektor

  Geodätischer   435

Skalarprodukt   42

Stammfunktion

  einer konvergenten Potenzreihe   129

  Komplexe   126

  Reelle   122

  von $(u - u_0)^{-1}$ 146

  von $(w - w_0)^{-1}$ 176

  von arctan   165

  von cosh und sinh   161

  von exp   142

  von ln   147

  von sin und cos   151

  von tan und cot   157

  von $(u - u_0)^{-n}$ 184

  von $(u - w_0)^{-1}$ 177

  von $(u - w_0)^{-n}$ 183

  von $(w - w_0)^{-n}$ 180

Stokesscher Integralsatz für C^2-Mannigfaltigkeiten   329

Streifen   428
  Geodätischer   433
Substitutionsregel   127
Sukzessive Approximation   371
Supremum   36
System
  Hamiltonsches   405

Taylorsche Formel   133
  in mehreren Variablen   212
Taylorsche Reihe   133
Teilfolge
  in M 26
  Rationale   20
  Reelle   26
Teleskopsummen   13
Tietzescher Ergänzungssatz   309
Topologischer Raum   49
Totale Differenzierbarkeit   206
Transformationsformel für mehrfache
      Integrale   293
  Beweis der   306
Trigonometrische Funktionen   147

Ueberabzählbare Menge   27
Ueberdeckungssatz von Heine-Borel
      52
Ueberdeckungssystem, offenes   51
Ueberlagerungsfläche
  n-fache   169
  Universelle   167
Umgebung eines Punktes   221
  Kugel-   46
Umkehrfunktion   225
Umordnungssatz
  Allgemeiner   74
  von Riemann   73
Unbestimmte Integration   349
Ungleichung
  Höldersche   496
  Minkowskische   497
  vom arithmetischen und geometri-
      schen Mittel   9
  von Bernoulli   9
  von Cauchy-Schwarz   11
  von Cauchy-Schwarz in $\mathbb{C}$ 60
Untersummen   260

Variation der Konstanten

für Differentialgleichungen
  erster Ordnung   355
  höherer Ordnung   394
für Differentialgleichungssysteme
      382
Vergleichssatz
  für Geodätische   445
  von J.C.F. Sturm   444
Vertauschbarkeitslemma von H.A.
      Schwarz   210
Vertauschungsrelation
  für die Christoffelsymbole   410
  kovariante   429
Vollständige Induktion   9
Vollständigkeit
  von $\mathbb{C}$ 60
  von $\mathbb{R}$ 31
Voraussetzung (a)   359
Voraussetzung (b)   366
Voraussetzung (c)   371
Voraussetzung (d)   375
Voraussetzung (e)   379

Wärmeleitungskern   311
Weierstraßscher Approximationssatz
      339
Wronskische Determinante   392
Wurzelfunktion   171
Wurzelkriterium   66

Youngsche Ungleichung   185

Zahlenraum
  $\mathbb{R}^n$ 42
Zerlegung
  eines Quaders   259
  feiner als...   262
Zerlegung der Eins   300
Zitat von
  A. Einstein   197
  Aischylos   1
  B. Riemann   253
  C.F. Gauß   85
  D. Hilbert   449
  G. Galilei   343
  L. Euler   139
  M. Kneser   401
Zwischenwertsatz von Bolzano und
      Weierstraß   95